NX CAD/CAM을 활용한 머시닝가공실무

박기원·이인노 지음

도서출판 홍릉

NX CAD/CAM을 활용한

머시닝가공실무

인 쇄 : 2024년 2월 26일 초판 1쇄
발 행 : 2024년 3월 4일 초판 1쇄

저 자 : 박기원 · 이인노
발행인 : 송 준
발행처 : 도서출판 홍릉
주 소 : 01093 서울시 강북구 인수봉로 50길 10
등 록 : 1976년 10월 21일 제5-66호

전 화 : 02-999-2274~5, 903-7037
팩 스 : 02-905-6729
e-mail : hongpub@hongpub.co.kr
http://www.hongpub.co.kr
ISBN : 979-11-5600-172-0(93550)

정 가 : 23,000원

머리말

절삭 가공은 국가 경제를 성장 시킬 수 있는 제조기반 산업의 핵심이 되며, 특히 CNC 밀링의 주된 공구인 엔드밀을 이용한 기계가공은 첨단산업에서 널리 사용되는 보편화된 절삭가공 공정이라 할 수 있다.

우리나라는 1970년대 초 부터 중화학공업 육성정책을 기반으로 자주국방과 기계산업 발전의 전기를 마련하였으며, 국가산업을 이끌어가는 제조기반산업의 발전을 바탕으로 눈부신 경제 성장을 이루었다.

Siemens NX는 국내뿐만 아니라 세계적으로 인정받는 CAD/CAM 소프트웨어라 할 수 있으며 정밀기계, 전자, 항공기부품, 자동차, 금형 등 제조업체에서 복잡한 데이터작업을 보다 빠른 생산이 가능하도록 원가절감, 품질향상 등 경쟁력을 제공할 수 있는 통합솔루션이라 할 수 있다.
근래에는 제품의 품질향상에 대한 높은 관심과 고속화되고 고정밀화 된 공작기계의 발달로 정밀한 엔드밀 가공에 대한 중요성이 더욱 고조되고 있다.

본서는 학교에서 강의를 진행하시는 교수님들과 NX를 처음 접하는 학생 그리고 현장에서 근무하는 실무자들에게 조금이나마 도움이 될 수 있도록 학습서로 집필하였다.

1. 본 교재는 스케치, 모델링생성 방법, 도면추출방법, CAM NC data 생성 방법에 중점을 두어 다루었다.
2. 짧은 시간에 보다 더 쉽고 빠르게 제품 모델링과 CAM을 활용할 수 있도록 하였다.
3. 초보자도 쉽게 Siemens NX을 통하여 기계가공과 도면화를 할 수 있도록 하였다.
4. 주입식 내용보다는 방법과 원리를 이해하는 능력을 기르는데 중점을 두었다.

또한 다소 부족하지만 학습자가 이 교재를 학습함으로서 산업사회에서 요구하는 능력과 자질을 갖춘 유능한 기술인이 되어 위축되는 제조기술 발전에 이바지하는 역군이 되기를 기대한다.

끝으로 본서가 출판되도록 도움을 주신 많은 분들과 출판사 관계자분들게 감사드리며, 내용 중에는 미비한 점이 다 수 있으리라 판단되며 부족한 점은 계속 보완하해 나갈 것을 약속합니다.

차례

CHAPTER 01 NX화면구성

CHAPTER 02 좌표계와 데이텀

CHAPTER 03 스케치(Sketch)

CHAPTER 10 Drafting View

제 1 장 NX 화면구성

1. NX 시작하기

1) 아래 그림은 Unigraphics NX을 실행하면 나타나는 첫 시작화면이다.

NX프로그램을 실행시키면 작업을 하기 위한 새로운 New Part(새로 만들기 새로 만들기)를 만들거나, 기존에 작업한 Part(파트)를 Modeling(모델링)작업을 하기 위해 Open(열기 열기)을 해야 한다. NX파일은 특수 문자를 인식 못하므로, 파일이 저장되는 폴더나 파일의 이름은 반드시 영문, 숫자, 한글로 이루어 져야 한다.

- 한글 버젼 변경: 내컴퓨터-속성-고급시스템설정-환경변수-시스템변수-편집
- 변수이름 : UGII_LANG 변수값 : english korean 변경

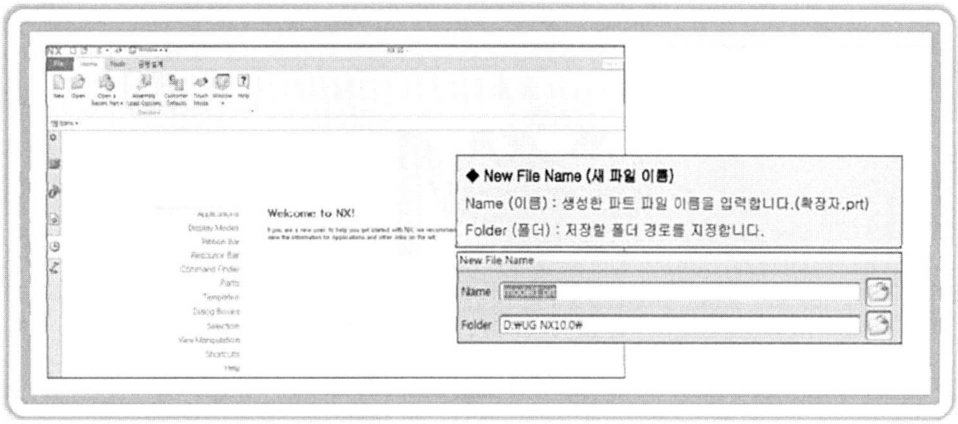

[그림 1-1]

2) 새로 만들기를 선택하면 모델, 도면, 시뮬레이션, 제조, 측정 등의 다양한 기능을 선택할 수 있으며, 응용프로그램에 따라 템플릿을 선택하여 해당 작업을 하면 된다. (NX에서는 한글인식이 되지 않으므로 폴더나 파일이름이 영문과 숫자로만 이루어져야 한다.)

- 모델 탭은 3D 모델링 파일이 생성될때 사용되며 모델, 어셈블리, Shape Studio, NX 판금 등을 작업할 수 있다.

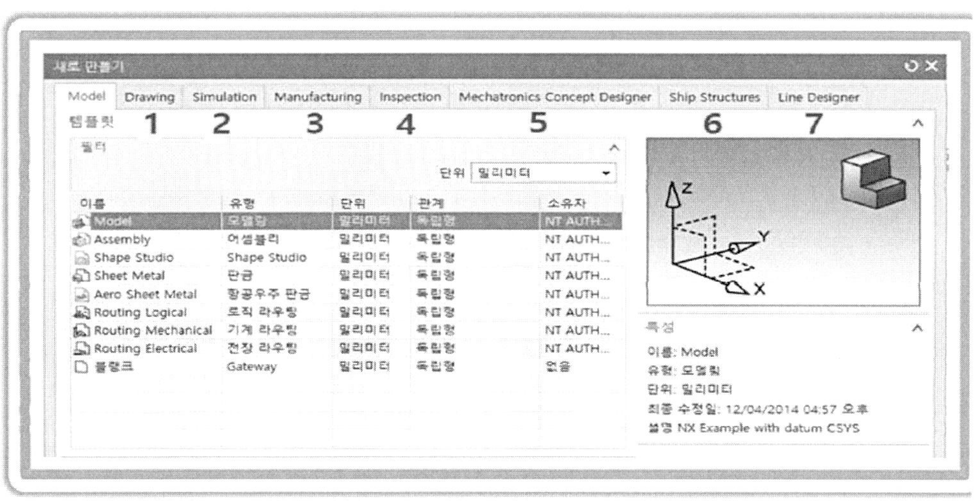

[그림 1-2]

① Model(모델) 탭

기존 3D Modeling File을 생성 할 때 사용하며 아래 그림처럼 Model, Assembly, Shape, Studio, NX Sheet Metal 등 작업을 할 수 있다.

② Drawing(도면) 탭

사용자가 정의한 Templates를 사용하여 2D Drawing 작업을 할 때 사용한다.

③ Simulation(시뮬레이션) 탭

그림과 같이 MSC Nastran Analysis 등의 해석이 가능하며, Nastran을 기본으로 Solver로 사용한다.

④ Manufacturing(제조) 탭

CNC밀링, 선반과 같은 절삭가공에 필요한 데이터를 생성하기 위한 환경설정을 정의한다.

⑤ Inspection(검사) 탭

실 제품에 대한 모델링 파일을 기준으로 정밀측정기를 사용하여 모델링 한 데이터와 실무 제품을 측정기를 이용하여 검사와 측정된 데이터를 생성 및 관리한다.

⑥ Mechatronics concept Desigmer 탭

기계시스템의 복잡한 움직임을 시뮬레이션 하는 데 사용하는 응용 프로그램을 설정한다.

⑦ Ship Structures(선박 일반 배치) 탭

선박설계를 위한 Application으로 복잡한 선박의 여러 단계를 체계적으로 설계할 수 있도록 구성.

⑧ Line Designer 탭

다양한 제품의 생산 라인의 도면을 설계하고 시각화하는 데 사용한다.

2. NX10 사용자 화면 구성

1) 다음은 NX10 화면구성이다. 각각의 필요한 모듈의 기능은 아래와 같다.

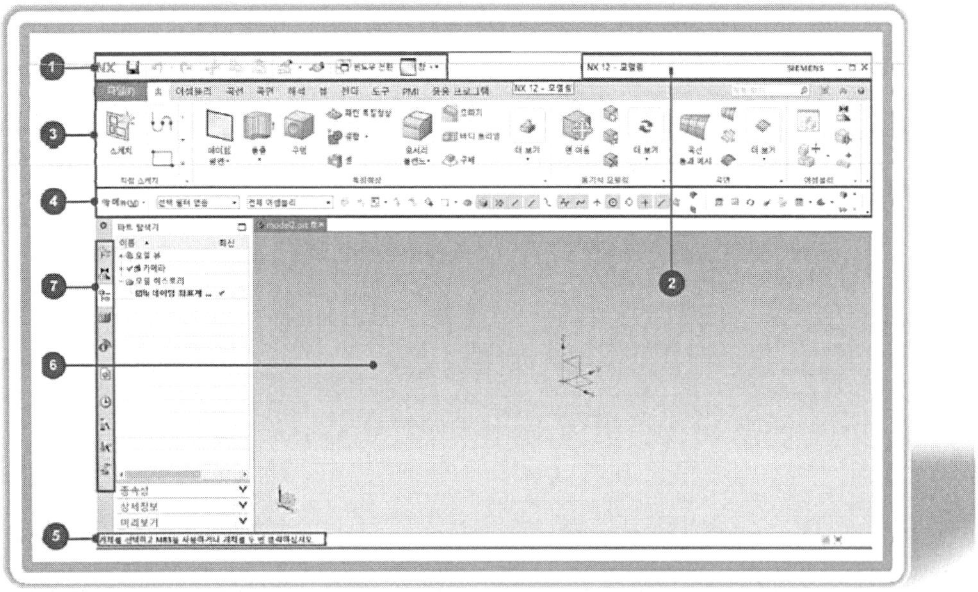

[그림 1-3]

① **빠른 실행 (Quick Access toolbar)**
: 저장, 취소 등 일반적으로 사용되는 메뉴를 확인 후 선택하는 기능.

② **제목 표시줄 (Title Bar)**
: 현재 작업하고 있는 UG의 버전과 응용프로그램 상태를 나타내 주며, 현재 Part 파일명을 표시한다.

NX 10 - 모델링 - [model1.prt (수정됨)]

③ **리본 탭 (Ribbon Tab)**
: 서로 연관된 명령들을 패널로 묶어, 작업을 수월하게 한 아이콘 모음이다.

④ Top Border Bar
: 사용자가 필요한 Object를 선택하기 편리하도록 *Selection Filter*와 뷰(View)를 *Group*과 Application별로 구분하여 확인 가능하도록 Full Down Menu로 구성되어있는 기능.

⑤ Cue Position (**화면 좌측 하단**)
: 사용자가 다음 작업을 진행 할 수 있도록 안내해 주는 기능.

⑥ Graphics Window

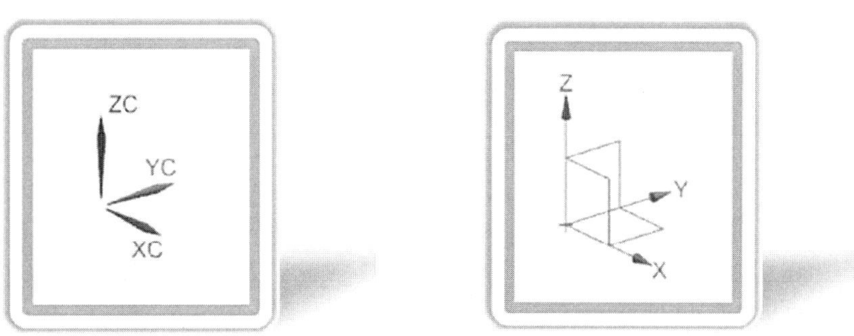

작업 좌표계 (WCS) Datum CSYS

[그림 1-4]

- **작업 좌표계 (WCS)** : 모델링의 기준이 되는 좌표계.
- **Datum CSYS** : 3개의 Datum평면과 3개의 Datum축, 원점의 point로 이루어져 있으며, 스케치 평면이나 기준면, 기준 축, 원점으로 사용되는 좌표계.

⑦ 팝업 메뉴 (Pop-up Menu)

: 마우스 오른쪽 버튼을 클릭하면 나타나는 메뉴로 자주 쓰이는 명령을 메뉴로 만들어놓은 것 이다.

⑧ 좌표계 (WCS)

: NX를 실행하면 좌표가 생성되며 회전, 이동등의 명령을 이용하여 변경하며 부품을 작성 할 때 방향을 정의할 수 있으며 저장하여 사용할 수 있다.

⑨ 보조 좌표계

: NX5부터 추가되어 절대 축의 방향을 알 수가 있게 되었다. 작업을 하는데 있어서 절대 방향을 참조하고 싶을 때 사용할 수 있다.

⑩ 네비게이터 (Navigator)

: 히스토리(파라메타)을 확인할 수 있다.

⑪ 리소스바 (Resource Bar)

: Navigator 역할을 하는 비슷한 기능들을 묶어 놓은 tool 이다.

⑫ 데이텀 좌표계(CSYS)

: 3개의 데이텀 평면과 3개의 데이텀 축으로 이루어져 있으며, 스케치 평면이나 기준면, 기준 축, 원점으로 사용된다. 특징형상생성에 편리하게 이용된다.

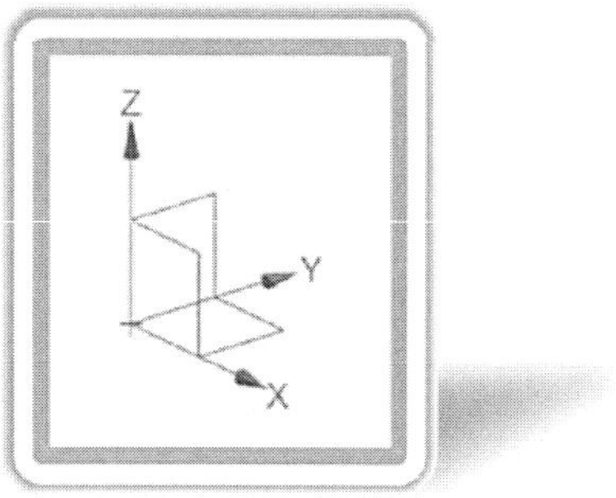

[그림 1-5]

⑬ 작업좌표계 or 보조좌표계 (WCS)

: 모델링의 기준이 되는 좌표계로서 원하는 축을 선택할 수 있으며, 화면을 자유롭게 회전하며 물체의 위치를 볼 수 있다. 또한, 풀다운 메뉴 형식에서 WCS에서 위치 변경이 가능하다.

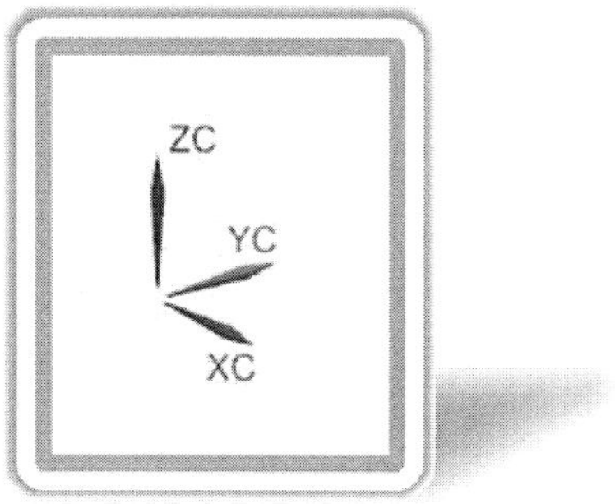

[그림 1-6]

2) Pop Up Menu (팝업 메뉴)

: 마우스 오른쪽 버튼(MB3)을 클릭 하였을 때 팝업 아이콘과 화면상의 객체에서 나타나는 메뉴는 아래 그림과 같다.

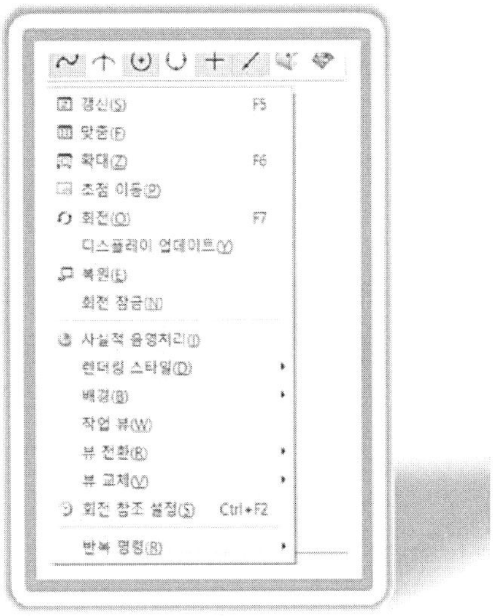

화면 빈 공간에서 선택 시

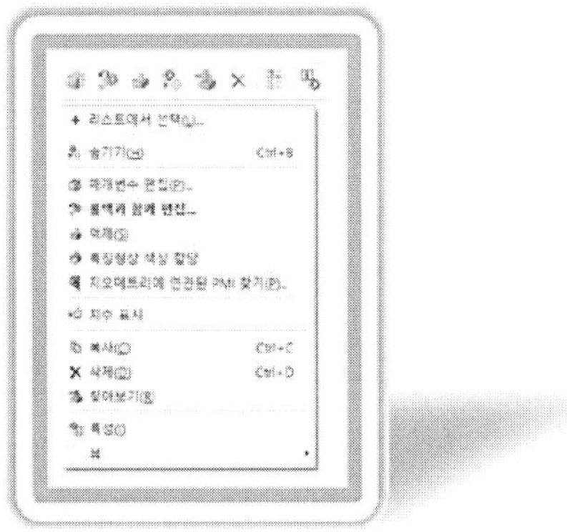

객체 상에서 선택 시

[그림 1-7]

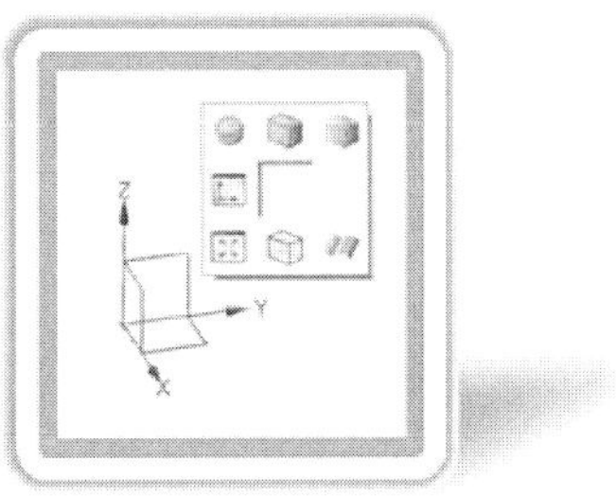

화면 빈 공간에서 선택 시

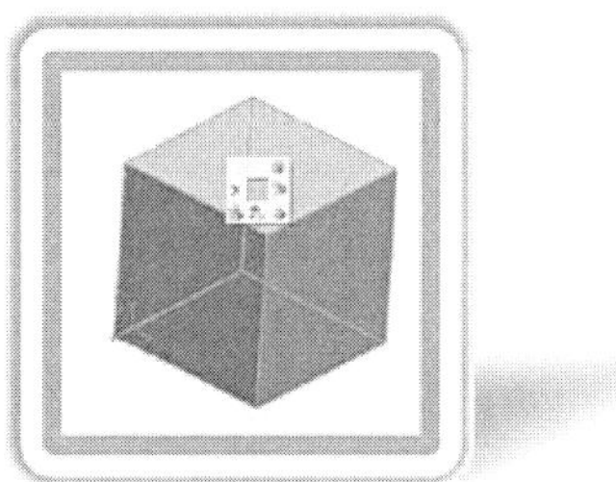

객체 상에서 선택 시

[그림 1-8]

◆ **Refresh (갱신)**: 전체 화면에 표시 되어진 부분 재 표시.

◆ **Fit (맞춤)**: 전체화면에 가득 차게 보기.

◆ **Zoom (확대)**: 선택 영역 확대.

◆ **Pan (초점이동)**: 보고 있는 평면을 상하좌우로 이동.

◆ **Rotate (회전)**: 객체를 3차원으로 회전.

◆ **Update Display (화면표시 업데이트)**: 재 표시.

◆ **Restore (복원)**: 확대, 이동, 회전, 중 하나의 작업을 수행하기 전에 했던 뷰로 복원.

◆ **Lock Rotations (회전잠금)**: 3D 하드웨어 장치 또는 가운데 마우스 버튼을 사용하여 뷰가 회전되지 않도록 방지.

◆ **True Shading (사실적 음영처리)**: 시각화 특성으로 뷰 표시.

◆ **Rendering Style (렌더링스타일)**: 모델의 음영방법이나 모서리 유형별로 보는 기능.

◆ **Background (배경)**: 배경 화면 밝기 변경.

◆ **Work View (작업뷰)**: 커서가 있는 뷰로 작업 뷰를 변경.

◆ Orient View (뷰전환): 정면도, 평면도, 우측면도…보고자 하는 뷰 별로 보는 기능.
◆ Replace View (뷰교체): 정면도, 평면도, 우측면 보고자 하는 뷰 로 전환하는 기능.
◆ Set Rotation Reference (회전점설정): 원하는 점을 지정하여 지정한 기준점으로 회전.
◆ Repeat Command (반복명령): 마지막 명령 반복.
◆ Undo (실행취소): 최종 수행한 작업을 취소하는 기능.

3) Resource bar (리소스바)

: 파트탐색기, 어셈블리탐색기 등 작업에 편리한 보조기능을 제공하며 히스토리는 전체 시간 순서대로
모델별로 정렬하고 활용한다.

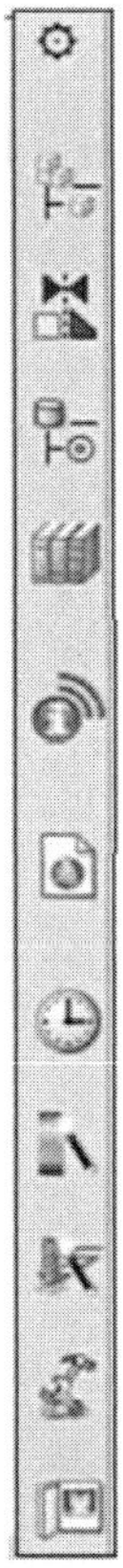

◆ Resource Bar Options (리소스바 옵션): 리소스바 고정 및 위치 변경을 한다.
◆ Assembly Navigator (어셈블리 탐색기): 조립 부품의 상태를 트리구조 방식으로 보여 주며 각 Display 를 관리 한다.
◆ Constraint Navigator (구속조건 탐색기): 조립 부품의 상태에서 구속조건을 보여 주며 각 Display를 관리 한다.
◆ Part Navigator (파트 탐색기): 작업내용을 히스토리 방식으로 구조관계를 표시한다.
◆ Reuse Library (재사용 라이브러리): 자주 사용하는 Object를 라이브러리화 시켜 필요할 때 꺼내 쓸 수 있게 한다.
◆ HD3D Tools (HD3D 도구): HD3D를 실행시킨다.
◆ Web Browser (웹브라우저): 브라우저에 표시 가능한 내용을 쉽게 제공하도록 최적화 할 수 있게 한다.
◆ History (히스토리): 전에 작업한 파일을 불러온다.
◆ Process studio (프로세스 스튜디오): C.A.E.의 위자드 이다.
◆ Manufacturing Wizards (제조 마법사): CAM의 위자드 이다.
◆ Roles (역할): 사용자의 Tool Kit 의 환경을 설정하거나 본인의 취향에 맞는 환경을 저장한다.
◆ System Scenes (시스템 장면): 화면의 배경 및 조명을 설정 한다.

[그림 1-9]

4) Radial Pop Up

: Ctrl+Shift 키를 누른 상태에서 마우스 MB1, MB2, MB3 버튼을 순서대로 누르면 아래 그림과 같이 다양한 팝업 아이콘을 통해 쉽고 빠르게 명령을 실행할 수 있는 간편 도구창이 나타난다.

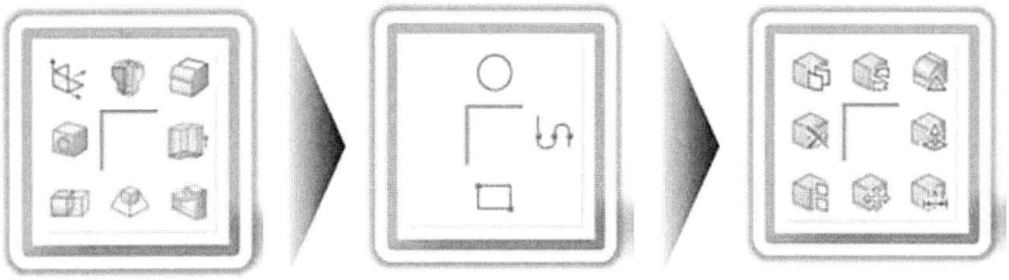

[그림 1-10]

5) File Menu (파일 메뉴)

◆ **New(새로 만들기)**: 새로운 작업 모델링을 시작할 때 이름을 생성하고 시작. (경로에 한글 이나 특수 문자가 있으면 생성이 안됨/단위계:mm를 잘 보고 선택)

◆ **Open(열기)**: 저장 되어진 파일 여는 기능과 변환된 DATA를 불러들일 때 사용.

◆ **Close (닫기)**: 열려있는 파일을 닫을 때 선택적으로 닫거나 전체를 닫을 때 사용.

◆ **Save (저장)**: 작업한 파일 저장할 때.

◆ **Save Work Part Only (작업파트만 저장)**: 현재 작업하고 있는 파일을 저장할 때.

◆ **Save As (다른이름으로 저장)**: 현재 작업하는 파일이름이 아닌 다른 이름으로 저장할 때.

◆ **Save All(모두저장)**: 열려있는 모든 파일을 저장할 때.

◆ **Print (인쇄)**: 작업 창에 디스플레이 되어 있는 부분을 인쇄.

◆ **Plot (플롯)**: Plotter로 출력할 때.

◆ **Import(가져오기)**: 다른 확장자 파일을 불러들일 때 사용. (Part/Parasolid/IGES/STEP/DWG...)

◆ **Export (내보내기)**: 다른 확장자로 파일을 내 보낼 때 사용. (Part/Parasolid/IGES/STEP/DWG...)

[그림 1-11]

3. NX 프로그램의 기본 환경 설정

: File (파일) - Preferences (환경설정) - User Interface… (사용자 인터페이스 환경설정)

1) 사용자 기본값 설정하기

: 풀다운 메뉴의 파일의 유틸리티에 사용자 환경설정을 할 수 있으며, 설정 후 NX를 재 실행해야 된다.

[그림 1-11]

Customer Defaults
Defaults Level User
Units System Metric
Gateway
Modeling
General
Feature Parameters
Freeform Feature Parameters
Solid Modeling
Freeform Modeling
Feature Settings
Feature Group
Selection Intent Rules
Human Modeling
NX Realize Shape
Sketch
Curves
Analysis
Assemblies
Drafting
PMI
Manufacturing
Simulation
Motion
XY Function
Knowledge Fusion
Teamcenter Integration for NX
Sheet Metal
Sheet Metal (Forming and Flattening)
Routing
Ship Design
Ship Drafting
Vehicle Design - Body Design
Vehicle Design - General Packaging
Die Engineering
Die Design
General
Edit
Update
Examine Geometry Tests
Miscellaneous
Display Legacy Feature Names
Tolerance
Distance
Angle
Curvature
Optimize Curve
Optimize Curve Tolerance Factor
Scale
Datum CSYS Display Scale Factor
Display Properties for New Geometry
Parent Body
Part Defaults
Target Body
Tool Body
Parent Object
Part Defaults
Grid Lines
U
V
Automatically Make Datums Internal to Child Sketches
Automatically Make Sketches Internal to Child Features
Cancel
사용자 기본값
기본값 수준 사용자
단위계
Gateway
모델링
일반
Realize Shape
Assembly
PMI
Motion
Knowledge Fusion
NX용 Teamcenter Integration
Sheet Metal
DFM(Design for Manufacturing)
일반
편집
업데이트
지오메트리 검사 테스트
기타
공차
거리
각도
곡률
배율
U
V
취소

[그림 1-12]

2) 프로그램 언어 변경하기

: 내 컴퓨터에서 MB3클릭하고 속성을 선택- 고급 시스템 설정에서- 고급 탭에서- 환경변수 선택 - 시스템변수 안에 UGII_LANG를 선택하고 편집 클릭- 변수 값에 사용할 언어 입력 "korean", "english"입력하여 사용한다.

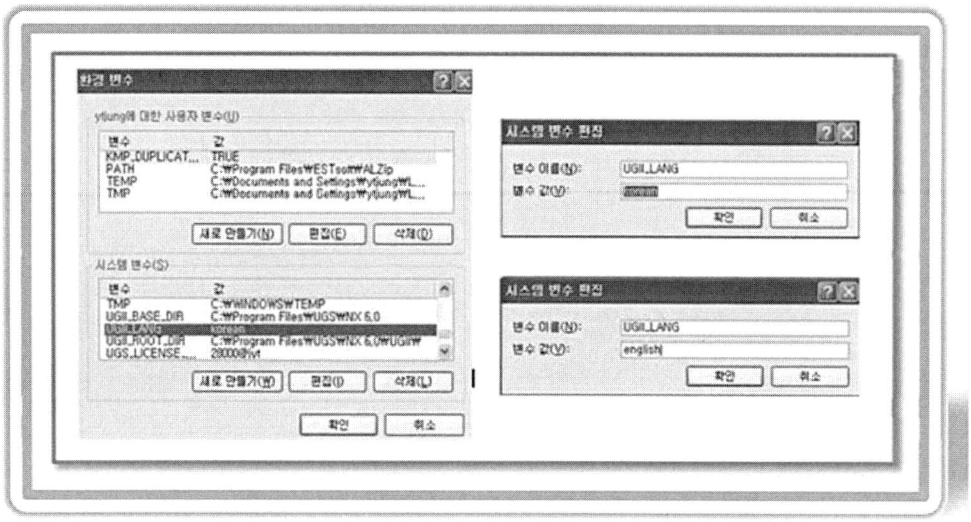

[그림 1-13]

4. Customize(사용자 정의 기능)

: Icon이 모여 있는 Toolbar영역에서 마우스 우측버튼을 이용하여 나타나는 풀다운 메뉴의 우측하단의 나타나는 기능이다.

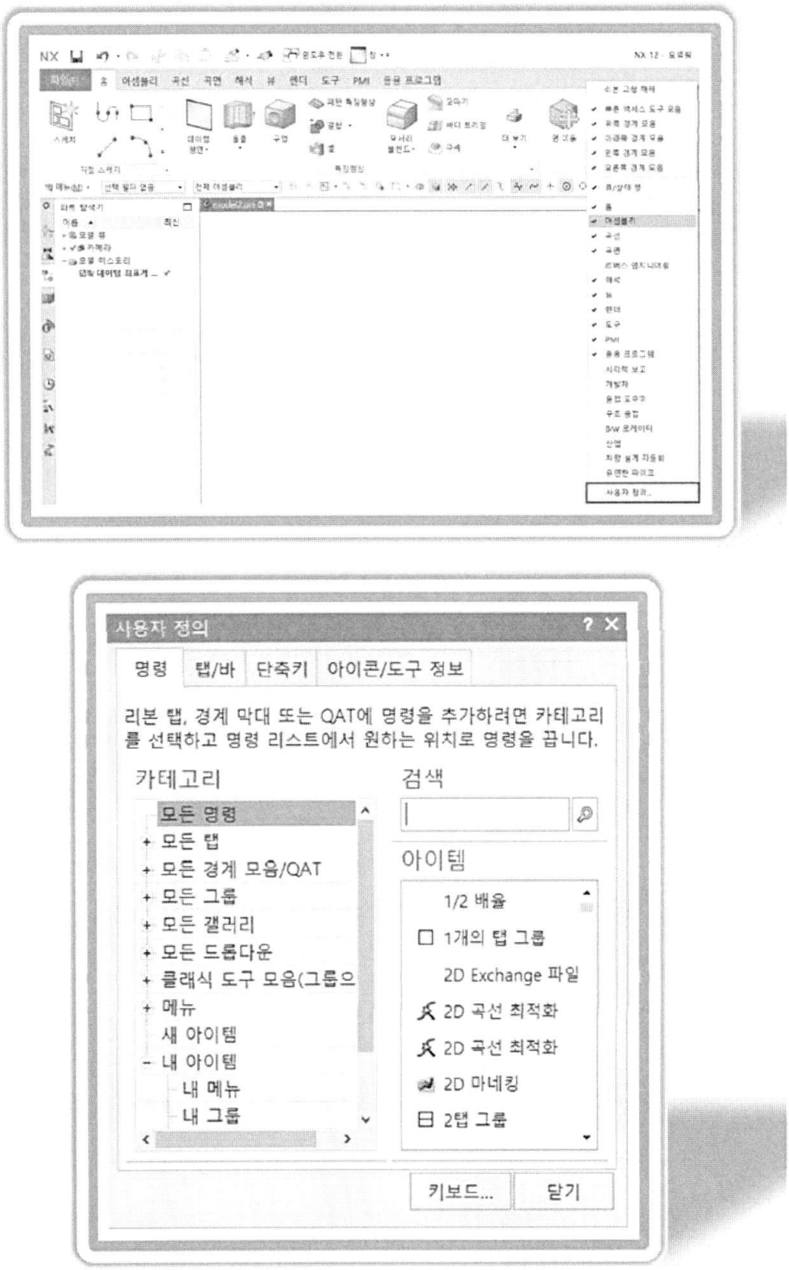

[그림 1-14]

5. 명령 (Command)

: NX 사용할 수 있는 모든 기능 아이콘이 들어있으며, 탭에 기능을 배치할 때 사용할 수 있고 배치는 Drag and Drop으로 배치한다.

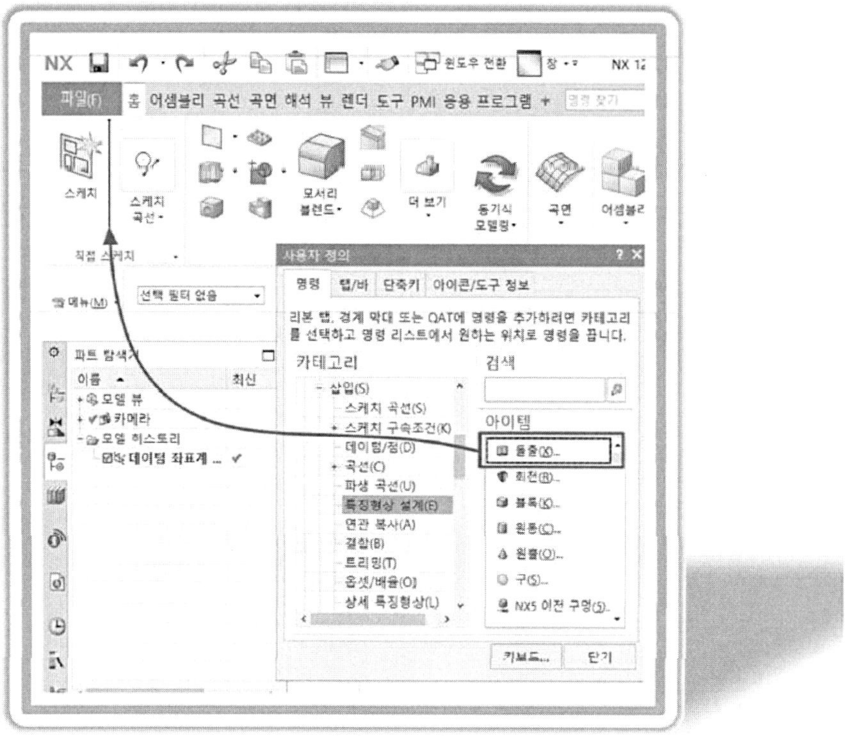

[그림 1-15]

① 탭/바 (Taps/Bars)

: 최초 실행 시에 화면에 나타나는 바들을 설정하거나 또는 리본 Menu 중 탭을 추가하거나 기존에 작성되어있는 탭에 들어갈 기능의 배열을 편집할 수 있다.

② 단축 툴바 (Shortcut Toolbars)

: Shortcut Toolbars는 개체 혹은 빈 그래픽 윈도를 클릭했을 때 나타나는 숏 컷 메뉴를 편집할 수 있는 메뉴이다.

③ 아이콘/도구정보 (Icons/Tooltips)

: Option 탭에서는 풍선 모양의 도움말 표시 여부 및 각 아이콘 툴바의 크기를 설정할 수 있다.

6. 단축 키 (Shortcut Key)

: Customize 대화상자에서 그림1-16과 같이 Keyboard버튼을 클릭하면Customize Keyboard라는 창이 나타난다.

- Insert ⇨ Design Feature ⇨ Extrude에 클릭한 후 Press new shortcut key에 원하는 단축 버튼을 누른다.

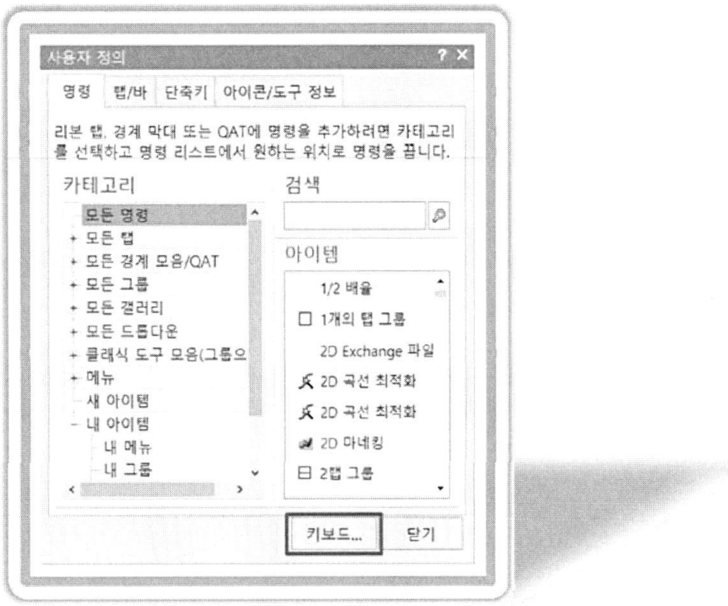

[그림 1-16]

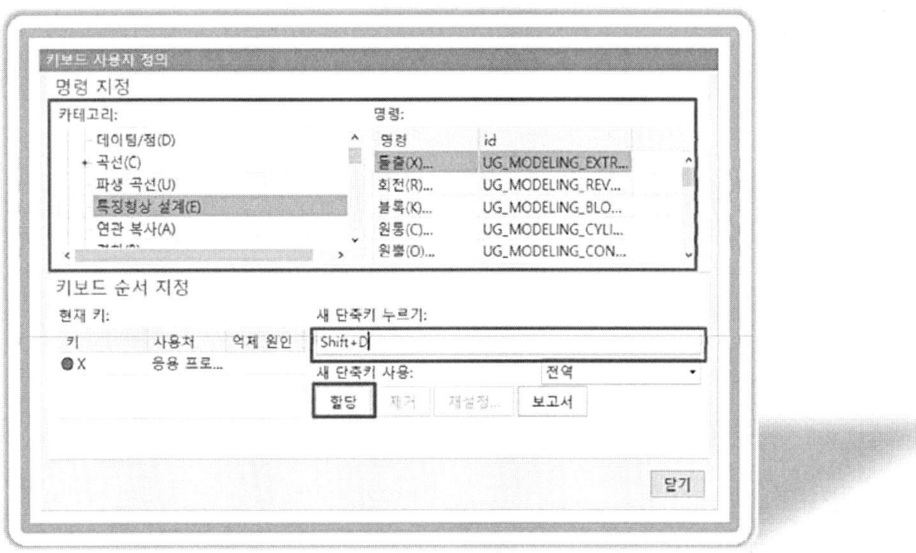

[그림 1-17]

7. Mouse 조작법

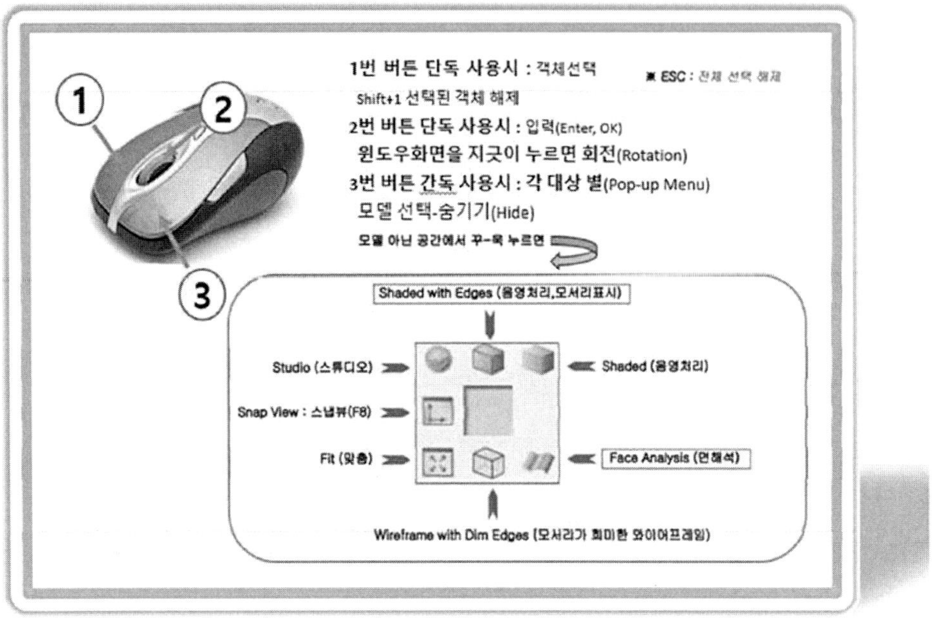

[그림 1-18]

8. 팝업 메뉴

1)	갱신(S) F5	전체 화면에 표시 되어진 부분 재 표시
2)	맞춤(F)	Part가 전체화면에 가득 차게 보기
3)	확대(Z) F6	선택 영역 확대
4)	회전(O) F7	Object를 3차원으로 회전
5)	초점 이동(P)	보고 있는 평면을 상하좌우로 이동
6)	화면표시 업데이트(Y)	재 표시
7)	복원(E)	확대, 이동, 회전, 중 하나의 작업을 수행하기 전에 했던 뷰로 복원
8)	사실적 음영처리(I)	모델의 음영방법이나 edge 타입별로 보는 기능
9)	렌더링 스타일(D) ▸	정면도, 평면도, 우측면도…보고자 하는 뷰 별로 보는 기능
10)	뷰 전환(R) ▸	정면도, 평면도, 우측면도…보고자 하는 뷰 별로 보는 기능
11)	회전 점 설정(S)	원하는 Point를 지정하여 지정한 기준점으로 회전
12)	실행 취소(U)	작업한 전단계로 가기

[그림 1-19]

9. 작업좌표계(WCS)

1) 절대 좌표계(Absolute) : 원점이 (0,0,0)인 절대좌표계.
2) 작업 좌표계(WCS) : 사용자(User)가 작업을 하면서 필요에 따라 사용 용도를 변경하여 자유롭게 이동하며 설정 할 수 있는 좌표계.
3) 작업 좌표계 다이내믹(WCS Dynamics): 작업의 편리성을 보안한 X Y Z 축 모두 이동 혹은 회전가능 좌표계.

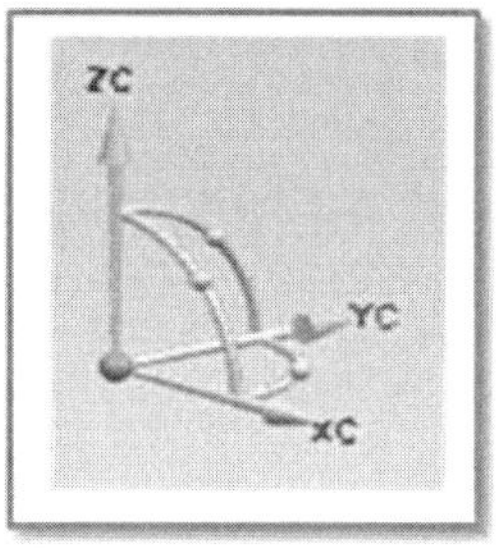

[그림 1-20]

10. 표시 및 숨기기

1)	표시 및 숨기기: 유형별로 객체를 표시하거나 숨김	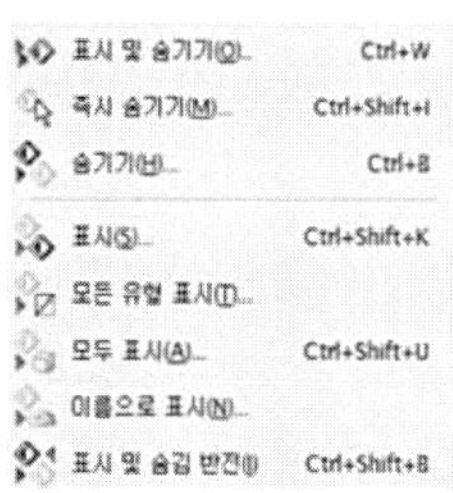
2)	즉시 숨기기: 객체를 즉시 숨김	
3)	숨기기: 객체를 지정해 숨김	
4)	표시: 숨겨진 객체중 지정한 객체를 표시	
5)	모든 유형 표시: 유형별로 선택해서 표시	
6)	모두표시: 현재 숨겨져 있는 모든 객체를 표시	
7)	이름으로 표시: 이름별로 선택해서 표시	
8)	표시 및 숨김 반전: 화면표시 상태를 반전	

[그림 1-21]

11. 스냅 점

: 도구에서 지오메트리 오브젝트 생성과 점 위치 지정 시 사용하며 모델링, 스케치, Shape Studio 및 동적 WCS에서 작동된다.

[그림 1-22]

1)		스냅 점 활성	객체 위치가 점으로 스냅하도록 스냅 점을 활성화 한다.
2)		끝점	양쪽 끝점 포인트를 찾는다.
3)		중간점	중간부분의 중간점을 찾는다.
4)		제어점	양쪽 끝점과 중간점을 찾는다 .
5)		교차점	두 라인의 교차점을 찾는다.
6)		원호중심	원, 호, 타원의 중심점을 찾는다.
7)		사분점	원, 호, 타원의 사분점을 찾는다.
8)		기존점	기존 존재하는 점을 찾는다.
9)		곡선 위의 점	곡선 위의 어느 곳이나 임의의 점을 찾는다.
10)		곡면 위의 점	곡면 위의 임의의 어느 점을 찾는다.
11)		경계 있는 눈금의 점	경계 있는 눈금의 스냅 점을 찾는다.

[그림 1-23]

제 2 장 좌표계와 데이텀

1. 데이텀 평면(Datum Plane)(◻)

사용자가 다양한 형태의 평면을 만들 수 있으며 삽입->데이텀/점->데이텀 평면를 선택하여 표시할 수 있다.

- 위치 : 메뉴(M) ▾ ⇨ 삽입 ⇨ 데이텀/점

1) 데이텀 평면의 종류

① 관계 데이텀 평면: 관계 데이텀 생성 시 모델의 다른 오브젝트에 대해 생성되며, 곡선, 면, 모서리, 점 및 기타 데이텀을 참조 오브젝트로 선택할 수 있다.
기본적으로 구속조건 종류는 사용자가 선택한 오브젝트를 기반으로 이루어진다.

② 고정 데이텀 평면: 고정 데이텀 평면은 사용자 정의 특징형상에 사용되는 경우를 제외하고는 다른 지오메트리 오브젝트를 통해 참조되거나 구속되지 않고 WCS의 선을 따라 생성된다.

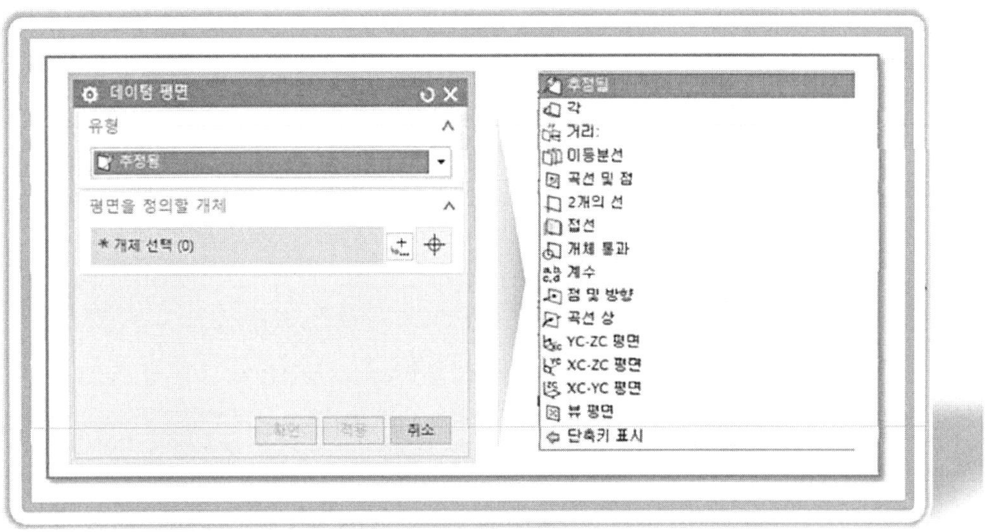

[그림 2-1]

2) 데이텀 특징

① 유형: 데이텀 생성방식을 지정할 수 있으며, 그 순서는 아래와 같다.
- 데이텀을 지정하는 데 필요한 모서리, 평면 또는 와이어프레임 지오메트리를 선택한 다음 데이텀 평면 옵션을 선택한다.
- 데이텀 평면 옵션을 사용한 다음 그래픽 창에서 데이텀에 필요한 오브젝트를 선택한다.

② 평면을 정의할 객체: 사용 할 객체를 선택한다.

③ 평면방향: 생성되는 데이텀의 방향을 자유롭게 바꿀 수(반전) 있다.

④ 옵셋: 필요한 옵셋을 설정한다.

⑤ 설정 값: 연관성을 정의 한다.

번호	명칭	설명
①	추정됨(Inferred Plane)	평면 또는 데이텀 평면을 선택하여 데이텀 평면의 미리보기를 구현할 수 있으며, 옵셋 구속조건을 통하여 화면으로 자동 표시한다.
②	점 및 방향 (Point and Direction)	점과 벡터 방향으로 데이텀 평면을 실행시킨다.
③	곡선 상 (Plane on Curve)	주로 Sweep과 같은 곡선상의 가이드라인을 정의 할 때 사용하는 옵션으로 곡선위의 점에서 접선, 법선, 종법선을 이루는 데이텀 평면을 생성한다.
④	거리(At Distance Type)	완성된 평면이나 바디의 면을 선택하여 일정한 거리만큼 옵셋하여 평면을 만드는 기능이다.
⑤	각(At Angle Type)	완성된 평면이나 바디의 면에서 필요한 각도만큼 회전하여 추가로 평면을 만드는 기능이다.
⑥	이등분선 (Bisector Plane Type)	도형의 Mid-Plane을 만들어주는 기능으로 두 면을 선택 시 중간위치에 평면이 만들어진다.
⑦	곡선 및 점(Curves and Points Type)	기준이 되는 한 점을 선택한 후 점이나 선, 또는 형상의 모서리, 데이텀 축, 면을 선택하여 평면을 정의한다.
⑧	2개의 선 (Tow Lines Type)	완성된 선(Line)이나 형상의 모서리(Edge) 또는 데이텀 축(Datum Axis)을 두 개를 선택하여 평면을 만드는 기능이다.
⑨	접선 (Tangent to Face At Point, Line or Face Type)	사용할 곡면을 선택하여 접선을 통해 평면을 만드는 기능으로, 첫 번째로 곡면의 모양에 따라서 두 번째 객체를 사용할 수 있다.
⑩	객체통과 (Plane of Object Type)	커브나 모서리, 스케치 선, 데이텀 평면, 형상의 면 등을 선택하여 다양한 형태로 평면이 만들어 진다.
⑪	계수(Coefficients)	AX+By+CZ=D의 형태로 수학적인 기법으로 평면이 만들어진다.
⑫	YC-ZC Plane	Y Plane과 Z Plane의 수직인 평면이 생성된다.
⑬	XC-ZC Plane	X Plane과 Z Plane의 수직인 평면이 생성된다.
⑭	XC-YC Plane	X Plane과 Y Plane의 평면이 생성된다
⑮	뷰 평면(View Plane)	뷰 평면을 클릭하여 작업평면이 생성된다.
⑯	대체 솔류션 (Cycle Solution)	선택된 오브젝트 및 구속조건을 기반으로 평면의 방향을 반전시켜 주는 기능이다.
⑰	연관(Associative)	평면생성 시 선택하는 객체와의 연관성을 부여할 수 있는 기능

2. 데이텀 축(Datum Axis)()

Insert - Datum/Point - Datum Plane

스케치나 모델링을 실행할 때 참조할 수 있는 축을 만드는 기능으로 실행순서는 삽입->데이텀/점->데이텀 축을 선택하여 사용할 수 있으며, 그 종류는 다음과 같다.

1) 데이텀 축의 종류

(1) 관계 데이텀 축: 관계 데이텀 축은 하나 이상의 다른 오브젝트에 구속되거나 다른 오브젝트를 통해 참조하며 기본적으로 구속조건 종류는 사용자가 선택한 오브젝트와 이를 선택한 순서를 기반으로 추정된다. 구속조건을 명확하게 지정한 다음 이에 연관된 오브젝트를 선택 할 수도 있다.

(2) 고정 데이텀 축: 관계 데이텀 축과는 달리 고정 데이텀 축은 다른 지오메트리 오브젝트를 통해 참조되거나 구속되지 않으며 고정 데이텀 축은 전체 데이텀 축 대화상자를 통해 생성할 수 있다.

[그림 2-2]

2) 데이텀 축의 특징

(1) 유형: 축의 생성 방식을 지정한다.
(2) 축을 정의할 개체: 객체를 선택한다.
(3) 설정 값: 연관성을 정의한다.

①		추정됨	선택하는 방법이나 스냅점을 사용하여 다른 옵션의 기능을 사용할 수 있다.
②		교차	두개의 면이 교차하는 축을 만들 수 있다.
③		곡선/면 축	곡선 또는 면에 축을 만들 수 있다.
④		곡선상의 벡터	곡선위의 점에 접선, 법선 방향의 축을 생성할 수 있다.
⑤	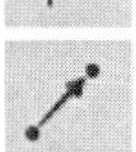	2점	두 개의 점를 선택하여 축을 만들 수 있다. 첫번째 선택한 점에서 두 번째 선택한 점으로 향하는 축이 만들어 진다.
⑥	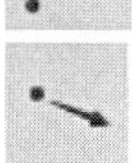	점 및 방향	점을 선택하고 방향성을 정의하여 축을 만들 수 있다.

3. 데이텀 CSYS(Datum CSYS)( )

메뉴(M) - 삽입 - 데이텀/점 - 데이텀 축

기준좌표계로서 연관 데이텀 좌표계를 생성할 수 있으며 데이텀 CSYS는 삽입->데이텀/점->데이텀 좌표계를 선택하여 표시할 수 있으며, 데이텀 CSYS의 연관 컴포넌트, 해당 데이텀 축, 데이텀 평면 및 해당 원점을 개별적으로 선택하여 다른 오브젝트의 생성을 지원할 수 있다.

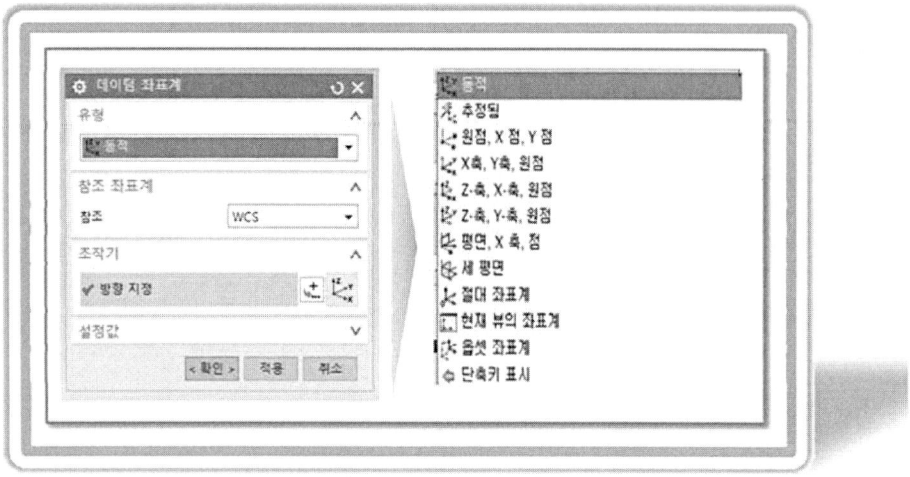

[그림 2-3]

4. 점(Point)(+)

메뉴(M) - 삽입 - 데이텀/점 - 점

작업 화면상에 점(Point)을 생성할 수 있으며 스냅점을 이용하여 점(Point)을 만들 수도 있고 좌표값을 직접 입력하여 점(Point)을 만들 수도 있다. 점(Point)은 삽입->데이텀/점->점(Point)를 선택하여 표시할 수 있다.

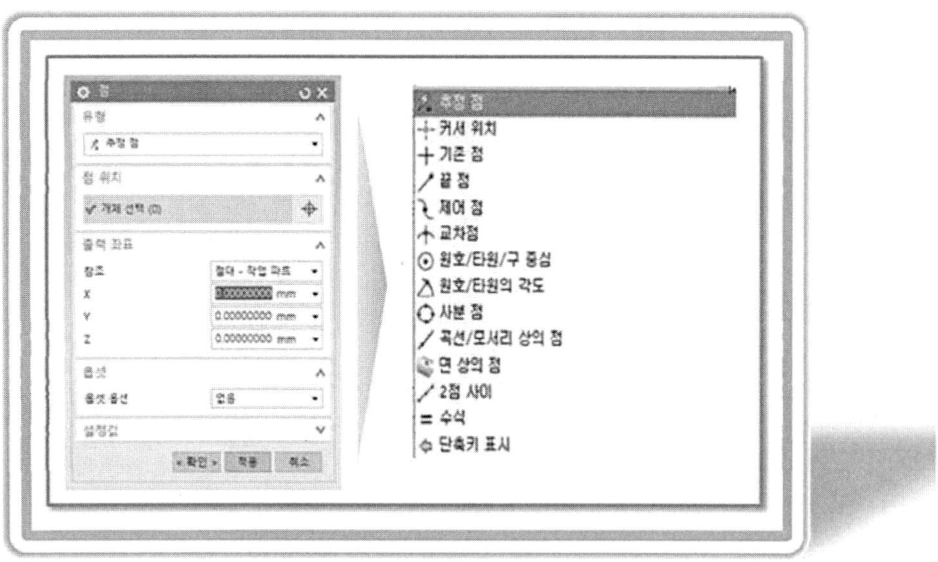

[그림 2-4]

5. 점 세트

메뉴(M) - 삽입 - 데이텀/점 - 점 세트

점 세트 생성 기능을 사용할 때는 지오메트리 상에 곡선 또는 면을 따라 점을 생성하거나 스플라인 또는 면의 폴에 점을 생성할 수 있다.

[그림 2-5]

제 3 장 스케치(Sketch)

스케치는 사용자가 선택한 평면에 선, 원호, 점, 스플라인 등의 도형요소를 자유롭게 표현할 수 있으며 선택에 따라서는 스케치에 구속조건을 적용할 수 있다.

1. 스케치 시작하기

스케치를 생성하려면 Ribbon Menu Bar의 Menu -> Insert -> Task Environment의 Sketch로 아이콘을 선택한다.

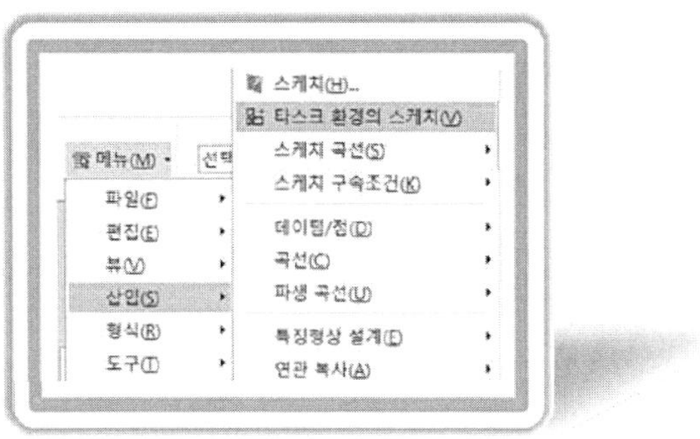

[그림 3-1]

2. 스케치 생성

화면상에 스케치에 필요한 평면, 경로들을 생성한다.

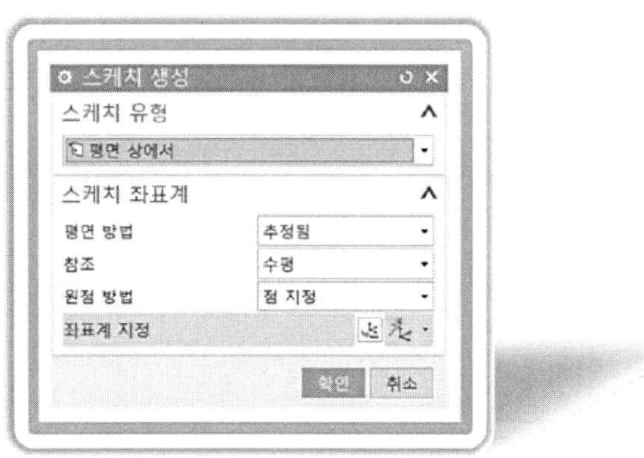

[그림 3-2]

1) 스케치 유형: 새로운 스케치 평면을 정의 할 수 있는 다양한 방법을 제공하며, 그 내용은 다음과 같다.

① 평면상에서: 새로운 평면을 정의한다.

② 경로상에서: 공간상의 곡선에 정의하며 경로상의 스케치를 작성할 수 있다. 주로 Sweep 기능 통해 곡선의 가이드라인을 정의할 때 사용한다.

2) 스케치 면: 기존의 사용 중인 평면이나 새로운 평면을 지정하여 작업면을 구성한다.
① 좌표계의 XY 평면에 스케치 평면을 생성한다.
② 좌표계의 YZ 평면에 스케치 평면을 생성한다.
③ 좌표계의 XZ 평면에 스케치 평면을 생성한다.
3) 경로: 특정 곡선이나 모서리을 선택할 수 있는 기능이다.

4)스케치 방향: 지정된 면에 참조할 방향을 지정한다.
① 수평: XC방향으로 참조할 축 또는 선을 지정한다.
② 수직: YC방향으로 참조할 축 또는 선을 지정한다.

3. 스케치 요소(Sketcher)

순서	아이콘	명칭	내 용
1)	스케치 종료	스케치 종료	스케치를 작업을 종료 시 선택한다.
2)	SKETCH_000	스케치 이름	스케치 이름 변경 및 스케치 편집한다.
3)		스케치로 뷰	작업 평면 방향으로 보여 지게 정의한다.
4)		모델로 뷰	현재 모델링 뷰의 방향을 지정한다.
5)		재 첨부	다른 평면 또는 데이텀 평면에 스케치를 추가한다.
6)		계산지연	스케치 평가를 선택하기 전까지 스케치 평가를 지연한다.
7)		색상표시	스케치 곡선들의 색상을 변경한다.

4. 스케치 곡선 (Sketch Curve)

스케치 화면상에서 표현할 수 있는 다양한 곡선명령과 편집을 통해 다양한 스케치 형상을 만들 수 있다.

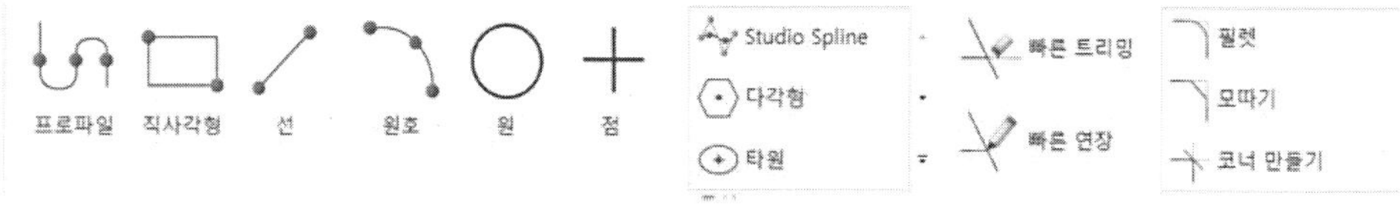

프로파일: 선과 원호의 연결된 곡선 등 다양한 옵션을 이용하여 곡선을 생성한다.

사각형 : 사각형을 생성하는 기능이며 그리는 방식은 3가지이다.

선 : 직선의 선을 하나씩 생성한다.

원호 : 원호를 생성한다. 3Point 방식과 중심점을 이용하는 두 가지 방식이 있다.

원 : 원을 생성한다. 방식은 중심 Point와 지름 값 방식과 3Point 방식이 있다.

점 : point를 생성하는 기능이다.

모따기 : 두 개의 곡선과 만나는 부분에 모따기를 생성한다.

필렛 : 두 개의 곡선과 만나는 교차부분에 반경 값으로 라운드를 생성한다.

빠른 트리밍 : 가상의 교차되는 특정 곡선 까지 Trim 하는 명령이다.

빠른 연장 : 가상의 교차되는 특정 곡선 까지 Extend 하는 명령이다.

코너 만들기: 가상에 교차되는 Corner부분의 두 개 곡선을 동시에 Trim 또는 Extend 할 수 있는 명령이다.

방법 곡선 트리밍 : 선택한 경계곡선을 연관성 있게 Trim한다.

Move 곡선 : 곡선의 집합을 이동하고 인접한 곡선과 조건을 조정한다.

Offset Move 곡선 : 곡선의 집합을 지정된 거리만큼 이동하고 인접한 곡선과 조건을 조정한다.

Resize 곡선 : 호 또는 원의 크기를 조정하고 인접한 곡선과 조건을 조정한다.

Resize Chamfer 곡선 : Chamfer의 크기를 조정한다.

Delete 곡선 : 곡선의 집합을 삭제하고 인접한 곡선을 조정한다.

Studio Sp선 : 곡선을 생성하는 기능이다.

Polygon : 다각형을 생성하는 기능이다.

Ellipse : 타원을 생성하는 기능이다.

Conic : 원뿔형 곡선을 생성하는 기능이다.

Offset 곡선 : 스케치한 곡선을 offset하는 기능이다.

Pattern 곡선 : 곡선을 Pattern에 따라 정렬 복사 기능이다.

Mirror 곡선 : Center 선을 기준으로 선택한 곡선을 Mirror 복사하는 기능이다.

Intersection Point : 다른 면에 생성되어 있는 스케치 곡선에 현재 스케치면에 접하는 Point를 생성한다.

Intersection 곡선 : 면과 스케치사이에 교차곡선을 생성한다.

Project 곡선 : 스케치평면위에 곡선을 투영시키는 기능이다.

Derived 선 : Offset 기능과 이등분 선s생성이 가능하다.

Add Existing 곡선 : 동일 평면상에 기존의 곡선을 추가한다.

Optimize 2D 곡선 : 2D Data를 옮길 때 조금 더 능률적으로 작업을 할 수 있게 곡선을 최적화 하는 기능이다.

1) 프로파일( )그리기

메뉴(M) - 삽입 - 데이텀/점 - 데이텀 축

: 서브메뉴로 선과 원호를 선택하여 생성할 수 있다.

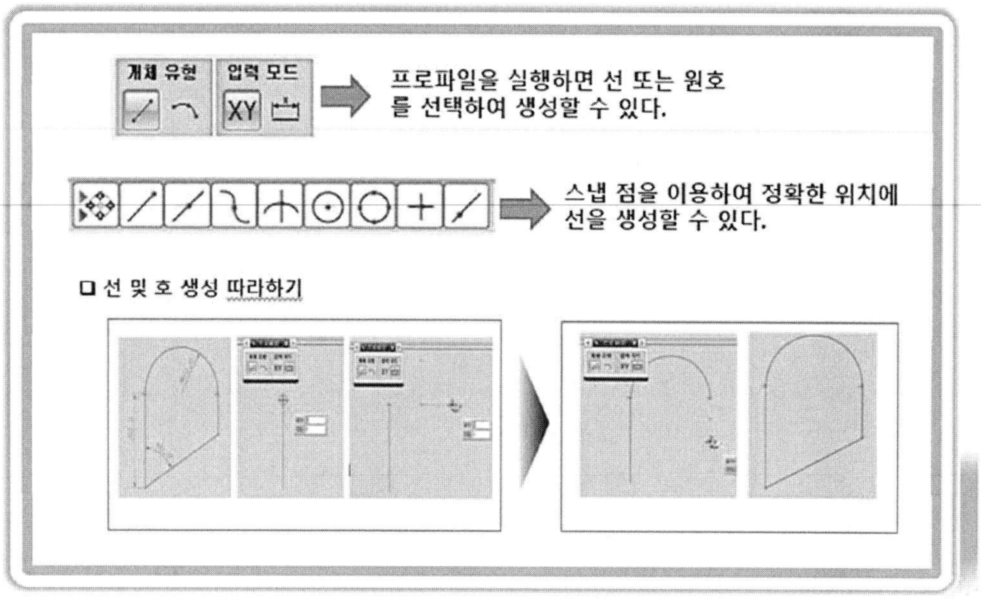

[그림 3-3]

2) 선( )그리기

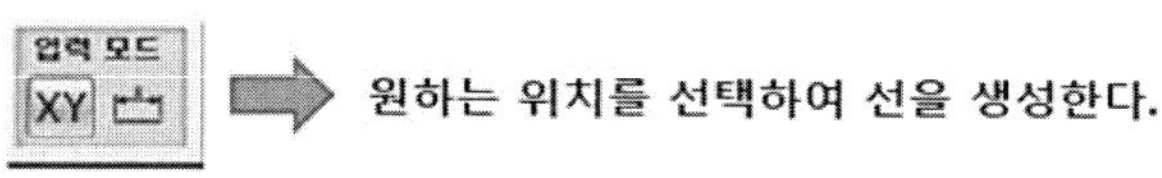

3) 원호( )그리기

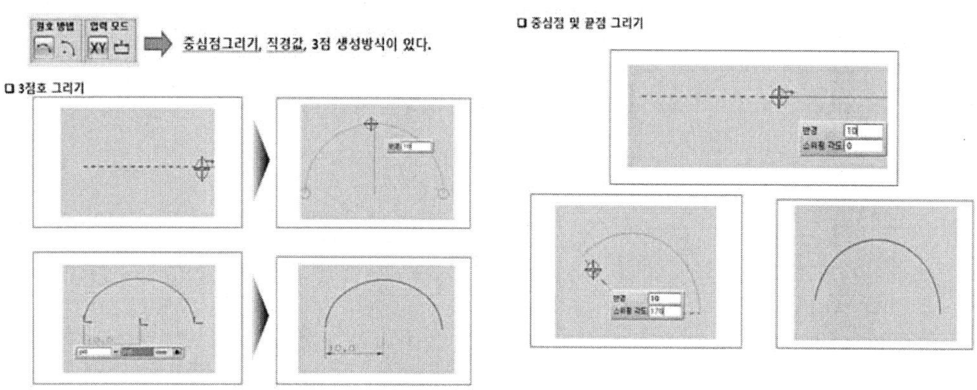

3 점호 작성하기

중심 및 끝점에 의한 원호 작성하기

[그림 3-4]

4) 원(○)그리기

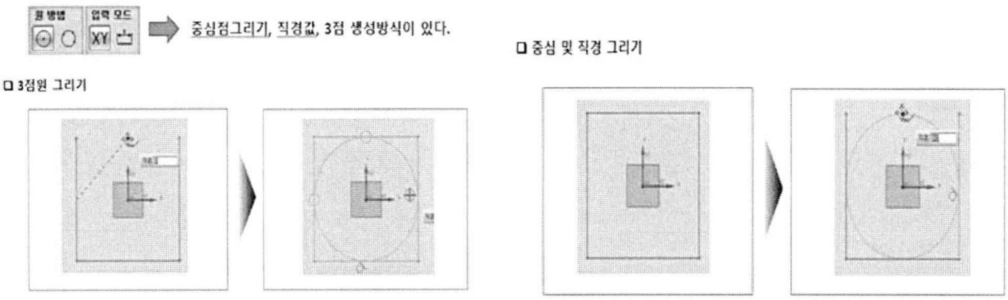

3 점호 작성하기　　　　　중심 및 끝점에 의한 원호 작성하기

[그림 3-5]

5) 파생선( )그리기

: 옵셋 기능과 이등분선 생성이 가능하다.

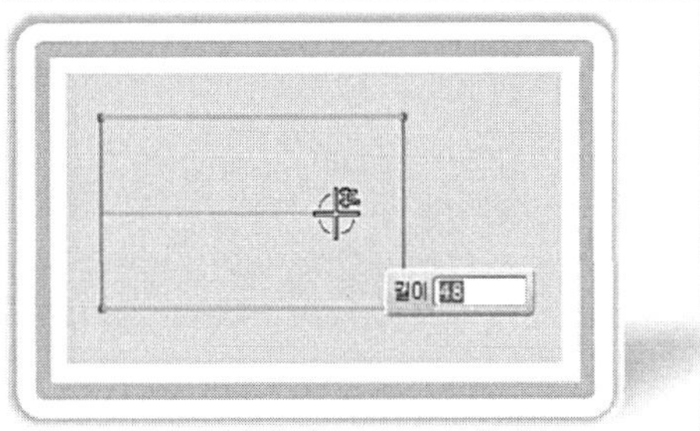	두 선 사이 거리의 중심 위치에 새로운 선을 생성한다면 두 선을 차례로 선택하여 중심에 위치한 곳에 선이 생성한다.
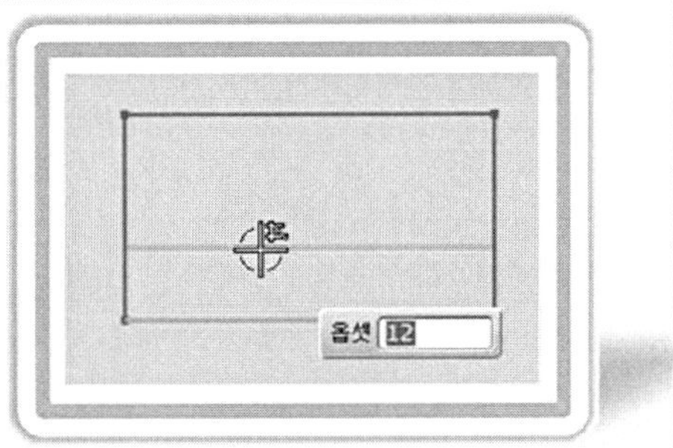	옵셋 특정 선을 옵셋 하려 한다면. 선을 선택하고 Offset값을 입력하면 된다. 이때 마우스 포인트 위치가 선이 생성되는 방향이 된다.
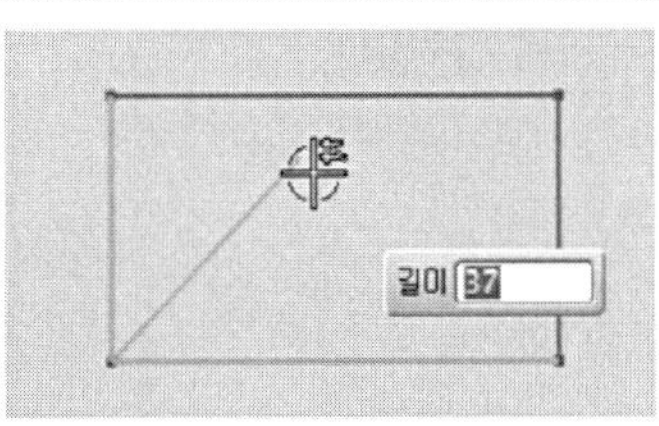	두 선 사이 각도를 이등분하는 선을 생성 하고자한다면 두 선을 차례로 선택하여 중심에 위치한 곳에 선이 생성한다.

[그림 3-6]

6) 필렛(ㄱ)

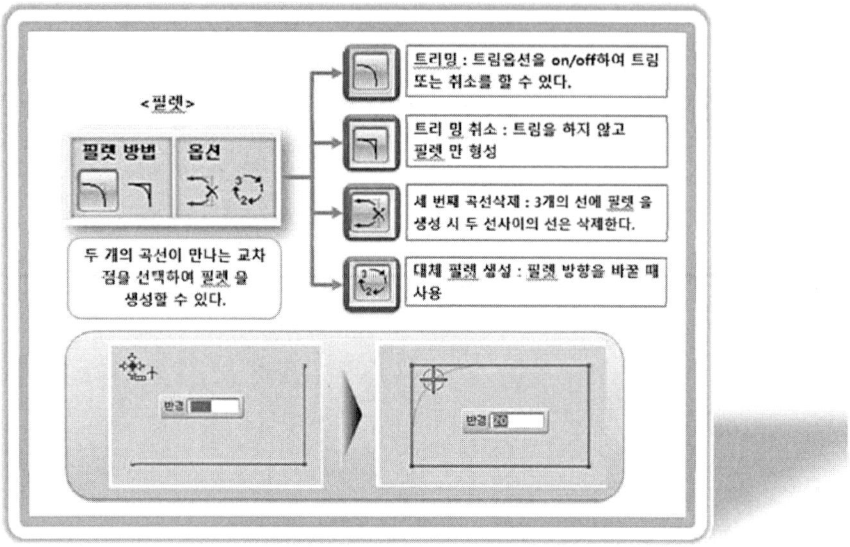

[그림 3-7]

7) 직사각형(ㅁ)

사각형을 그리는 기능으로 3가지 방법으로 사각형을 그릴 수 있고 2가지 방법으로 매개변수를 입력하거나 정의 할 수 있다.

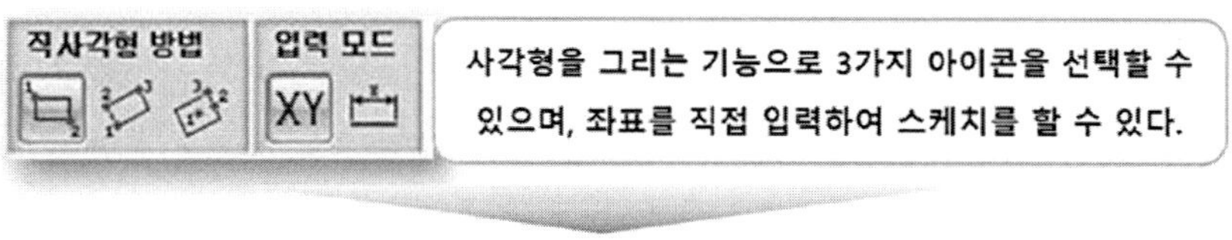

2점 선택	대각선 2 개의 점을 선택하여 생성한다.
3점 선택	3 개의 점을 선택하여 생성한다.
중심점 선택	중심점을 기준으로 나머지 2 점을 정의하여 생성한다.
X Y	사각형을 정의할 때 좌표를 입력할 수 있다.
매개변수	사각형을 그리는데 필요한 값을 직접 입력할 수 있다. (굵기 / 높이 / 각도)

[그림 3-8]

8) 다각형( )

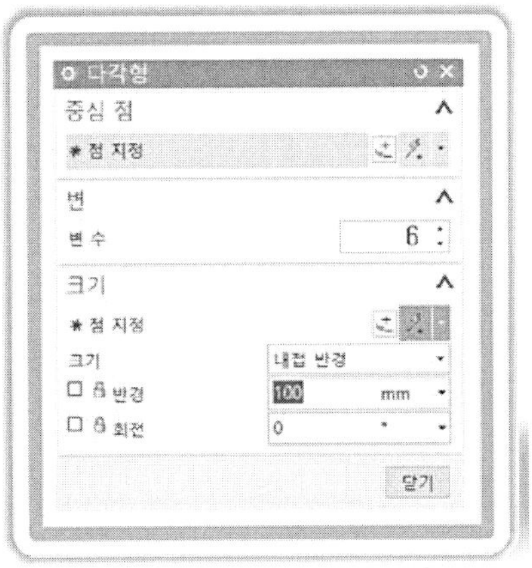

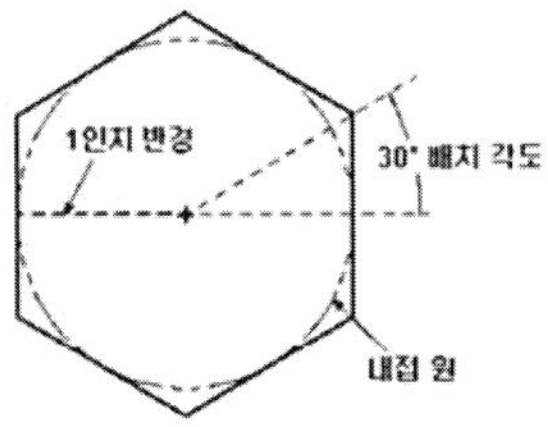

내접 원

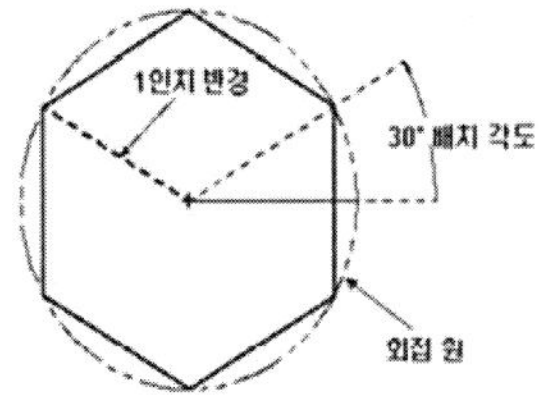

외접 원

[그림 3-9]

- 중심점은 절대좌표와, WCS좌표의 X, Y, Z평면에 다각형의 중심점을 지정한다.

① 변수

:다각형의 형상을 정의하기 위해 지정하는 변수

② 크기 점 지점

:중심점은 절대좌표와, WCS좌표의 X, Y, Z평면에 다각형의 중심점을 지정한다.

③ 내접반경

: 내접 원의 반경을 입력하여 다각형의 크기를 정의할 수 있으며 내접 반경은 원점에서 다각형 변의 중간 지점까지의 거리.

④ 변의 길이

: 다각형의 변의 길이를 지정한다.

⑤ 외접반경

: 외접원의 반경을 사용하여 다각형의 크기를 정의하며 외접 반경은 원점에서 다각형의 코너까지의 거리이다.

9) 타원( )

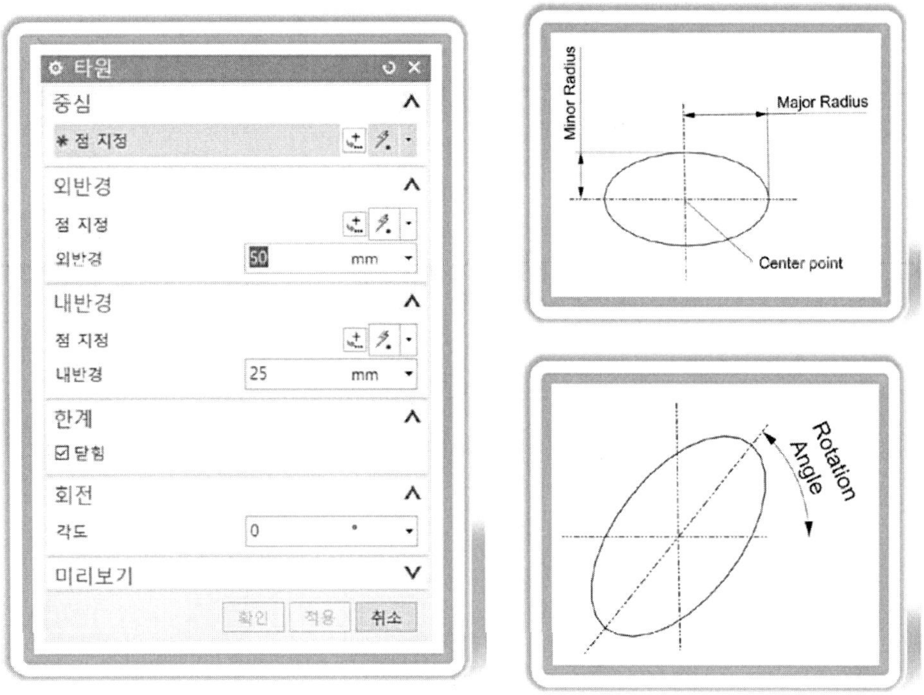

[그림 3-10]

① **중심**

: 점 다이얼로그를 이용하여 좌표 및 스냅점을 이용하여 중심점을 설정하다.

② **외반경**

: 점 다이얼로그를 이용하여 좌표 및 스냅점을 이용하여 외반경을 설정하다.

③ **내반경**

: 점 다이얼로그를 이용하여 좌표 및 스냅점을 이용하여 내반경을 설정하다.

④ **회전**

: 각도를 입력한다.

10) 원뿔( )

- 다양한 로프팅 원뿔 방법이나 일반 원뿔 등식을 사용하여 원뿔 단면을 생성한다.

[그림 3-11]

① 시작점 지정

: 점 다이얼로그를 이용하여 좌표 및 스냅점을 이용하여 시작점을 설정하다.

② 끝점 지정

: 점 다이얼로그를 이용하여 좌표 및 스냅점을 이용하여 끝점을 설정하다.

③ 제어점 지정

: 점 다이얼로그를 이용하여 좌표 및 스냅점을 이용하여 제어점을 설정하다.

④ Rho

: 1보다 작은 값을 설정한다.

⑤ 2점, 제어 점, Rho

: 원뿔 단면 위의 두 점, 시작 및 끝 슬로프를 결정하는 고정 점과 원뿔 단면 위의 세 번째 점을 결정하는 데 사용되는 투영 판별식인 로를 사용하여 원뿔을 생성한다.

11) 스튜디오 스플라인( )

- 연속된 자유 곡선을 그리며, 점에 기울기나 곡률 구속조건을 조정하는 방법으로 스플라인을 동적으로 생성하고 편집한다.

[그림 3-12]

① 유형

: 다양한 기능의 스플라인 선을 선택 할 수 있는 기능.

② 점 위치

: 스플라인 곡선을 만들 점을 선택하는 기능.

③ 매개변수화

: 스플라인의 데이터를 매개변수에 맞게 위치시키는 기능.

④ 이동

: 스플라인의 방향과 방법을 정의한다.

⑤ 연장

: 양쪽 끝 라인의 연장을 할 수 있는 기능.

⑥ 상세 위치 지정

: 스플라인을 세밀하게 수정할 때 사용하는 기능.

12) 빠른 트리밍(Quick Trim)( ), 연장(Extend)( )

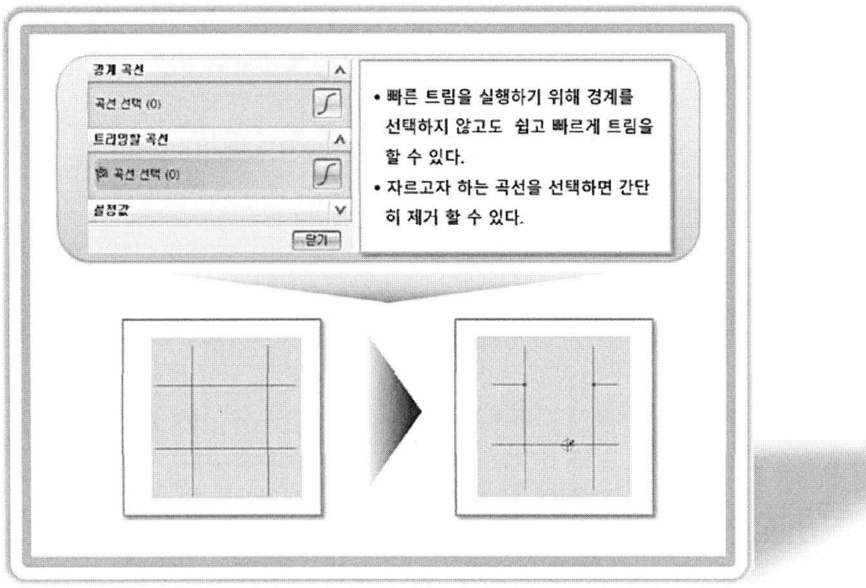

[그림 3-13]

13) 옵셋 곡선(Offset Curve)( )

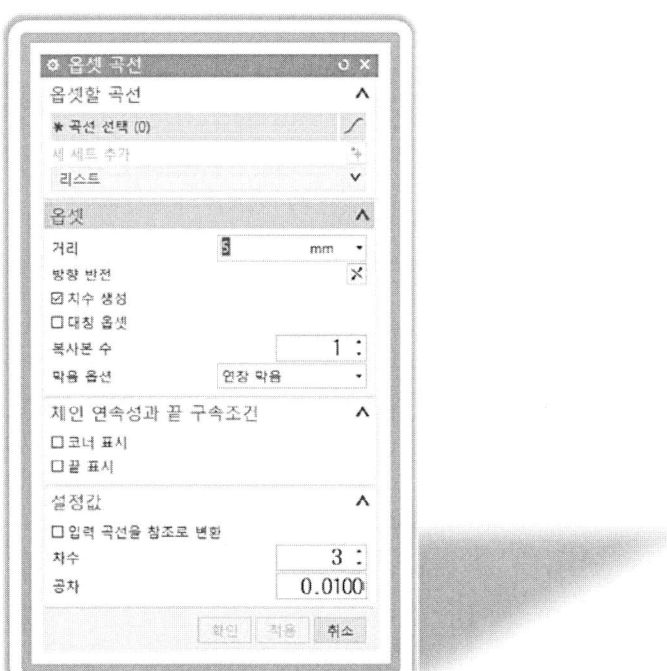

[그림 3-14]

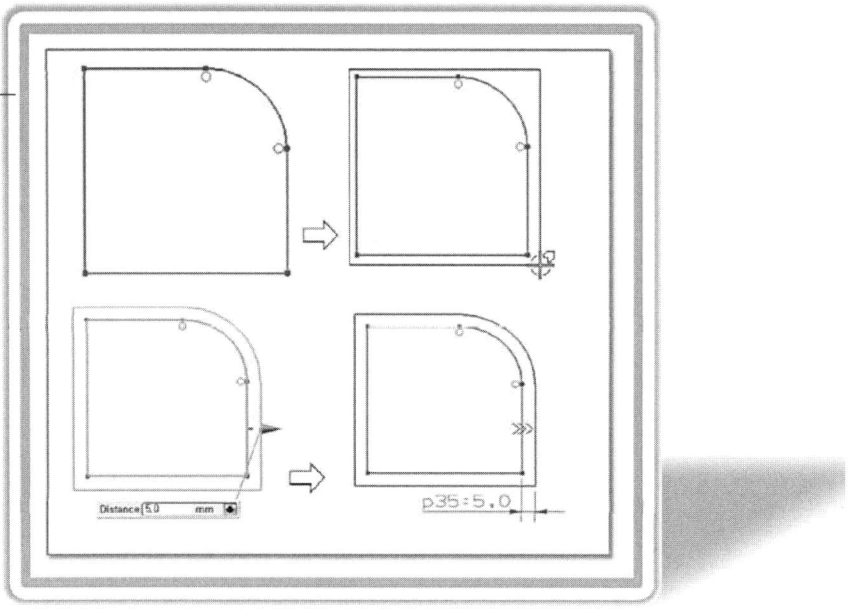

[그림 3-15]

① **옵셋 곡선**

: 옵셋할 거리를 입력하여 대상도형의 크기를 결정한다.

② **방향 반전**

: 옵셋할 곡선의 방향과 위치를 결정한다.

③ **대칭 옵셋**

: 옵셋할 곡선을 반대방향으로 이동 및 복사하여 생성하는 기능.

14) 패턴 곡선( )

[그림 3-16]

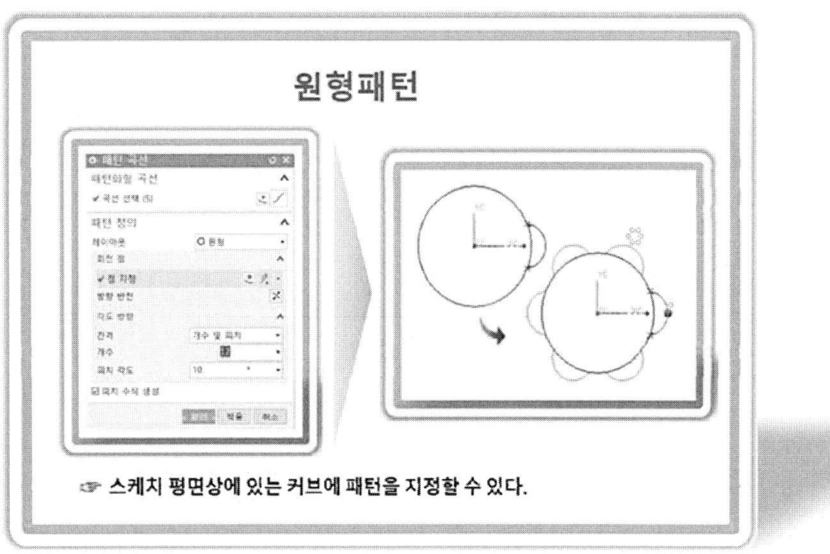

[그림 3-17]

15) 대칭 곡선()

: 스케치 평면상에 있는 곡선체인의 대칭패턴을 생성한다.

[그림 3-17]

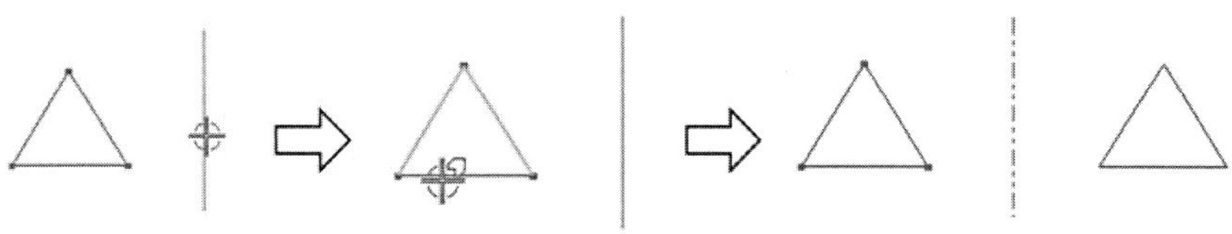

[그림 3-18]

16) 교차점(Intersections point)()

: 곡선과 스케치 평면 사이에 교차점을 생성한다.

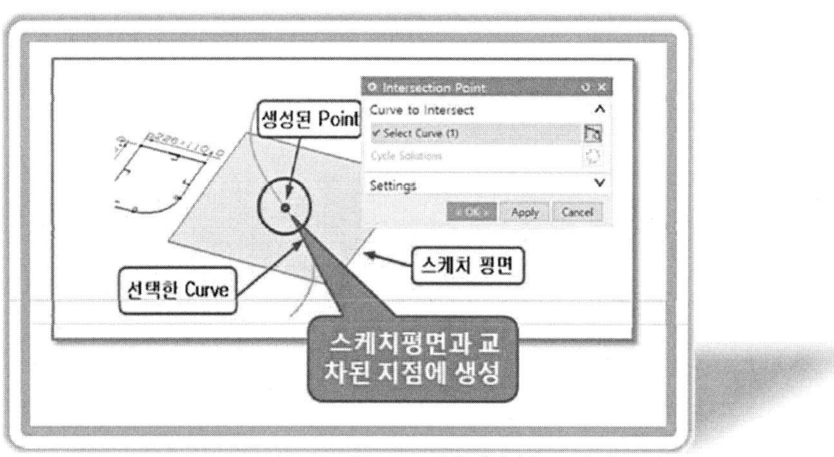

[그림 3-19]

17) 기존의 곡선추가(Add Existing Curves)( )

: Modeling에서 생성한 Basic 곡선이나 외부에서 받아온 DWG, DXF 파일을 NX의 스케치 곡선으로 변환할 수 있다.

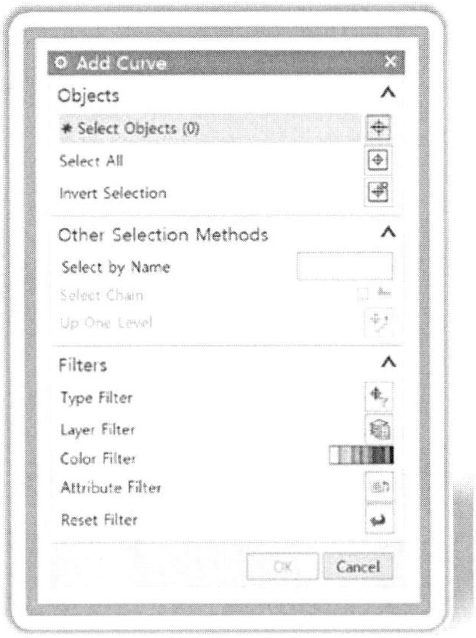

바꾸고자 하는 곡선을 선택한 후 OK 버튼을 클릭 한다.

* DXF File이 있을 경우 다시 스케치 하는 것이 아니라 DXF File를 NX 스케치 곡선으로 변환 하여 작업이 가능 하다.

* 기존 곡선으로 곡선을 변환 하였을 때 기존의 Basic 곡선은 변환되어 사라지므로 신중히 변환해야 한다.

[그림 3-20]

18) 곡선투영(Project)( )

: 스케치 평면에 스케치 평면을 법선을 따라 외부 프로젝트를 투영하여 추출된 곡선 또는 곡선의 스트링을 생성할 수 있다.

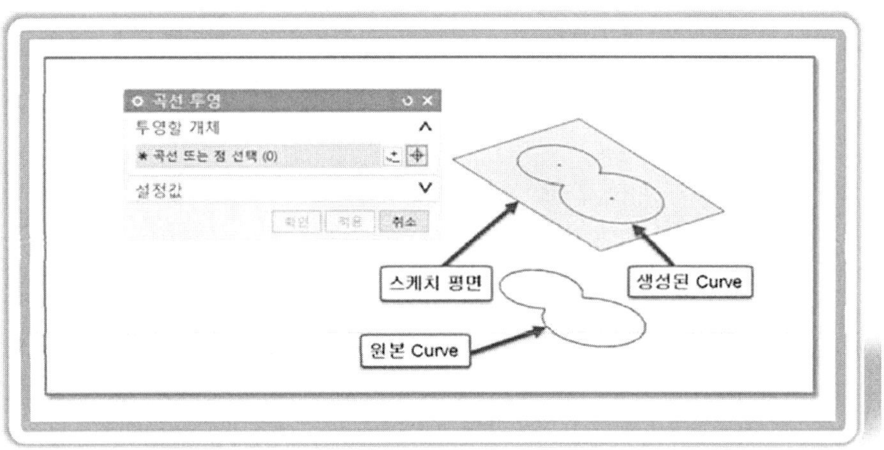

[그림 3-21]

19) 정의 단면 교체()

: 스웹 특징형상을 정의하는데 사용된 단면에서 객체(곡선, 모서리, 면)를 추가하거나 삭제한다.

20) 교차 곡선()

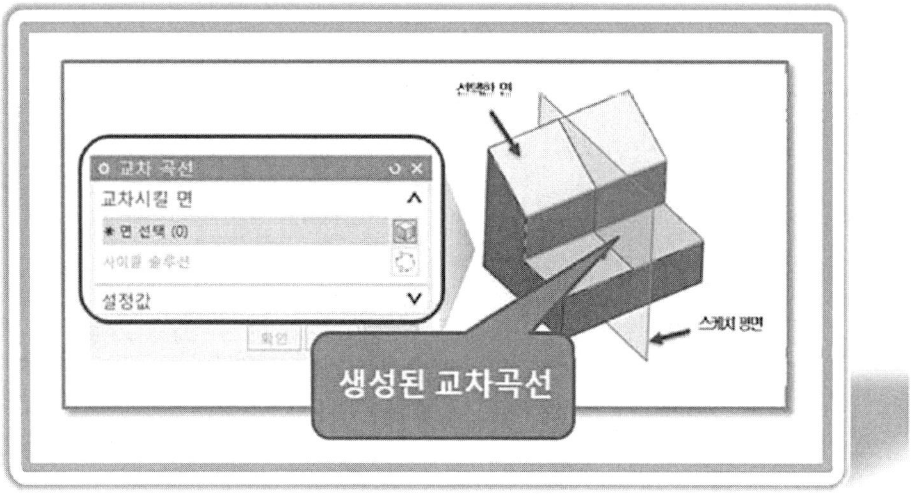

[그림 3-22]

5. 스케치 구속조건(Sketch Constraints)( )

: 스케치 상에서 생성한 곡선에 기하학적 도형의 구속조건(Geometric Constraints)를 정의 한다.

1) 기하 구속조건 기능 (Geometric Constraints)

수직 : 직선을 수직으로 구속 한다.

수평 : 직선을 수평으로 구속 한다.

접합 : 두 개 이상의 직선 혹은 곡선을 곡선의 접선으로 구속한다.

평행 : 두 개 이상의 직선을 평행하도록 구속한다.

직교 : 두 개 이상의 직선을 직각으로 구속한다.

동심 : 두 개 이상의 원호를 동심으로 구속한다.

동일직선상 : 두 개 이상의 직선을 동일 선상으로 구속한다.

동등길이 : 두 개 이상의 직선을 동일한 길이로 구속한다.

동등반경 : 두 개 이상의 원호를 동일한 반경으로 구속한다.

곡선상의 점 : 직선 혹은 곡선 상에 점이 위치하도록 구속한다.

중간 점 : 점을 직선 혹은 곡선의 중간위치로 구속한다.

일치 : 두 개 이상의 점을 동일한 위치로 구속한다.

일정 길이 : 직선 의 길이를 일정하게 구속한다.

일정 각도 : 직선의 각도를 일정하게 구속한다.

고정 : 2D 객체의 위치를 구속한다.

완전 고정 : 2D 객체의 위치와 길이를 완전히 구속한다.

스트링 상의 점 : 투영된 곡선 상에 점이 위치하도록 구속한다.

수직 (Vertical)

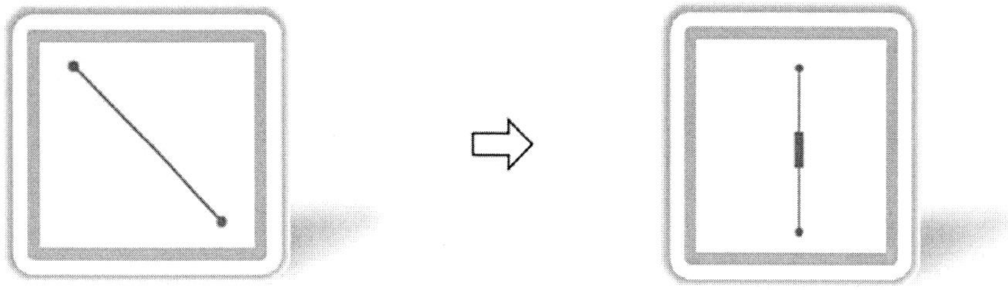

수평 (Horizontal)

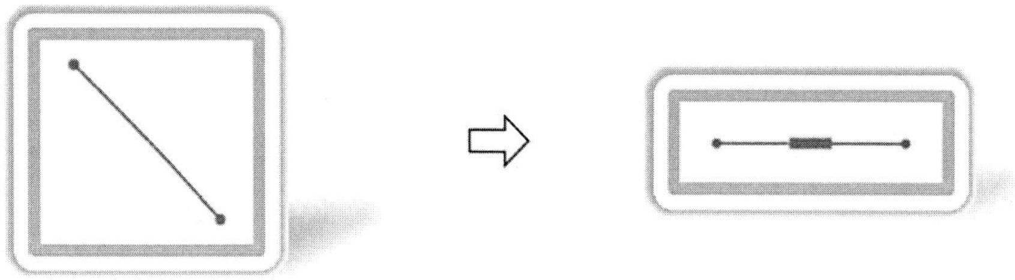

접선 (Tangent)

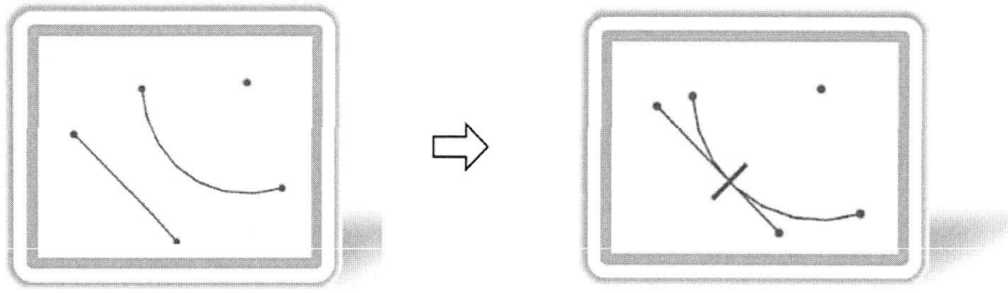

평행 (Parallel)

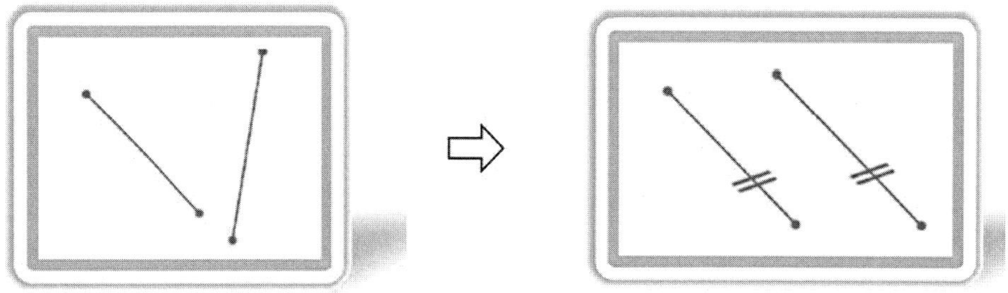

직교 (Perpendicular)

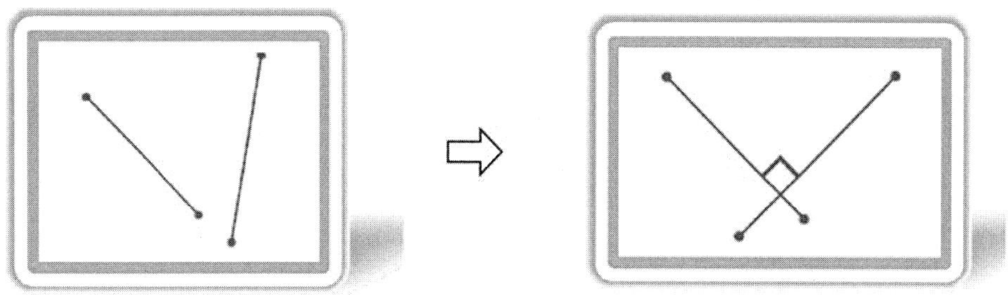

동심 (Concentric)

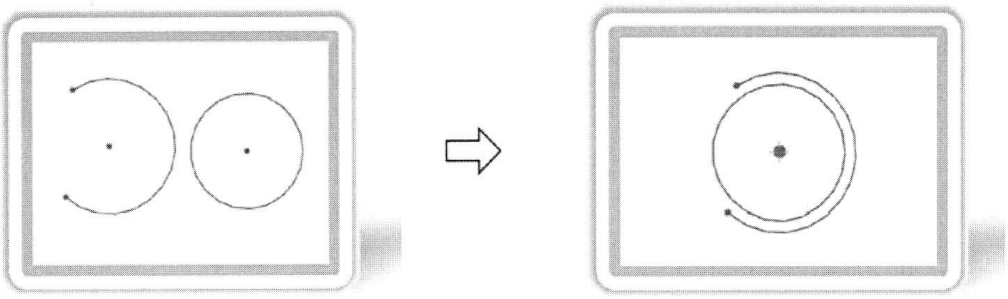

동일 직선 상 (Colar)

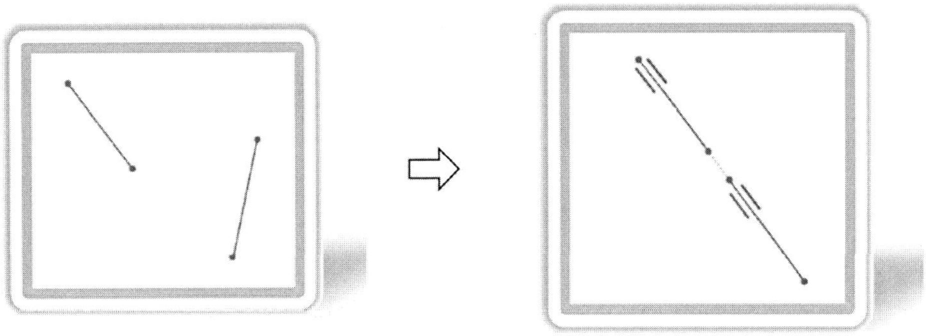

동등 길이 (Equal Length)

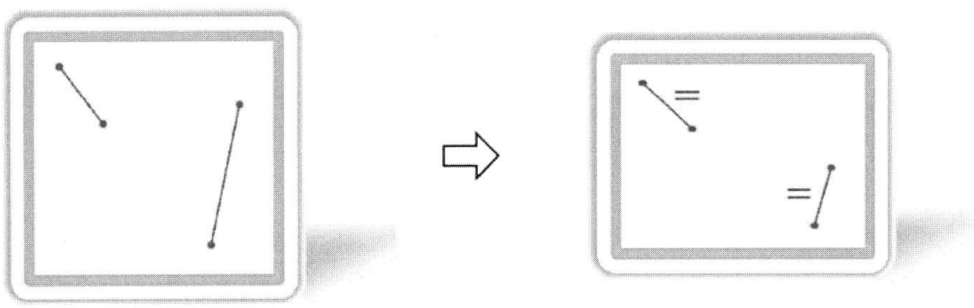

동등 반경 (Equal Radius)

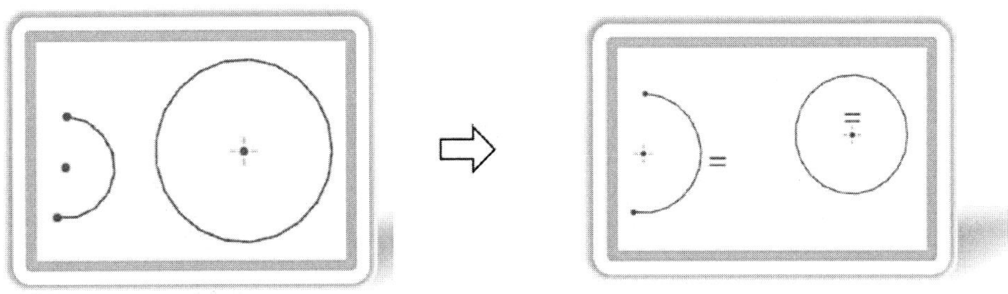

곡선상의 점 (Point on 곡선)

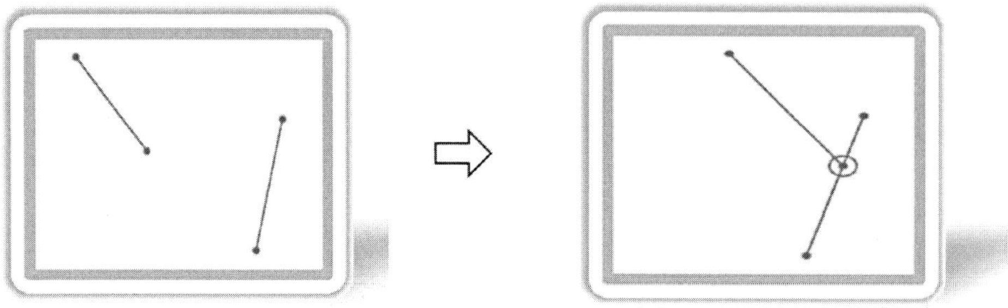

중간 점 (Mid Point)

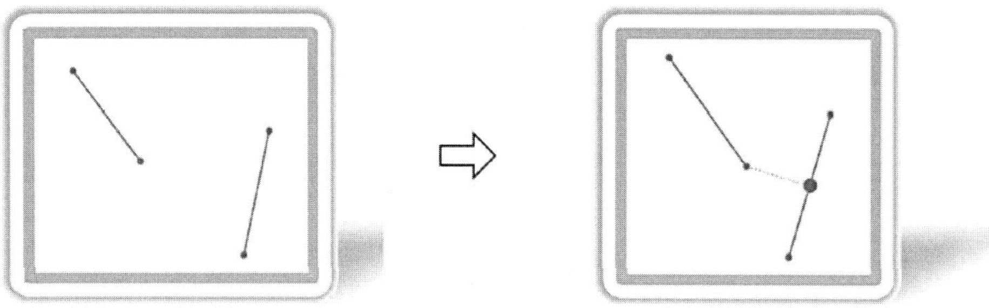

일치 (Coincident)

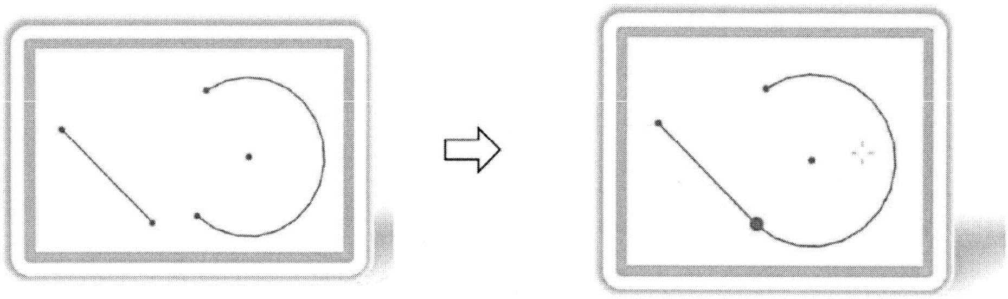

일정길이 (Constant Length)

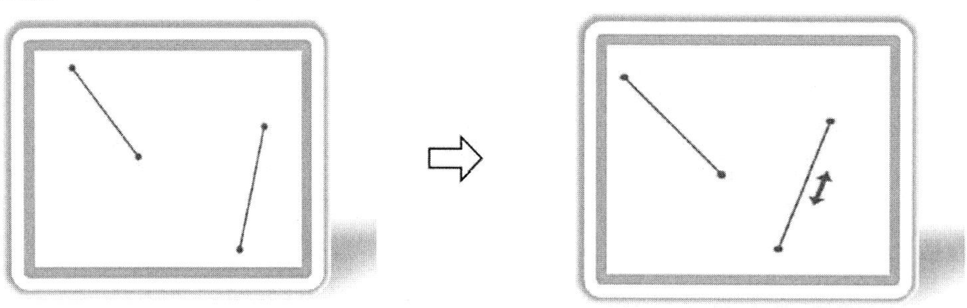

일정 각도 (Constant Angle)

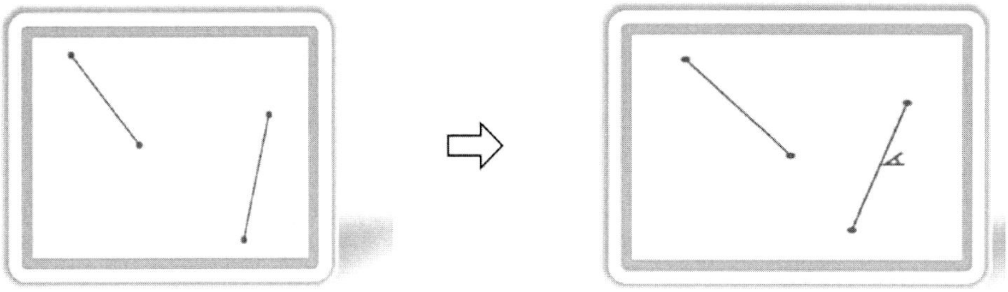

위치 고정 (Fixed)

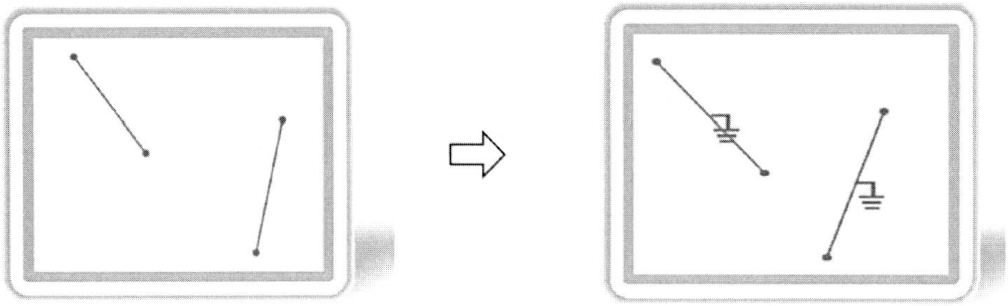

완전 고정 (Fully Fixed)

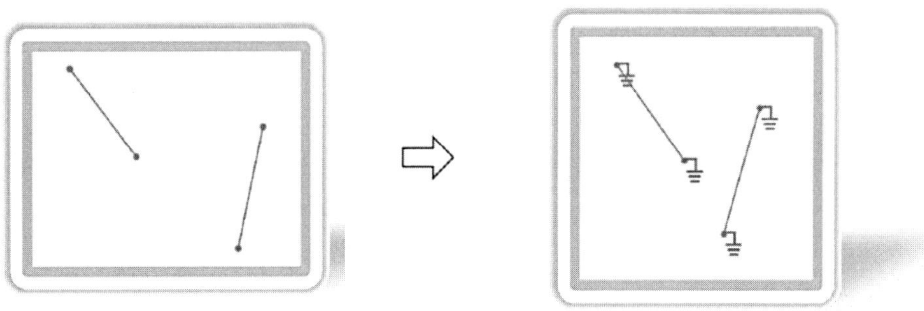

스트링 상의 점 (Point on String)

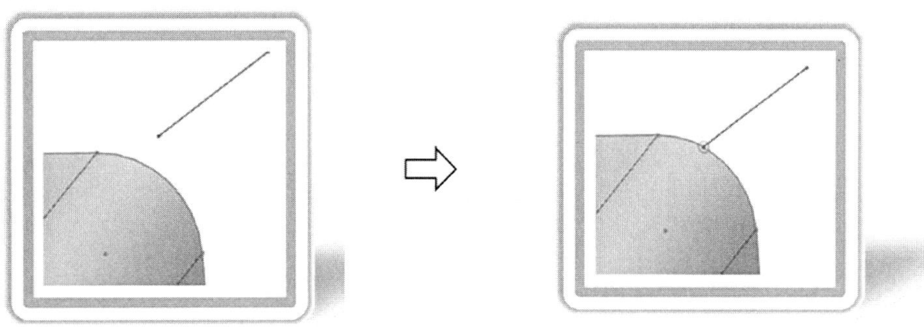

비-균일 배율 (Non-Uniform Scale)

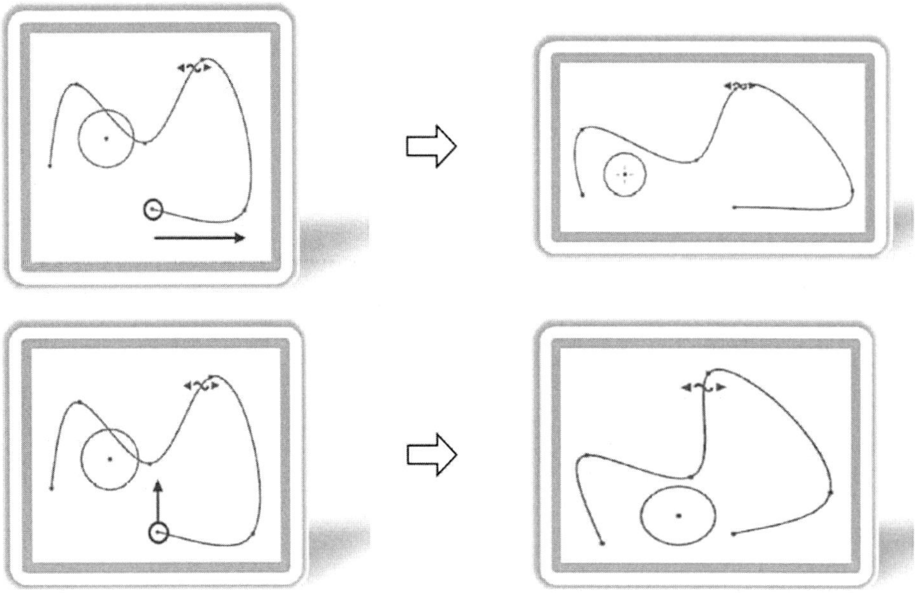

균일 배율 (Uniform Scale)

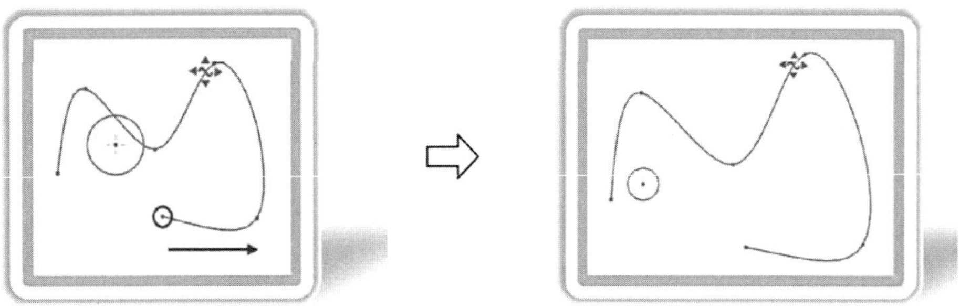

곡선의 기울기 (Slope of 곡선)

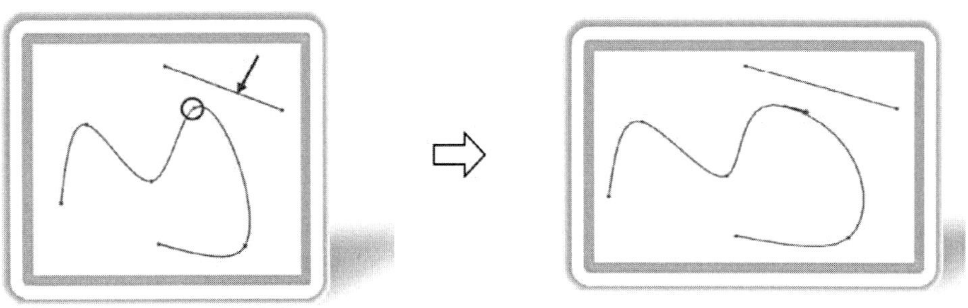

2) 자동 구속(Automatic Constraints)( )

: 스케치에 자동으로 적용된 지오메트리 구속조건 유형을 설정하며, 원하는 옵션 체크에 따라 스케치에서 곡선을 생성 시 자동으로 구속조건이 생성된다.

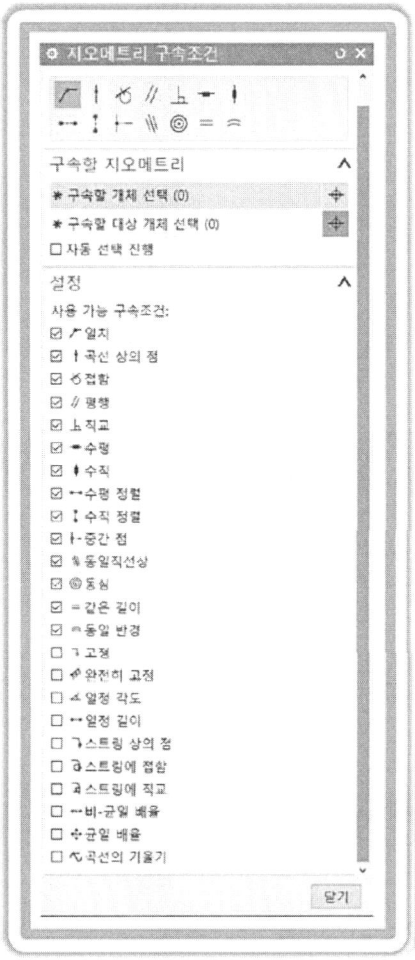

[그림 3-23]

3) 구속조건 표시/제거(Show / Remove Constraints)( )

: 원하는 옵션에 체크하면 Sketch에서 Curve를 생성 시 자동으로 구속조건이 생성된다. 주어진 구속조건에 상세한 정보를 볼 수 있으며, 정보를 이용하여 직접 선택하여 지울 수도 있고 모든 조건을 한 번에 지울 수 있는 기능이다.

4) 참조 변환(convert to / From Reference)( )

:구속조건을 주기 위한 참조 선을 만들고 반대로 참조 선을 활성화 시킬 수도 있다.
참조선은 3차원 형상을 만들 때는 사용할 수 없다.

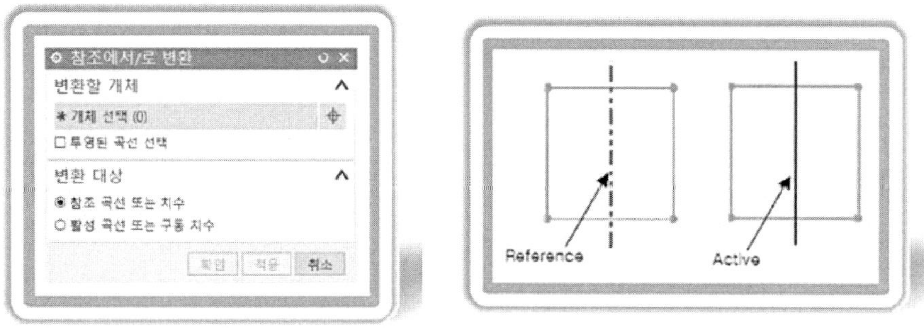

[그림 3-24]

5) 대체 솔루션( )

: 입력된 치수 혹은 접선 구속조건의 기준을 변경 가능한 대체 방향으로 변경하는 기능.

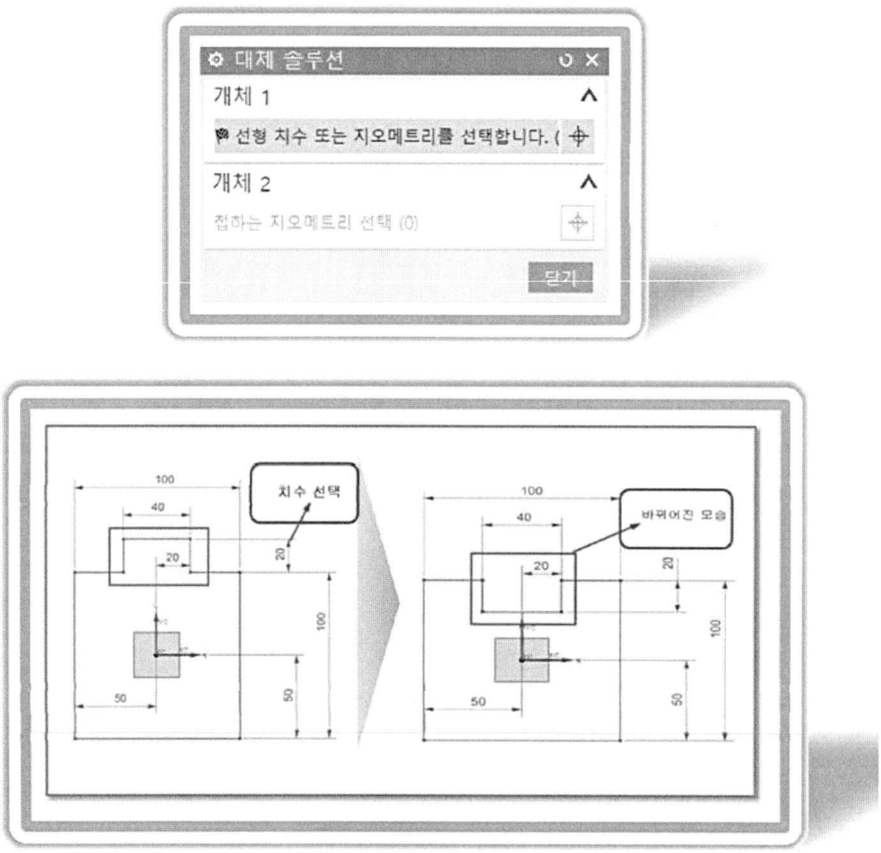

[그림 3-25]

6. 스케치 치수(Dimension)

: 스케치에서 원하는 곡선을 생성 후 치수 값을 입력하여 사용자가 원하는 곡선의 길이와 특정 거리 값을 수정하는 명령이다.

1) 치수 아이콘의 정의

급속 : 선택한 개체를 자동으로 추정하여 치수를 기입한다.

선형 : 선형치수를 기입한다.

반경 : 원이나 호의 반지름 치수를 기입한다.

각도 : 두 선 사이의 각도 치수를 기입한다.

둘레 : 체인형상의 둘레길이의 합산 치수를 기입한다.

자동 치수 : 선택한 곡선에 자동적으로 치수를 생성하는 기능이다.

연속 자동치수 : 치수를 이용하여 스케치를 완전 구속한다.

PMI로 디스플레이 : 스케치 치수를 모델링 환경으로 출력한다.

2) 급속치수( )

: 치수 모든 명령어를 대신하여 사용이 가능하다. 하나의 곡선길이를 정의할 경우 길이를 정의하고 싶은 하나의 곡선을 선택한 후 치수선의 적당한 위치에서 한 번 더 마우스를 클릭하여 치수선을 생성한다.

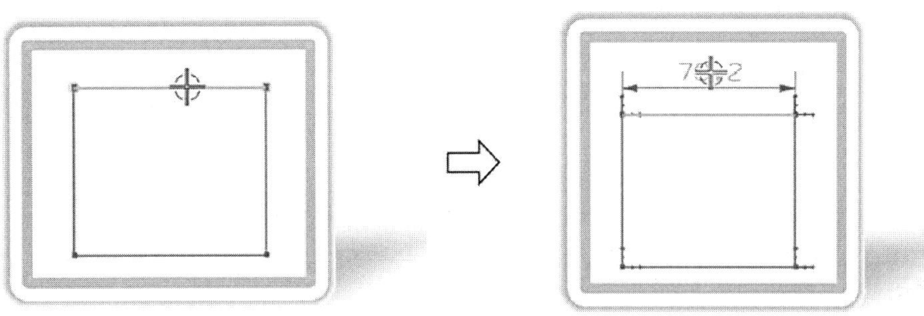

[그림 3-26]

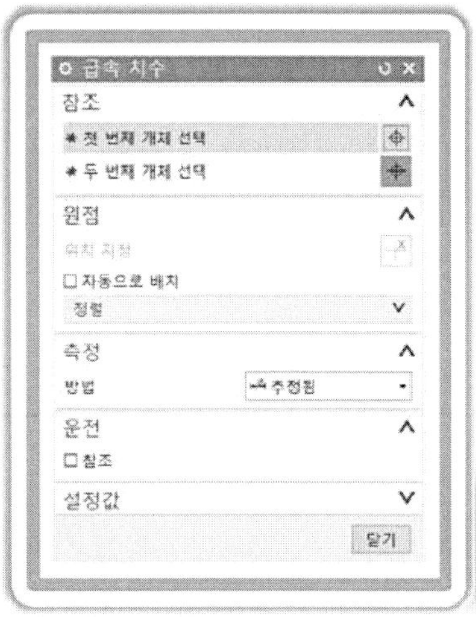

참조 : 치수를 기입할 첫 번째 개 두 번째 개채를 지정한다.

원점 : Place Automatically 에 체크가 되어있을 시 Method에 맞게 치수가 자동으로 기입된다.

측정 : 기입할 치수의 방법을 선택한다.

[그림 3-27]

3) 자동 치수(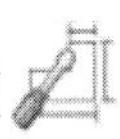)

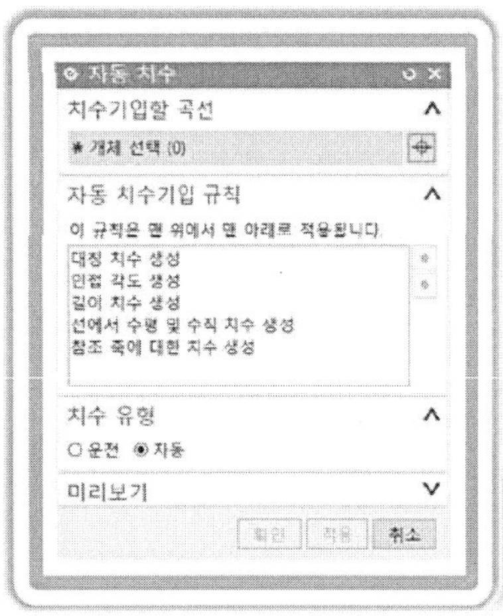

치수 기입할 곡선 : 자동으로 치수기입 할 곡선 및 포인트를 선택 한다.

자동 치수기입 규칙 : 선택한 개체의 완벽 구속을 적용 할 룰의 순서를 정렬한다.

치수 유형 : 두 가지의 타입으로 치수를 생성할 수 있다.
1. 운전 ; 구속력이 있는 치수
2. 자동 ; 구속력이 없고 표시만 되는 치수

[그림 3-28]

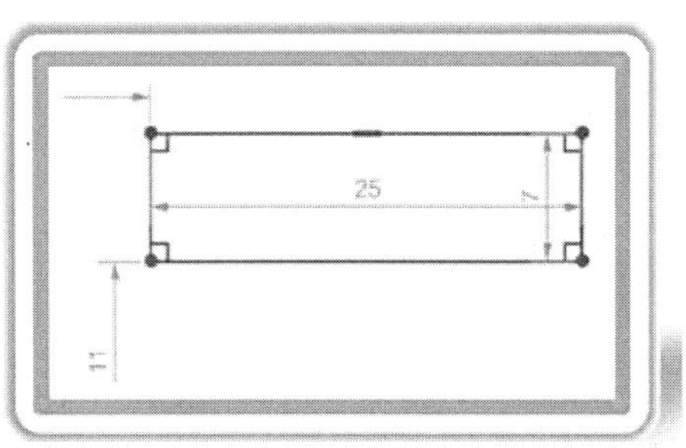

연속자동 치수가 켜져 있으면 그림과 같이 흐릿한 색의 구속력이 없는 자동치수가 함께 생성된다.

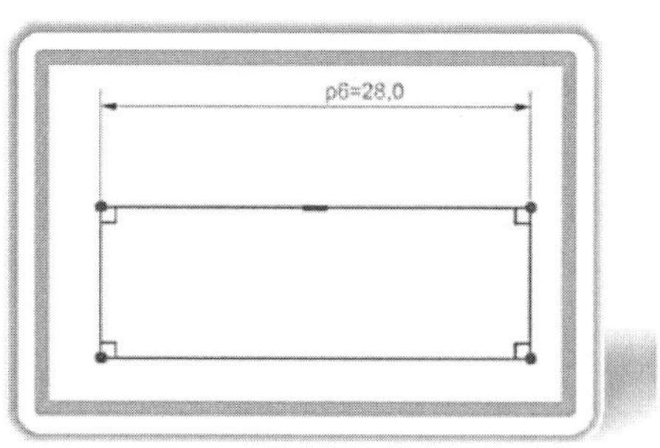

일반적인 직접 입력한 치수와 (구동치수)와 비교하면 더 선명한 색으로 표시 되어있다.

[그림 3-29]

4) PMI로 디스플레이 기능( )

: 스케치 치수를 모델링 환경에 PMI로 나타내주는 기능

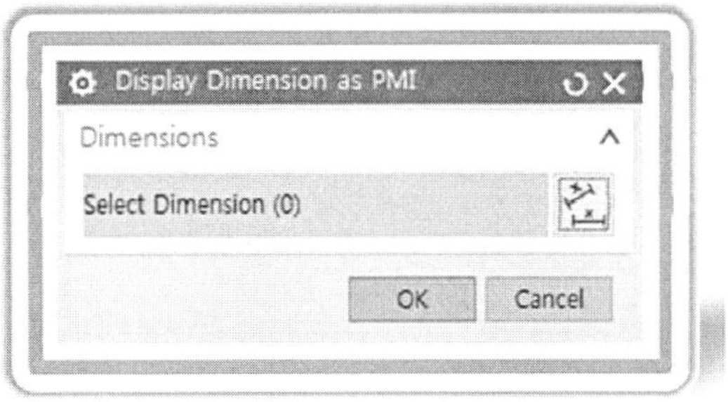

스케치의 치수를 선택하여 OK를 클릭하면 스케치를 종료했을 경우 스케치 치수가 PMI로 모델링에 표시된다.

Direct 스케치 : 치수 선택 MB3에서 Display as PMI 선택.

태스크 환경에서 스케치 : 메인메뉴 Tool-Display as PMI 선택.

메인메뉴 및 아이콘 메뉴는 스케치 task environment에만 있다.
Direct 스케치에서 Display PMI를 사용하려면 MB3 Button을 이용할 수밖에 없다.

[그림 3-20]

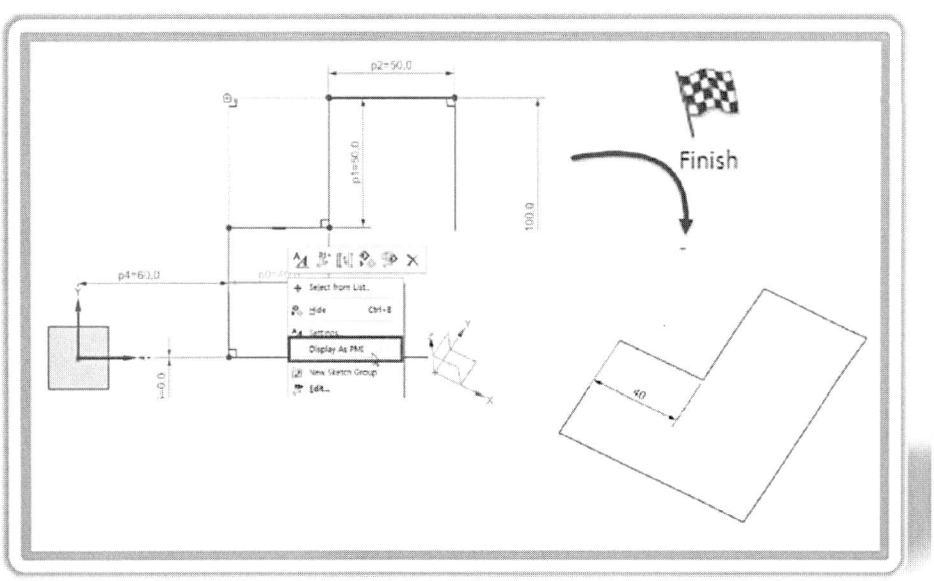

[그림 3-31]

7. 스케치 완성하기

1) 예제1

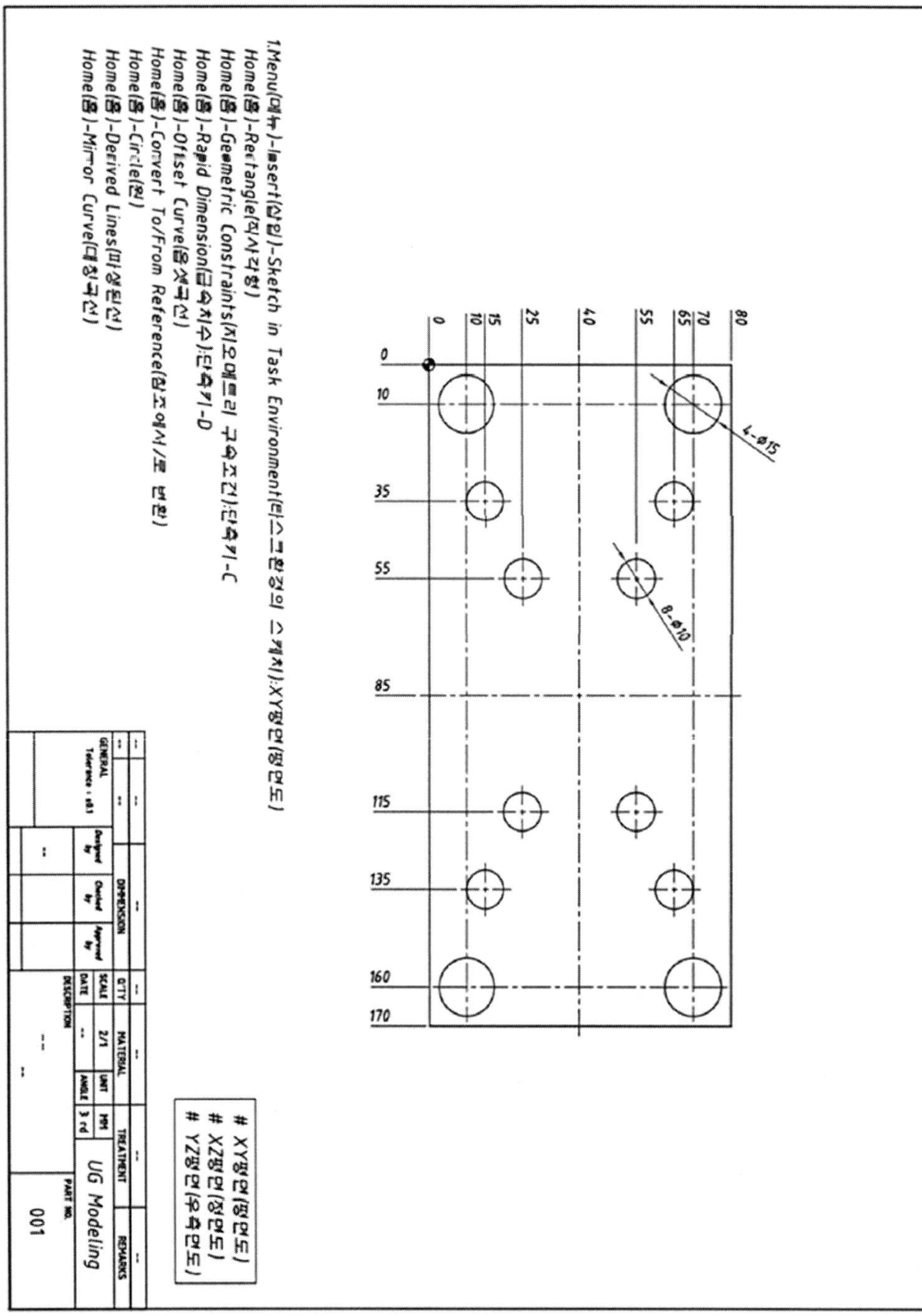

[그림 3-32]

2) 예제2

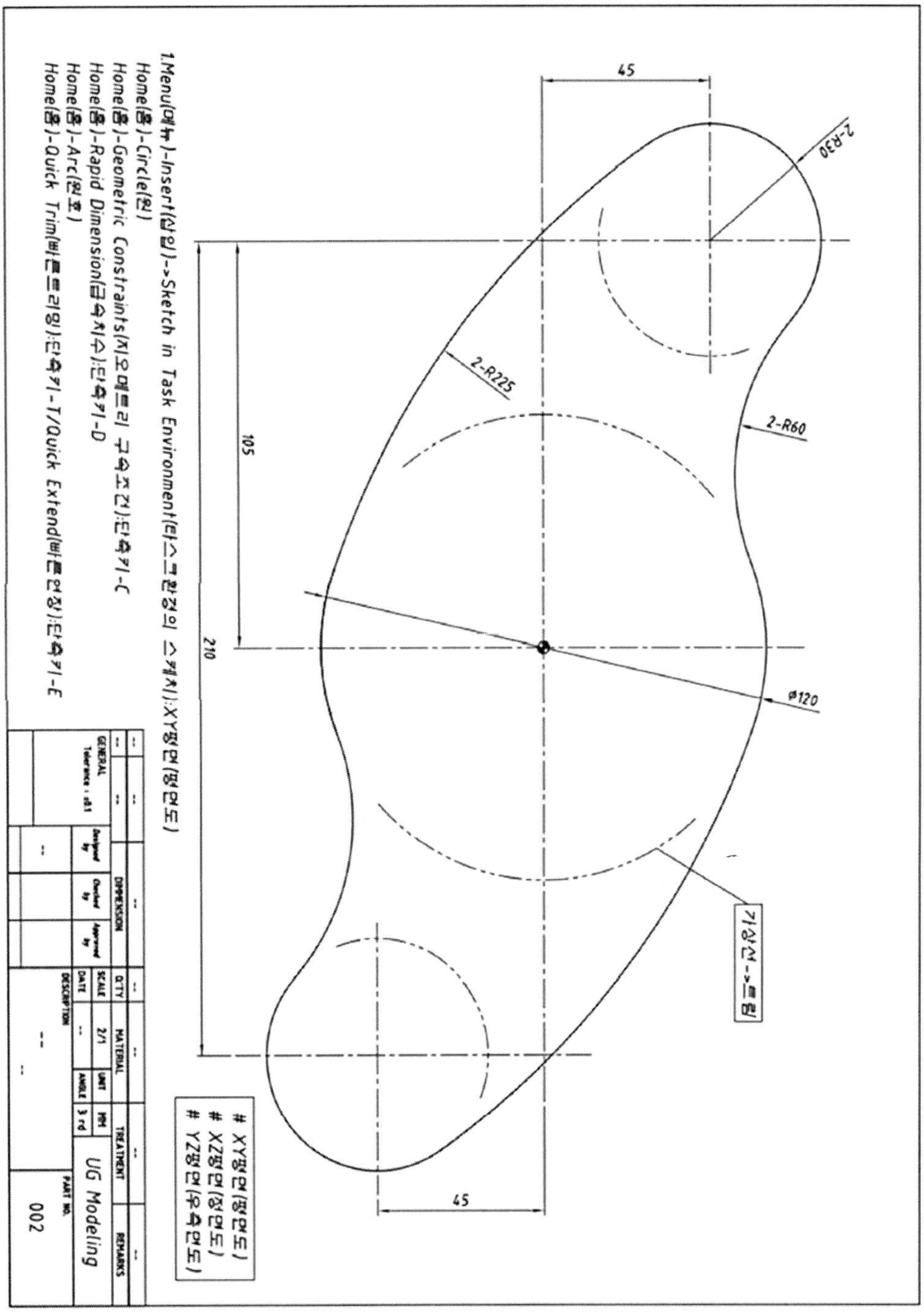
1.Menu(메뉴)-Insert(삽입)->Sketch in Task Environment(타스크환경의 스케치):XY평면(평면도)
Home(홈)-Circle(원)
Home(홈)-Geometric Constraints(지오메트리 구속조건):단축키-C
Home(홈)-Rapid Dimension(급속치수):단축키-D
Home(홈)-Arc(원호)
Home(홈)-Quick Trim(빠른트리밍):단축키-T/Quick Extend(빠른연장):단축키-E
45
2-R30
2-R225
2-R60
105
210
ø120
가상선->트림
45
XY평면(평면도)
XZ평면(정면도)
YZ평면(우측면도)
DIMENSION
Q'TY
MATERIAL
TREATMENT
REMARKS
GENERAL Tolerance ±0.1
Designed by
Checked by
Approved by
SCALE 2/1
UNIT MM
DATE
ANGLE 3 rd
DESCRIPTION
UG Modeling
PART NO.
002

3) 예제3

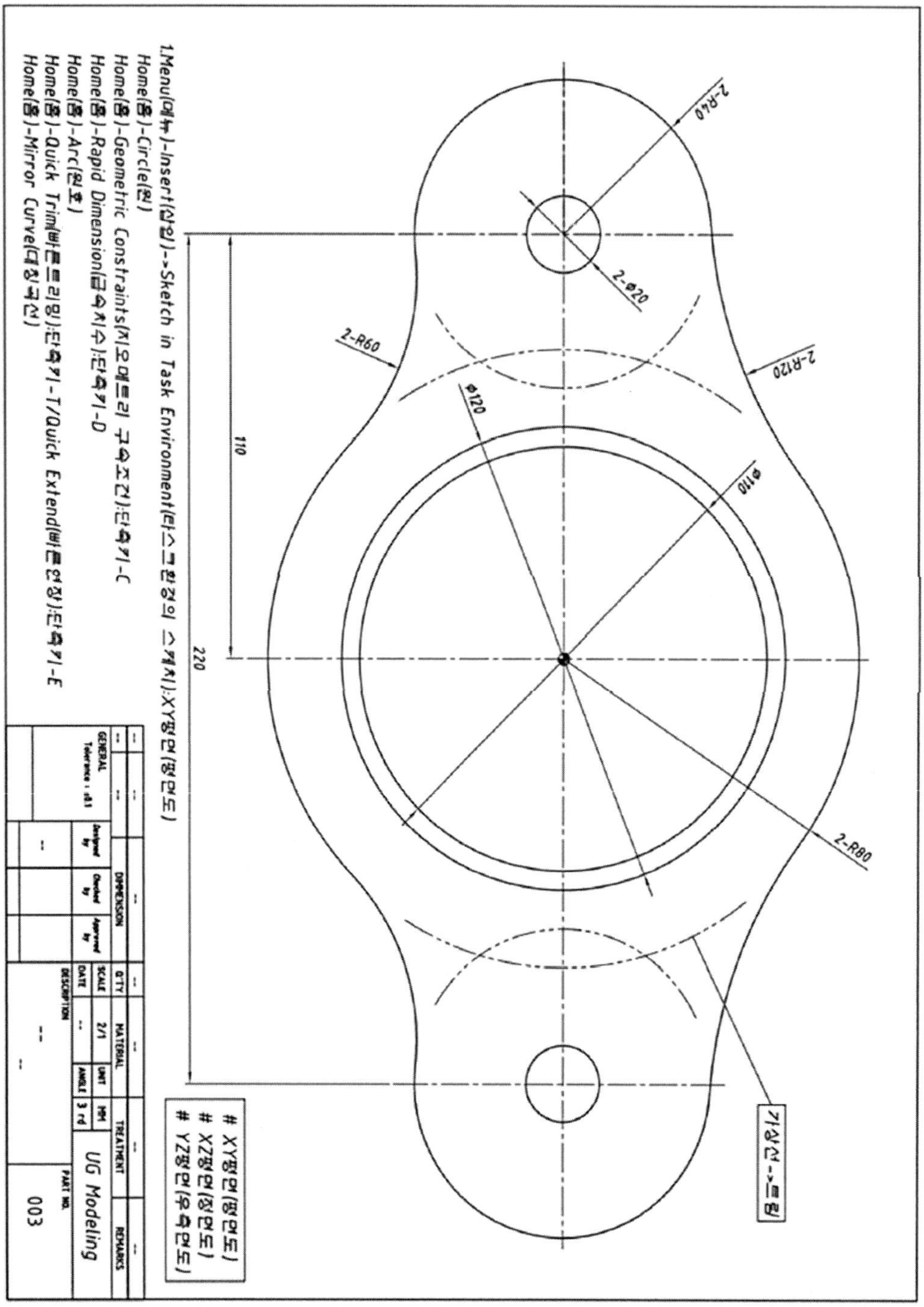
1.Menu(메뉴)-Insert(삽입)->Sketch in Task Environment(타스크환경의 스케치):XY평면(평면도)
Home(홈)-Circle(원)
Home(홈)-Geometric Constraints(지오메트리 구속조건):단축키-C
Home(홈)-Rapid Dimension(급속치수):단축키-D
Home(홈)-Arc(원호)
Home(홈)-Quick Trim(빠른트리밍):단축키-T/Quick Extend(빠른연장):단축키-E
Home(홈)-Mirror Curve(대칭곡선)
# XY평면(평면도)
# XZ평면(정면도)
# YZ평면(우측면도)
가상선->트림
2-R40
2-Ø20
2-R60
Ø120
2-R120
Ø110
2-R80
110
220
GENERAL Tolerance ±0.1
DIMENSION
Q'TY
MATERIAL
TREATMENT
REMARKS
Designed by
Checked by
Approved by
SCALE 2/1
UNIT MM
DATE
ANGLE 3 rd
UG Modeling
DESCRIPTION
PART NO.
003

[그림 3-33]

4) 예제4

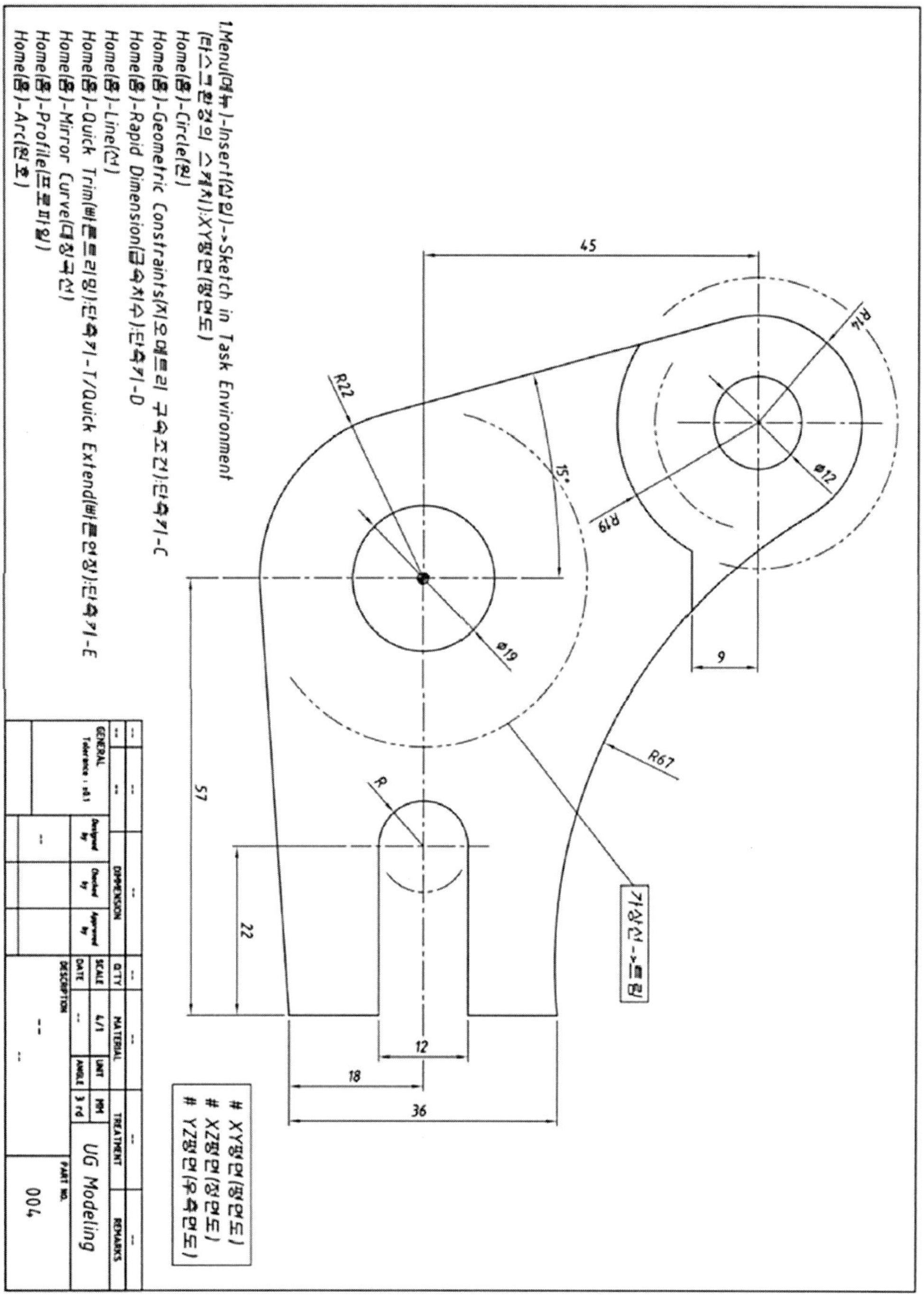
1.Menu(메뉴)-Insert(삽입)->Sketch in Task Environment
(타스크환경의 스케치):XY평면(평면도)
Home(홈)-Circle(원)
Home(홈)-Geometric Constraints(지오메트릭 구속조건):단축키-C
Home(홈)-Rapid Dimension(급속치수):단축키-D
Home(홈)-Line(선)
Home(홈)-Quick Trim(빠른트리밍):단축키-T/Quick Extend(빠른연장):단축키-E
Home(홈)-Mirror Curve(대칭곡선)
Home(홈)-Profile(프로파일)
Home(홈)-Arc(원호)
45
R14
R22
Ø12
15°
R19
Ø19
9
R67
57
R
22
가상선->트림
12
18
36
XY평면(평면도)
XZ평면(정면도)
YZ평면(우측면도)
UG Modeling
004

[그림 3-34]

5) 예제5

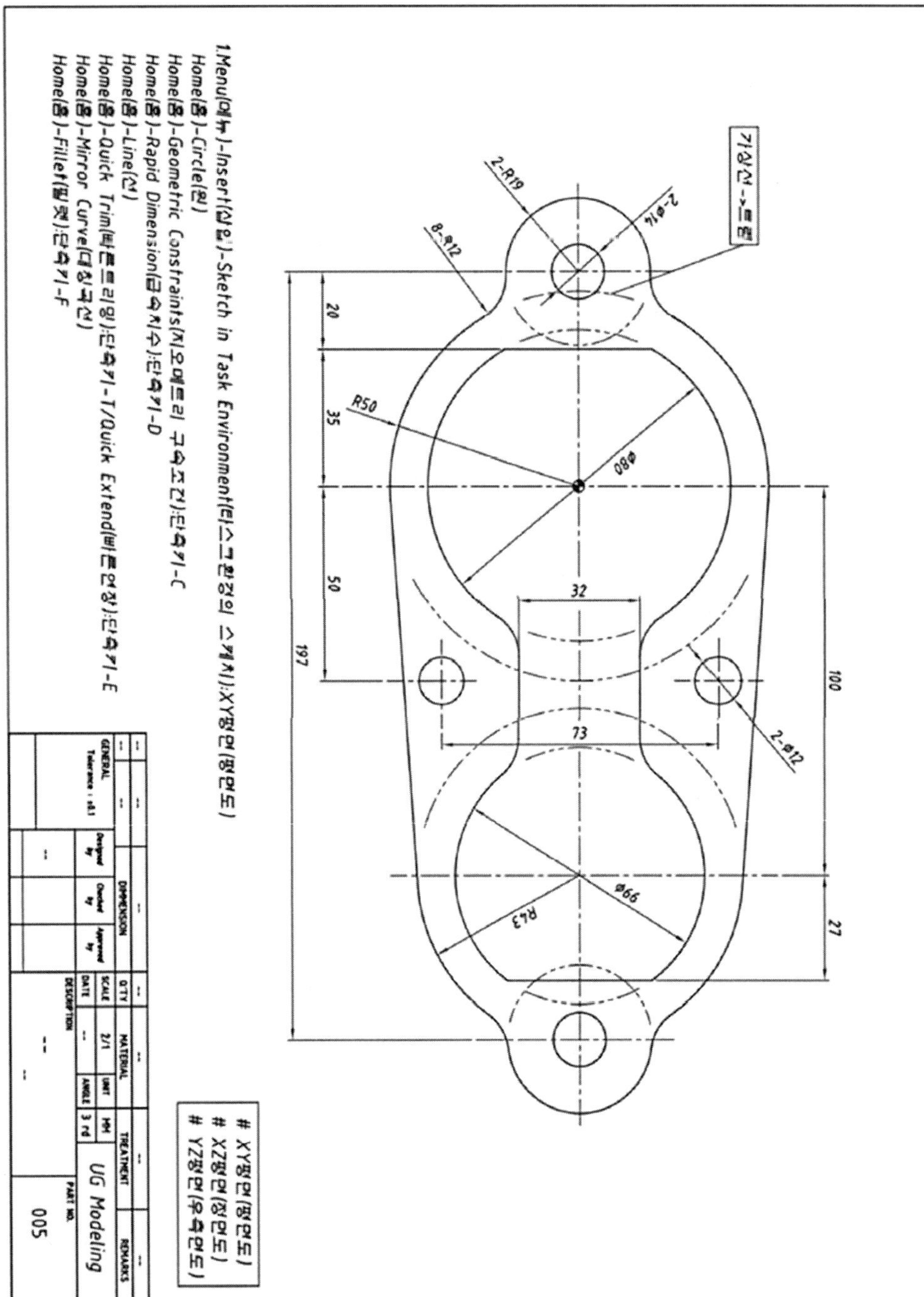
1.Menu(메뉴)-Insert(삽입)-Sketch in Task Environment(타스크 환경의 스케치):XY평면(평면도)
Home(홈)-Circle(원)
Home(홈)-Geometric Constraints(지오메트리 구속조건):단축키-C
Home(홈)-Rapid Dimension(급속치수):단축키-D
Home(홈)-Line(선)
Home(홈)-Quick Trim(빠른트리밍):단축키-T/Quick Extend(빠른연장):단축키-E
Home(홈)-Mirror Curve(대칭곡선)
Home(홈)-Fillet(필렛):단축키-F
가상선->트림
2-R19
2-φ14
8-R12
R50
φ80
32
73
2-φ12
φ66
R43
20
35
50
197
100
27
XY평면(평면도)
XZ평면(정면도)
YZ평면(우측면도)
GENERAL Tolerance : ±0.1
DIMENSION
Q'TY
MATERIAL
TREATMENT
REMARKS
SCALE 2/1
UNIT MM
DATE
ANGLE 3 rd
UG Modeling
DESCRIPTION
PART NO.
005

[그림 3-35]

6) 예제6

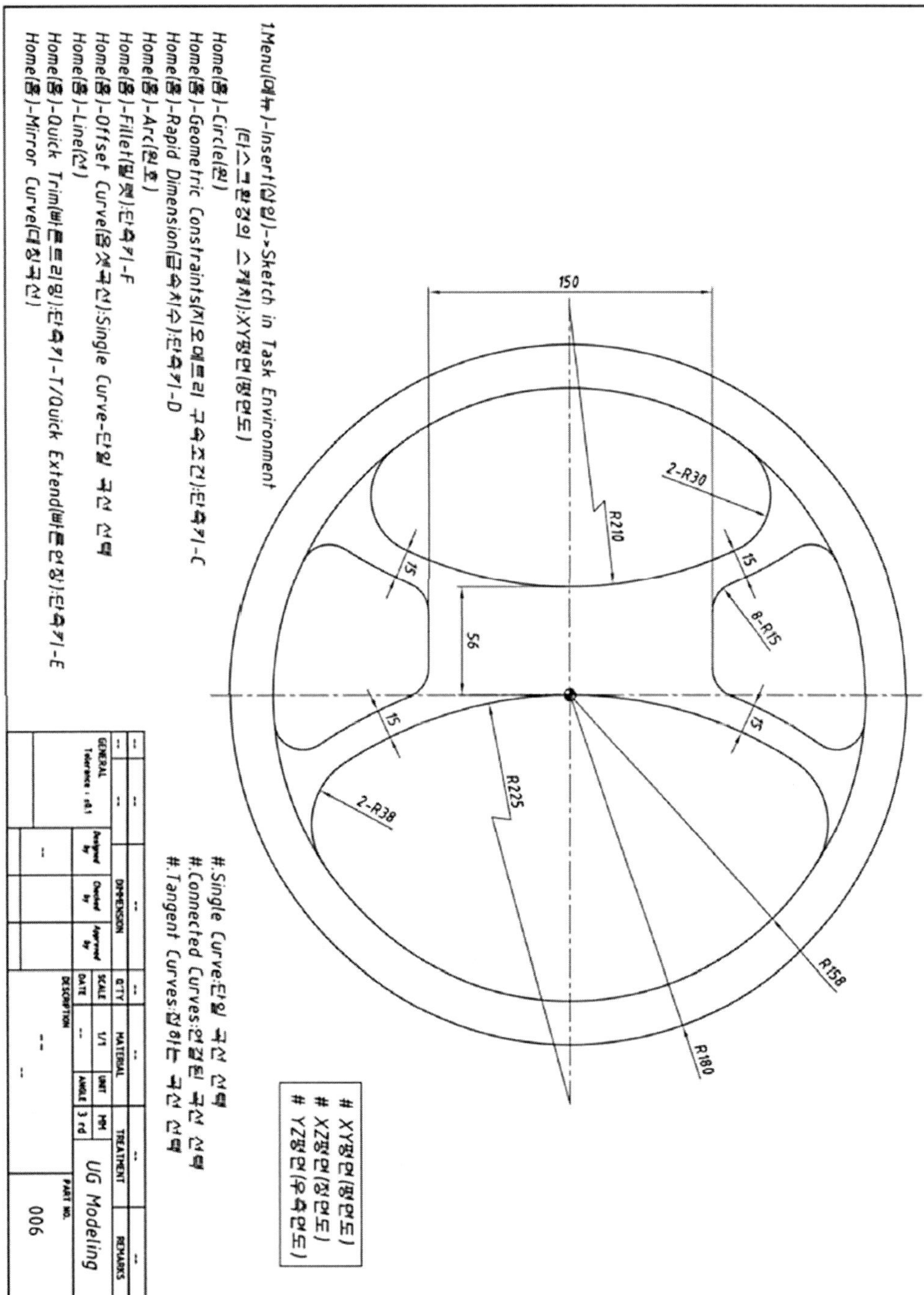
1.Menu(메뉴)-Insert(삽입)->Sketch in Task Environment
(타스크환경의 스케치):XY평면(평면도)
Home(홈)-Circle(원)
Home(홈)-Geometric Constraints(지오메트릭 구속조건):단축키-C
Home(홈)-Rapid Dimension(급속치수):단축키-D
Home(홈)-Arc(원호)
Home(홈)-Fillet(필렛):단축키-F
Home(홈)-Offset Curve(옵셋곡선):Single Curve-단일 곡선 선택
Home(홈)-Line(선)
Home(홈)-Quick Trim(빠른트리밍):단축키-T/Quick Extend(빠른연장):단축키-E
Home(홈)-Mirror Curve(대칭곡선)
150
2-R30
R210
15
8-R15
56
15
15
R225
2-R38
R158
R180
15
#.Single Curve:단일 곡선 선택
#.Connected Curves:연결된 곡선 선택
#.Tangent Curves:접하는 곡선 선택
XY평면(평면도)
XZ평면(정면도)
YZ평면(우측면도)
UG Modeling
006

[그림 3-36]

7) 예제7

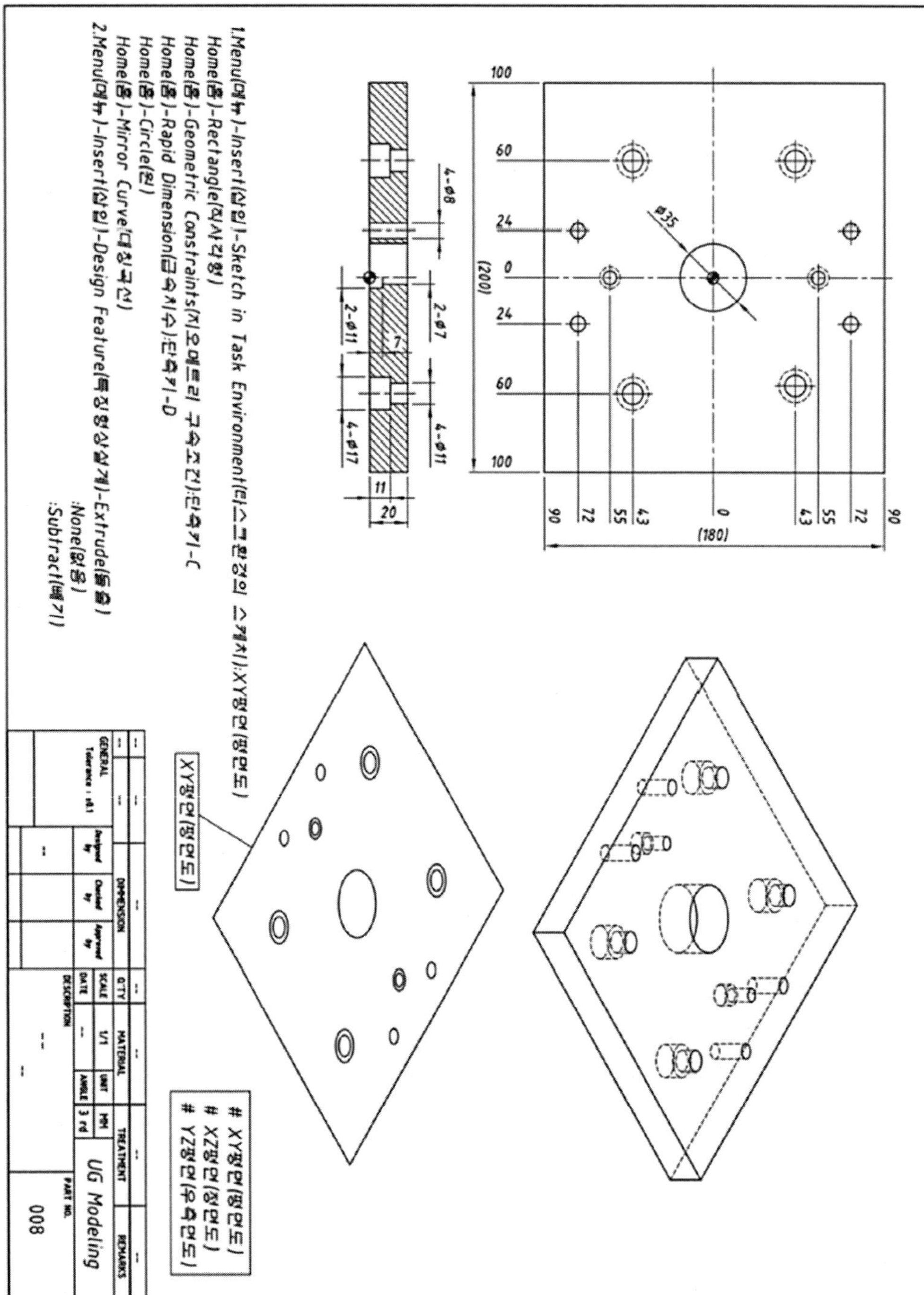
1.Menu(메뉴)-Insert(삽입)-Sketch in Task Environment(타스크환경의 스케치):XY평면(평면도)
Home(홈)-Rectangle(직사각형)
Home(홈)-Geometric Constraints(지오메트리 구속조건):단축키-C
Home(홈)-Rapid Dimension(급속치수):단축키-D
Home(홈)-Circle(원)
Home(홈)-Mirror Curve(대칭곡선)
2.Menu(메뉴)-Insert(삽입)-Design Feature(특징형상설계)-Extrude(돌출)
:None(없음)
:Subtract(빼기)
XY평면(평면도)
# XY평면(평면도)
# XZ평면(정면도)
# YZ평면(우측면도)
UG Modeling
008

[그림 3-37]

제 4 장 특징형상 모델링 (Solid Modeling)

솔리드 Modeling은 형상의 식별성이 좋고, 단면도 작성이 용이하며 무엇보다도 물리적성질의 계산이 가능한 특징이 있다. 또한, 오브젝트간 간섭체크가 가능하고 불리언(Boolean)작업에 의한 모델링이 가능하여 기하학적 형상의 완벽한 표현이 가능하다.

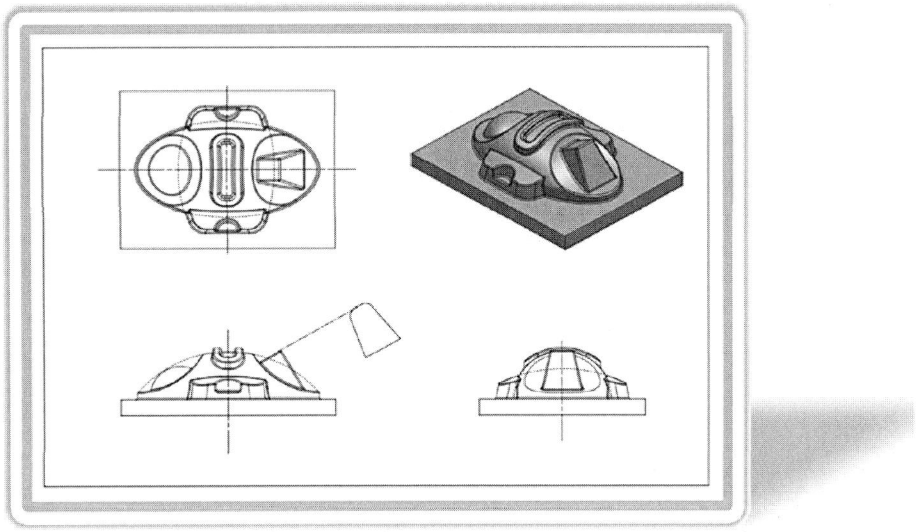

[그림 4-1]

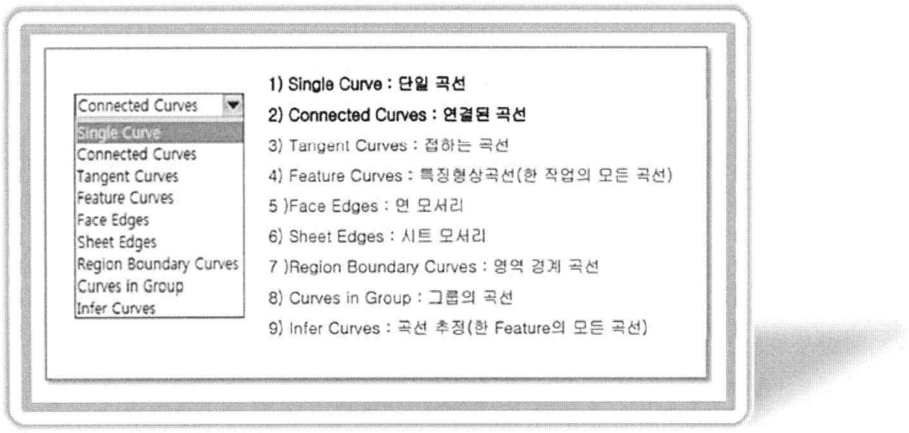

[그림 4-2]

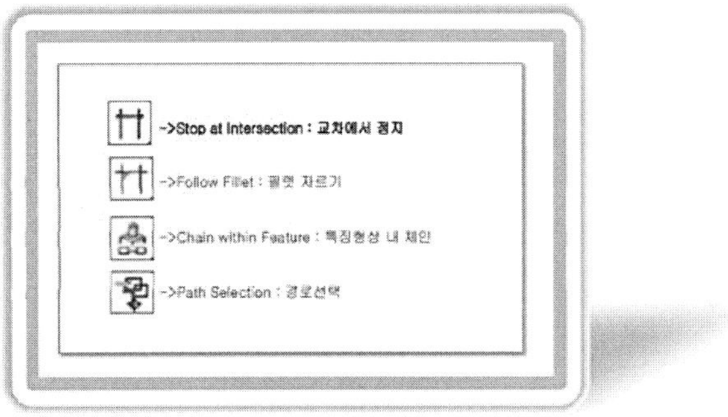

[그림 4-3]

1. 특징형상 표현하기(Design Feature)

1) 돌출(Extrude)

스케치를 통해 입체적인 형상을 구현할 때 사용하는 명령으로 편리하게 Body를 생성할 수 있으며, 곡선, 모서리, 면, 또는 곡선 형상의 프로파일을 선택하여 바디를 생성할 수 있다.

[그림 4-4]

① 단면: 돌출할 곡선을 선택 및 스케치를 생성할 수 있다.

② 곡선( ): 돌출시킬 곡선이나 모서리 지정

③ 스케치단면( ): 스케치를 연다. 종료하면 돌출 단면 자동 선택

④ 방향: 돌출의 생성 방향을 지정한다.

⑤ 한계: 시작의 거리 값과 끝의 거리 값을 입력하여 바디를 생성하며 특정 면까지도 생성할 수 있다.

⑥ 부울: 돌출 바디 생성시 차집합, 교집합, 합집합의 연산이 가능하다.

⑦ 구배: 돌출할 곡선을 선택하고 각도를 입력하여 바디를 생성할 수 있다.

⑧ 옵셋: 돌출의 생성 방향의 가로 방향으로 높이가 아닌 폭을 지정 할 수 있다.옵셋: 돌출의 생성 방향의 가로 방향으로 높이가 아닌 폭을 지정 할 수 있다.

⑨ 설정 값: 바디의 생성방법을 솔리드로 생성할 것인지 시트(면)으로 생성할 것인지를 결정한다. 공차는 바디에 생성되는 공차값이다.

⑩ 미리보기: 생성되는 바디를 미리 볼 수 있는 기능이다.

- Extrude Option (돌출 옵션)

- Limits (한계)

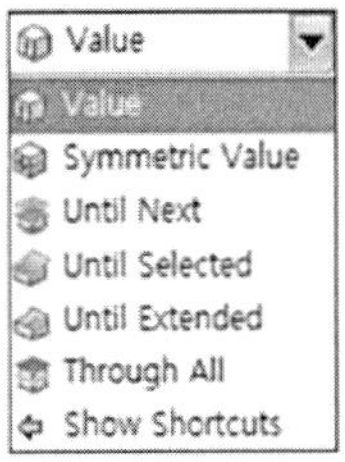

1) Value : 값(값을 직접입력)
2) Symmetric Value : 대칭값(양쪽에 같은값을 입력)
3) Until Next : 다음까지(다음 경계면까지 연장)
4) Until Selected : 선택까지(선택하는 면까지 연장:범위안에 있을때만 가능)
5) Until Extended : 연장까지(선택하는 면까지 연장:범위안에 있지 않아도 됨)
6) Through All : 끝부분까지(마지막 면까지 연장)
7) Show Shortcuts : 단축키 표시

- Boolean (부울)

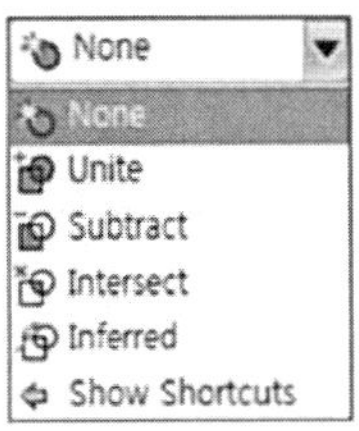

1) None : 없음(독립적인 생성)
2) Unite : 결합(형상 합치기)
3)Subtract : 빼기(형상 빼내기)
4) Intersect : 교차(형상 교차되는 부분 생성)
5) Inferred : 추정됨(상황에 따라 자동 생성)
6) Show Shortcuts : 단축키표시(아이콘으로 전환)

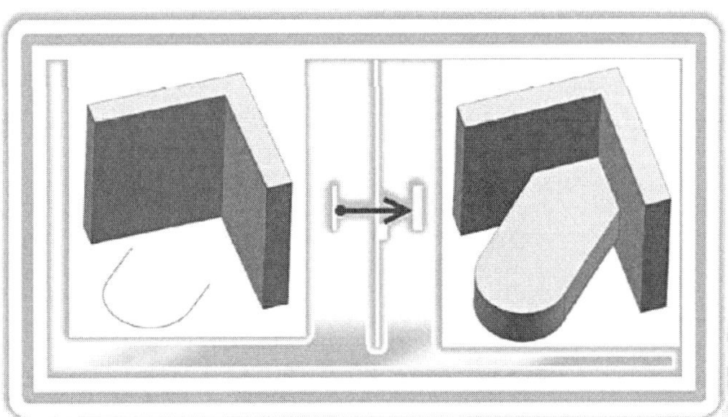

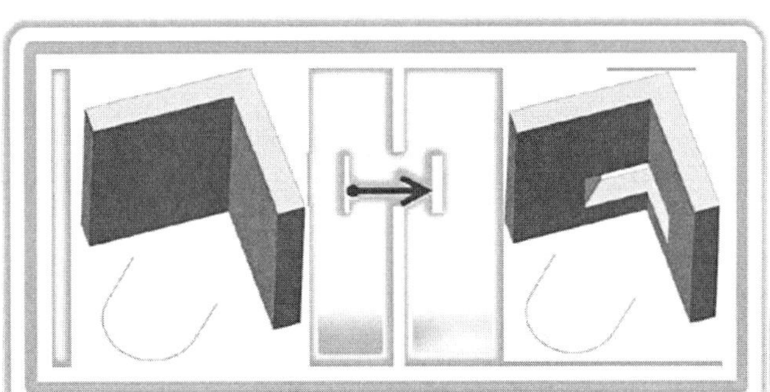

[그림 4-5]

- **옵셋** (Offset) : 선택한 단면에 옵셋을 적용한 형상으로 돌출 할 수 있다.

[그림 4-6]

- **한면**: 돌출될 커브를 기준으로 한쪽 방향으로 옵셋 하여 돌출하는 기능.
- **양면**: 돌출될 커브를 기준으로 양쪽방향으로 서로 다른 값을 주어 돌출하는 기능.
- **대칭**: 돌출될 커브를 기준으로 대칭 값을 지닌 형상을 돌출하는 기능.

- Draft 옵션

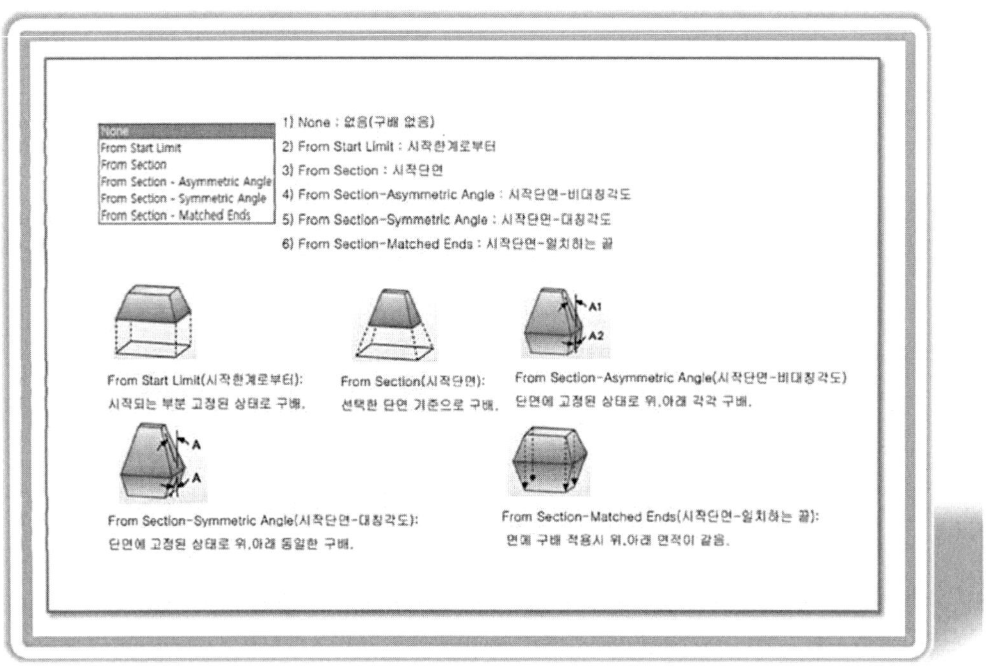

[그림 4-7]

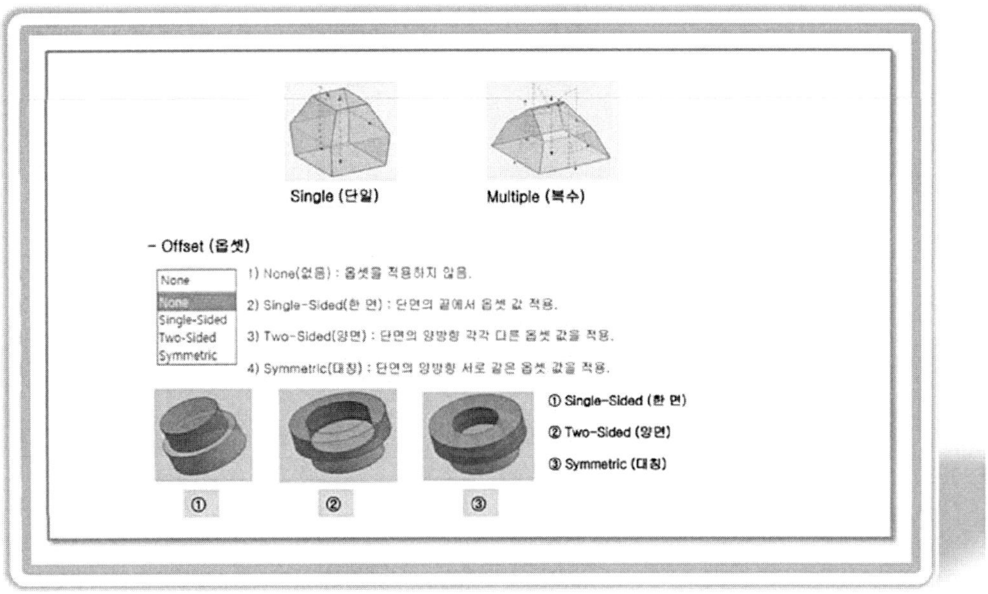

[그림 4-8]

- 바디 Type Settings : 돌출되는 형상을 솔리드 바디로 생성할 수 있으며 시트 바디로 생성을 정의할 수 있다.

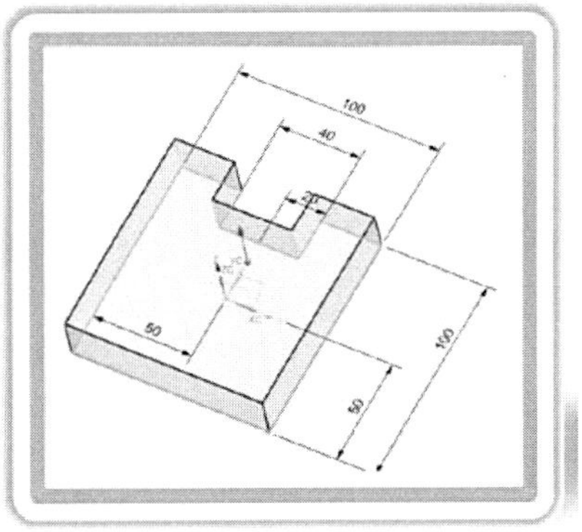

바디 유형 : 솔리드 바디

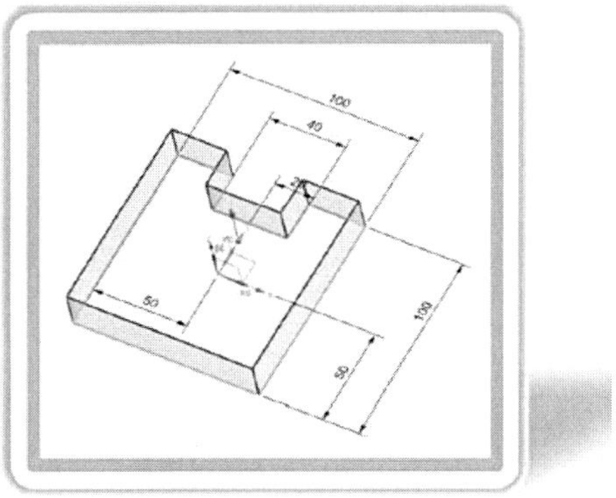

바디 유형 : 시트 바디

[그림 4-9]

2) 회전(Revolve) ( )

중심축을 이용하여 원형의 형상을 회전하여 특징형상을 생성할 수 있다.

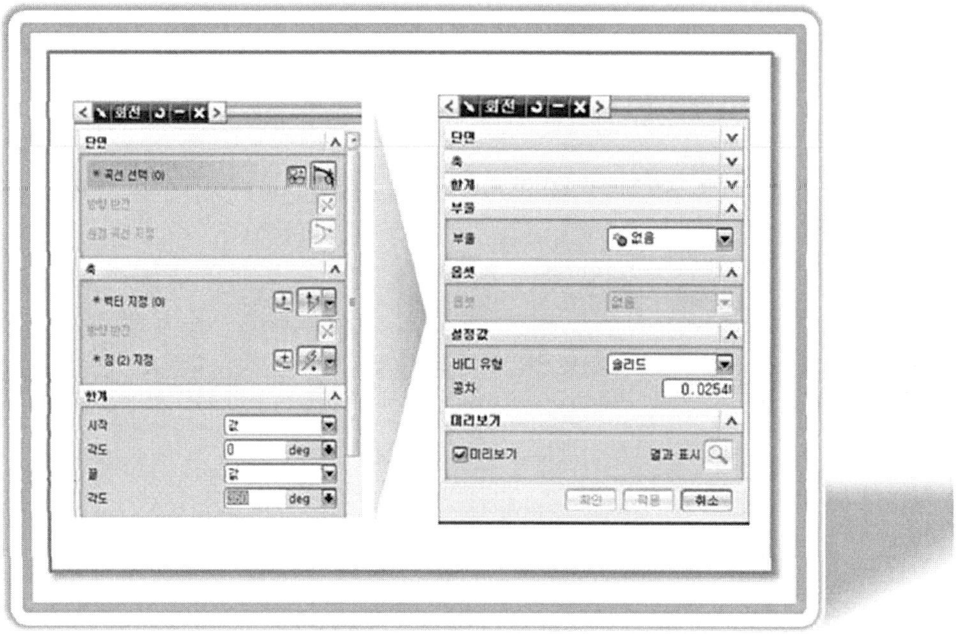

[그림 4-10]

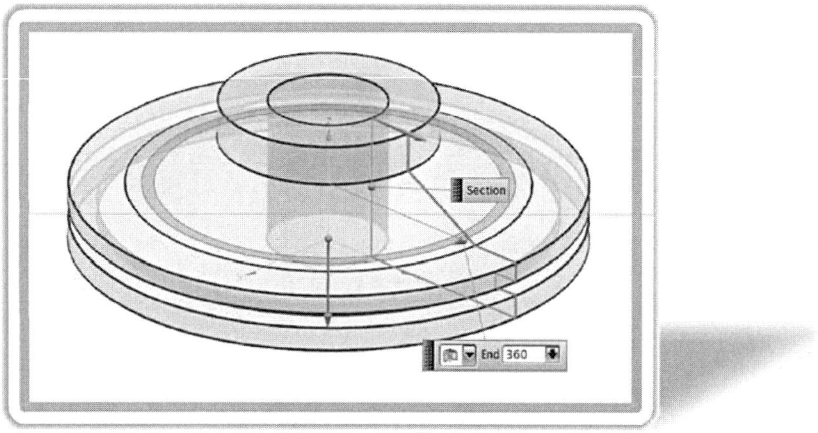

[그림 4-11]

① **단면**: 회전할 곡선을 선택 시 사용.

② **스케치 단면( )**: 회전할 오브젝트를 직접 스케치 할 때 사용.

③ **곡선( )**: 회전할 오브젝트를 선택 시 사용.

④ **축**: 회전할 중심을 선택 시 사용.

⑤ **한계**: 시작의 각도 값과 끝의 각도 값을 입력하여 회전을 생성 시 사용.

⑥ **부울**: 돌출 바디 생성시 차집합, 교집합, 합집합의 연산이 가능하다.

⑦ **옵셋**: 이 옵션을 선택하면 오브젝트에 옵셋을 하여 회전할 수 있다.

⑧ **설정 값**: 바디의 생성방법을 솔리드로 생성할 것인지 시트(면)으로 생성할 것인지를 결정한다.

⑨ **미리보기**: 생성되는 바디를 미리 볼 수 있는 기능이다.

3) 블록(Block)( )

돌출된 사각형의 솔리드 형상을 방향, 크기 및 위치를 지정하여 블록 기본을 생성하는 기능으로 삽입에 특징형상설계에 위치해 있다.

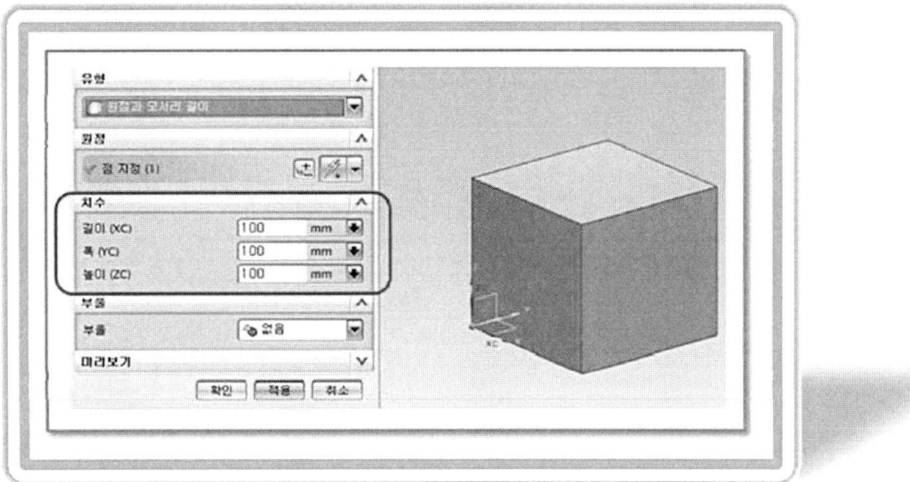

[그림 4-12]

(1) 유형의 종류

① **원점과 모서리 길이**: 원점과 X,Y,Z의 길이를 정의하여 블록을 정의할 수 있다.

② **두 점과 높이**: 기준의 두 대각선 점과 높이를 정의하여 블록을 생성할 수 있다.

③ **두 개의 대각선 점**: 마주보는 코너를 나타내는 두 개의 3D 대각선 점을 정의하여 블록을 생성할 수 있다.

(2) 원점

- 점 다이얼로그를 클릭하면 도면 좌표 값으로 원점을 설정할 수 있다.

4) 원통(Cylinder)( )

원통의 형상을 방향, 크기 및 위치를 지정하여 생성할 수 있다.

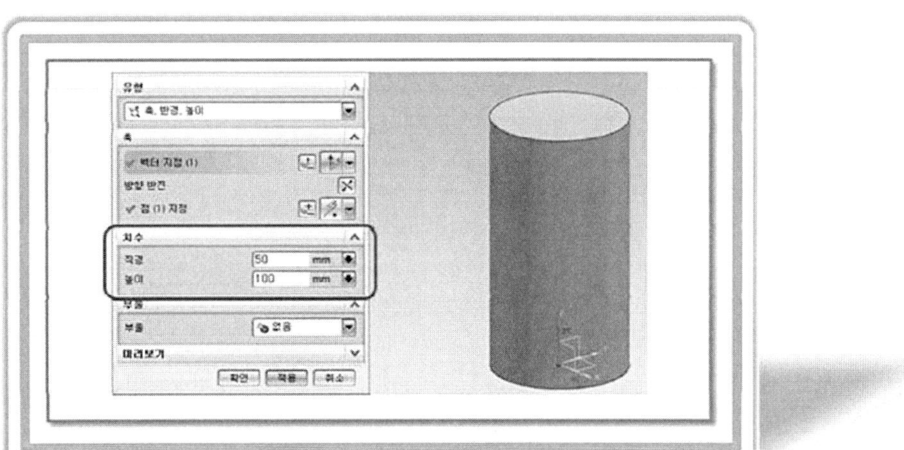

[그림 4-13]

(1) 유형의 종류

① 축, 반경, 높이 값을 정의한다.

② 원호를 선택하고 높이 값을 입력하여 원통을 생성한다.

(2) 축 지정

① **벡터지정**: 원통의 생성방향을 지정한다.

② **점 지정**: 원통의 기준점을 지정할 수 있으며, 점 또는 다이얼로그를 클릭하면 도면 좌표 값으로 원점을 설정할 수 있다.

5) 원뿔(Cone)( )

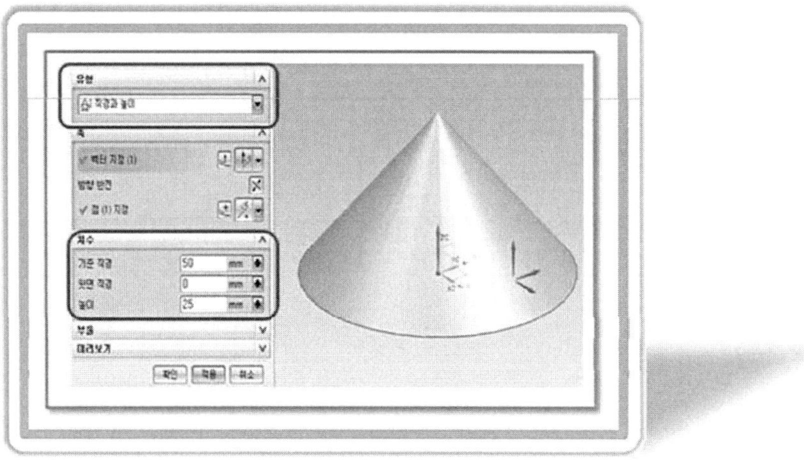

[그림 4-14]

(1) 유형의 종류

① 기본 직경, 윗면 직경, 높이 값을 정의

② 기본 직경, 윗면 직경, 반각 값을 정의

③ 기준 직경, 높이 및 절반 꼭지점 각도 값을 정의

④ 윗면 직경, 높이 및 절반 꼭지점 각도 값을 정의

6) 구(Sphere)( )

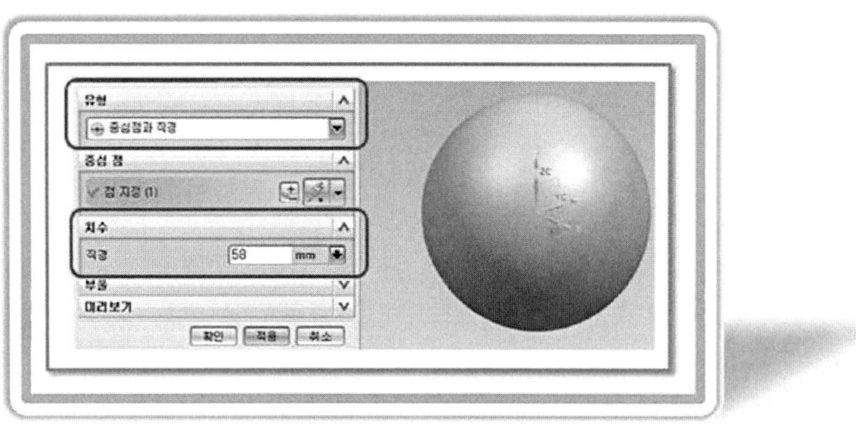

[그림 4-15]

(1) 유형

① **직경, 중심**: 직경 값과 중심을 정의한다.

② **원호 선택**: 구를 생성하기 위한 원호를 선택한다.

7) 구멍(Hole)( )

솔리드 바디에 간단한 구멍, 카운터보어 구멍 또는 카운터싱크 구멍을 빠르게 생성할 수 있는 기능

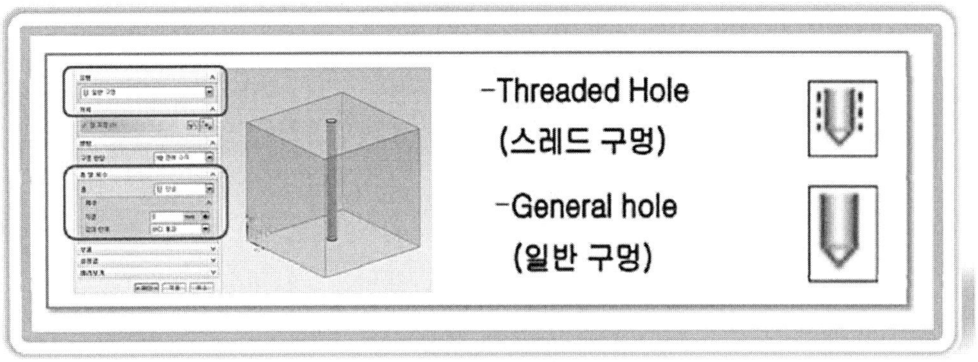

[그림 4-16]

[그림 4-17]

(1) **유형**: 일반 구멍, 드릴 크기 구멍, 나사 간격 구멍, 스레드 구멍, 구멍 시리즈가 있다.

(2) **위치**: 미리 만들어 놓은 점을 선택하거나 스케치로 들어가서 새로운 점을 이용하여 구멍의 위치를 설정할 수 있다.

(3) **방향: 구멍의 방향을 설정할 수 있다.**

(4) 폼 및 치수

① 간단(Simple): 뾰족한 공구 끝에 대한 직경, 깊이 및 공구 끝 각을 지정하여 간단한 구멍을 생성.

② **카운터보어(Counter bore)**: 구멍 직경, 구멍 깊이, 공구 끝 각, C-보어 직경 및 C-보어 깊이를 지정하여 카운터보어 구멍 생성.

③ **카운터싱크(Counter sink)**: 구멍 직경, 구멍 깊이, 공구 끝 각, C-싱크 직경 및 C-싱크 깊이를 지정하여 카운터싱크 구멍을 생성.

④ **테이퍼(taper)**: 구멍을 데이퍼로 생성.

(5) **나사 간격 구멍** - Counterbored, countersunk의 작업 중 관통 할 때 Chamfer,의 Angle작업을 쉽게 정의할 수 있다.

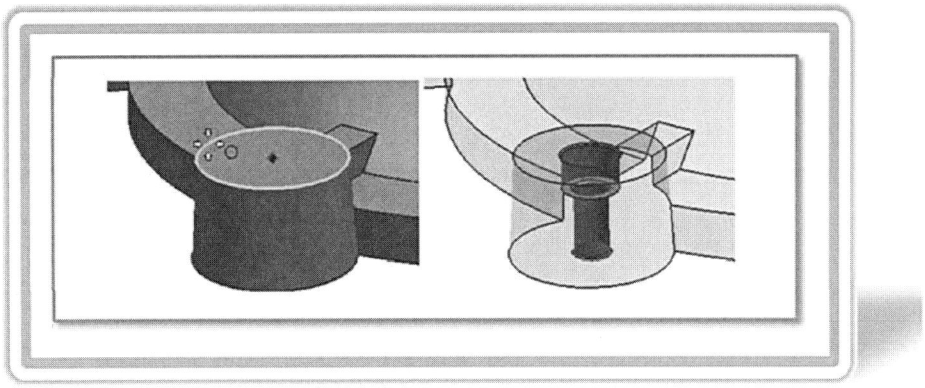

[그림 4-18]

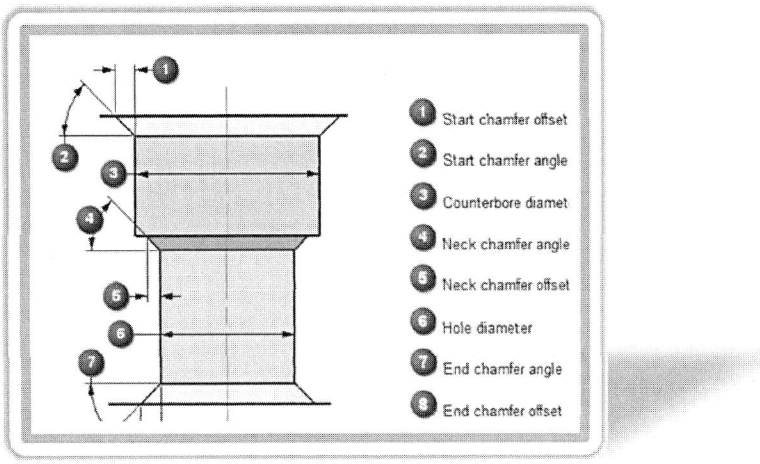

[그림 4-19]

8) 보스(Boss)( )

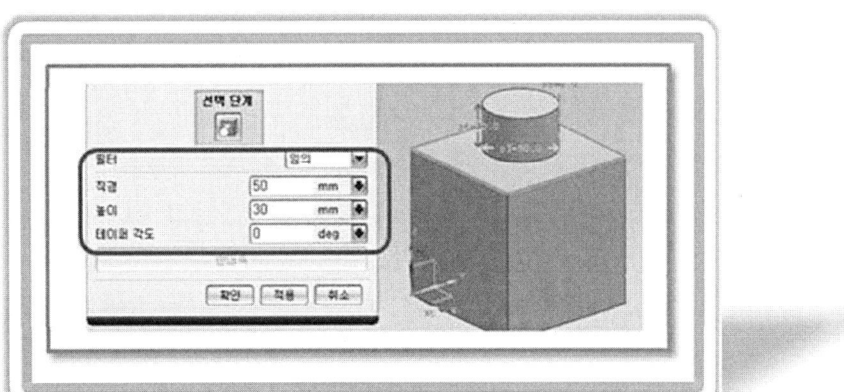

[그림 4-20]

(1) 유형

① 필터: 사용 가능한 오브젝트 종류를 제한하여 원하는 오브젝트를 쉽게 선택.

② 직경: 보스의 직경에 대한 값을 입력.

③ 높이: 보스의 높이에 대한 값을 입력
④ 테이퍼각: 보스의 원통 벽면이 안쪽으로 기울어지는 각도를 입력

9) 포켓(Pocket)()

(1) **원통형(Cylindrical)**: 블렌드 된 바닥이 있거나 없고 직선 측면 또는 테이퍼 된 측면이 있는 원형 포켓을 지정된 깊이로 정의.

(2) **직사각형(Rectangular)**: 직선 또는 테이퍼 된 측면이 있고 바닥과 코너의 반경이 지정되어 있고 길이, 폭 및 깊이가 지정된 직사각형 포켓을 정의

(3) **일반(General)**: 원통형 및 직사각형 포켓 옵션보다 훨씬 융통성 있게 포켓을 정의

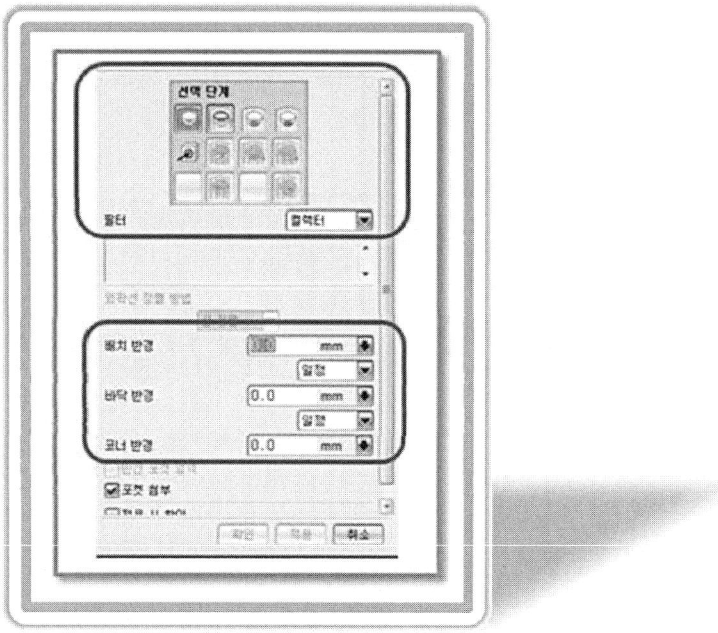

[그림 4-21]

(4) 유형

① **배치면**(): 포켓을 하고자 하는 곡면을 선택.

② **배치외곽선**(): 포켓형상을 결정하고자 하는 커브를 선택.

③ **바닥면**(): 포켓의 깊이를 입력한다. 곡면에서의 옵셋 값을 입력.

④ **바닥외곽선**(): 포켓 형상의 생성 방향과 구배 각도 값을 입력.

(5) 배치반경
- 대상면 부분의 라운드 값.

(6) 바닥반경
- 포켓형상의 바닥부분의 라운드 값

(11) 코너반경
- 모서리 부분의 라운드 값

10) 패드(Pad)( )

① **직사각형(Rectangular)**: 직선 또는 테이퍼된 측면이 있고 코너의 반경이 지정되며 길이, 폭 및 깊이가 지정된 패드를 정의할 수 있다.

② **일반(General)**: 직사각형 패드 옵션보다 훨씬 융통성 있게 패드를 정의.

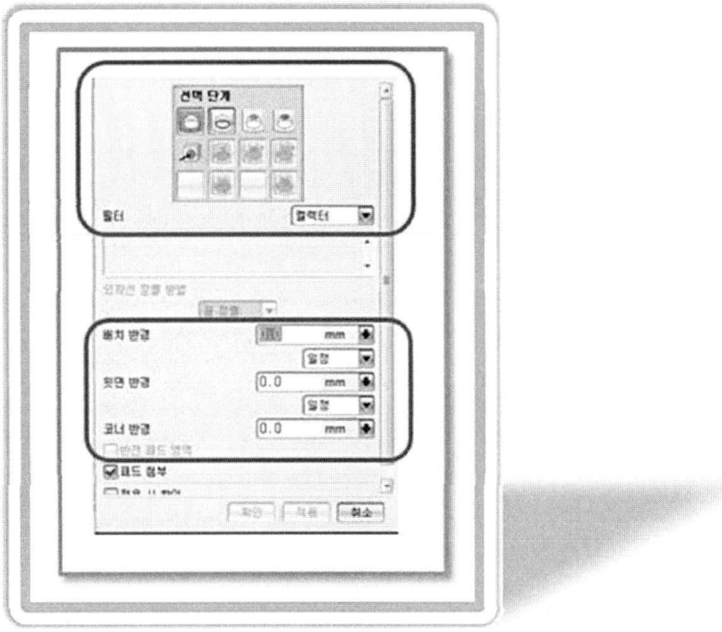

[그림 4-22]

(1) 유형

① 배치면( ): 패드을 하고자 하는 곡면을 선택.

② 배치외곽선( ): 패드 형상을 결정하고자 하는 커브를 선택.

③ 바닥면( ): 패드의 깊이를 입력한다. 곡면에서의 옵셋 값을 입력.

④ 바닥외곽선( ): 패드 형상의 생성 방향과 구배 각도 값을 입력.

(2) 배치반경

- 대상면 부분의 라운드 값

(3) 바닥반경

- 패드형상의 바닥부분의 라운드 값

(4) 코너반경

- 모서리 부분의 라운드 값

11) 슬롯(Slot)( )

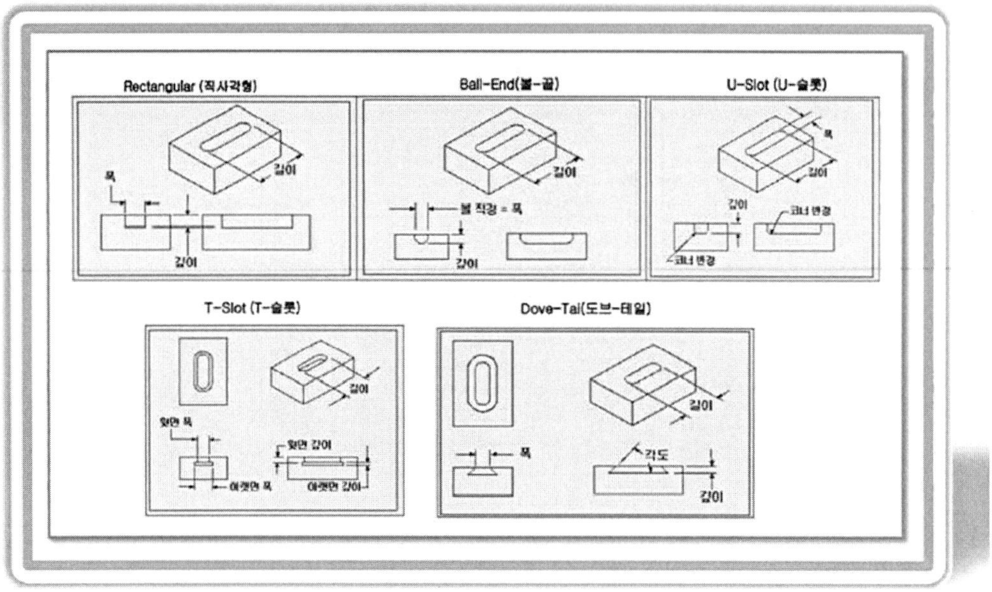

[그림 4-23]

(1) 슬롯의 종류

① 직사각형: 아랫면을 따라 샤프 모서리로 슬롯을 생성.
② 볼-끝: 아랫면 및 코너에 전체 반경을 사용하여 슬롯을 생성.
③ U-슬롯: "U" 셰이프(둥근 코너 및 바닥 반경)로 슬롯을 생성.
④ T-슬롯: 해당 단면이 뒤집힌 T 모양인 슬롯을 생성.
⑤ 도브-테일: "더브-테일" 셰이프(샤프 코너 및 각진 벽)의 슬롯을 생성.

(2) 관통 슬롯

- 두 개의 선택된 면을 완전히 통과하여 지나가는 슬롯을 생성.

12) 그루브(Groove)( )

① **직사각형**: 모든 둘레에 샤프 코너를 남기는 그루브를 생성.
② **볼-끝**: 아랫면에 전체 반경을 남기는 그루브를 생성.
③ **U 그루브**: 코너에 반경을 남기는 그루브를 생성.

13) 다트( )

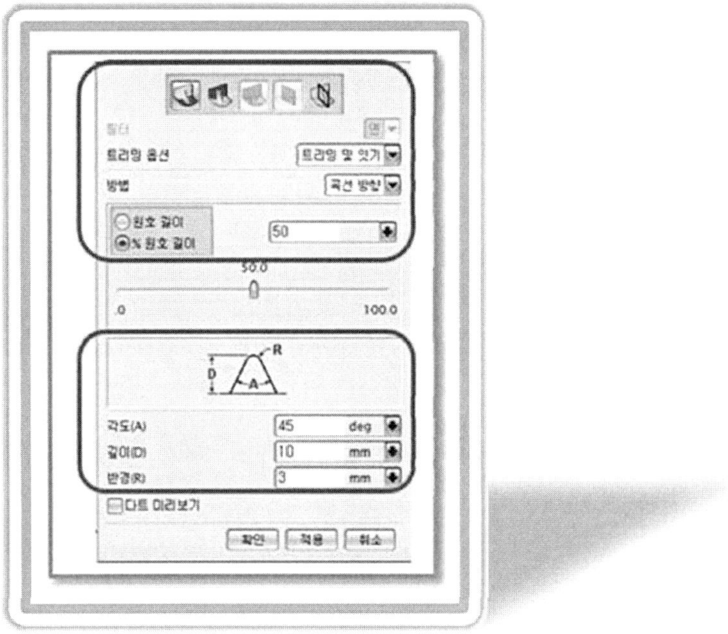

[그림 4-24]

① **첫 번째 세트( )** : 첫 번째 면 선택.

② **두 번째 세트( )** : 두 번째 면 선택.

③ **위치 곡선( )** : 다수의 곡선을 선택 시 특정한 위치를 지정.

④ **위치 평면( )** : 평면 또는 데이텀 평면을 기준으로 위치를 선택적으로 지정.

⑤ **방향 평면( )** : 방향에 대해 평면을 선택적으로 선택.

14) 스레드( ) :나사

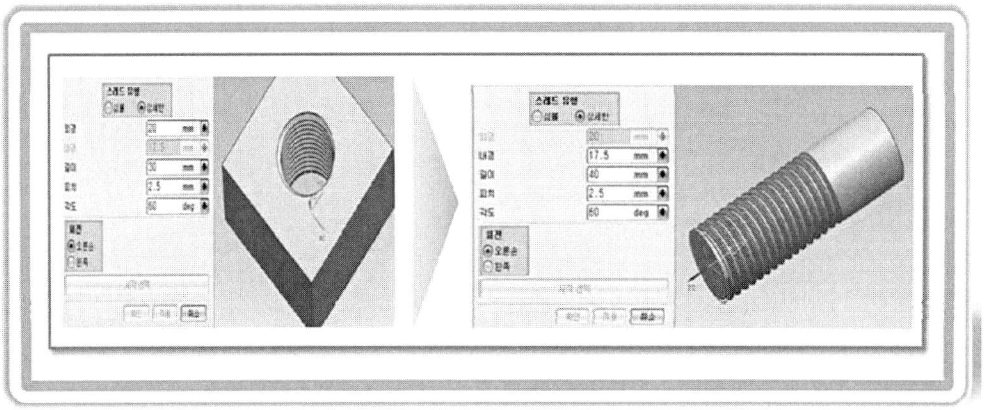

[그림 4-25]

(1) 스레드 유형

① 심 볼: 나사를 생성하려는 면에 파선 원으로 표시.

② 상세한: 상세 나사는 보다 사실적인 모양을 갖춤 나사.

15) 모서리 블렌드(Edge Blend)()

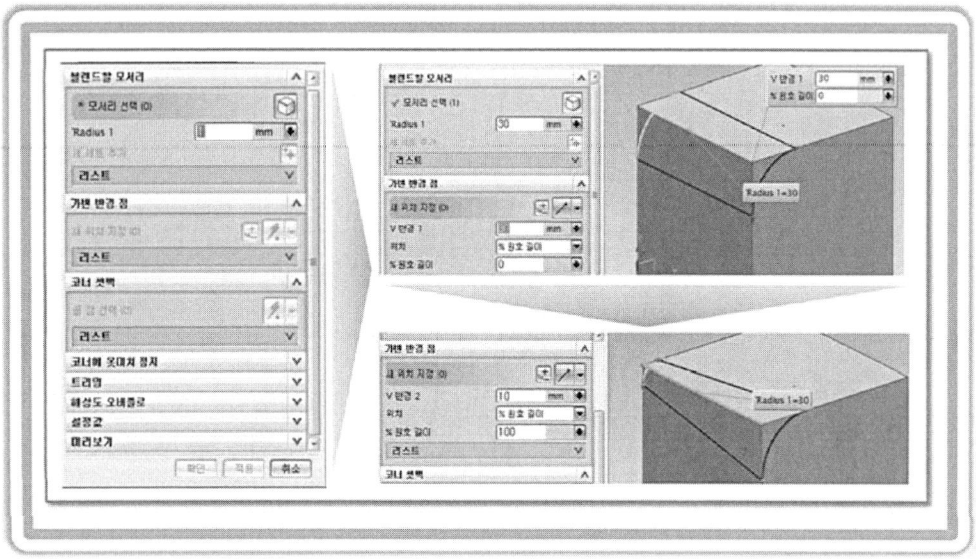

[그림 4-26]

(1) 브렌드 할 모서리

- 모서리 부분에 블렌드값을 지정하고 수정하는 기능.

(2) 일정 반경 블렌드(Constant Radius)

- 모서리 블렌드를 생성 시 Radius값을 지정하는 기능.

(3) 가변 반경 점(Variable Radius)

- 모서리에서 점을 지정하고 각 점에서 서로 다른 블랜드의 반경 값을 입력하여 크기가 다른 형상의 블랜드를 만들 때 사용하는 기능.

16) 모따기(Chamfer)()

[그림 4-27]

모따기의 유형

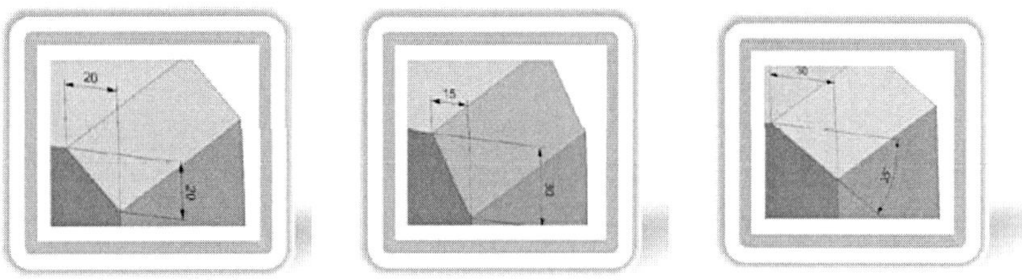

대칭 비대칭 옵셋 및 각도

[그림 4-28]

(1) 옵셋 기능

① 대칭: 해당 옵셋이 두 면을 따라 동일한 단순 모따기를 생성.

② 비대칭: 면을 따라 해당 옵셋이 각기 다른 단순 모따기를 생성.

③ 옵셋 및 각도: 옵셋 값 하나와 각도를 통해 해당 옵셋이 결정되는 단순 모따기를 생성.

17) 패턴 특징형상 (Pattern Feature)( )

완성된 특징형상에 인스턴스 배열 기능을 활용하여 직사각형 또는 원형의 방향으로 도형을 정의하며 그 내용은 다음과 같다.

[그림 4-29]

- **패턴화할 특징형상**: 패턴 복사를 수행할 특징형상을 선택하는 기능.
- **패턴 정의**: 패턴 복사 방법의 종류(선형, 원형, 다각형, 평면형 나선, 방향, 일반, 참조, 나선 등)를 선택하는 기능.
- **설정값**: 패턴 결과 전체를 특징형상으로 출력하는 기능.
- **특징형상 복사**: 패턴의 결과가 각각의 특징형상으로 출력되는 기능.

(1) 선형 (Linear) 레이아웃

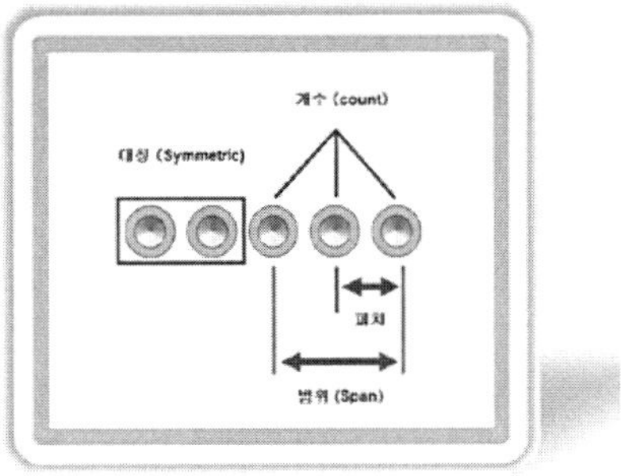

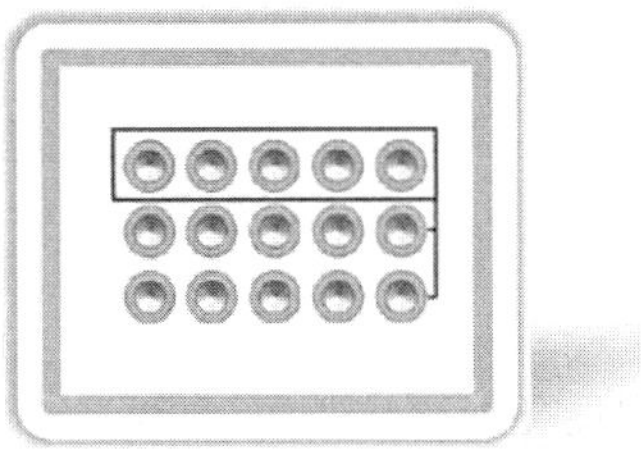

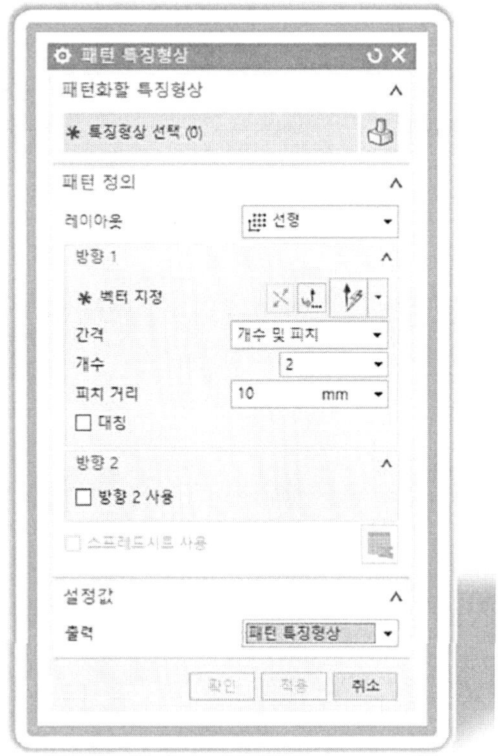

- 선형 레이아웃의 작업 순서
  - 배열할 특징형상 선택
  - 방향1 - 개수 3
  - 피치거리
  - 범위거리
  - 대칭(Symmetric)
  - 방향 2 - 개수 3

선형 레이아웃 대화상자

[그림 4-30]

※ 패턴 특징형상의 간격(Spacing) 옵션

- 개수 및 피치 (Count and Pitch)
  : 배열할 객체수와 사이의 거리로 정의

- 개수 및 범위(Count and Span)
  : 범위를 정의하고 객체의 개수를 정의

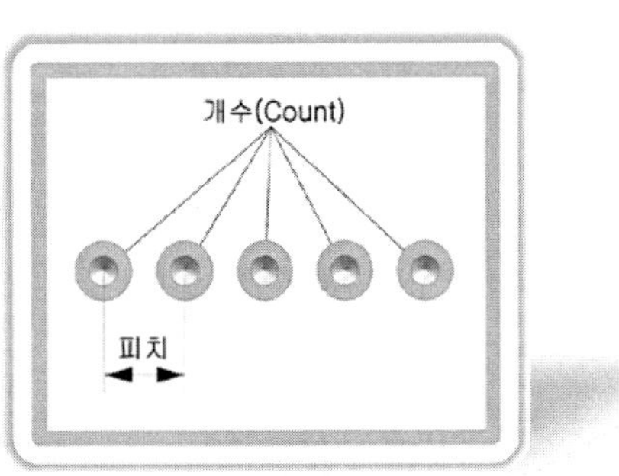

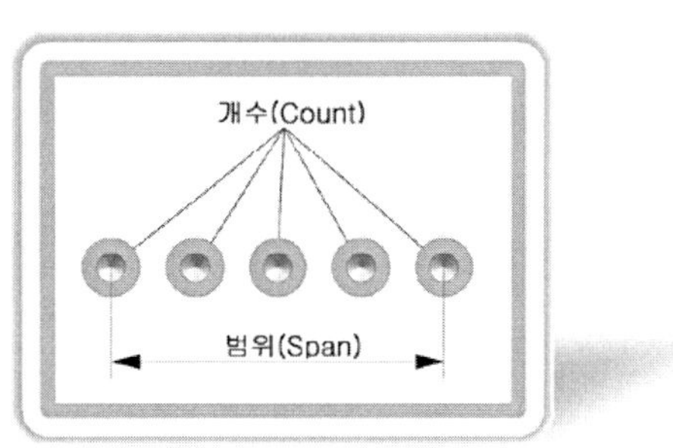

[그림 4-31]

- **피치 및 범위(Span)**
  : 전체 범위를 정의하고 객체 간 간격(Pitch)을 정의

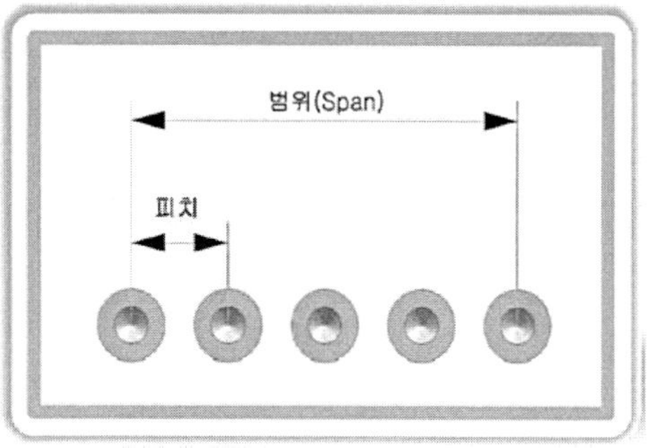

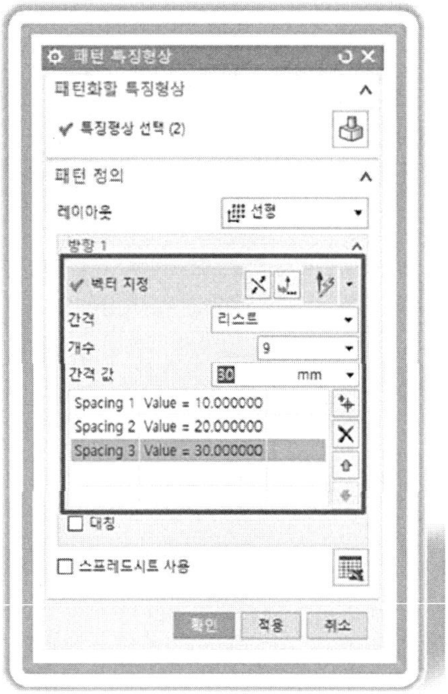

- **리스트 (List)**

배열할 객체의 개수(Count) 를 정의하고 Add New Set을 이용하여 객체마다 간격을 다르게 정의 할 수 있다.

개수(Count)가 입력한 간격 세트 보다 많은 경우에는 가장 처음의 간격 세트부터 반복된다.

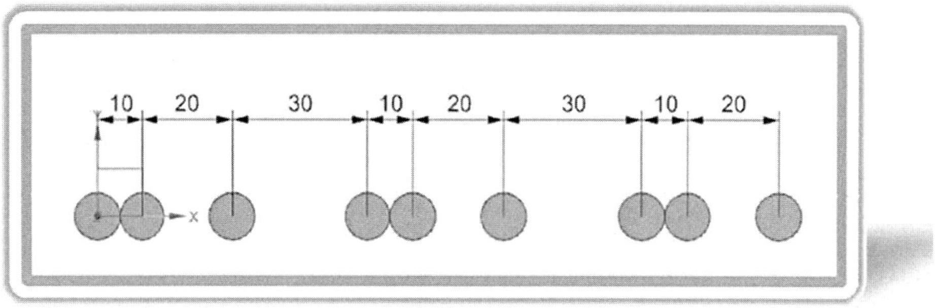

간격 세트의 반복

[그림 4-31]

(2) 다각형(Polygon) 레이아웃

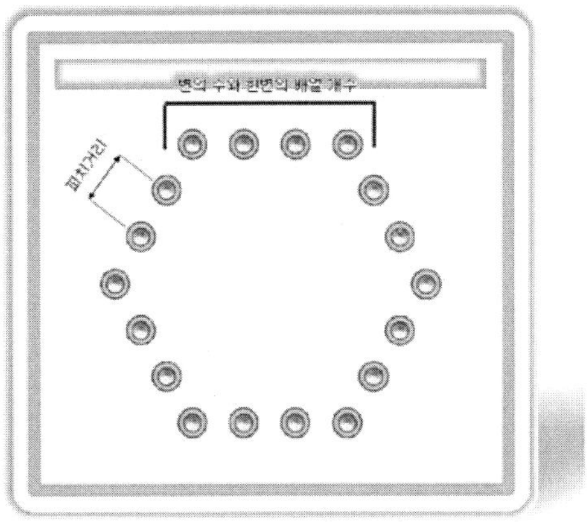

• **다각형 레이아웃 작업순서**

- 배열될 개체 선택
- 회전 중심 벡터 정의
- 다각형의 변의 수
- 한 변의 인스턴스 객체 수
- 방사형(Radiate)거리 정의 방법 설정

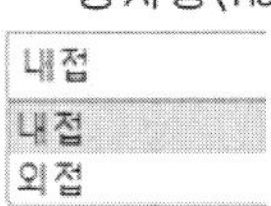

Inscribe : 내접

Circumscribe : 외접

- 피치와 범위 정의

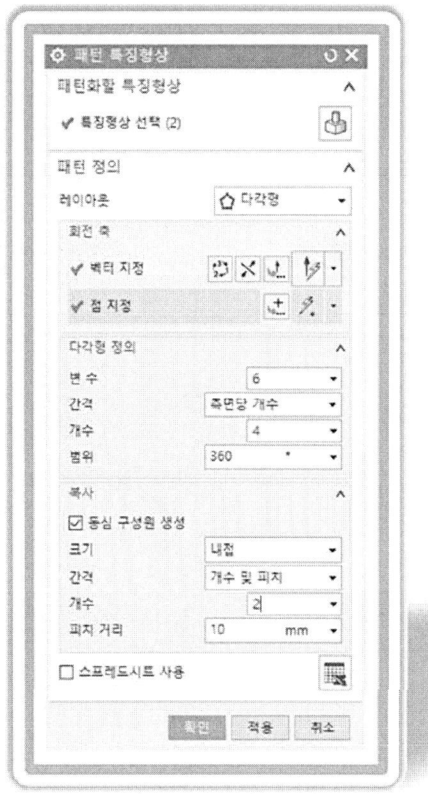

다각형 레이아웃

다각형 레이아웃의 내접, 외접 동심거리

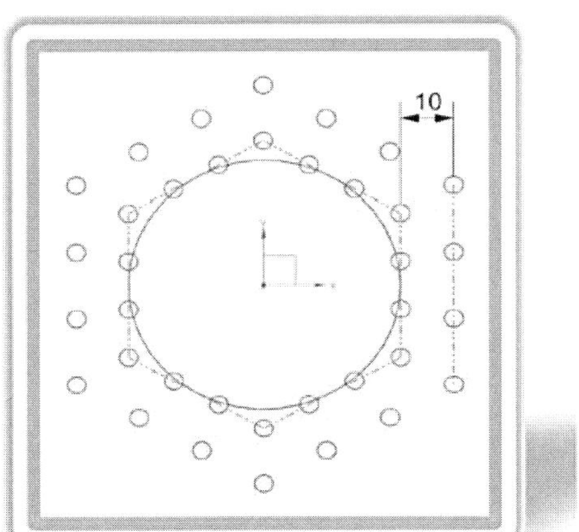

내접(Inscribe)

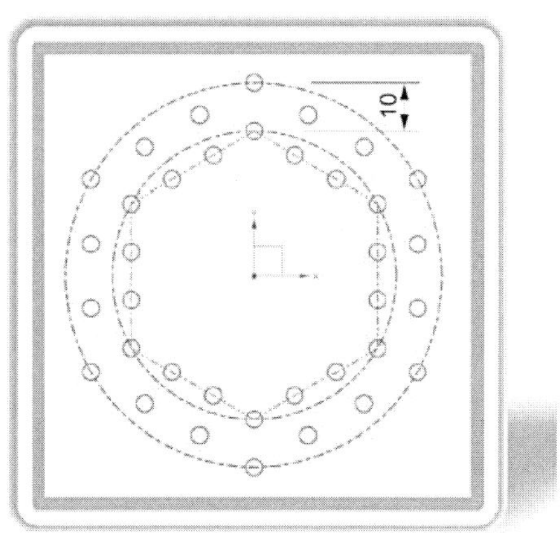

외접(Circumscribe)

[그림 4-32]

(3) 평면형 나선(Spiral) 레이아웃

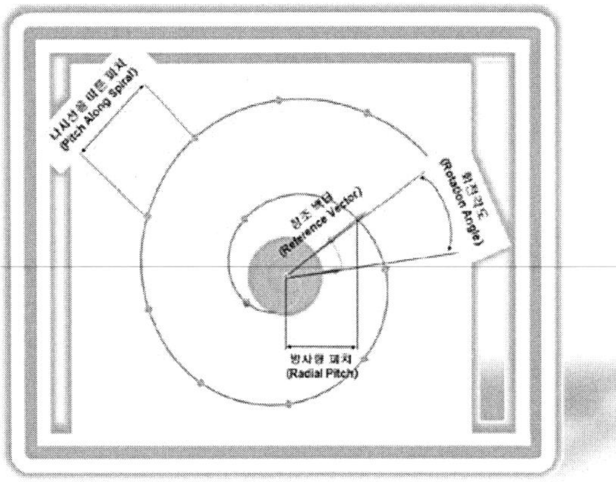

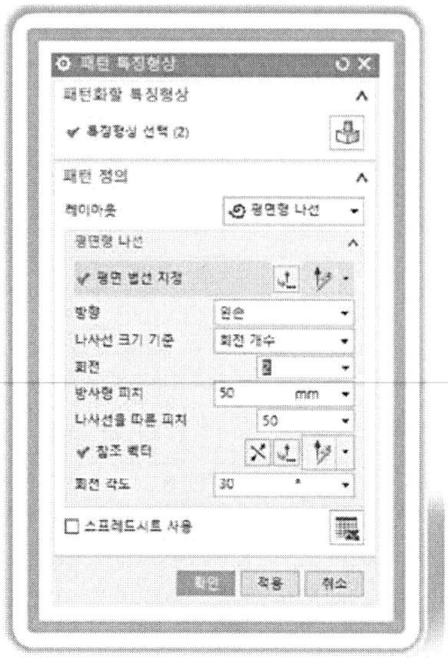

[그림 4-33]

- **평면형 나선 레이아웃**

1. **방향(Direction) = 왼손(Left Hand)**
   왼손(Left Hand)은 시계방향으로 회전
   오른손(Right Hand)은 반 시계방향으로 회전

2. **나선 크기 (Spiral Size By)** 회전 개수 / 전체 각도
   전체 각도(Total Angle)는 참조벡터부터 시작된다.
   감김 회수(Number of Turn) 도 사용할 수 있다.

3. **방사형 피치 (Radial Pitch)**
   참조 점으로부터 참조 벡터 방향의 나선의 끝 점 까지의 거리

4. **나선을 따른 피치(Pitch along Spiral)**
   나선을 따라서 생성되는 객체사이의 거리

5. **참조 벡터(Reference Vector)**
   방사형 피치 값과 전체 각도 값이 측정을 위한 방향 벡터

6. **회전 각도(Rotation Angle)**
   참조 벡터의 기울기를 결정하는 각도

(4) 방향(Along) 레이아웃(Layout)

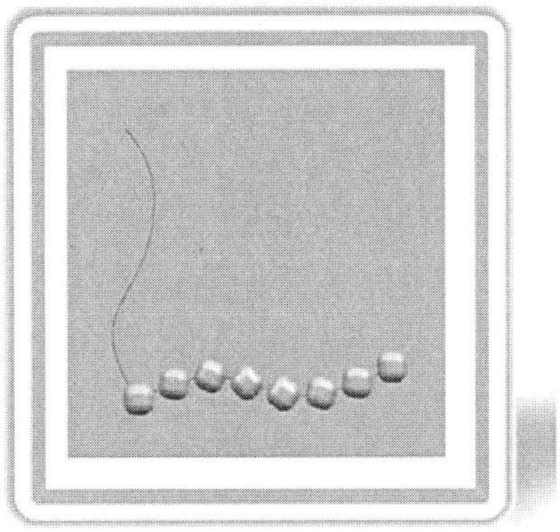

Direction 1 의 경우

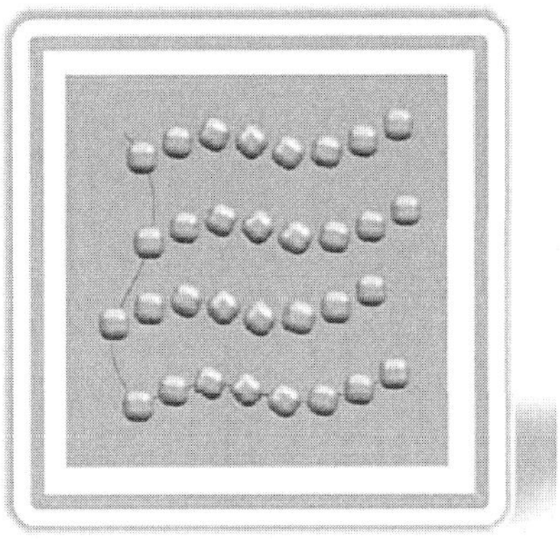

Direction1, Direction2 의 경우

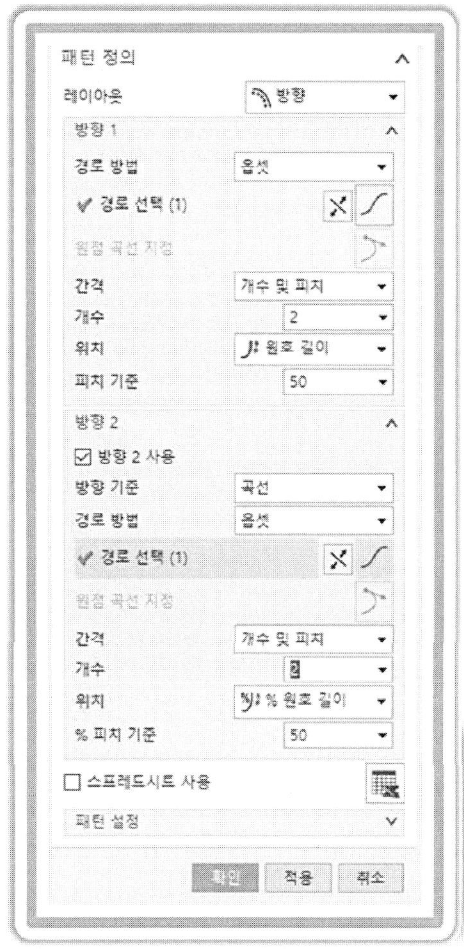

[그림 4-34]

- **방향 (Along) 레이아웃의 작업순서**
- 배열할 특징형상 선택
- 방향1 - 패스(Path) 선택
- 배열 객체수 정의, 피치거리 정의
- 방향 2 - 벡터 혹은 패스(Path) 선택
- 배열 객체수 정의, 피치거리 정의
- OK를 클릭하여 생성

※ 방향(Along) 레이아웃의 3가지 방법(Method)

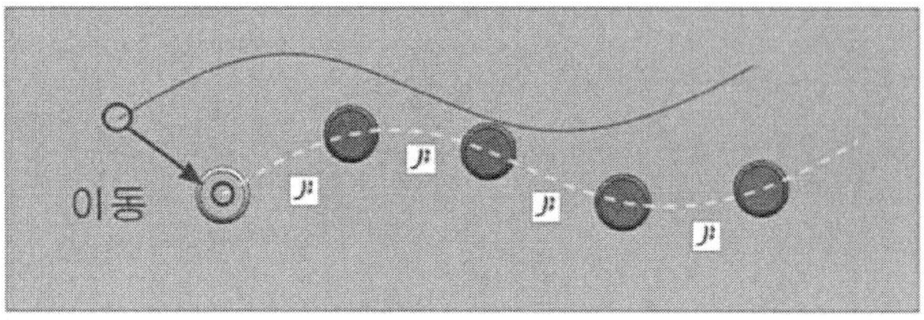

이동 (Translate)

- 이동 (Translate)
  패스를 입력형상의 참조 점을 향해 직선으로 옮긴다.
  간격은 옮겨진 후 계산된다.

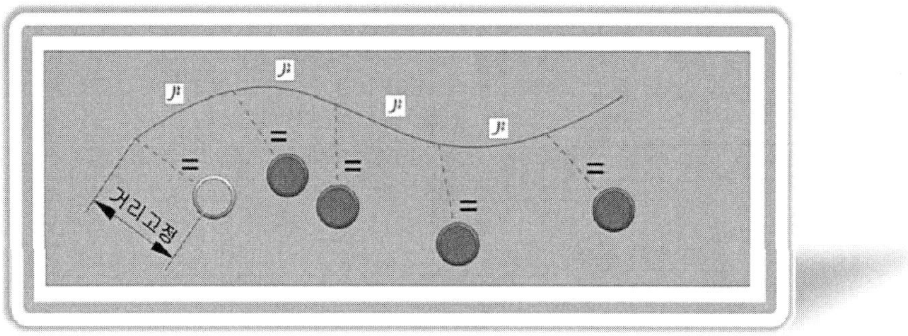

고정 (Rigid)

- 고정 (Rigid)
  패스의 시작점과 선택한 특징형상의 시작위치가 고정되어 생성된다.

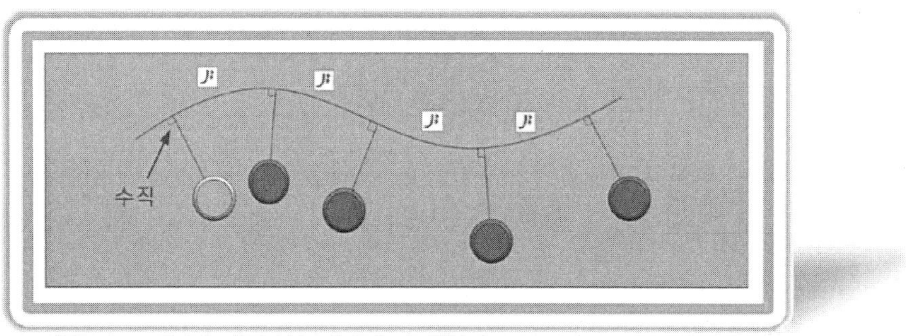

옵셋 (Offset)

- 옵셋(Offset)
  입력 형상의 위치를 패스에 최단거리 즉, 수직 방향으로 투영시킨 후 패스를 따라 생성된다.

[그림 4-35]

(5) 일반(General) 레이아웃(Layout)

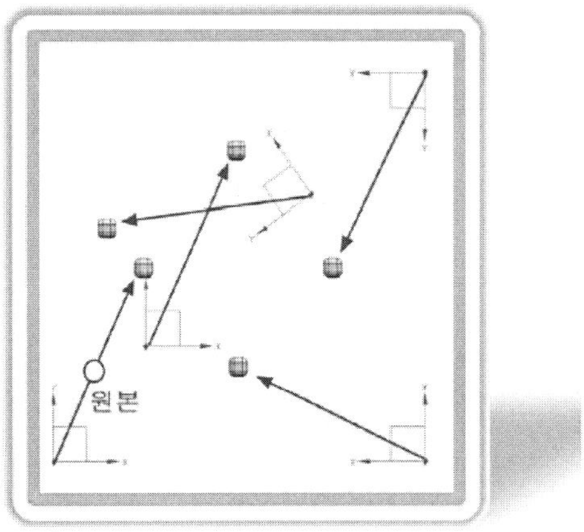

From CSYS To CSYS 유형

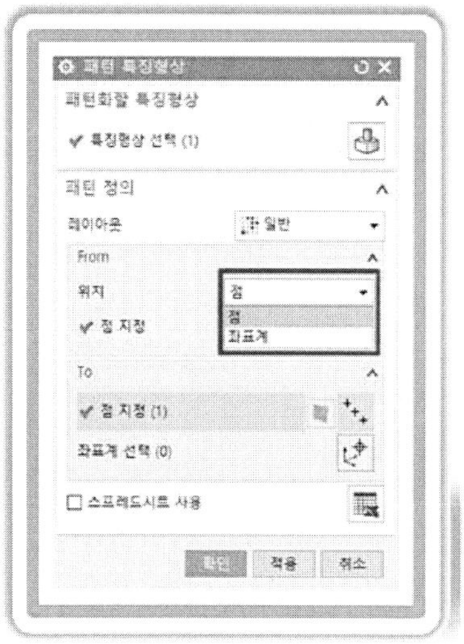

일반 레이아웃

[그림 4-36]

※ 일반 (General) 레이아웃의 작업순서

- Point Location
  - 배열할 특징형상 선택
  - From 참조점 선택
  - To 참조점 선택 (복수 선택 가능)
  - OK

- Csys Location
  - 배열할 특징형상 선택
  - From Csys 선택
  - To Csys 선택 (복수 선택 가능)
  - OK

18) 트리밍 및 연장( )
곡선, 데이텀 곡면을 연장하고 트리밍하는 기능.

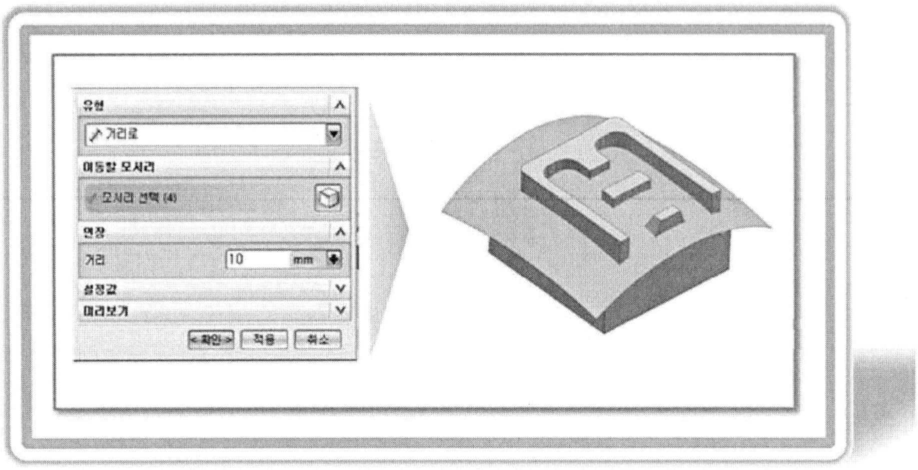

[그림 4-37]

19) 옵셋 곡면( )
기존 시트(Sheet)를 특징 거리와 방향으로 옵셋(Offset)하는 기능.

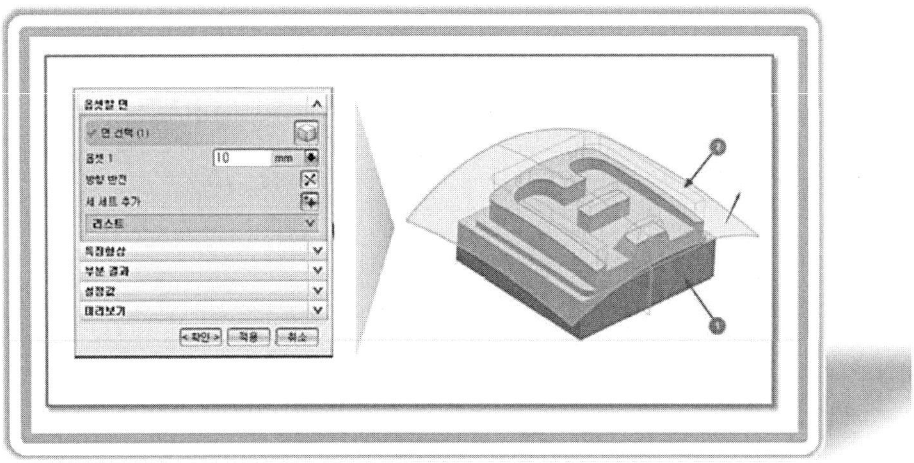

[그림 4-38]

20) 대칭 특징형상 (Mirror Feature)()

특징형상을 기준평면 반대쪽으로 대칭 복사한다.

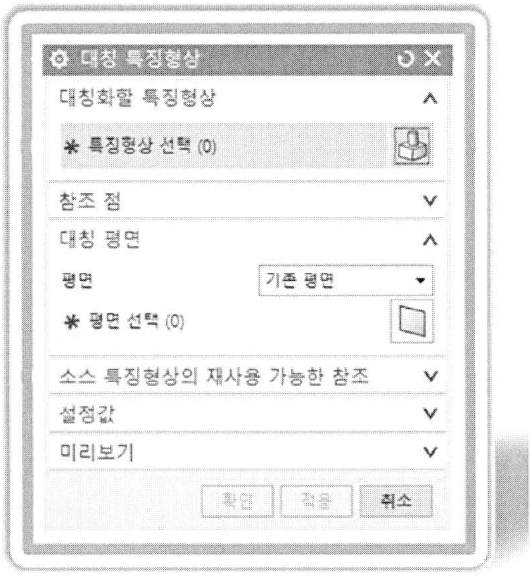

대칭화할 특징형상
대칭 복사할 특징형상을 선택한다.

대칭평면
대칭 복사하게 될 기준 평면을 선택

[그림 4-39]

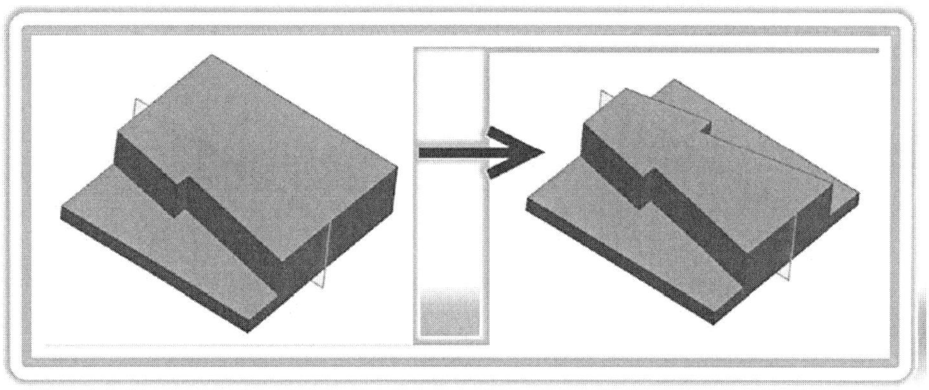

[그림 4-40]

21) 결합(Unite)( )

두 개 이상의 솔리드바디를 하나의 솔리드 단일 바디로 합치는 기능.

결합되기 전

결합된 후

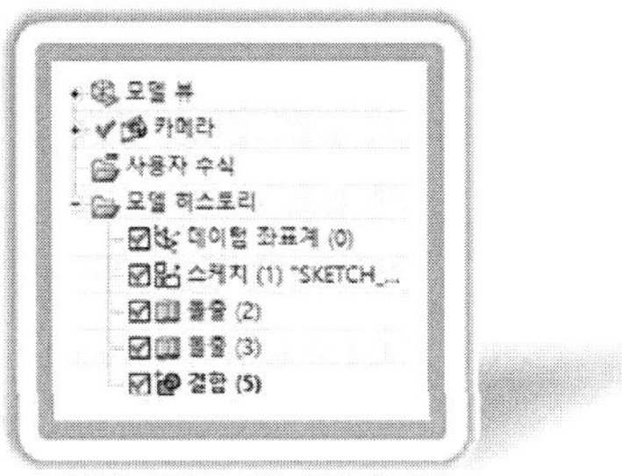

타겟 : 결합되고 공구 바디의 일부가 된다.

공구 : 선택된 타겟 바디를 수정하는데 사용할 하나 이상의 공구 솔리드 바디를 선택 할 수 있다.

영역 정의

영역을 선택하여 유지 또는 제거를 할 수 있다.

타겟 유지

결합 작업 이후 선택한 타겟 바디를 삭제하지 않고 그대로 유지한다.

공구 유지

결합 작업 이후 선택한 툴 바디를 삭제하지 않고 그대로 유지한다.

[그림 4-41]

※영역(Region) 옵션

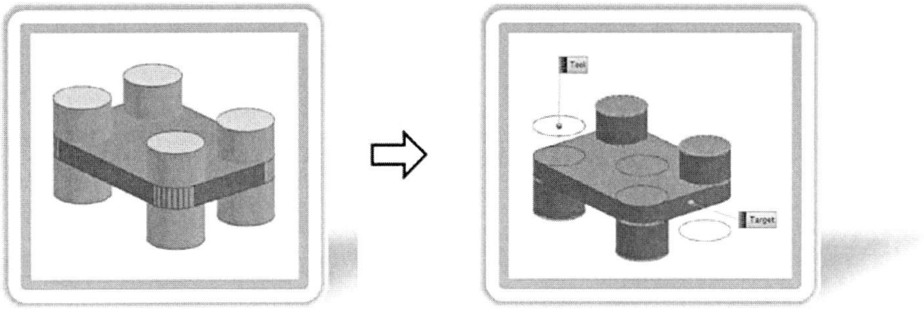

위와 같이 2개 이상의 개체 결합 시 최종형상에서 필요한 영역만 남길 수 있다.

22) 빼기(Subtract)( )

공구 바디를 사용하여 타겟 바디에서 필요 없는 부분을 제거하는 기능.

제거되기 전

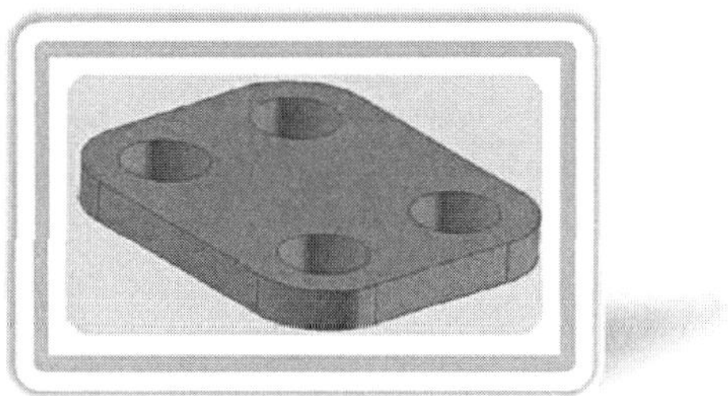

제거된 후

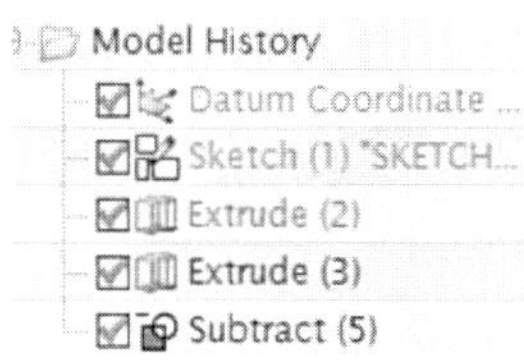

타겟 : 결합되고 공구 바디의 일부가 된다.

공구 : 선택된 타겟 바디를 수정하는 데 사용할 하나 이상의 공구 솔리드 바디를 선택 할 수 있다.

타겟 유지

타겟에서 공구 바디 뺀 후 제거작업이 이루어지지 않은 타겟의 원본을 유지한다.

공구 유지

타겟에서 공구를 뺀 후 삭제되는 툴 바디를 그대로 유지한다.

[그림 4-42]

23) 교차(Intersect)( )

두 개의 서로 다른 바디에서 공유하는 솔리드 도형을 포함된 바디를 생성하는 기능.

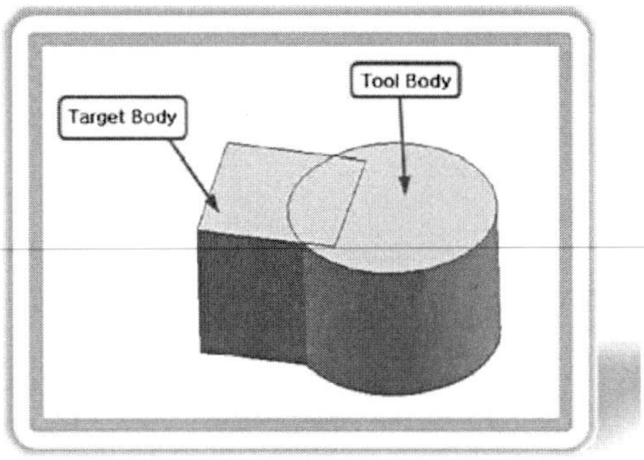

교차되기 전

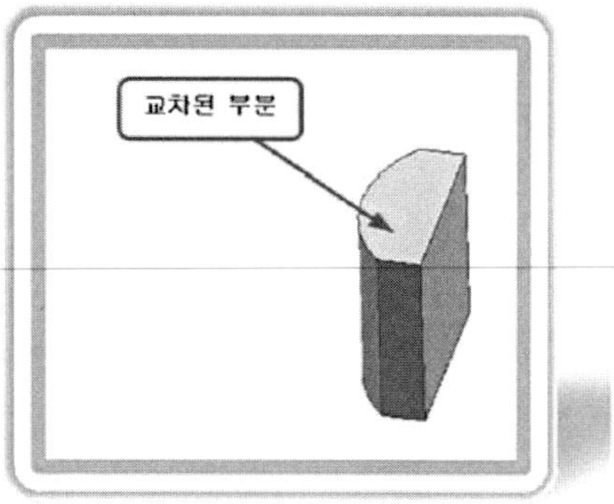

교차된 후

 **타겟** : 교차영역을 생성할 바디를 선택한다.

 **도구**: 교차 영역을 생성할 바디를 선택한다.

타겟 유지

타켓에서 선택한 바디를 교차 후 삭제하지 않고 유지한다.

도구 유지

도구에서 선택한 바디를 교차 후 삭제하지 않고 유지한다.

[그림 4-43]

제 5 장 형상가공 모델링 따라하기

1. 3D 모델링 따라하기

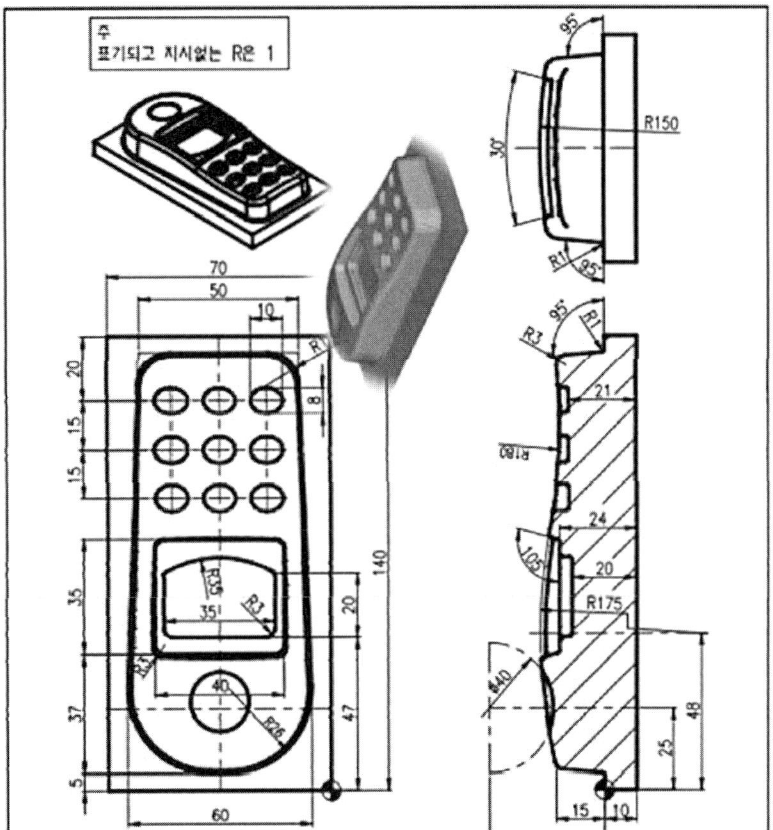

소재		140×70×35		안전높이		Z축 원점에서 50mm		
No	작업내용	공구조건		절삭조건				
		종류	직경	경로간격(mm)	회전수(rpm)	이송(mm/min)	절입량(mm)	가공잔량(mm)
T01	황삭	평 E/M	Φ12	6	1000	250	6	0.5
T02	정삭	볼 E/M	Φ6	1	1800	100		
T03	잔삭	볼 E/M	Φ2		2800	90		

[그림 5-1]

2. 2D 스케치 작성하기

1) 새로 만들기 (Ctrl+N)을 실행한다.
2) Sketch를 하기 위해서 삽입(Insert) ⇨ 타스크 환경( )의 스케치 또는 아이콘을 선택한다.
3) 평면상에서 기존 평면에 XY평면을 선택 확인하고 스케치모드로 들어간다.

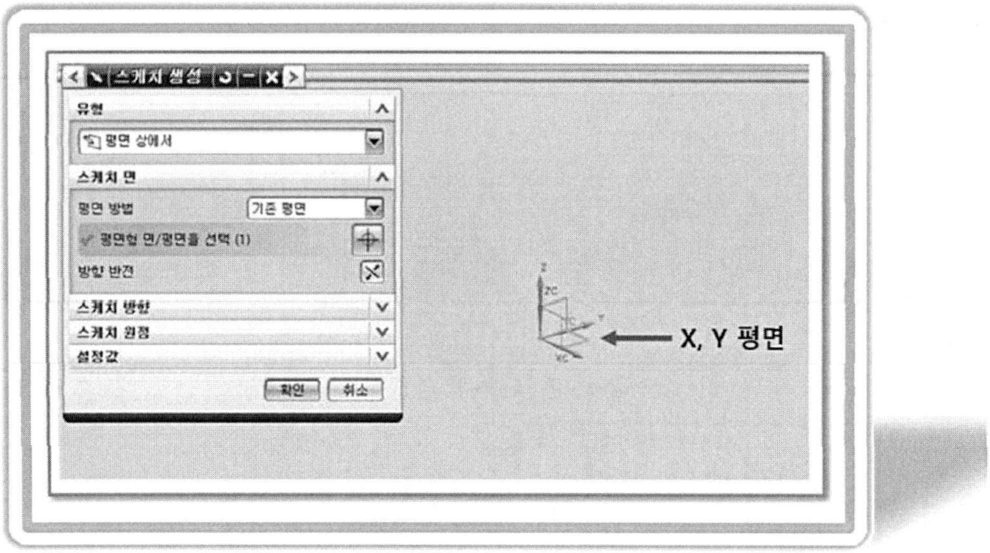

[그림 5-2]

4) 직사각형(Rectangle) 선택 후 그림에서와 같이 2점으로 직사각형을 그린 후 치수 아이콘을 선택하고 그림과 같이 치수를 입력한다.

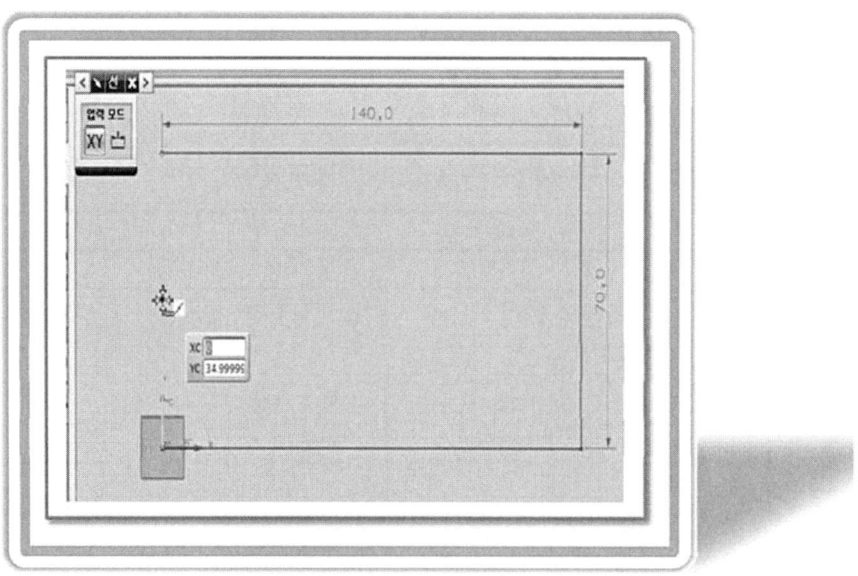

[그림 5-3]

5) 스케치 도형에 중심선을 그리고 참조선으로 변환한다.

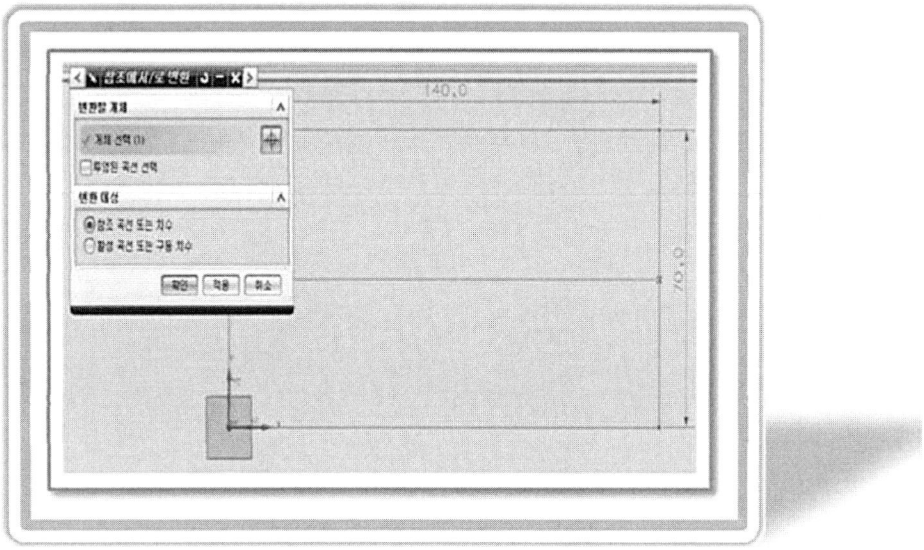

[그림 5-4]

6) 아래와 같이 직사각형, 원호, 3점 호의 기능을 이용하여 평면상에 스케치하고 치수 기입을 한다.

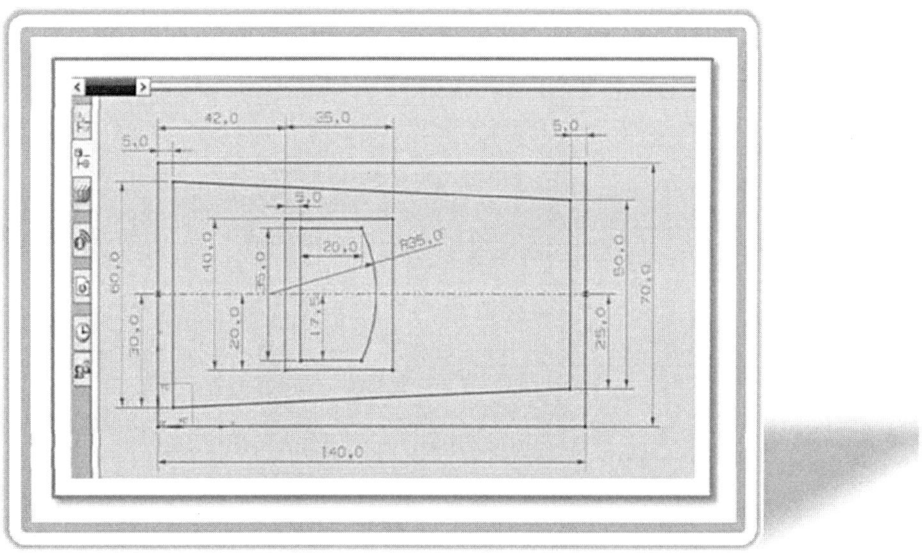

[그림 5-5]

7) 삽입 ⇨ 곡선 ⇨ 타원을 선택하여 외반경 5mm, 내반경 4mm의 타원을 설정 한다.

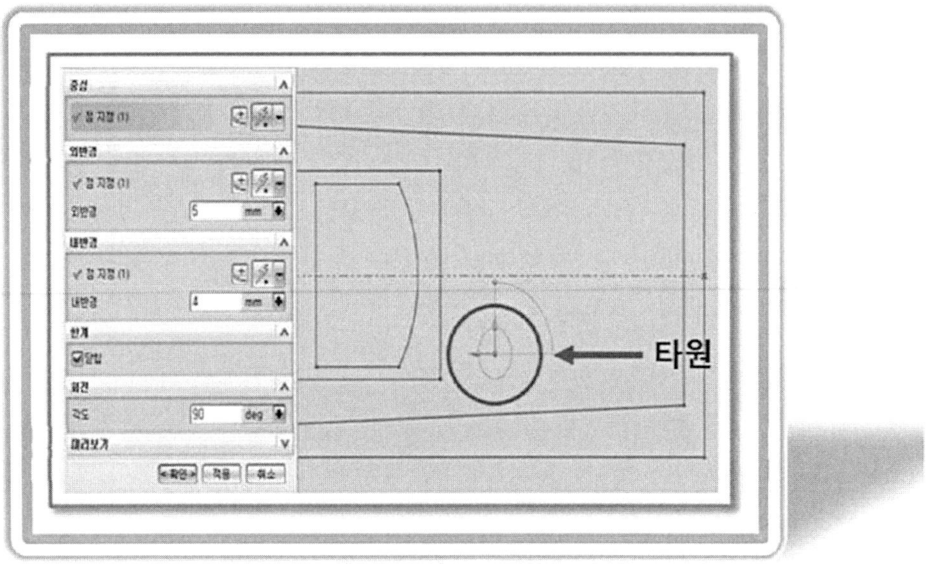

[그림 5-6]

8) 타원의 위치 지정을 위해 절대좌표로 하고 X90, Y20, Z0을 클릭한다.

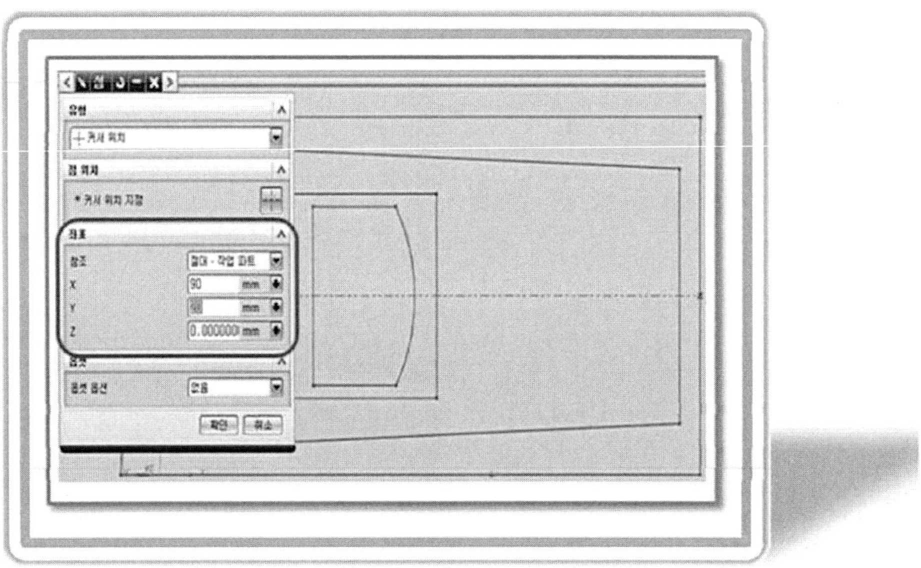

[그림 5-7]

3. 돌출 작성하기

1) -10의 베이스블록 돌출하기.

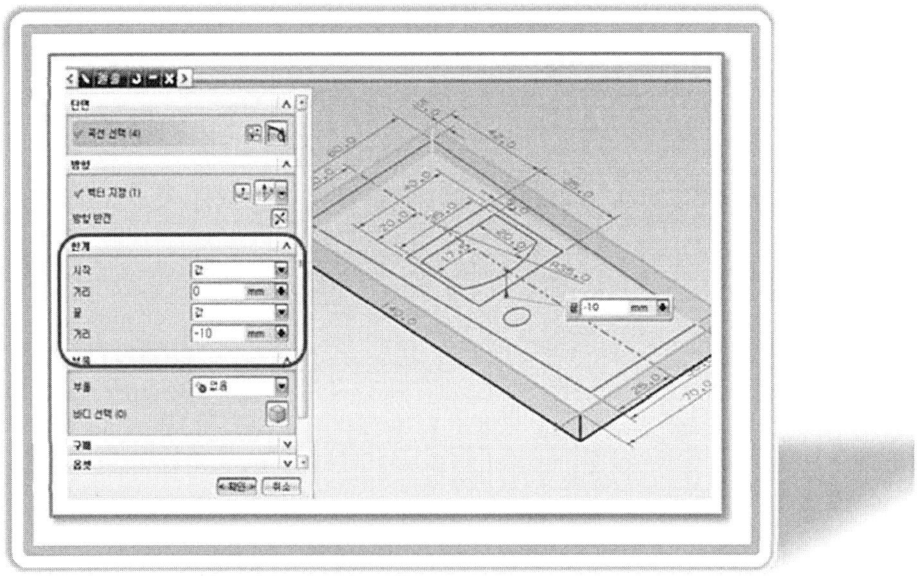

[그림 5-8]

2) 이어서 본체 돌출 후 아래 그림처럼 높이와 구배 각도 5도를 입력한다.

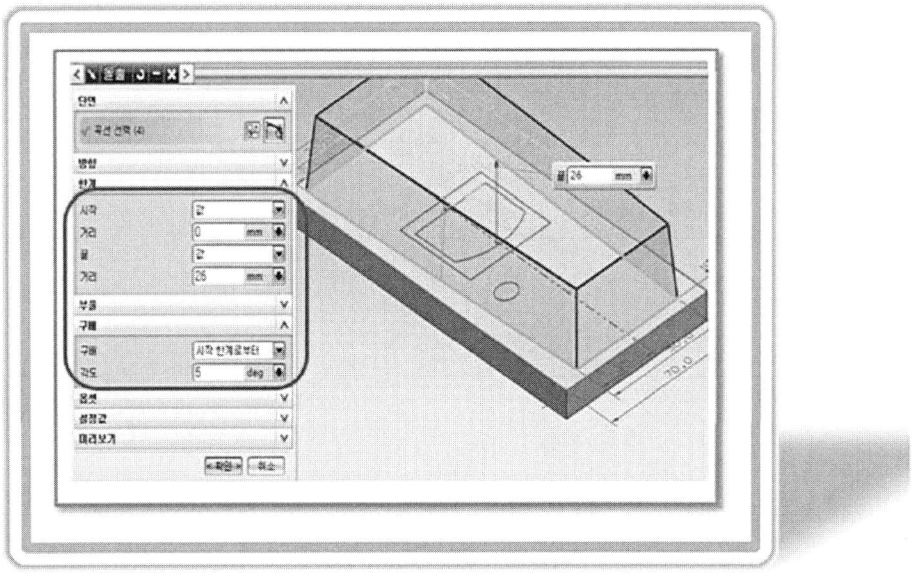

[그림 5-9]

4. 스웹 곡면 작성하기

1) 모델링 중심선 맞춰 정면에서 스웹 곡면을 스케치 할 수 있도록 데이텀을 생성한다.

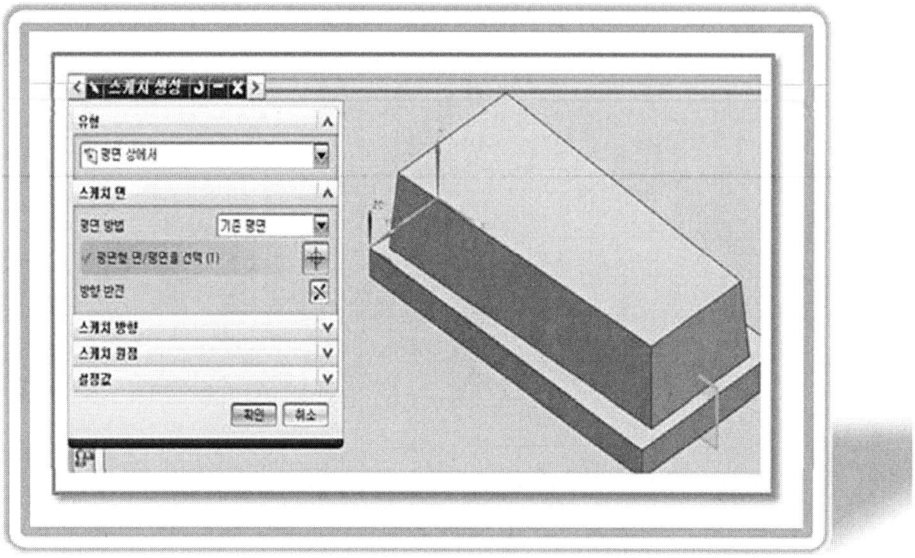

[그림 5-10]

2) 3점호를 이용하여 곡선상의 스웹곡선의 연결라인을 탄젠트로 연결 후 각각의 위치에 치수를 기입하고 스케치 종료를 선택한다.

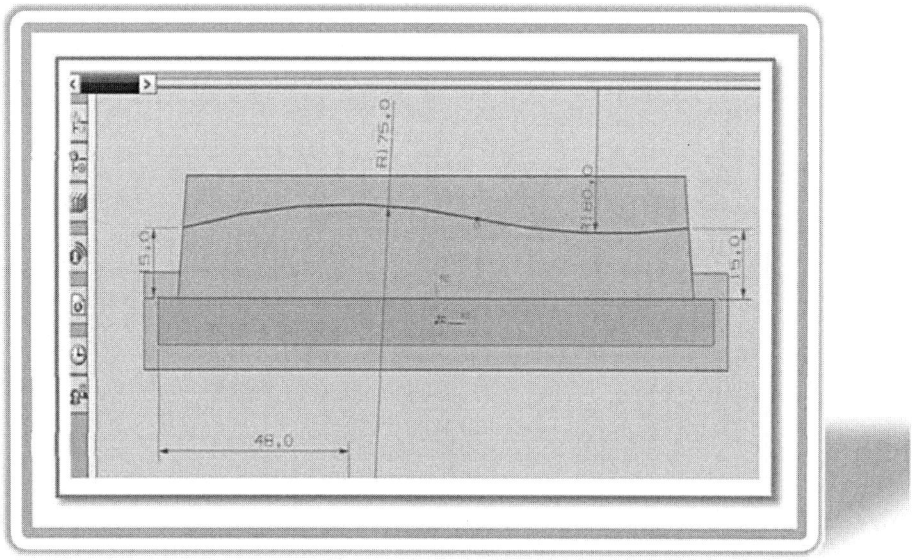

[그림 5-11]

3) 타스크환경에서 스케치( ) 아이콘을 선택하고 정면에서 스케치한 가이드 라인을 선택 후 원호길이 0을 입력 한다. 이때 스케치 유형은 경로상을 선택한다.

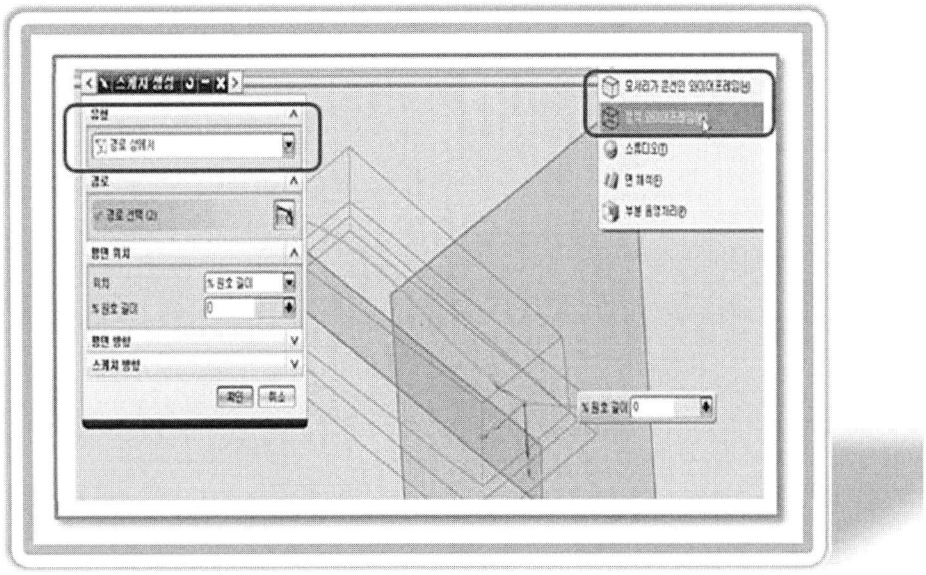

[그림 5-12]

4) 3점호를 이용하여 스케치 한 곡선과 가이드 곡선의 끝점을 일치 시킨다.

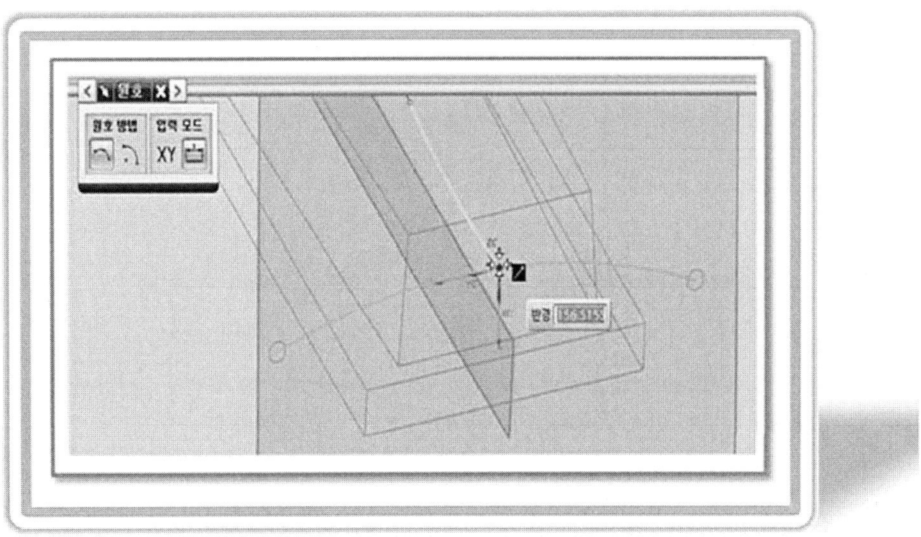

[그림 5-13]

5) R150과 중심거리 35 치수를 기입하고 스케치를 종료 한다.

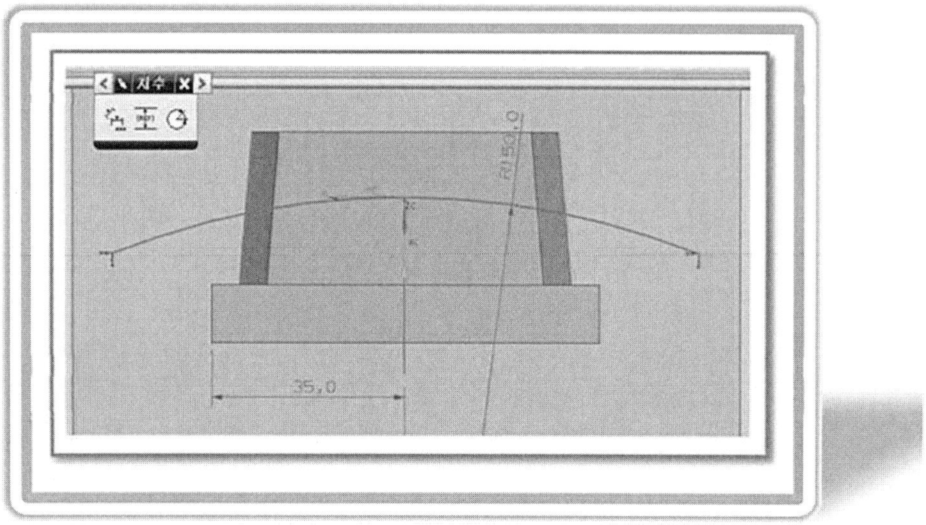

[그림 5-14]

6) 삽입에 스위핑에 가이드를 따라 스위핑(G)... 을 클릭한다.

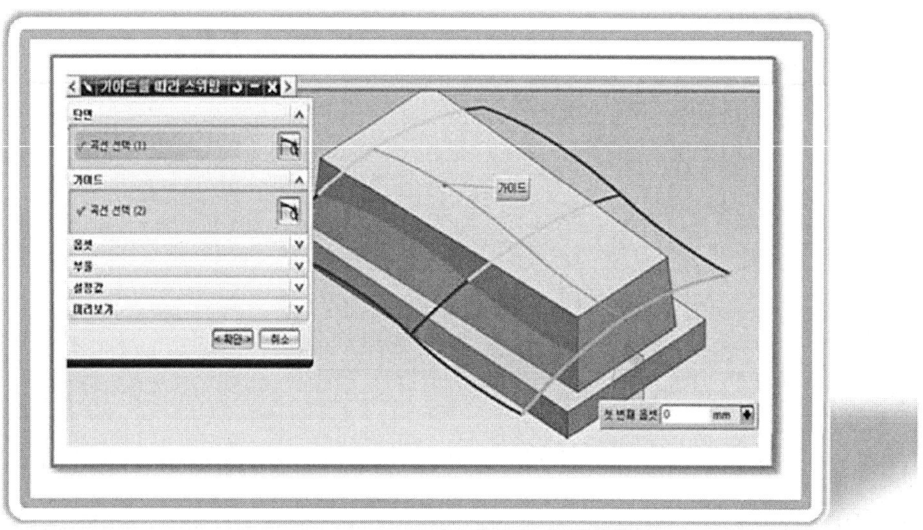

[그림 5-15]

5. 바디 트리밍하기

1) 삽입에 트리밍에 [트리밍 및 연장]을 클릭한다. 유형은 거리로 이동할 모서리 ①과 ②을 클릭한다.

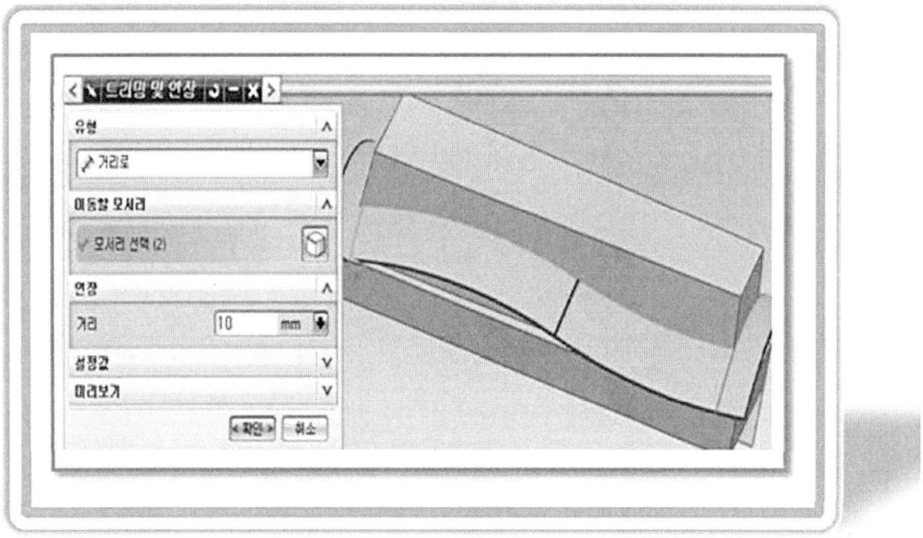

[그림 5-16]

2) 바디트리밍 불필요한 부분을 제거 한다.

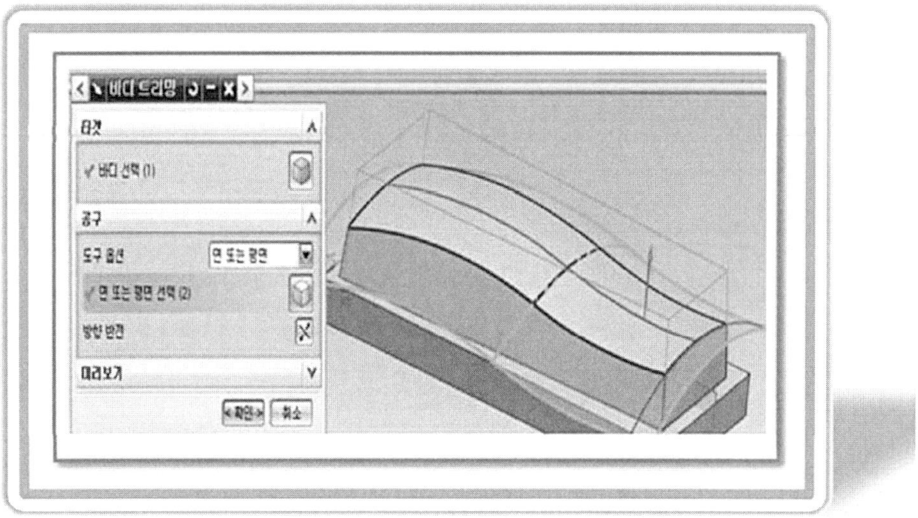

[그림 5-17]

3) 스윕 면을 숨기고 모서리 블랜드를 통해 R26값 입력 후 적용한다.

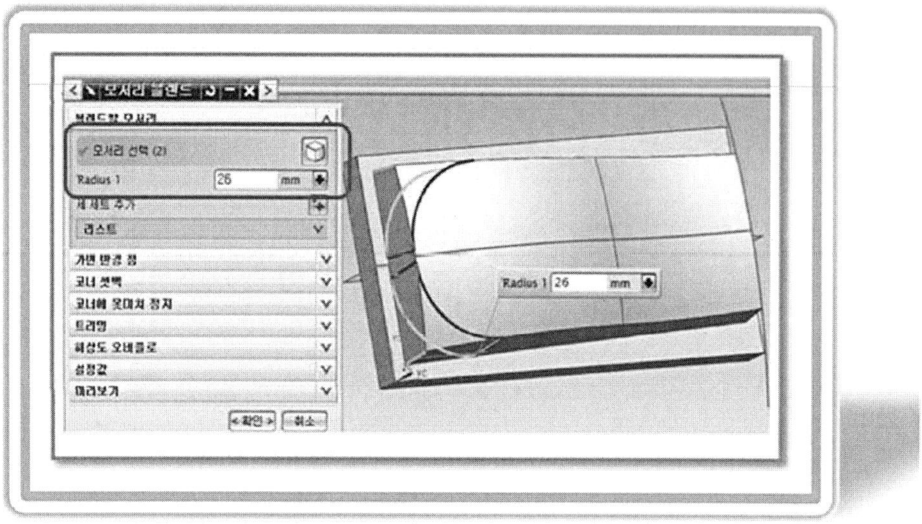

[그림 5-18]

4) 반대편 모서리에 R값 10을 입력 후 적용한다.

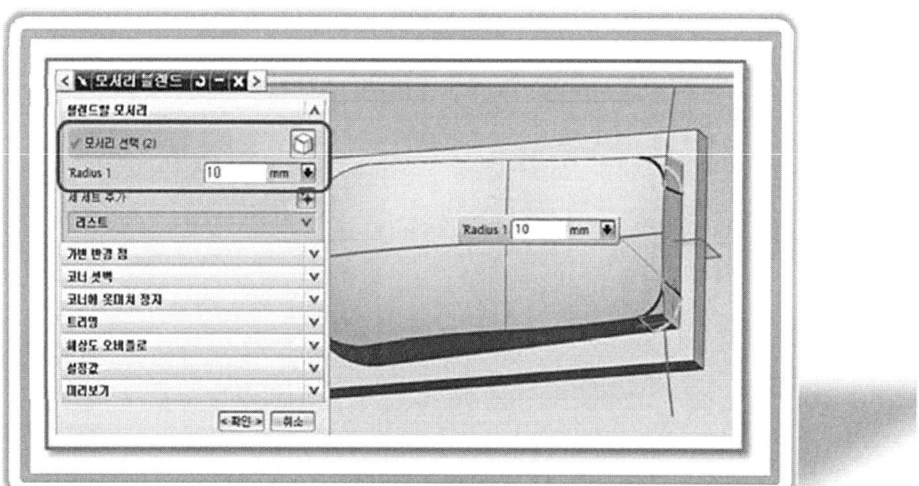

[그림 5-19]

6. 구 작성하기

1) 구 작업을 위해 중심점에서 점 다이얼로그를 선택한다.

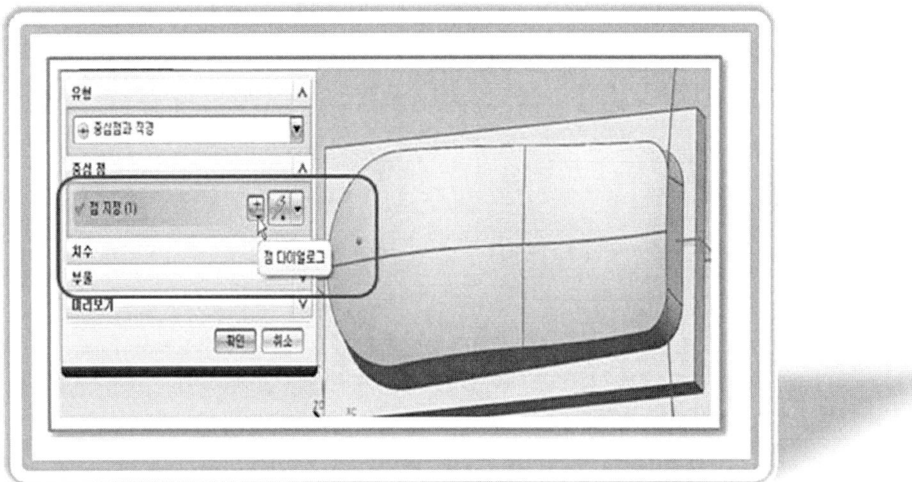

[그림 5-20]

2) 구의 거리값을 X25, Y35, Z36을 입력한다.

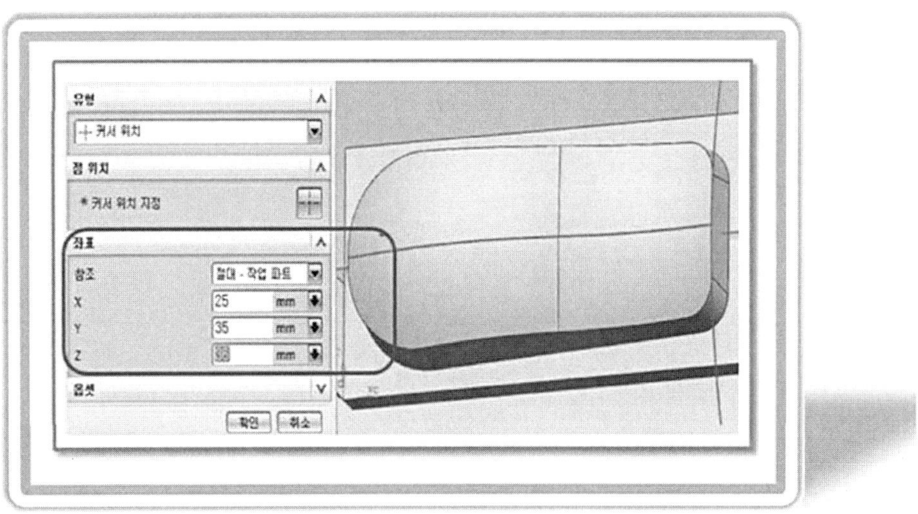

[그림 5-21]

3) 치수 직경 40입력 후 빼기로 설정하고 바디선택 한다.

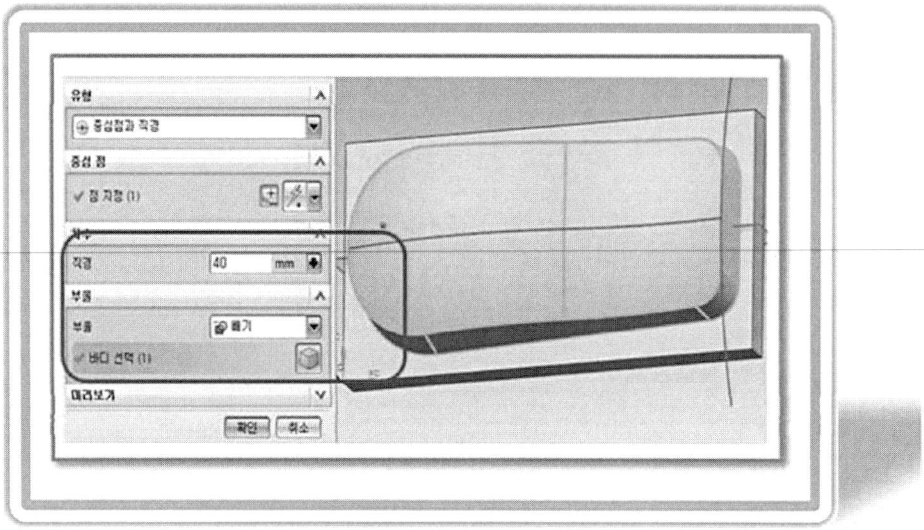

[그림 5-22]

7. 돌출 작성하기

1) 돌출을 선택하여 한계에서 시작 14, 끝 45 입력하고 부울은 빼기로 하고 바디를 선택한다. 이때 구배는 시작한계에서 -15도 입력 후 적용한다.

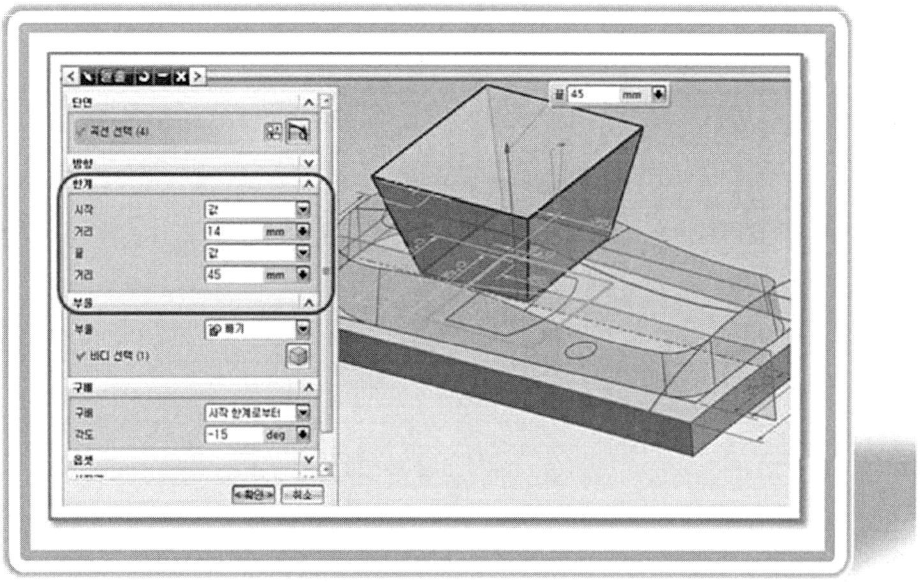

[그림 5-23]

2) 단면곡선을 선택하고 한계에서 시작 10, 끝 40 입력하고 부울은 빼기로 하고 바디를 선택한다.

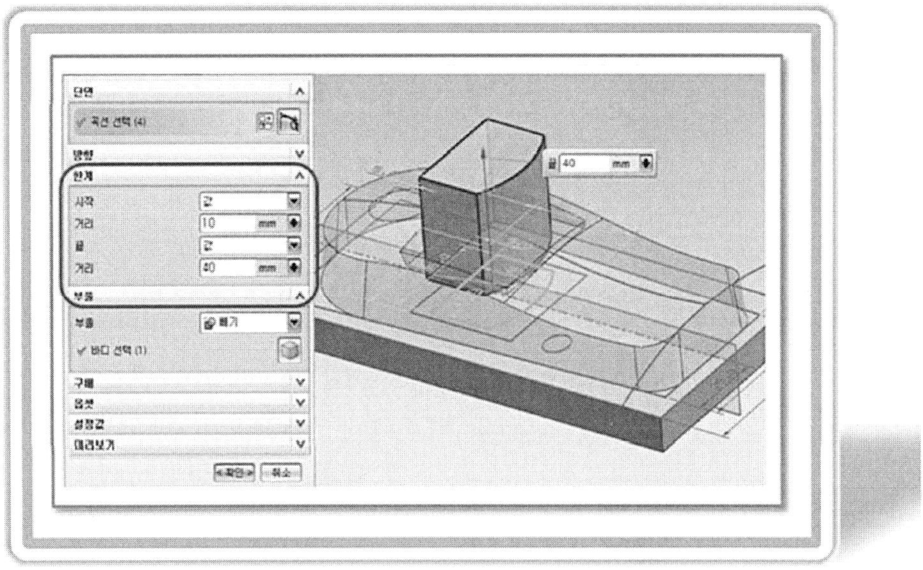

[그림 5-24]

3) 단면곡선을 선택하고 후 한계에서 시작 11, 끝 40 입력하고 부울은 빼기로 하고 바디를 선택한다.

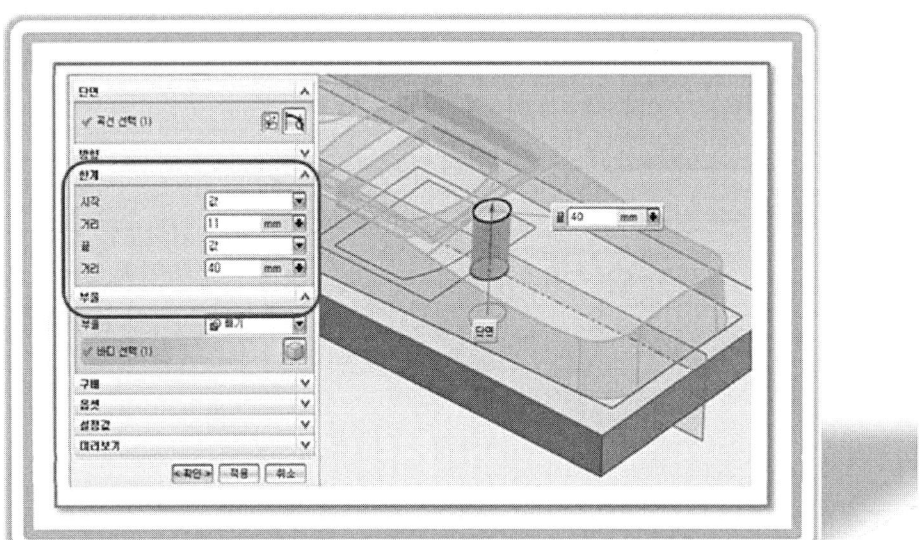

[그림 5-25]

8. 결합하기

완성된 바디 전체를 선택하고 확인한다.

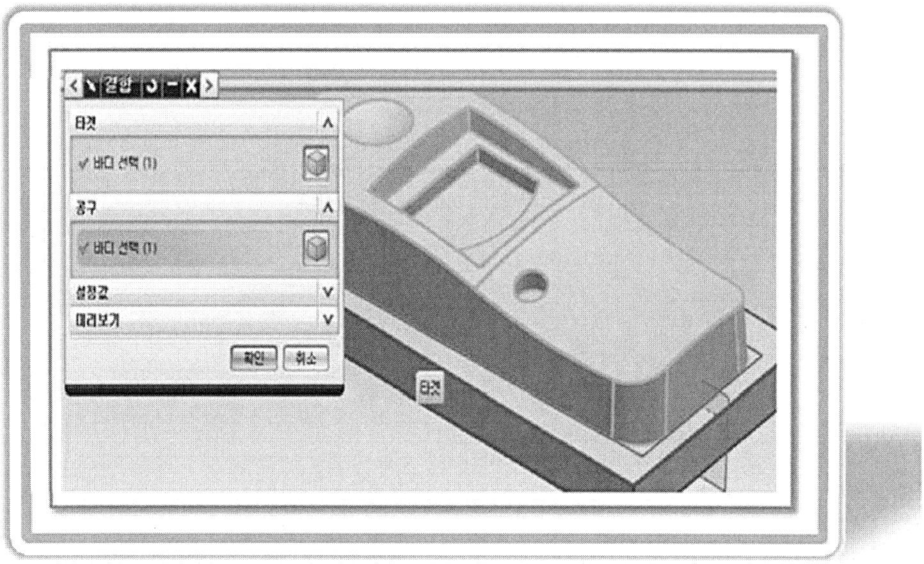

[그림 5-26]

9. 인스턴스형상 복사하기

1) 인스턴스 특징형상의 직사각형배열로 복사를 한다.

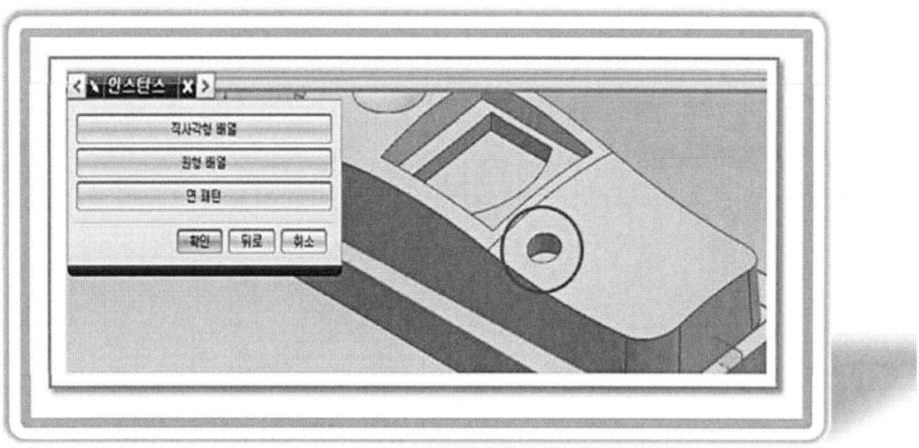

[그림 5-27]

2) 인스턴스 돌출 선택 후 방법은 일반으로 하고 X축 개수3, 거리 15, Y축 개수3, 거리 15 입력하고 확인한다.

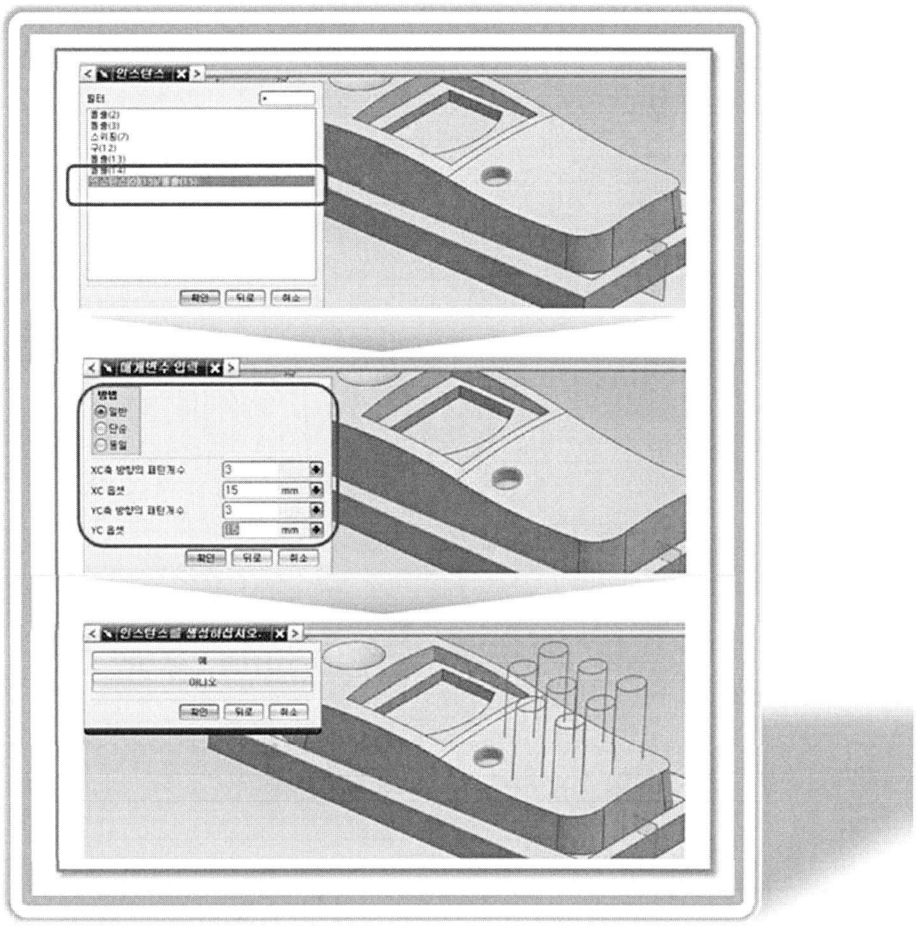

[그림 5-28]

10. 표시 및 숨기기

1) CTRL+W 기능을 통해 숨기기로 객체요소를 정리한다.

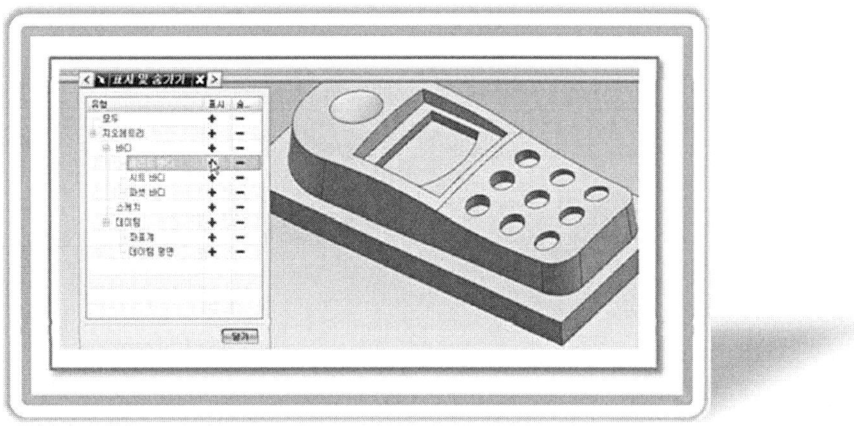

[그림 5-29]

11. 블랜드 작업하기

1) 모서리 블렌드 R3을 입력한다.

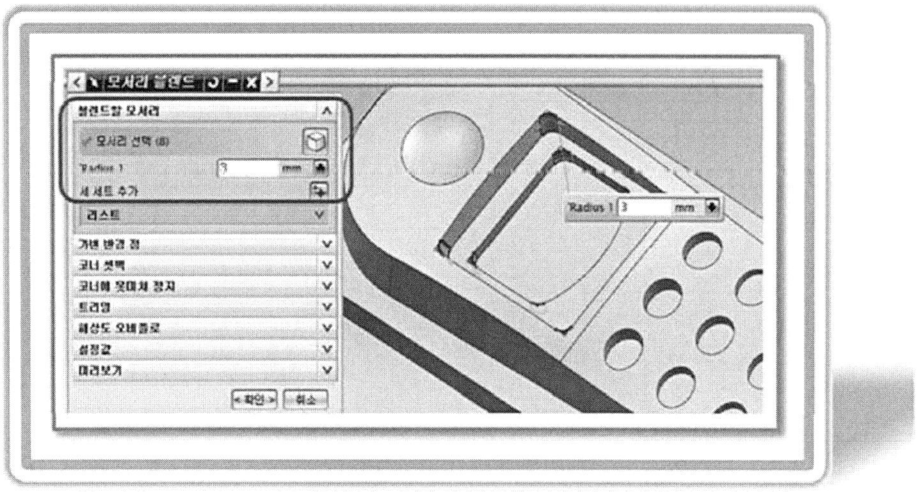

[그림 5-30]

2) 외관의 에지부분의 "R" 3을 입력 후 적용한다.

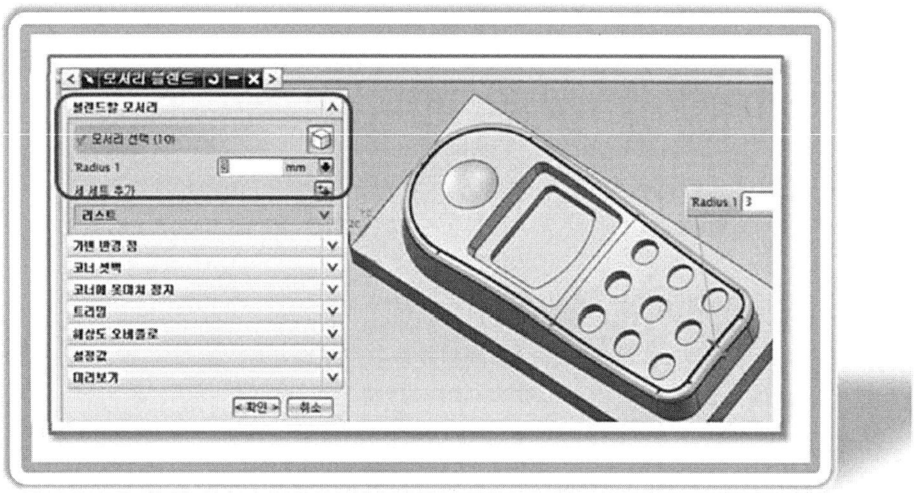

[그림 5-31]

3) 모서리 R값 2을 입력 후 적용한다.

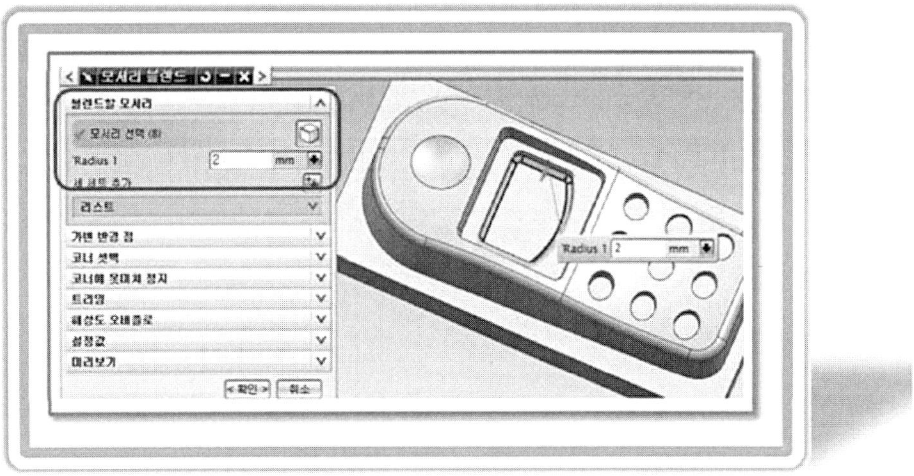

[그림 5-32]

4) R값 1을 입력 후 그림처럼 바닥면과 나머지 모서리 전체를 클릭하고 적용한다.

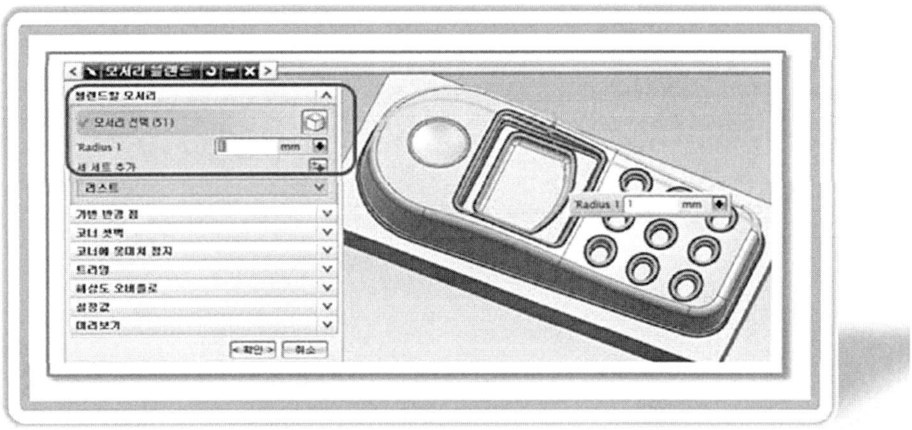

[그림 5-33]

5) 최종 완성된 모델링

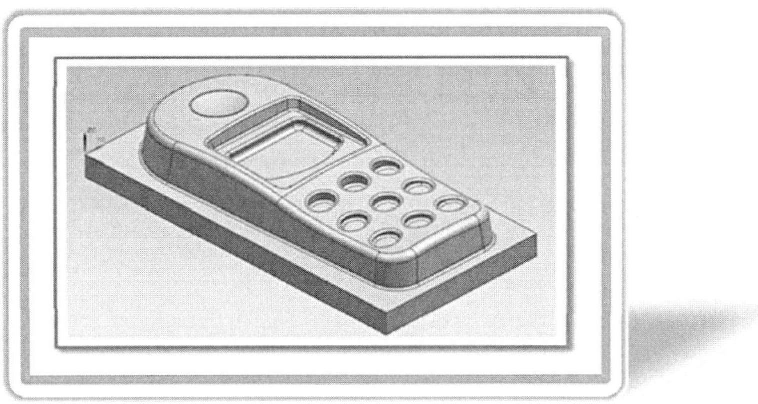

[그림 5-34]

12. 3D 모델링 따라하기

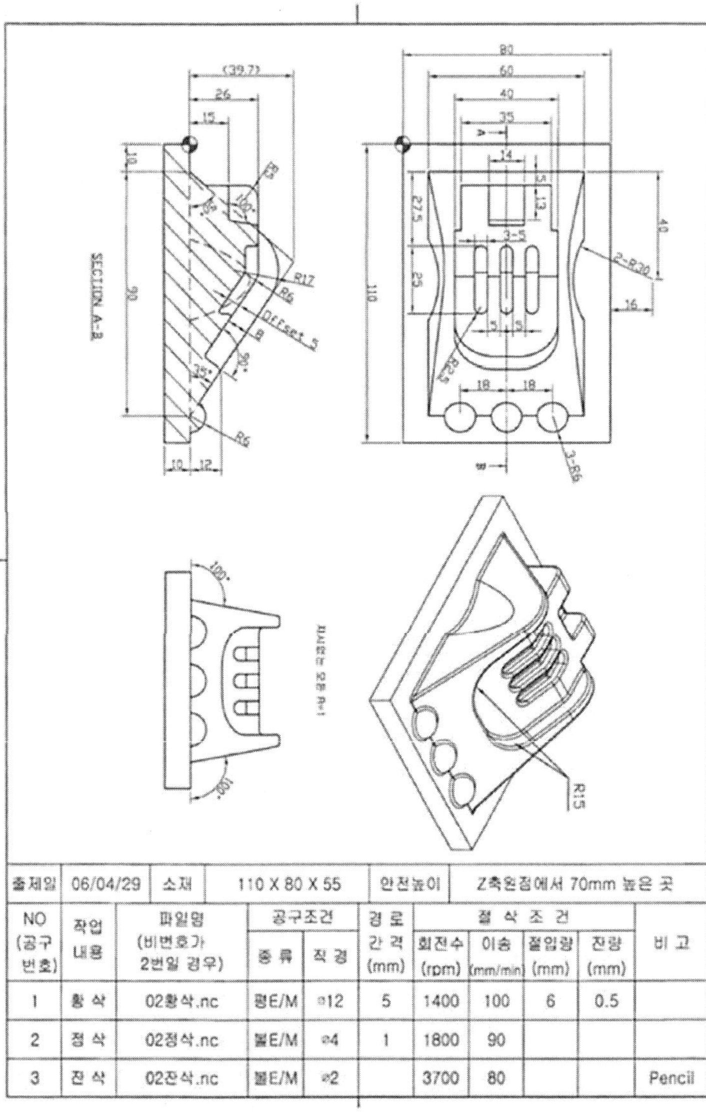

출제일	06/04/29	소재	110 X 80 X 55		안전높이	Z축원점에서 70mm 높은 곳				
NO (공구번호)	작업내용	파일명 (비번호가 2번일 경우)	공구조건		경로 간격 (mm)	절삭조건				비고
			종류	직경		회전수 (rpm)	이송 (mm/min)	절입량 (mm)	잔량 (mm)	
1	황삭	02황삭.nc	평E/M	⌀12	5	1400	100	6	0.5	
2	정삭	02정삭.nc	볼E/M	⌀4	1	1800	90			
3	잔삭	02잔삭.nc	볼E/M	⌀2		3700	80			Pencil

출제일 06/04/29

[그림 5-35]

1) 평면에서 2D 스케치 작성하기

(1) 새로 만들기 (Ctrl+N)을 실행한다.

(2) 삽입에 타스크 환경의 스케치(S)... 선택하여 스케치 준비를 한다.

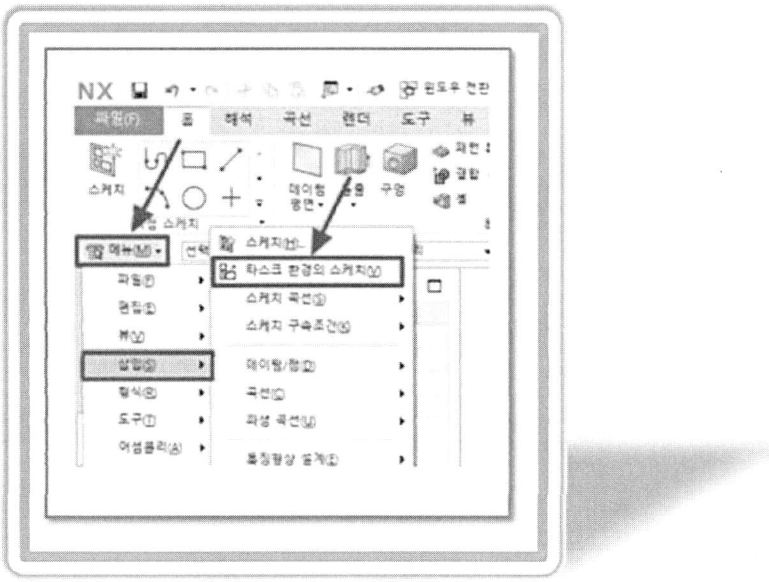

[그림 5-36]

(3) 스케치 생성모드를 통해 X, Y 평면을 선택한다.

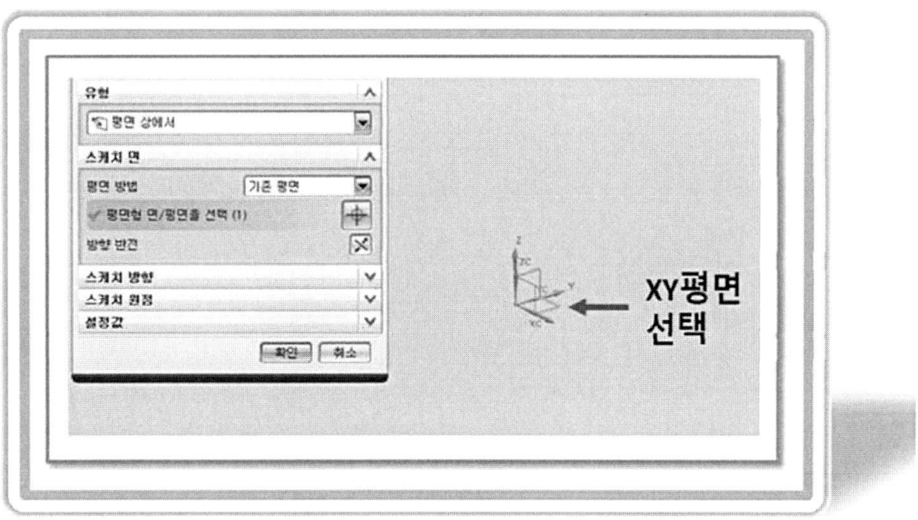

[그림 5-37]

(4) 직사각형 2점 그리기로 스케치를 한다.

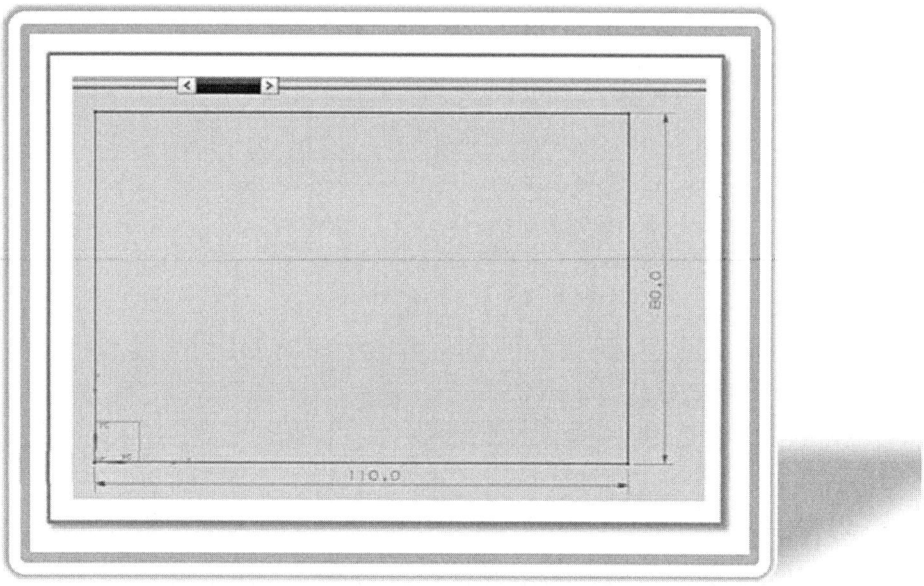

[그림 5-38]

(5) 옵셋 아이콘을 선택하여 안쪽방향으로 10mm를 옵셋을 한다.

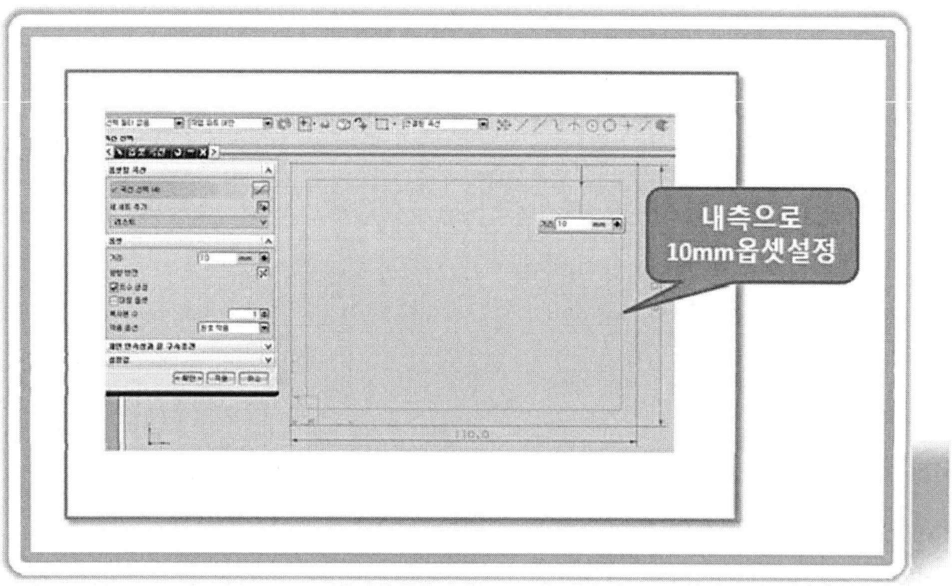

[그림 5-39]

(6) 스케치와 치수설정을 마치고 돌출작업을 위해 빠져나온다.

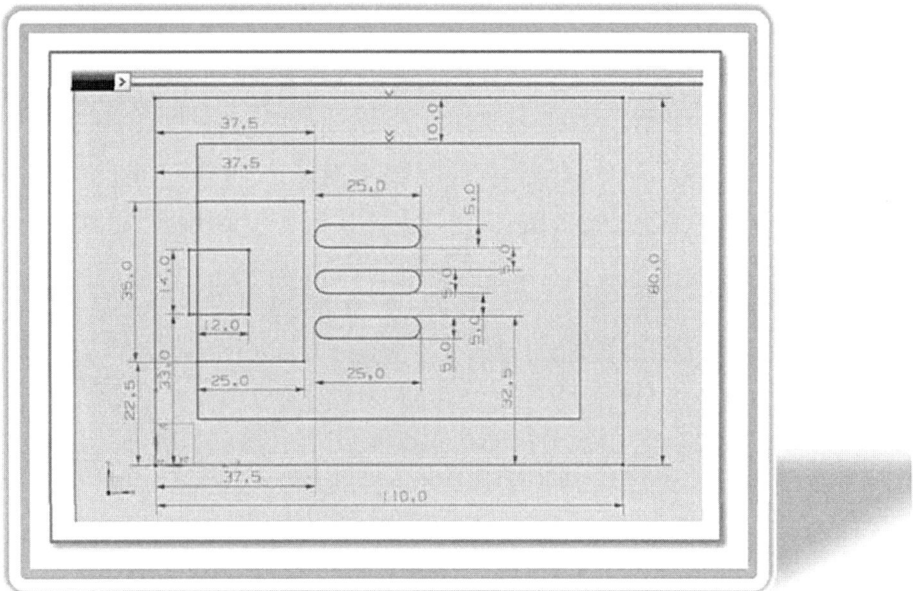

[그림 5-40]

2) 돌출로 솔리드 작업하기

(1) 돌출 아이콘을 선택하여 바닥면 베이스블록을 만든다.

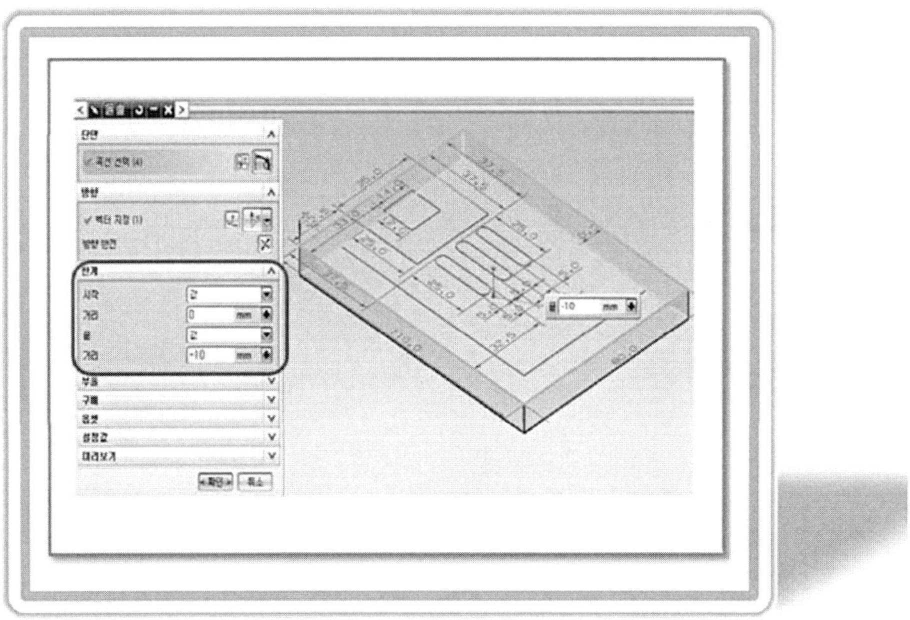

[그림 5-41]

(2) 돌출 기능을 이용하여 높이가 40mm짜리 블럭을 생성한다.

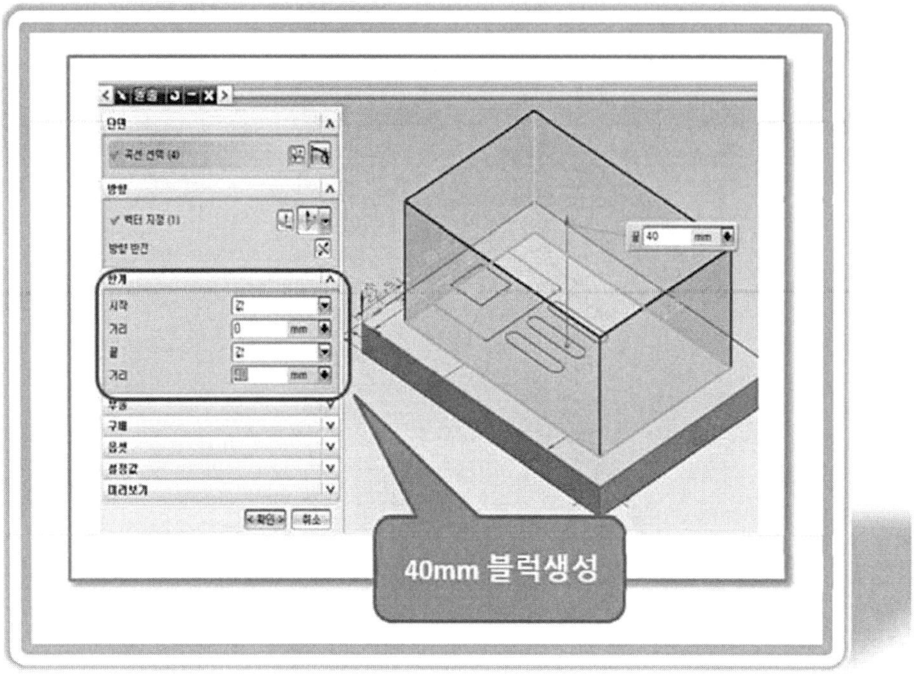

[그림 5-42]

3) 테이퍼(Draft) 작업하기

(1) 구배 아이콘을 선택하여 평면으로 구배방향을 Z축으로 고정평면을 설정하고하 구배할 양측 면 선택 후 구배각도 10을 입력하고 적용한다.

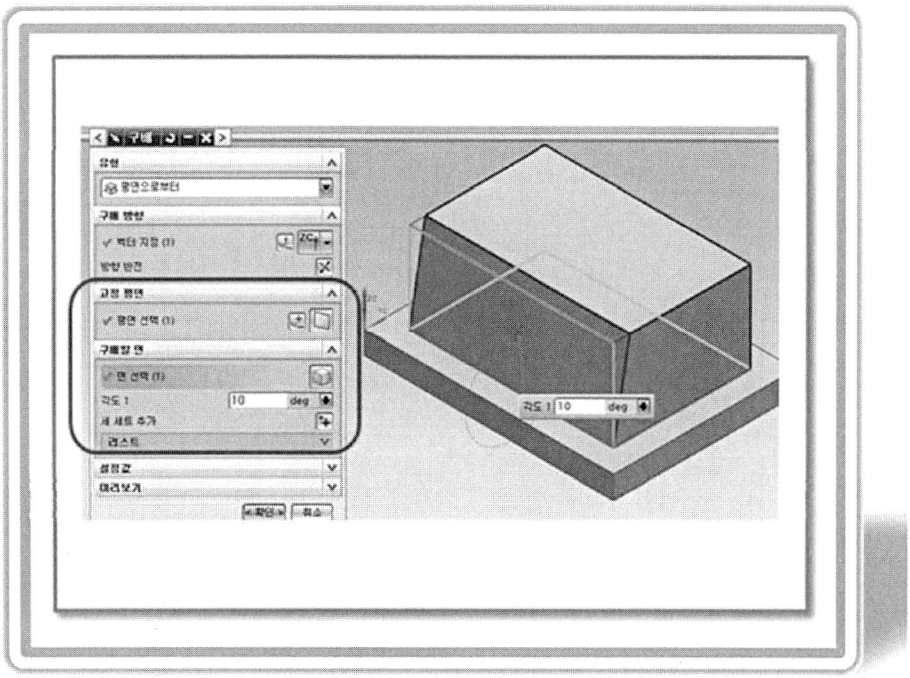

[그림 5-43]

(2) 같은 방법으로 구배각도 55을 입력하고 적용한다.

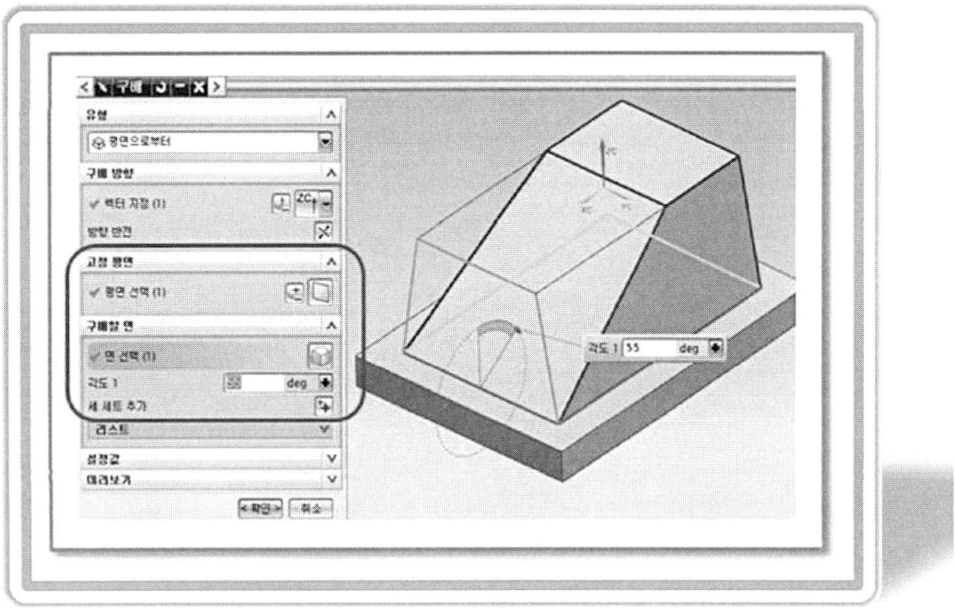

[그림 5-44]

(3) 같은 방법으로 구배각도 40을 입력하고 확인한다.

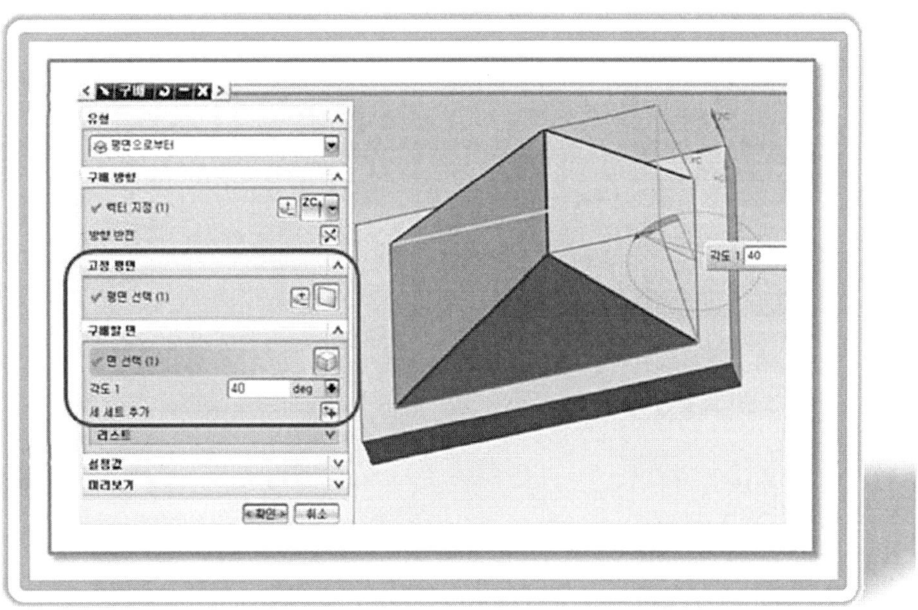

[그림 5-45]

4) 데이텀 평면 및 스케치작성하기

(1) 데이텀 평면을 활용하여 평면 참조면을 선택하고 거리 값 -40으로 확인한다.

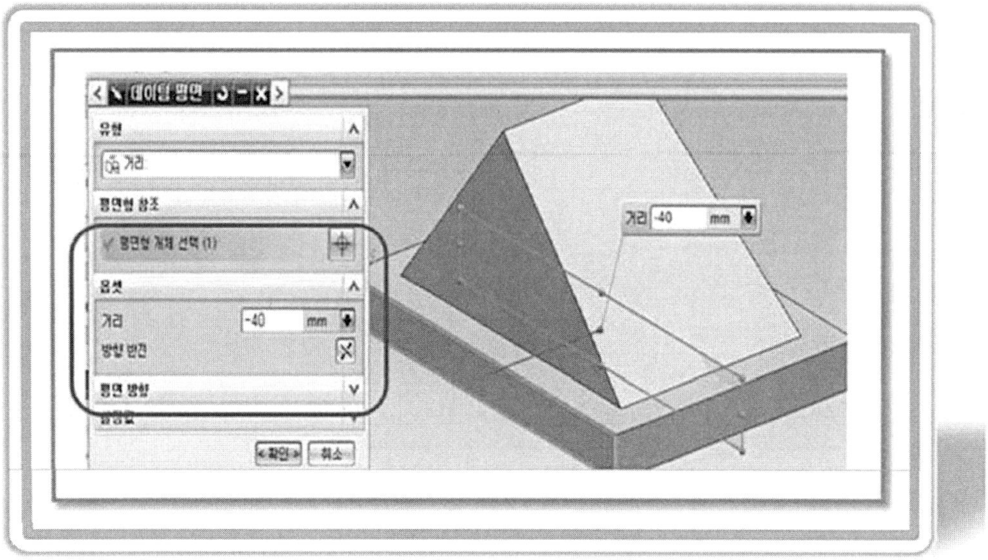

[그림 5-46]

(2) 스케치 아이콘을 클릭한다. 그림처럼 데이텀 평면을 선택하고 확인한다.

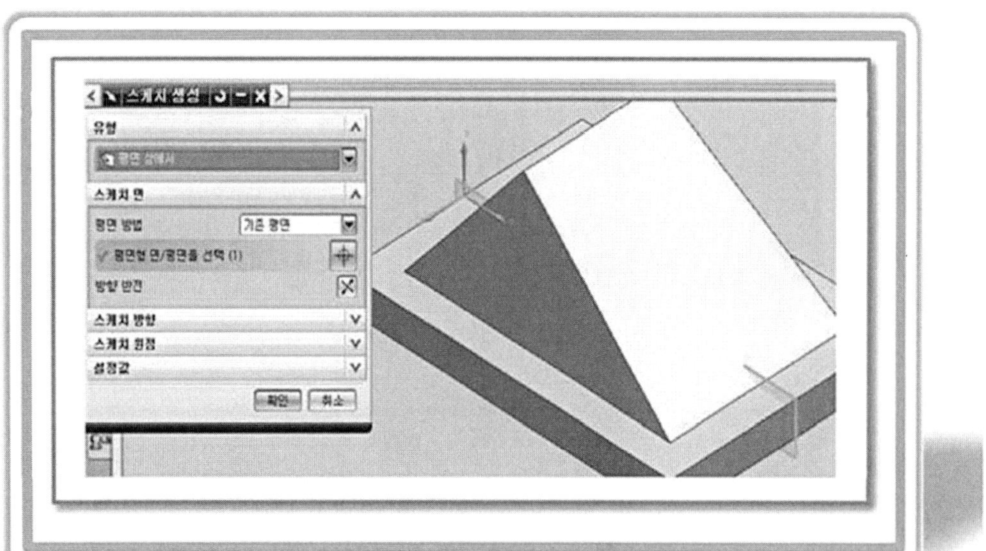

[그림 5-47]

3) (프로파일(연속선 그리기)를 이용하여 그림과 같이 스케치를 모두 완성하고 스케치종료로 스케치를 빠져 나간다.

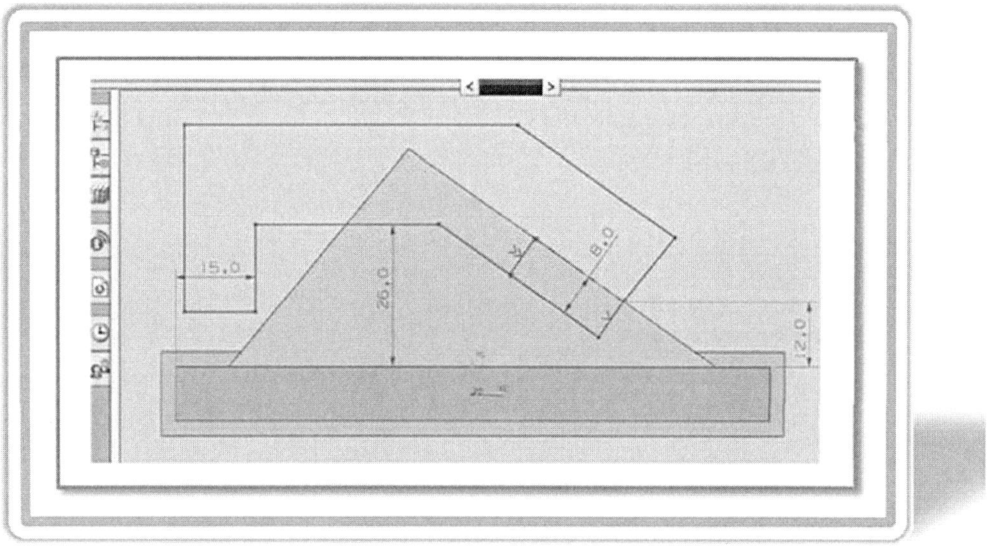

[그림 5-48]

5) 돌출 작성하기

1) 돌출 아이콘을 선택하여 단면곡선을 선택 후 시작 거리 값을 20, 끝 거리 값을 -20으로 부울에서 빼기로 설정하고 확인한다.

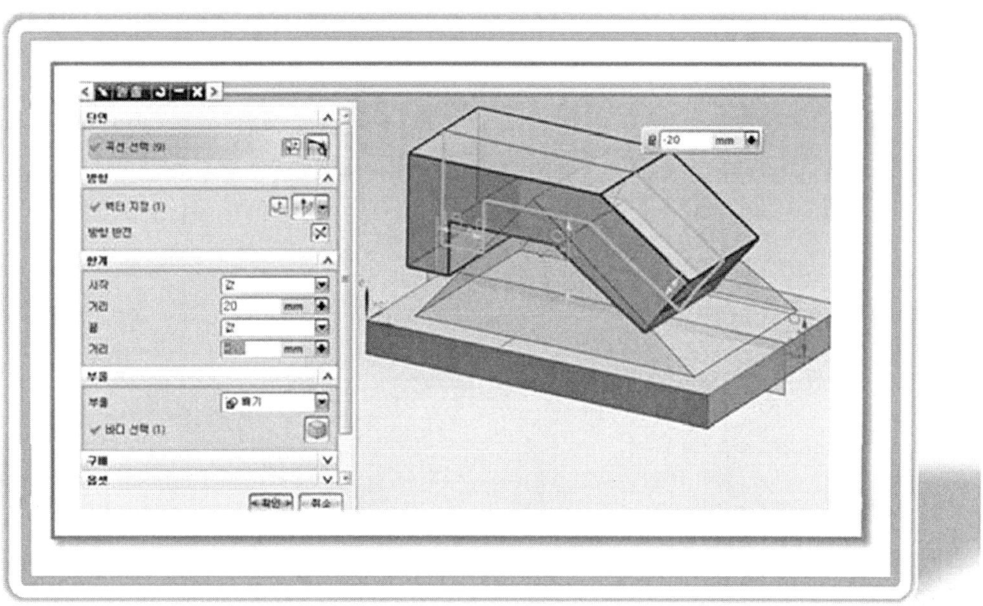

[그림 5-49]

6) 포켓 작성하기

(1) 와이어프레임 아이콘을 선택하고 삽입에 특징형상 설계에서 포켓(P) 을 클릭한다. 그림처럼 포켓에서 일반을 선택하고 확인한다.

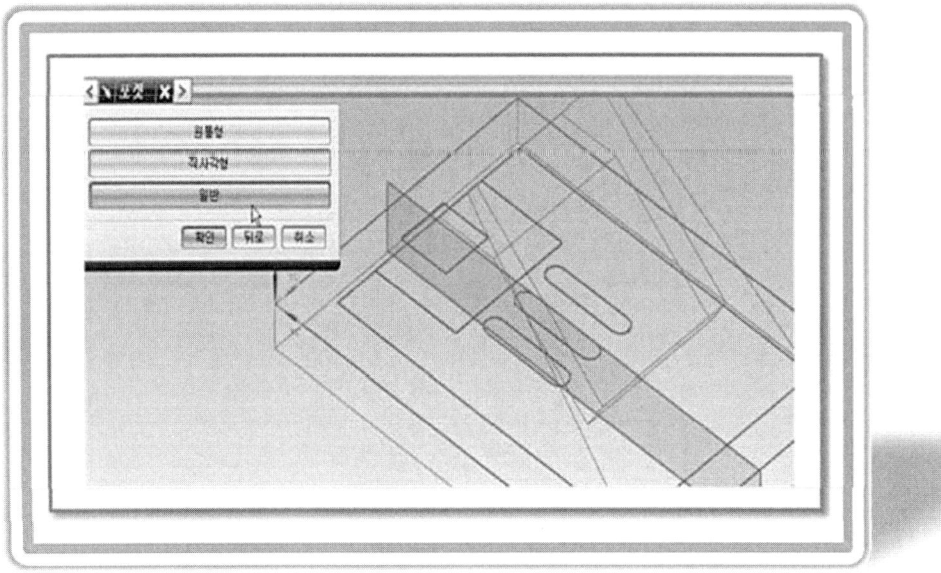

[그림 5-50]

(2) 선택단계 첫 번째 배치 면 ①을 선택하고 면 ②을 선택한다.

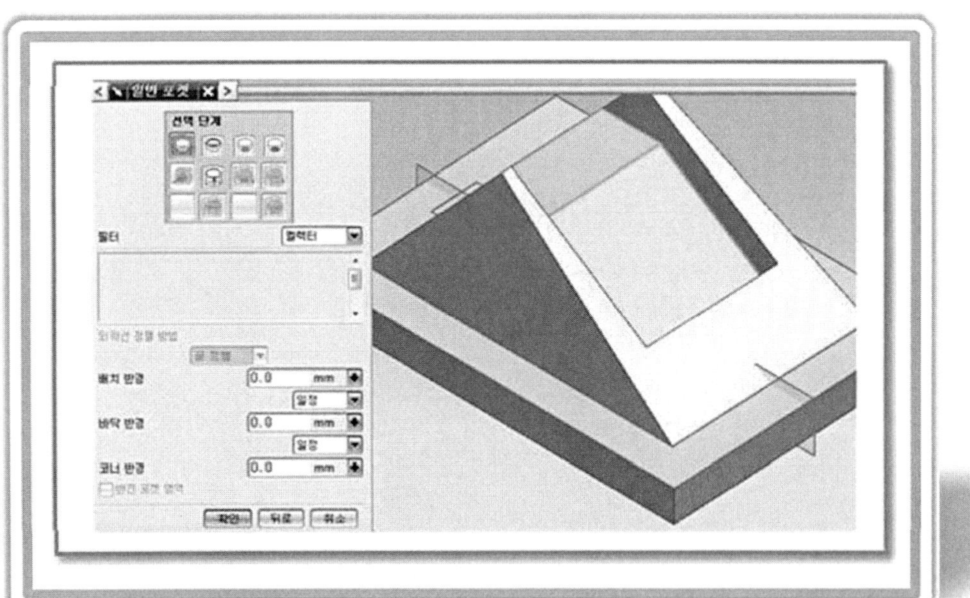

[그림 5-51]

(3) 선택단계 두 번째 배치외곽선 ①을 설정하고 선 ②을 선택한다.

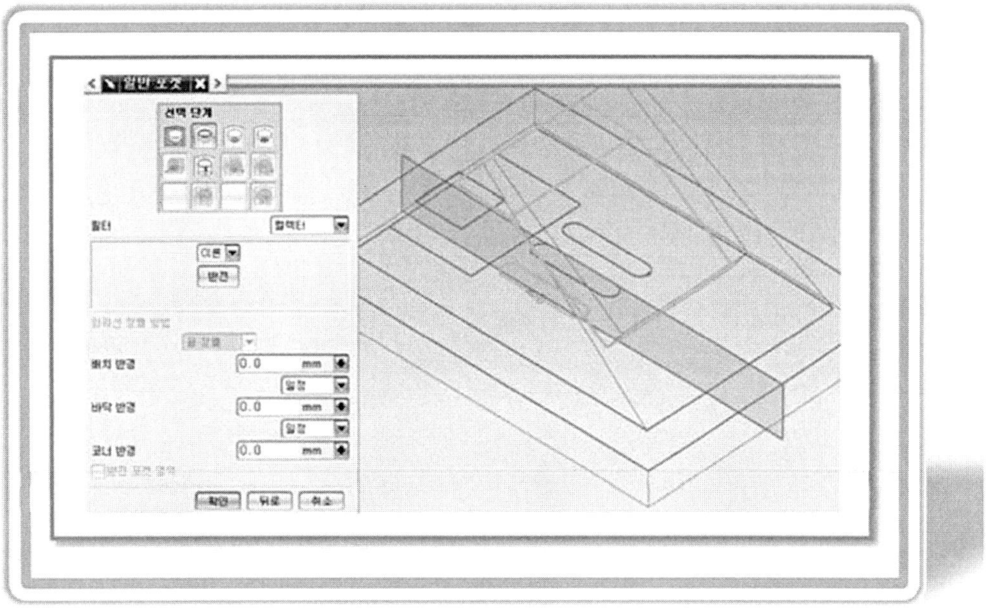

[그림 5-52]

(4) 선택단계 세 번째 바닥 면을 설정하고 옵셋 값을 화살표방향으로 5mm을 입력한다.

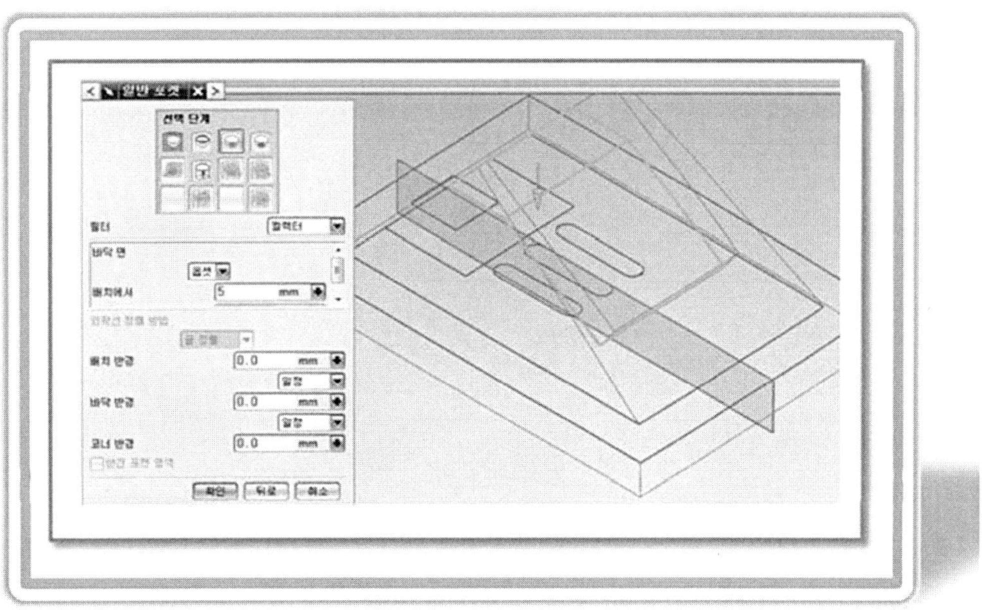

[그림 5-53]

(5) 선택단계 네 번째 바닥 외곽선 ①을 설정하고 테이퍼각도 0, 일정으로 하고 확인한다.

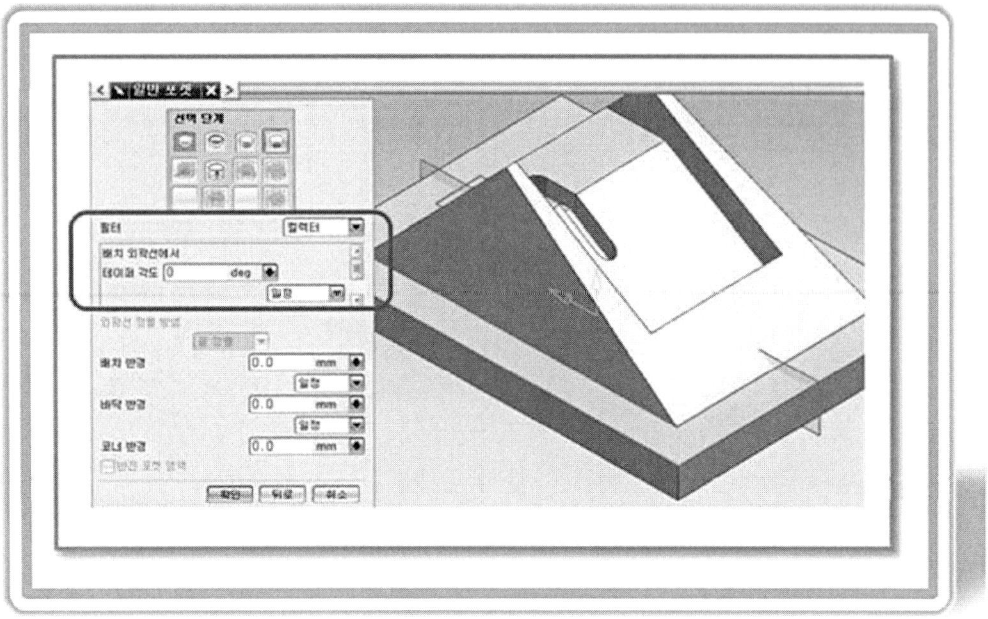

[그림 5-54]

(6) 3개의 포켓 작업을 연속적으로 완성한다.

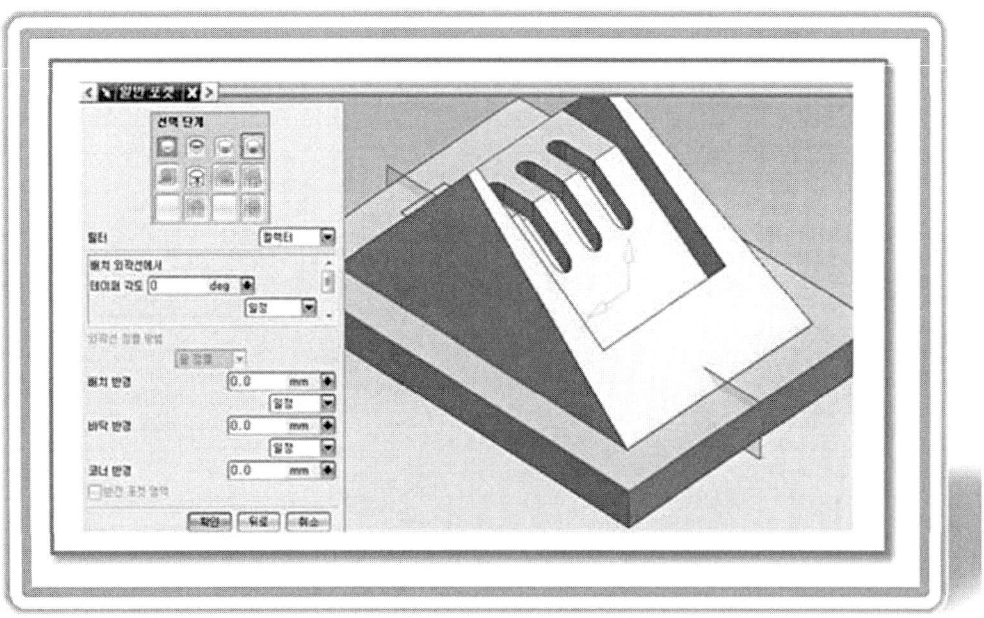

[그림 5-55]

7) 돌출 작성하기

1) 돌출 아이콘을 선택하여 그림처럼 단면곡선을 선택하고 시작 값 0mm, 끝 값26mm을 입력하고 적용한다.

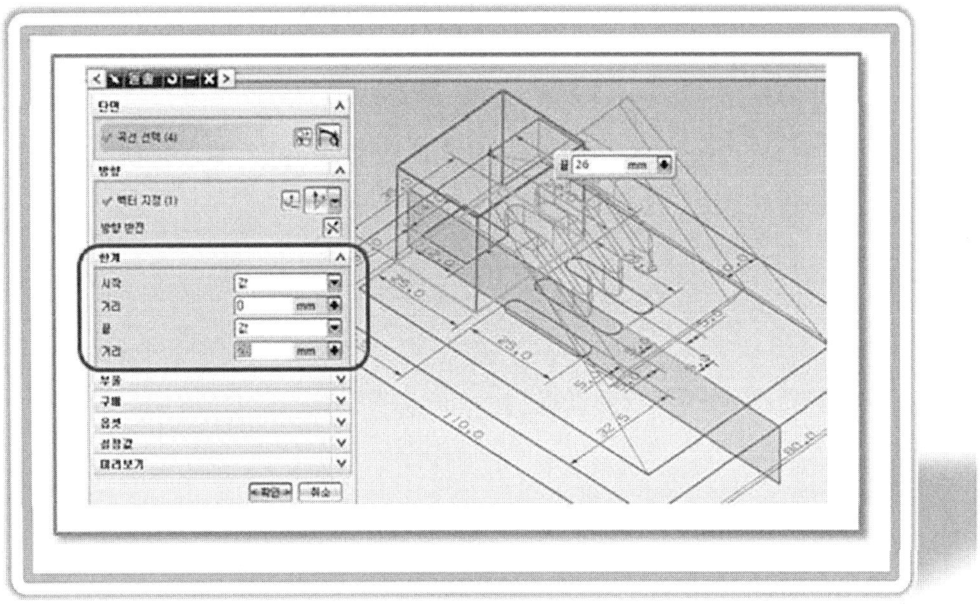

[그림 5-56]

2) 단면곡선을 추가로 선택하고 시작 값 15mm, 끝 값35mm을 입력 후 부울에서 빼기을 선택한다.

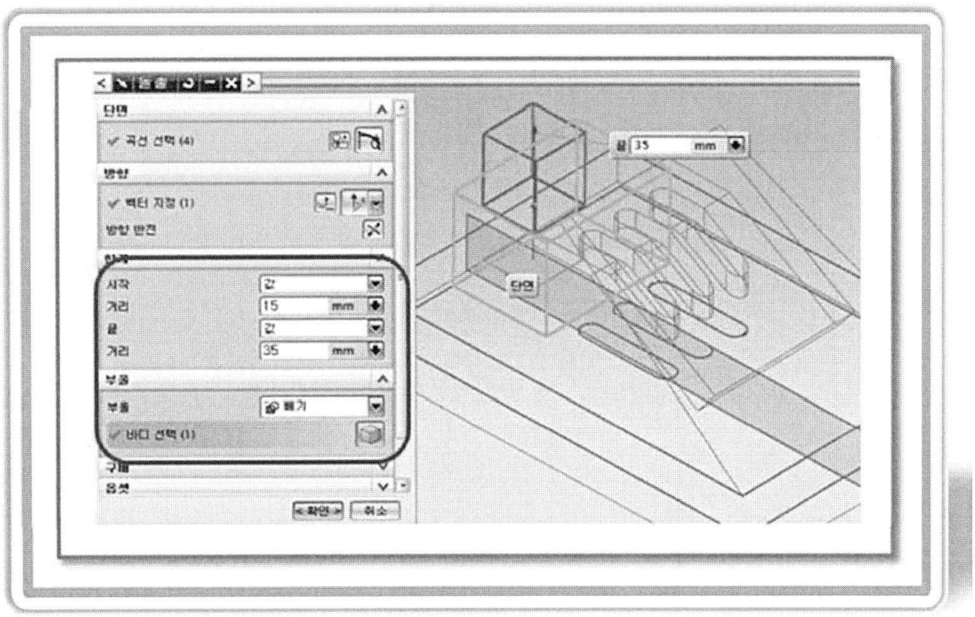

[그림 5-57]

3) 결합 아이콘을 선택 후 타켓 바디와 공구바디를 선택하고 합친다.

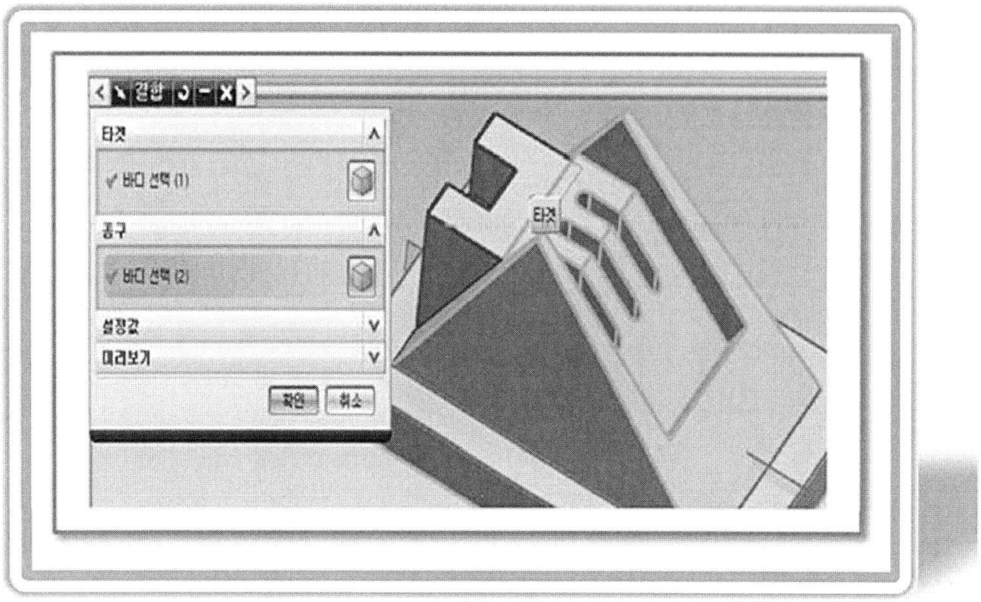

[그림 5-58]

8) 새 스케치 작성 및 돌출하기

(1) 타스크 환경에서 원 도형을 그림처럼 스케치 및 치수기입을 하고 스케치 종료한다.

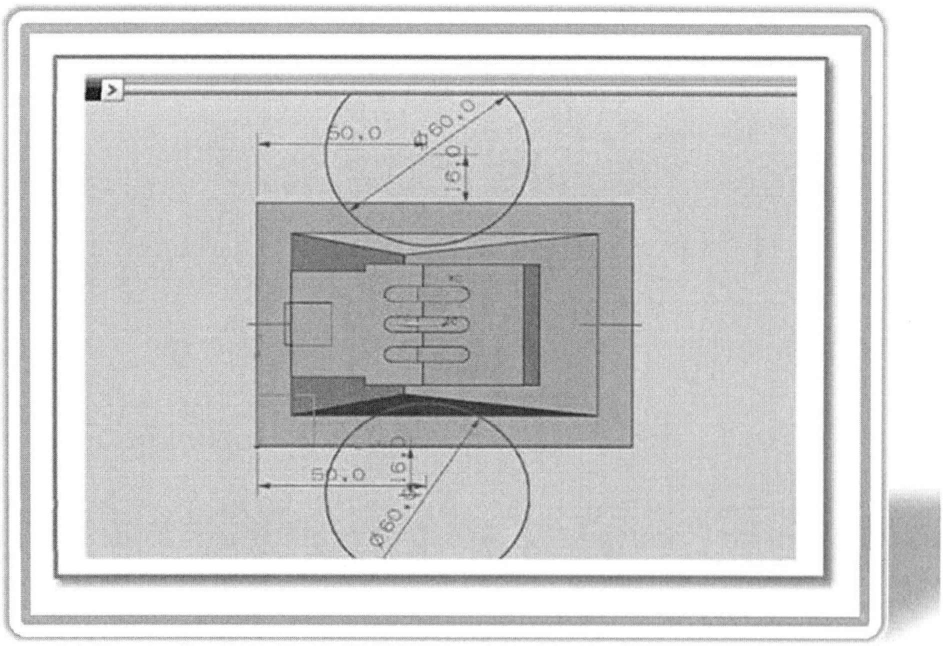

[그림 5-59]

(2) 돌출로 원도형을 선택 후 시작 값 0mm, 끝 값50mm을 입력한다. 부울에서 빼기로 선택하고 확인한다.

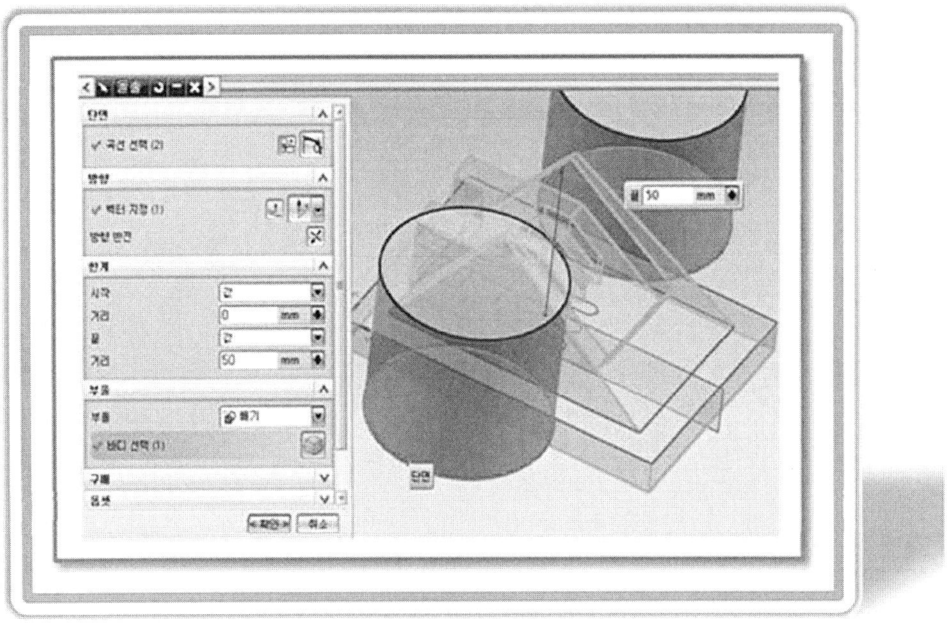

[그림 5-60]

9) 특징형상 구 작성하기

(1) 삽입 ⇨ 특징형상 설계에서 구 을 클릭한다.

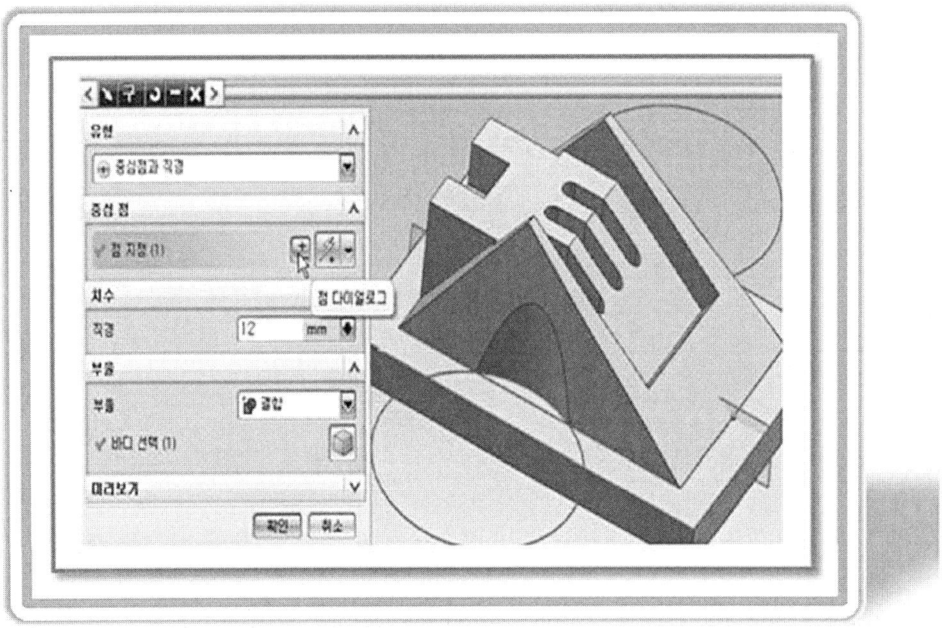

[그림 5-61]

2) 추정 점을 선택하고 도면을 보고 절대 값으로 좌표 값 X100, Y40, Z0을 입력하고 확인한다.

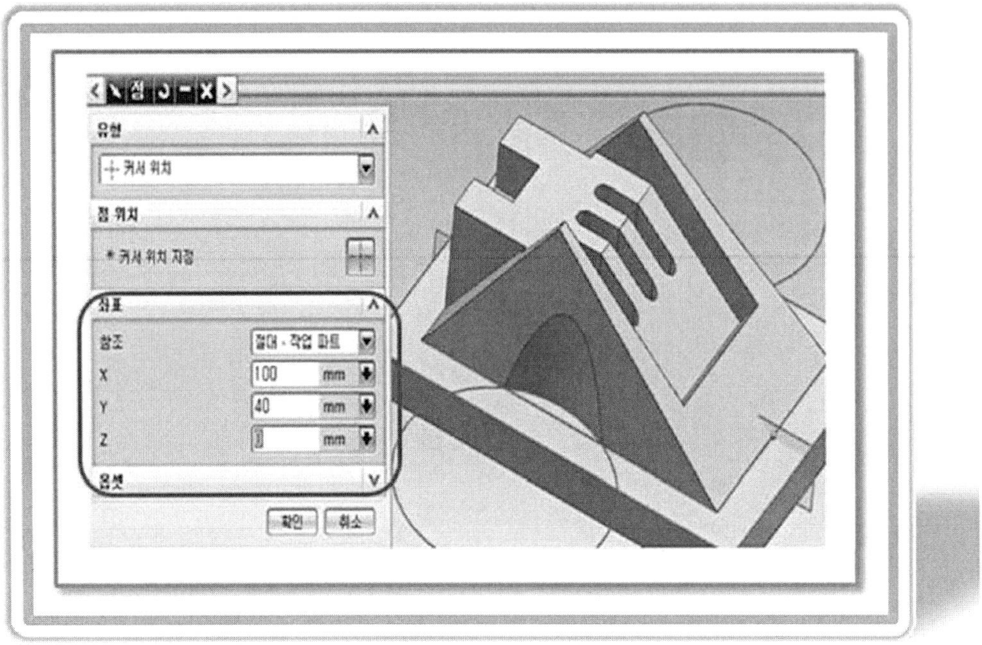

[그림 5-62]

(3) 치수는 직경 값으로 12mm입력 후 부울을 결합으로 하고 적용한다.

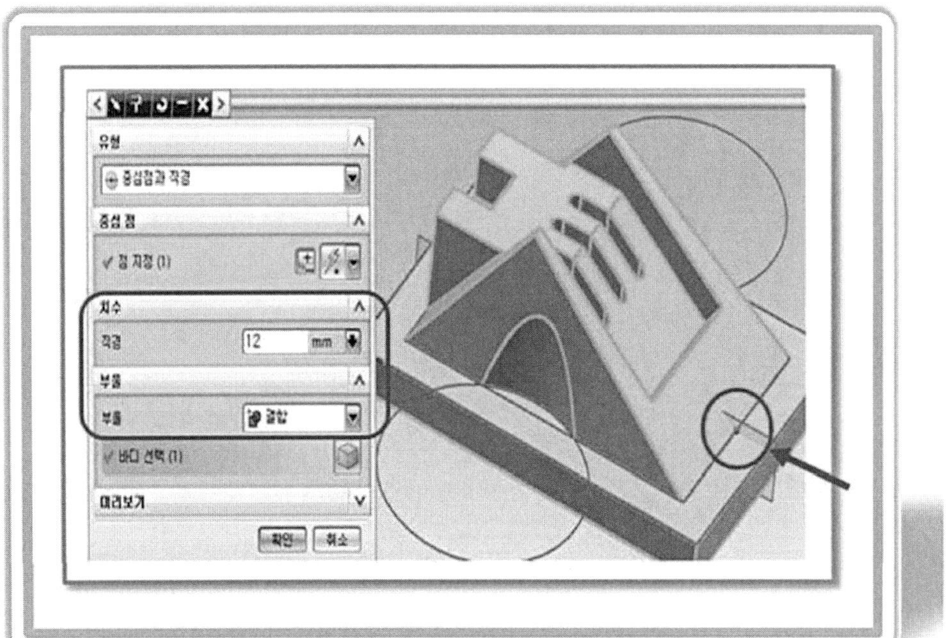

[그림 5-63]

(4) 다시 유형에서 커서위치 입력하고 커서 위치를 지정하고 그림처럼 좌표는 절대 값으로 입력하고 확인한다.

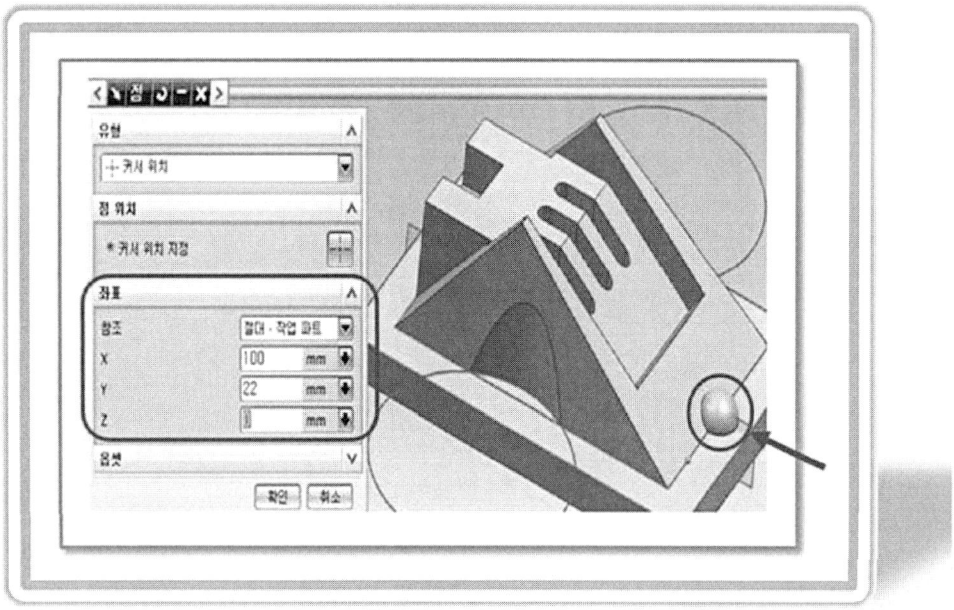

[그림 5-64]

(5) 위와 같은 방법으로 나머지도 완성한다.

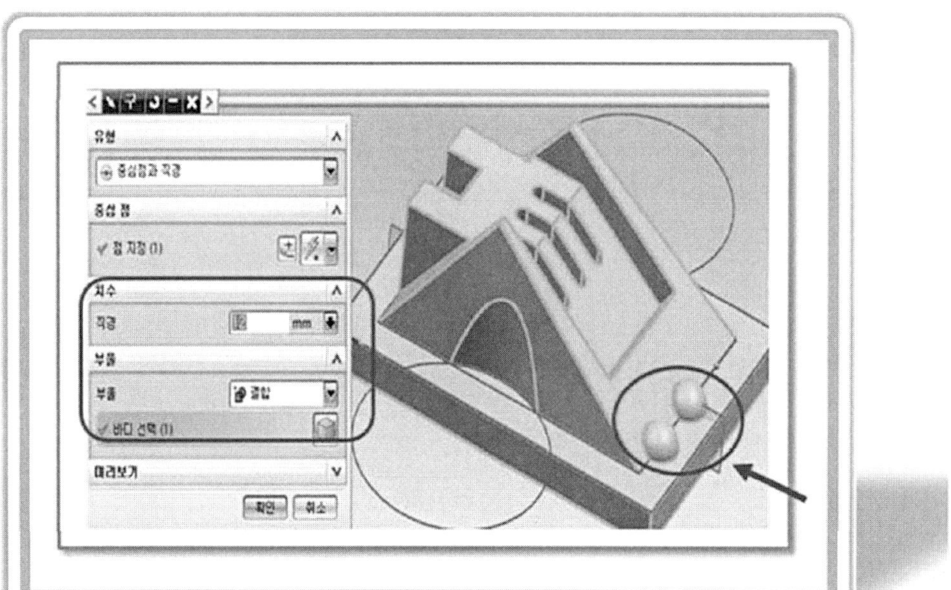

[그림 5-65]

10) 표시 및 숨기기

(1) 표시 및 숨기기 또는 CTRL+W 단축키를 사용하여 필요없는 요소를 정리한다.

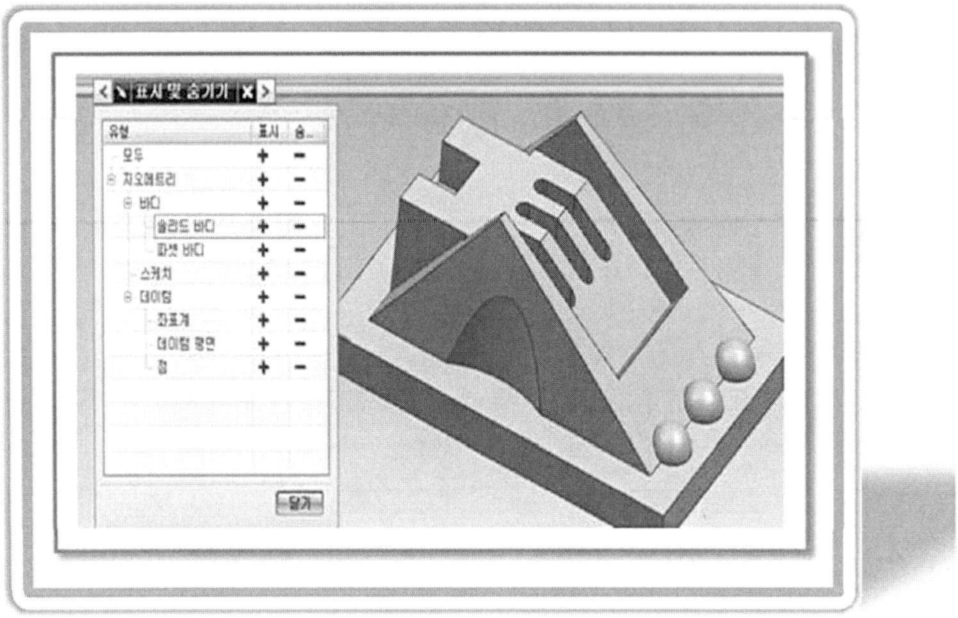

[그림 5-66]

11) 구배 작성하기

1) 구배 아이콘을 선택하여 +Z축방향으로 고정면을 지정하고 구배할 면에 각도는 10을 입력하고 확인한다.

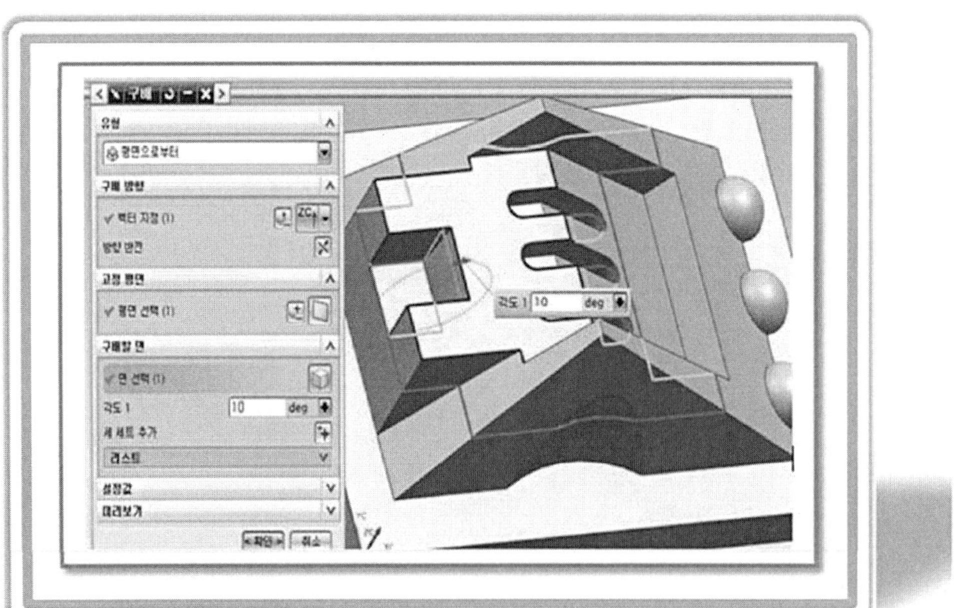

[그림 5-67]

12) 모서리 블렌드 작업

(1) 모서리 블렌드 아이콘( ) 반지름 15mm 입력하고 적용한다.

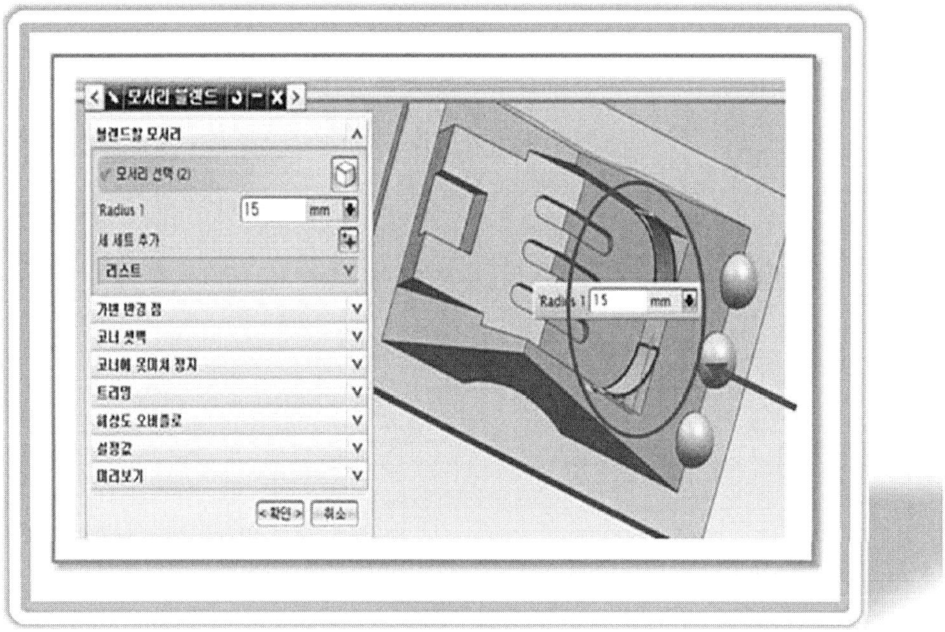

[그림 5-67]

(2) 같은 방법으로 반지름 17mm입력하고 확인한다.

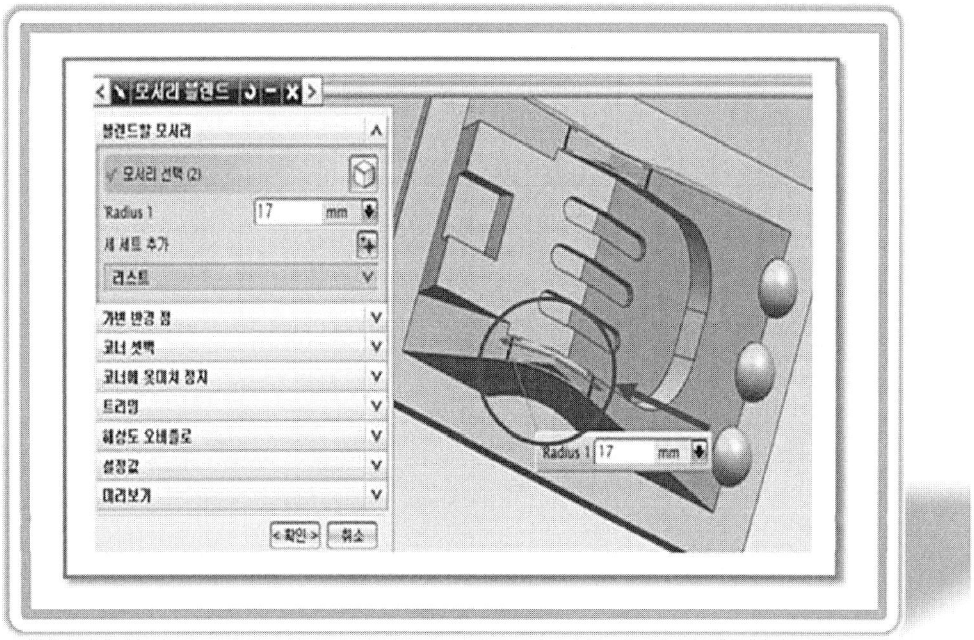

[그림 5-69]

(3) 반지름 5mm입력 후 확인한다.

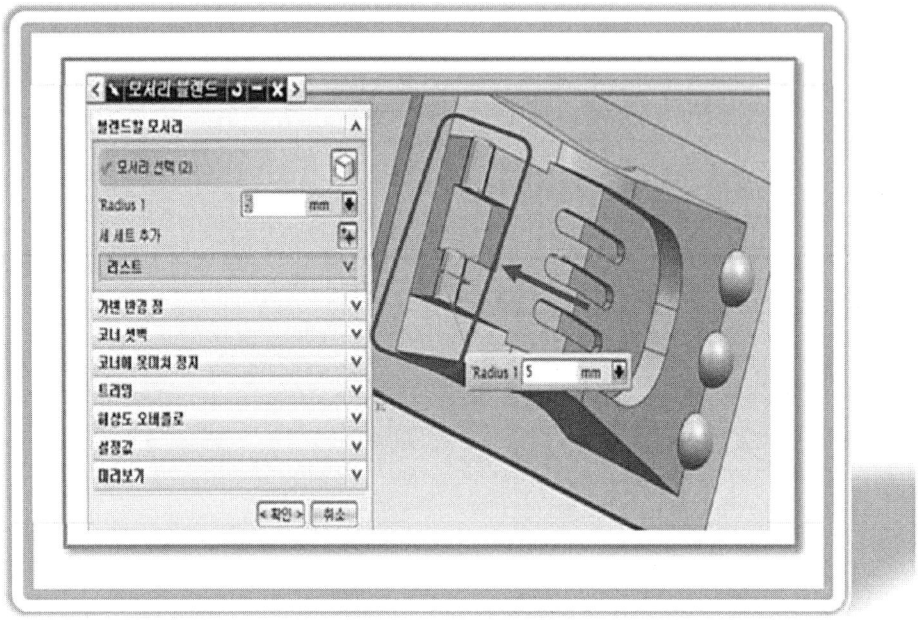

[그림 5-70]

(4) 나머지 모서리는 반지름 1mm을 입력한다.

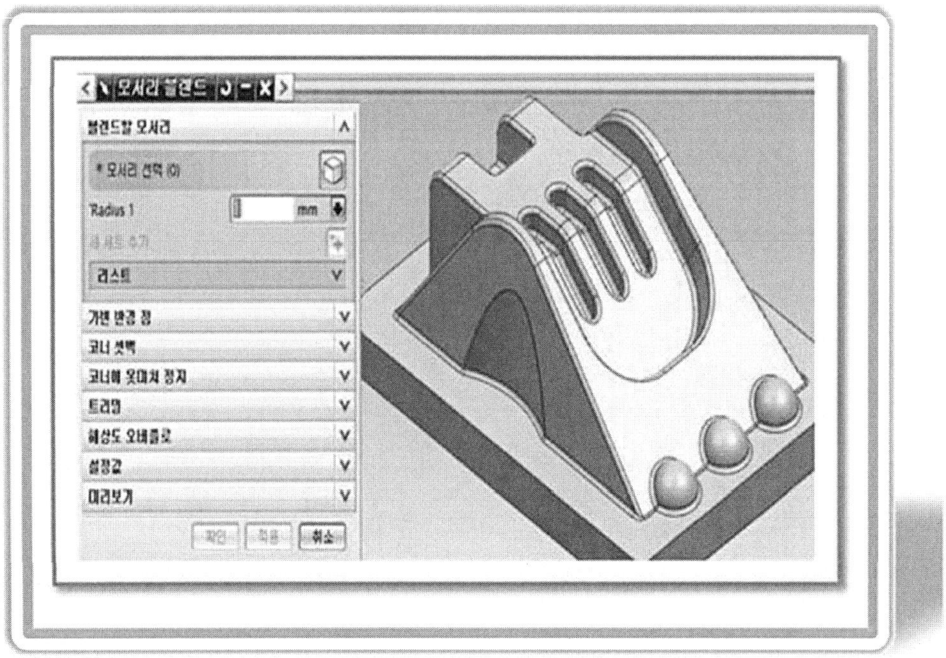

[그림 5-71]

(5) 최종 완성된 모델링

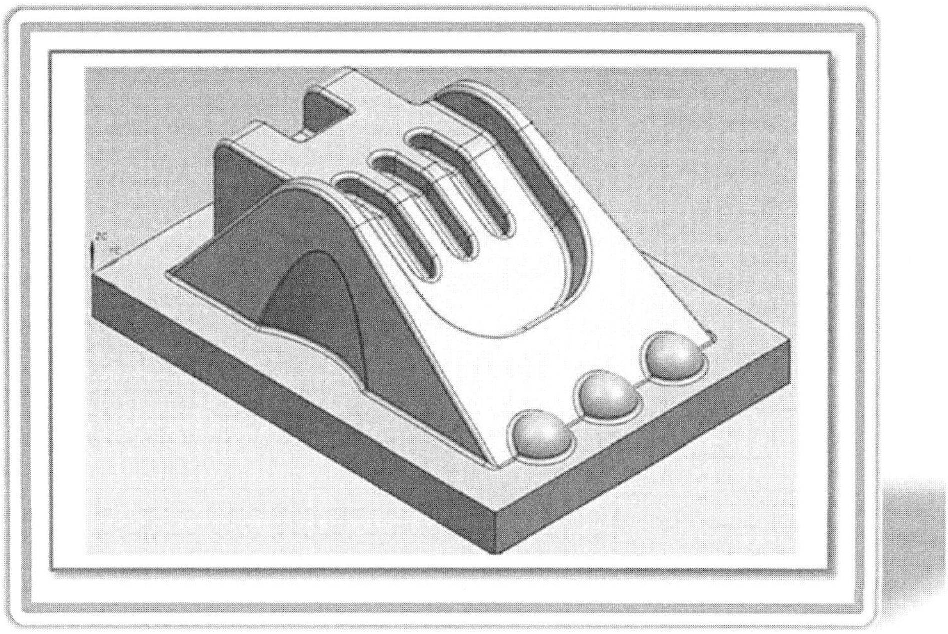

[그림 5-72]

13. 3D 모델링 따라하기

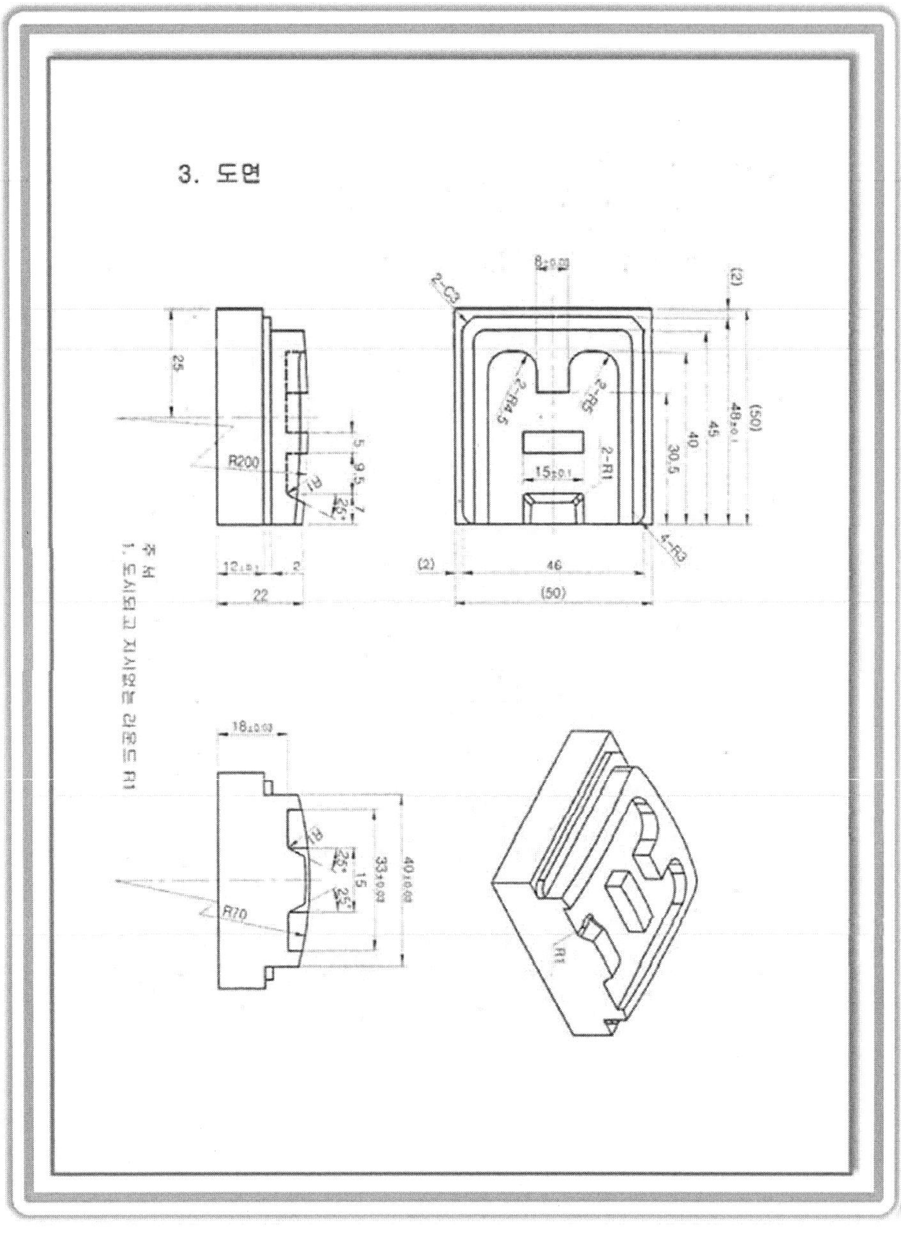

[그림 5-73]

1) 2D 스케치 작성하기

(1) 리본 메뉴 바의 새로 만들기 (Ctrl+N)을 실행한다.

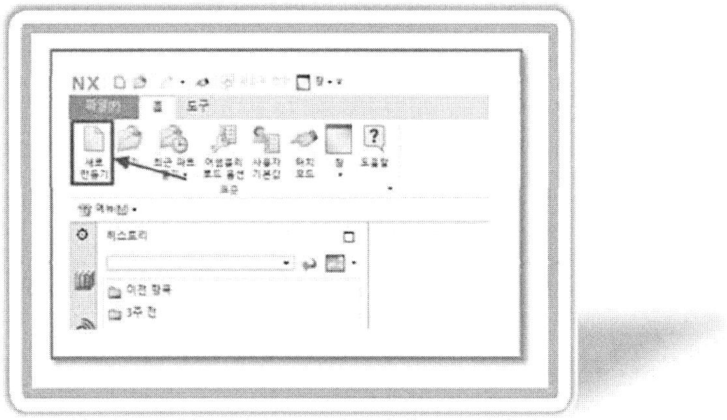

[그림 5-74]

(2) 새로 만들기에서 템플릿의 모델을 선택하고 단위는 밀리미터, 새 파일의 이름과 저장 위치를 지정해 주시고 확인을 선택한다.

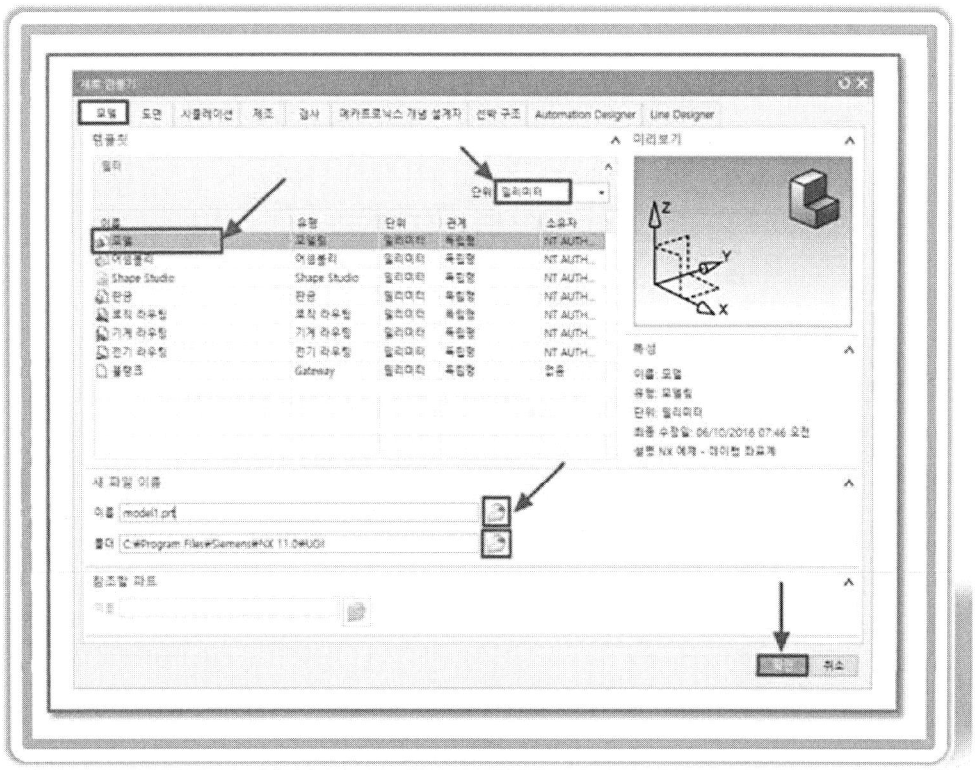

[그림 5-75]

(3) 기본적으로 스케치를 작성하기 위해 메뉴 -> 환경설정 -> 스케치 설정에서 아래와 같이 설정하여 본 매뉴얼과 동일한 설정한다.

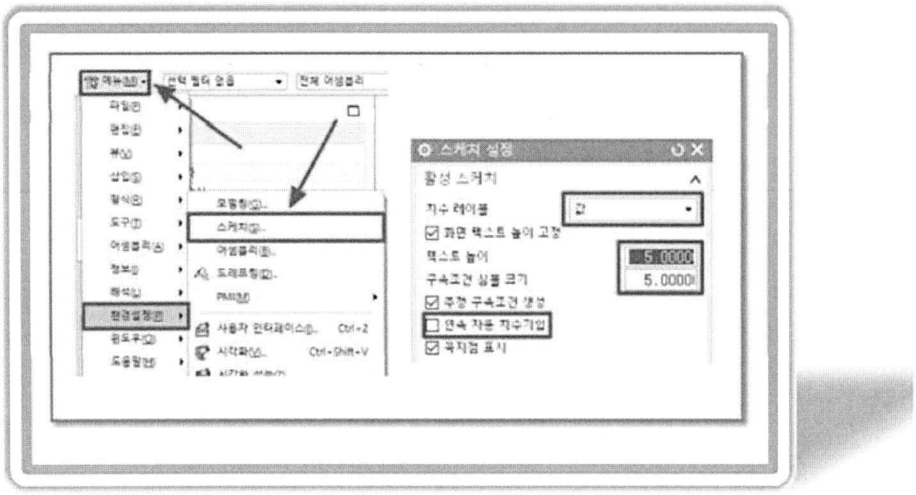

[그림 5-76]

① 치수 레이블 : 스케치에서 치수를 생성할 때 표시되는 레이블을 설정한다.
② 텍스트 높이 : 스케치 치수에 표시할 텍스트의 높이를 지정한다.
③ 연속 자동 치수기입 : 생성한 모든 스케치곡선에 자동 치수를 생성한다.

(4) 스케치를 작성하기 위해서 리본 메뉴 바의 메뉴-> 삽입-> 타스크 환경의 스케치 아이콘을 아래와 같이 설정한다.

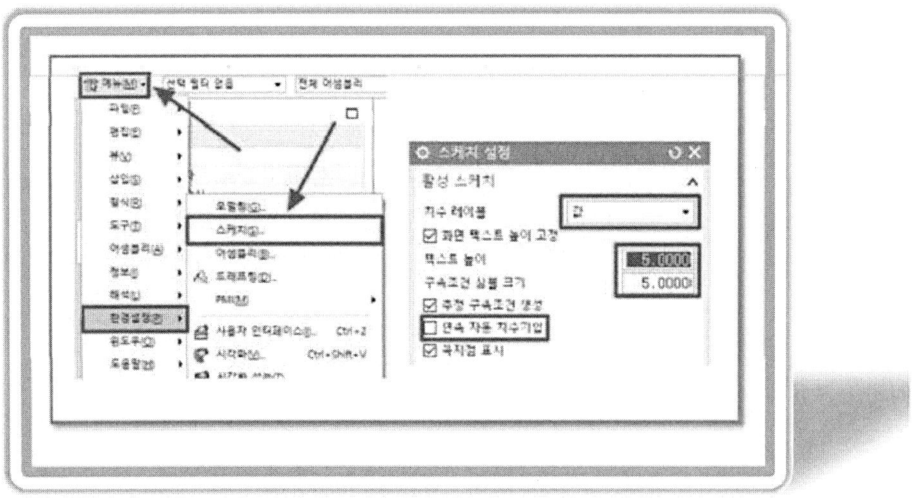

[그림 5-77]

5) 스케치 평면은 XY평면을 선택한다.

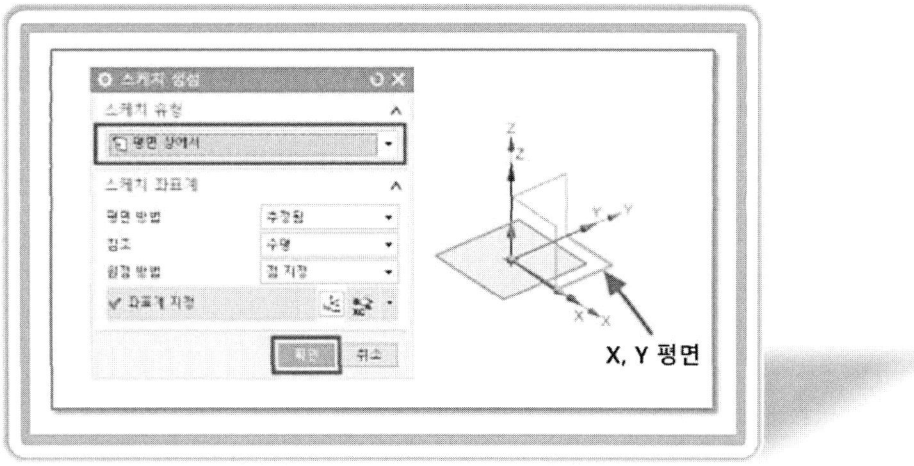

[그림 5-78]

(1) 스케치 유형
① 평면 상에서 - 기존 평면이나 면 또는 좌표계 평면으로 스케치를 생성
② 경로에서 - 기존 곡선 및 형상의 모서리를 선택하여 스케치를 생성

(2) 평면 방법
① 추정 - 데이텀 좌표계의 평면을 선택하여 방향 및 스케치 원점을 선택
② 새 평면 - 새로운 평면을 생성하여 스케치 평면, 방향 및 원점을 지정
③ 참조 : 형상의 모서리 혹은 곡선을 선택하여 수평(x)이나 수직(y) 방향을 정의

(3) 원점 방법
① 점 지정 - 스케치 원점을 직접 지정
② 작업 파트 원점 사용 - 작업 파트(절대좌표계)의 원점 사용.

6) 직사각형(Rectangle)(□)을 선택하여 아래와 같이 스케치 한다.

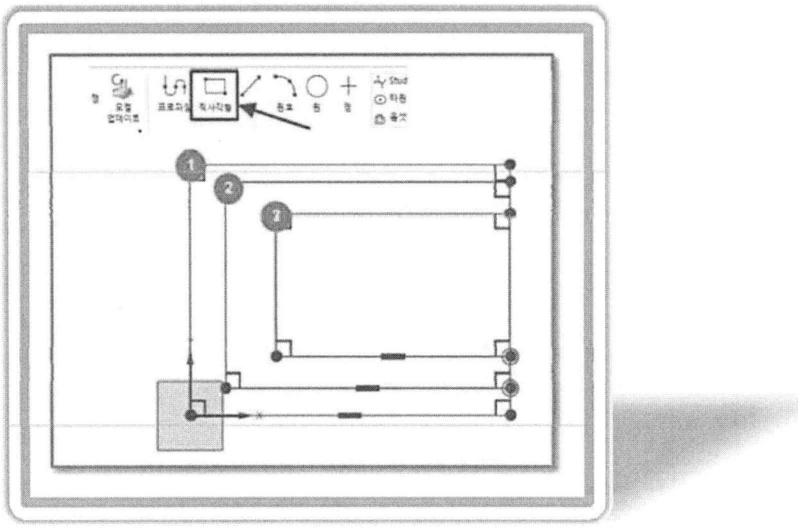

[그림 5-79]

7) 참조선을 이용하여 중심선을 변환한다.

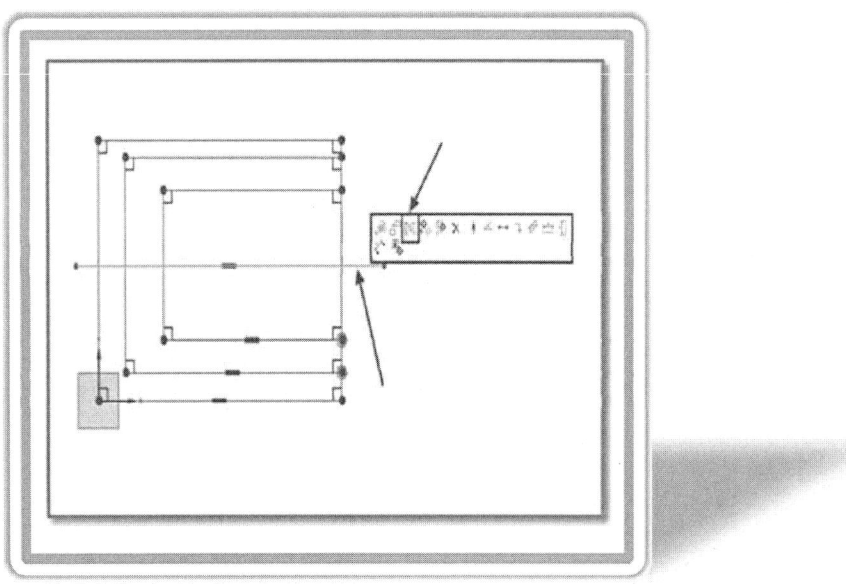

[그림 5-79]

8) 지오메트리 구속 조건을 이용하여 사각형을 중간점 구속으로 설정한다.

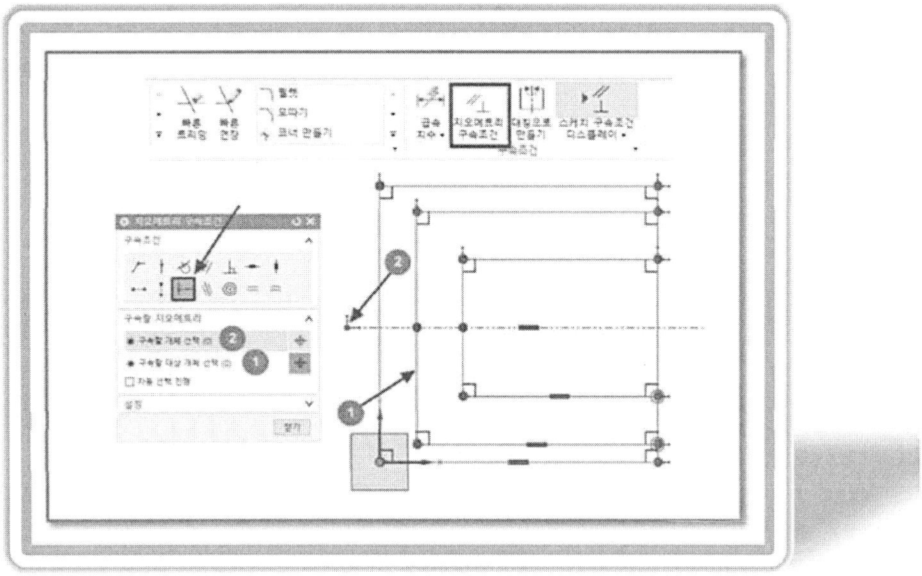

[그림 5-80]

9) 급속 치수 명령어를 사용하여 치수기입을 진행한다.

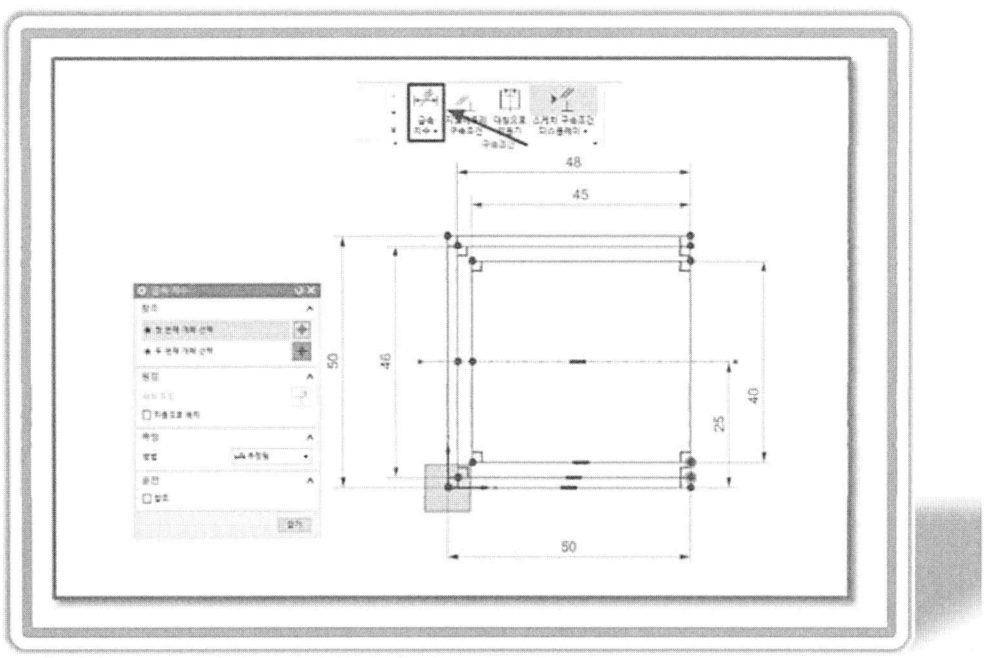

[그림 5-81]

10) 다음과 같이 R=3mm 필렛과 C=3 모따기를 각각 생성한다.

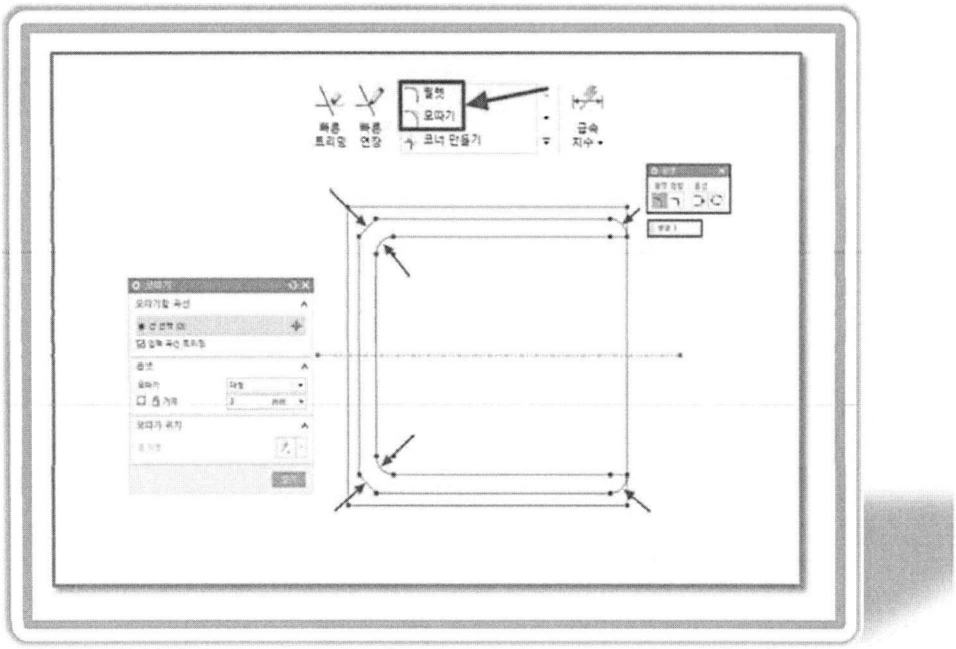

[그림 5-82]

11) 연속선을 사용하여 안쪽 포켓 형상을 스케치를 한다.

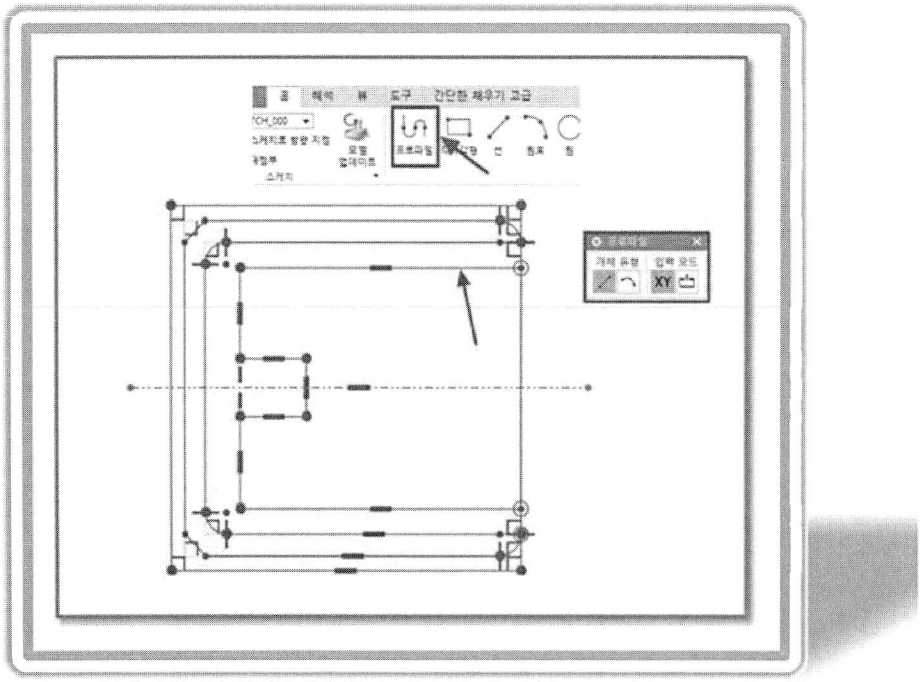

[그림 5-83]

12) 급속 치수 명령어를 사용하여 치수기입을 진행한다.

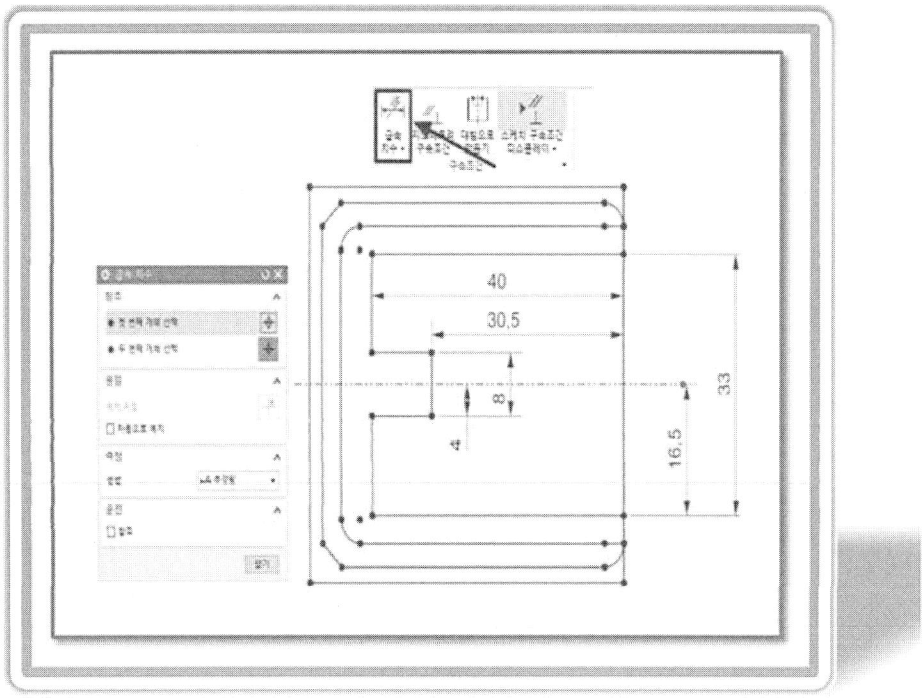

[그림 5-84]

13) 3D 모델링하기

(1) 특징형상 그룹의 돌출 아이콘을 선택 후 -Z 방향으로 12mm 돌출한다.

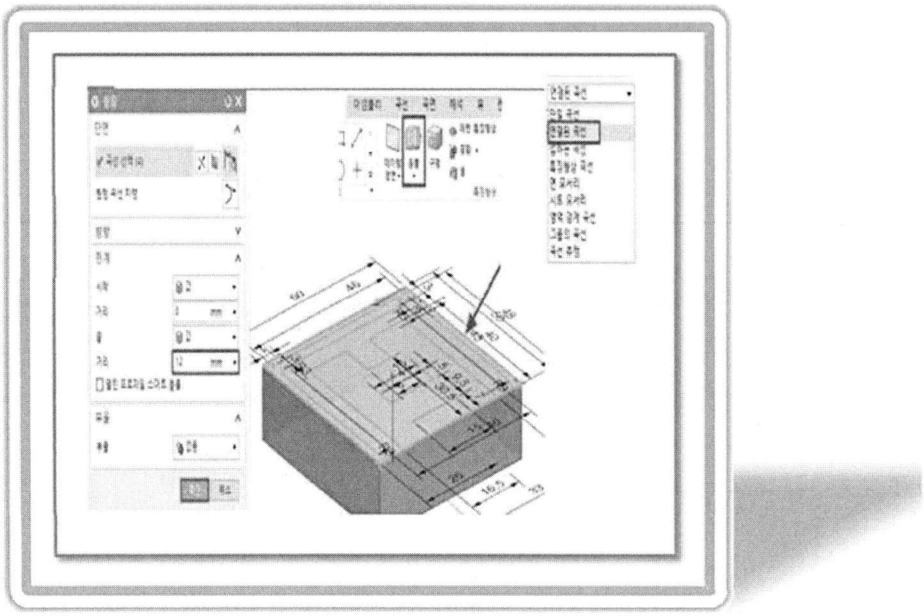

[그림 5-85]

(2) 두 번째 돌출 아이콘을 클릭한 후 곡선 규칙에서 영역 경계 곡선을 선택한 다음 스케치의 모따기 부분의 안쪽 영역을 선택한다. 이때 부울은 결합을 선택하여 아래의 블록과 결합되도록 하고, 끝 거리 값은 돌출 방향에 맞춰 2mm를 입력한다.

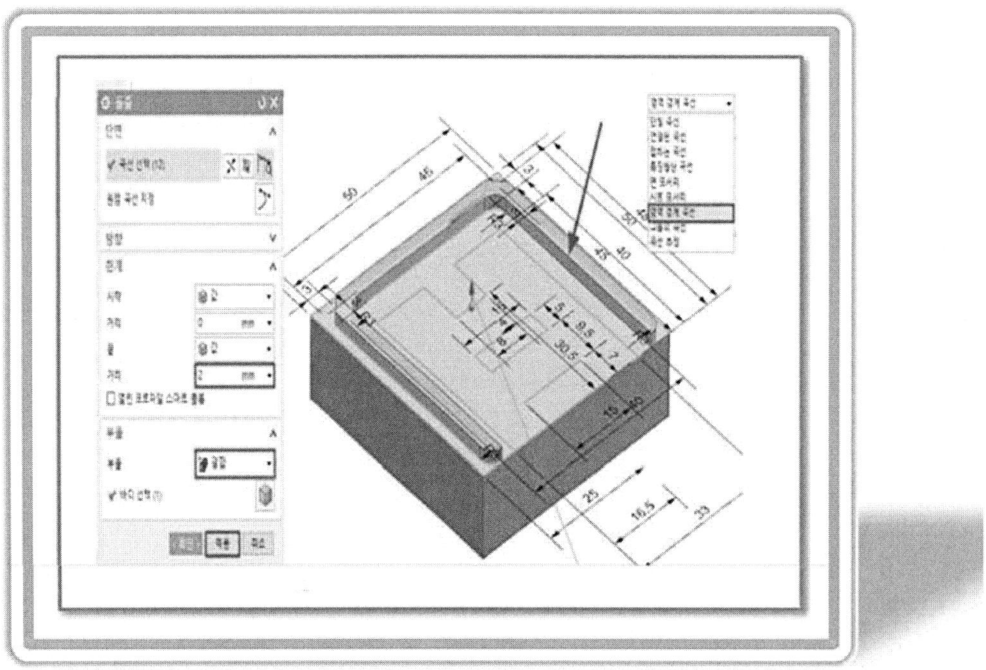

[그림 5-86]

(3) 세 번째 돌출 작업을 진행합니다. 곡선 규칙에서 영역 경계 곡선을 선택한 후 스케치의 필렛 부분의 안쪽 영역과 직사각형 두 개도 함께 선택한다. 이때, 끝 거리 값은 돌출 방향에 맞춰 14mm를 입력한다.

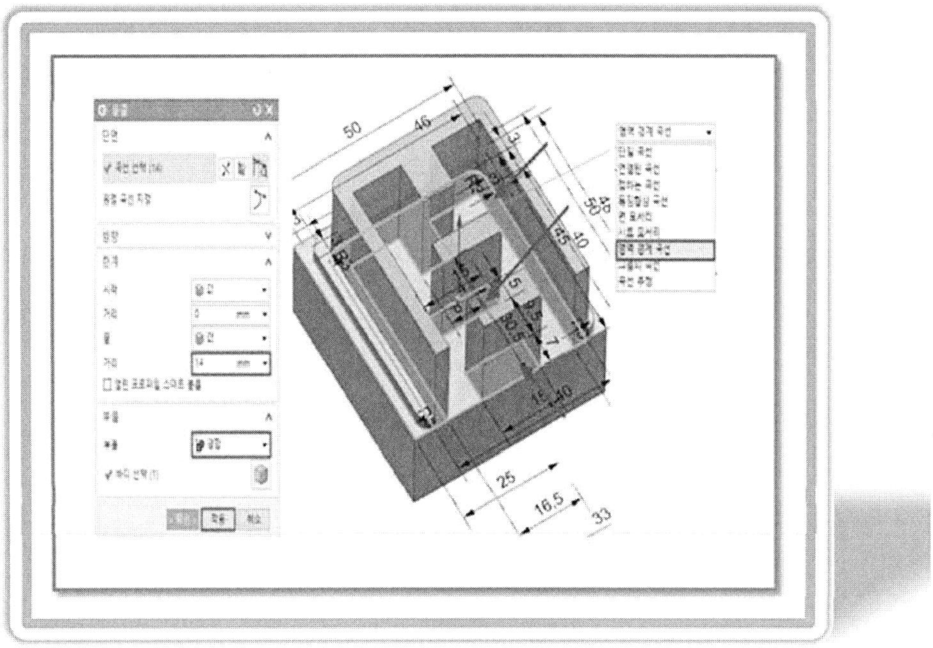

[그림 5-87]

(4) 네 번째 돌출 작업을 진행합니다. 곡선 규칙에서 영역 경계 곡선을 선택한 후 스케치의 마지막 안쪽 영역을 선택하고, 부울은 결합을 선택한 다음 끝 거리 값은 돌출 방향에 맞춰 6mm를 입력한다.

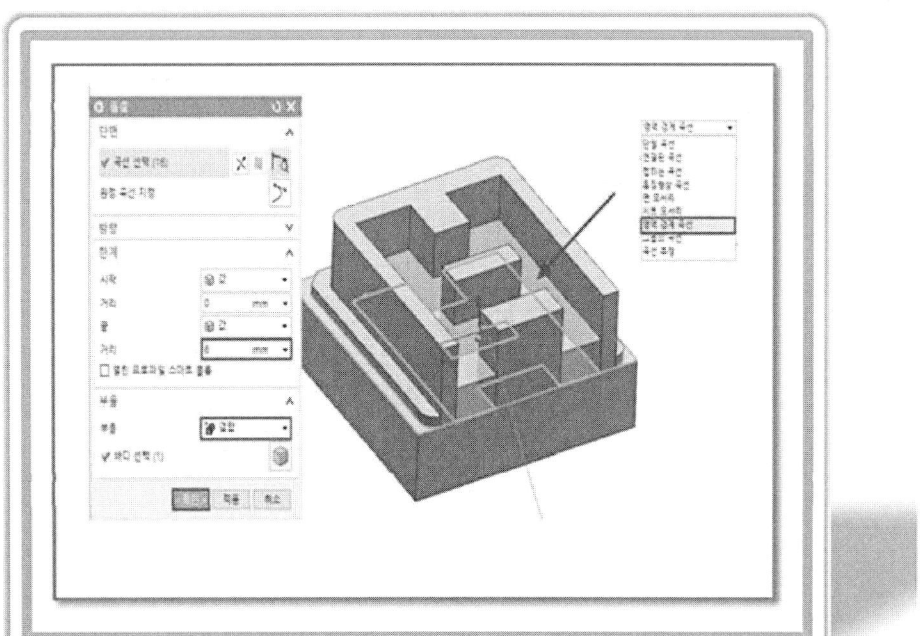

[그림 5-88]

(5) 포켓 형상에 모서리 두 곳에 R = 5mm인 필렛을 생성하기

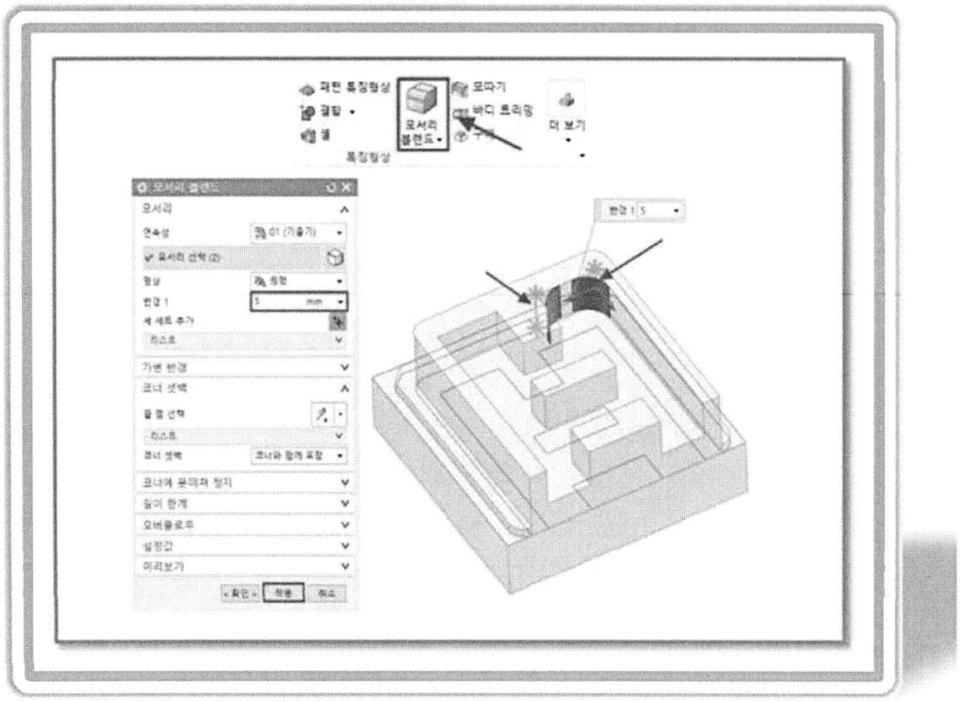

[그림 5-89]

(6) 반대쪽 모서리 두 곳에 R = 4.5mm인 필렛을 생성하기.

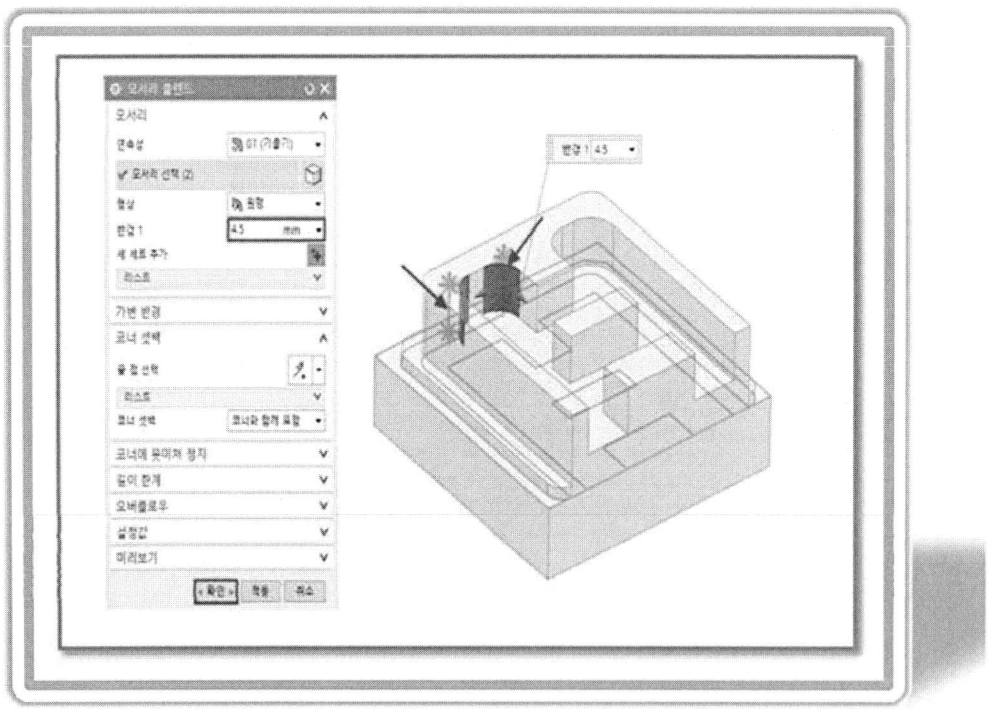

[그림 5-90]

(7) 돌출 형상에 구배 아이콘 선택하여 +Z 방향인 상태에서 고정 면을 바닥으로 선택하고 구배 할 면을 그림과 같이 선택해 준다.

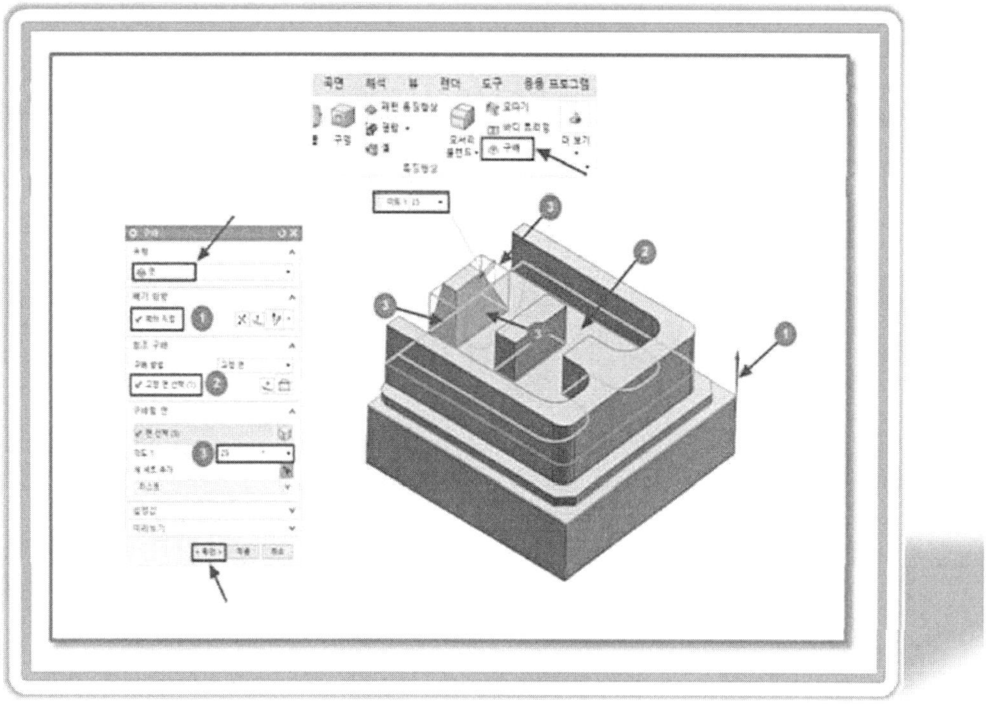

[그림 5-91]

(8) 두 번째 스케치를 생성하기 위해서 스케치를 작성하기 위해서 리본 메뉴 바의 메뉴->삽입 -> 타스크 환경의 스케치 아이콘 선택한다.

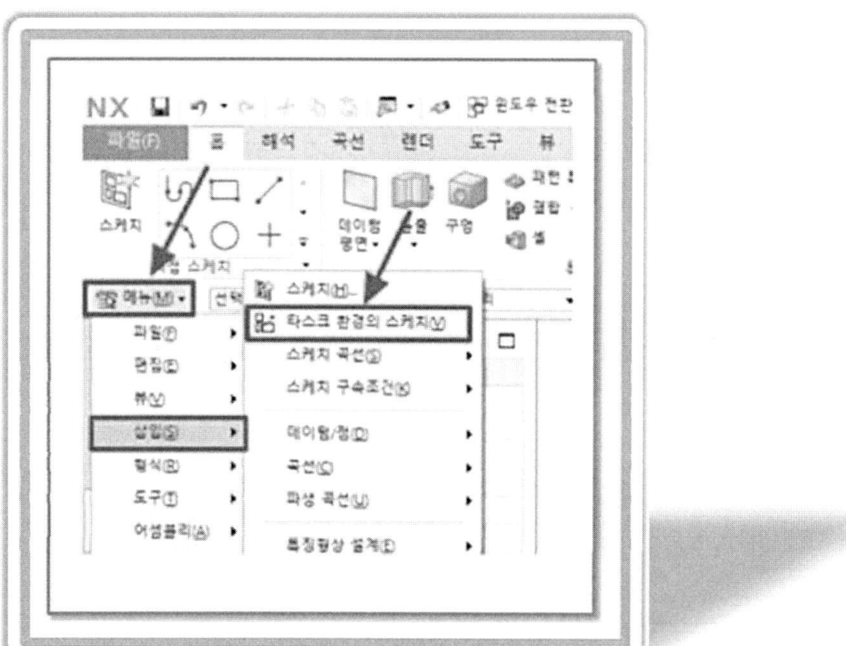

[그림 5-92]

(9) 새로운 평면에 스케치를 정의하기 평면 방법의 새 평면을 선택한다.

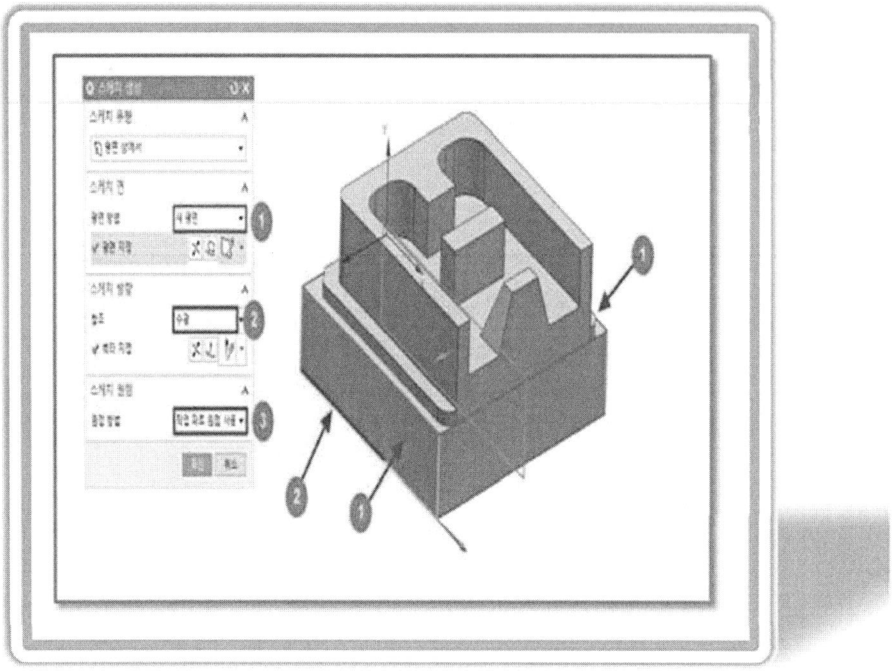

[그림 5-93]

(10) 점 명령어를 사용하여 형상의 오른쪽 모서리에 점을 생성한 후 치수기입을 진행한다.

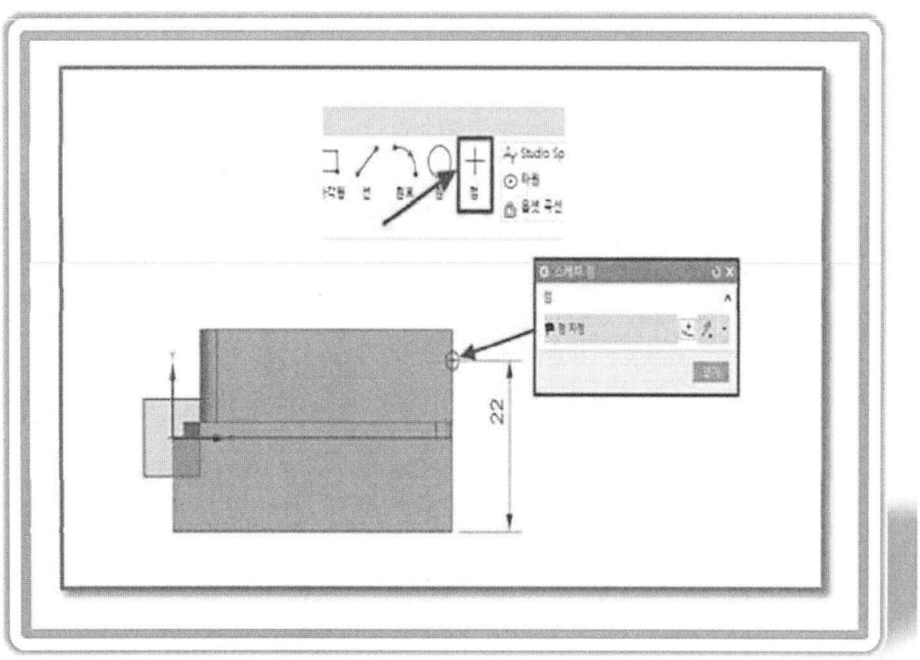

[그림 5-94]

(11) 스윕에 필요한 가이드 곡선을 스케치를 한다.

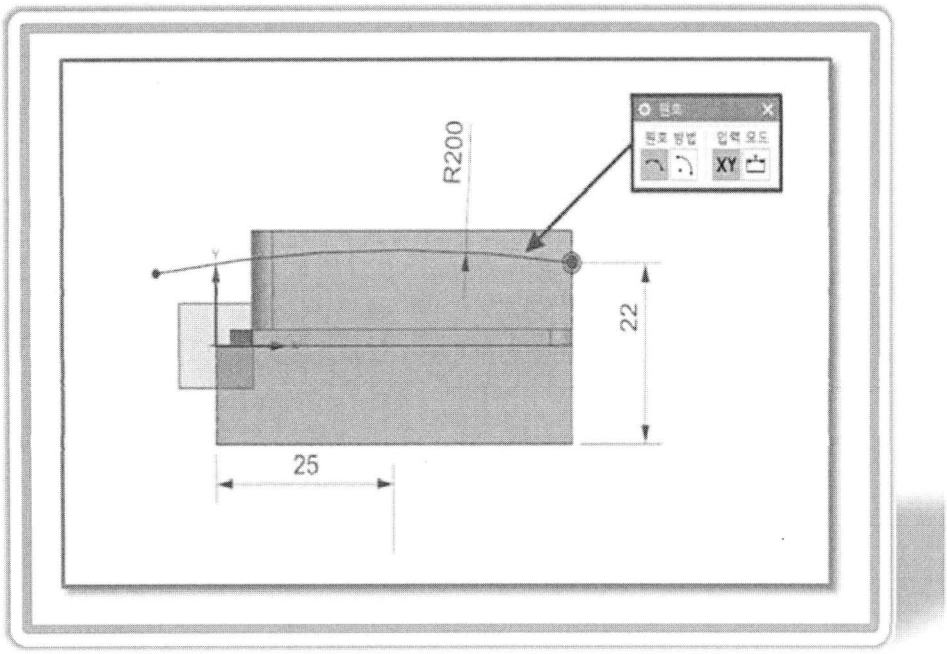

[그림 5-95]

(12) 스윕곡선 생성하기.

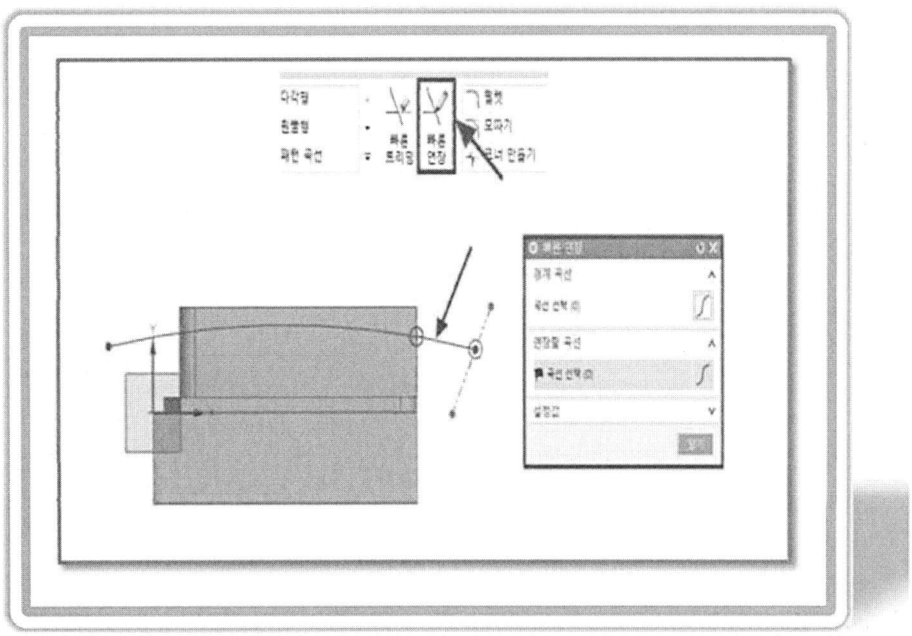

[그림 5-96]

(13) 가이드 곡선을 활용한 스윕에 필요한 기준 곡선을 스케치하기.

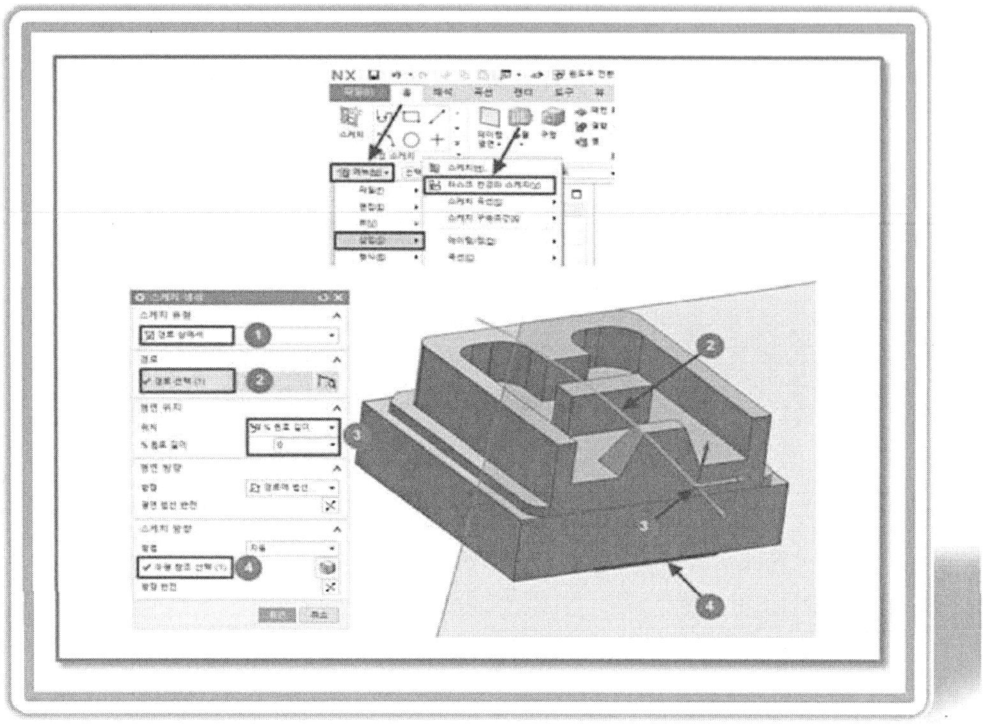

[그림 5-97]

(14) 3점호를 이용하여 R = 70mm 원호를 스케치하기.

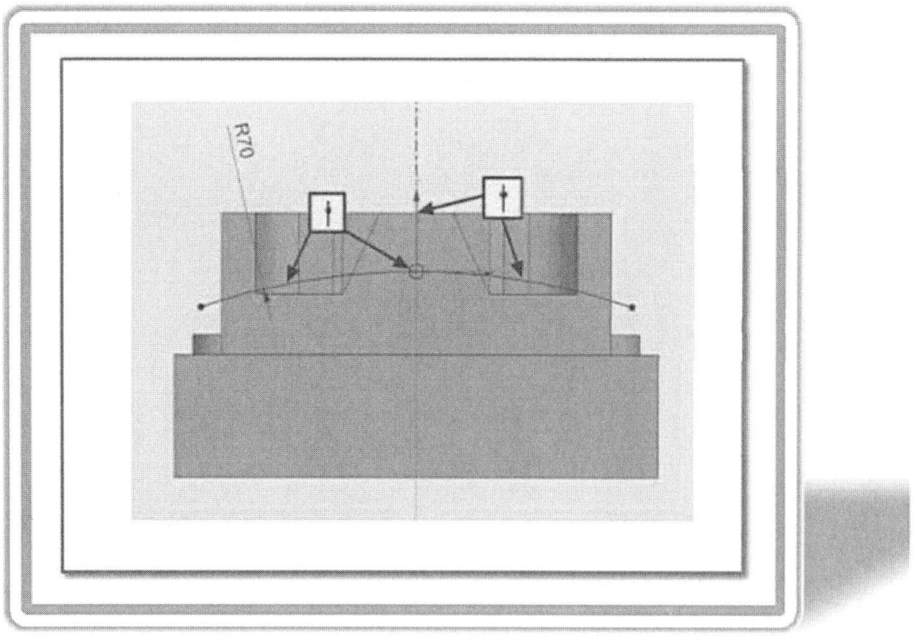

[그림 5-98]

(15) 스웹 곡면을 생성하기.

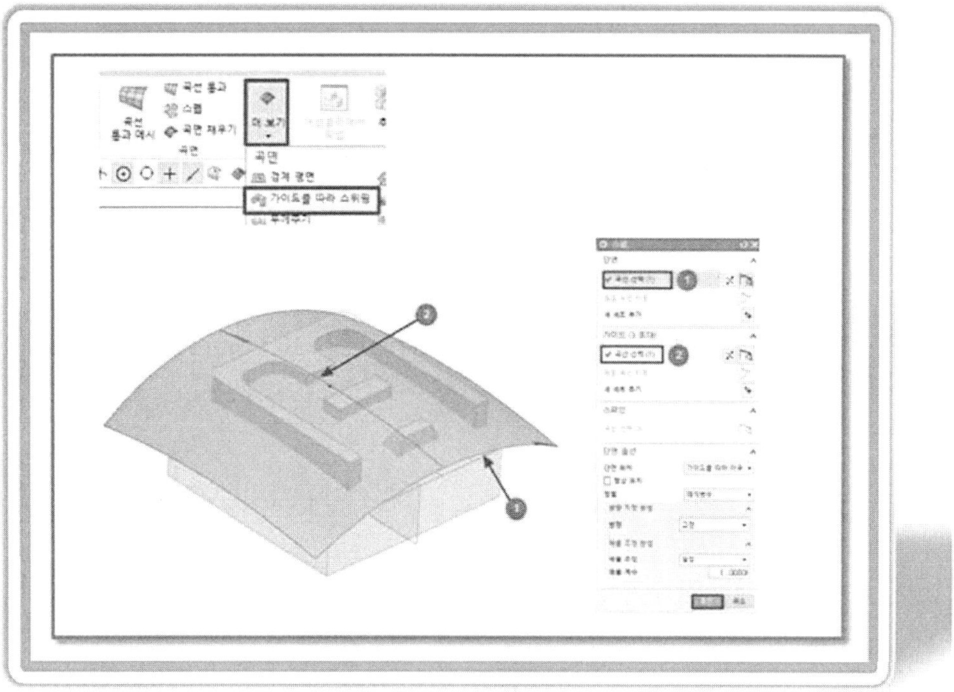

[그림 5-99]

(16) 스웹으로 생성한 시트 바디와 솔리드 바디를 트리밍하기.

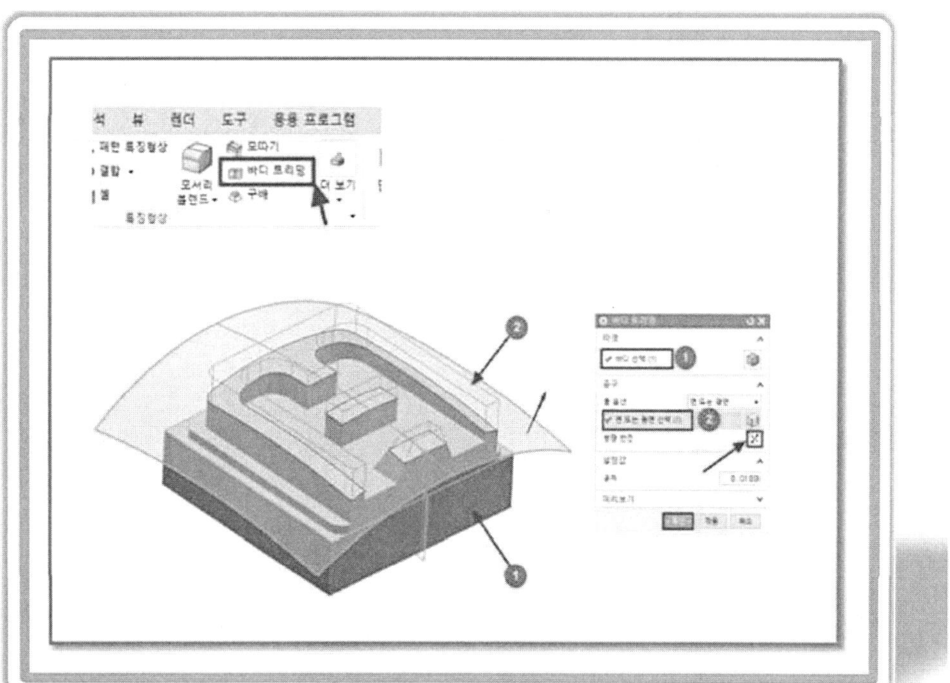

[그림 5-99]

(17) Ctrl+W를 눌러 불필요한 객체 정리하기.

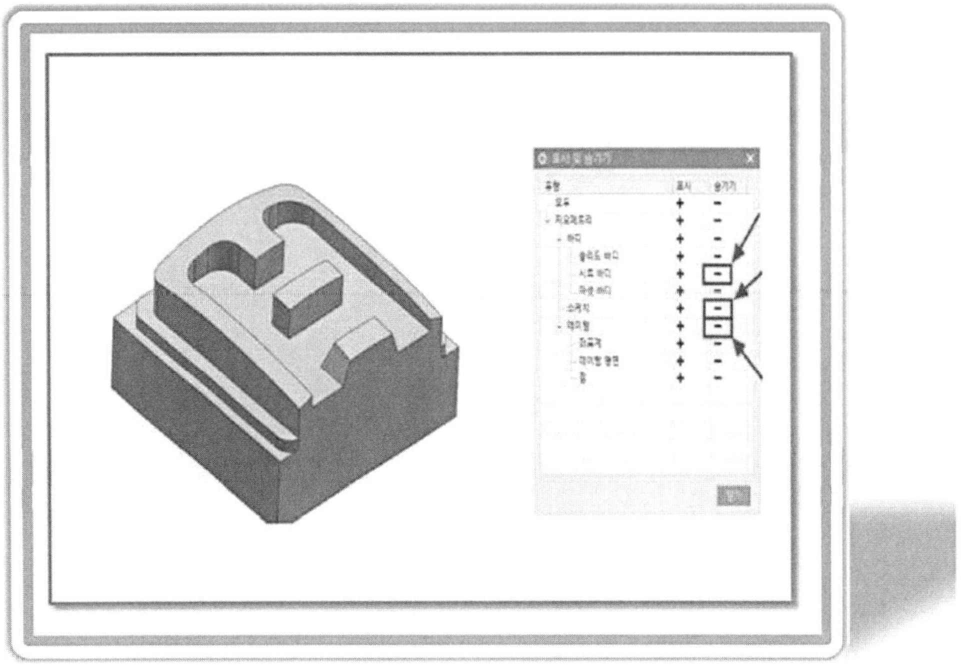

[그림 5-100]

(18) 모서리 블렌드 적용하기.

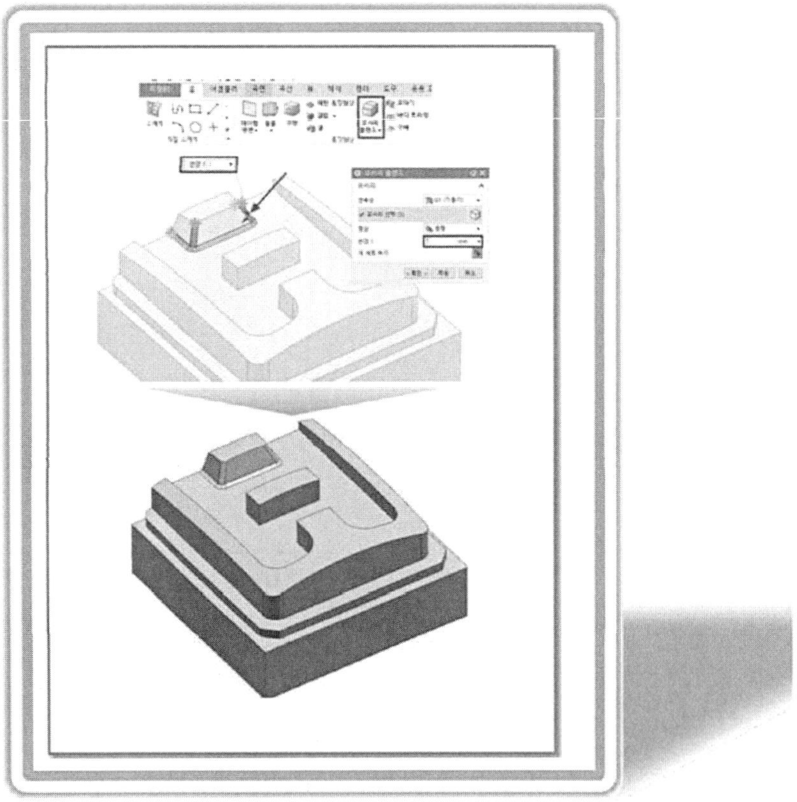

[그림 5-101]

제 6 장 부품제작용 모델링 따라하기

1. V_belt Pulley 모델링

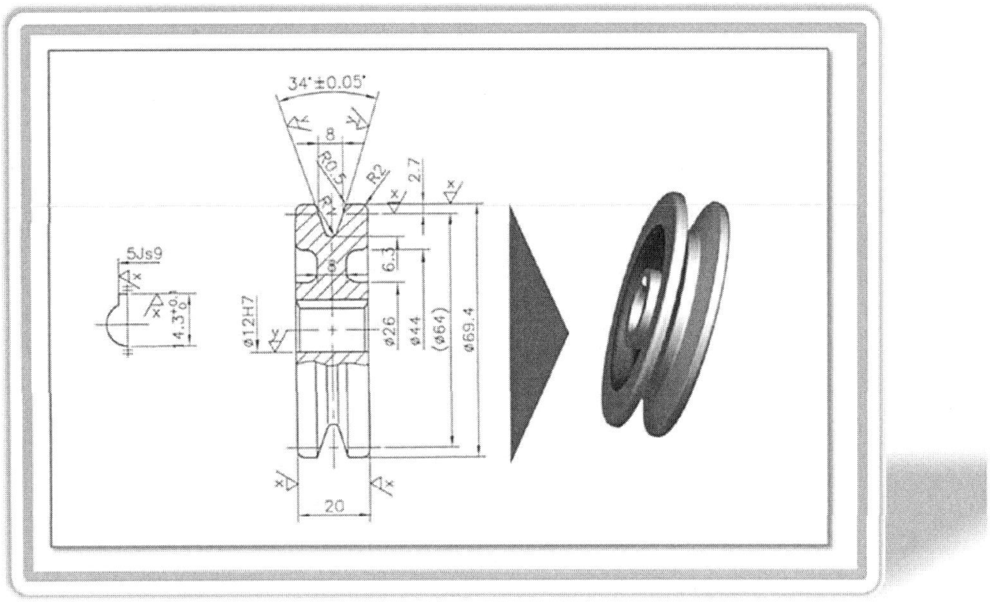

[그림 6-1]

1) 정면도(XZ) 2D 스케치 작성하기

(1) 새로 만들기 (Ctrl+N)을 실행한다.
(2) 타스크 환경에서 스케치를 준비한다.
(3) 평면상에서 기존 평면에 정면도를 선택하고 스케치모드로 들어간다.

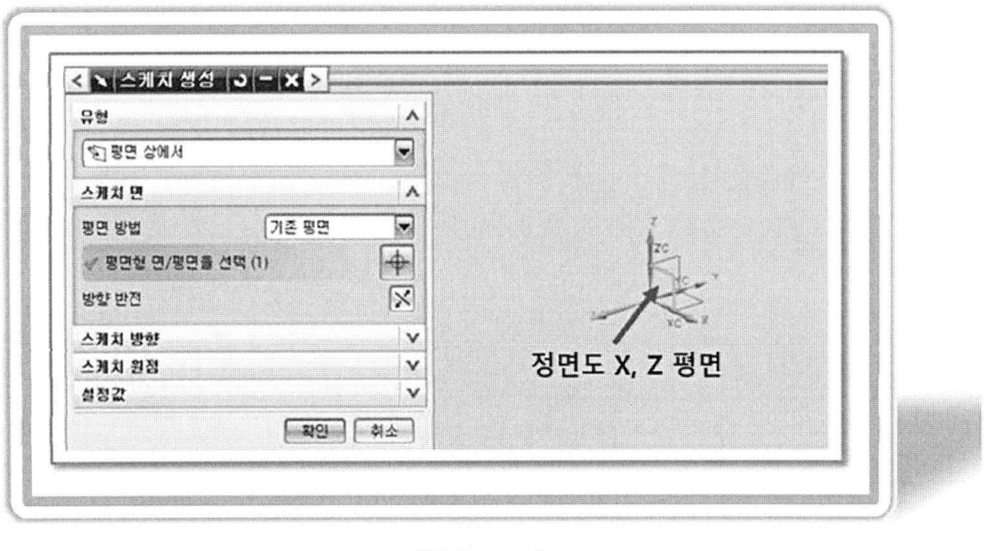

[그림 6-2]

(4) 직사각형 아이콘과 선 아이콘을 이용하여 그림에서와 같이 Z축 원점에서 임의의 곡선 상에 그림처럼 스케치를 생성한다. 이때, 도형요소에 절반만 스케치를 한다.

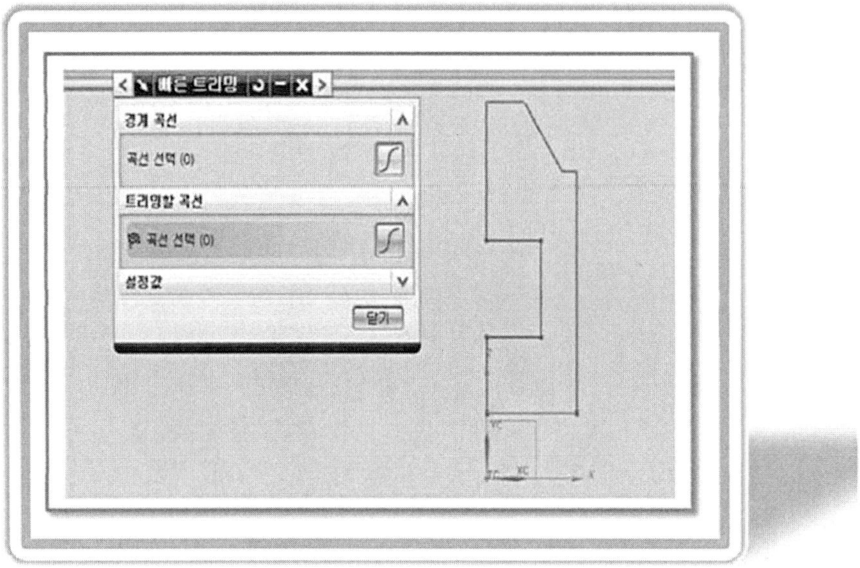

[그림 6-3]

(5) 빠른 치수 아이콘을 선택하고 아래 그림처럼 치수를 기입하고 중심선을 참조선으로 변환하고 스케치를 종료한다.

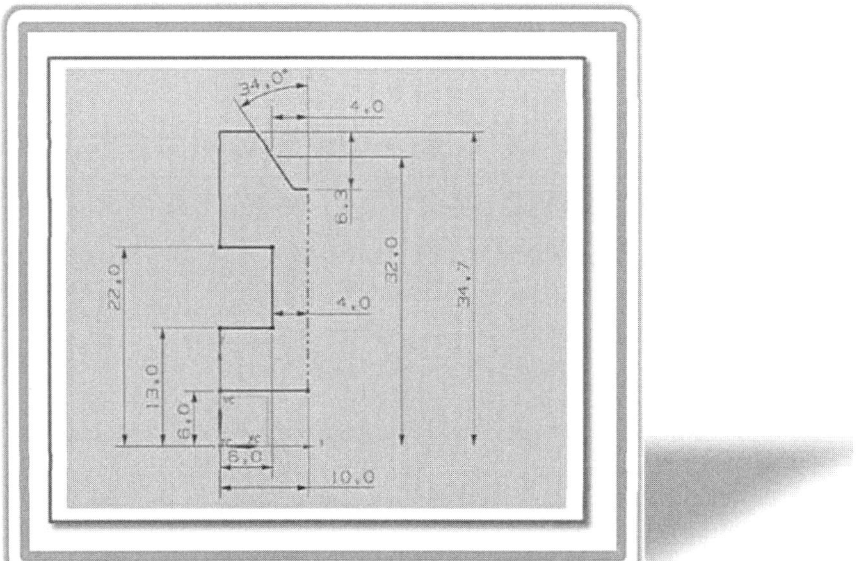

[그림 6-4]

(6) 대칭곡선 아이콘을 선택하여 대칭시킬 곡선을 선택한다.

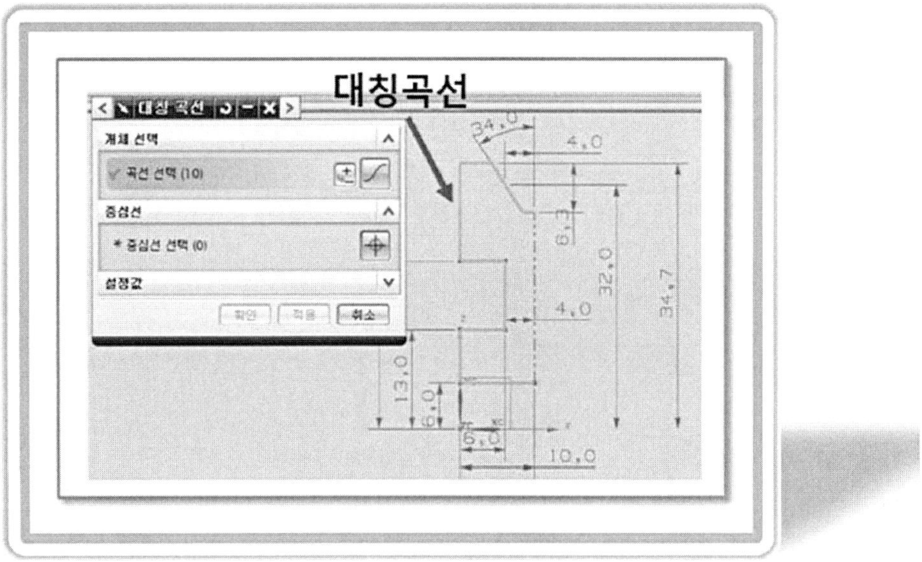

[그림 6-5]

(7) 대칭곡선 아이콘을 선택하여 반대편으로 대칭복사를 한다.

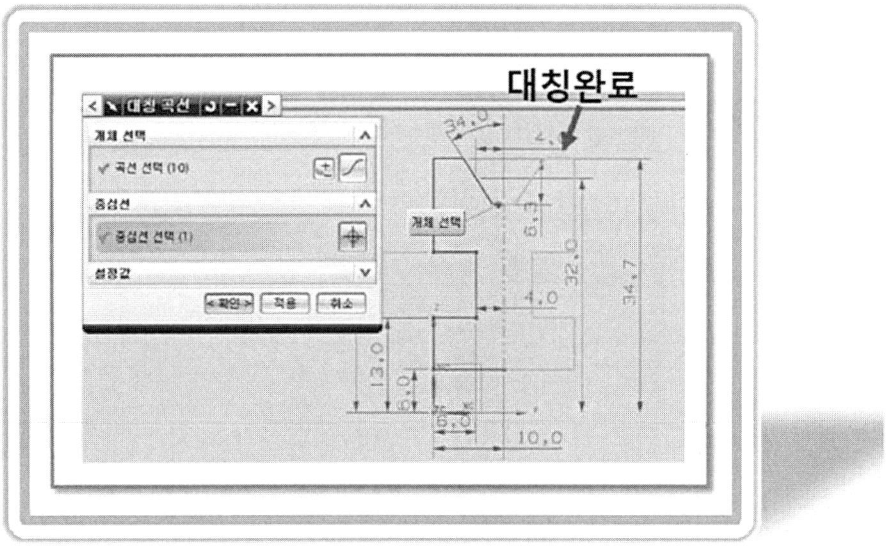

[그림 6-6]

2) 회전 하기

(1) 회전 아이콘을 선택하고 대칭으로 연결된 곡선을 선택한다. 이때 단면 곡선을 축 벡터를 선택한다.

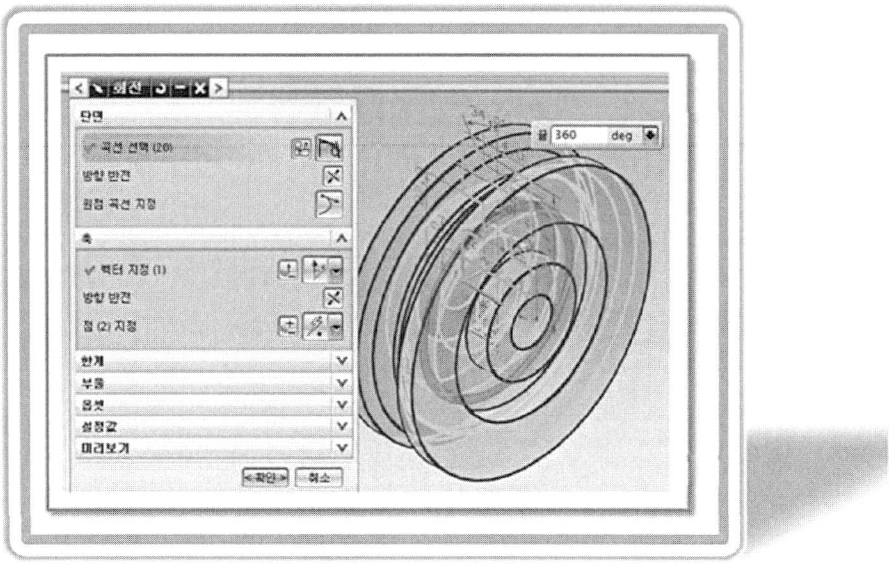

[그림 6-7]

3) 모서리 블렌드 작업하기

(1) 모서리 블렌드 아이콘을 선택하고 그림처럼 모서리(앞뒤)을 클릭하고 R3입력 후 확인한다.

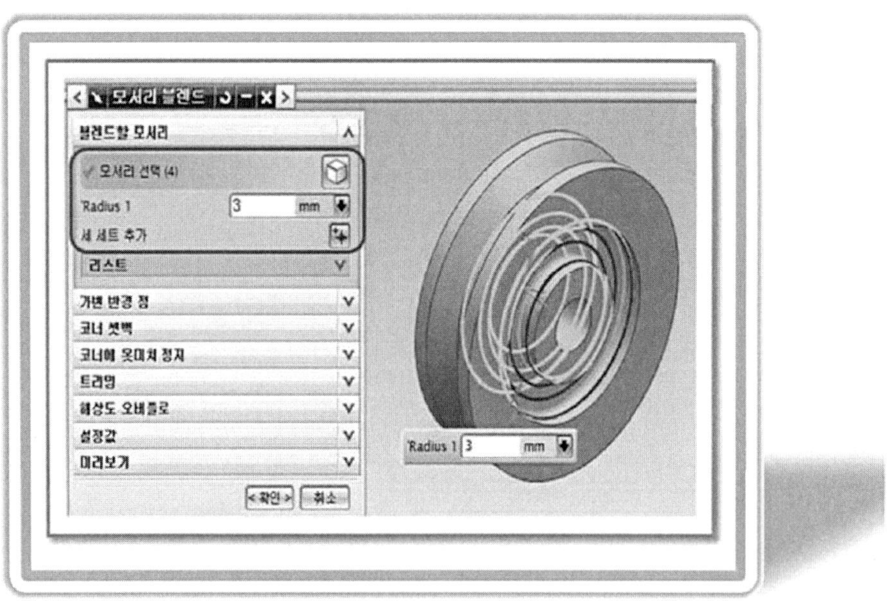

[그림 6-8]

(2) 모서리를 선택하고 R1 입력 한다.

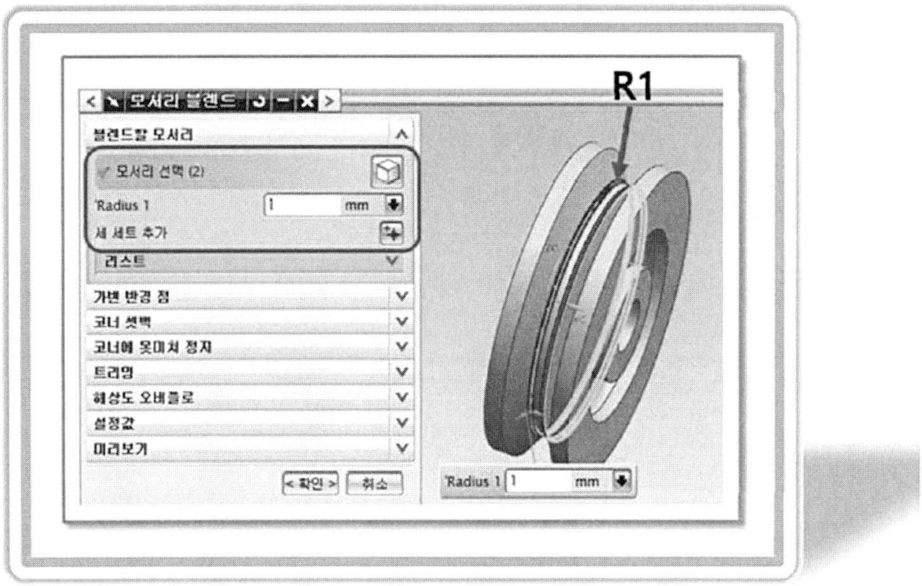

[그림 6-9]

(3) 모서리을 클릭하고 R0.5입력 후 확인한다.

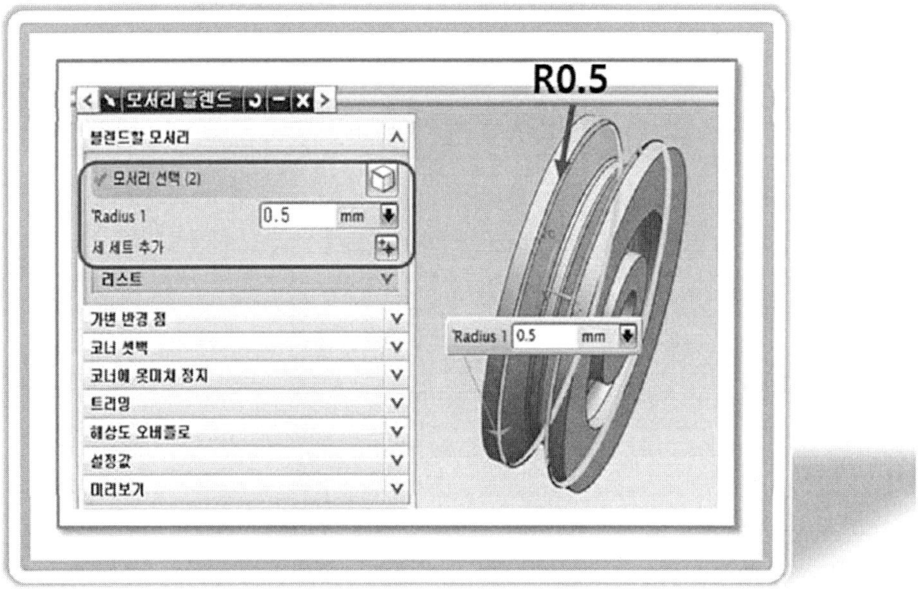

[그림 6-10]

(4) 외측 모서리을 클릭하고 R2입력 후 입력한다.

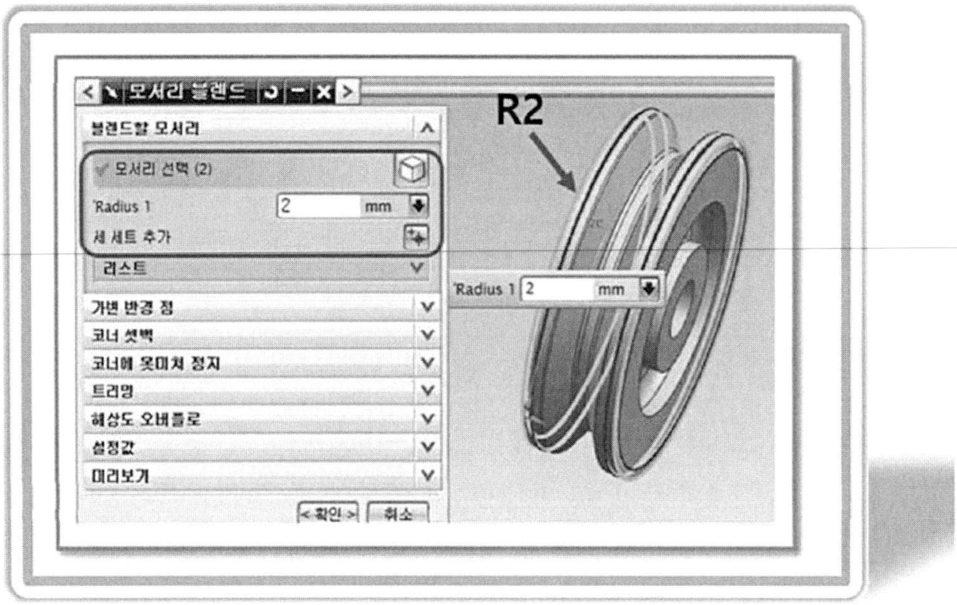

[그림 6-11]

4) 키 홈 작업하기

(1) 스케치 아이콘( )을 선택 후 기존평면을 선택하고 참조평면 Y축을 선택한다.

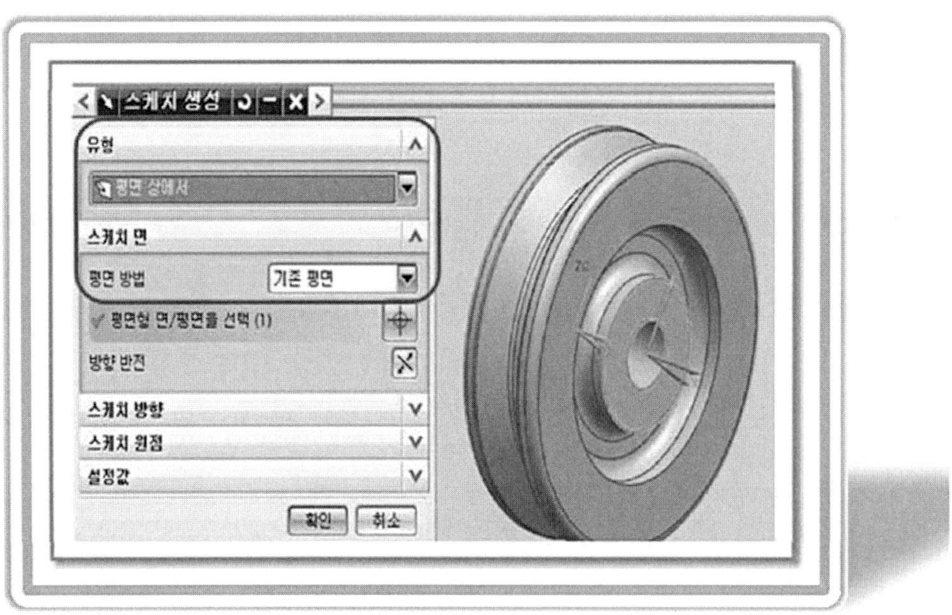

[그림 6-12]

(2) 직사각형 아이콘을 이용하여 그림처럼 스케치를 생성하고 치수를 기입한다.

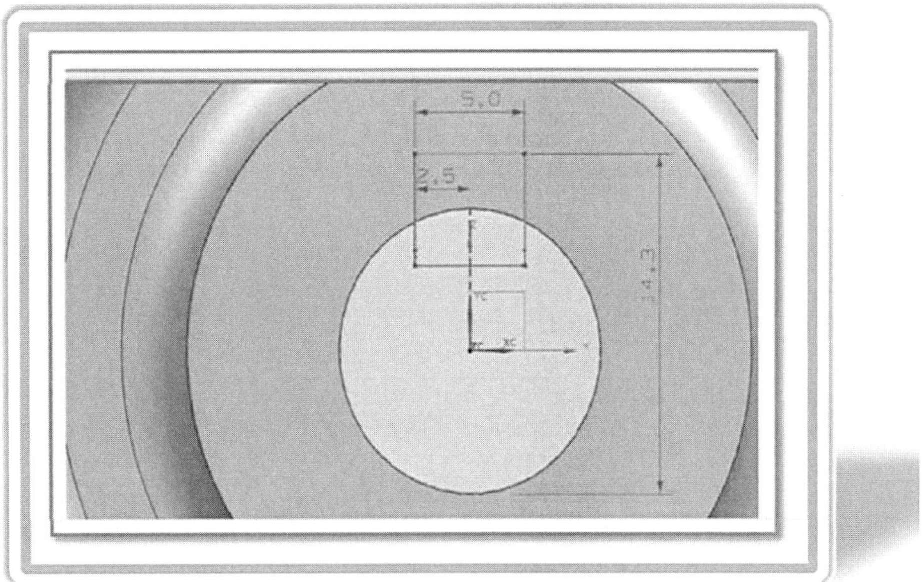

[그림 6-13]

(3) 돌출 아이콘을 이용하여 형상 관통을 시킨다.

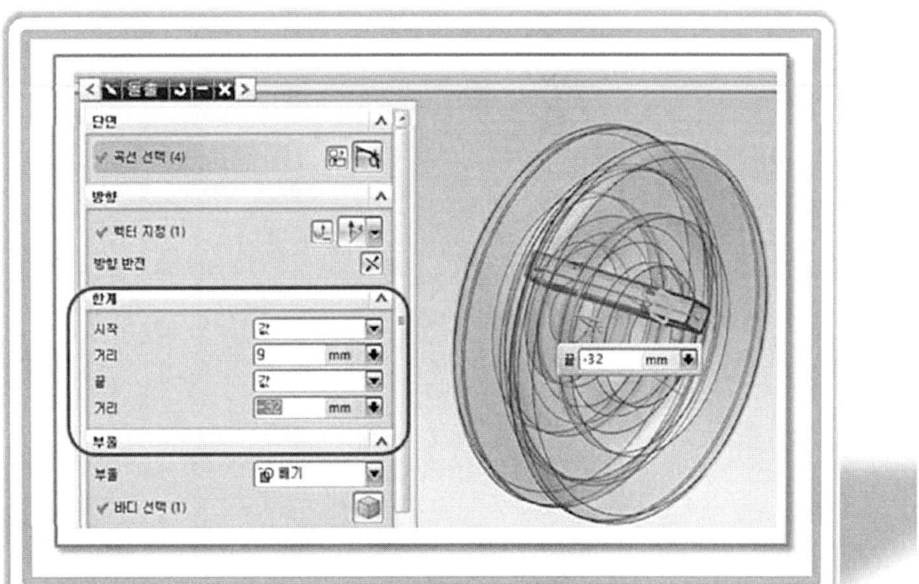

[그림 6-14]

5) 모따기 작업하기

(1) 모따기 아이콘을 옵셋 및 각도로 거리1, 각도45로 입력하고 확인한다.

[그림 6-15]

(2) V_belt Pulley 완성된 모델링 그림이다.

[그림 6-16]

2. 하우징 커버 모델링

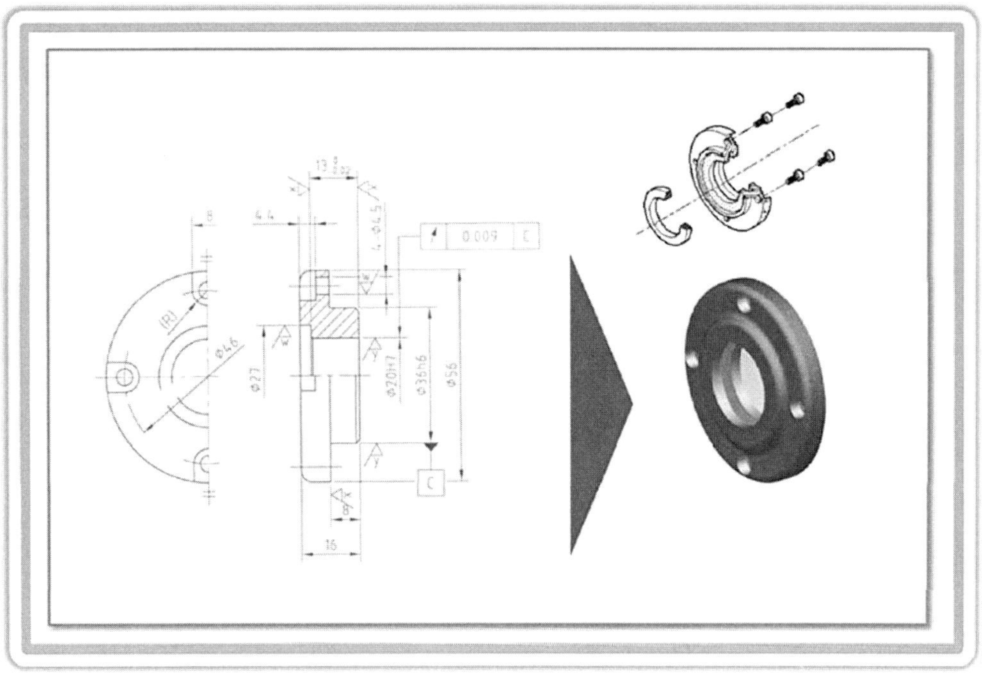

[그림 6-17]

1) 정면도(XZ) 2D 스케치 작성하기

(1) 새로 만들기 (Ctrl+N)을 실행한다.
(2) 타스크 환경에서 스케치를 준비한다.
(3) 평면상에서 기존 평면에 정면도를 선택하고 스케치모드로 들어간다.

[그림 6-18]

(4) 직사각형 아이콘과 선 아이콘을 이용하여 그림에서와 같이 Z축 원점에서 임의의 곡선 상에 그림처럼 스케치를 생성한다. 이때, 도형요소에 절반만 스케치를 한다.

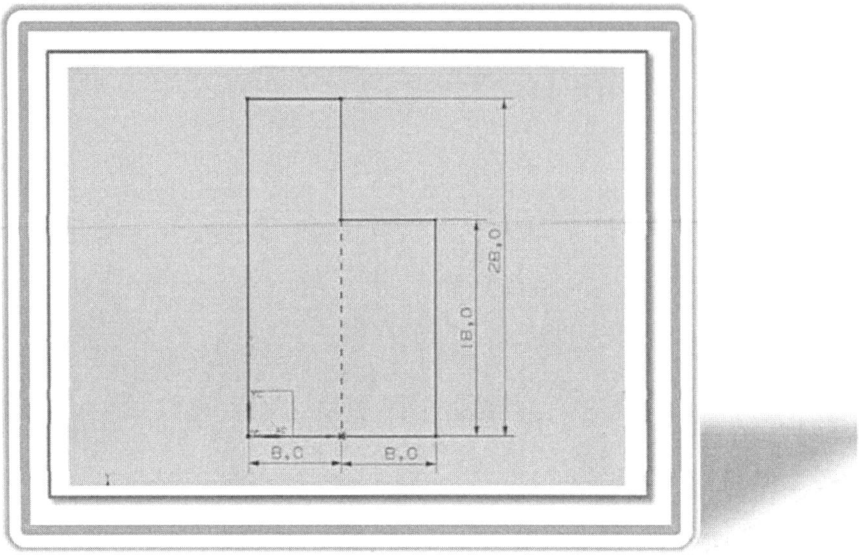

[그림 6-19]

2) 회전 작성하기

(1) 회전 아이콘을 선택하고 대칭으로 연결된 곡선을 선택한다. 이때 단면 곡선을 축 벡터를 선택한다.

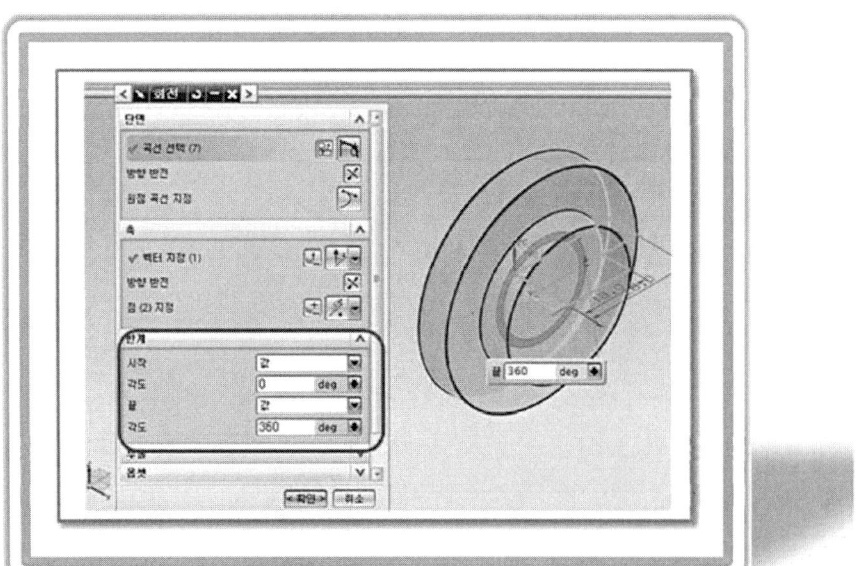

[그림 6-20]

3) 돌출을 사용하여 절단 작업하기

(1) 스케치 아이콘( )을 클릭한다. 유형은 평면상에서 기존평면을 선택한다.

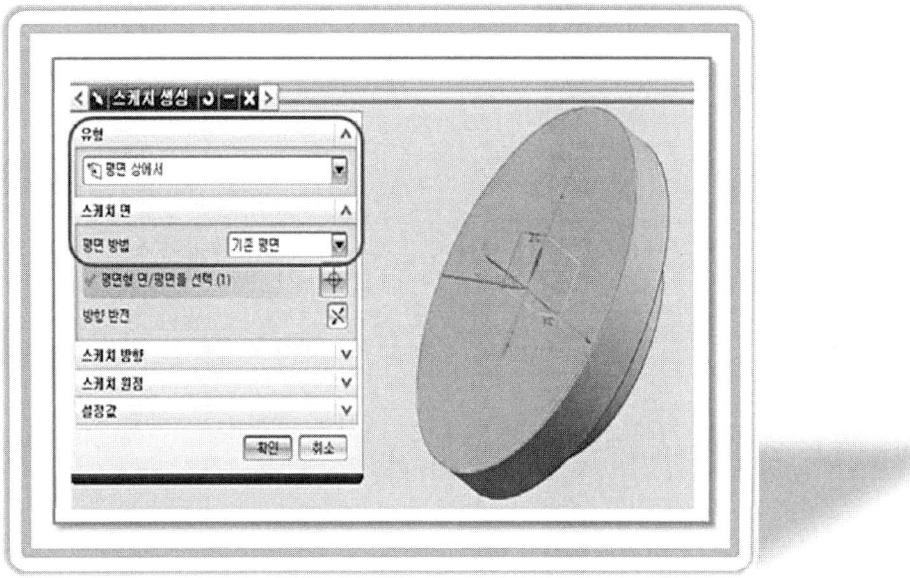

[그림 6-21]

(2) 선 아이콘과 원 아이콘을 이용하여 아래와 같이 절단하고자 하는 형상을 스케치 한다.

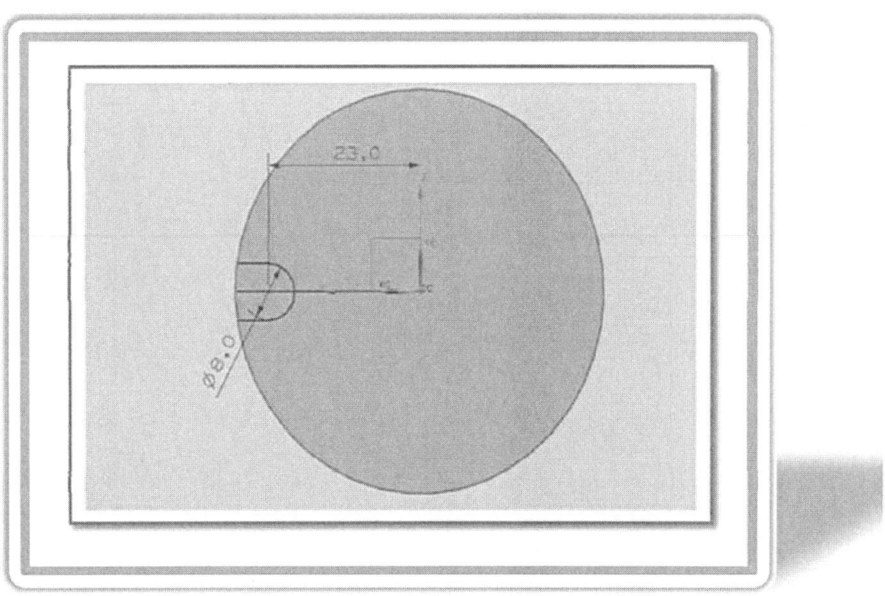

[그림 6-22]

(3) 돌출 아이콘을 선택하여 절단할 깊이 값 4.4을 입력하다.

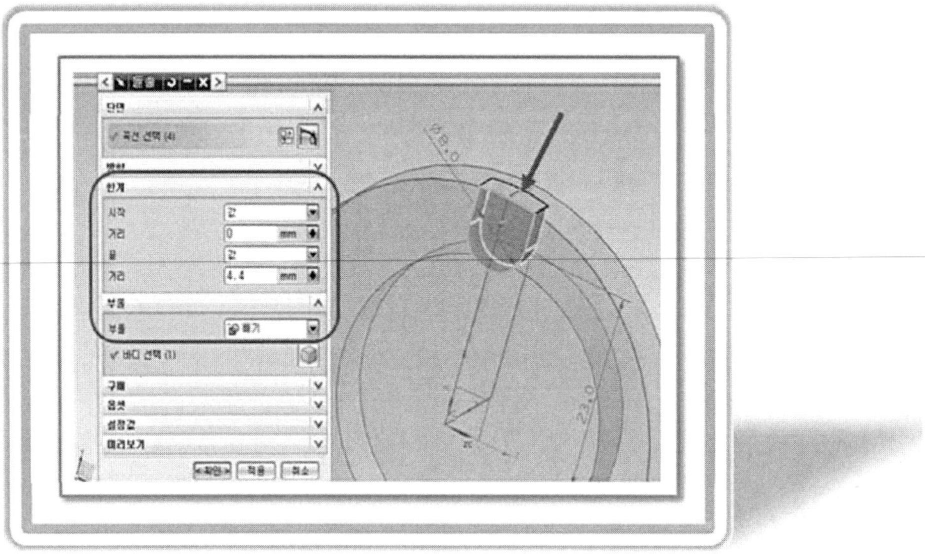

[그림 6-23]

4) 구멍(HOLE) 작업하기

(1) 삽입에 특징형상설계에 구멍(H)을 클릭한다. 유형은 일반구멍으로 하고 원호의 중심점을 선택하고 직경 4.5 깊이 바디통과를 입력하고 부울은 빼기로 설정한다.

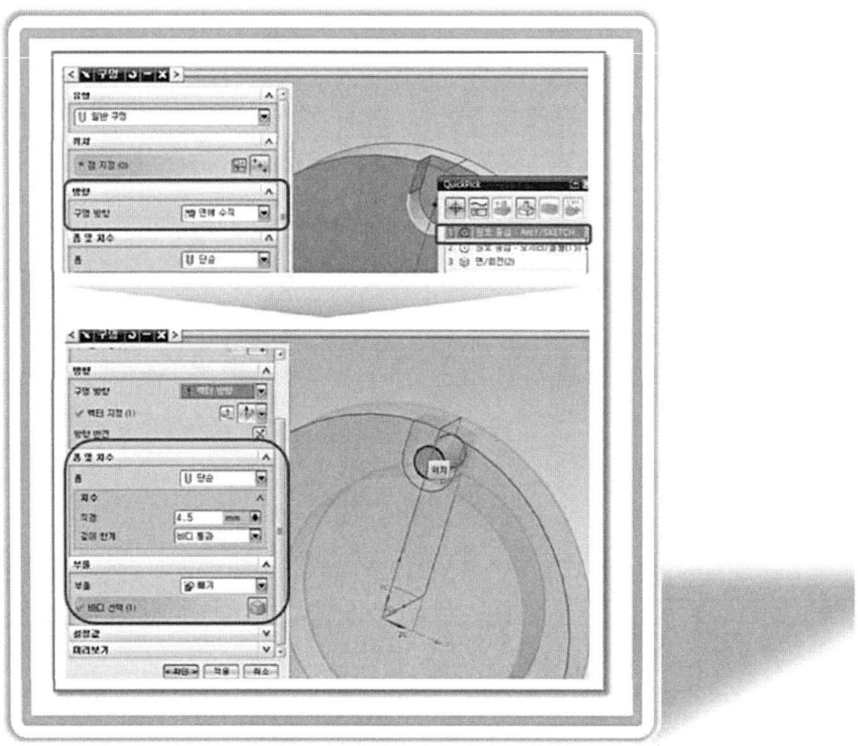

[그림 6-24]

5) 인스턴스 작업하기

(1) 삽입에 연관복사에 인스턴스 특징형상(I)...을 클릭한다. 원형배열을 선택하고 확인한다.

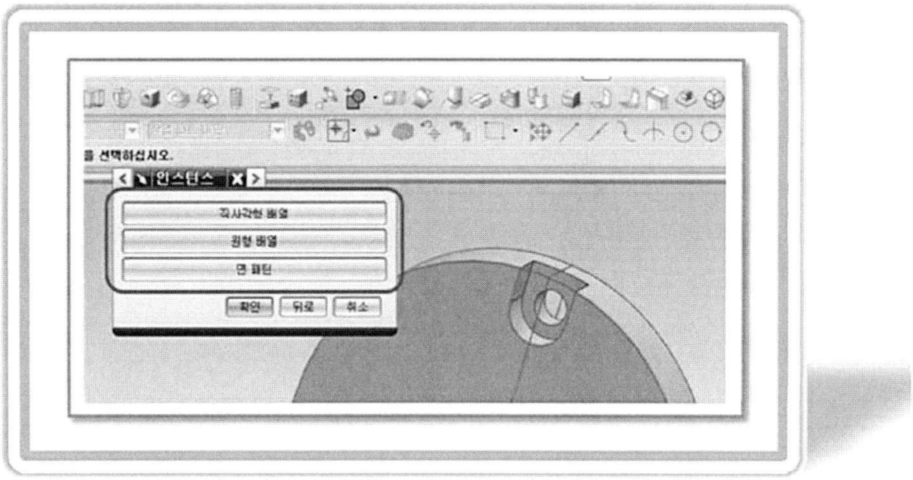

[그림 6-25]

(2) 돌출과 단순 구멍을 선택하고 확인한다.

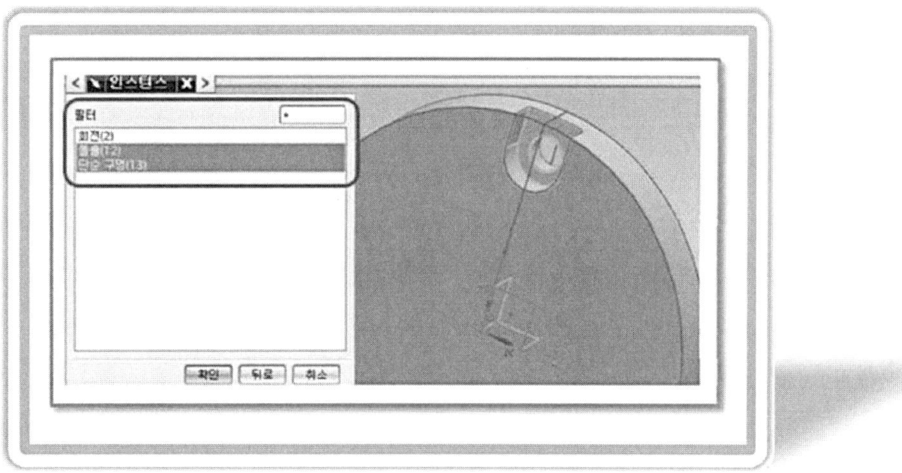

[그림 6-26]

(3) 방법에서 일반으로 하고 번호(개수) 4개, 각도 90을 입력하고 확인한다.

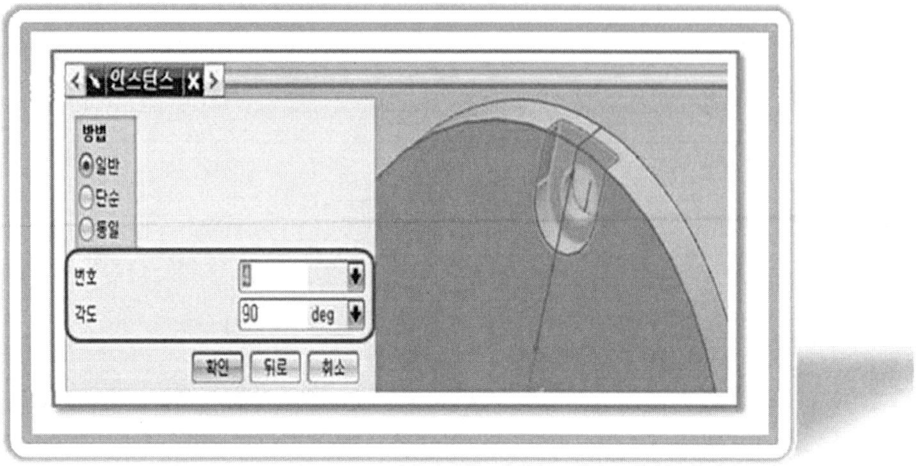

[그림 6-27]

(4) 유형에서 곡선/축 벡터로 설정하고 곡선 객체를 그림처럼 선택하고 확인한다.

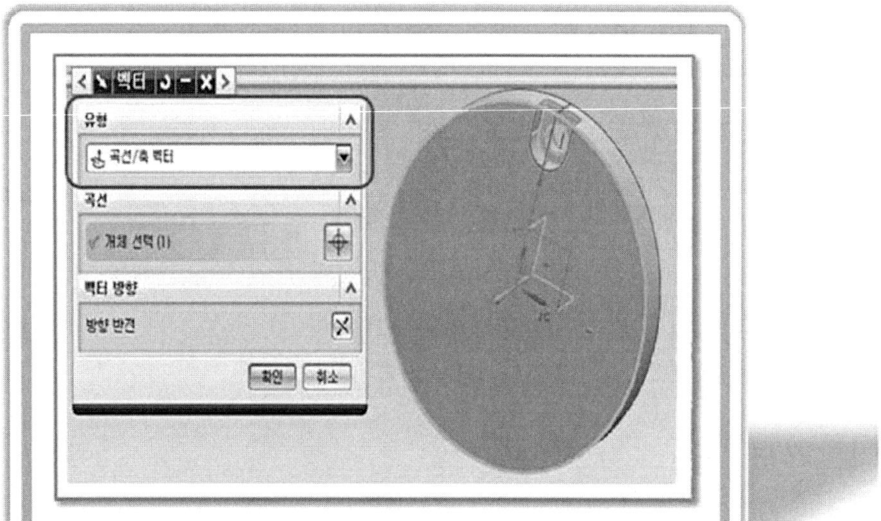

[그림 6-28]

(5) 점 위치를 중심점을 클릭한고 확인한다.

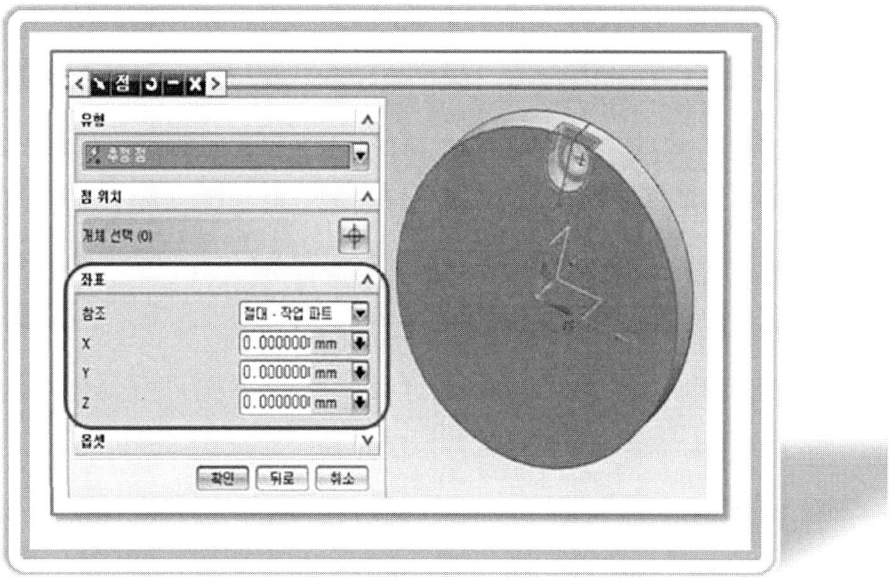

[그림 6-29]

(6) 예를 선택하고 확인한다.

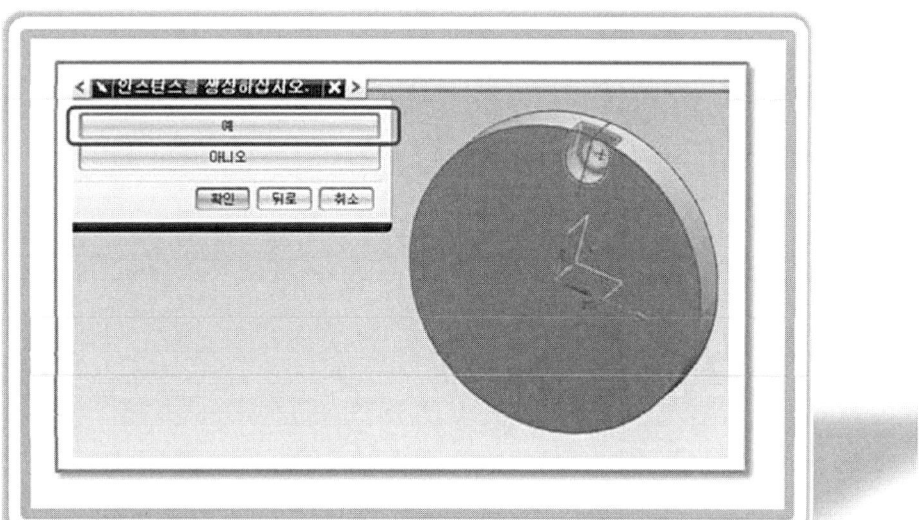

[그림 6-30]

6) 구멍 작업하기

(1) 삽입에 특징형상설계에 구멍(H) 을 클릭한다. 유형은 일반구멍으로 하고 점 지정을 선택한다.

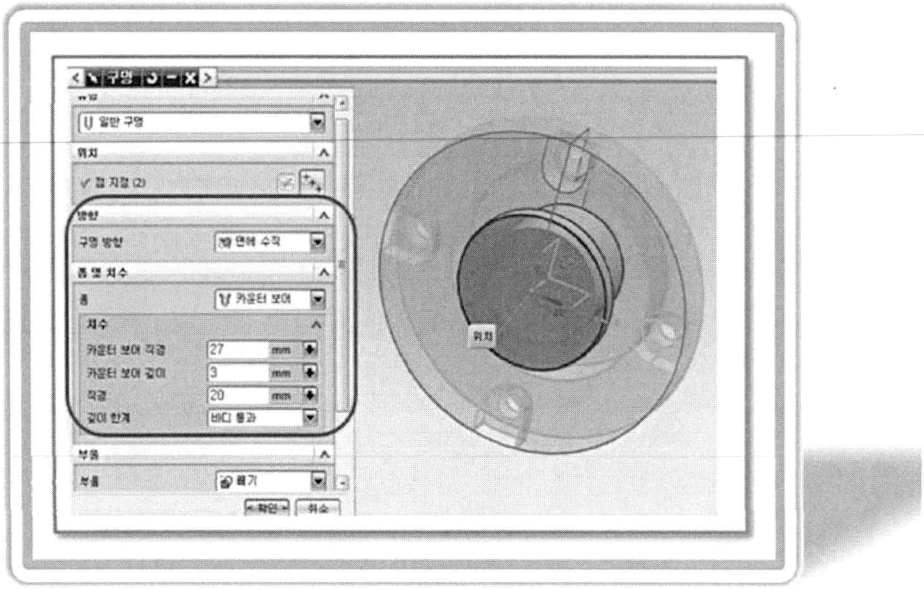

[그림 6-31]

7) 모서리 블렌드 작업하기

(1) 모서리 블렌드 아이콘을 선택하고 R3 입력 후 확인한다.

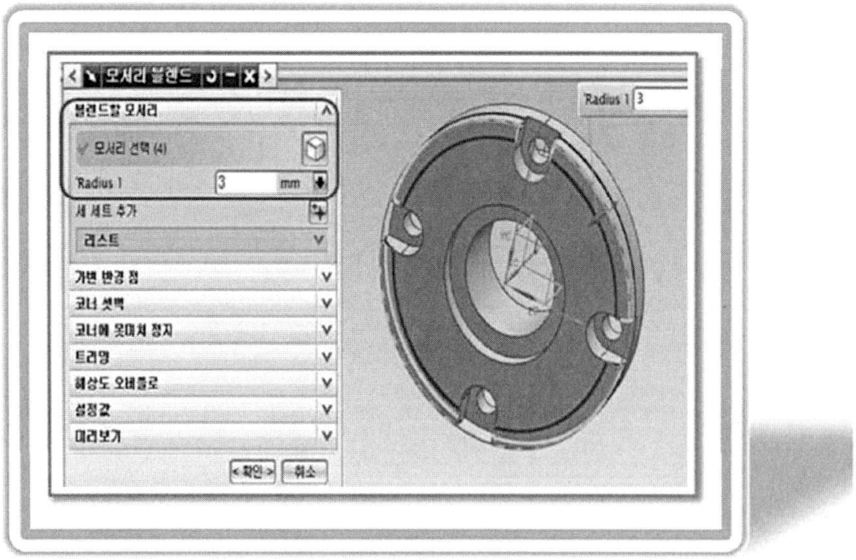

[그림 6-32]

8) 모따기 작업하기

(1) 모따기 아이콘( )을 클릭하고 모서리 면을 클릭하고 옵셋에서 단면을 대칭으로 거리1 입력 후 확인한다.

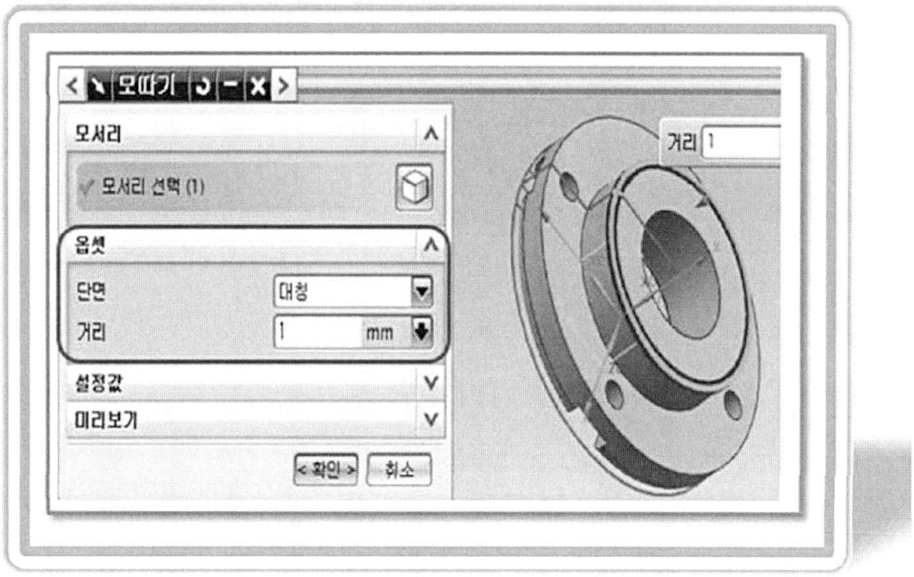

[그림 6-33]

(2) 완성된 하우진 커버의 모델링 그림이다.

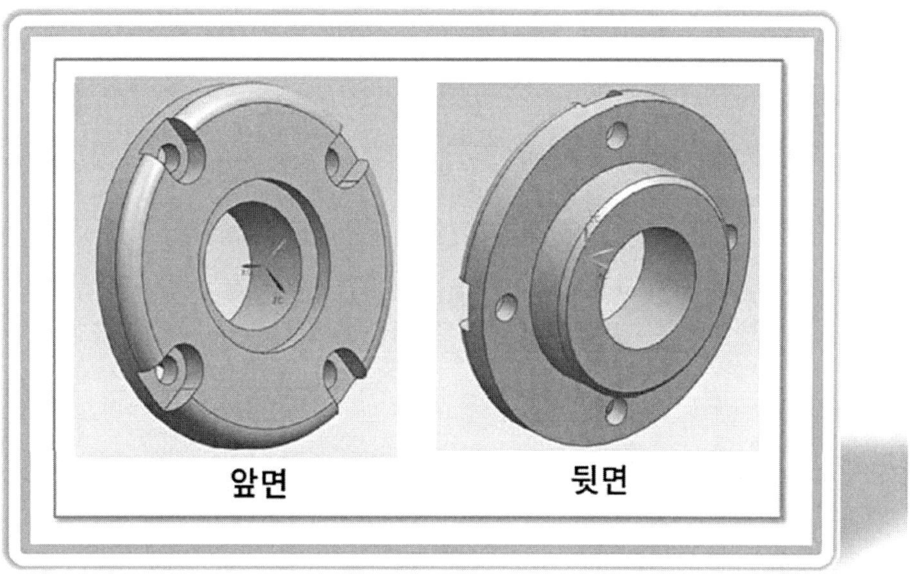

[그림 6-34]

3. 편심 축 모델링

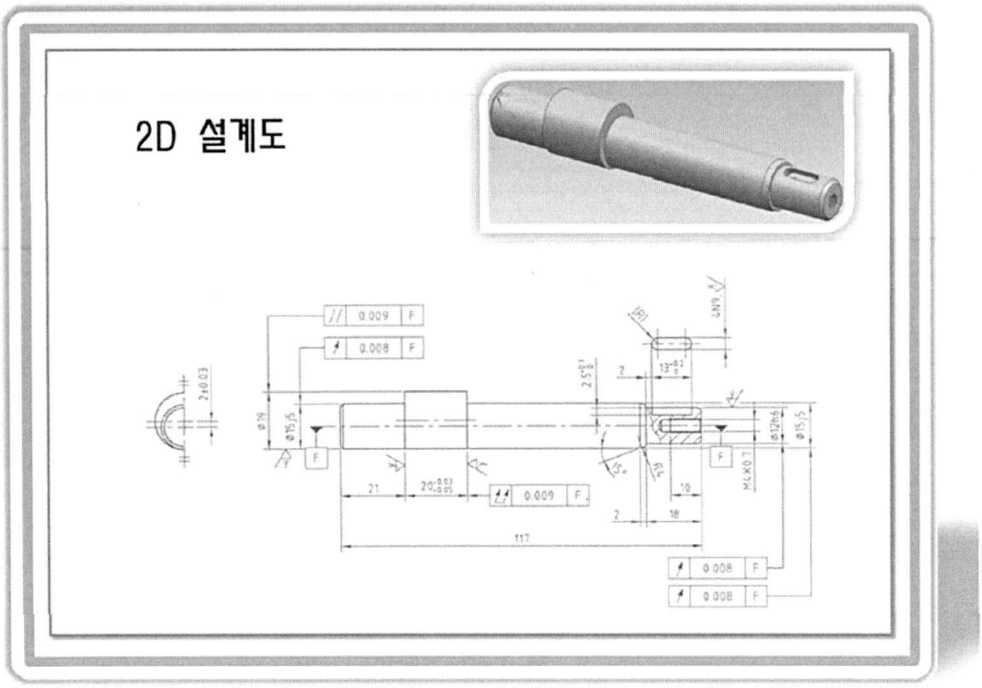

[그림 6-35]

1) 정면도(XZ) 2D 스케치 작성하기

(1) 새로 만들기 (Ctrl+N)을 실행한다.
(2) 타스크 환경에서 스케치를 준비한다.
(3) 평면상에서 기존 평면에 정면도를 선택하고 스케치모드로 들어간다.

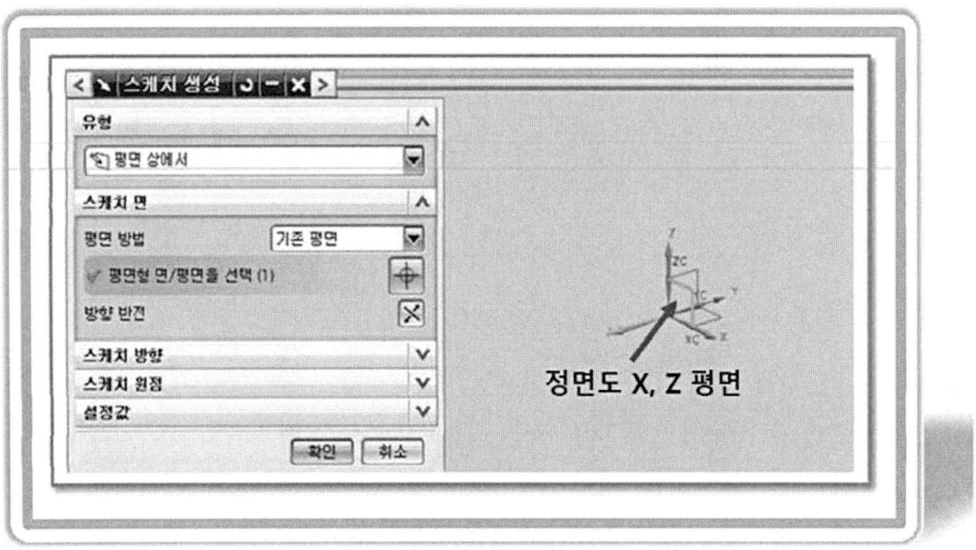

[그림 6-36]

(4) 아래와 같이 직사사각형을 선택하여 스케치를 생성한다.

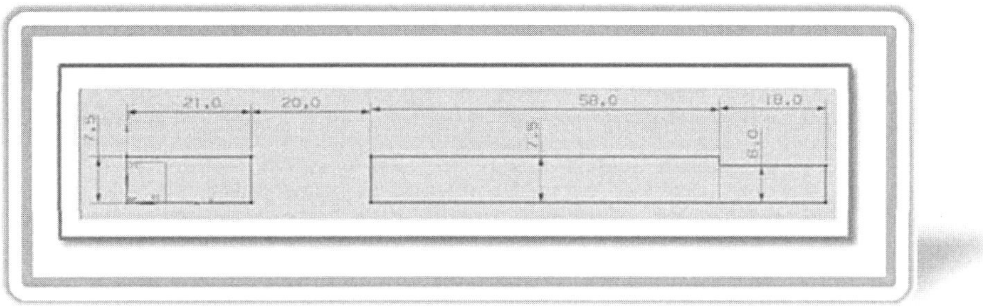

[그림 6-37]

2) 회전 형상 작성하기

(1) 스케치 한 사각형을 중심측을 기준으로 360도 회전을 한다.

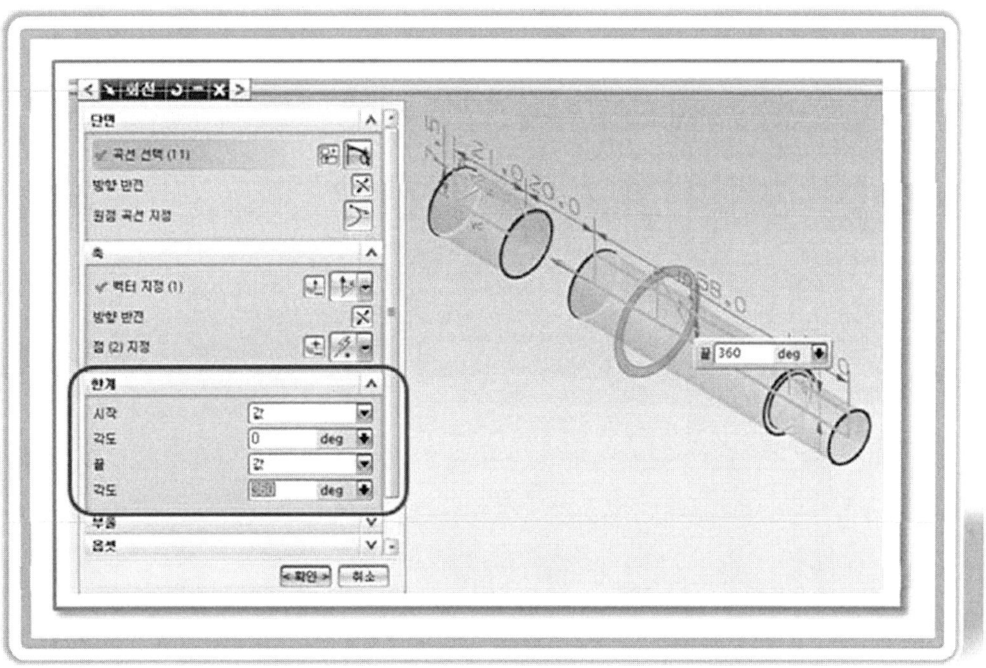

[그림 6-38]

3) 편심 축 형상 작업하기

(1) 작은 부품의 단면에 편심 스케치를 작성하기 위해 스케치를 선택한다.

[그림 6-39]

(2) 곡선 투영 기능을 이용하여 스케치 단면에 밀착 시킨 후 치수 구속조건으로 스케치를 종료 한다.

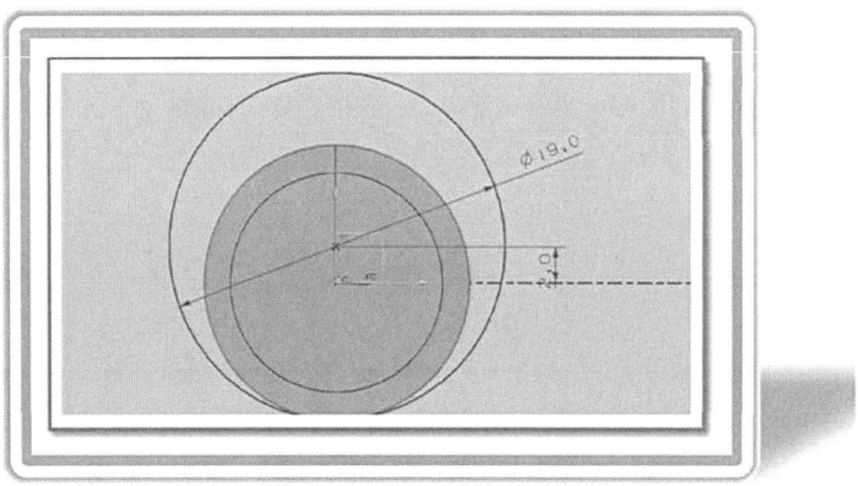

[그림 6-40]

(3) 반대편의 솔리드 모델링까지 20mm를 한다.

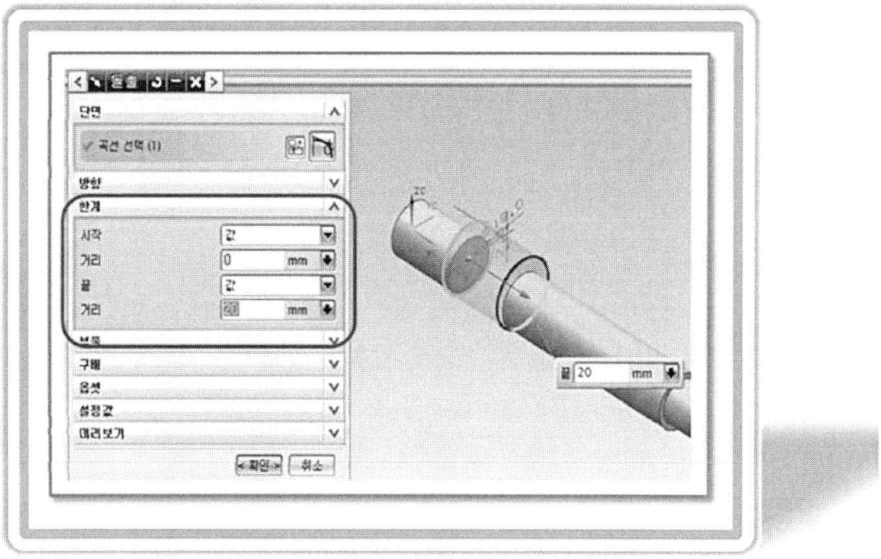

[그림 6-41]

4) 결합하기

(1) 서로 분리된 편심 축을 일체형으로 결합시킨다.

[그림 6-42]

5) 데이텀 평면 작성하기

(1) 키 홈 작업을 위해 3.5mm의 단차 구간에 데이텀 생성 후 스케치를 완성한다.

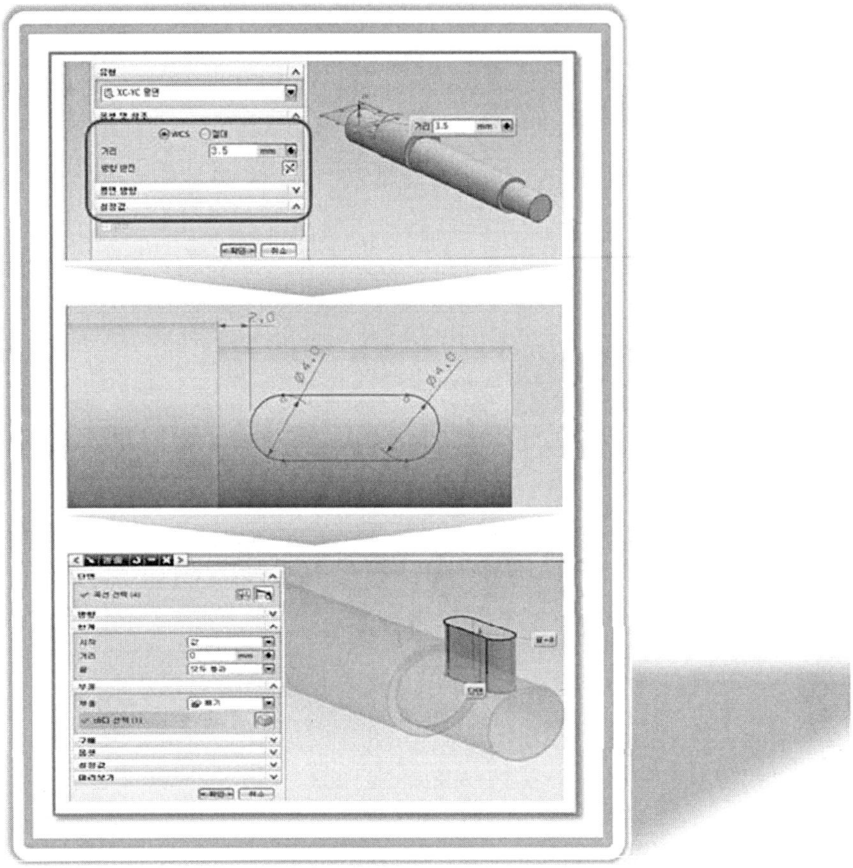

[그림 6-43]

6) 스레드 작업하기

(1) 축 센터에 나사가공을 하기 위해 삽입에 특징형상설계에 구멍(H) 기능을 이용하여 쓰레드 기능을 설정한다.

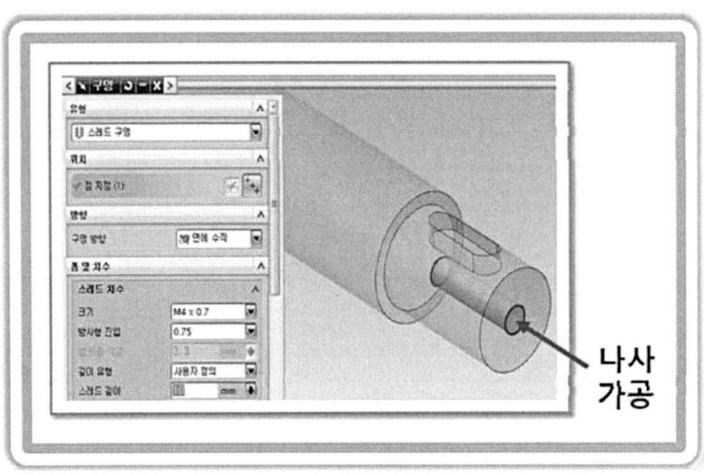

[그림 6-44]

(2) 그림처럼 빼기 기능으로 내측에 구멍가공을 한다.

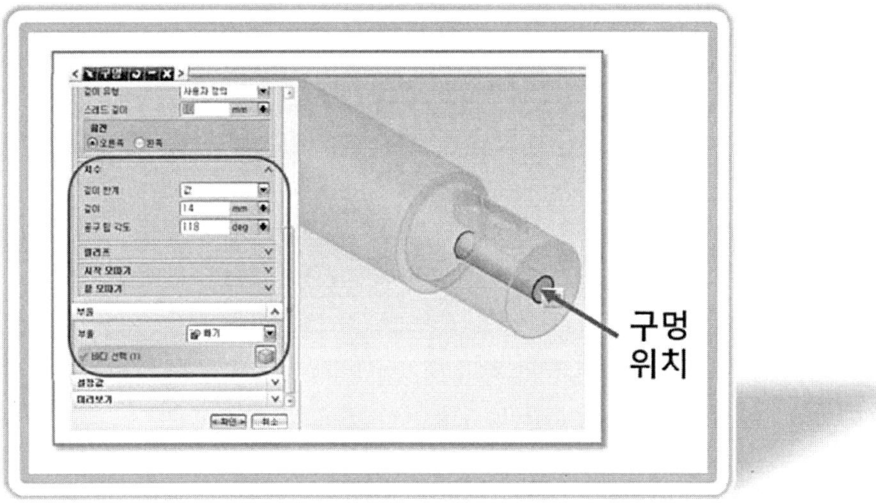

[그림 6-45]

(3) 스레드 유형은 상세로 설정 후 시작 단면을 한다.

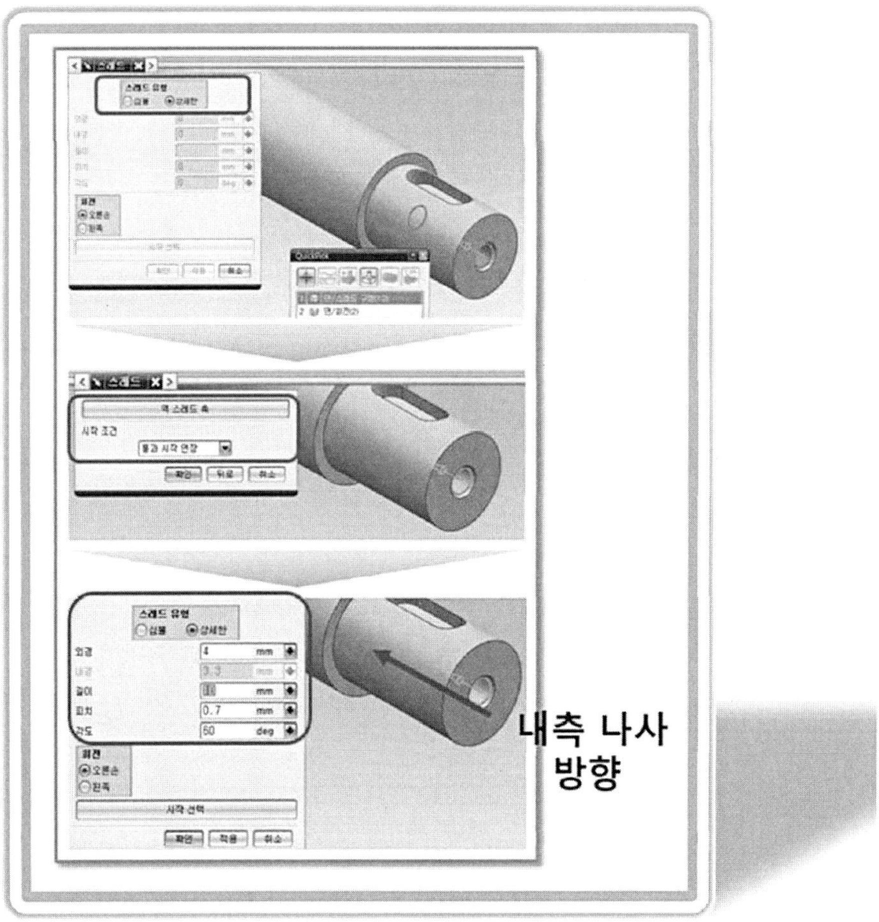

[그림 6-46]

(4) 나사가공이 완성된 편심 축

[그림 6-47]

7) 모따기 마무리 작업

(1) 편심 축의 모서리 부분을 모따기로 완성한다.

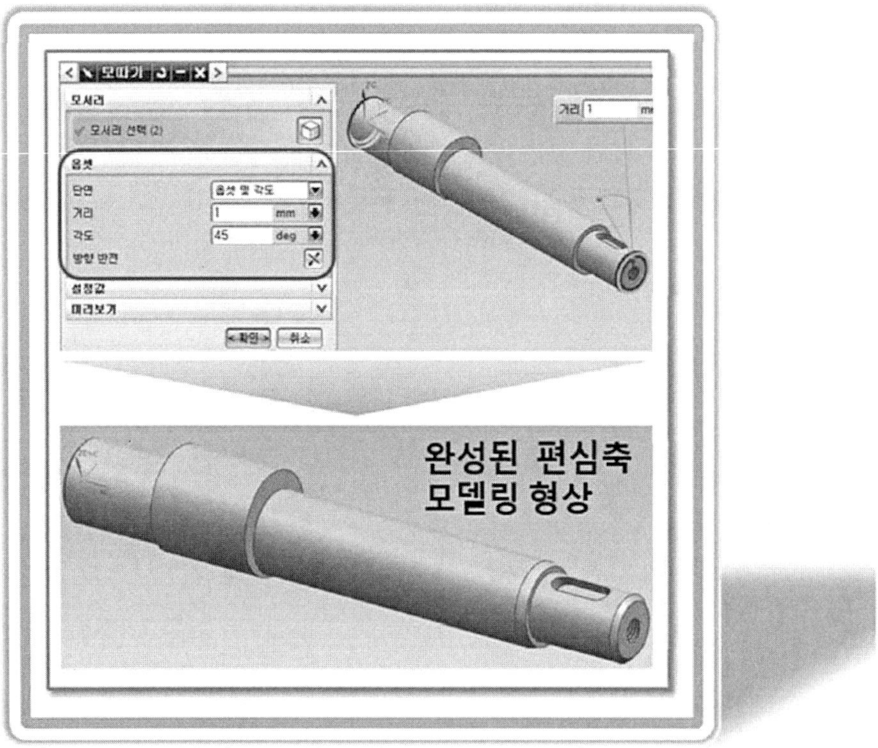

[그림 6-48]

4. 스퍼기어(SpurGear) 모델링 따라하기

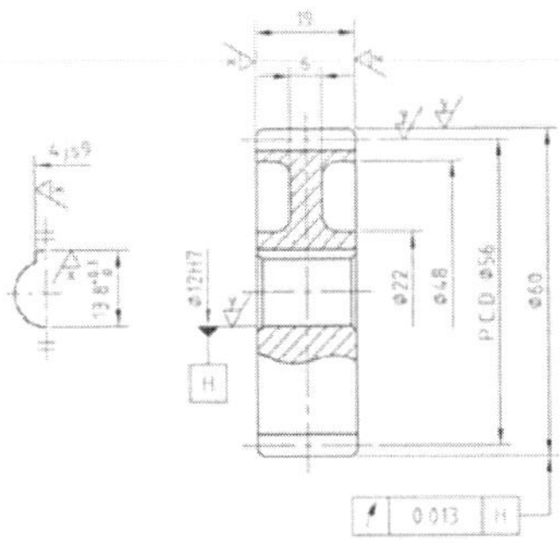

스퍼기어 요목표		
기어 치형		표준
공구	모듈	2
	치형	보통이
	압력 각	20˚
전체 이 높이		4.5
피치원지름		56
잇 수		28
다듬질 방법		호브 절삭
정밀도		KS B ISO 1328

[그림 6-49]

1) 정면도(XZ) 2D 스케치 작성하기

(1) 새로 만들기 (Ctrl+N)을 실행한다.
(2) 타스크 환경에서 스케치를 준비한다.
(3) 평면상에서 기존 평면에 XZ평면을 선택 확인하고 스케치모드로 들어간다.

[그림 6-50]

(4) 직사각형 아이콘과 선 아이콘을 이용하여 그림에서와 같이 Z축 원점에서 임의의 곡선 상에 그림처럼 스케치를 생성한다. 이때, 도형요소에 절반만 스케치를 한다.

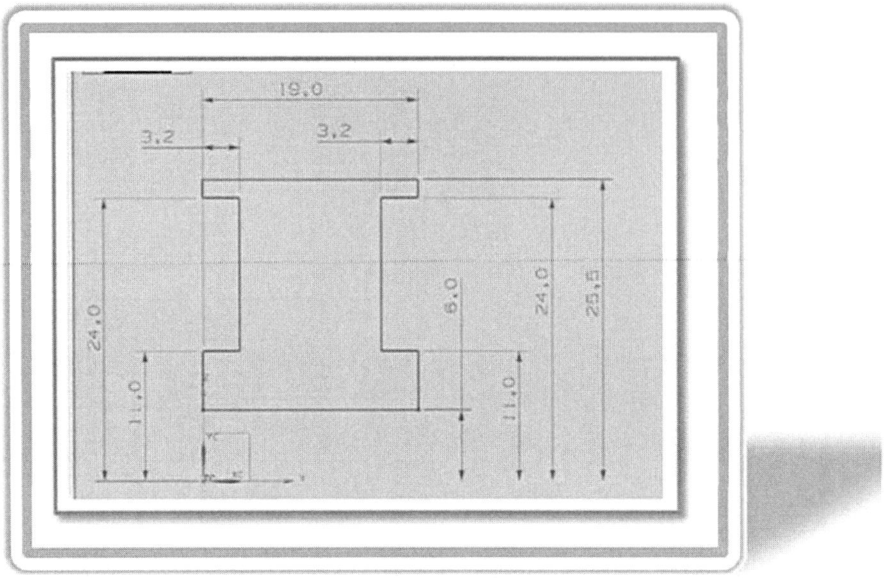

[그림 6-51]

2) 회전 하기

(1) 회전 아이콘을 선택하고 대칭으로 연결된 곡선을 선택한다. 이때 단면 곡선을 축 벡터를 선택한다.

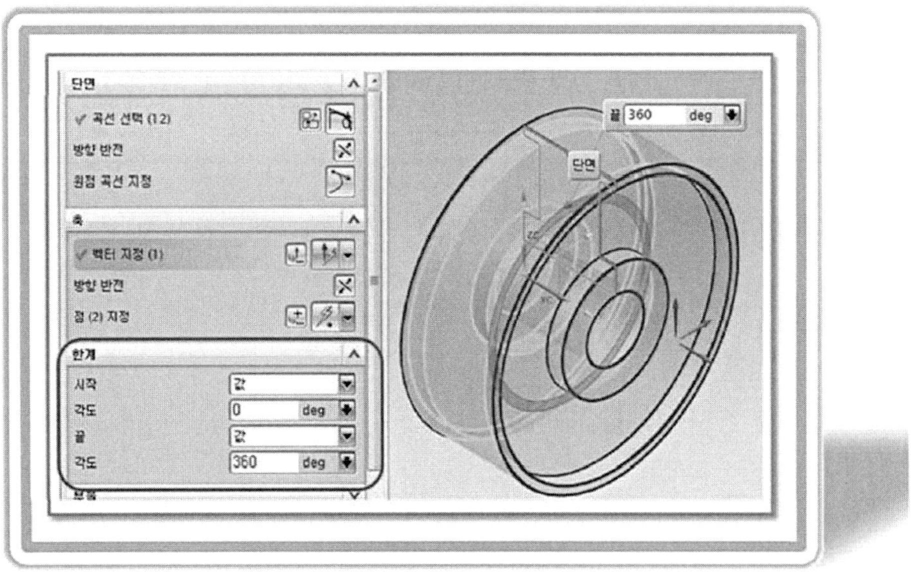

[그림 6-52]

3) 모서리 블렌드 작업하기

(1) 모서리 블렌드 아이콘을 선택하고 그림처럼 솔리드 모서리부분을 선택 후 R3을 입력한다.

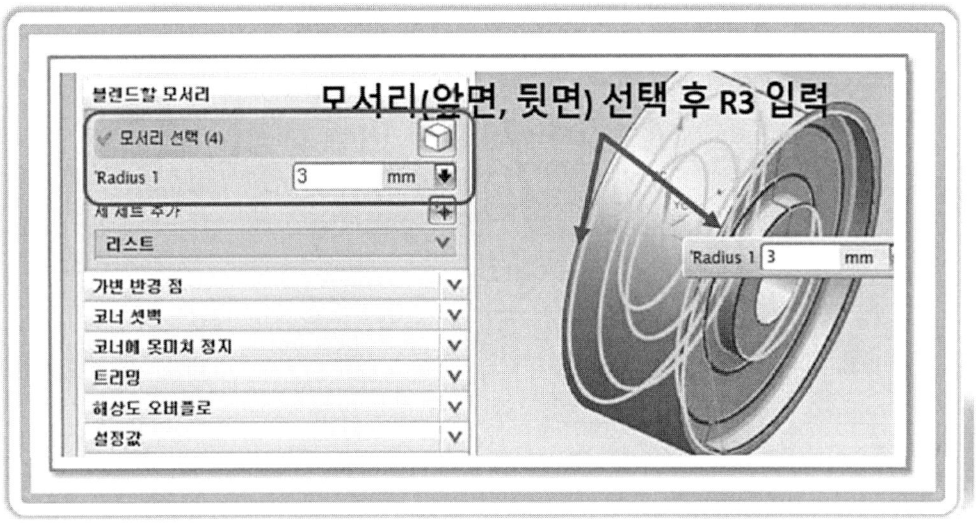

[그림 6-53]

4) 돌출 작성하기

(1) 스케치 아이콘( )을 선택 후 평면상에서 참조평면 Y축을 선택하고 확인한다.

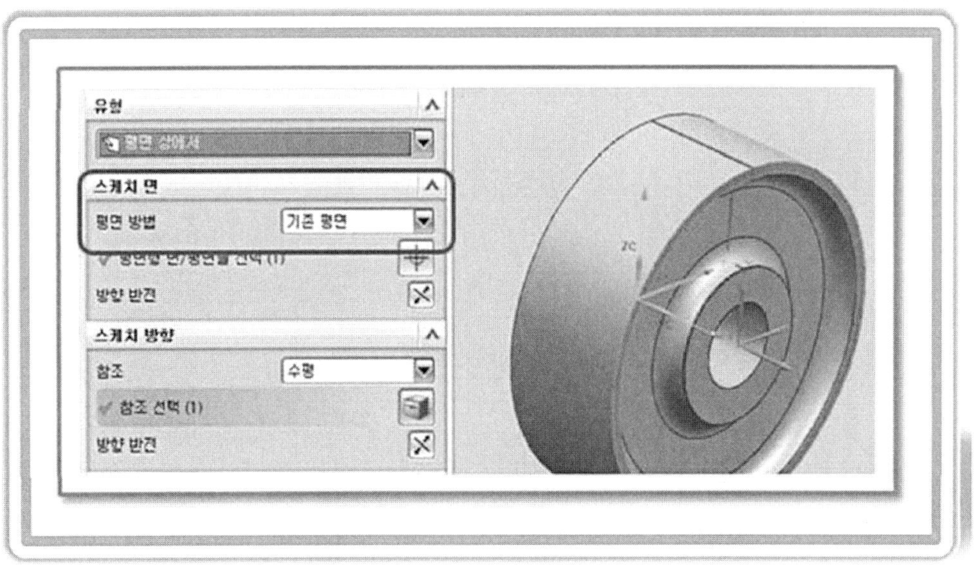

[그림 6-54]

(2) 스케치 아이콘을 이용하여 아래의 도면처럼 스케치 한다.

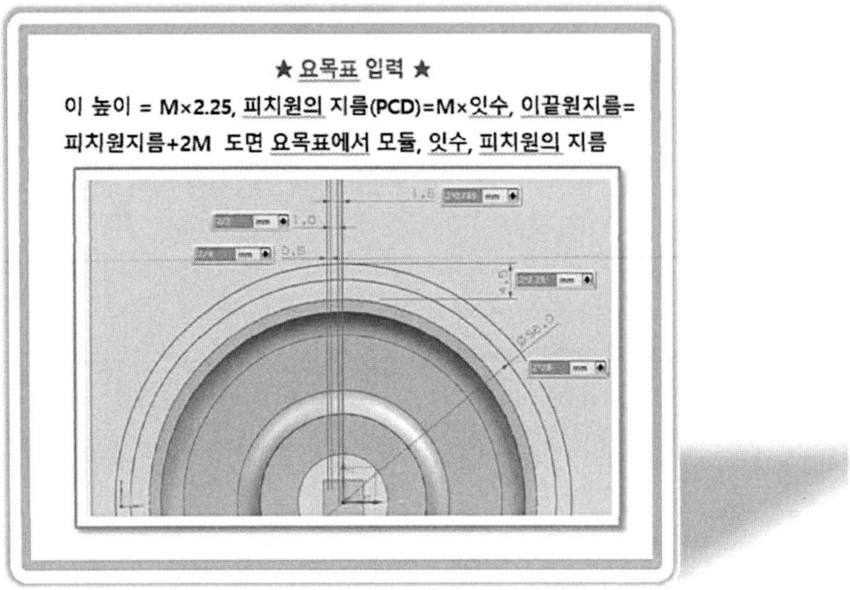

[그림 6-55]

(3) 원호 아이콘을 이용하여 첫 번째 점(스냅 교차점확인)과 두 번째 점(스냅 교차점확인)을 선택하고 세 번째 점(스냅 교차점확인)을 선택한다.

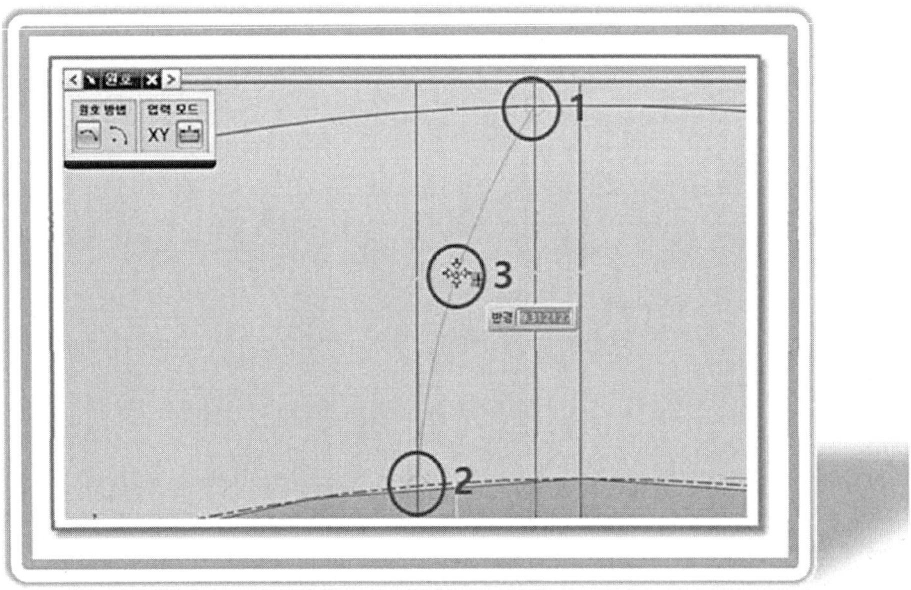

[그림 6-56]

(4) 빠른 트리밍을 이용하여 아래 그림처럼 호를 트림 후 대칭복사를 한다.

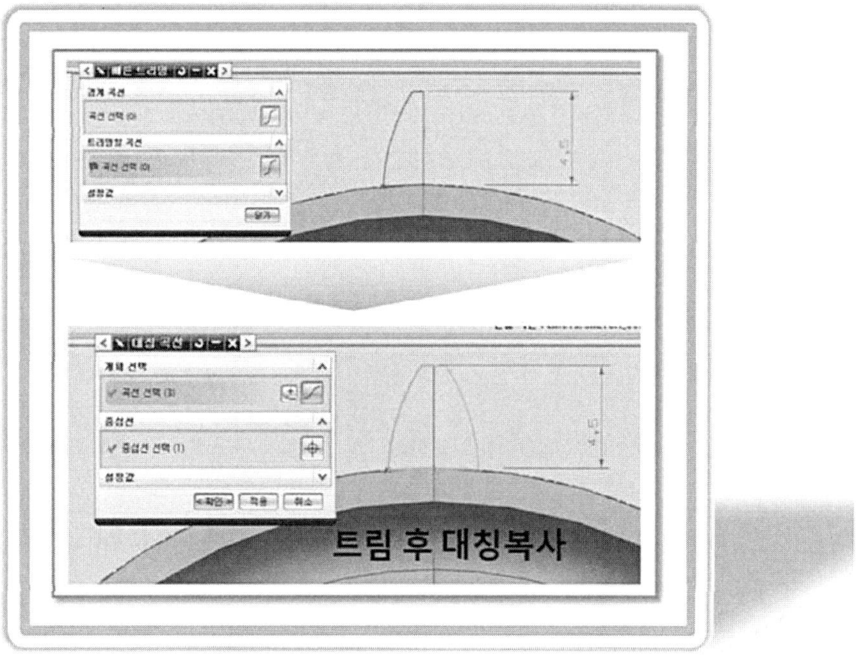

[그림 6-57]

(5) 거리값을 -19로 돌출 한다.

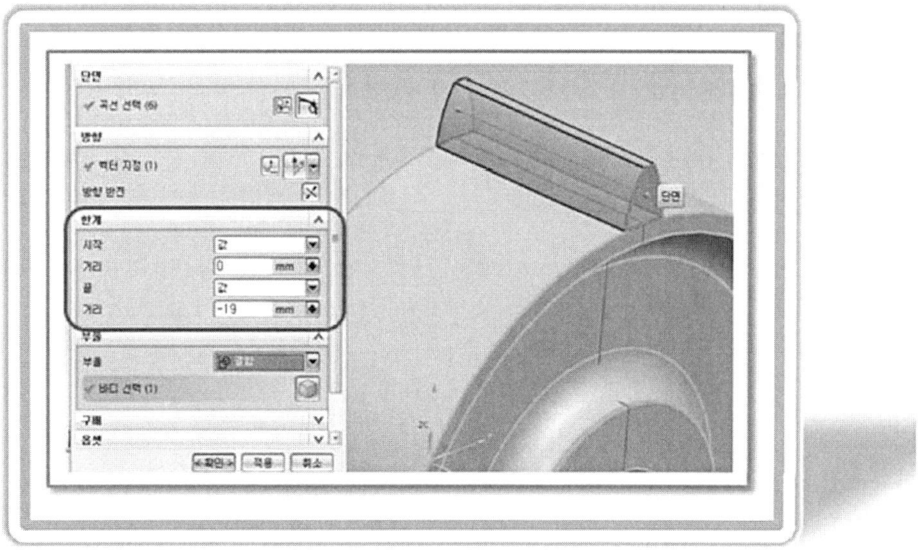

[그림 6-58]

5) 인스턴스 작업하기

(1) 인스턴스 아이콘을 이용하여 원형배열을 통해 아래와 같이 입력한다.

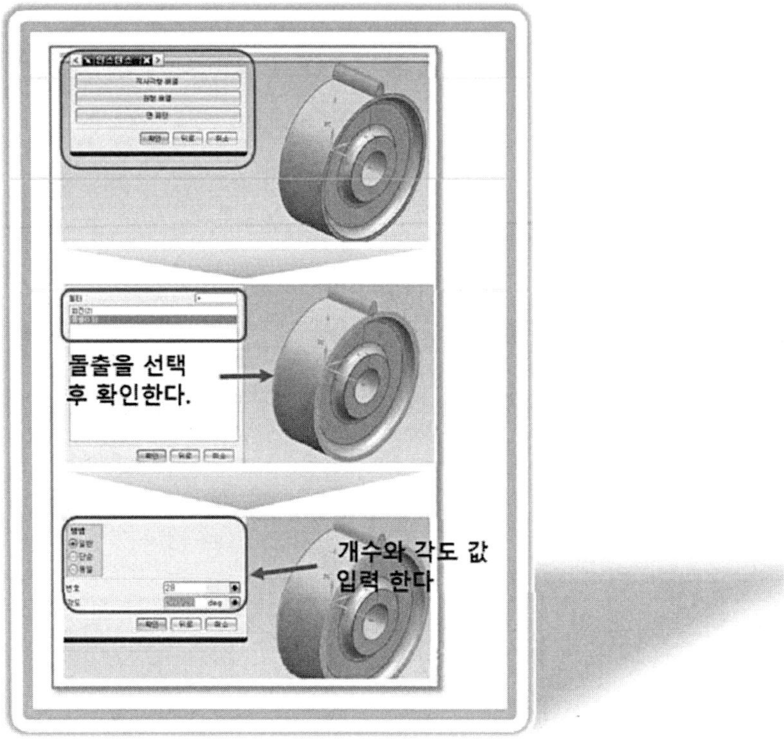

[그림 6-59]

(2) 데이텀 축 선택 후 확인을 한다.

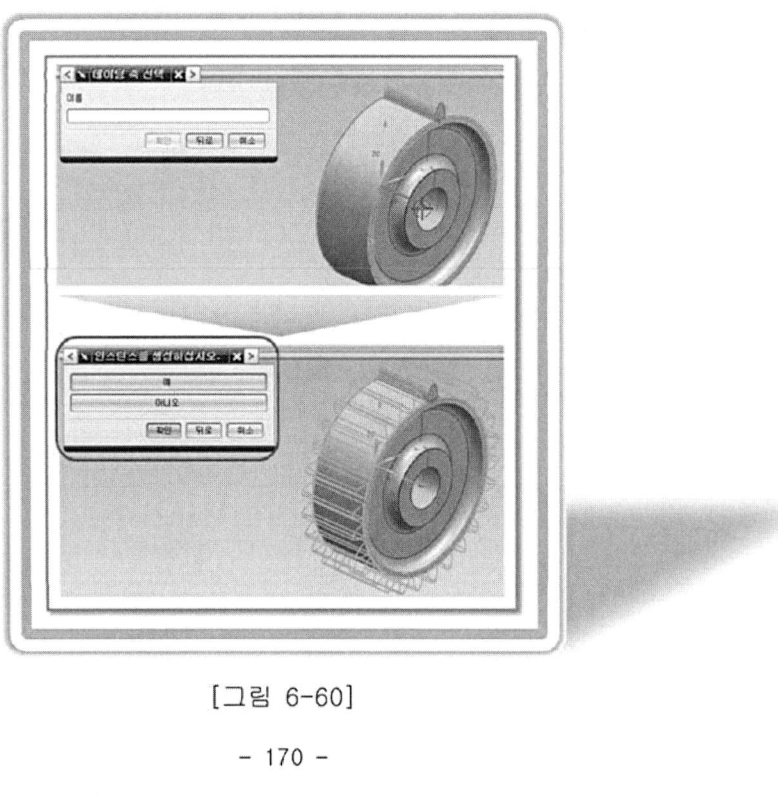

[그림 6-60]

6) 모따기 작업하기

(1) 앞면과 뒷면의 0.5mm 모따기를 한다.

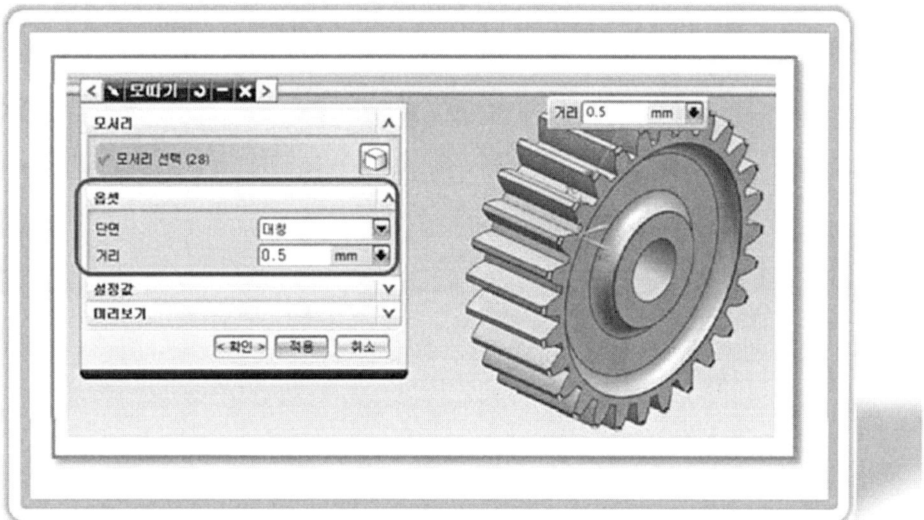

[그림 6-61]

7) 키 홈 작성하기

(1) 키 홈 작업을 위해 평면을 설정한다.

[그림 6-62]

(2) 직사각형을 이용하여 그림처럼 스케치를 생성한다.

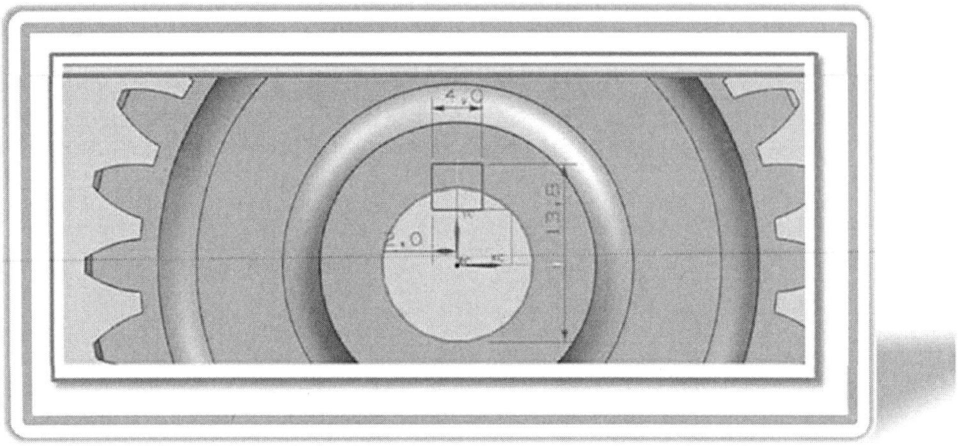

[그림 6-63]

(3) 돌출 아이콘을 이용하여 키 홈 작업을 완성한다.

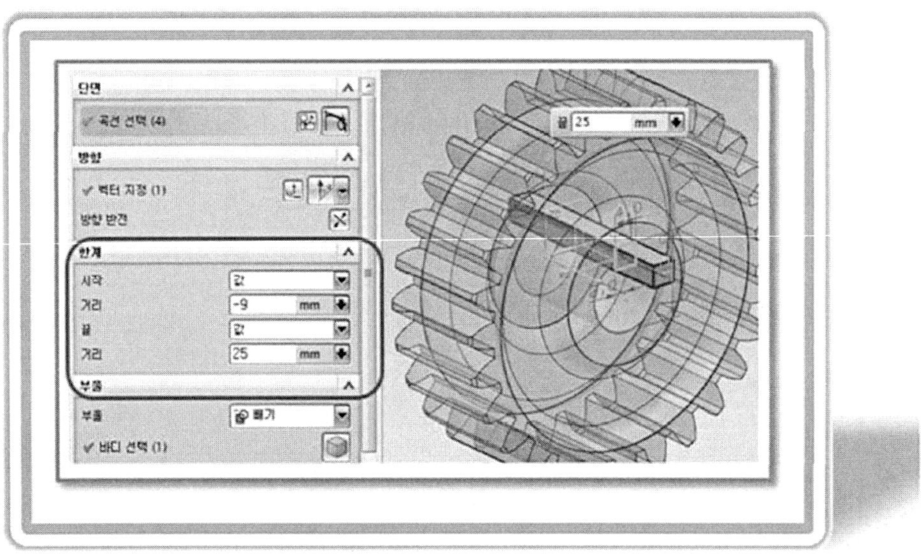

[그림 6-64]

(4) 모따기 0.5를 한다.

[그림 6-65]

(5) 아래 그림은 완성된 모델링 그림이다.

[그림 6-66]

5. 하우징 모델링 따라하기

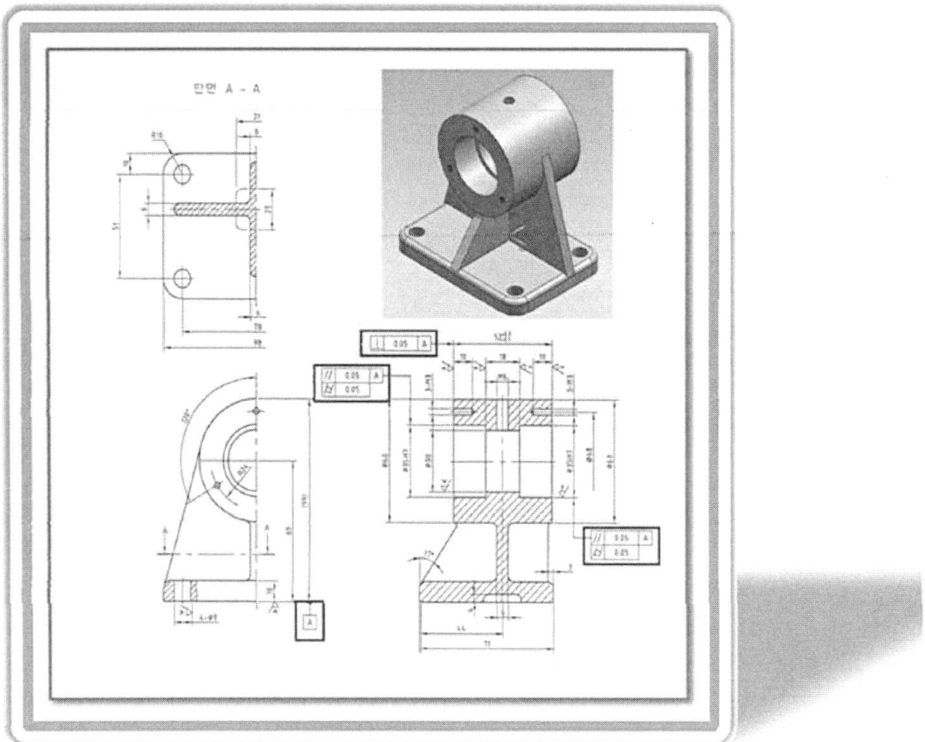

[그림 6-67]

1) 정면도(XZ) 2D 스케치 작성하기

(1) 새로 만들기 (Ctrl+N)을 실행한다.
(2) 타스크 환경에서 스케치를 준비한다.
(3) 평면상에서 기존 평면에 XY평면을 선택 확인하고 스케치모드로 들어간다.

[그림 6-68]

(4) 정면에서 96x10mm의 스케치를 하고 베이스 블럭을 그린 후 돌출을 한다.

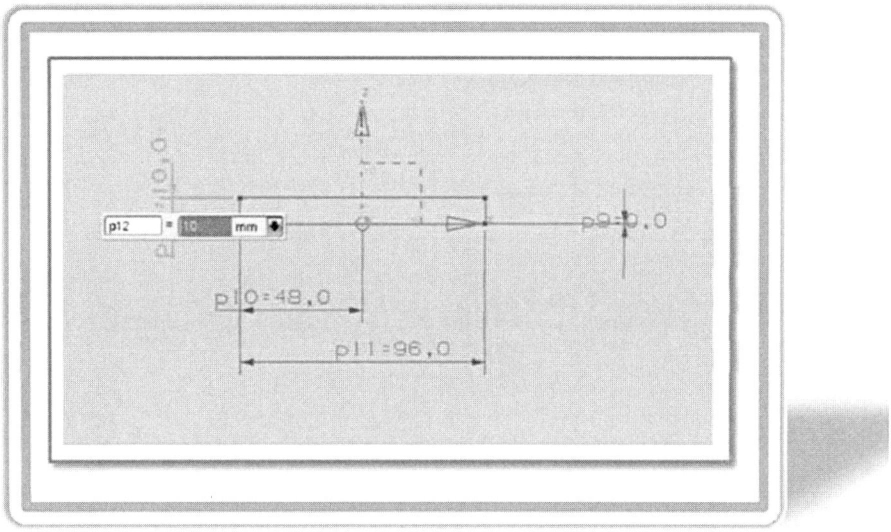

[그림 6-69]

(5) 베이스 블록 모서리에 R10 필렛 처리를 한다.

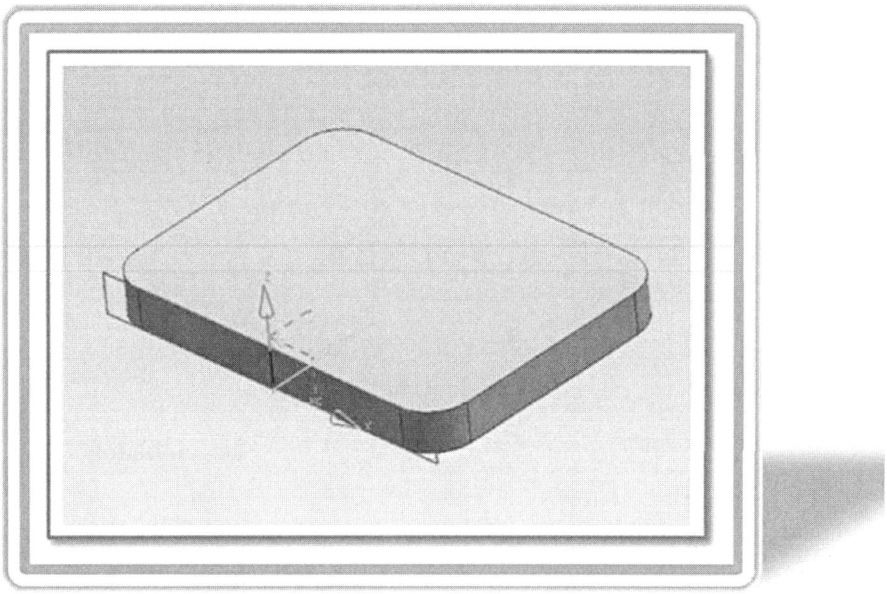

[그림 6-70]

(6) 모서리 라운드의 센터를 이용하여 모서리 부분의 ∅9mm의 구멍 4개를 작업한다.

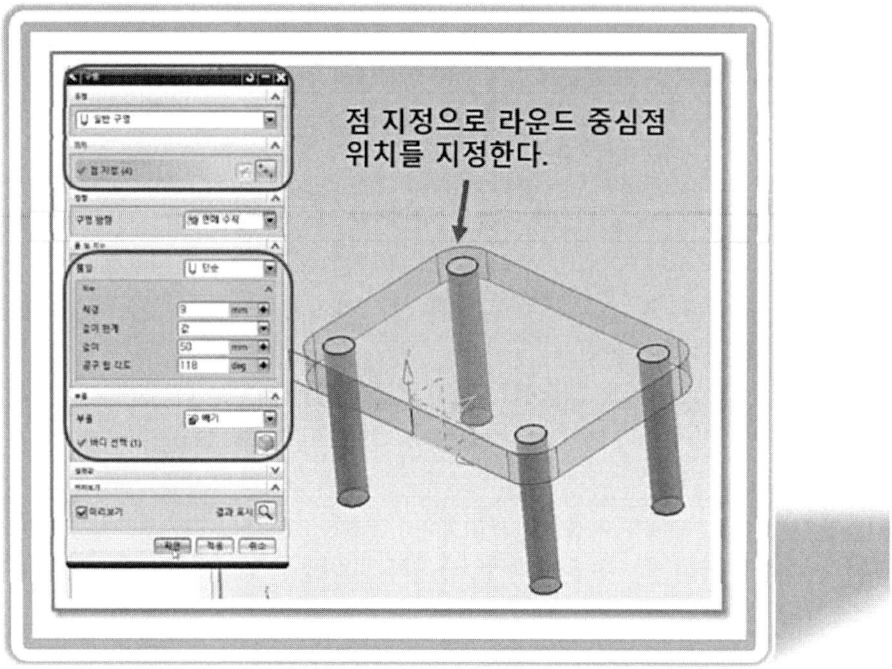

[그림 6-71]

(7) 스케치 평면을 측면으로 선정 후 스케치 회전으로 모델링을 한다.

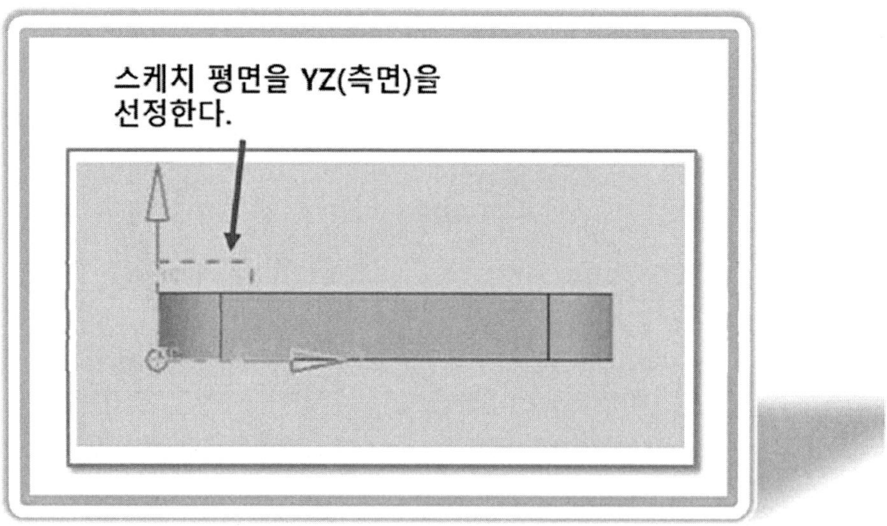

[그림 6-72]

2) 회전 하기

(1) 회전을 하기 위해 아래와 같이 프로파일로 스케치 한다.

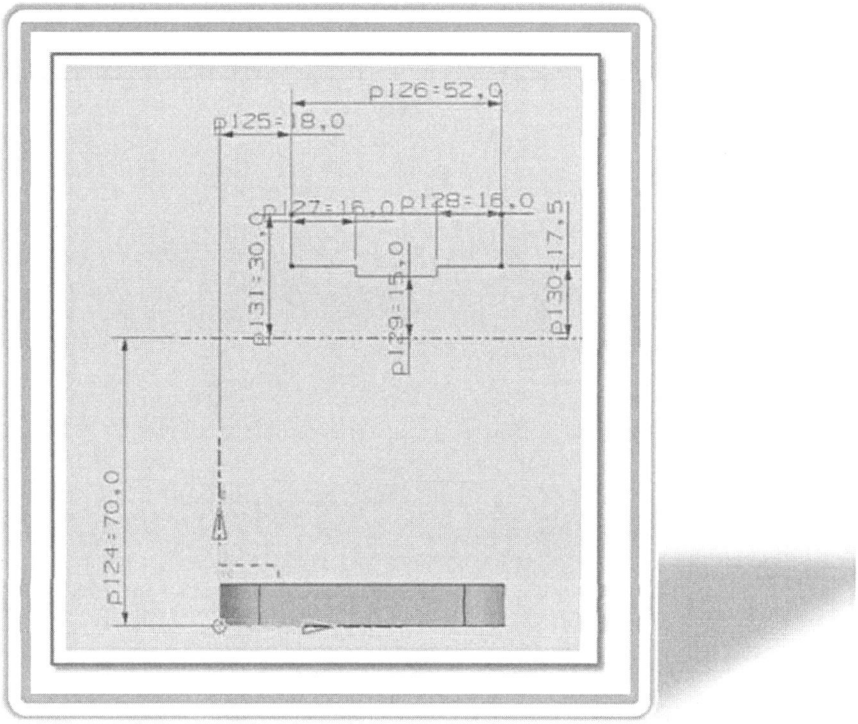

[그림 6-73]

(2) 스케치 종료 후 회전을 시킨다.

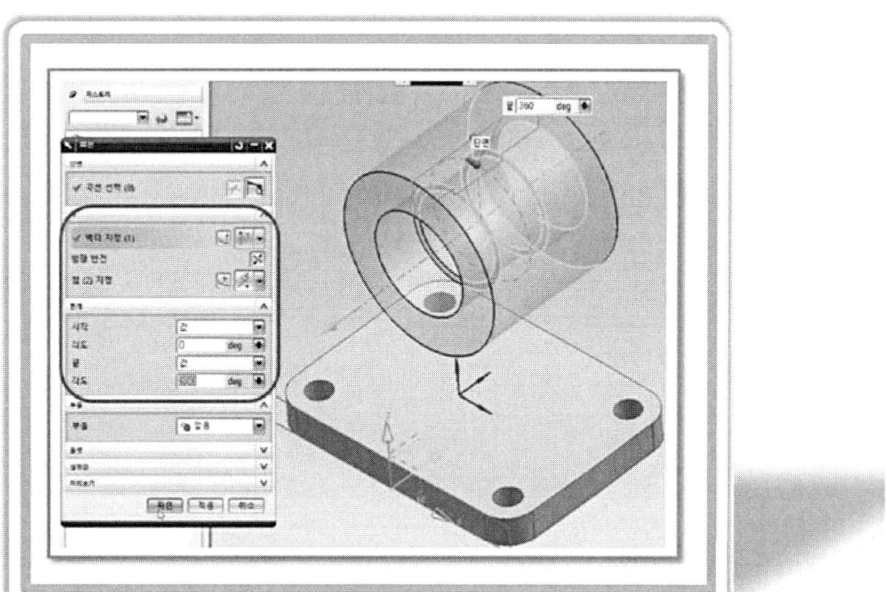

[그림 6-74]

(3) 바닥면 베이스 블록에 R3 필렛을 준다.

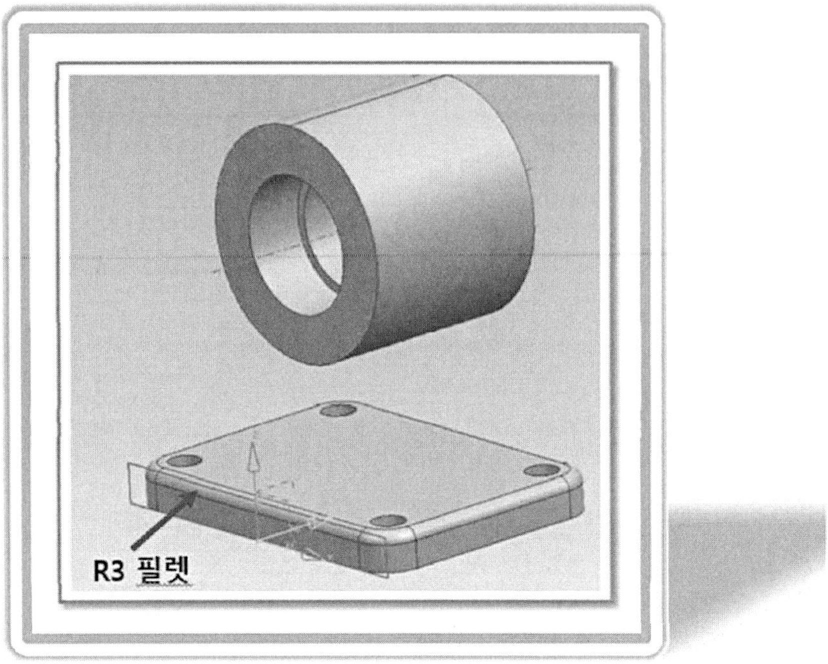

[그림 6-75]

(4) 44mm 위치에 데이텀 평면 설정 후 스케치를 한다.

[그림 6-76]

(5) 스케치 하기 위해 곡선 투영기능() 을 이용하여 아래 그림처럼 투영시킨다.

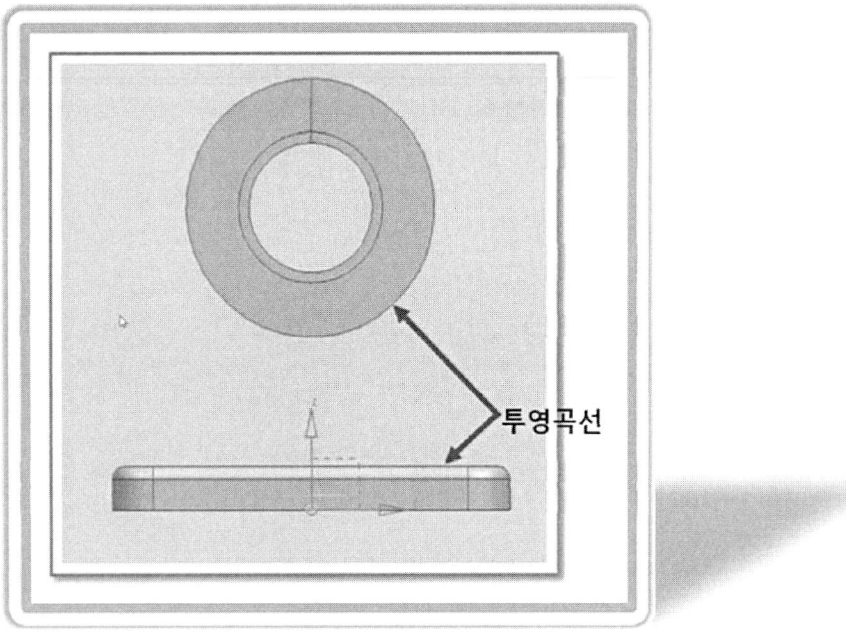

[그림 6-77]

(6) 스케치 아이콘()을 선택 후 회전체와 블록을 연결시킨다.

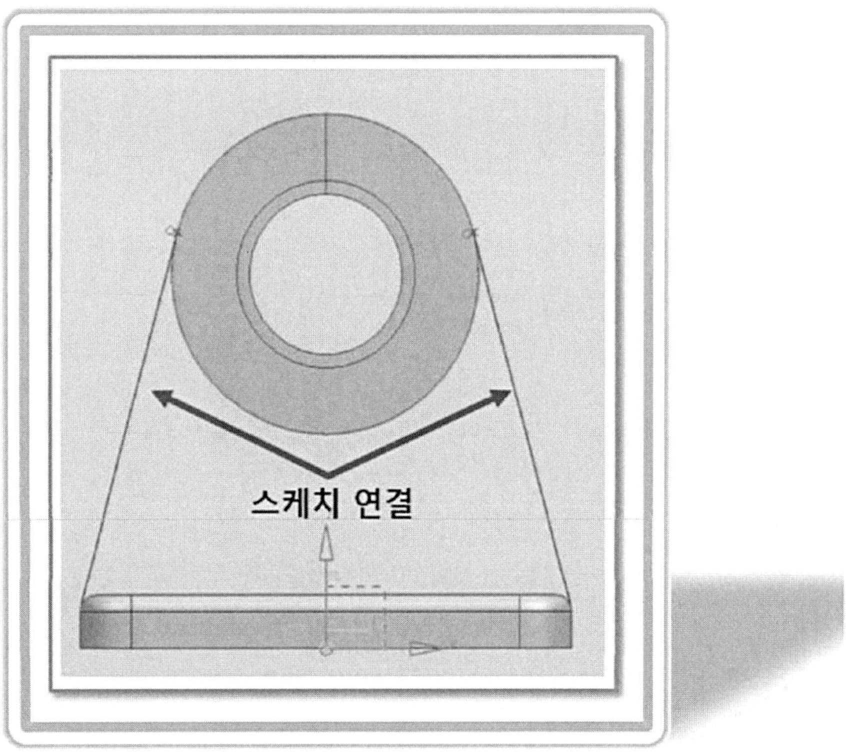

[그림 6-78]

(7) 스케치 종료 후 대칭으로 3mm씩 돌출을 한다.

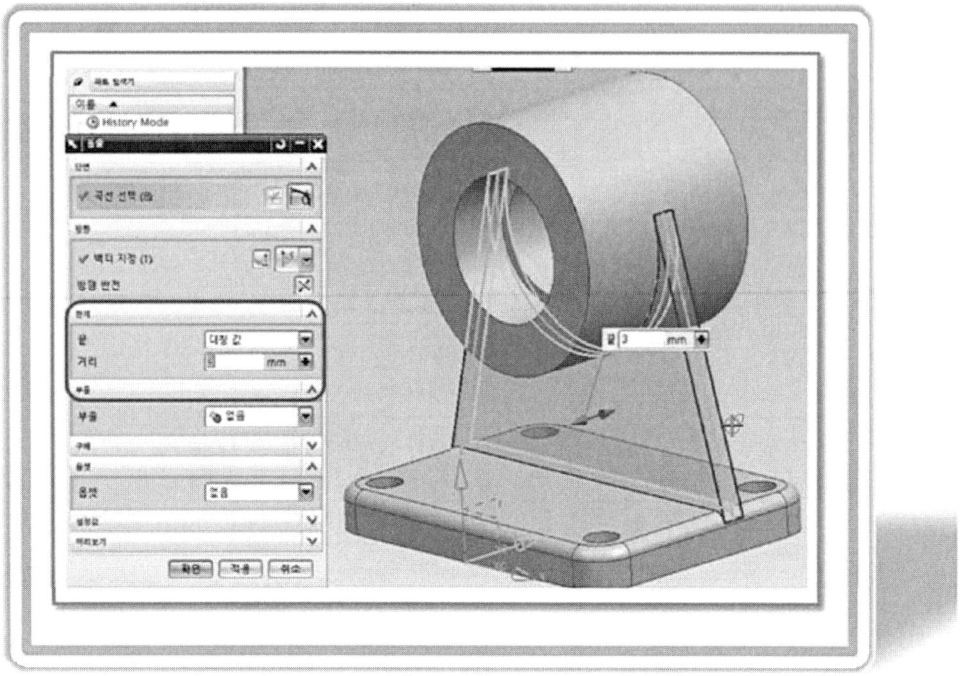

[그림 6-79]

(8) 정면 스케치를 위해 정면 선택 후 투영곡선을 이용하여 스케치한다.

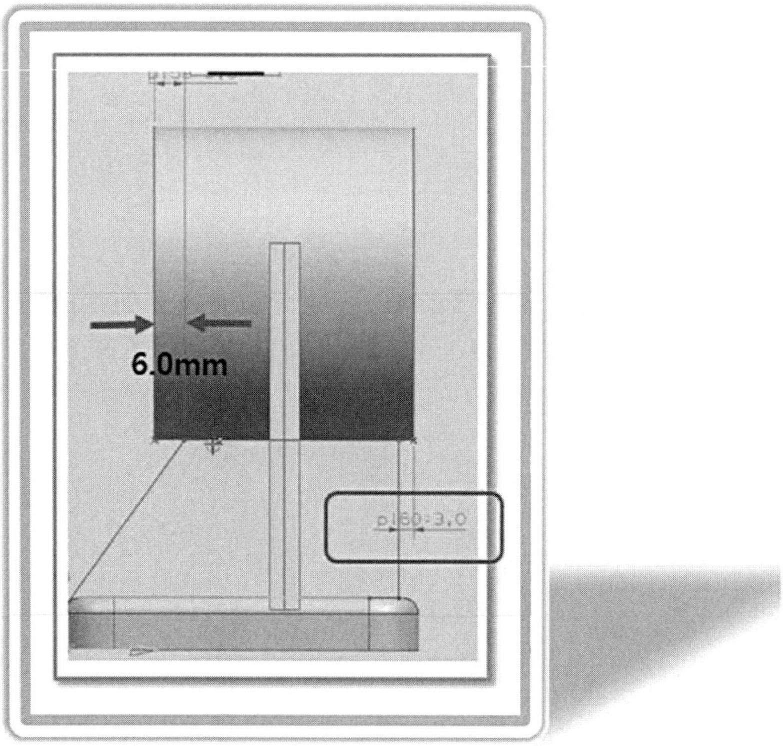

[그림 6-80]

(9) 양면으로 돌출한다.

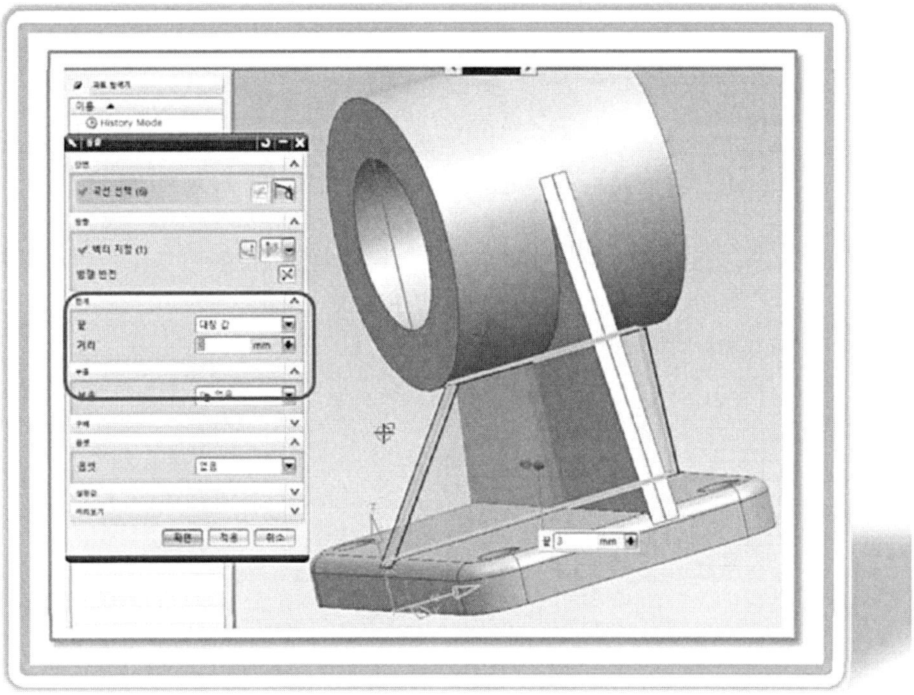

[그림 6-81]

(10) 각 부품간 떨어져 있는 빈 공간을 밀착 시키기 위해 **동기식 모델링의 면 교체** 기능을 통해 붙인다.

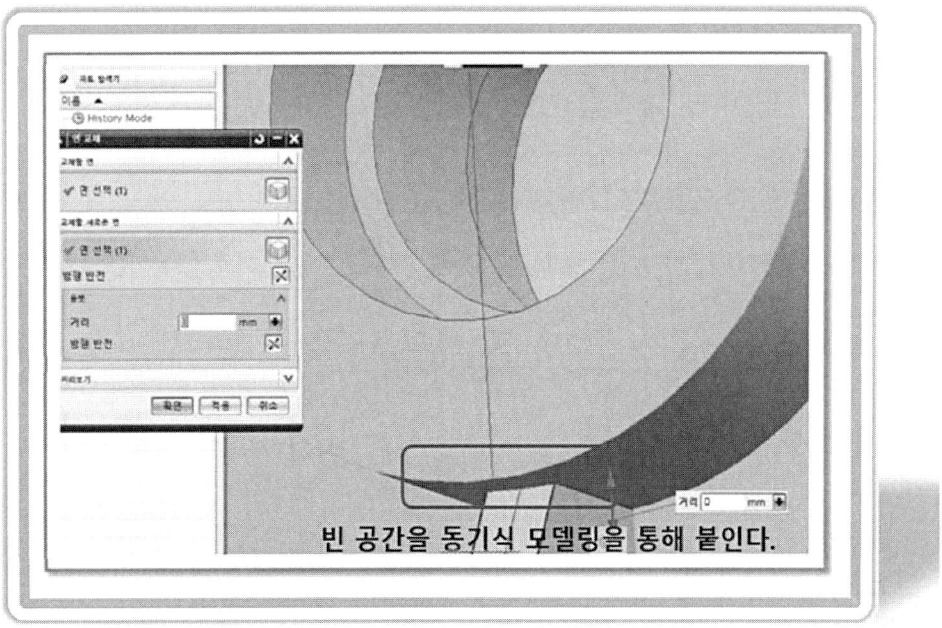

[그림 6-82]

(11) 각각 개별로 분리된 모델을 일체형으로 결합한다.

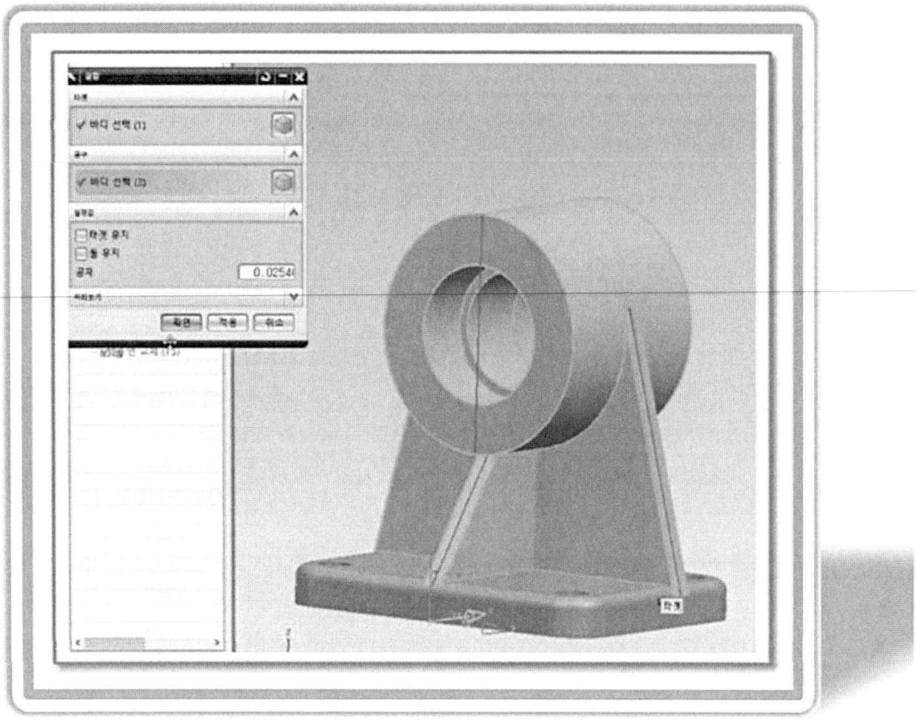

[그림 6-83]

(12) 각모서리 부분에 적용된 필렛을 준다.

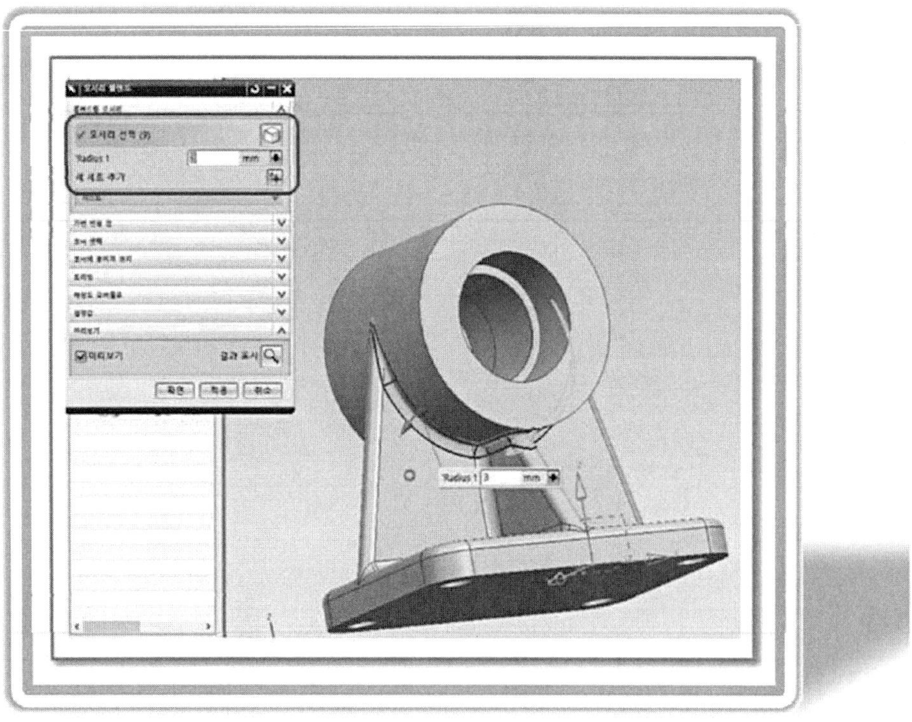

[그림 6-84]

(13) HOLE의 쓰레드기능을 이용하여 M3TAP 작업을 실행한다.

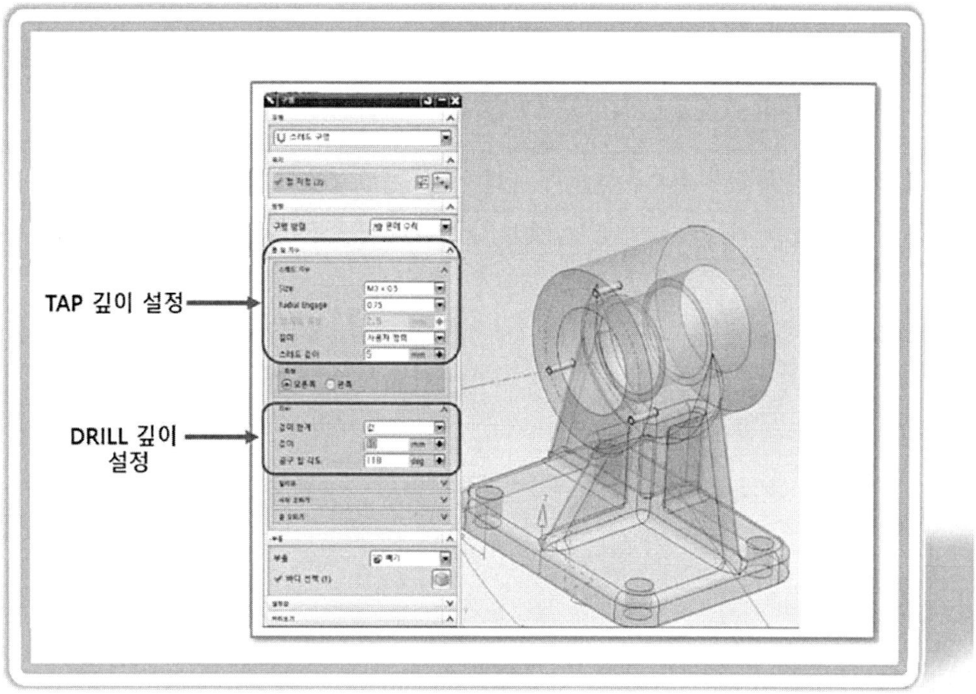

[그림 6-85]

(14) M3TAP 의 대칭복사를 위해 중간에 데이텀 평면을 설정한다.

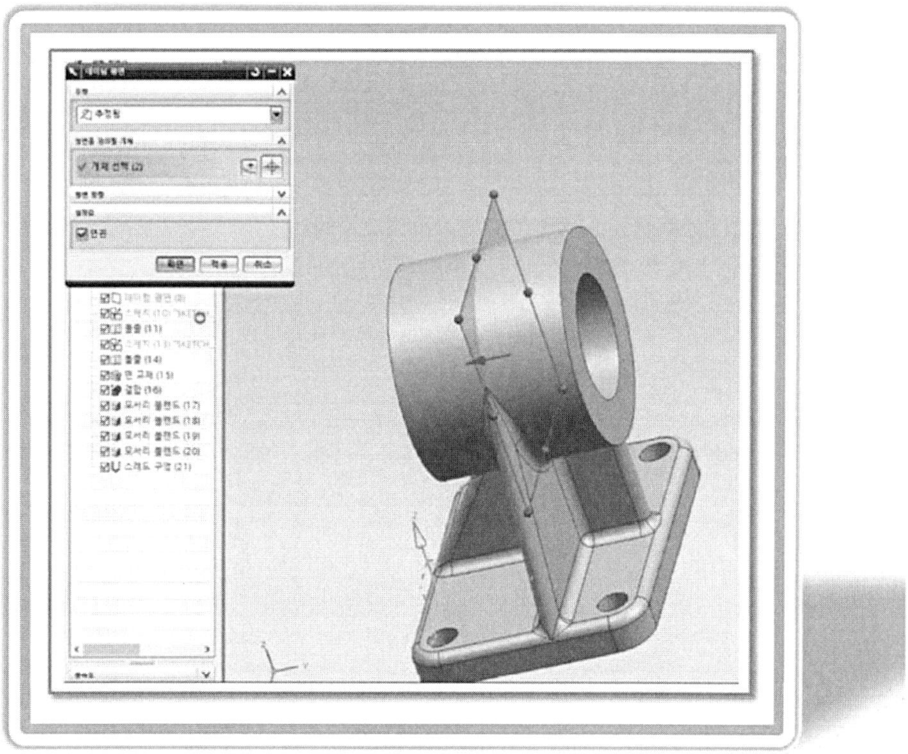

[그림 6-86]

(15) 대칭 특징형상을 통해 M3TAP을 대칭 복사한다.

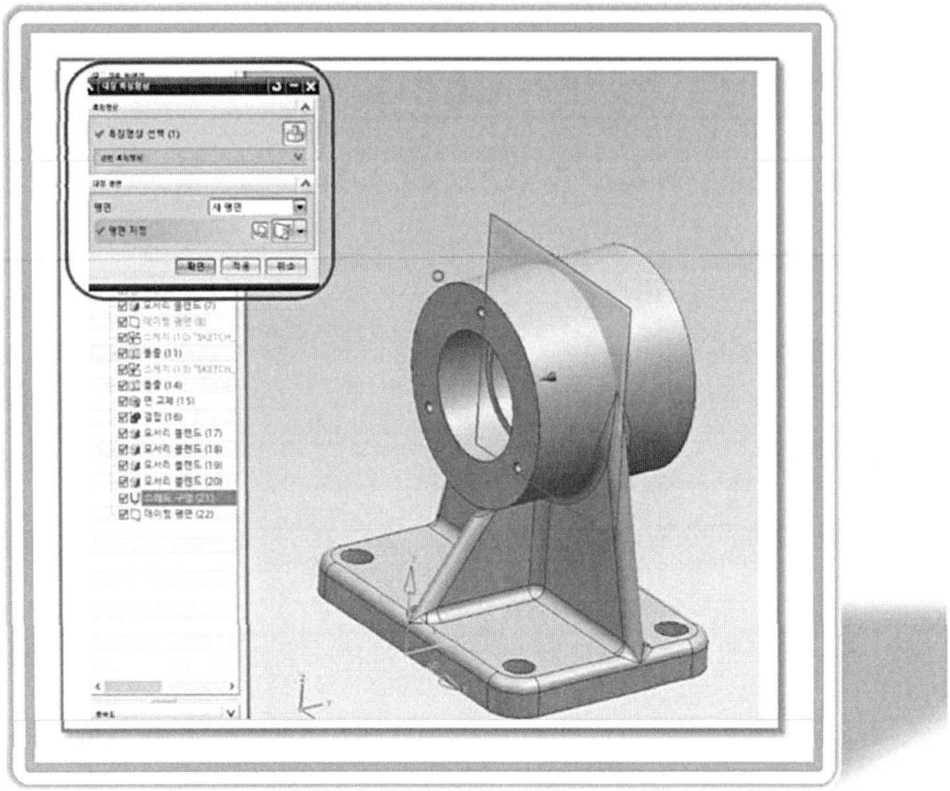

[그림 6-87]

(16) 데이텀 평면을 선택 후 유형을 아래 그림처럼 설정 후 거리 89를 입력하고 확인한다.

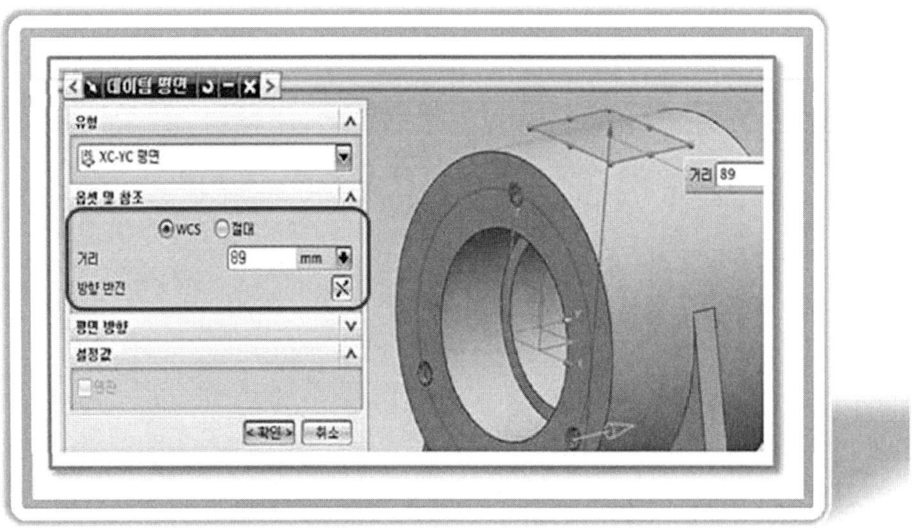

[그림 6-88]

(17) 설정한 기준평면을 대상으로 스케치 아이콘( )을 선택한다.

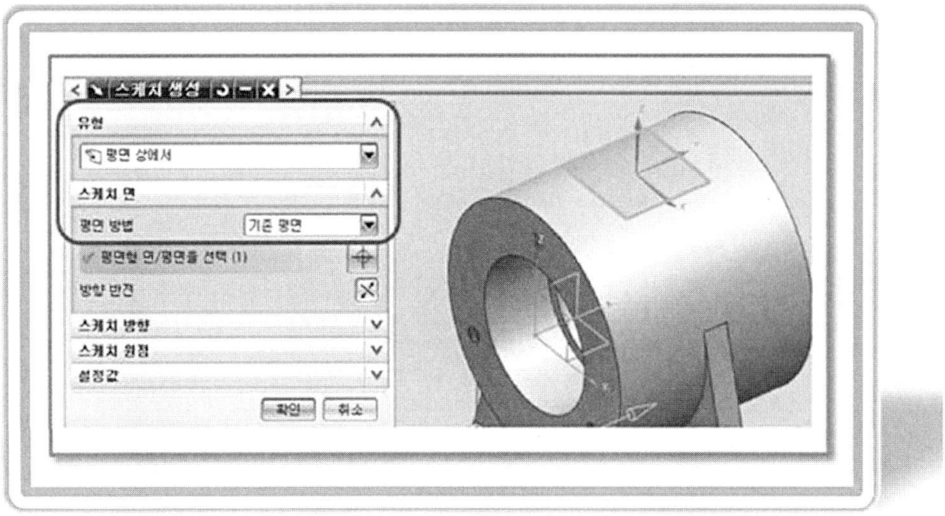

[그림 6-89]

(18) 설정한 평면에 ∅5.0mm 치수를 입력한다.

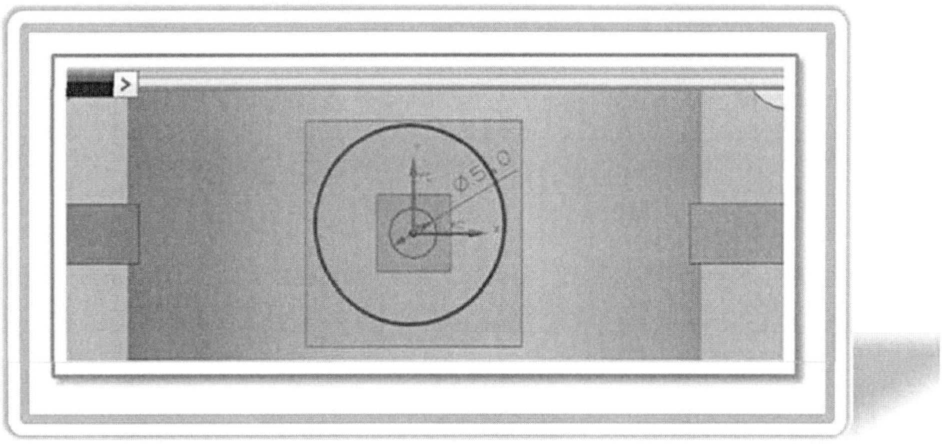

[그림 6-90]

(19) 삽입에 특징형상설계에 구멍(H) 을 선택 한 후 스레드 구멍으로 설정한다. 이후 점 지정으로 탭 나사규격을 설정한다.

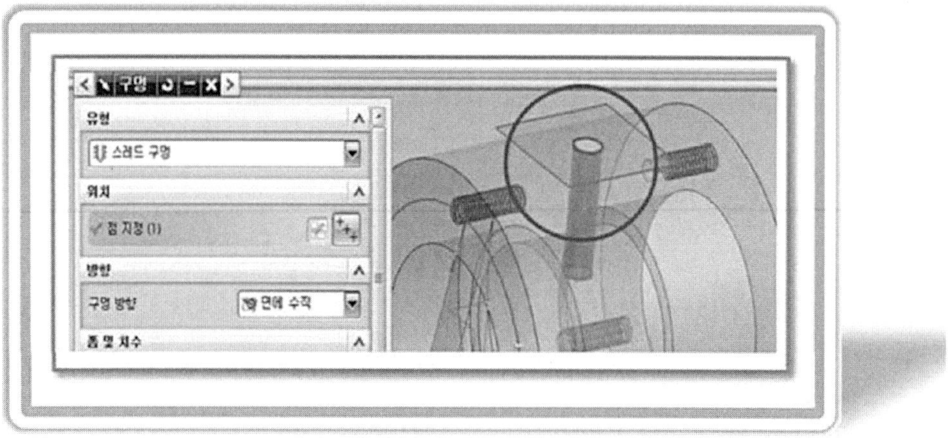

[그림 6-91]

(20) 그림처럼 치수를 입력하고 부울은 빼기로 바디 선택하고 확인한다.

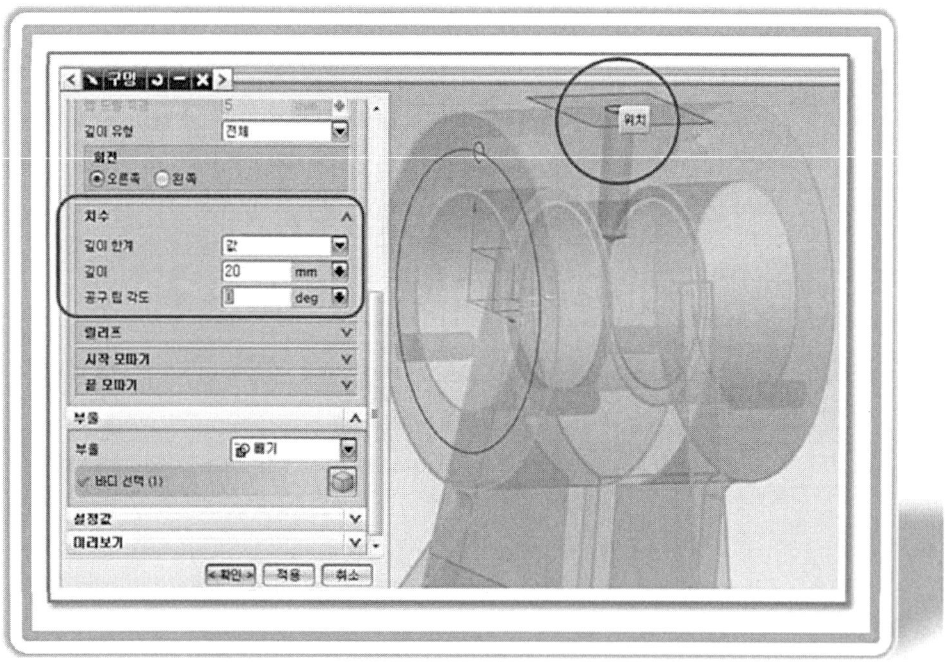

[그림 6-92]

(21) 삽입에 특징형상설계에 스레드(T)... 을 클릭한다.

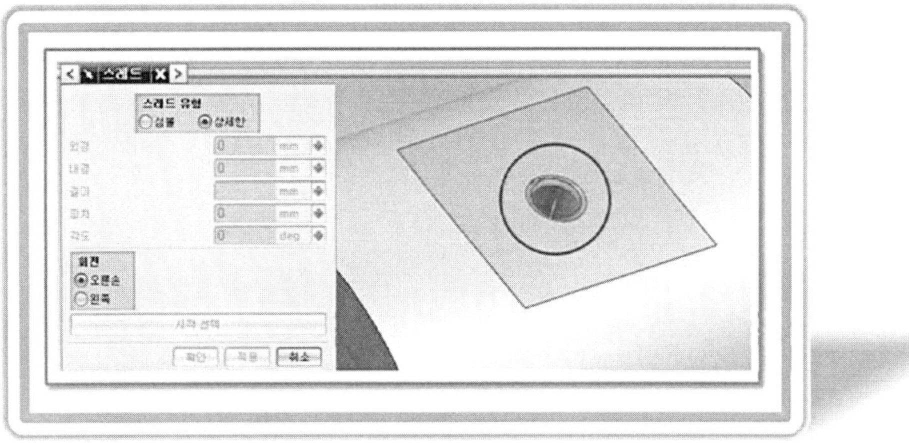

[그림 6-93]

(22) 역 스레드 축을 확인 후 탭 나사규격을 선정한다.

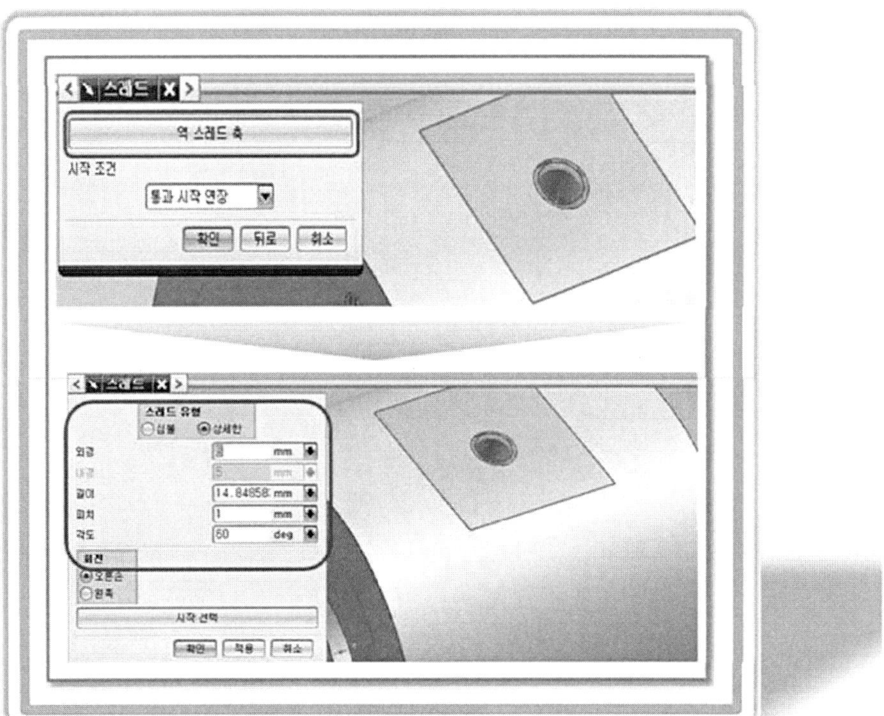

[그림 6-94]

(23) CTRL+W 기능으로 필요없는 선, 데이텀 등을 정리한다.

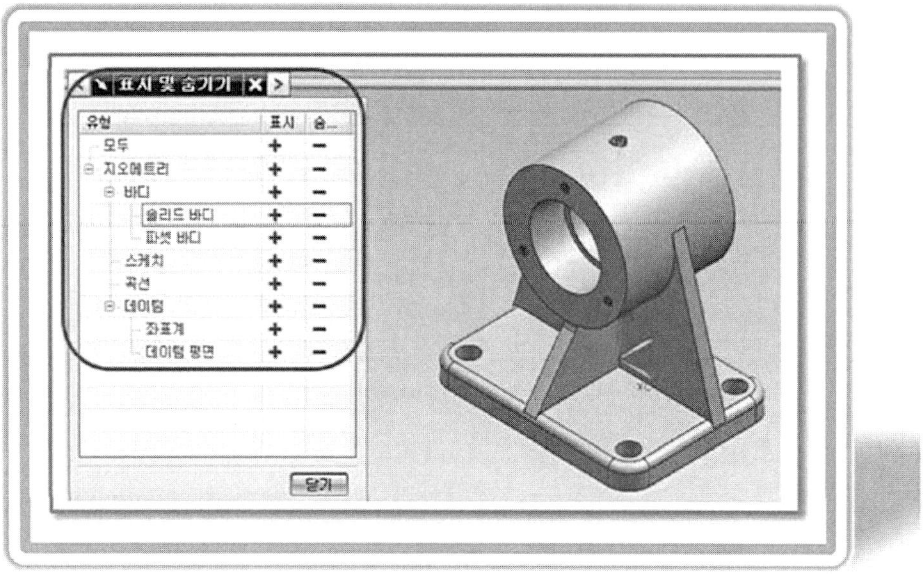

[그림 6-95]

(24) 완성된 하우징 모델링

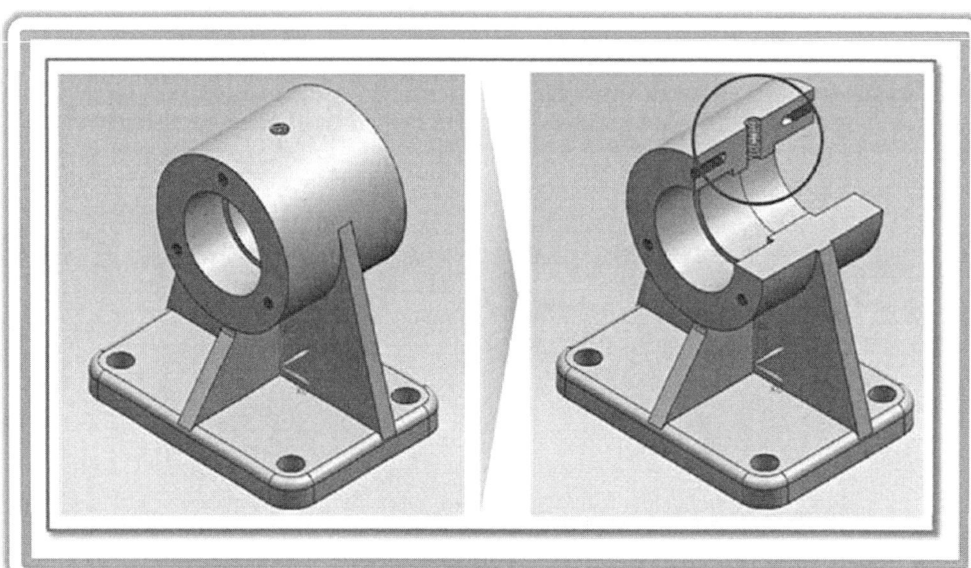

[그림 6-96]

제 7 장 2차원 가공 따라하기

1. 2D 모델링 따라하기

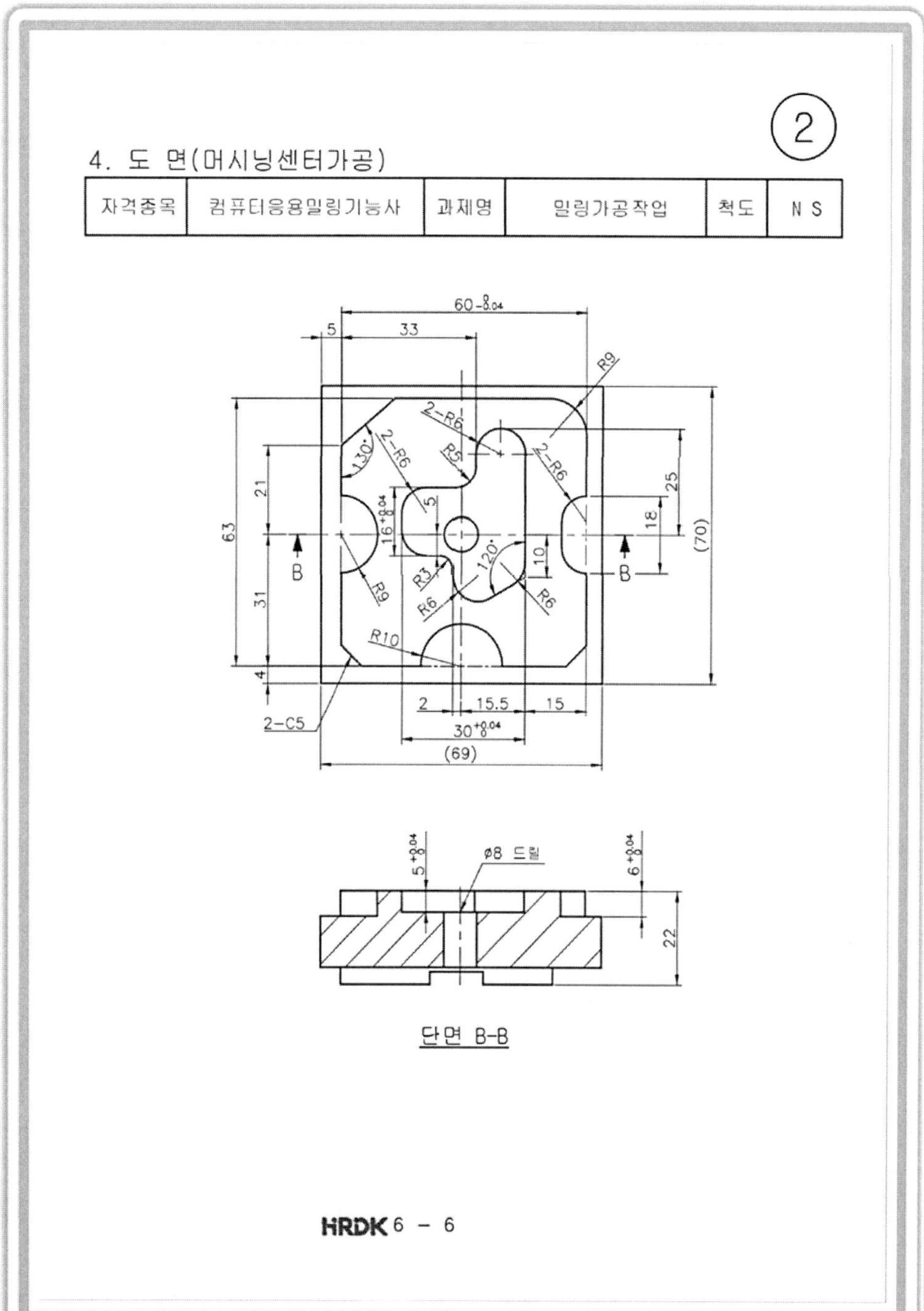

[그림 7-1]

2. 2D 스케치 작성하기

1) 새로 만들기 (Ctrl+N)을 실행한다.

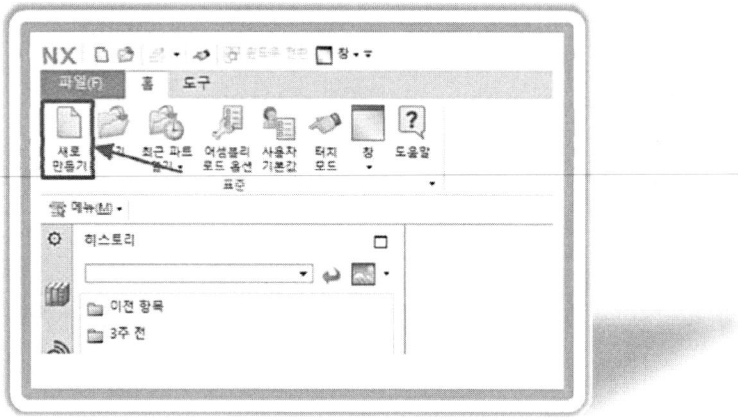

[그림 7-2]

2) 새로 만들기에서 템플릿의 모델을 선택하고 단위는 밀리미터, 새 파일의 이름과 저장 위치를 지정해 주시고 확인한다.

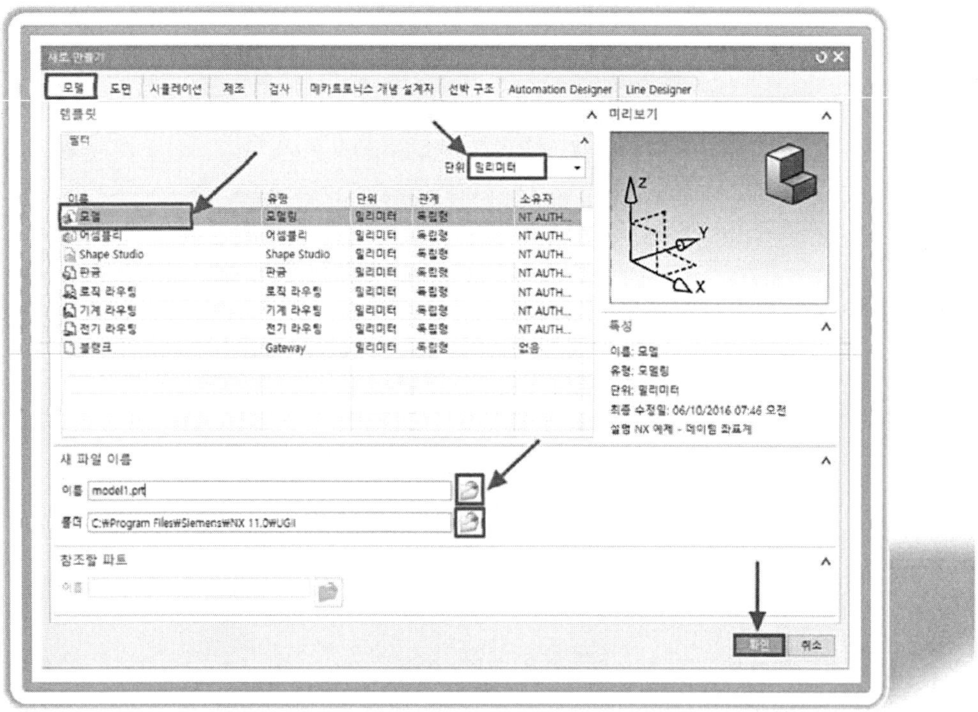

[그림 7-3]

3) Sketch를 하기 위해서 삽입(Insert) ⇨ 타스크 환경( )의 스케치 또는 아이콘을 선택한다.

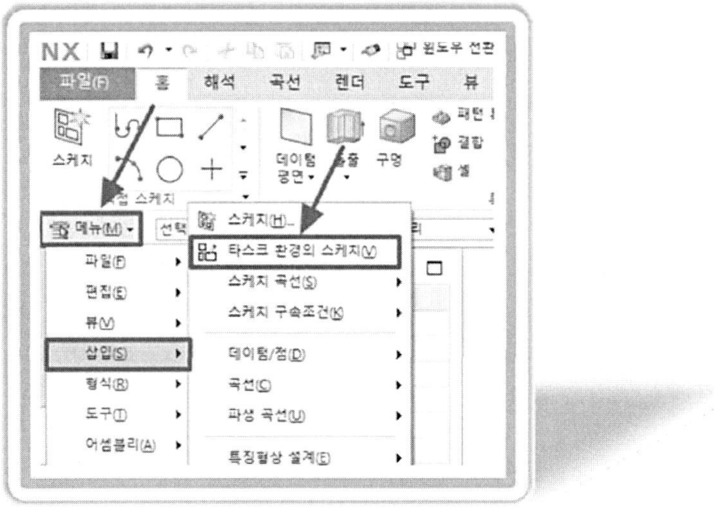

[그림 7-4]

4) 평면상에서 기존 평면에 XY평면을 선택 확인하고 스케치모드로 들어간다.

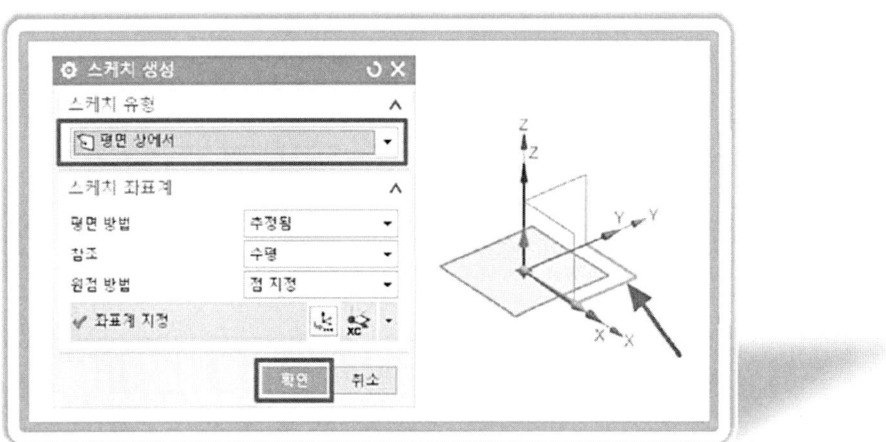

[그림 7-5]

① **평면 상에서** : 기존 평면이나 면 또는 좌표계 평면으로 스케치를 생성한다.
② **경로에서** : 기존 곡선 및 형상의 모서리를 선택하여 스케치 생성.
③ **추정** : 데이텀 좌표계의 평면을 선택하여 방향 및 스케치 원점을 선택한다.
④ **새 평면** : 새로운 평면을 생성하여 스케치 평면, 방향 및 원점을 지정할 수 있다.
⑤ **참조** : 형상의 모서리 혹은 곡선을 선택하여 수평(x)이나 수직(y) 방향 정의
⑥ **원점 방법** : 스케치의 원점을 정의하는 기능.
⑦ **점 지정** : 스케치 원점을 직접 지정.
⑧ **작업 파트 원점 사용** : 작업 파트(절대 좌표계)의 원점을 바로 사용.

5) 직사각형(Rectangle) 선택 후 그림에서와 같이 2점으로 직사각형을 그린 후 치수 아이콘을 선택하고 그림과 같이 치수를 입력한다.

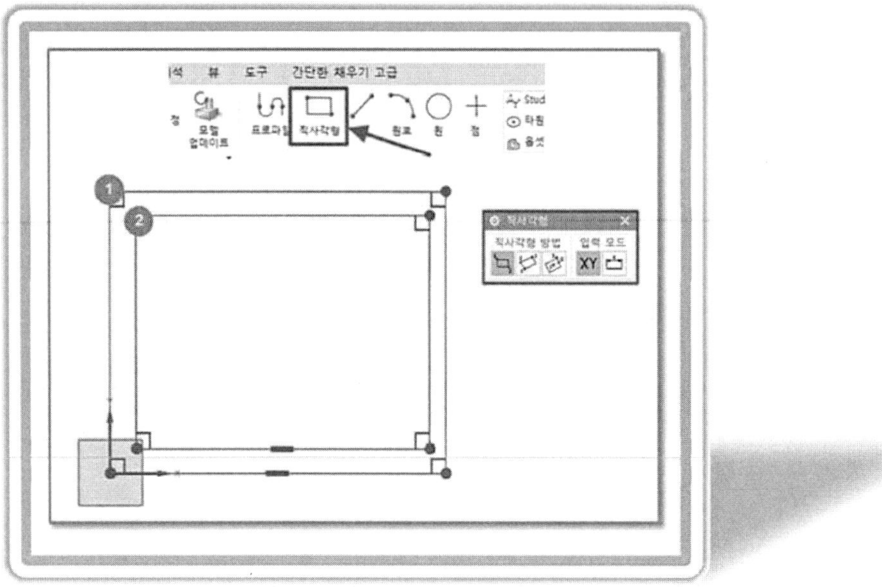

[그림 7-6]

6) 급속 치수 명령어를 사용하여 치수기입을 진행한다.

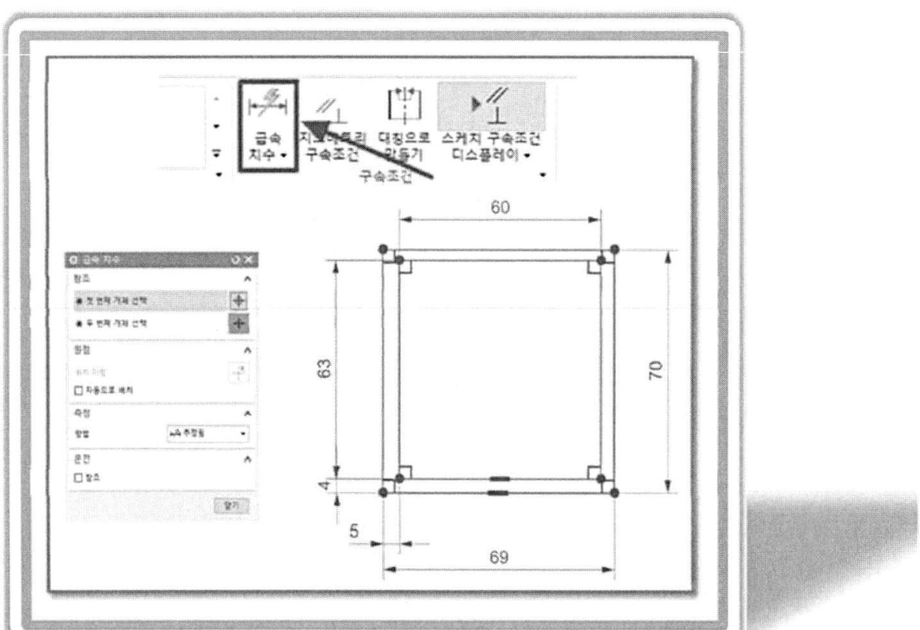

[그림 7-7]

7) 다음과 같이 가운데 중심선을 생성 후. 메뉴의 [아이콘] 참조하도록 변환을 클릭하여 실선을 참조선으로 변환한다.

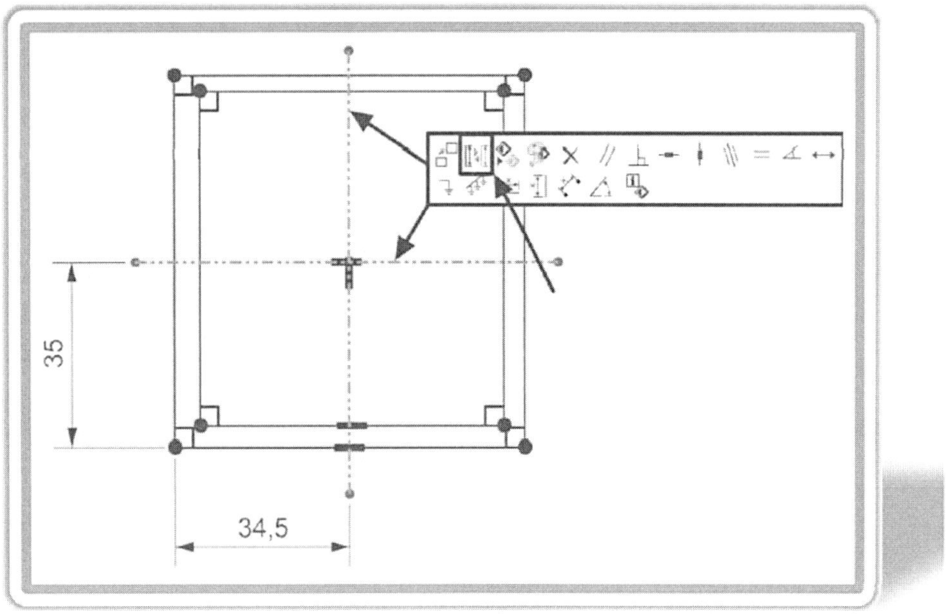

[그림 7-8]

8) 그림과 같이 가운데 영역과 오른쪽 영역에 [아이콘] 모따기를 각각 C = 5mm를 생성한다.

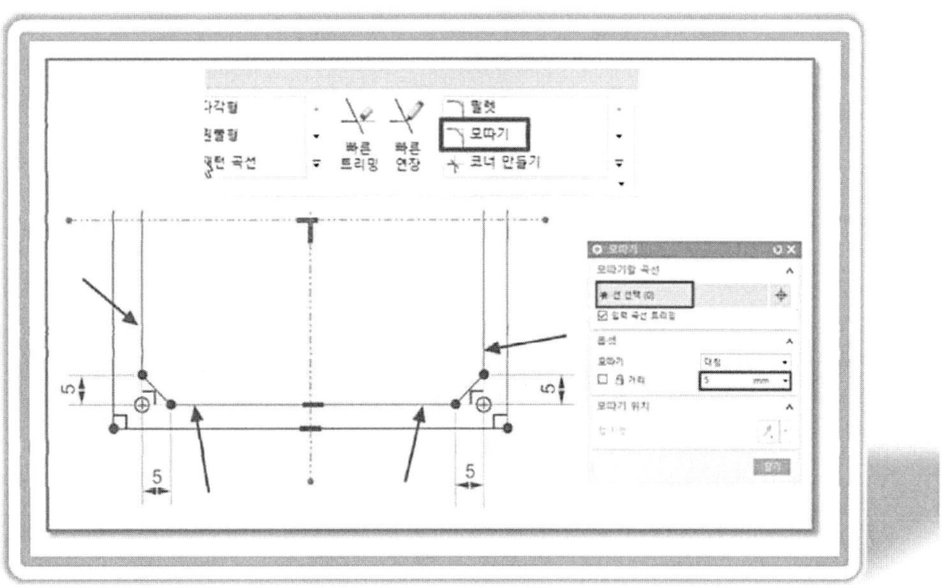

[그림 7-9]

9) 직사각형의 중심 하단에 원호를 스케치 한다.

이때 중심점 방법으로 교차 점을 클릭하고 반경 R = 10mm인 원호를 생성한다.

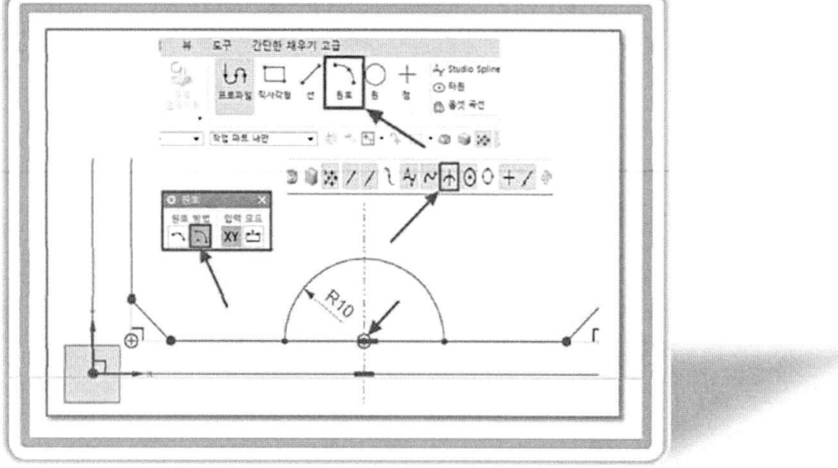

[그림 7-10]

10) 직사각형 오른쪽 중심에 프로파일 곡선으로 스케치 후 필렛을 각각 R = 6mm을 생성한다.

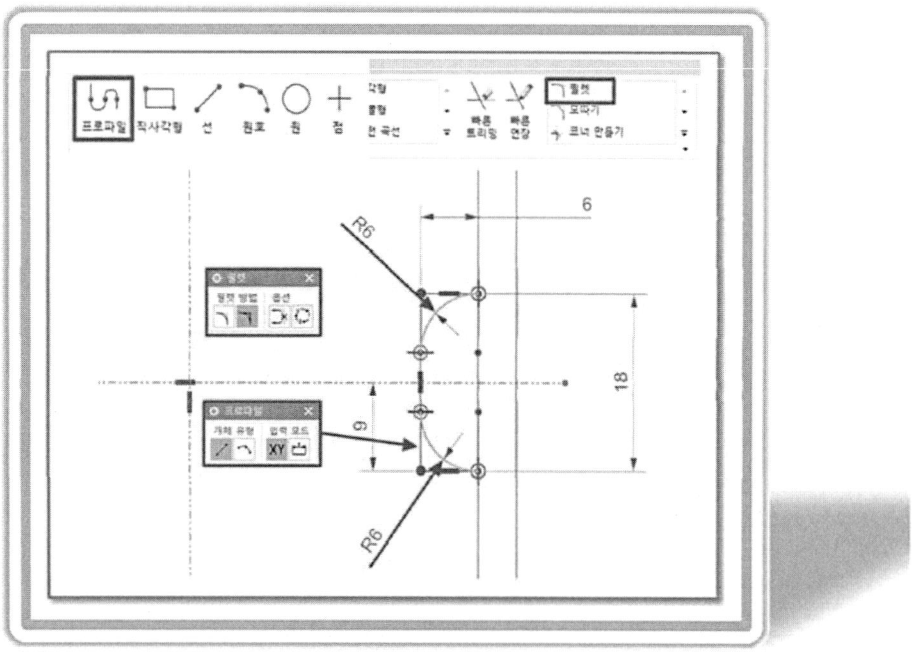

[그림 7-11]

11) 다음으로 직사각형의 상단에 선, 원호, 필렛를 사용하여 그림과 같이 스케치를 작성한다.

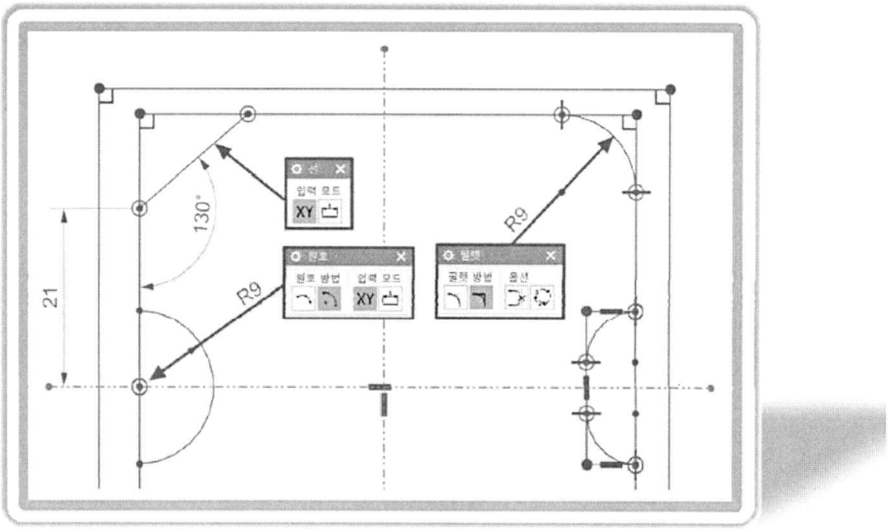

[그림 7-12]

12) 빠른 트리밍을 사용하여 필요없는 선을 제거하고 스케치를 완성한다.

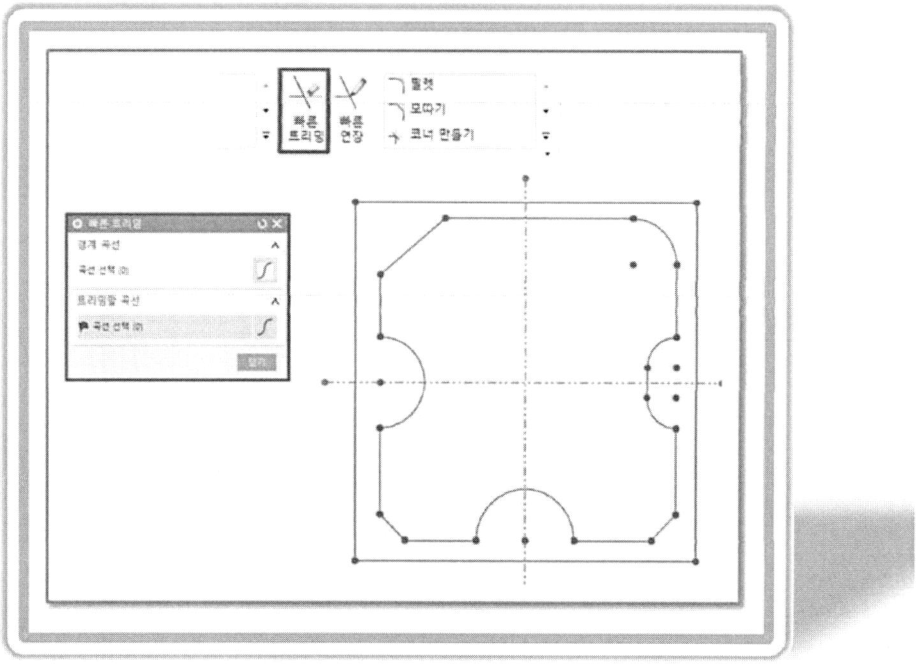

[그림 7-13]

13) 직사각형 안쪽에 포켓 형상을 스케치한다. 이때, 프로파일 곡선으로 스케치 후 필렛을 각각 R = 6mm을 생성한다.

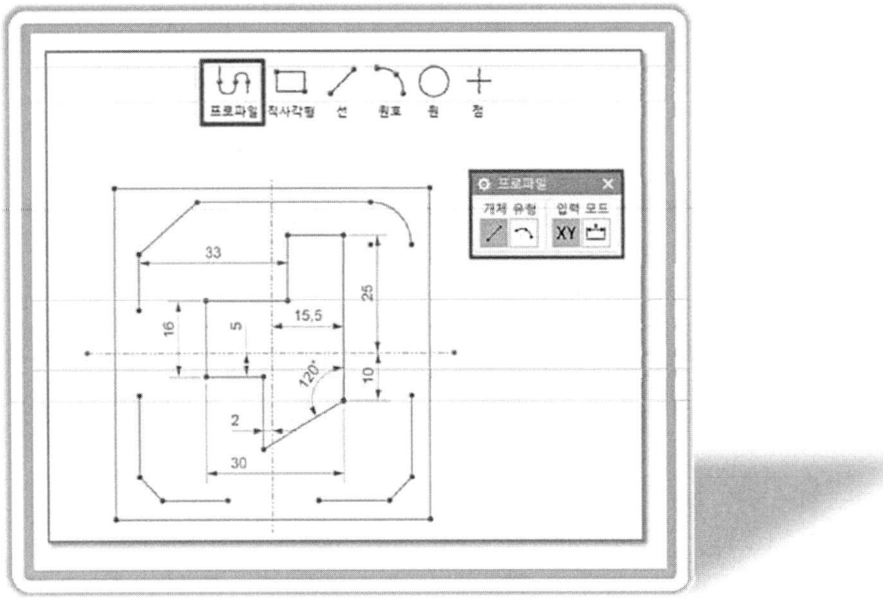

[그림 7-14]

14) 내측의 포켓 형상 스케치에 필렛을 각각 생성한다.

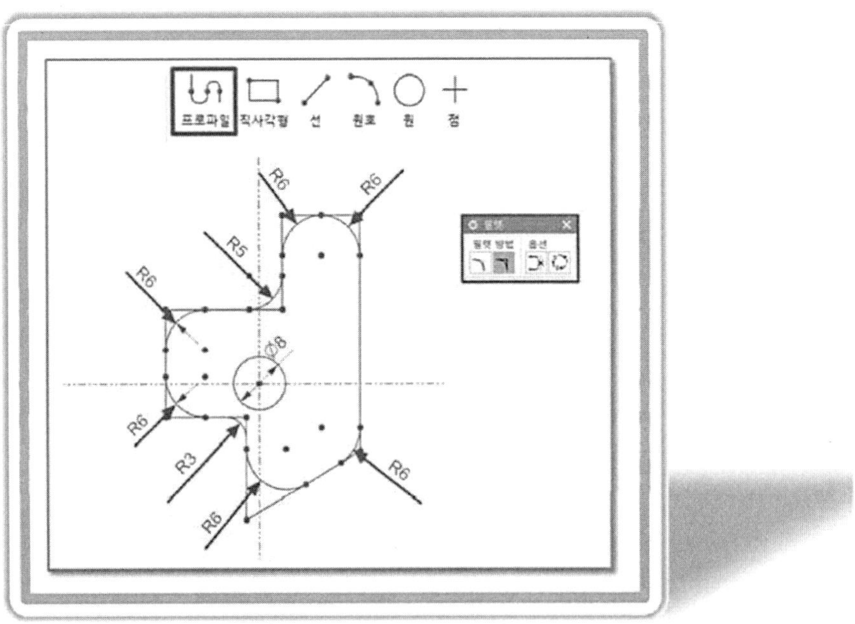

[그림 7-15]

15) 빠른 트리밍을 사용하여 필요없는 선을 제거 후 모든 스케치를 완성한다.

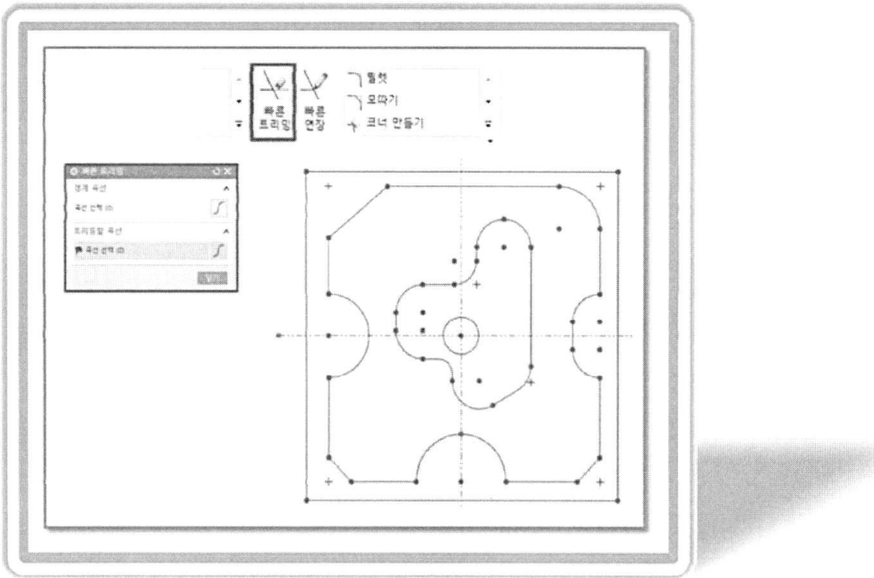

[그림 7-16]

3. 3D 형상 만들기 위해 돌출하기

1) 특징형상 그룹의 돌출 아이콘을 지정한다. 다음 곡선 규칙에서 연결된 곡선을 선택하고 소재 형상인 사각형을 지정한다. 돌출 방향은 -Z 방향으로 돌출하고 끝 거리 값 = 22mm를 입력한 다음 확인한다.

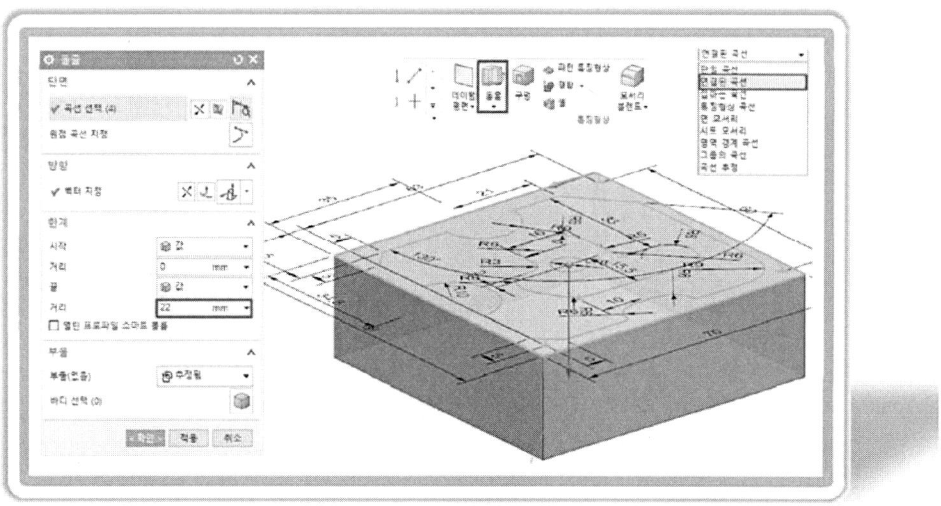

[그림 7-17]

2) 두 번째 돌출을 진행한다. 단일 곡선을 선택한 후 아래와 같이 구멍 형상의 스케치 곡선을 지정한다. 다음 돌출 방향을 확인, 끝의 값을 끝부분까지 선택하여 관통 형상을 만든 후 이때 부울은 빼기를 선택해 재료를 제거 한다.

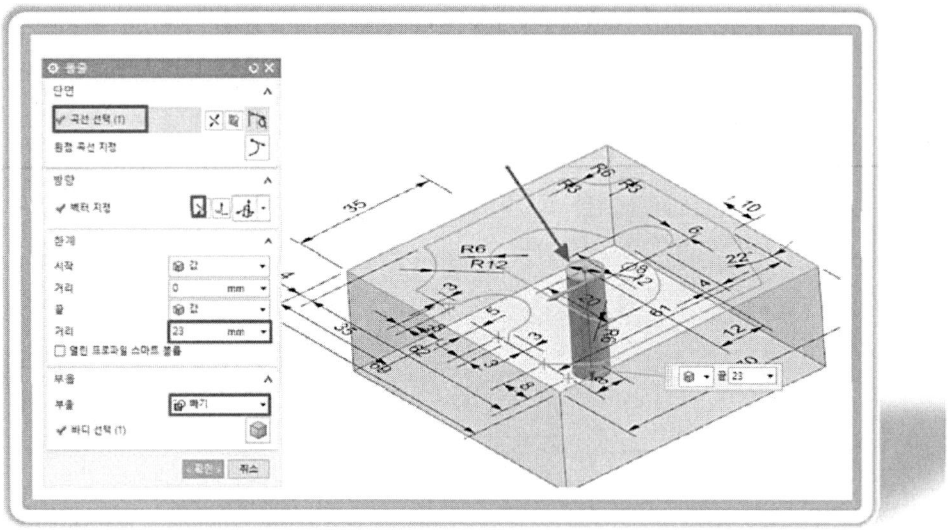

[그림 7-18]

3) 돌출 명령어를 사용하여 형상의 외각 부분을 선택하기 위해 곡선 규칙에서 영역 경계 곡선을 선택하고 다음과 같이 영역의 안쪽을 선택하여 아래 방향으로 4mm만큼 돌출하고 부울은 빼기를 선택하여 재료를 제거한다.

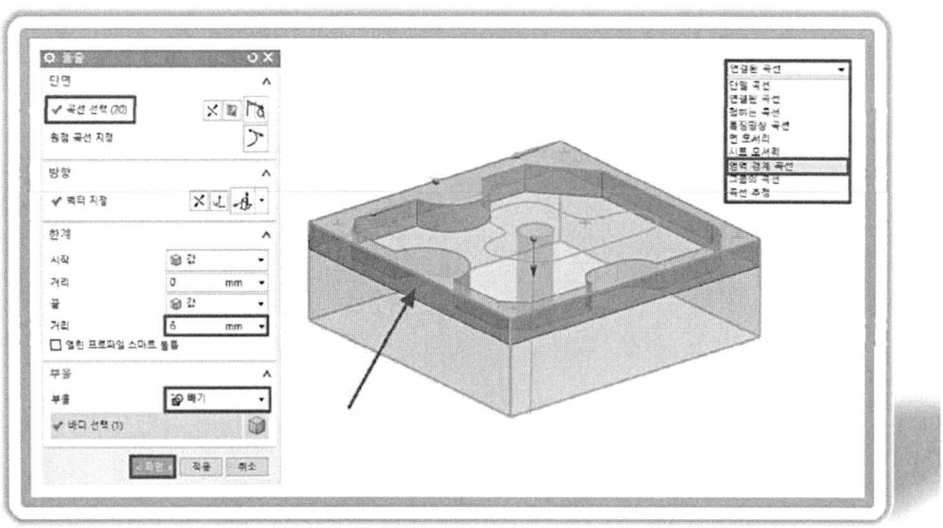

[그림 7-19]

4) 마지막으로 돌출을 이용하여 포켓 형상을 생성한다. 연결된 곡선을 이용하여 포켓 영역의 안쪽을 선택한 후 돌출의 방향과 끝의 거리 값 4mm, 부울은 빼기를 선택하고 확인 한다.

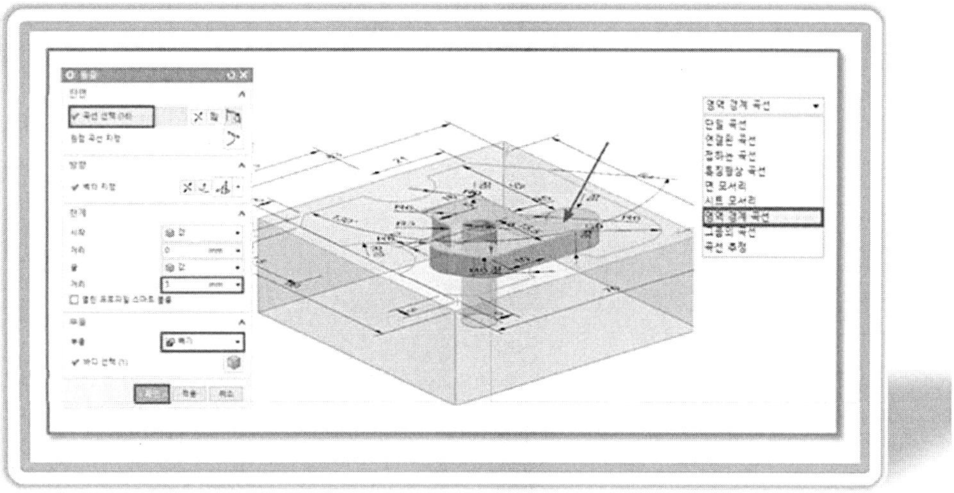

[그림 7-20]

5) 모델링이 완료된 모습

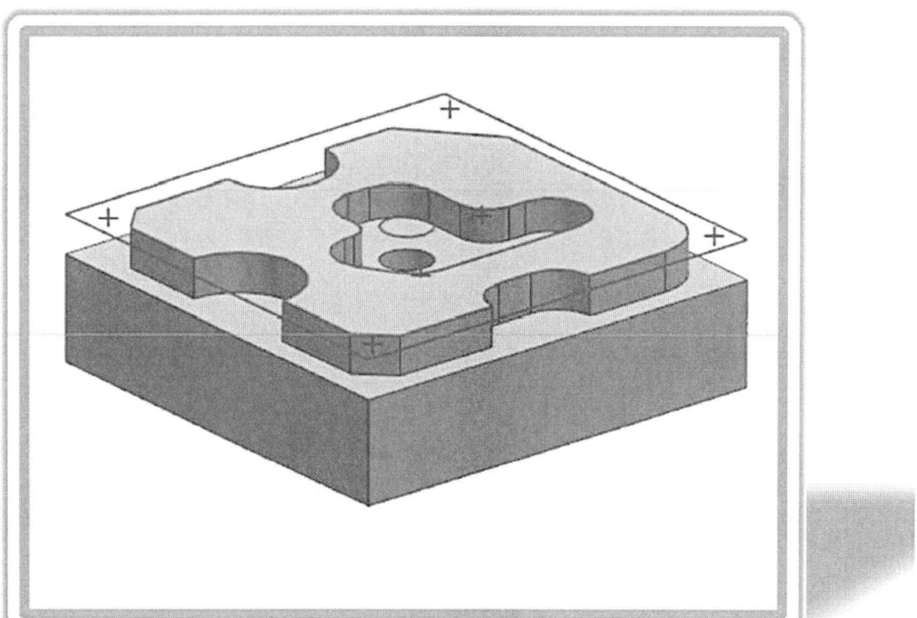

[그림 7-21]

4. 가공(Manufacturing) 따라하기

1) 응용프로그램 탭을 클릭하고 제조 응용프로그램을 선택한다. 가공환경에서 3축 가공을 위해 cam_general과 mill_contour를 선택한다.

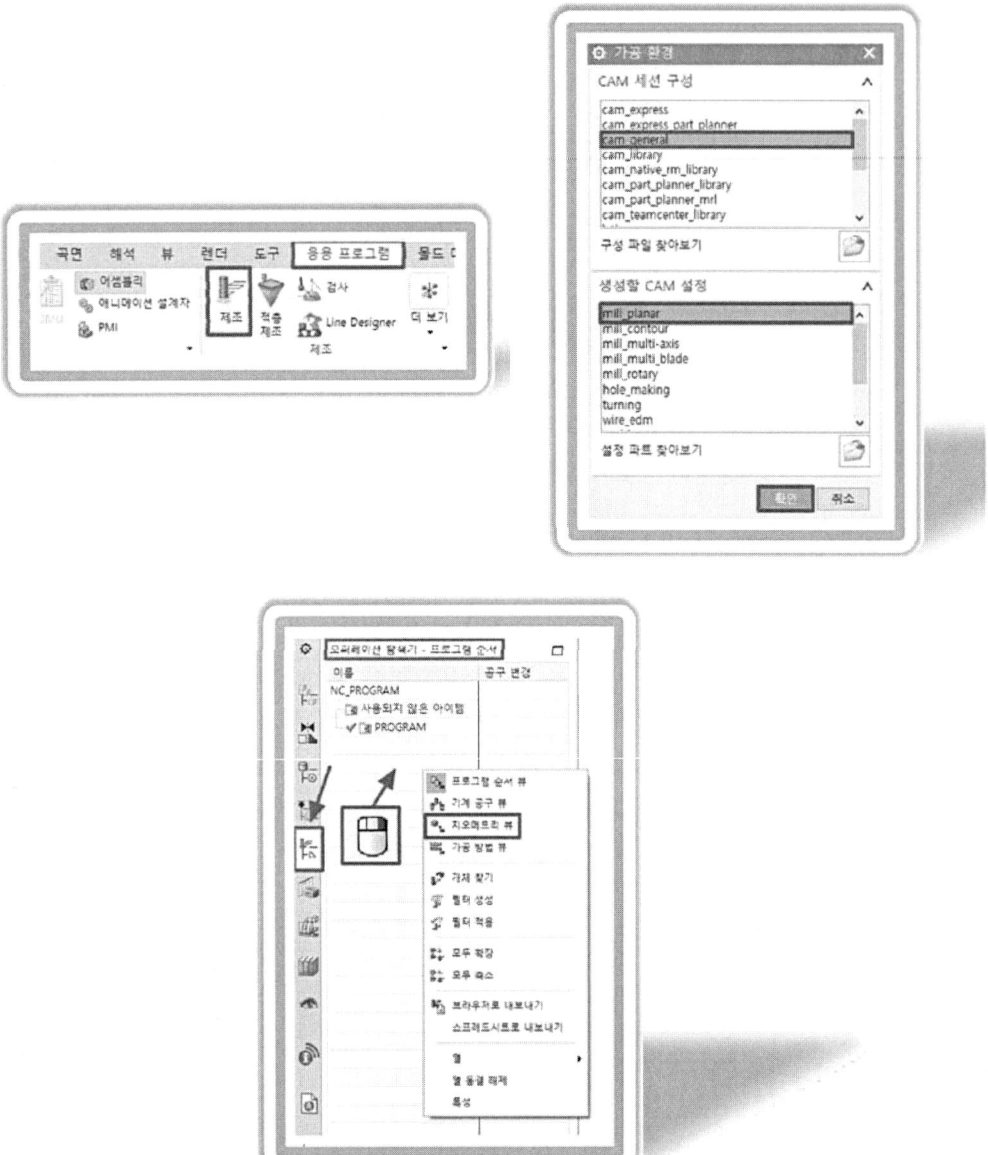

[그림 7-22]

① **프로그램 순서 뷰** : CAM 작업에서 생성할 오퍼레이션이 프로그램 그룹을 순서대로 나열된다.

② **기계 공구 뷰** : CAM 작업에서 생성한 공구가 표시된다.

③ **지오메트리 뷰** : 가공하고자 하는 형상의 조건 설정.

④ **가공 방법 뷰** : 모든 오퍼레이션에 상속되는 위 가공 변수를 생성.

2) MCS_MILL을 마우스 우측버튼으로 클릭하고 편집을 클릭하여 수정한다. 다음 MCS 지정을 클릭한 후 중심의 포인트를 선택해 공작물원점을 지정한다.

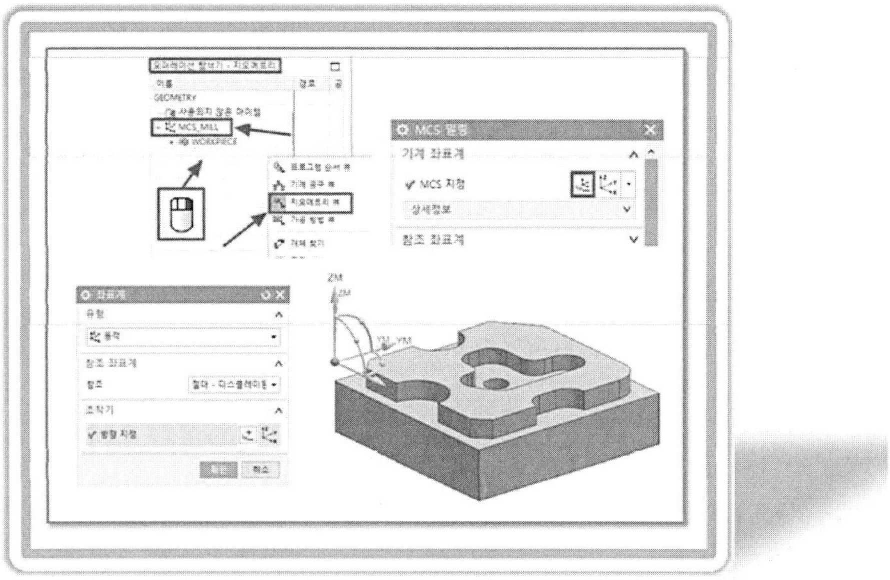

[그림 7-23]

3) 다음 안전높이 지정을 위해 간격옵션 항목을 평면으로 지정하고 그림과 같이 공작물의윗면을 지정한다. 다음으로 치수 입력창에 30mm로 정의하고 확인한다.

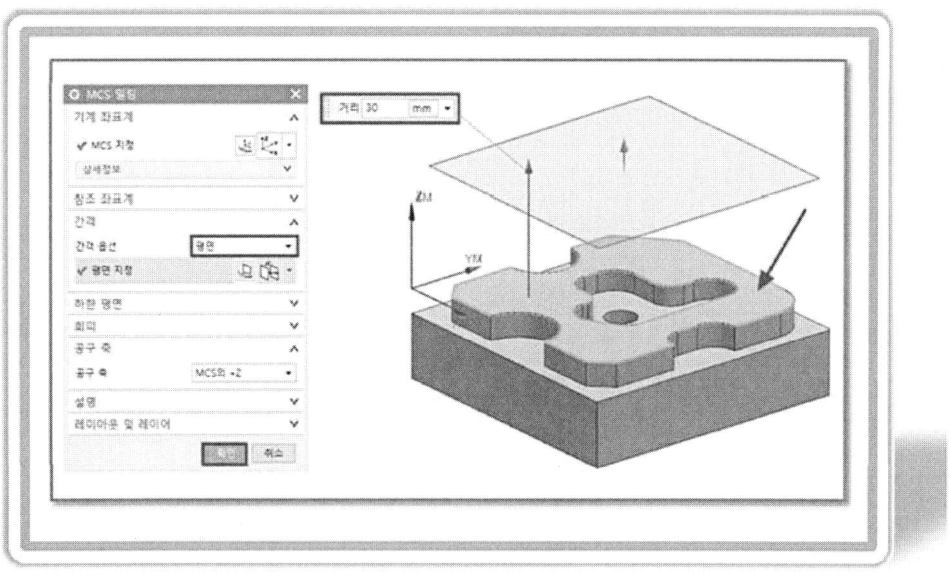

[그림 7-24]

4) 소재설정을 위해 MCS_MILL 하위의 WORKPIECE를 마우스 오른쪽 버튼을 클릭하고 편집한다.

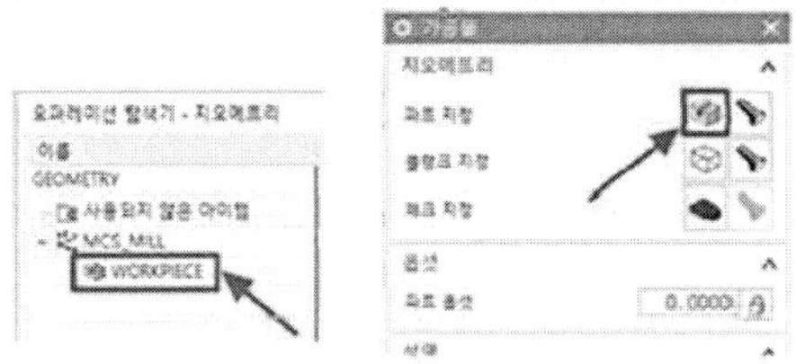

[그림 7-31]

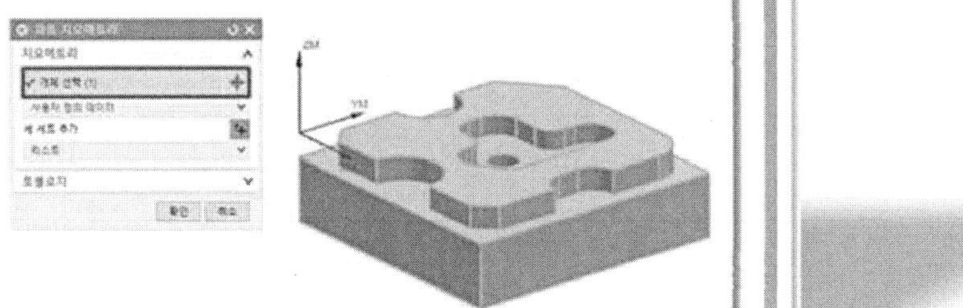

[그림 7-25]

① **파트 지정** : 가공 완성 후 형상을 설정한다.

② **블랭크 지정** : 가공 소재 형상 및 크기를 설정한다.

③ **체크 지정** : 가공하지 말아야 할 부분의 형상을 지정한다.

④ **옵셋** : 파트에 대한 옵셋 값을 지정한다.

⑤ **재료** : 가공소재의 재질을 선택한다.

⑥ **레이아웃 및 레이어** : 가공물에 대한 레이아웃 및 레이어 설정을 할 수 있다.

5) 블랭크 지정 아이콘을 클릭한 후 유형은 경계 블록으로 지정한다.

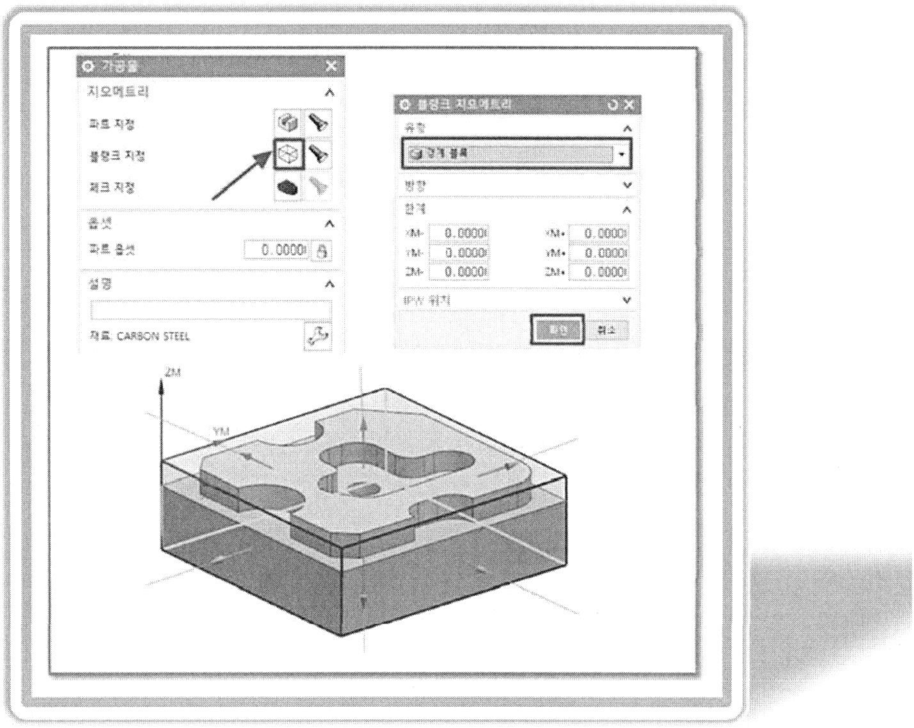

[그림 7-26]

6) 공구 생성을 위해 오퍼레이션 탐색기 메뉴의 두 번째 기계공구 뷰 항목을 클릭한 후 상단의 아이콘 툴바에 있는 공구생성 아이콘을 지정한다.

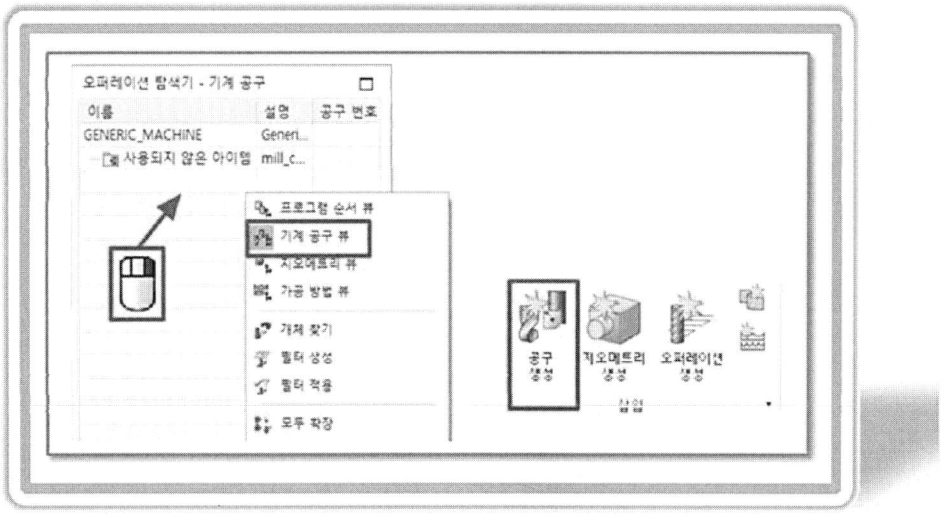

[그림 7-27]

7) 다음으로 유형은 mill_planar의 하위 유형에 있는 MILL을 선택하고 공구의 이름을 구분할 수 있도록 MILL80로 지정한다. 이때 직경은 80mm와 공구 번호 1로 정의한다.

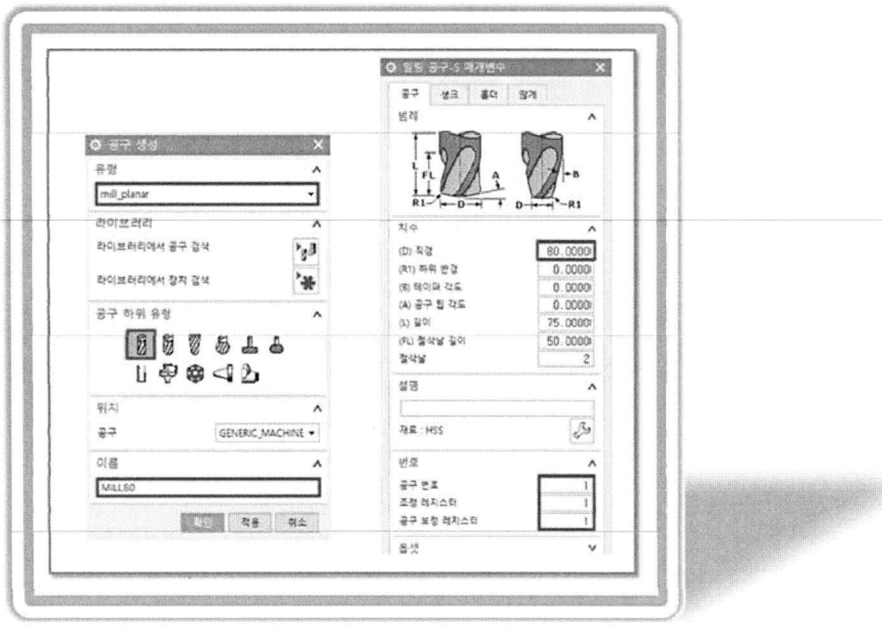

[그림 7-28]

① **유형** : 가공 타입을 선택.
② **라이브러리** : 라이브러리에서 공구를 불러 온다.
③ **공구 하위 유형** : 생성할 공구의 종류를 선택한다.
④ **위치** : 공구가 탐색기 항목에서 생성될 위치를 지정.
⑤ **이름** : 공구의 이름을 입력.

8) Hole 가공을 위해 유형을 hole_making으로 바꾼 다음 공구 하위 유형에서 SPOT_DRILL을 지정한다.

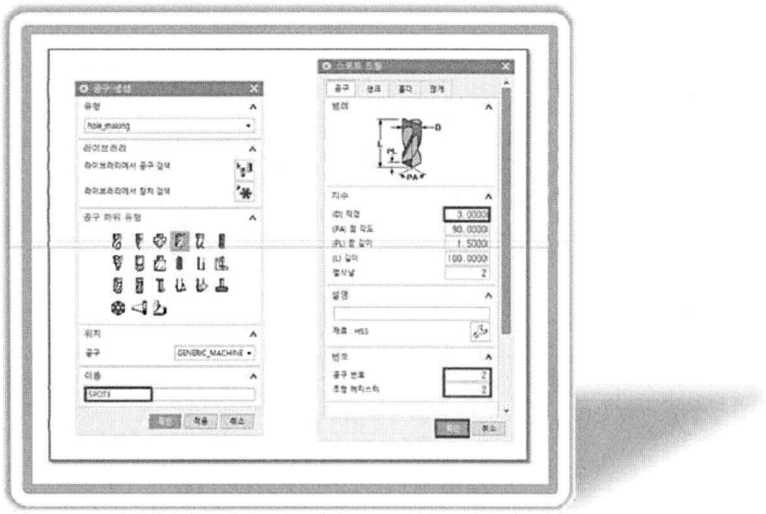

[그림 7-29]

9) Hole 가공을 위해 유형의 hole_making에서 STD_DRILL을 지정한다. 다음으로 이름은 DRILL8로 정의한 후 확인 후 직경은 8mm, 공구번호 3으로 지정한다.

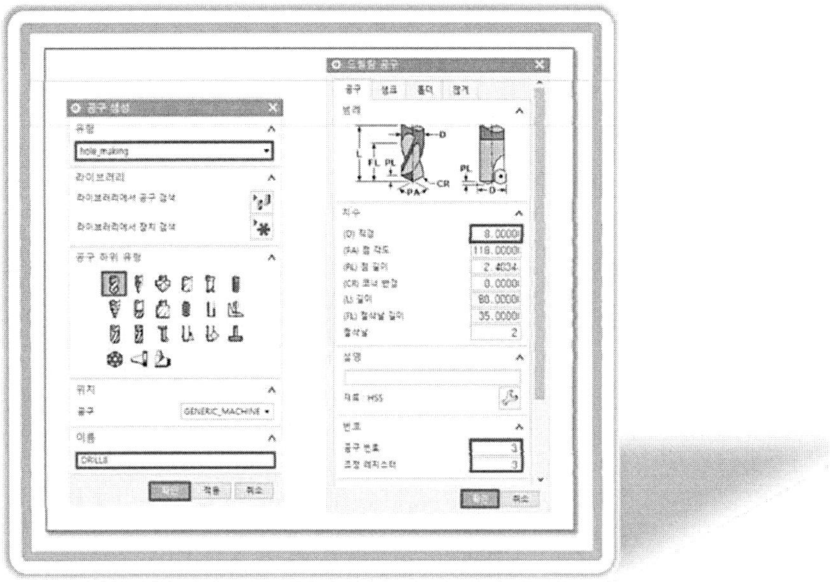

[그림 7-30]

10) 마지막 공구를 생성하기 위해 유형의 Mill_Planar에서 MILL을 지정한다. 다음으로 이름은 DRILL10으로 정의한 후 확인 후 직경은 10mm, 공구번호 4로 지정한다.

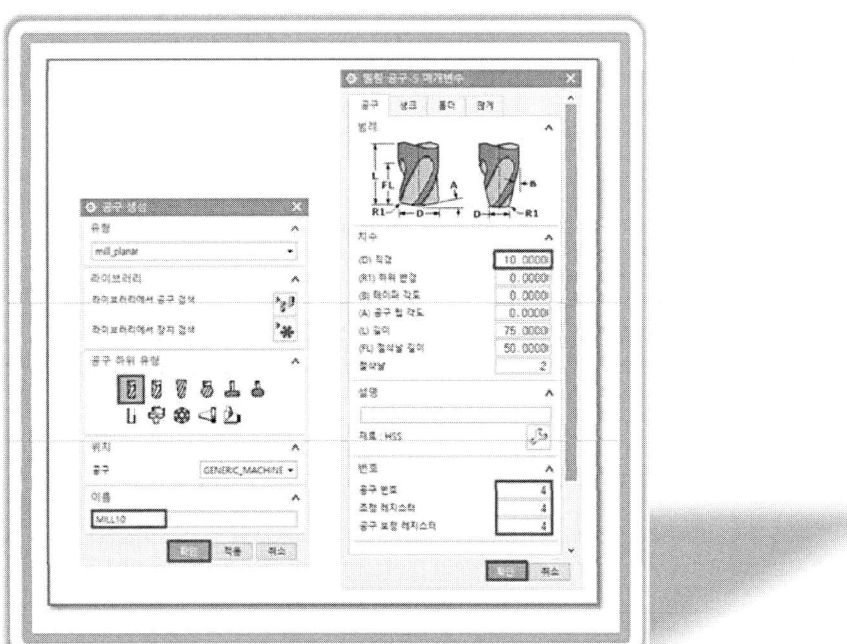

[그림 7-31]

11) 툴패스 생성을 위해 상단 메뉴 우측의 뷰 탭 중 첫 번째에 있는 프로그램 순서 뷰를 지정한다. 상단의 아이콘 툴바 중 삽입 툴바에서 오퍼레이션 생성 아이콘을 클릭하여 오퍼레이션을 생성한다.

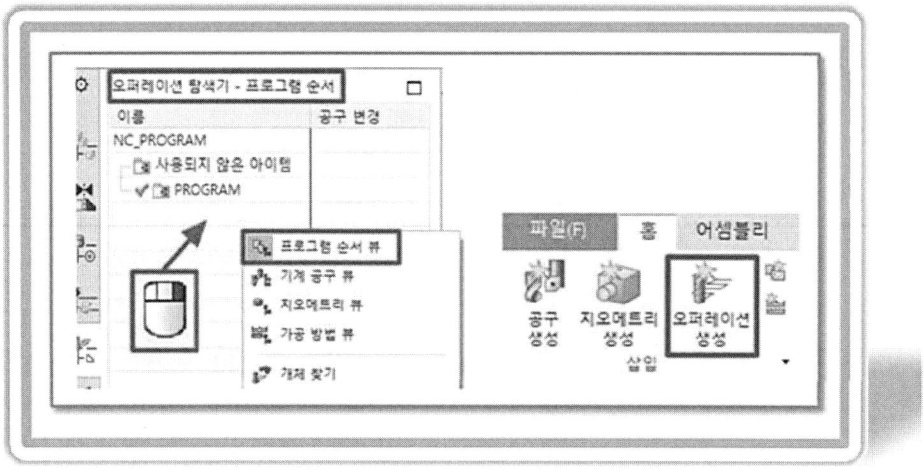

[그림 7-32]

12) 첫 번째로 평면 밀링 가공을 위해 유형의 mill_planar에서 경계가 포함된 면 밀링을 선택한 후 위치 탭의 프로그램 항목은 툴패스, 저장할 폴더(PROGRAM)를 선택하고 공구항목은 평면 가공에 사용할 공구(MILL80), 지오메트리 항목은 가공에 사용할 소재(WORKPIECE)를 지정한다.

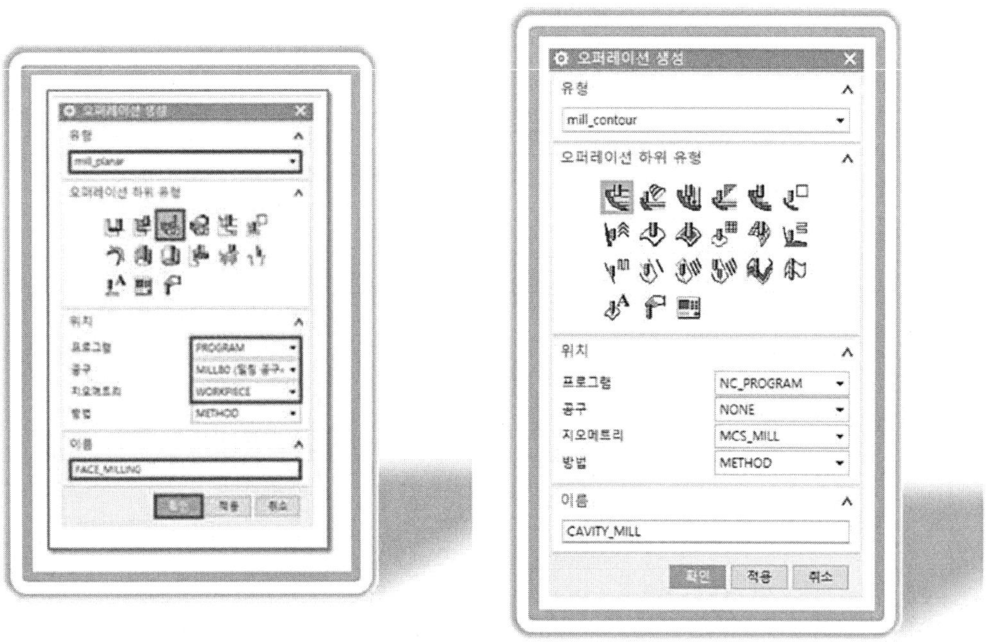

[그림 7-33]

① **유형** : 가공 타입을 선택한다.

② **오퍼레이션 하위 유형** : 가공 방법의 종류를 선택한다.

③ **프로그램** : 오퍼레이션을 저장할 폴더를 선택한다.

④ **공구** : 오퍼레이션에 사용할 공구를 지정한다.

⑤ **지오메트리** : 가공 소재를 지정한다.

⑥ **방법** : 오퍼레이션 생성 시 하위 메뉴의 가공 방법을 선택한다.

⑦ **이름** : 공구경로의 이름을 지정한다.

- **오퍼레이션 유형**

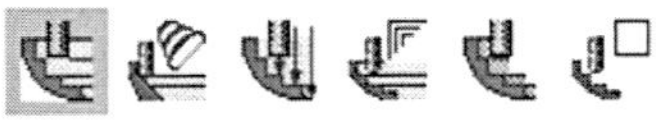	평면 가공에 주로사용하며 황삭 가공으로 사용한다.
	중삭, 정삭가공으로 사용하며 Boundary형식으로 선택하여 가공 한다.
	펜슬가공 및 모서리 가공으로 사용한다.
	윤곽 곡면에 텍스트 가공으로 사용한다.

13) 절삭 영역을 정의하기 위해  면 경계 지정 아이콘을 클릭하고 다음과 같이 형상의 위쪽 면을 클릭한 후 확인한다.

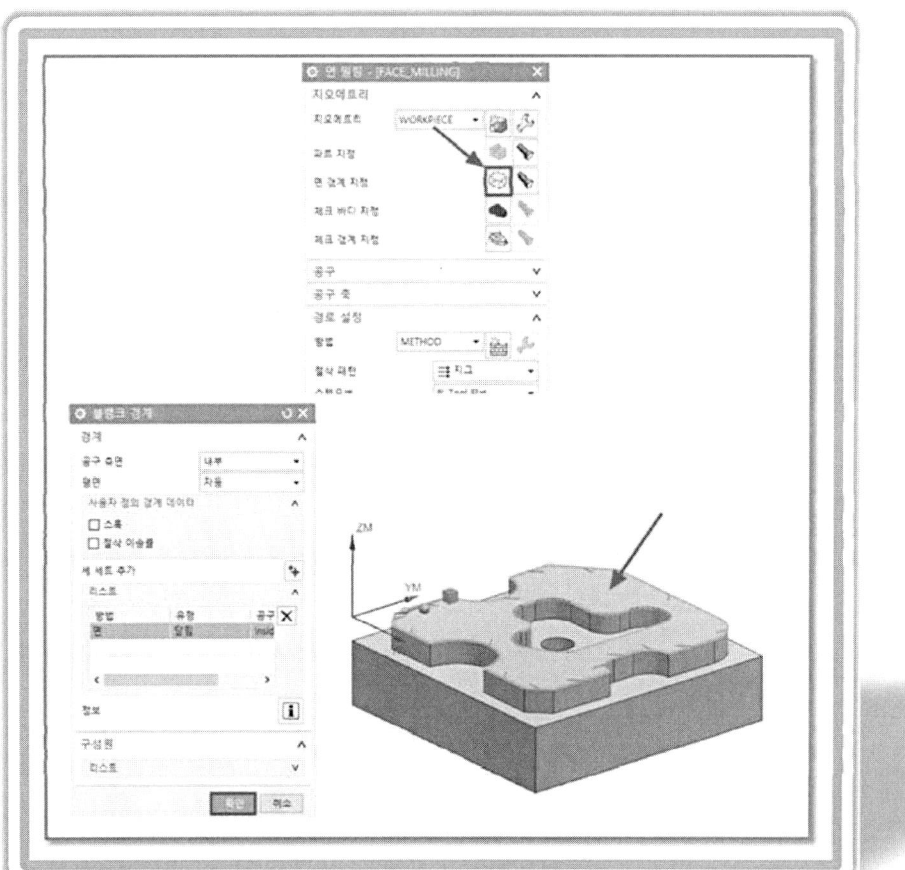

[그림 7-34]

블랭크 경계 의 특징

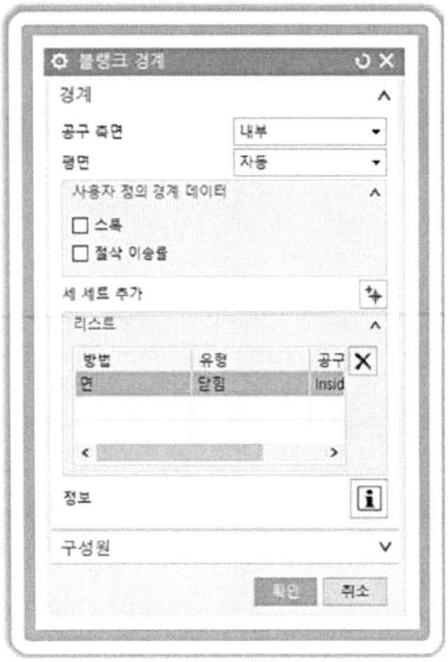

- **공구 측면** : 공구의 측면이 가공할 영역으로 선택한 경계를 기준으로 배치된다.

- **평면** : 가공할 평면을 옵셋을 사용한다.

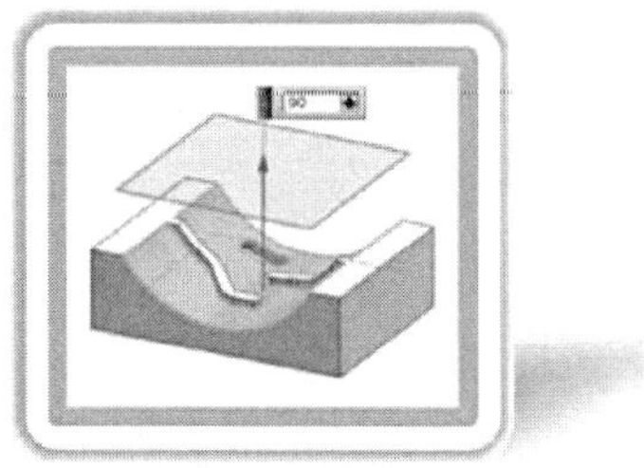

- **스톡** : 가공할 영역의 스톡 값을 추가한다.
- **절삭 이송률** : 특정 경계에 사용할 절삭 이송률을 결정한다.

[그림 7-35]

면 밀링 의 특징

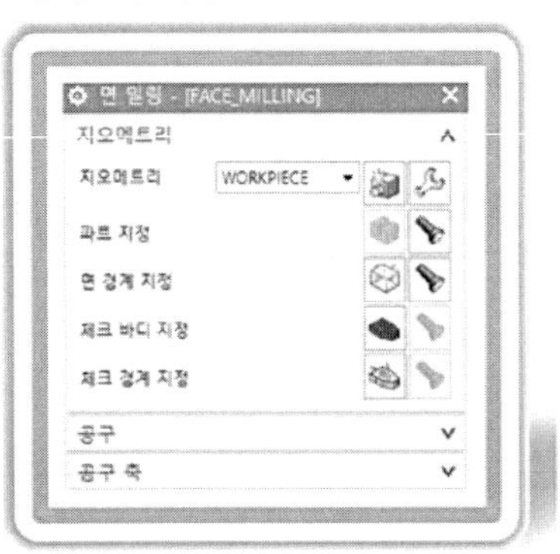

- **지오메트리** : WORKPIECE 설정에서 가공할 형상 지정.
- **파트 지정** : 가공 완성 후 형상을 결정.
- **면 경계 지정** : 가공할 영역을 정의.
- **체크 바디 지정** : 가공 경로를 피해야하는 형상을 선택한다.
- **체크 경계 지정** : 가공 경로를 피해야하는 경계를 지정한다.

[그림 7-36]

면 밀링 오퍼레이션

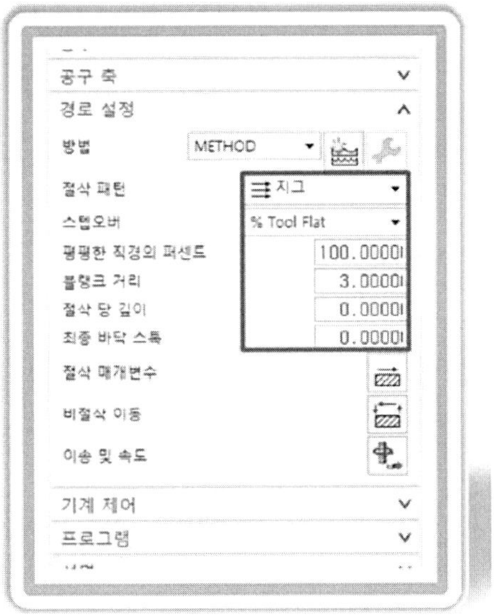

- **방법**: 오퍼레이션 생성 시 메뉴지정 기능
- **절삭 패턴**: 절삭 영역을 가공.
- **스텝오버**: 절삭 패스 사이와 사이 거리를 결정.
- **블랭크 거리**: 가공할 영역의 바닥으로부터 재료의 두께를 지정하여 절삭 당 깊이의 전체 높이를 결정.
- **절삭 당 깊이** : 바닥 블랭크 두께에 따른 절삭 깊이를 정의한다.
- **Z 깊이 옵셋** : 가공 영역에서 시작되는 옵셋한 평면을 만들어 그 지점까지 가공한다.

[그림 7-37]

14) 스텝오버를 정의하여 가공 경로를 한 줄로 만들기 위해 다음과 같이 100%로 정의한 후 진입 유형을 정의하기 위해 비절삭 이동을 선택한다. 다음 진입에서 닫힌 영역의 진입 유형은 열린 영역과 동일하게 선택하고 열린 영역에서 진입 유형을 선형으로 선택한 다음 길이를 60%, 높이 값 5mm을 입력하고 확인한다.

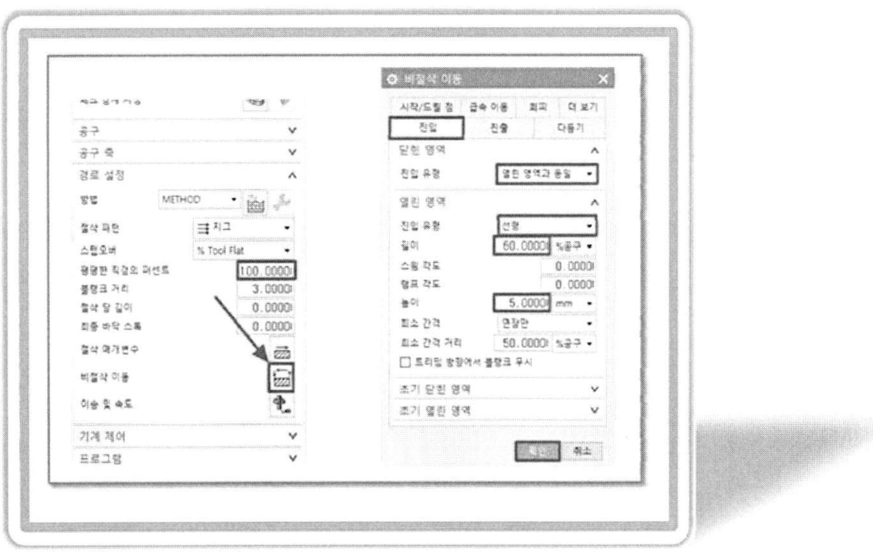

[그림 7-38]

① **진입 탭** : 진입부터 초기 절삭 위치로 이동할 때 커터의 속도와 공구 동작을 지정한다.
② **닫힌 영역** : 현재 절삭 단계에 도달하기 진에 공구가 파드 재료를 절삭해야하는 영역.
③ **열린 영역** : 재료를 제거하기 전에 공구가 현재 절삭 단계에 도달할 수 있는 영역.
④ **초기 닫힌 영역** : 첫 번째 닫힌 영역의 단계에 대한 초기 오퍼레이션 이동을 제어.
⑤ **초기 열린 영역**: 첫 번째 열린 영역 또는 초기 오퍼레이션 이동을 제어한다.

비절삭 이동 - 열린 영역

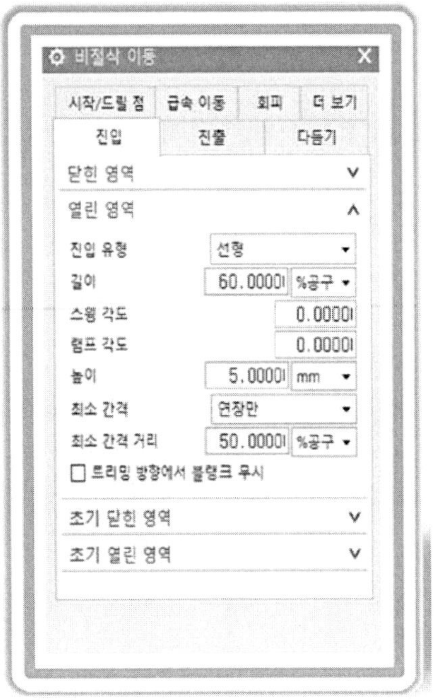

- **선형** : 첫 진입 시 경로와 동일한 방향으로 진입.

- **길이** : 진입에 대한 선형 길이를 지정한다.

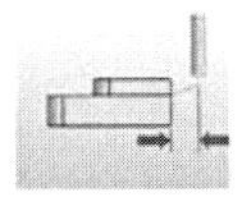

- **높이** : 진입을 시작할 절삭 단계의 높이를 지정한다.

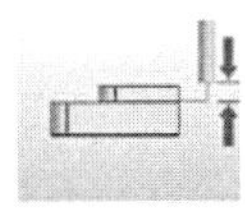

[그림 7-39]

15) 가공 속도를 정의하기 위해 이송 및 속도 아이콘을 지정한다. 작업 지시서에 맞춰 스핀들 속도 탭의 주축의 회전속도를 1200 rpm, 이송률에서 이송속도 120mm으로지정 후 계산기 버튼을 클릭하고 확인한다.

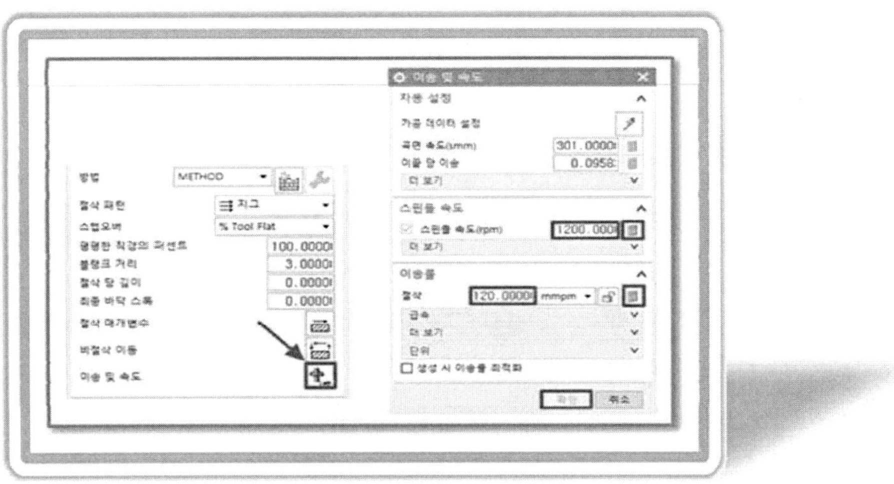

[그림 7-40]

① **가공데이터 설정** : 가공 데이터를 사용하여 이송속도, 스핀들 속도, 절삭 깊이 등을 자동으로 지정한다.

② **곡면 속도** : 절삭 팁이 파트를 가로지를 때 혹은 공구가 파트를 따라 이동할 때의 절삭 팁 속도를 지정한다.

③ **스핀들 속도** : 공구의 회전 속도를 지정한다.

④ **이송률** : 공구의 이송률을 지정한다.

16) 3D동적 탭을 선택하여 시뮬레이션을 확인한다.

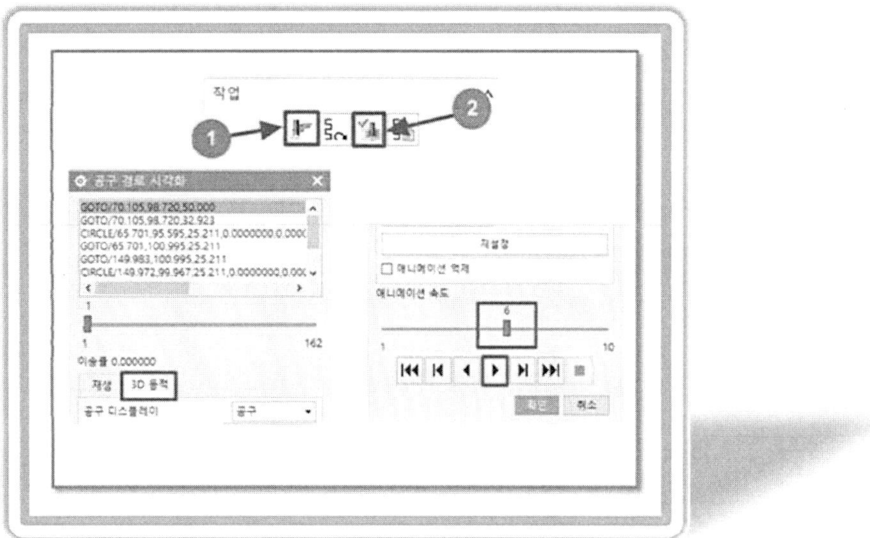

[그림 7-41]

17) 드릴링 가공은 오퍼레이션을 추가로 선택하고 hole_making의 스포트 드릴링 오퍼레이션을 지정한다.

[그림 7-42]

18) 스포트 드릴링의 구멍을 선택하기 위해 특징형상 지오메트리 지정 아이콘 선택 후 순차적으로 구멍 형상의 면, 3D 사용을 선택하여 공구가 평면에서부터 가공할 수 지정한다.

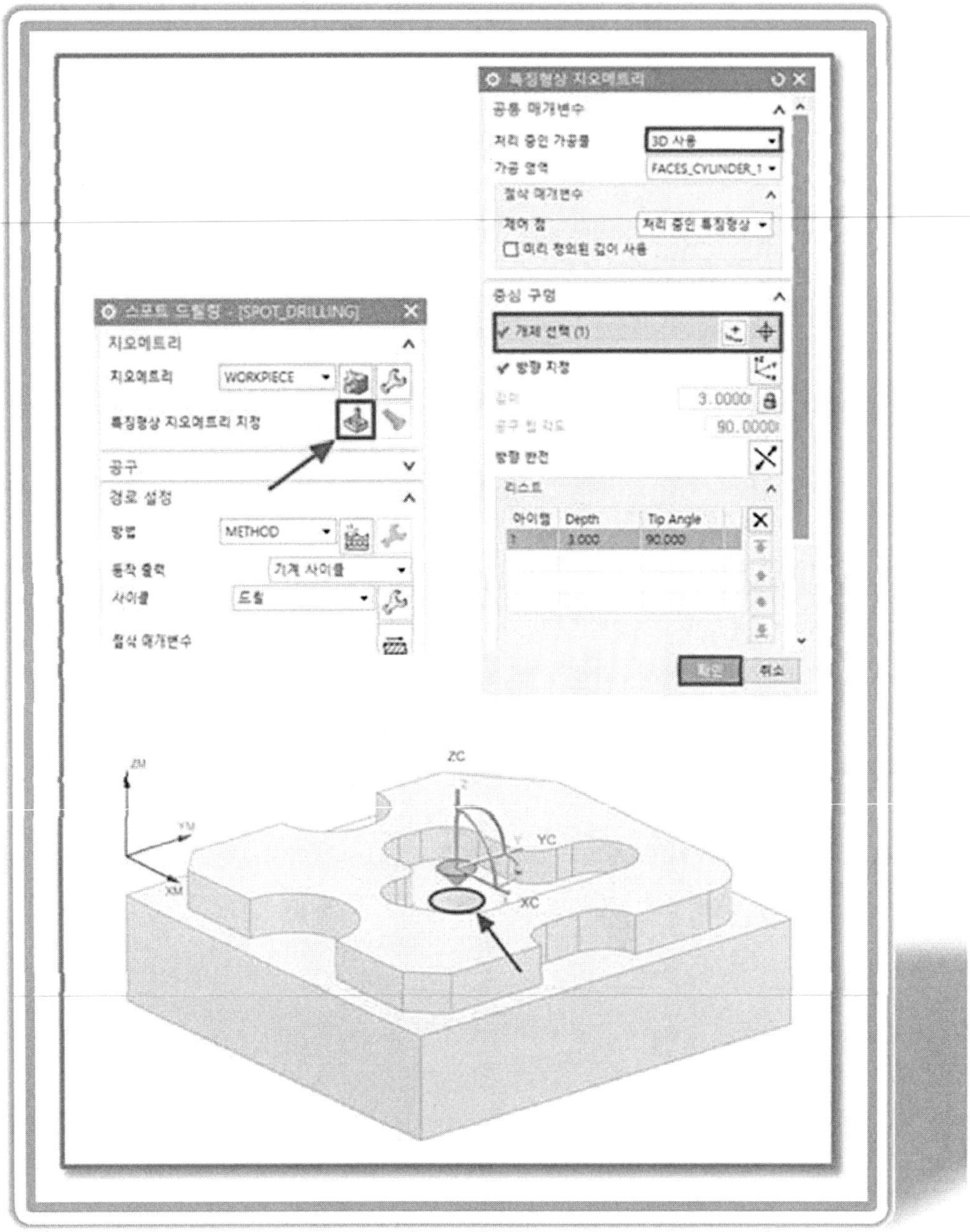

[그림 7-43]

19) 가공 속도를 정의하기 위해 이송 및 속도 아이콘을 지정한다.

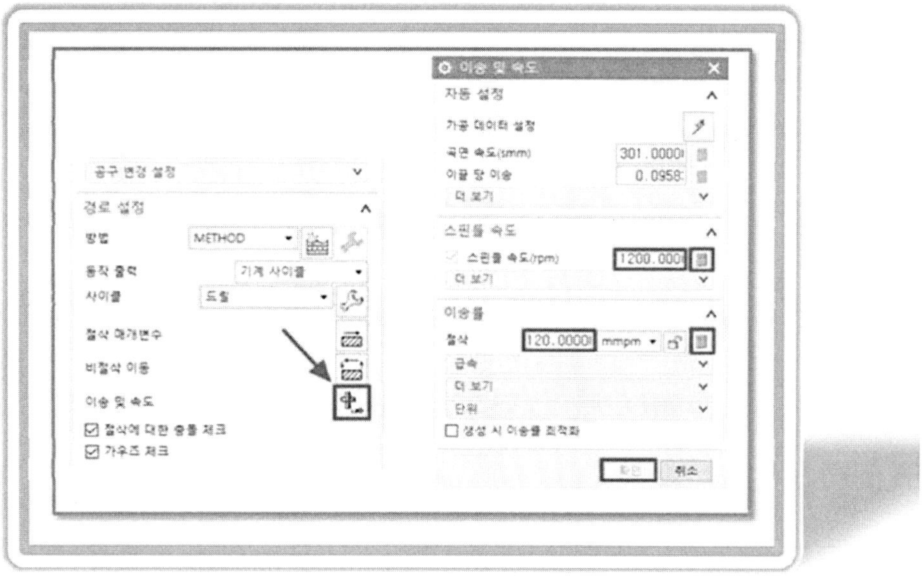

[그림 7-44]

20) 시뮬레이션을 통해 가공되는 내용을 확인하려면 작업 탭의 검증을 클릭한 후 3D동적 탭을 클릭 후 하단의 애니메이션 속도를 줄이고 ▶플레이버튼을 선택한다.

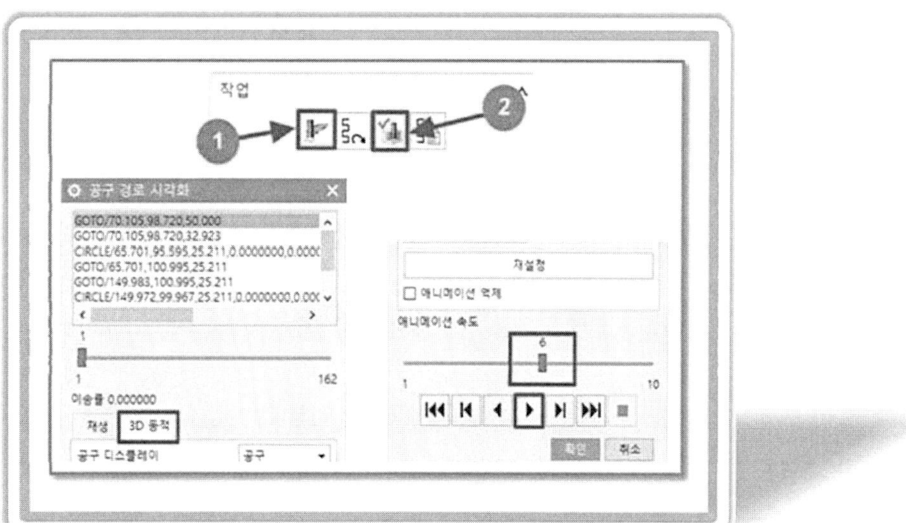

[그림 7-45]

21) 다음으로 드릴링 작업을 진행하기 위해서 오퍼레이션 생성 아이콘을 클릭하고 유형의 hole_making의 스포트 드릴링 오퍼레이션을 지정한다.

[그림 7-45]

22) 드릴링 작업의 구멍을 선택하기 위해 구멍 형상의 면을 선택하고 처리 중인 가공물 옵션에서 3D 사용을 선택한다.

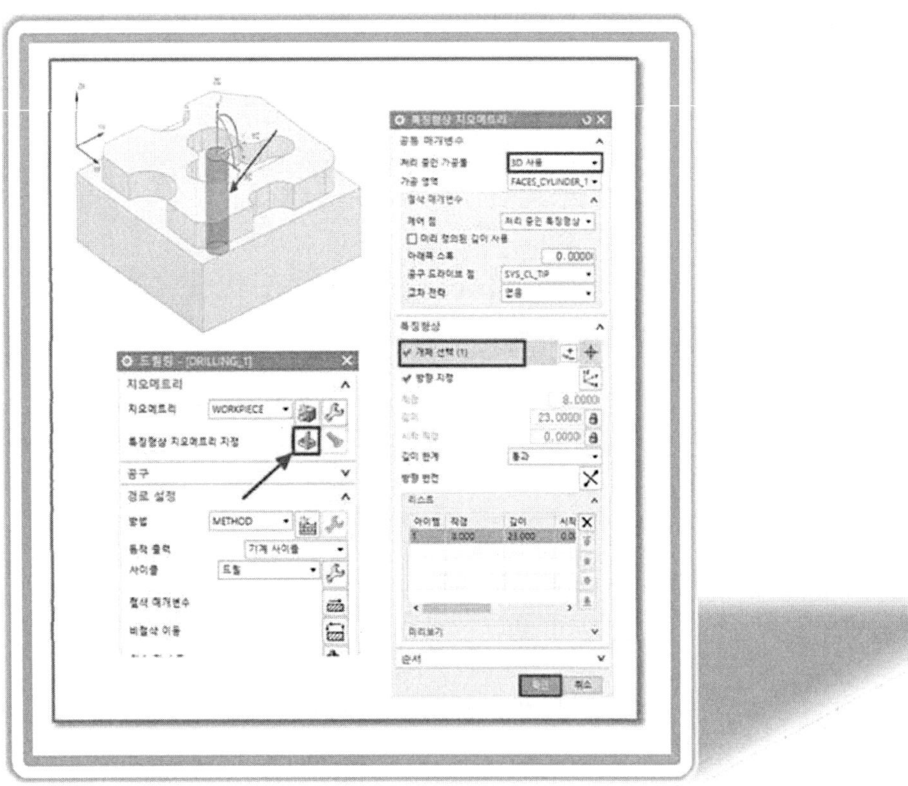

[그림 7-46]

23) 오퍼레이션에서 사이클 항목에 드릴, 깊이, 분할 칩을 선택하여 브레이크 칩 드릴링 사이클(G73)을 사용한다.

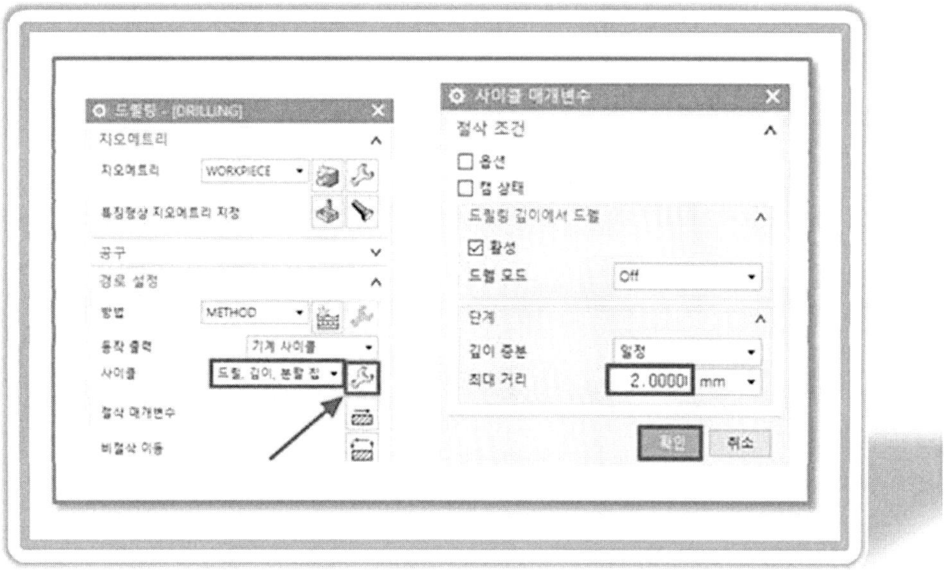

[그림 7-47]

24) 절삭 매개변수를 통해 절삭 높이의 상단 옵셋 거리 값 = 5mm, 하단 옵셋 거리 값 = 3mm를 입력한다.

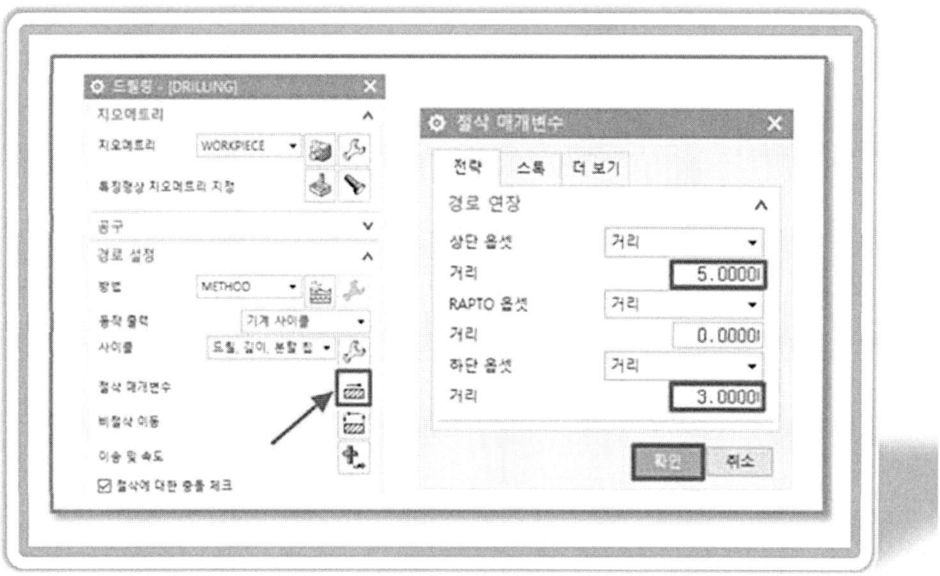

[그림 7-48]

절삭 매개변수 - 드릴링 추가 설명

- **상단 옵셋**: 상단의 평면으로부터 옵셋 길이를 설정하여 가공 경로 길이를 연장할 수 있다.

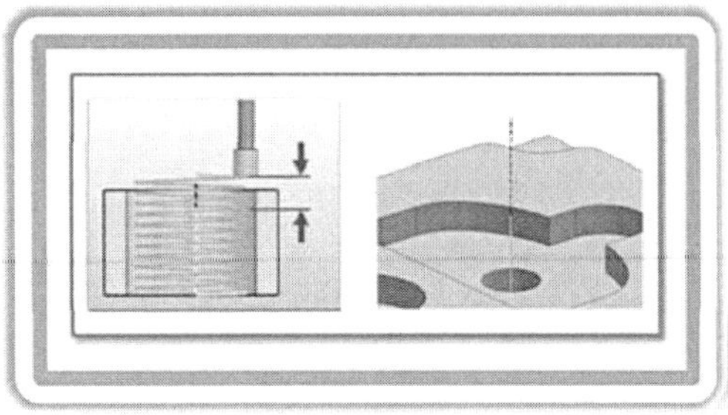

[그림 7-49]

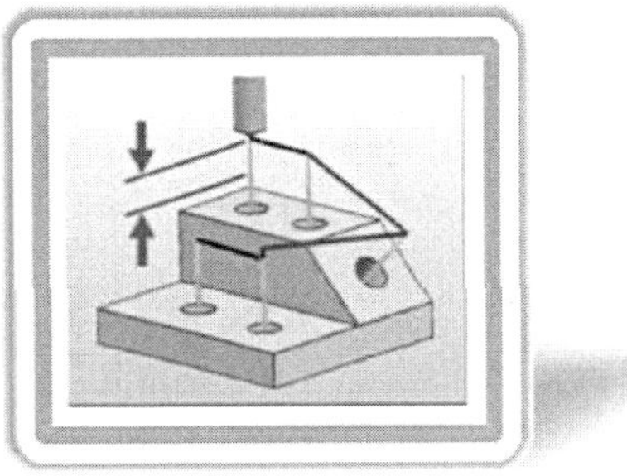

- **Rapto 옵셋**: 드릴링 사이클이 시작하는 높이에서 이동할 거리를 정의한다.

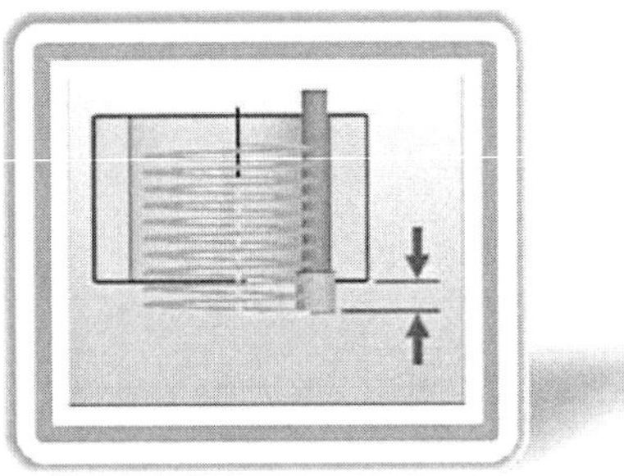

- **하단 옵셋** : 형상의 하단부에서부터 드릴링 사이클이 통과되는 길이설정.

[그림 7-50]

25) 가공 속도를 정의하기 위해 이송 및 속도 아이콘을 지정한다.

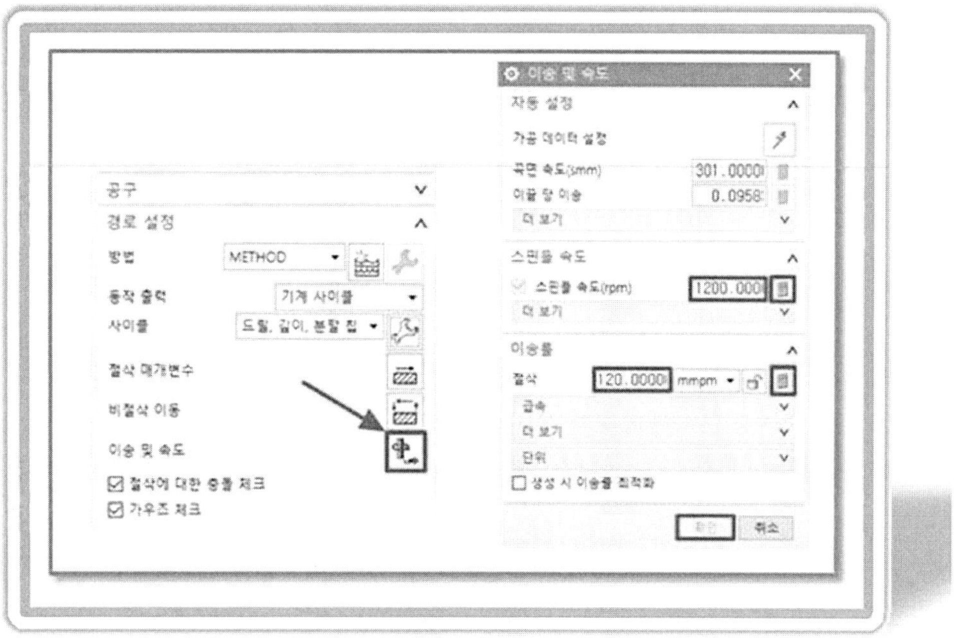

[그림 7-51]

26) 3D동적 탭을 선택하여 시뮬레이션을 확인한다.

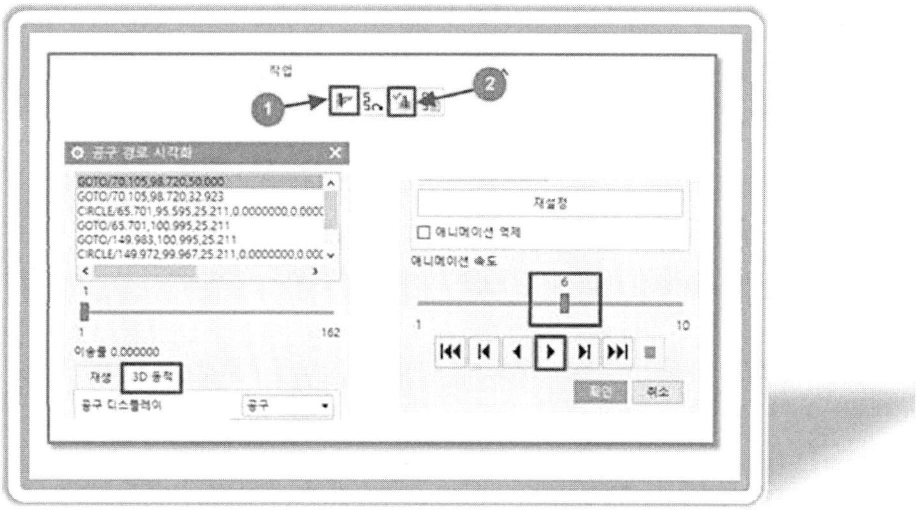

[그림 7-52]

27) 다음으로 외각 가공을 진행하기 위해 mill_planar의 바닥 및 벽면 오퍼레이션을 선택한다.

[그림 7-53]

28) 절삭 영역을 정의하기 위해 절삭 영역지정 아이콘과 열린영역을 전부 선택한다.

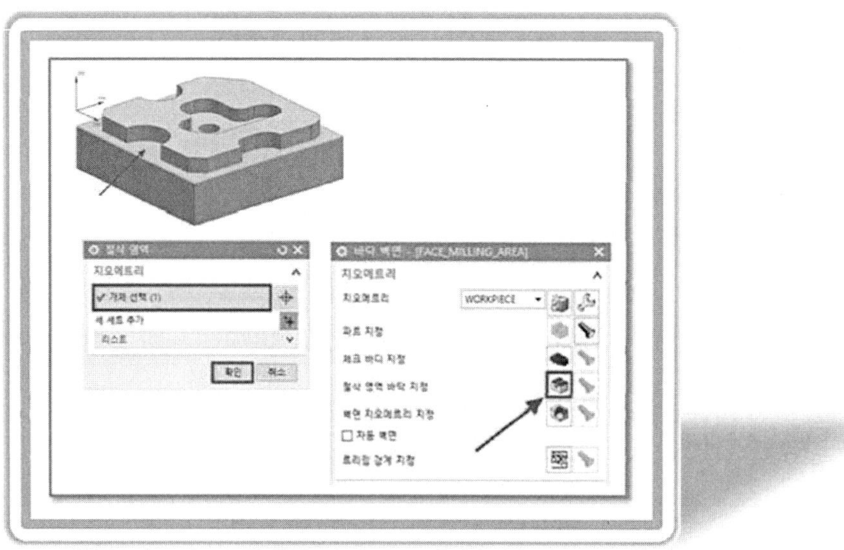

[그림 7-54]

29) 절삭 패턴을 정의하기 위해서 아래의 경로설정에서 외각 따르기를 선택한다.

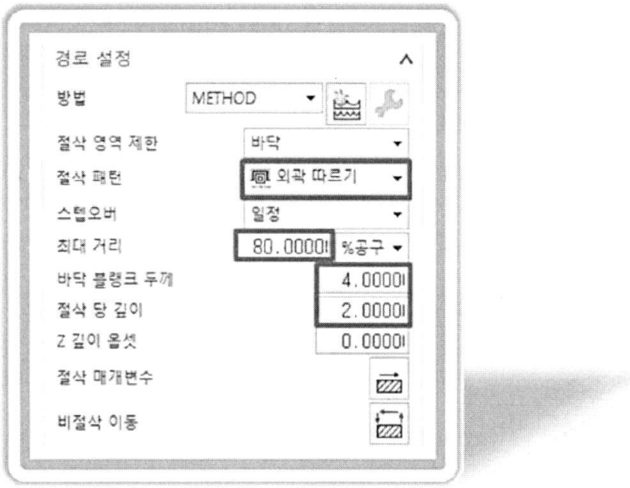

[그림 7-55]

① **바닥 블랭크 두께** : 재료의 최종 두께에서 가공 시 전체 높이를 지정하는 기능.

② **절삭 당 깊이** : 가공 시 재료의 깊이방향으로 절삭당 깊이인 절입양을 설정하는 기능

③ **Z 깊이 옵셋** : 최종 깊이 설정한 구간까지 지정한 스텝으로 분할하여 가공을 수행하는 기능.

30) 절삭 방향을 하향 절삭, 패턴 방향은 안쪽, 벽면에서 아일랜드 클린업을 아래의 그림처럼 지정한다.

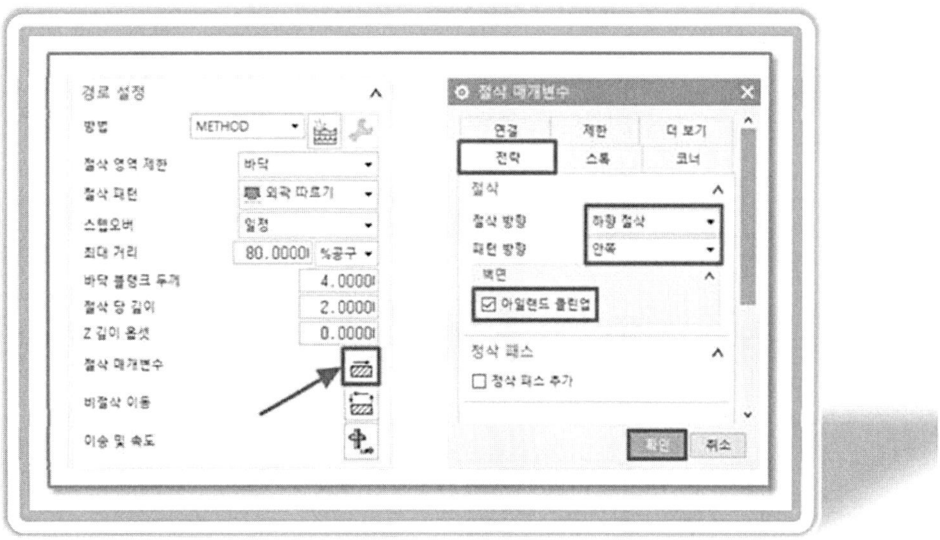

[그림 7-56]

매개변수 설정 추가설명

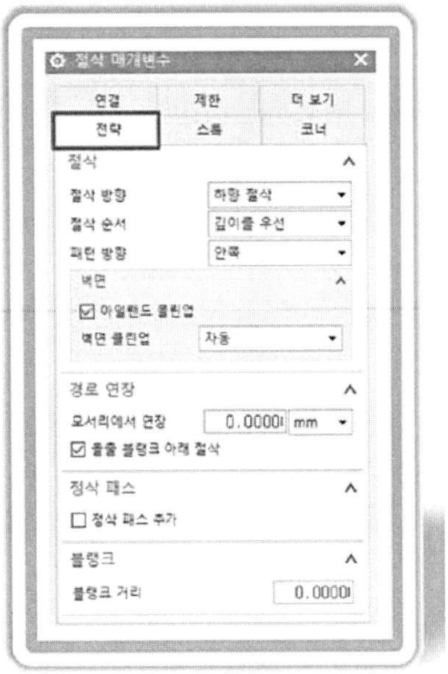

① **단계를 우선** : 얇은 측벽을 포켓으로 가공 시 최종 깊이 까지 가공을 진행한다.

< 단계를 우선으로 >

② **깊이를 우선** : 크기와 형상이 다른 다중 구간의 포켓 가공 시 차례대로 가공 후 **다음 영역**으로 이동 후 가공을 수행하는 기능.

< 깊이를 우선으로 >

[그림 7-57]

- **패턴 방향**: 가공 시 절삭공구의 진행할 방향을 다양한 방법으로 안내하고 공구간섭을 줄여 공구의 수명을 향상시킨다.

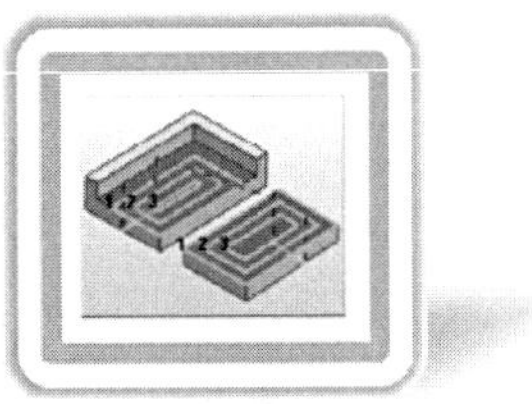

③ **안쪽 방향으로**: 절삭 가공 시 공구의 진입 방향이 재료의 외측에서 재료의 내측으로 진입하는 기능.

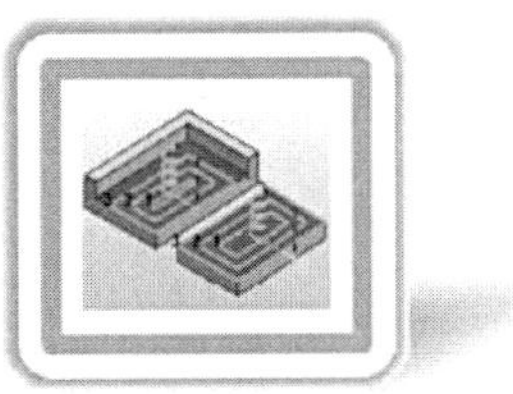

④ **바깥 방향으로** : 안쪽방향의 반대로 진행하는 기능.

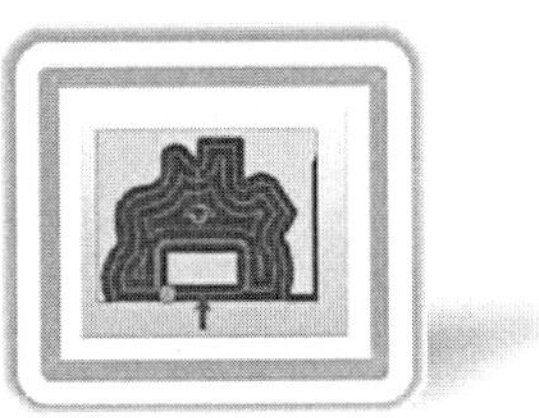

⑤ **아일랜드 클린업** : 포켓가공 시 남겨야 할 부분을 나타내며 이를 아일랜드 가공이라 한다.

[그림 7-58]

31) 제한 탭 이동을 통해 공구설정 시 툴 패스가 생성되지 않는 좁은 영역의 구간 가공 시설정 한다.

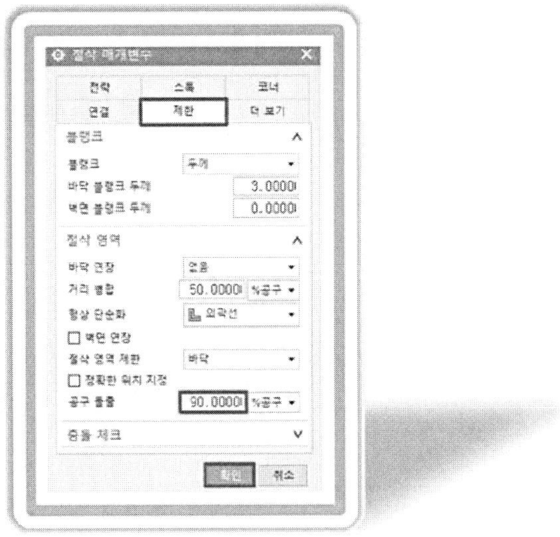

[그림 7-59]

제한 탭 추가 설명-1

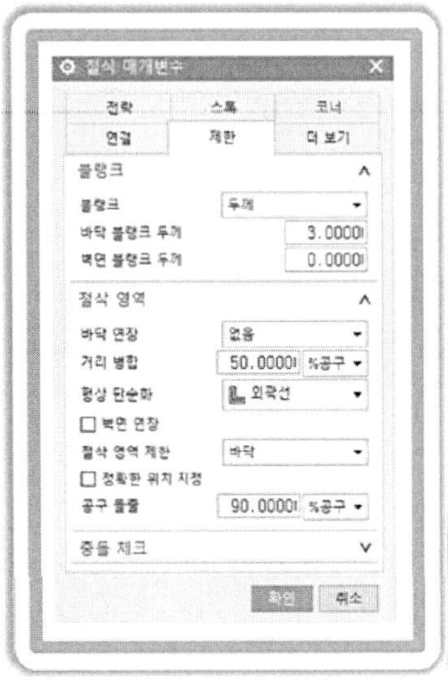

① **블랭크** : 바닥 면 두께 값을 지정하는 기능으로 실제 제거해야하는 재료의 두께 대신 임의의 블랭크 재료 두께 값을 지정

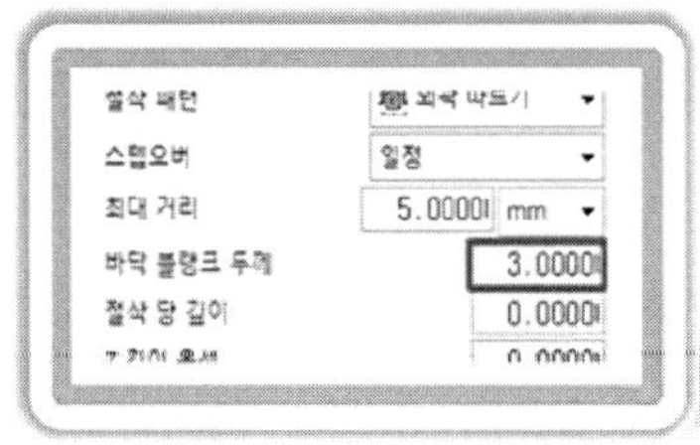

② **바닥 연장** : 바닥의 가공 영역 크기를 조정

③ **거리 병합** : 여러개의 다중절삭 시 절삭 영역을 구분하여 선택하는 기능.

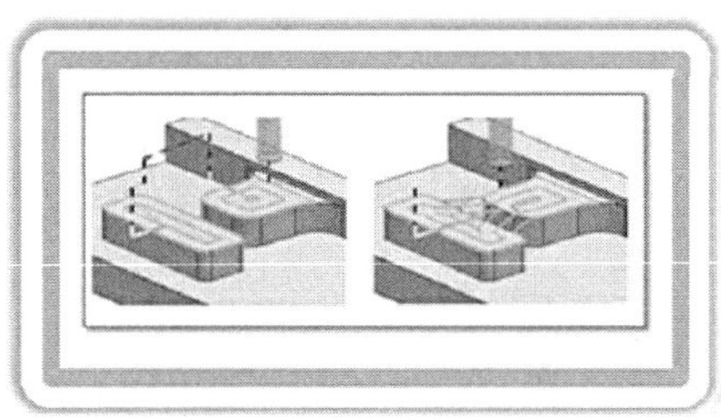

[그림 7-60]

제한 탭 추가 설명-2

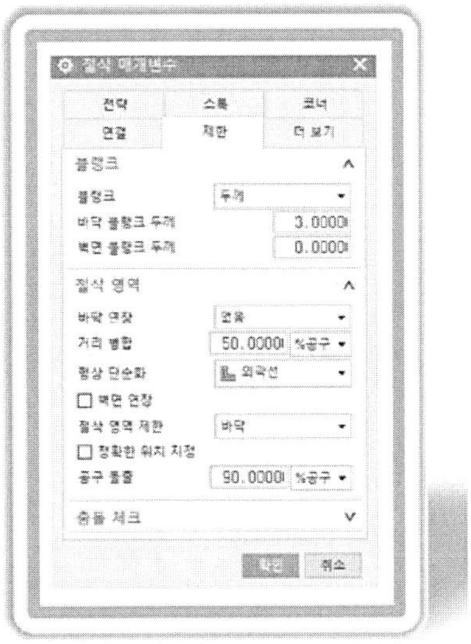

- **형상 단순화** : 가공 영역의 형상을 지정하는 기능.

④ **외각선** : 바닥면의 형상으로 가공영역을 지정.
⑤ **블록 껍질** : 바닥면의 오목한 형상을 직선으로 연결하여 가공 부분을 연장하는 기능.
⑥ **최소 상자** : 가공할 형상부분을 BOX로 생성.

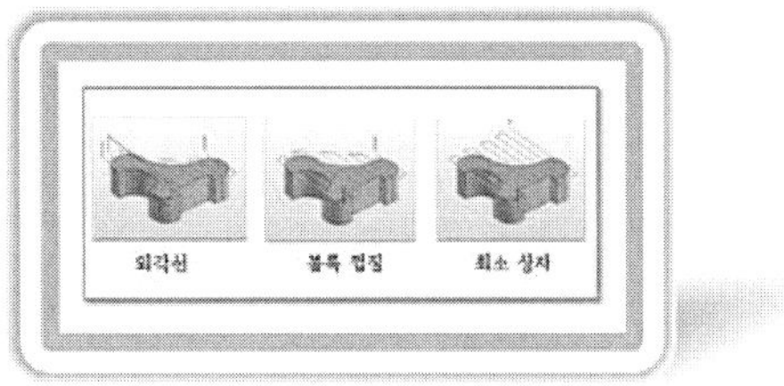

- **절삭 영역 제한** : 가공의 공구 경로를 바닥면과 측벽을 기준으로 생성하는 기능.

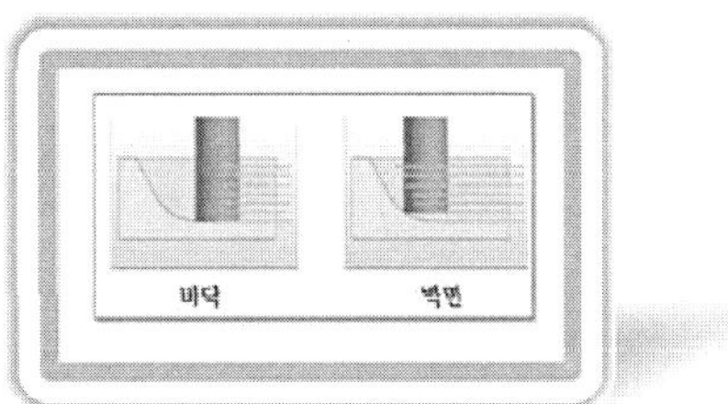

[그림 7-61]

32) 공구와 재료의 충돌방지를 위한 기능으로 외측 가공 시 선형으로 설정 후 길이 지정

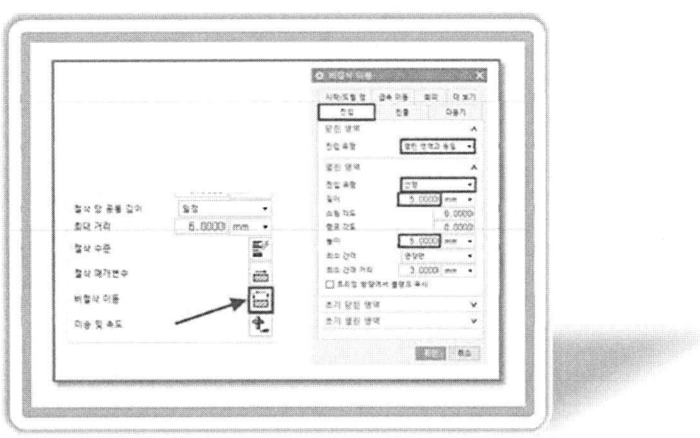

[그림 7-62]

33) 시작/드릴점 선택 후, 드릴 점 영역인 [+] 점 지정 다이얼로그에서 좌표 값

x = -5mm, y = -5mm, z = 5mm를 입력한다.

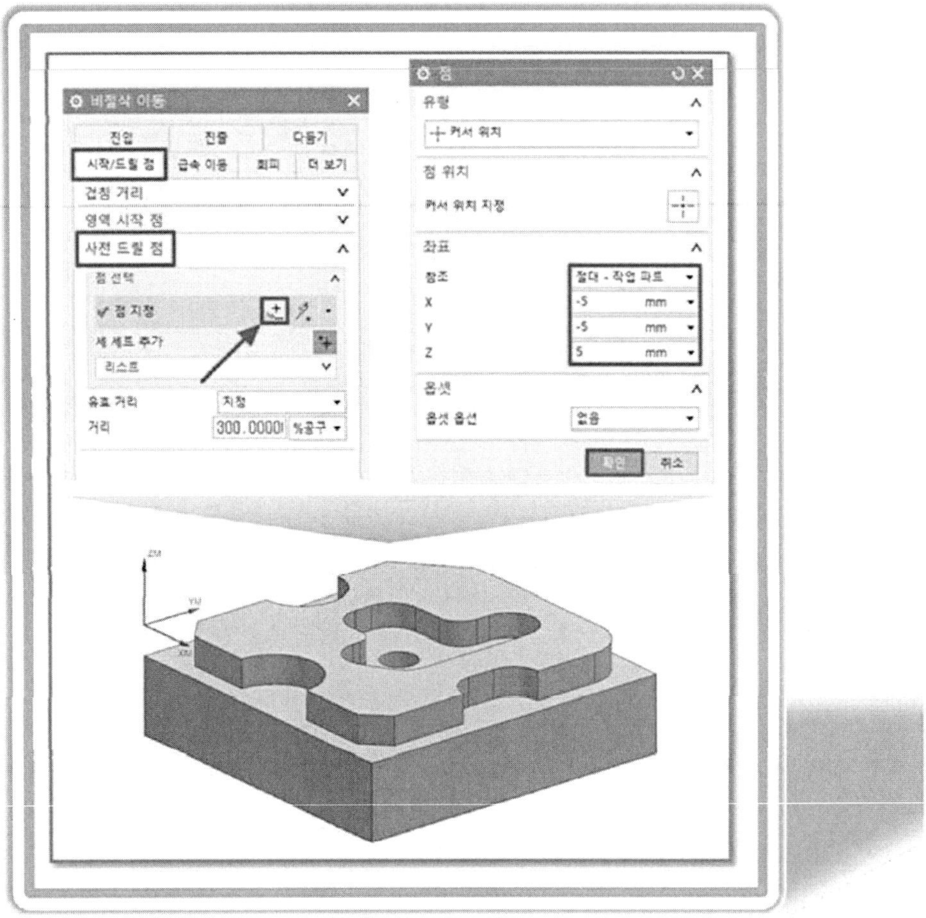

[그림 7-63]

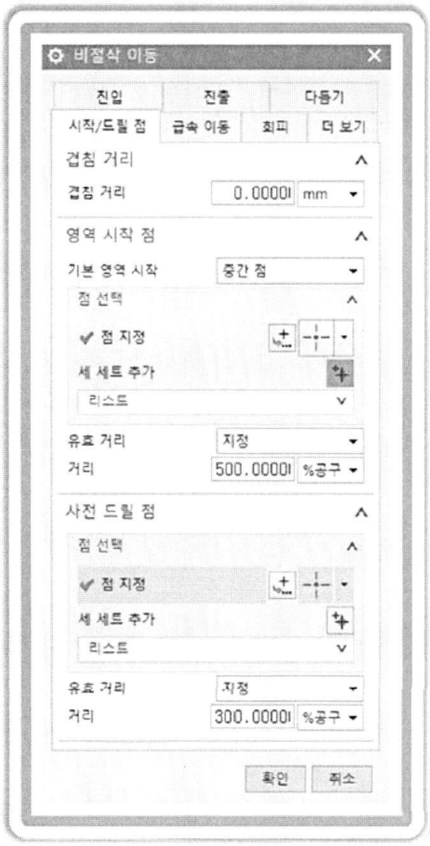

① **겹침 거리** : 공구의 진입 복귀 시 재료와간섭 체크 기능

② **영역 시작 점** : 가공을 시작할 위치와 방향을 설정하는 기능.

③ **중간 점** : 설정한 재료의 중간점에서 시작

④ **코너** : 코너의 경계 시작 점에서 시작.

⑤ **점 지정** : 가공 시 점 지정 위치부터 시작하는 기능.

⑥ **사전 드릴 점** : 커터를 드롭하기 위한 사전 점을 정의한다.

⑦ **유효 거리** : 시작 점에서 시작 할 수 있도록 최단거리 값을 지정 하는 기능.

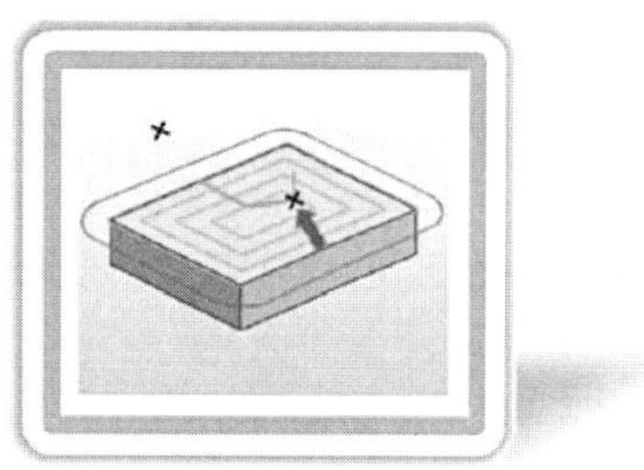

[그림 7-64]

34) 주축의 이송 및 속도를 다음과 같이 지정 한다.

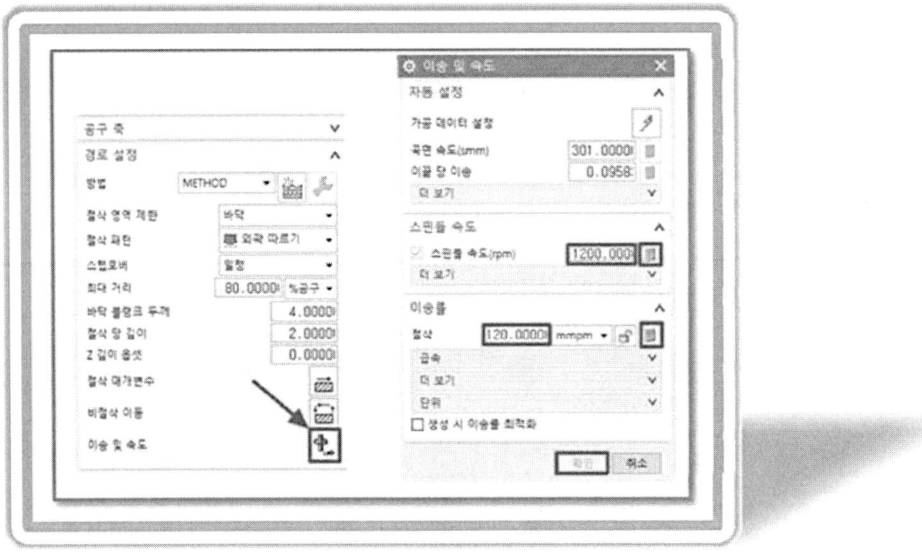

[그림 7-65]

35) 3D동적 탭을 선택하여 시뮬레이션을 확인한다.

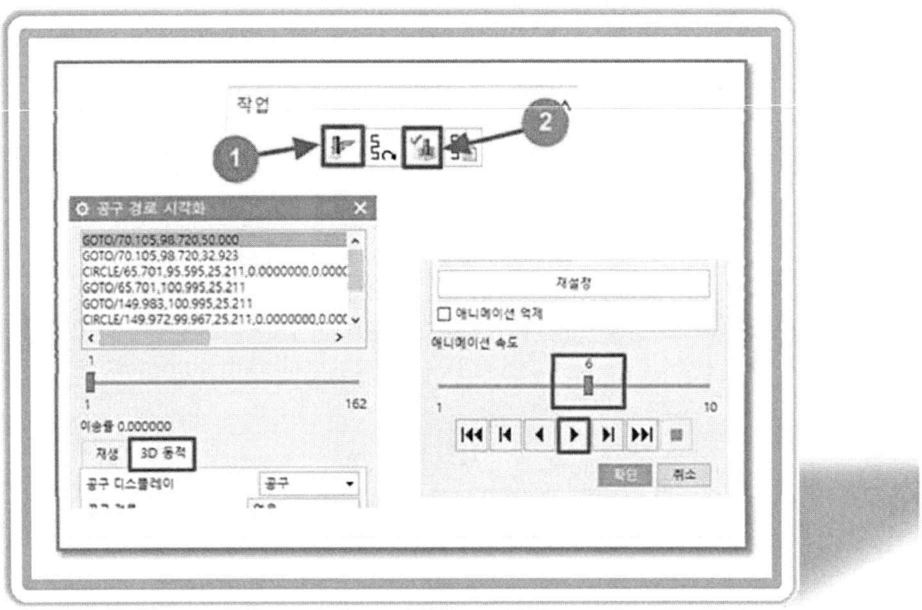

[그림 7-66]

36) 유형의 mill_planar의 바닥 및 벽면 오퍼레이션을 통해 포켓 가공설정 한다.

[그림 7-67]

37) 절삭 영역을 정의하기 위해 절삭 영역지정 아이콘을 클릭하고 다음과 같이 포켓 가공 영역을 선택한다.

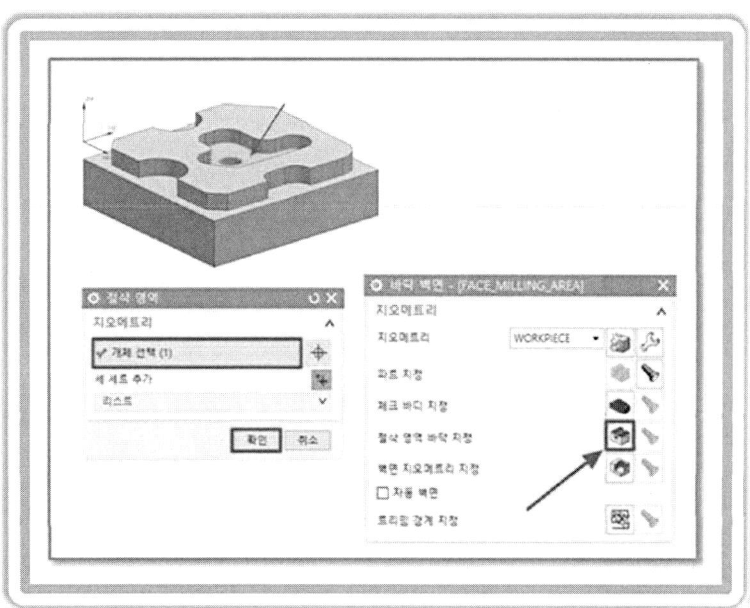

[그림 7-68]

38) 외각 따르기를 선택하고 경로 간격을 정의하기 위해 스텝오버 항목에서 최대 거리 값 = 80%를 입력한다. 다음으로 절입량을 설정하기 위해 바닥 블랭크 두께 = 4mm, 절삭 당 깊이 = 2mm를 입력한다.

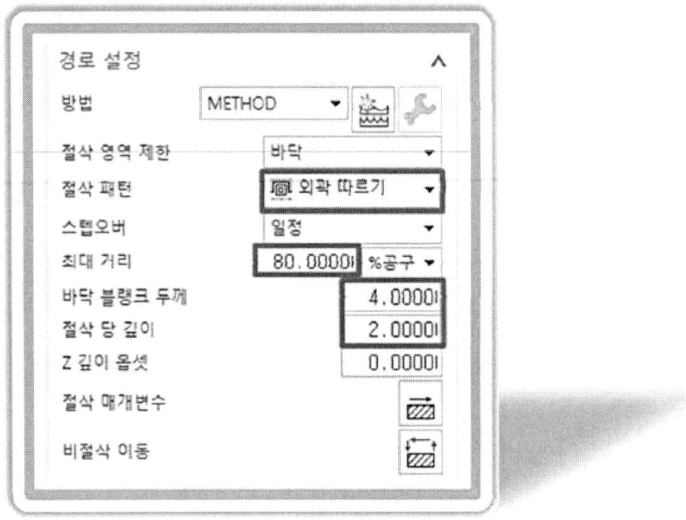

[그림 7-69]

39) 절삭 방향은 하향 절삭, 패턴 방향은 바깥쪽으로 설정한 후 아일랜드 클린업을 체크한다.

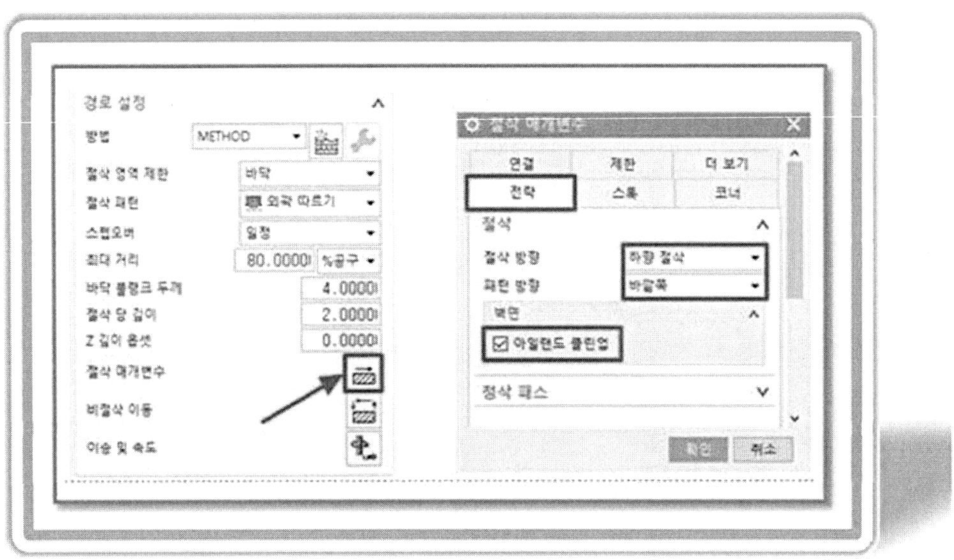

[그림 7-70]

40) 절삭 영역 그룹에서 공구 돌출 값을 90% 공구로 정의한다.

[그림 7-71]

41)  비절삭 이동에서 진입, 플런지로 설정한 후 높이 = 5mm으로 지정한다.

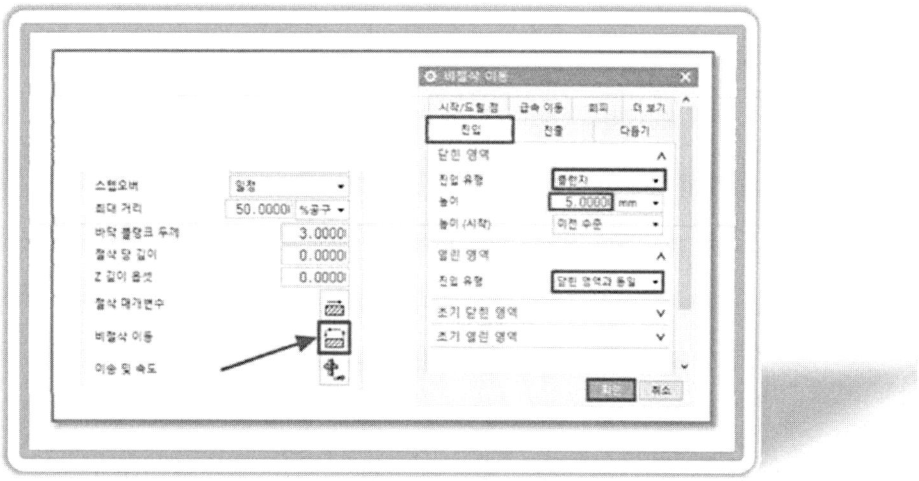

[그림 7-72]

42) 공구와 재료의 충돌을 줄이기 위해서 비절삭 이동 - 시작/드릴점 탭을 선택한다. 사전 드릴 점 영역에서 점 지정 다이얼로그 아이콘을 클릭한 후 좌표 값 x = 35mm, y = 35mm, z = 5mm를 입력하고 확인을 한다.

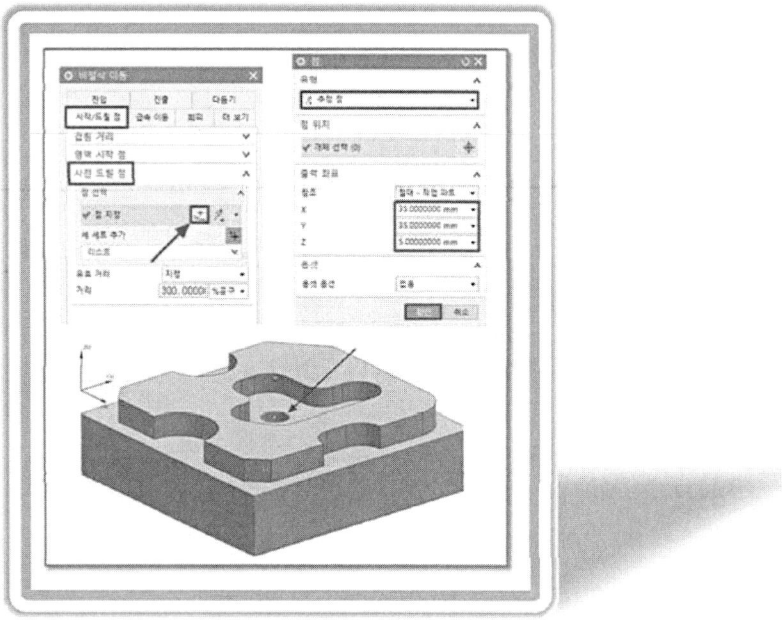

[그림 7-73]

43) 스핀들 속도 탭의 주축의 회전속도를 1200 rpm, 이송률에서 이송속도 120mm/min으로 지정한다.

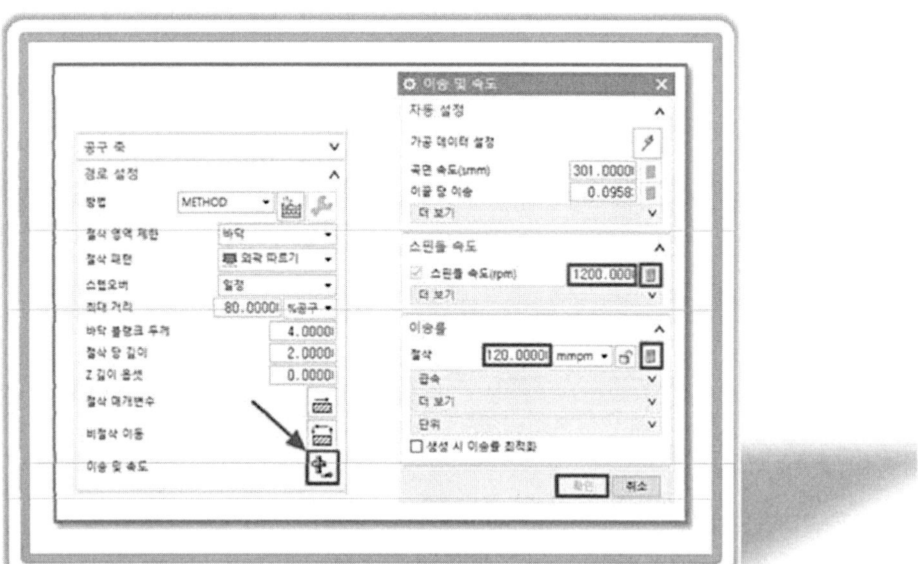

[그림 7-74]

44) 3D동적 탭을 선택하여 시뮬레이션을 확인한다.

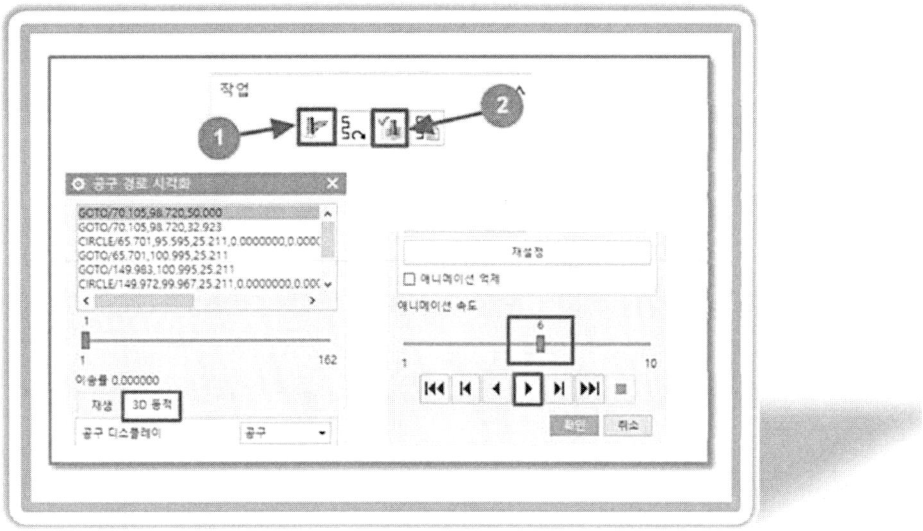

[그림 7-75]

45) 사용 장비에 맞는 포스트를 선택 후. NC DATA를 생성한다.

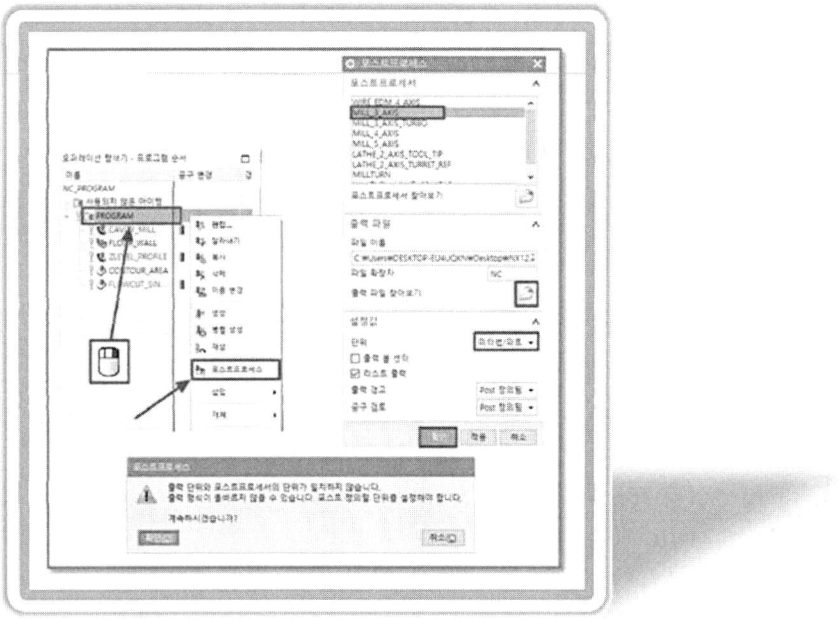

[그림 7-76]

- NC DATA 출력

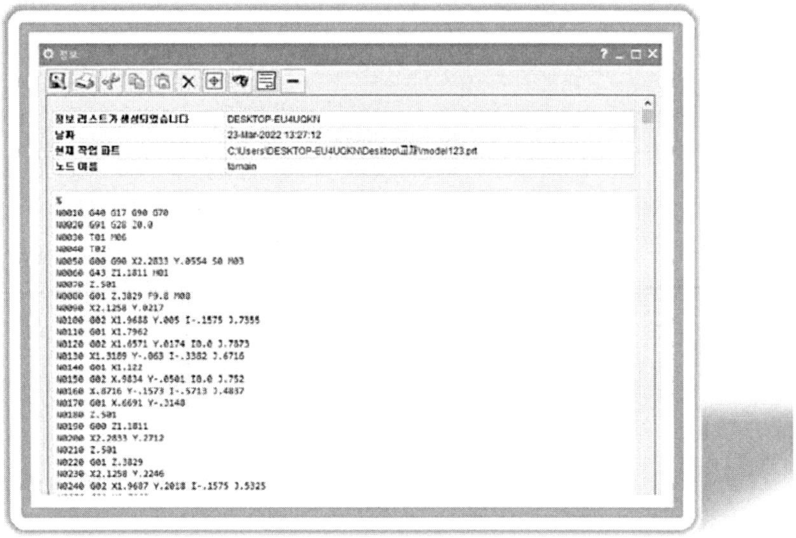

[그림 7-77]

제 8 장 3차원 가공 따라하기

제1절 3차원 가공 따라하기

1. 3D 모델링 따라하기

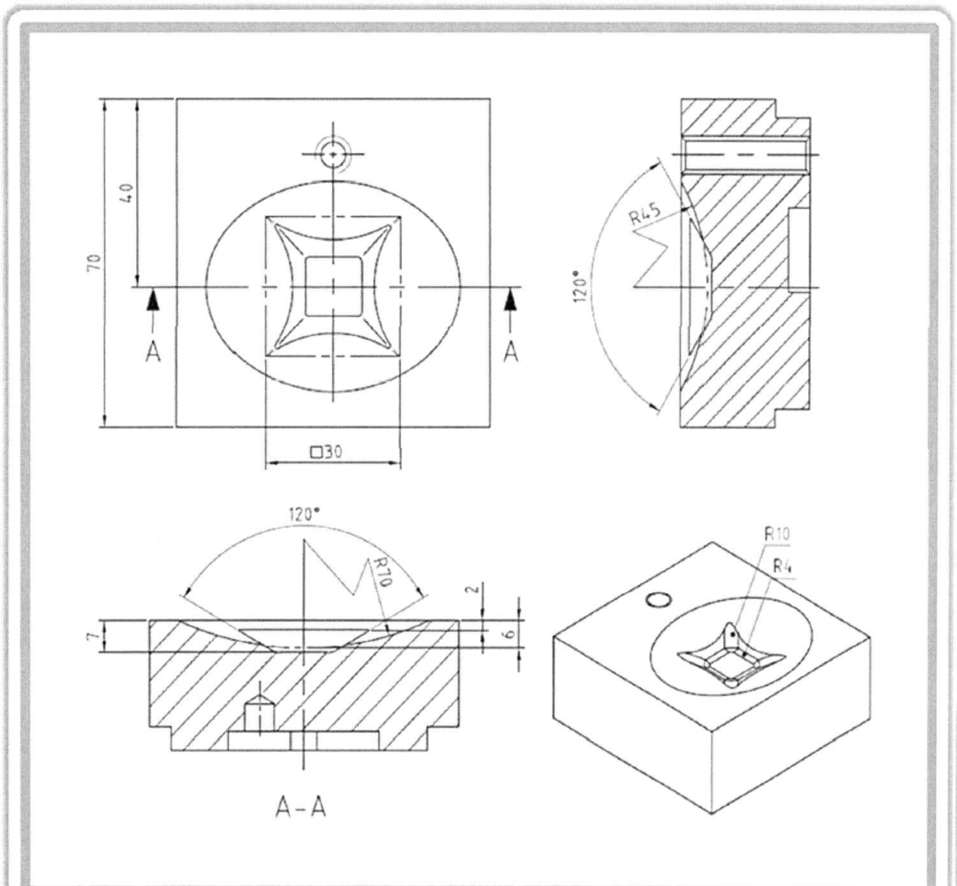

표시되지 않은 소재 치수 (70*70*28)

[그림 8-1]

1) 새로 만들기 (Ctrl+N)을 실행한다.

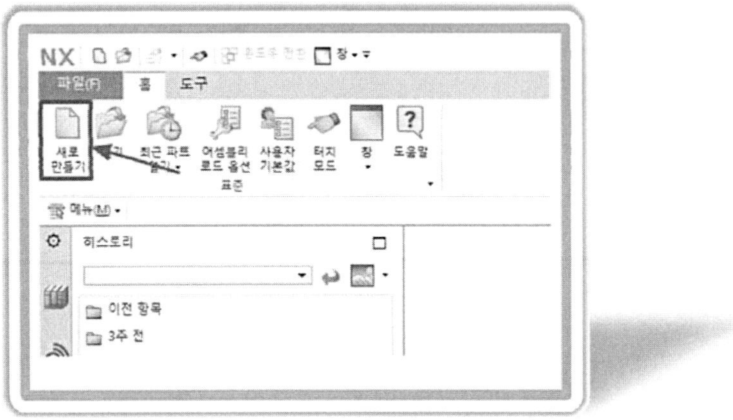

[그림 8-2]

2) 새로 만들기에서 템플릿의 모델을 선택하고 단위는 밀리미터, 새 파일의 이름과 저장 위치를 지정해 주시고 확인한다.

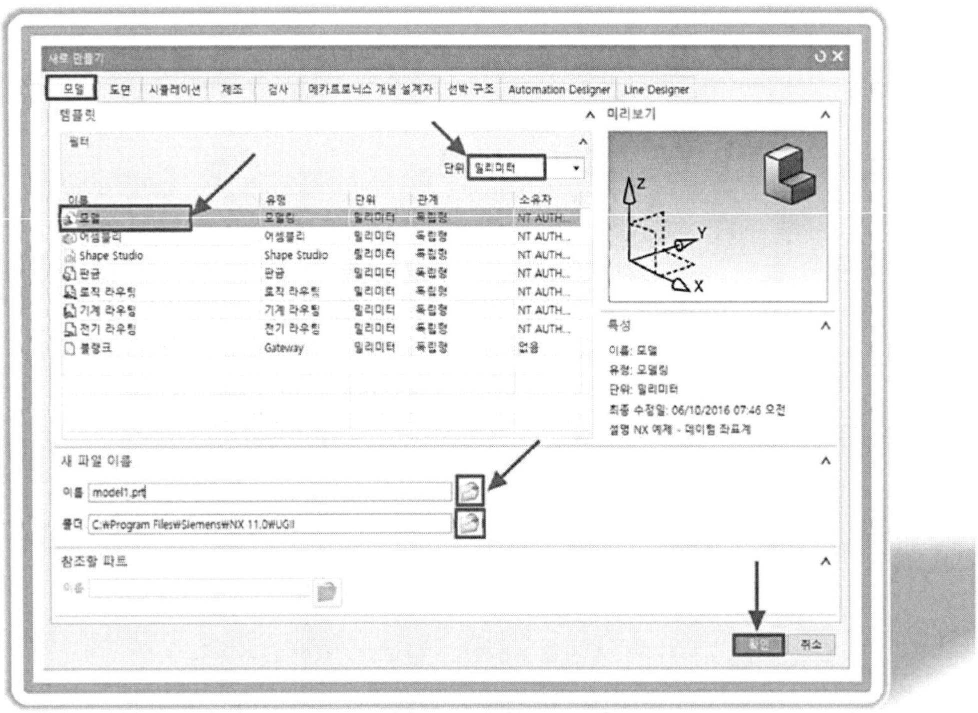

[그림 8-3]

- 3D 모델링 작업 순서 -

1. 스케치를 이용한 평면 지정 한다.	→	2. 기본 스케치를 작성 한다.	→

3. 구속 (치수, 형상) 조건 형성 한다.	→	4. 스케치 마무리 한다.	→	5. 3차원(돌출, 회전 등) 작업

3) Sketch를 위한 파일에서 환경설정을 한다.

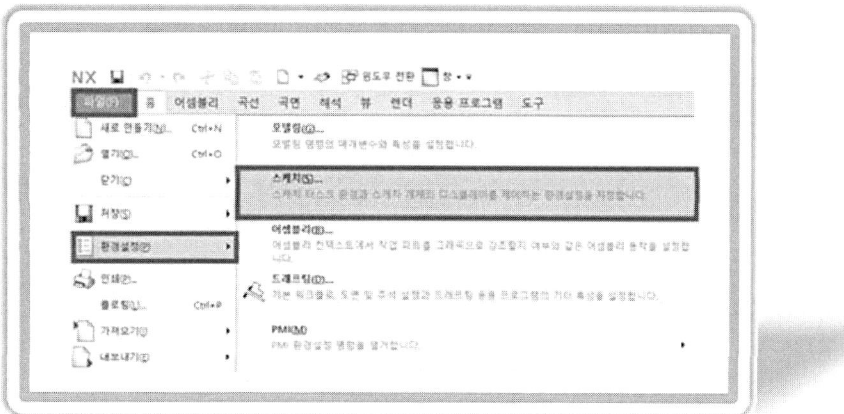

[그림 8-4]

4) 스케치 환경설정에서 연속 자동 치수 기입을 체크 해제한다.

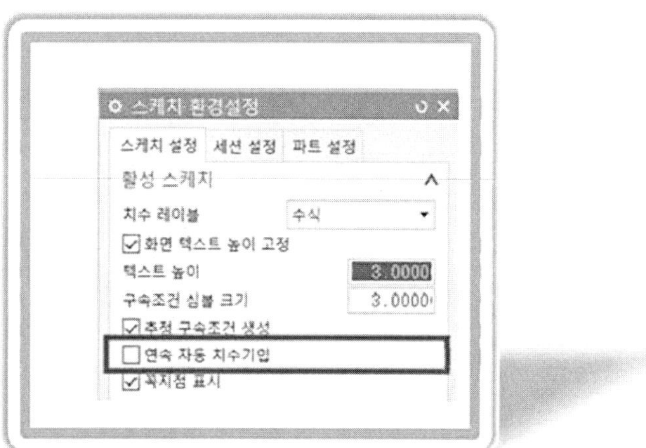

[그림 8-5]

① **치수 레이블** : 스케치에서 치수를 생성할 때 표시되는 레이블을 설정한다.

　　수식 : 수식(p2)과 값(150)을 함께 표시합니다. (예:p1=50)

　　이름 : 수식만 표시합니다. (예:p1)

　　값 : **치수**의 **수치** 값만 표시합니다. (예: 150)

② **텍스트 높이** : 스케치 치수에 표시할 텍스트 높이를 지정한다.

③ **연속 자동 치수기입** : 생성한 모든 스케치 프로파일에 자동 치수를 생성한다.

5) Sketch를 하기 위해서 삽입(Insert) ⇨ 타스크 환경(아이콘)의 스케치 또는 아이콘을 선택한다.

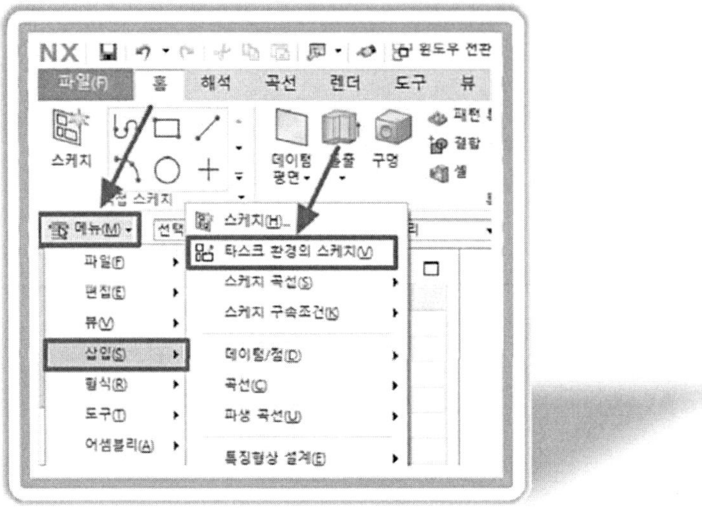

[그림 8-6]

6) 평면상에서 기존 평면에 XY평면을 선택 확인하고 스케치모드로 들어간다.

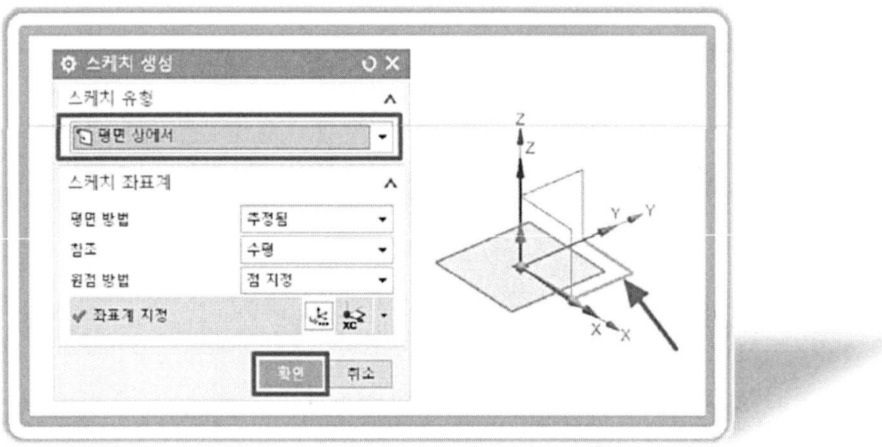

[그림 8-7]

① **평면 상에서** : 기존 평면이나 면 또는 좌표계 평면으로 스케치를 생성한다.
② **경로에서** : 기존 곡선 및 형상의 모서리를 선택하여 스케치 생성.
③ **추정** : 데이텀 좌표계의 평면을 선택하여 방향 및 스케치 원점을 선택한다.
④ **새 평면** : 새로운 평면을 생성하여 스케치 평면, 방향 및 원점을 지정할 수 있다.
⑤ **참조** : 형상의 모서리 혹은 곡선을 선택하여 수평(x)이나 수직(y) 방향 정의
⑥ **원점 방법** : 스케치의 원점을 정의하는 기능.
⑦ **점 지정** : 스케치 원점을 직접 지정.
⑧ **작업 파트 원점 사용** : 작업 파트(절대 좌표계)의 원점을 바로 사용.

7) 직사각형(Rectangle) 선택 후 그림에서와 같이 2점으로 직사각형을 그린 후 치수 아이콘을 선택하고 그림과 같이 치수를 입력한다.

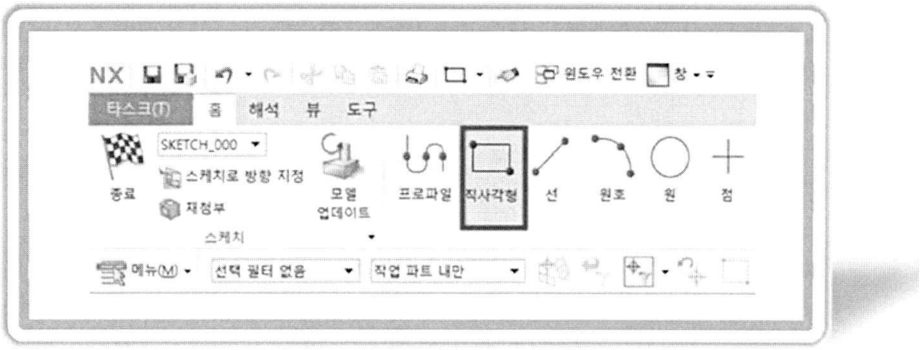

[그림 8-8]

8) 직사각형(Rectangle) 선택 후 그림에서와 같이 2점으로 직사각형을 그린 후 치수 아이콘을 선택하고 그림과 같이 치수를 입력한다.

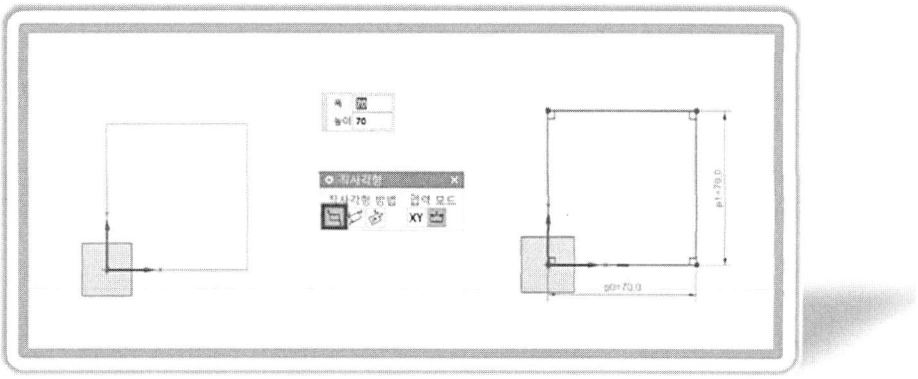

[그림 8-9]

9) 이어서 적당한 위치에 시작점과 끝점을 클릭하여 직사각형을 생성한다.

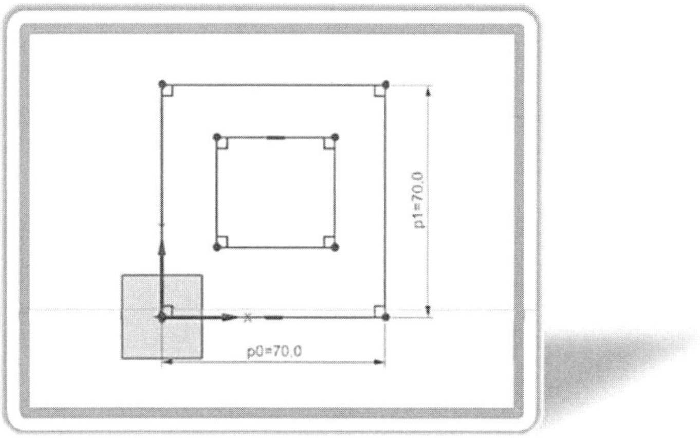

[그림 8-10]

10) 급속 치수를 이용하여 스케치한 직사각형 도형의 선과 점을 선택하여 치수를 입력한다.

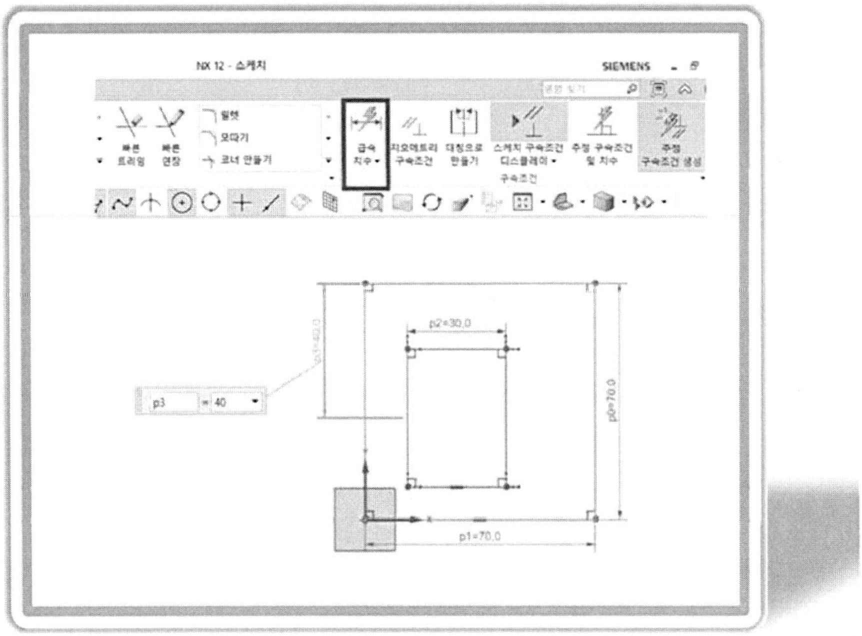

[그림 8-11]

11) 아래 그림처럼 선과 점을 선택하고 중간점을 클릭하여 선을 점의 중심으로 정렬한다.

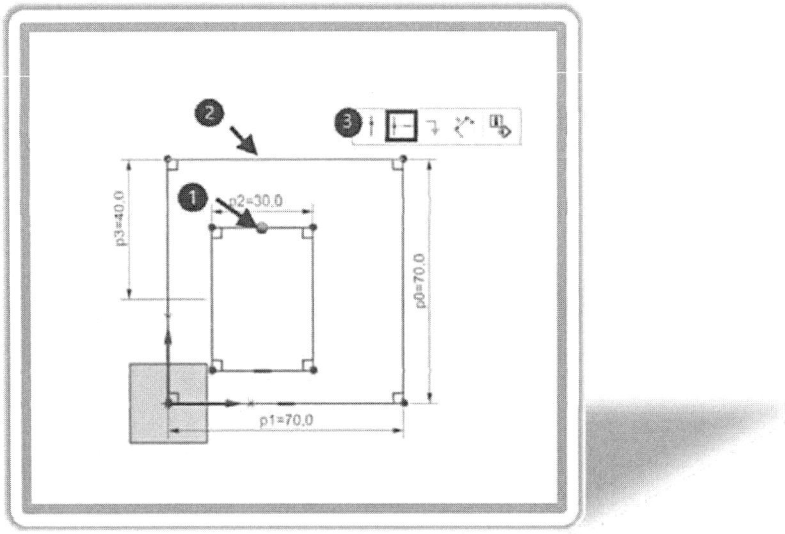

[그림 8-12]

12) 같은 방법으로 그림과 같이 정렬합니다.

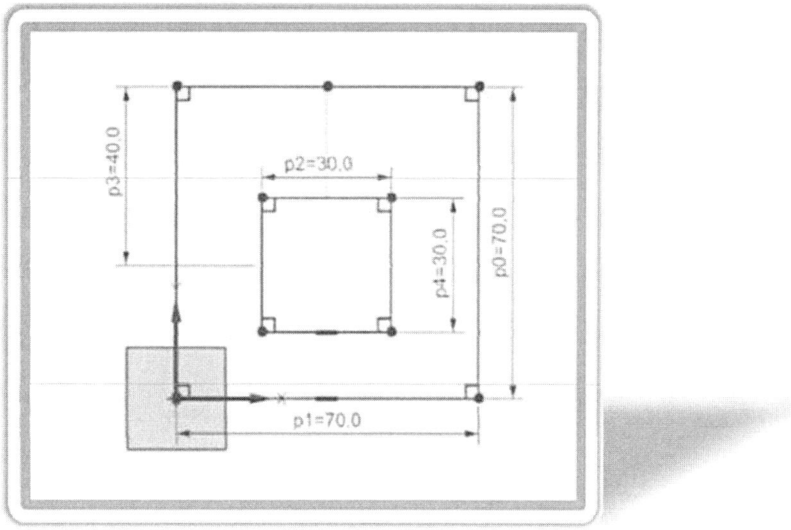

[그림 8-13]

13) 종료를 선택하여 스케치를 마무리 한다.

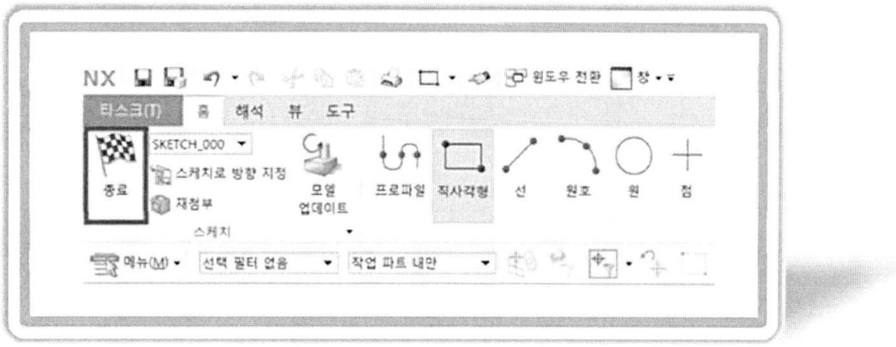

[그림 8-14]

14) 데이텀 평면을 클릭하여 실행한다.

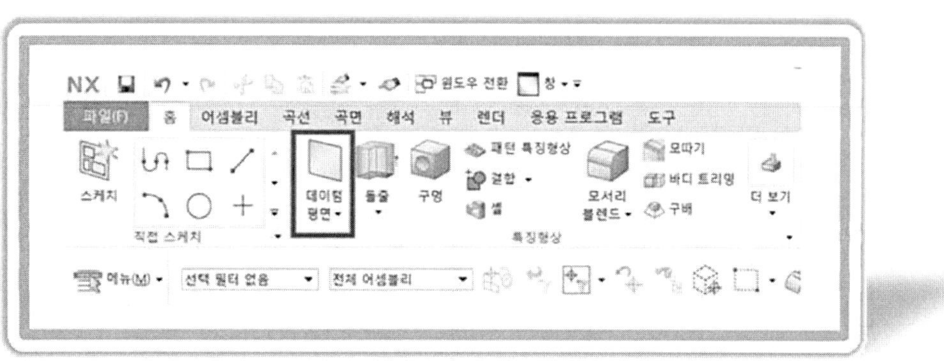

[그림 8-15]

15) X,Z평면을 선택하고 거리는 30으로 입력한다.

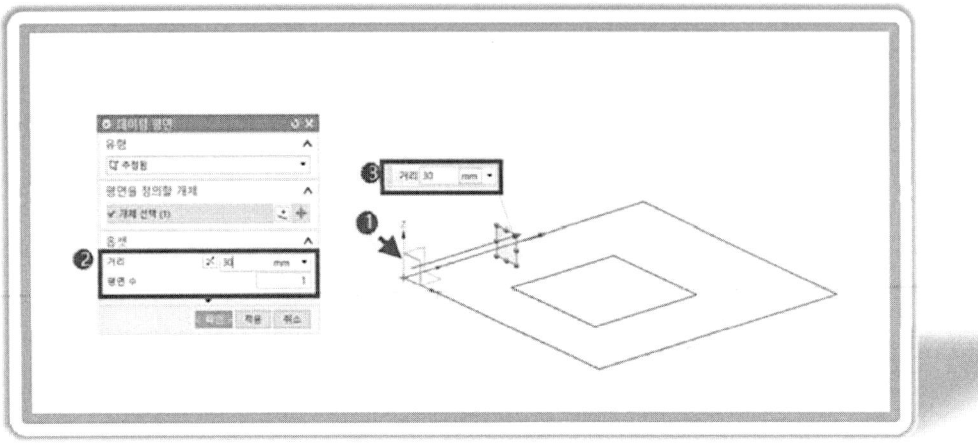

[그림 8-16]

16) Y,Z평면을 선택하고 거리는 35로 입력한다.

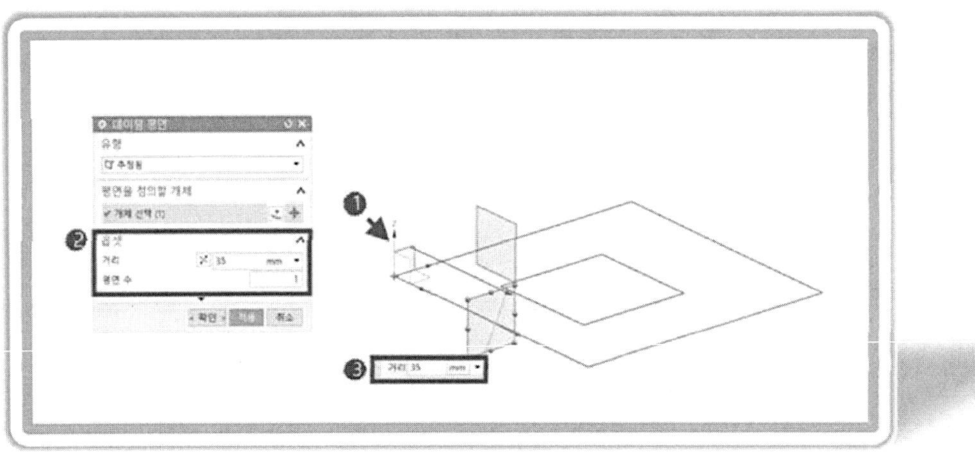

[그림 8-17]

17) 메뉴에서 삽입 타스크 환경에서 스케치를 실행한다.

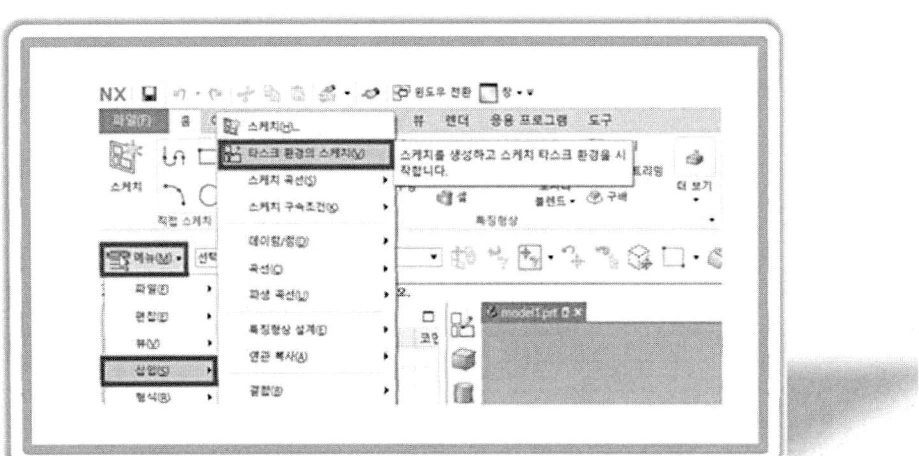

[그림 8-18]

18) 그림과 같이 새로운 평면을 선택한다.

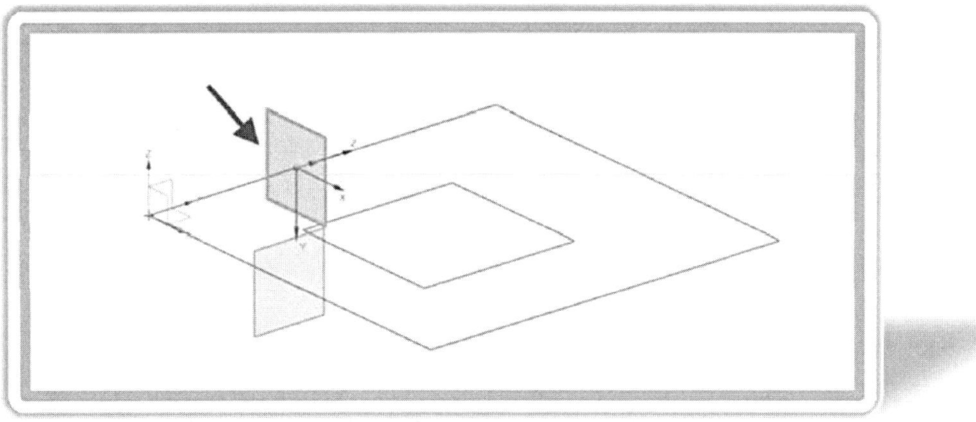

[그림 8-19]

19) 좌표계 다이얼로그 아이콘을 선택하고 Z축에 대한 평면을 방향 반전 아이콘을 눌러 방향 스케치 방향을 바꿔준다.

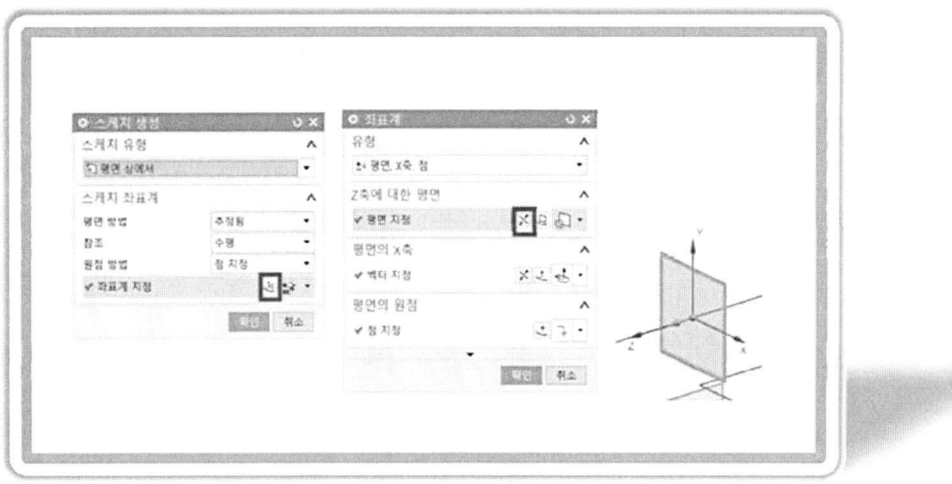

[그림 8-20]

20) 리본 메뉴에서 새로운 원호를 실행하기 위해 3점호를 선택한다.

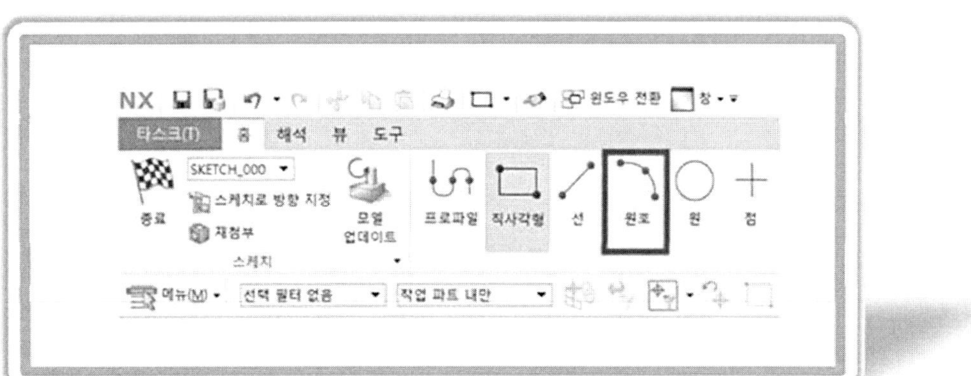

[그림 8-21]

21) 작성되어있는 스케치 선을 클릭하고 그림과 같이 원호를 작성합니다.

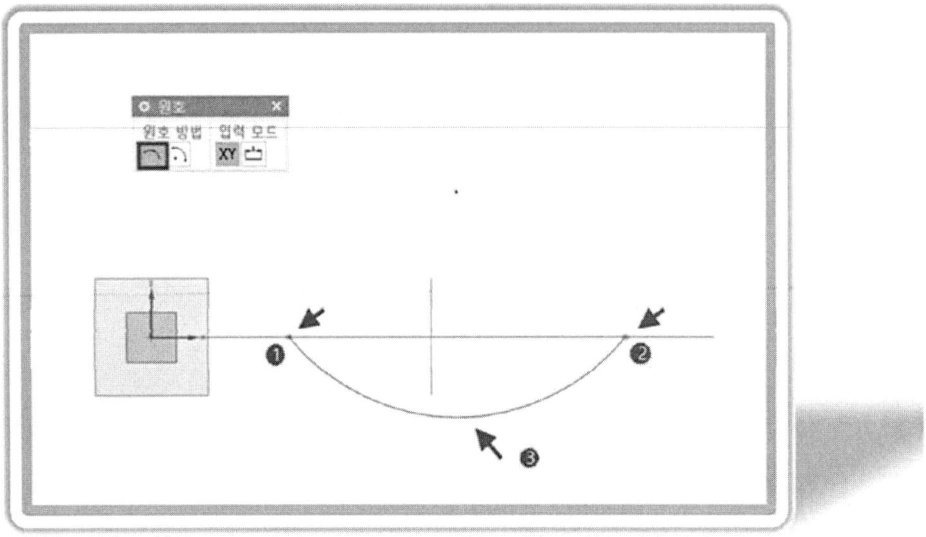

[그림 8-22]

22) 급속 치수를 이용하여 원호의 원점과 수직 축에 치수를 입력한다.

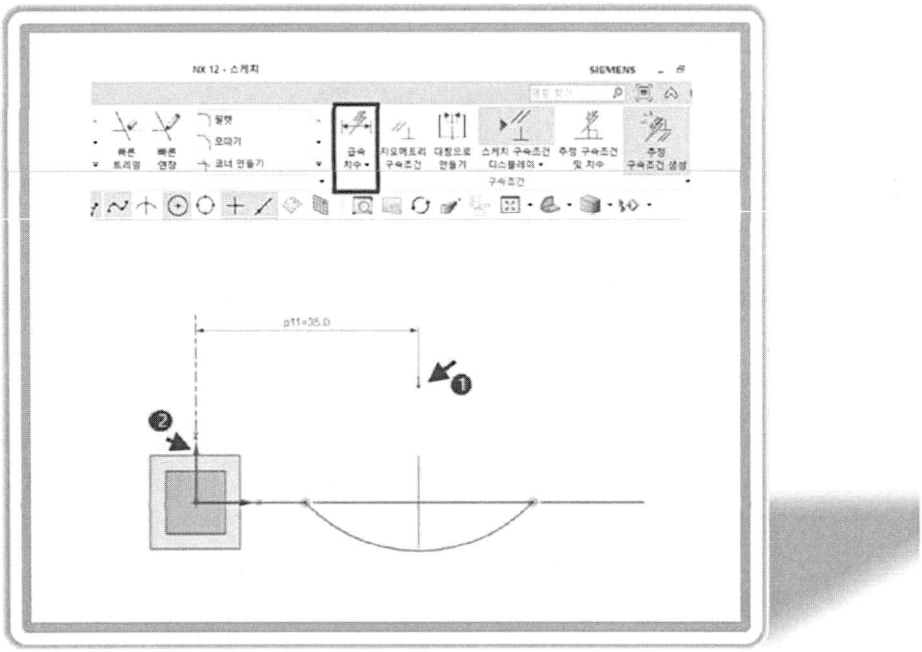

[그림 8-23]

23) 연속해서 나머지 치수를 입력한다.

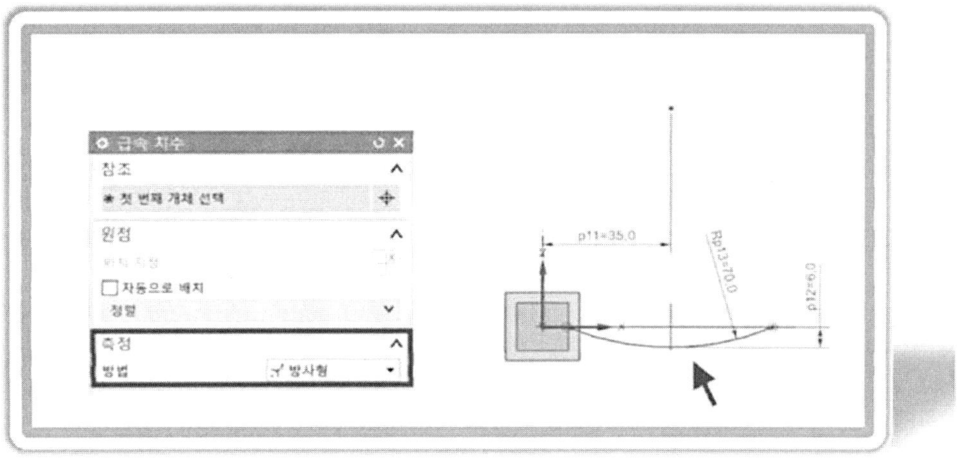

[그림 8-24]

24) 스케치를 종료한다.

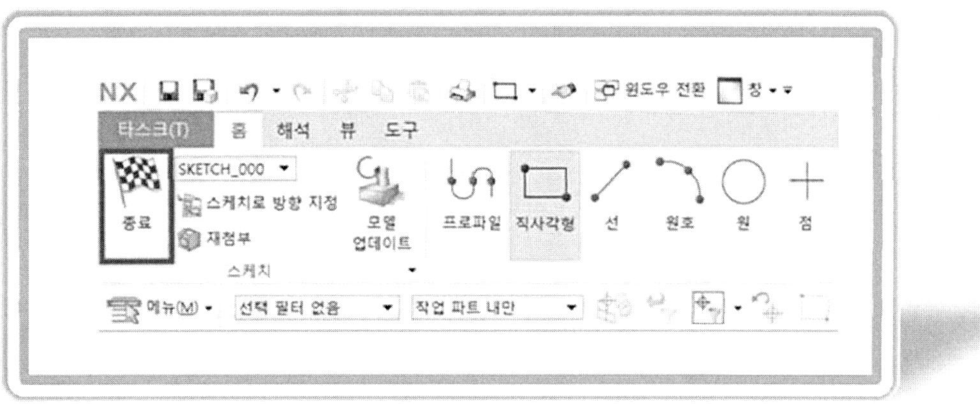

[그림 8-25]

25) 메뉴에서 삽입 타스크 환경의 스케치를 클릭하여 스케치를 실행 후 새로운 평면을 실행한다.

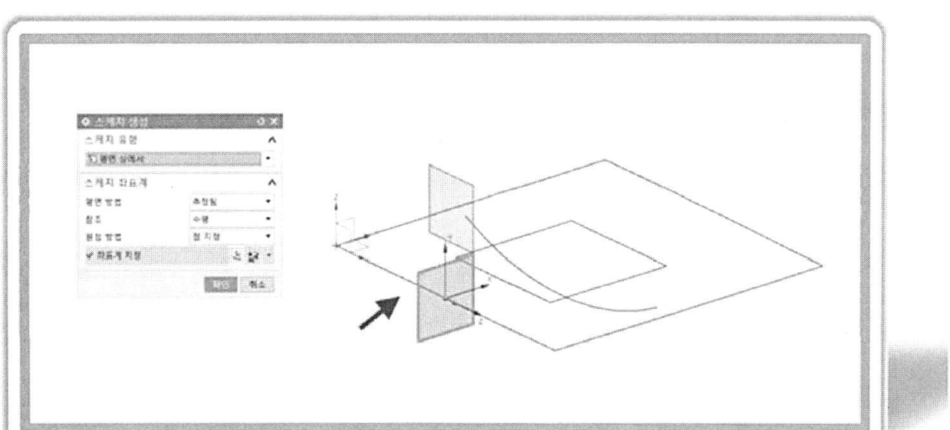

[그림 8-26]

26) 리본 메뉴에서 새로운 원호를 실행합니다.

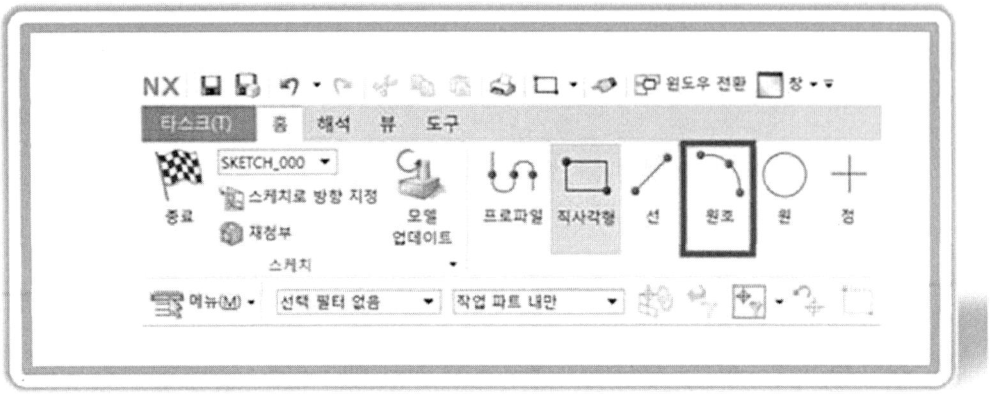

[그림 8-27]

27) 완료된 스케치 선을 선택하고 그림과 같이 원호를 스케치한다.

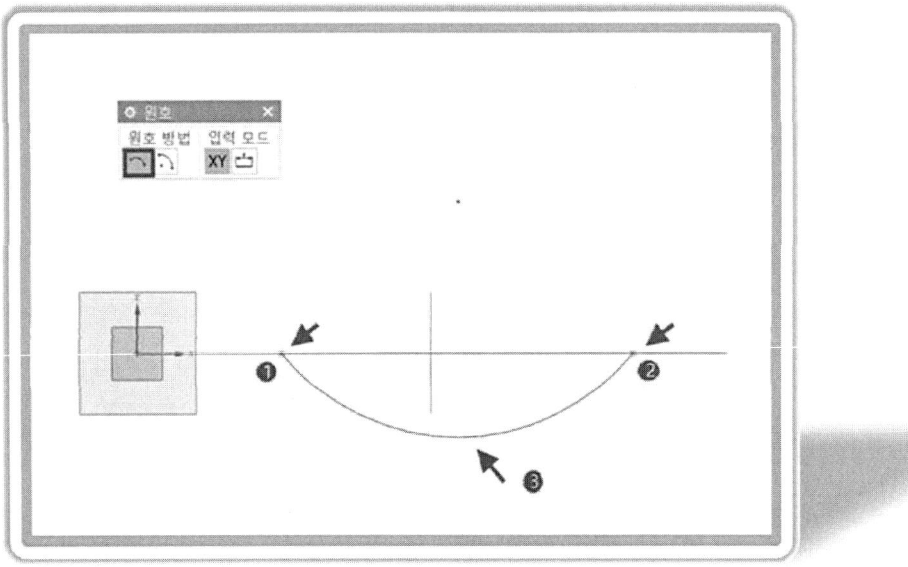

[그림 8-28]

28) 급속 치수를 이용하여 치수를 입력한다.

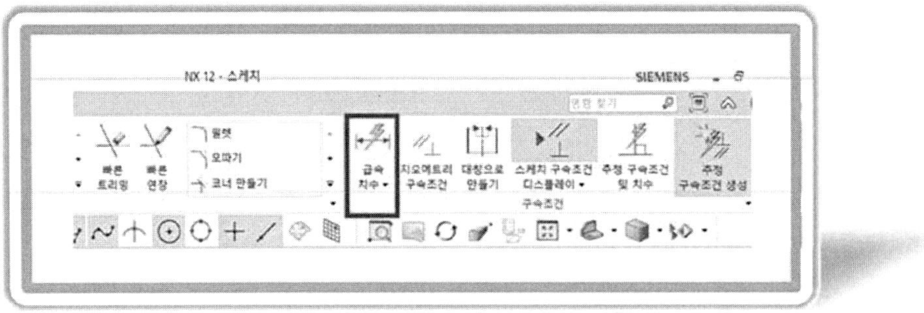

[그림 8-29]

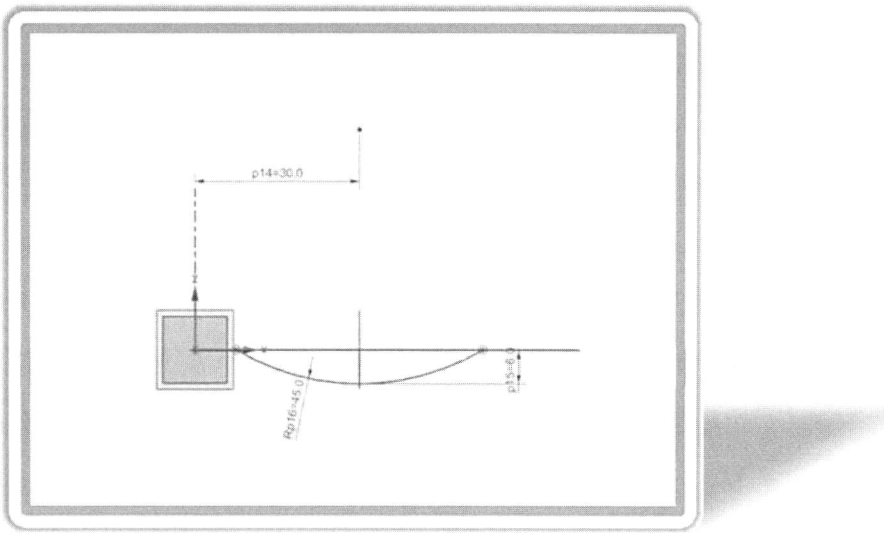

[그림 8-30]

29) 스케치를 종료한다.

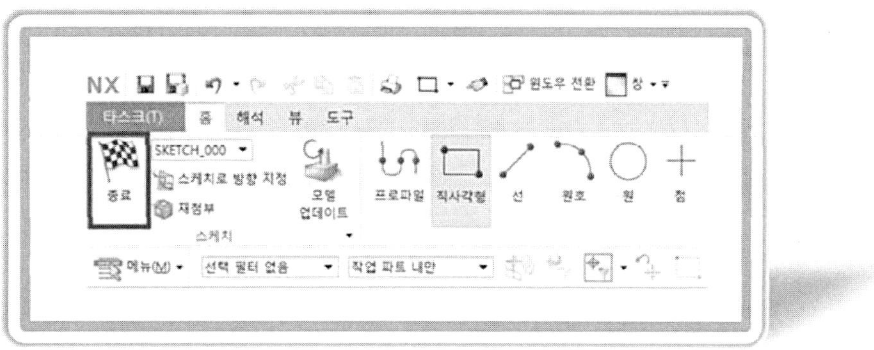

[그림 8-31]

2. 3D 형상 만들기

1) 홈 탭에서 스웹 곡면을 실행하여 곡면을 생성한다.

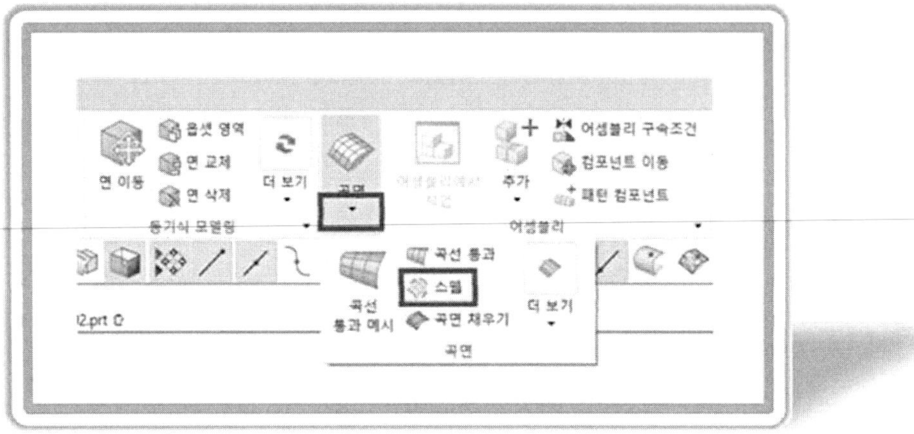

[그림 8-32]

2) 단면 곡선과 가이드 곡선을 선택하여 스웹 곡면을 생성한다.

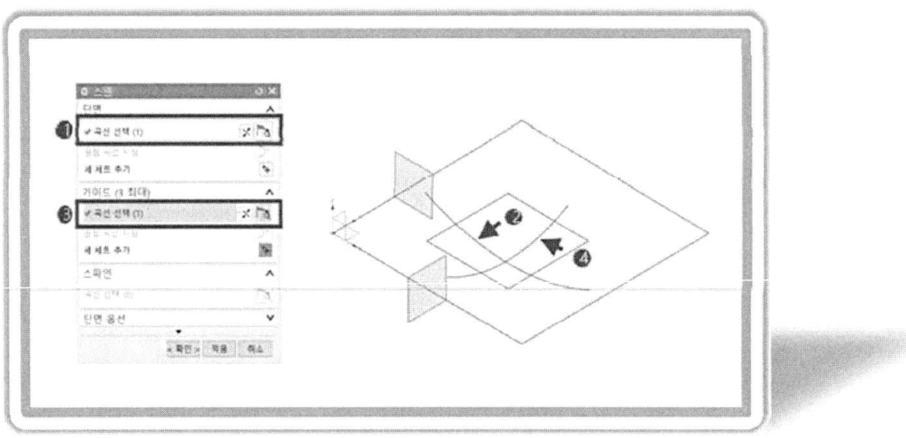

[그림 8-33]

3) 생성된 스웹 곡면을 확인한다.

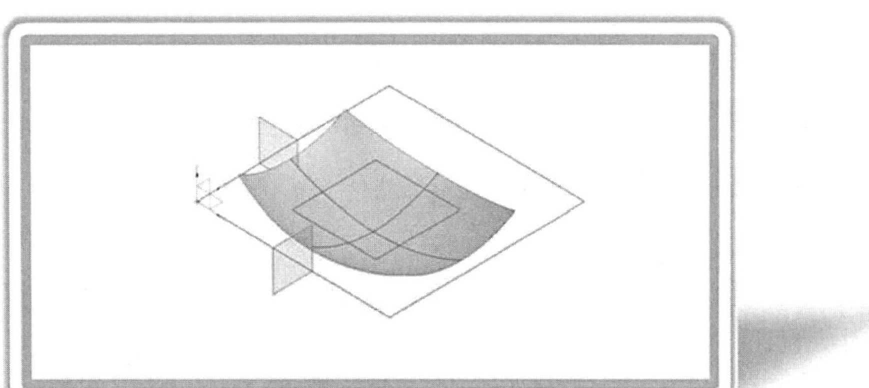

[그림 8-34]

4) 스캐치 곡선을 선택 후 홈 탭에서 돌출을 실행한다.

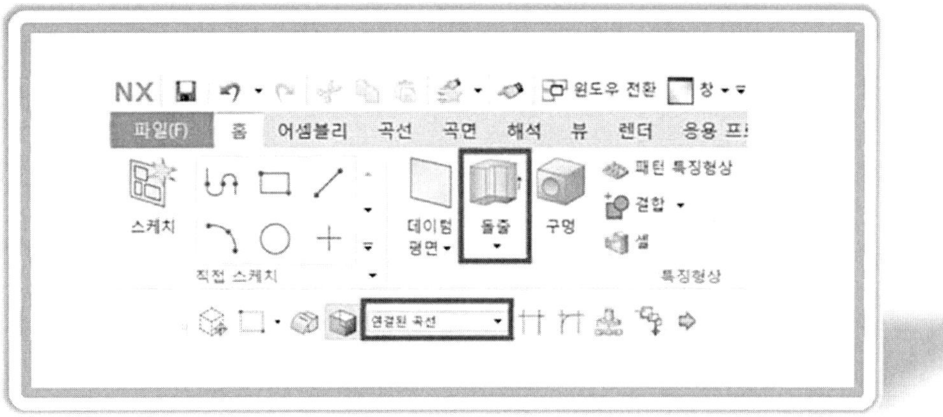

[그림 8-35]

5) 솔리드 방향을 맞춰주고 시작 거리는 0, 끝 거리는 28을 입력한다.

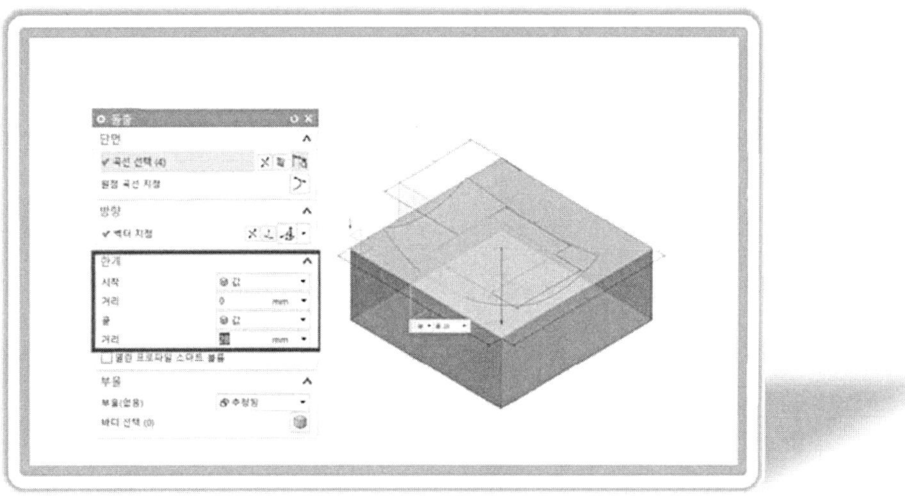

[그림 8-36]

6) 선택 옵션을 통해 영역 경계 곡선으로 변경하고 아래그림과 같이 선택한다.

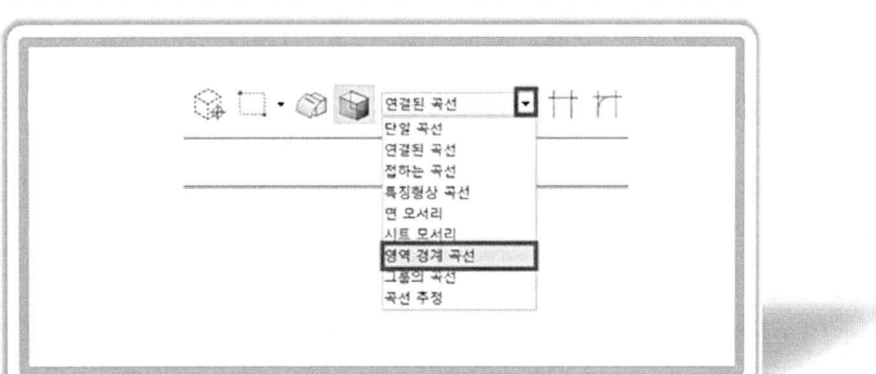

[그림 8-37]

7) 시작 거리는 2, 끝 거리는 7로 작성하고 부울은 빼기로 변경하고, 구배각도는 시작 한계로부터 각도는 60을 입력한다.

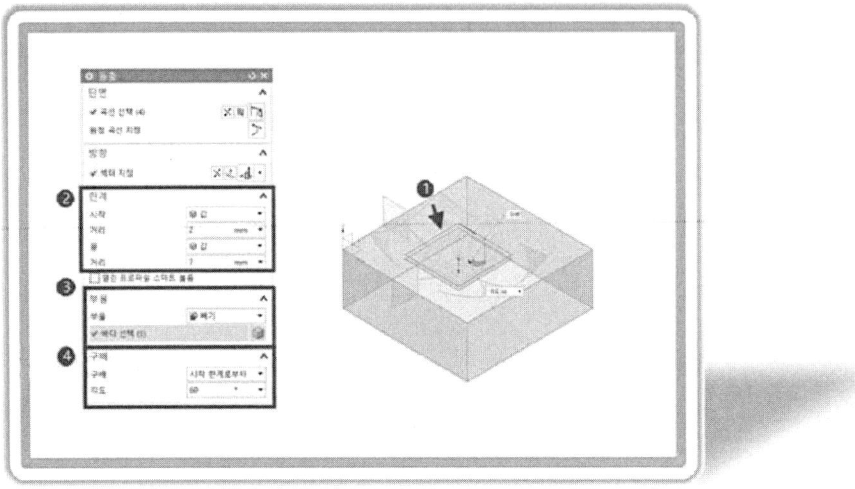

[그림 8-38]

8) 곡면을 확장하여 시트 연장을 실행한다.

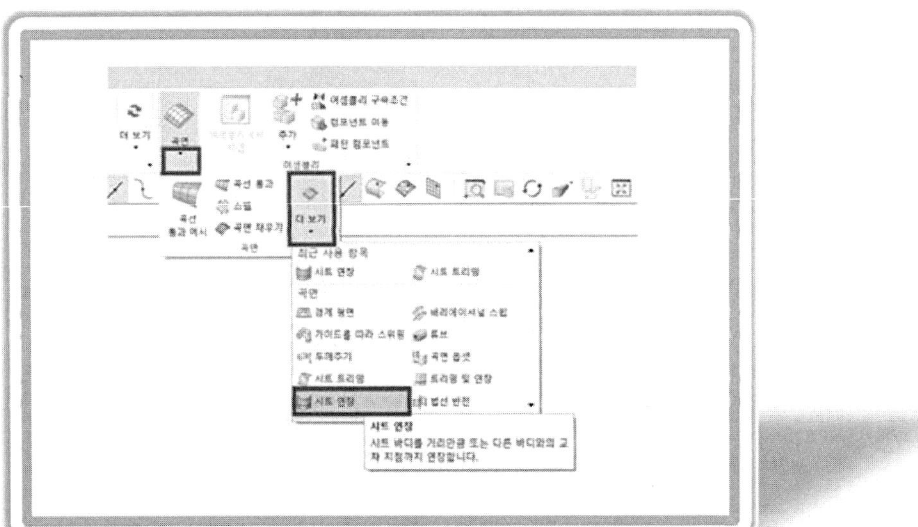

[그림 8-39]

9) 시트의 끝부분을 선택하고 옵셋 값을 조정하여 길이를 연장한다.

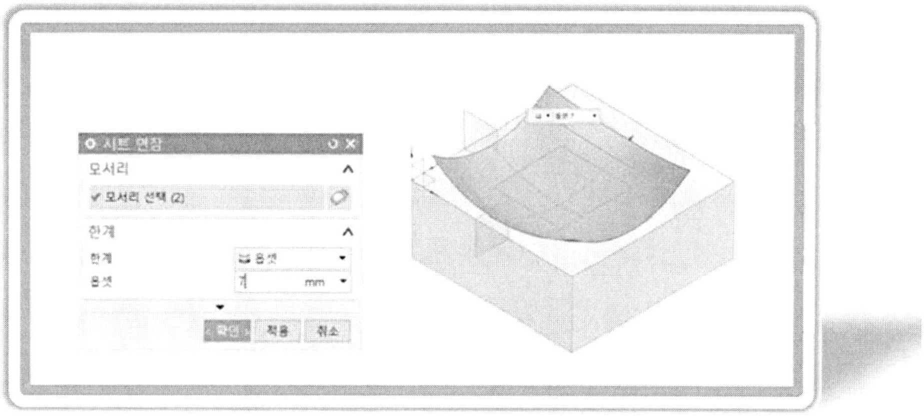

[그림 8-40]

10) 바디 트리밍을 실행한다.

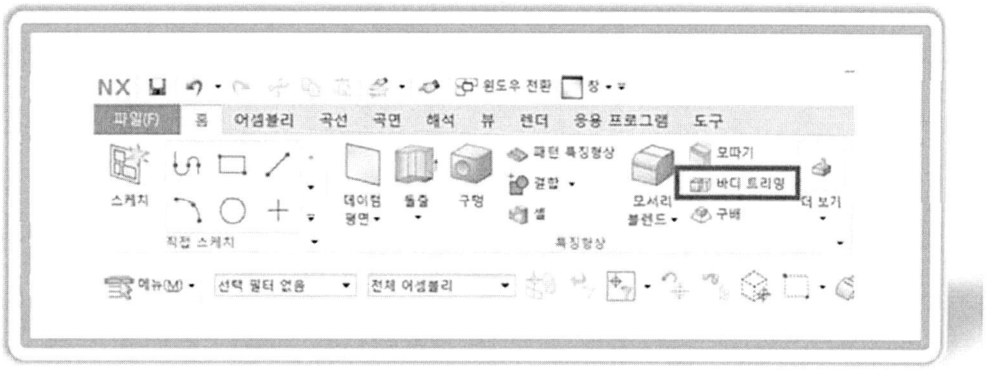

[그림 8-41]

11) 타켓 바디는 돌출, 공구는 스윕을 선택하고, 트리밍되는 영역을 확인한다.

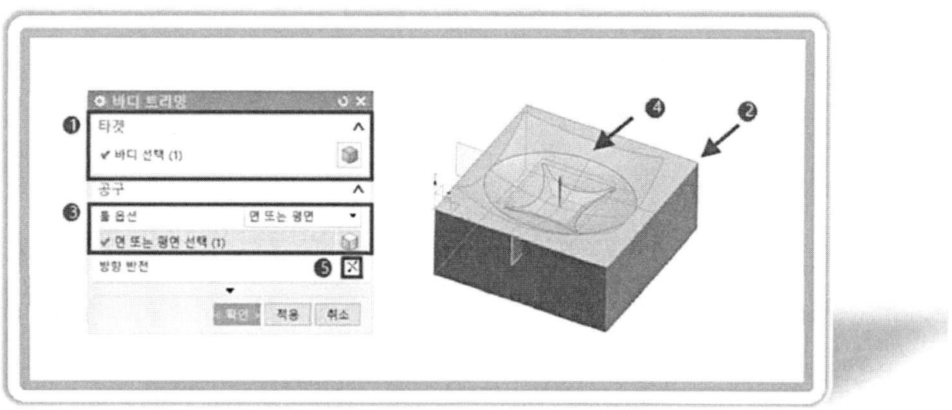

[그림 8-42]

12) 파트 탐색기에서 스웹을 선택하고 숨기기를 클릭하여 숨겨준다.

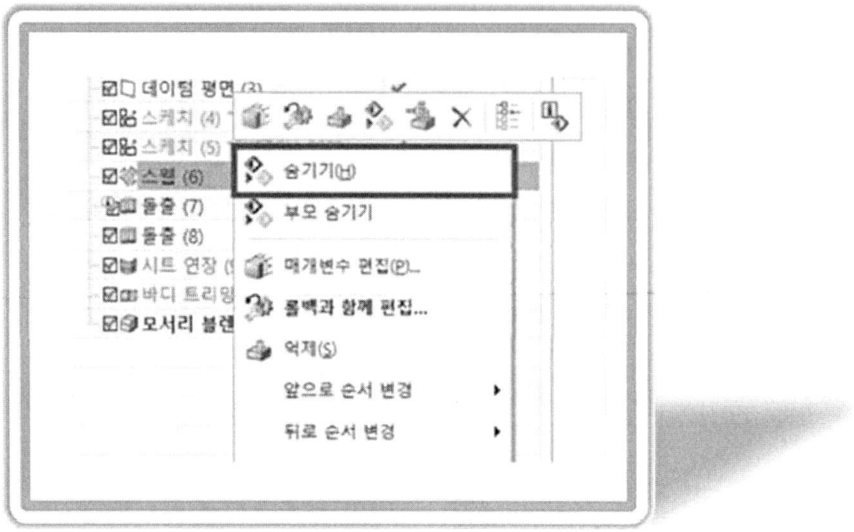

[그림 8-43]

13) 홈 탭에서 모서리 블렌드를 실행한다.

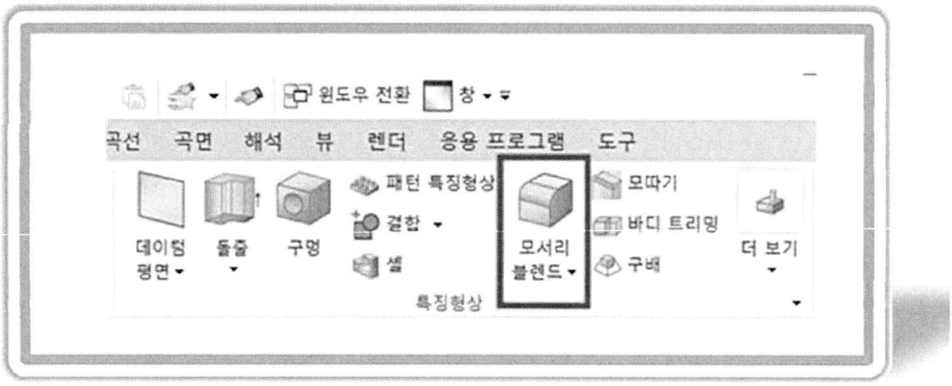

[그림 8-44]

14) 모서리 블렌드를 선택하여 반경1은 10으로 입력한다.

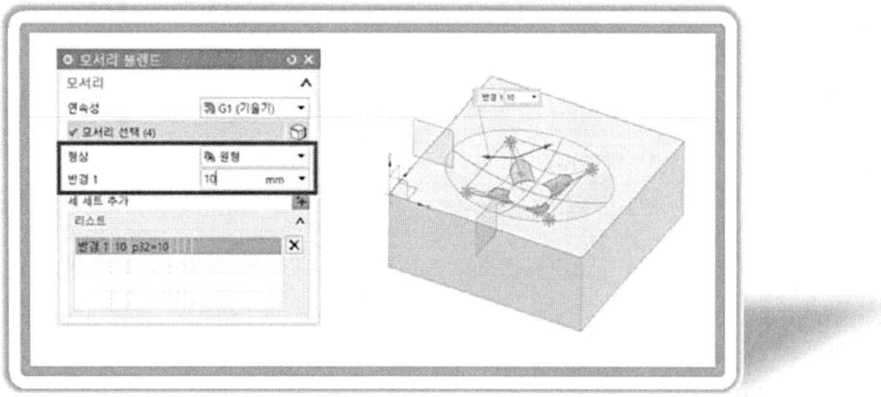

[그림 8-45]

15) 모서리 블렌드를 선택하여 반경1은 4으로 입력한다.

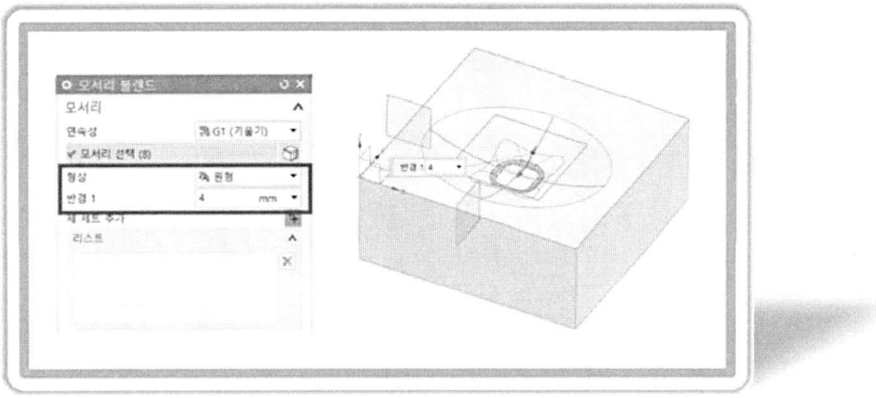

[그림 8-46]

16) Ctrl + W 키를 눌러 표시 및 숨기기에서 스케치와 데이텀의 -를 클릭하여 모델링을 죄외한 스케치를 숨겨준다.

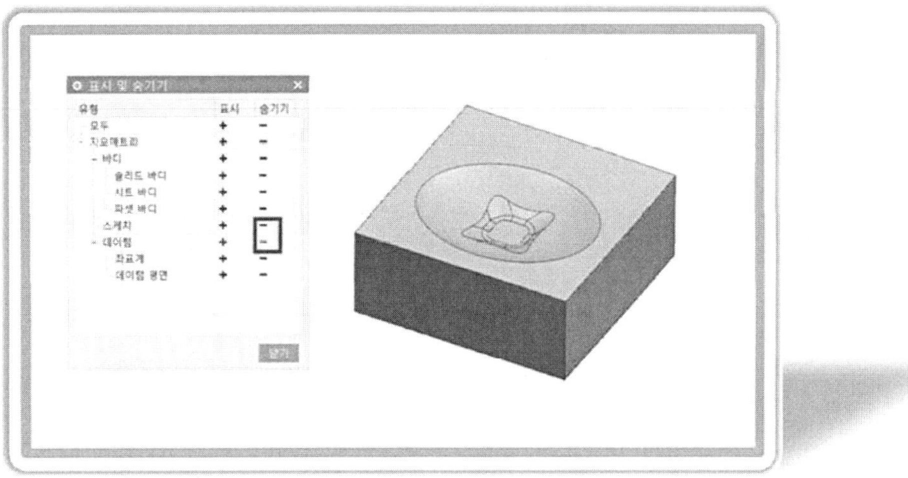

[그림 8-47]

3. 가공(Manufacturing) 따라하기

1) 응용프로그램 탭을 클릭하고 제조 응용프로그램을 선택한다.

[그림 8-48]

2) 가공 환경에서 3축 가공을 위해 cam_general를 선택한다.

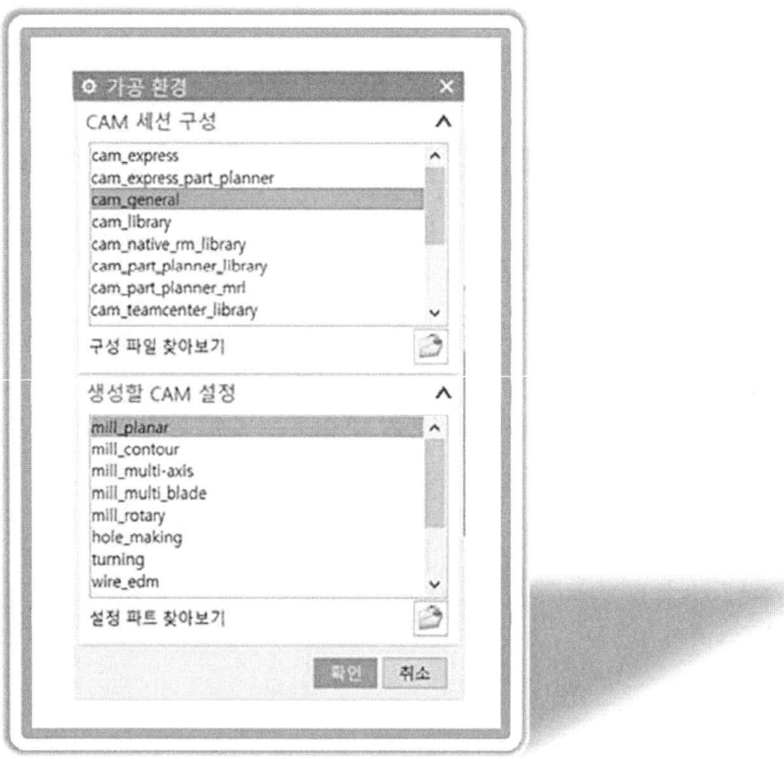

[그림 8-49]

3) 가공 환경에서 3축 가공을 위해 cam_general를 선택한다.

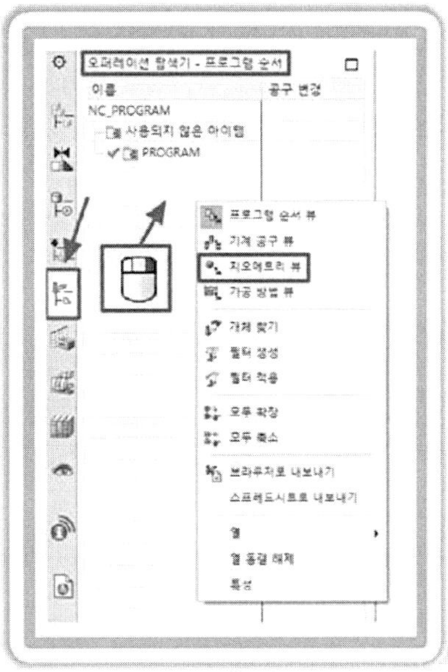

[그림 8-50]

① **프로그램 순서 뷰** : CAM 작업에서 생성할 오퍼레이션이 프로그램 그룹을 순서대로 나열된다.
② **기계 공구 뷰** : CAM 작업에서 생성한 공구가 표시된다.
③ **지오메트리 뷰** : 가공하고자 하는 형상의 조건 설정.
④ **가공 방법 뷰** : 모든 오퍼레이션에 상속되는 위 가공 변수를 생성.

4) MCS_MILL을 마우스 우측버튼으로 클릭하고 편집을 클릭하여 수정한다. 다음 MCS 지정을 클릭한 후 중심의 포인트를 선택해 공작물원점을 지정한다.

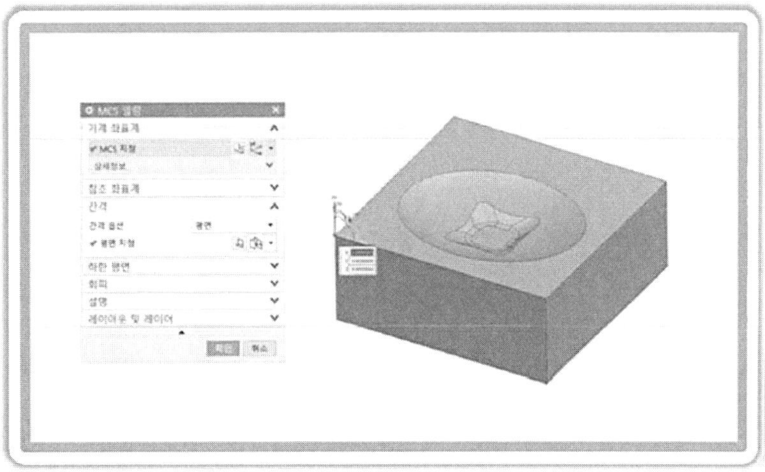

[그림 8-51]

5) 다음 안전높이 지정을 위해 간격옵션 항목을 평면으로 지정하고 그림과 같이 공작물의윗면을 지정한다. 다음으로 치수 입력창에 30mm로 정의하고 확인한다.

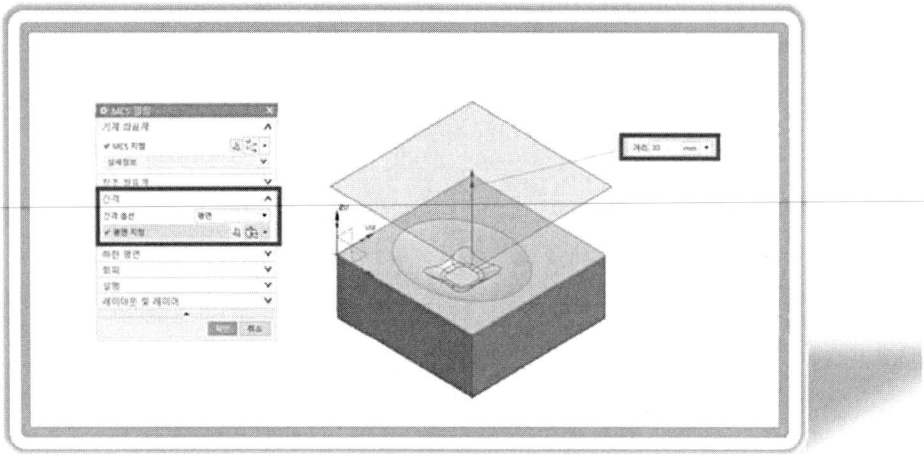

[그림 8-52]

6) 소재설정을 위해 MCS_MILL 하위의 WORKPIECE를 마우스 오른쪽 버튼을 클릭하고 편집한다.

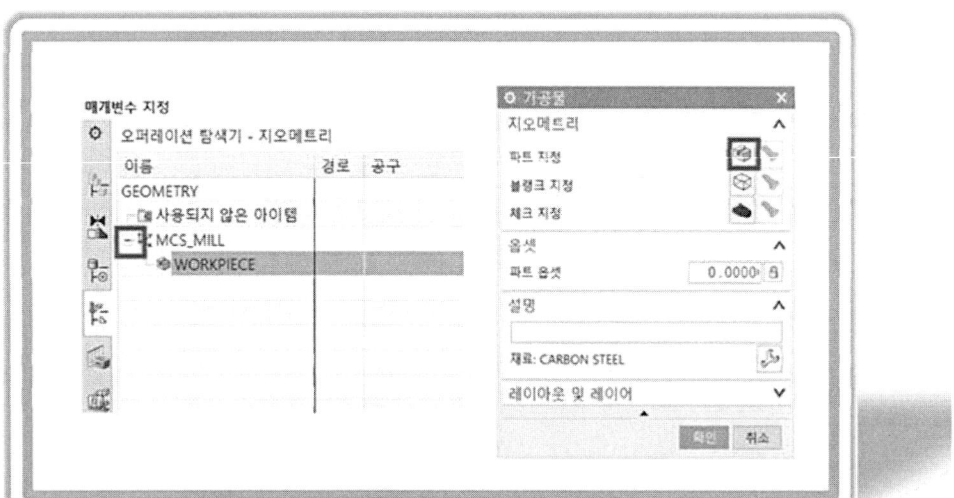

[그림 8-53]

① **파트 지정** : 가공 완성 후 형상을 설정한다.

② **블랭크 지정** : 가공 소재 형상 및 크기를 설정한다.

③ **체크 지정** : 가공하지 말아야 할 부분의 형상을 지정한다.

④ **옵셋** : 파트에 대한 옵셋 값을 지정한다.

⑤ **재료** : 가공소재의 재질을 선택한다.

⑥ **레이아웃 및 레이어** : 가공물에 대한 레이아웃 및 레이어 설정을 할 수 있다.

7) 블랭크 지정 아이콘을 클릭한 후 유형은 경계 블록으로 지정한다.

[그림 8-54]

8) 확인을 눌러 재료 설정을 마무리 한다.

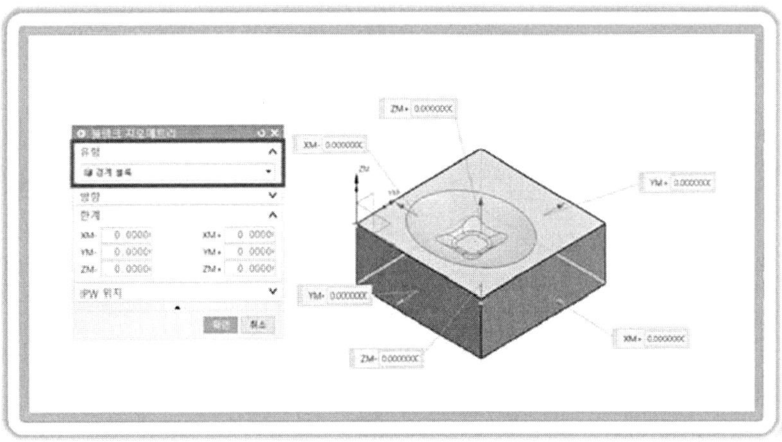

[그림 8-55]

9) 공구 설정을 위해 오퍼레이션 탐색기에서 오른쪽 마우스를 클릭하고 기계 공구 뷰를 선택한다.

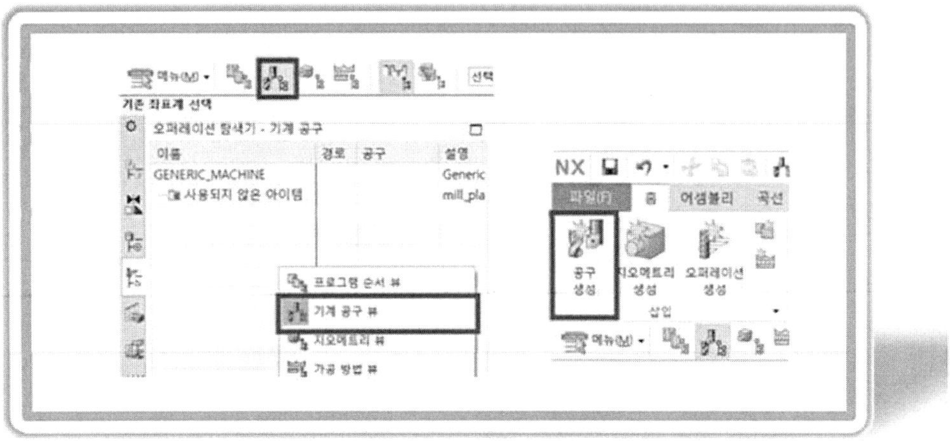

[그림 8-56]

10) 유형에서 mill_planar를 선택하고 공구 하위 유형에서 mill을 선택한다.

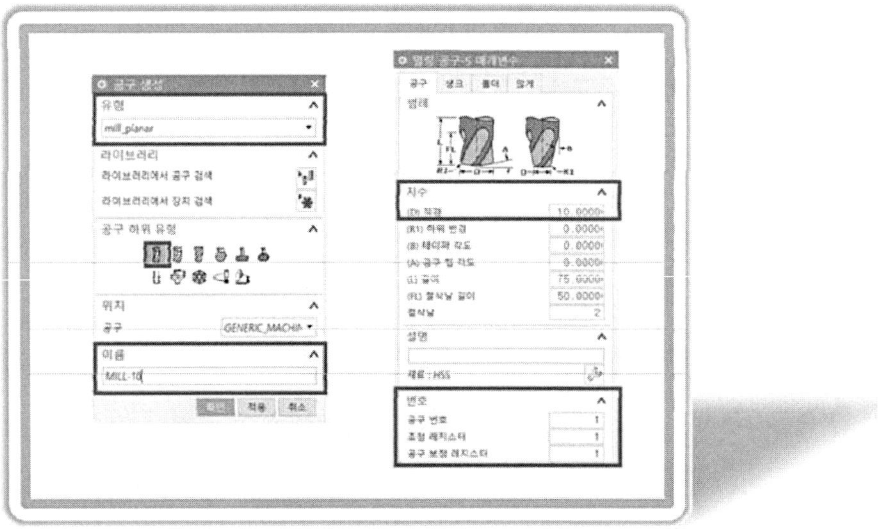

[그림 8-57]

① **유형** : 가공 타입을 선택.
② **라이브러리** : 라이브러리에서 공구를 불러 온다.
③ **공구 하위 유형** : 생성할 공구의 종류를 선택한다.
④ **위치** : 공구가 탐색기 항목에서 생성될 위치를 지정.
⑤ **이름** : 공구의 이름을 입력.

11) 유형에서 mill_contour, 공구 하위 유형에서 BALL_MILL를 선택한다.

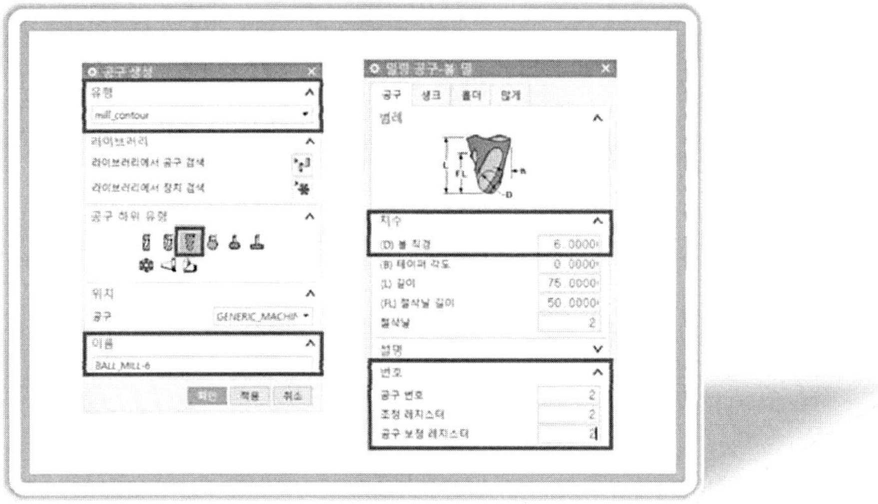

[그림 8-58]

12) 툴 패스 생성을 위해 오퍼레이션 탐색기에서 마우스 오른쪽을 클릭하여 프로그램 순서 뷰를 클릭하고 상단의 오퍼레이션 생성을 선택한다.

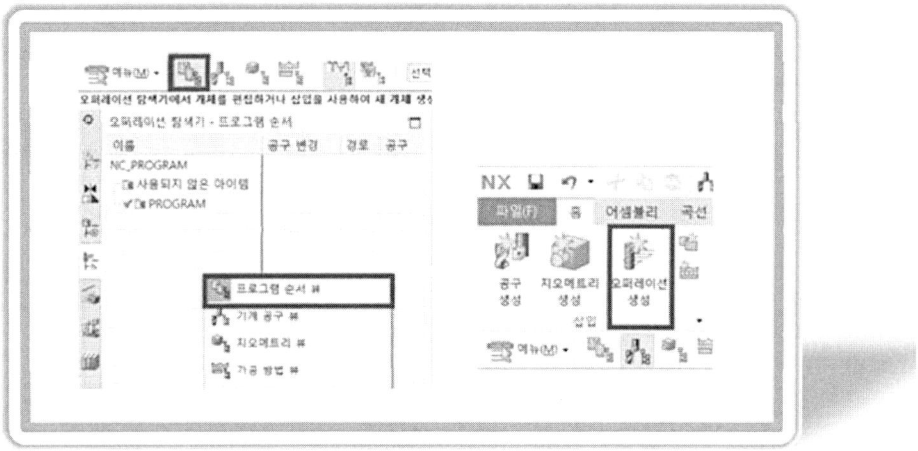

[그림 8-59]

13) 유형에서 mill_contour를 선택하고 오퍼레이션 하위 유형에서 캐비티 밀링을 선택한다.

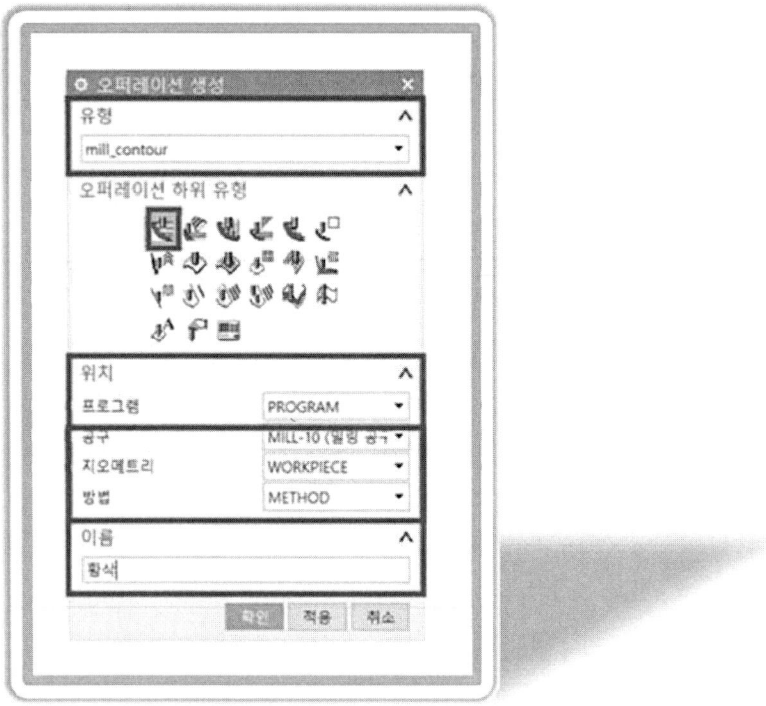

[그림 8-60]

① **유형**: 가공 타입으로 선택한 유형에 따라서 생성할 수 있는 공구 경로가 다르게 나타납니다.

② **오퍼레이션 하위 유형**: 가공 방법의 종류를 선택합니다.

③ **위치**

프로그램: 오퍼레이션을 저장할 폴더를 선택합니다.

공구: 오퍼레이션에 사용할 공구를 지정합니다.

지오메트리: 가공 소재를 지정합니다.

방법: 오퍼레이션 생성 시 하위 메뉴의 가공 방법을 미리 선택합니다.

④ **이름**: 오퍼레이션의 이름을 지정합니다.

14) 경로 설정값에서 절삭 패턴은 파트 따르기로 하고 스탭 오버는 % Tool Flat, 평평한 직경의 퍼센트는 70으로 기입합니다.

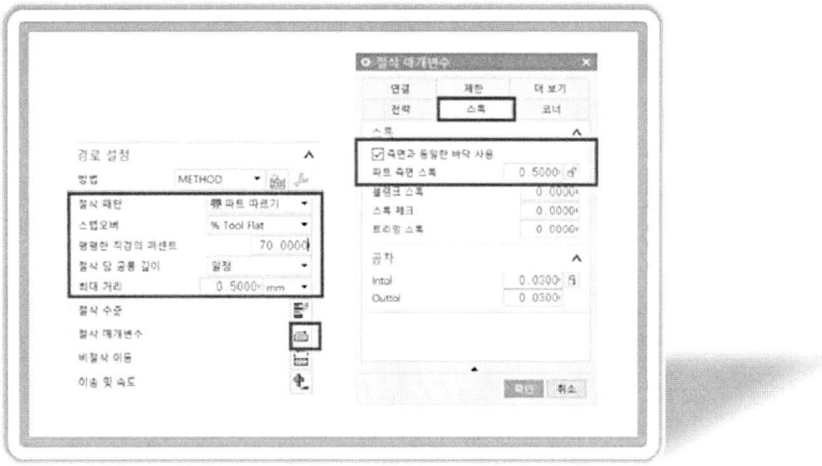

[그림 8-61]

① **방법** : 오퍼레이션 생성하는 메뉴.

② **절삭 패턴** : 절삭 영역에 필요한 공구 경로 패턴을 선택하는 기능.

③ **스텝 오버** : 절삭공구 이동시 거리사이를 지정하는 기능. (XY 평면 방향)

④ **평평한 직경의 퍼센트** : 절삭 시 평면 상태를 퍼센트로 조절이 기능.

⑤ **절삭 당 공통 깊이** : Z축 가공 방향의 절입 깊이를 조정하는 기능.

⑥ **절삭 수준** : 절삭 범위 및 각 범위의 수준을 나타내는 기능.

⑦ **절삭 매개변수** : 오퍼레이션의 절삭의 변수 값을 설정.

⑧ **비절삭 이동** : 절삭 이동 전, 후 및 사이에 공구를 위치할 때의 이동 값을 설정.

⑨ **이송 및 속도** : 스핀들 속도 및 이송률을 지정.

15) 절삭 이동에서 진입 유형을 플런지로 변경한다.

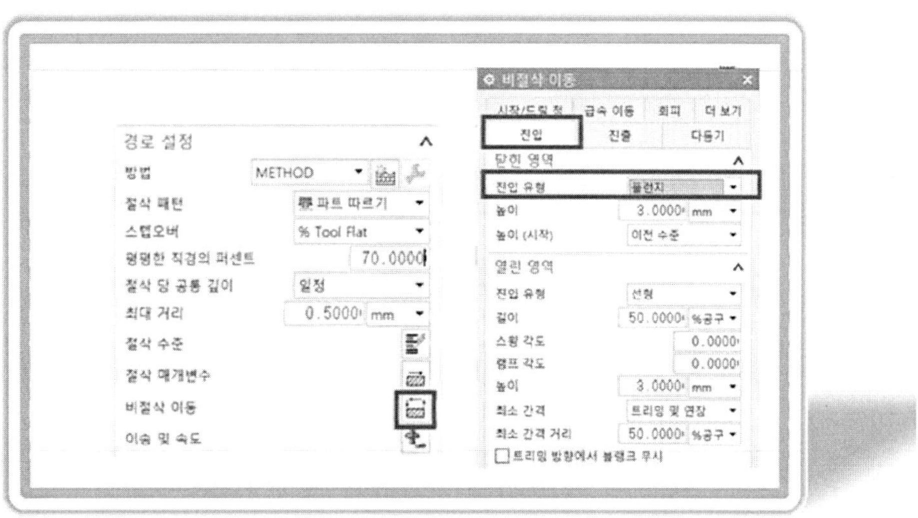

[그림 8-62]

① **진입**: 진입부터 초기 절삭 위치로 절사공구가 이동시 조건을 정의.

② **닫힌 영역**: 포켓 가공 지정.

③ **열린 영역**: 외각 가공 지정

16) 오퍼레이션을 통해 작업경로를 확인한다.

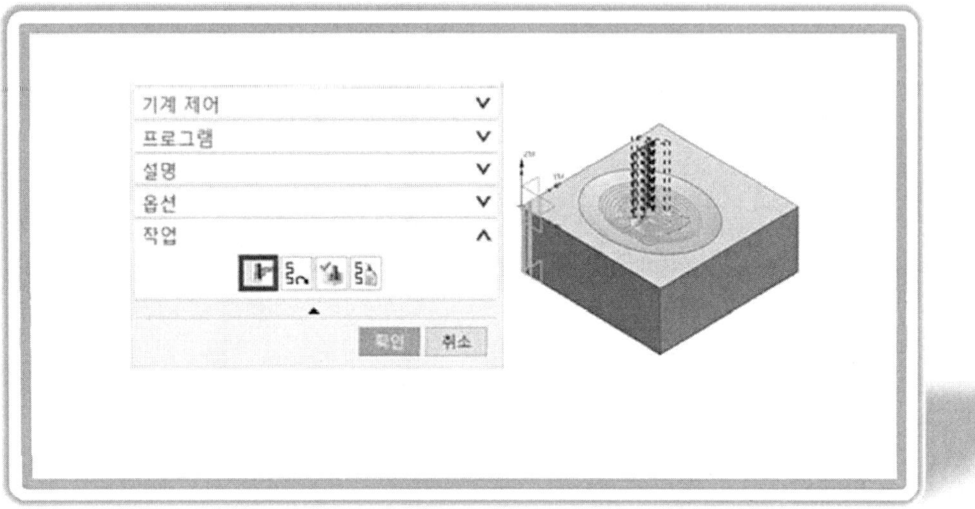

[그림 8-63]

17) 모의가공 확인한다.

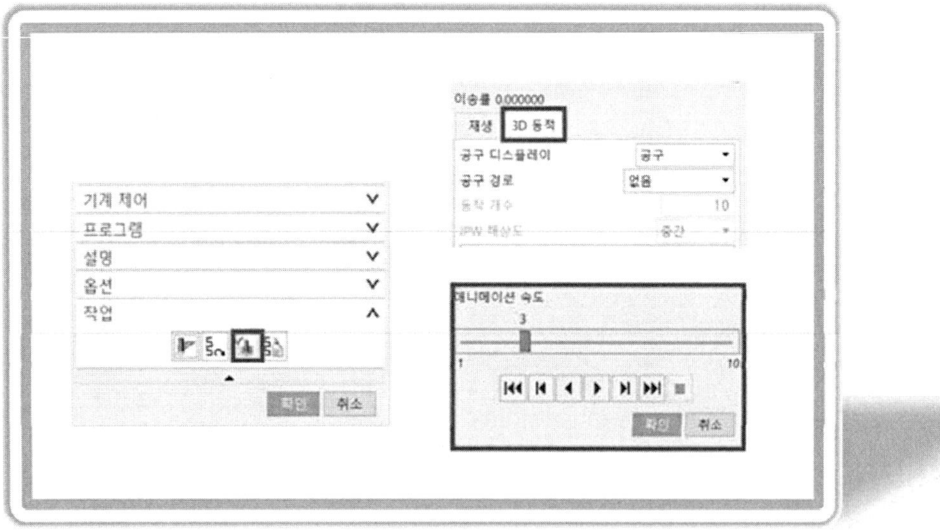

[그림 8-64]

18) mill_contour에서 윤곽 영역을 선택한다.

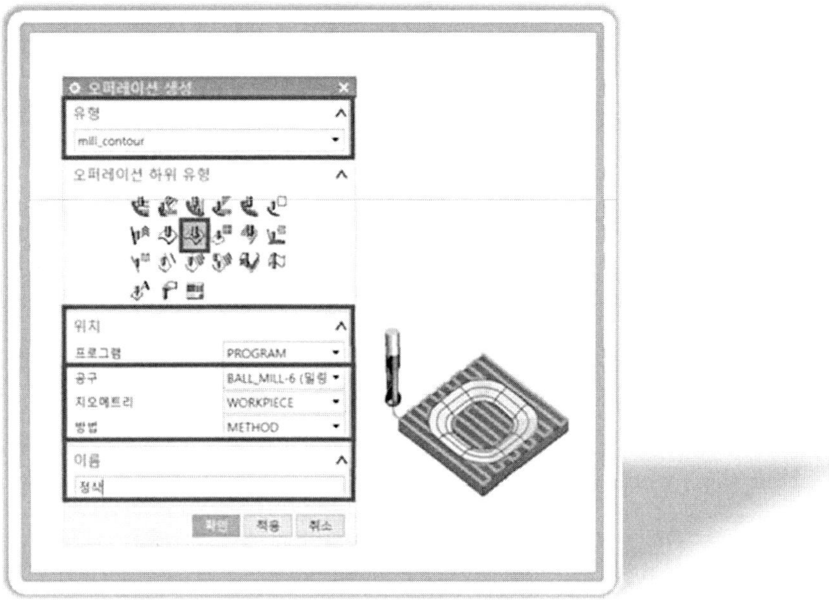

[그림 8-65]

19) 절삭 영역을 지정 선택한다.

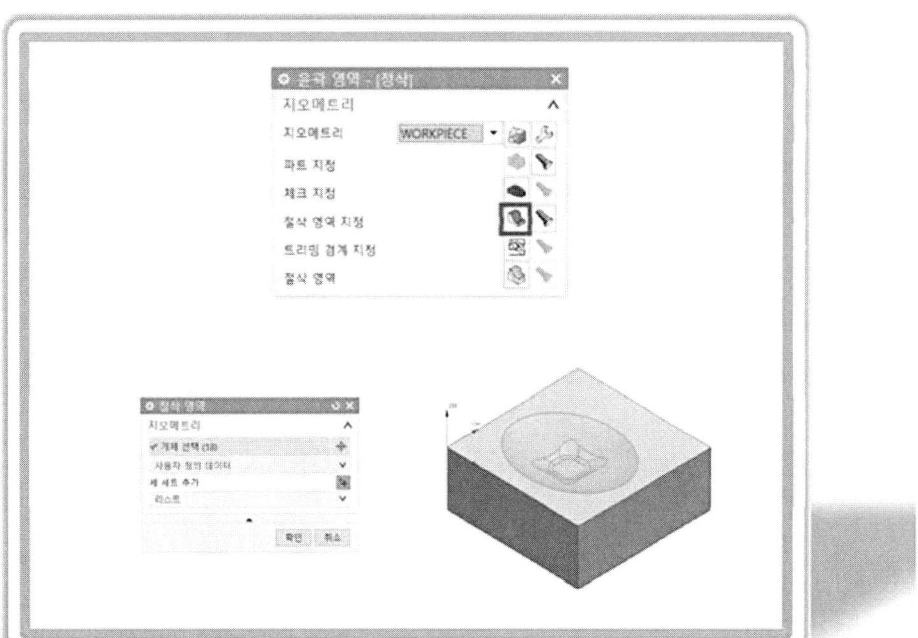

[그림 8-66]

20) 드라이브 방법에서 편집 아이콘을 선택해 아래와 같이 설정을 한다.

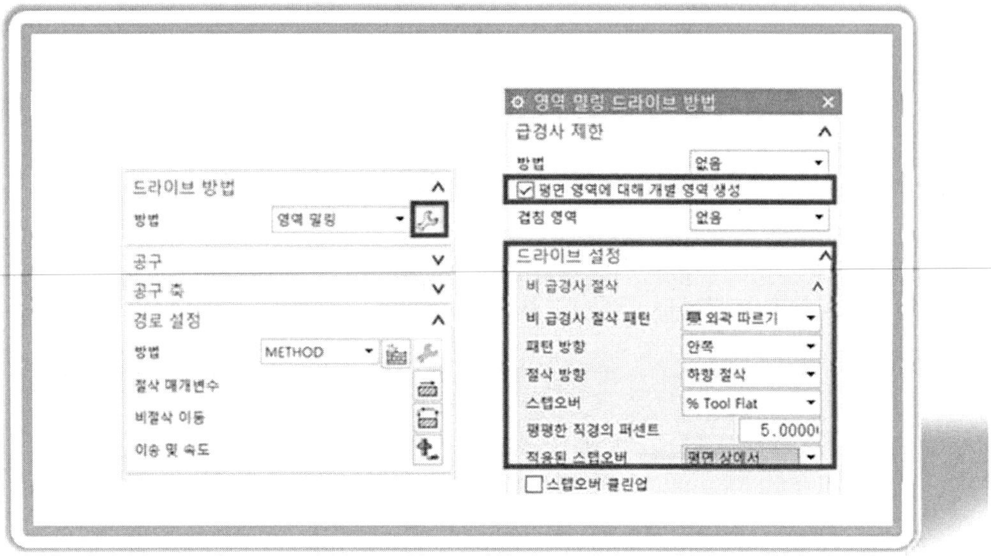

[그림 8-67]

21) 절삭 매개변수를 연장 거리값을 30으로 변경한다.

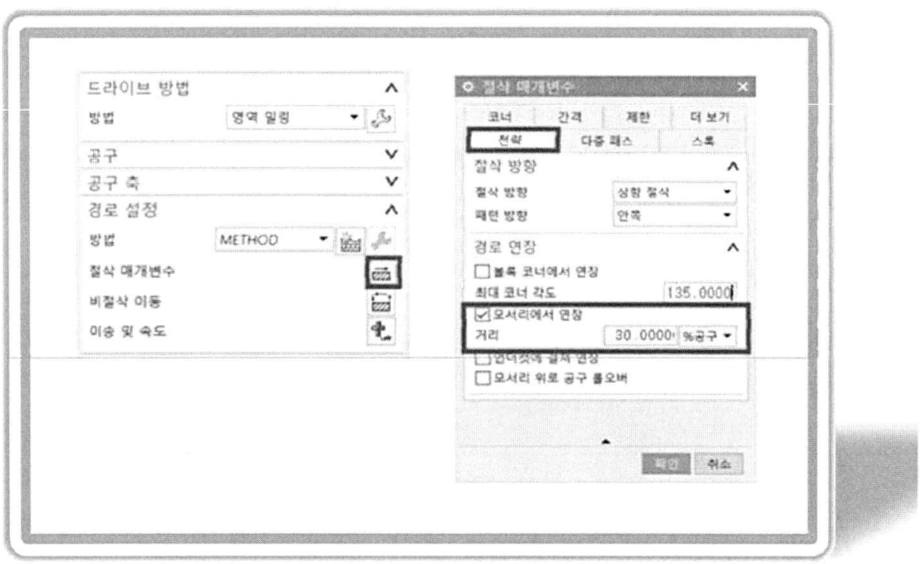

[그림 8-68]

22) 스톡에서 공차설정을 0.01로 설정한다.

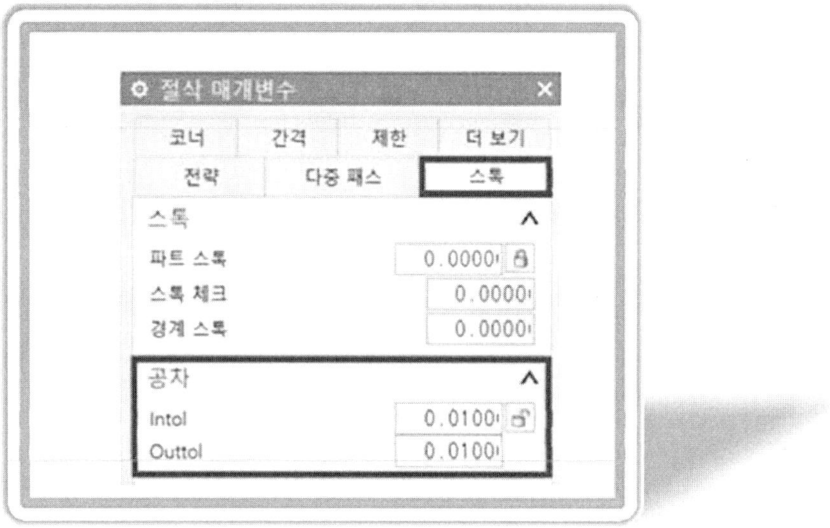

[그림 8-69]

23) 절삭속도를 다음과 같이 설정한다. (스핀들 속도를 5800, 이송률의 절삭을 460)

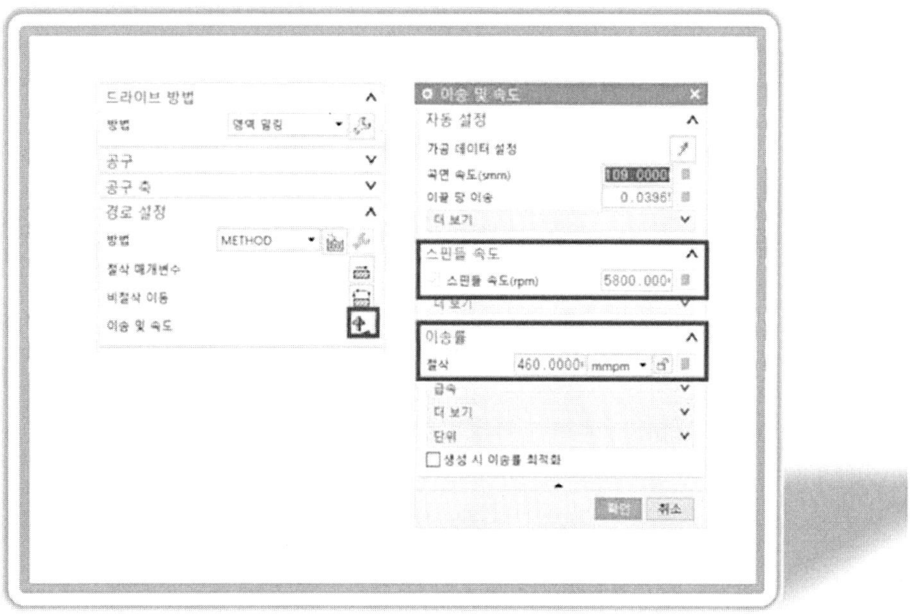

[그림 8-70]

24) 오퍼레이션을 통해 작업경로를 확인한다.

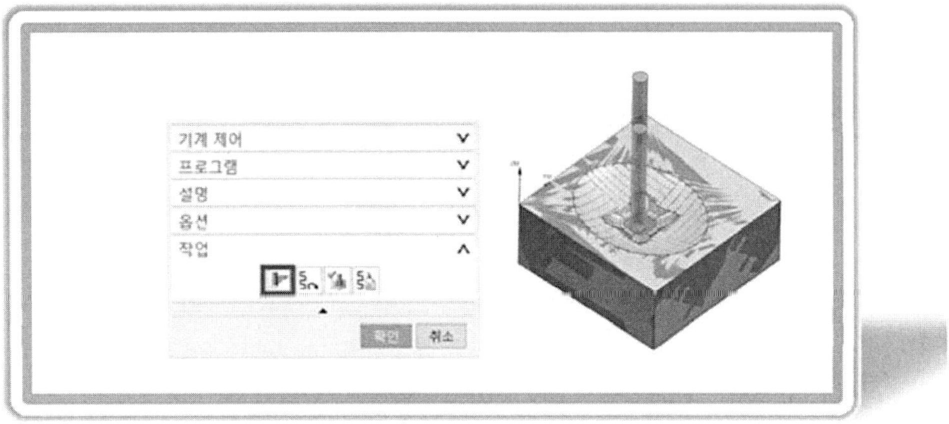

[그림 8-71]

25) 오퍼레이션 탐색기에서 생성된 오퍼레이션을 확인하고 프로그램을 선택한 뒤 홈 탭의 공구 경로 검증을 실행한다.

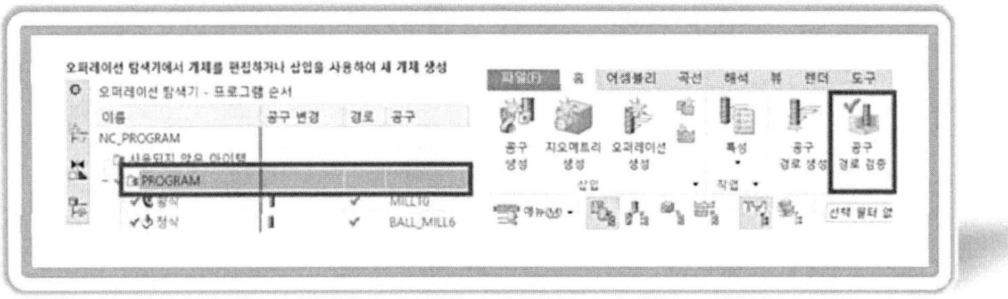

[그림 8-72]

26) 사용장비에 맞는 포스트 프로세스를 선택한다.

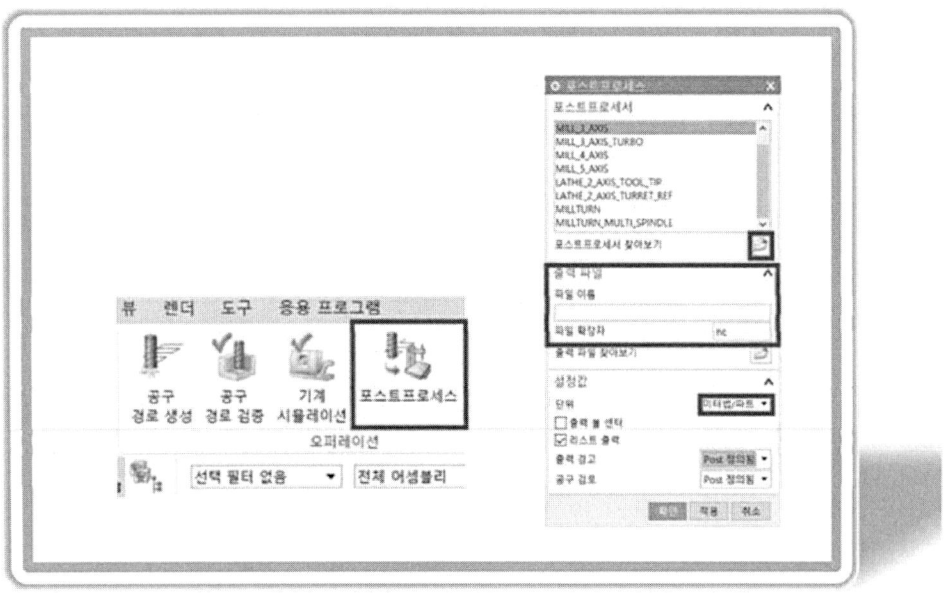

[그림 8-73]

27) NC DATA를 편집한다.

```
%
G17 G40 G49 G80
G54
G91 G28 Z0.0
T01 M06
G00 G90 X36.032 Y22.509 S2500 M03
G43 Z30. H00
Z3.
G03 X35.626 Y31.436 Z-.5 R4.5 F600.
G01 X35.341 Y31.457 M08
G03 X34.54 Y31.486 R10.83
G03 X29.027 Y29.979 R10.83
G03 X35.041 Y28.503 R12.994
G03 X40.845 Y29.871 R12.994
G01 X41.004 Y29.953
G03 X35.984 Y31.438 R9.227
G01 X35.913
```

[그림 8-74]

제2절 3차원 가공 따라하기

1. 3D 모델링 따라하기

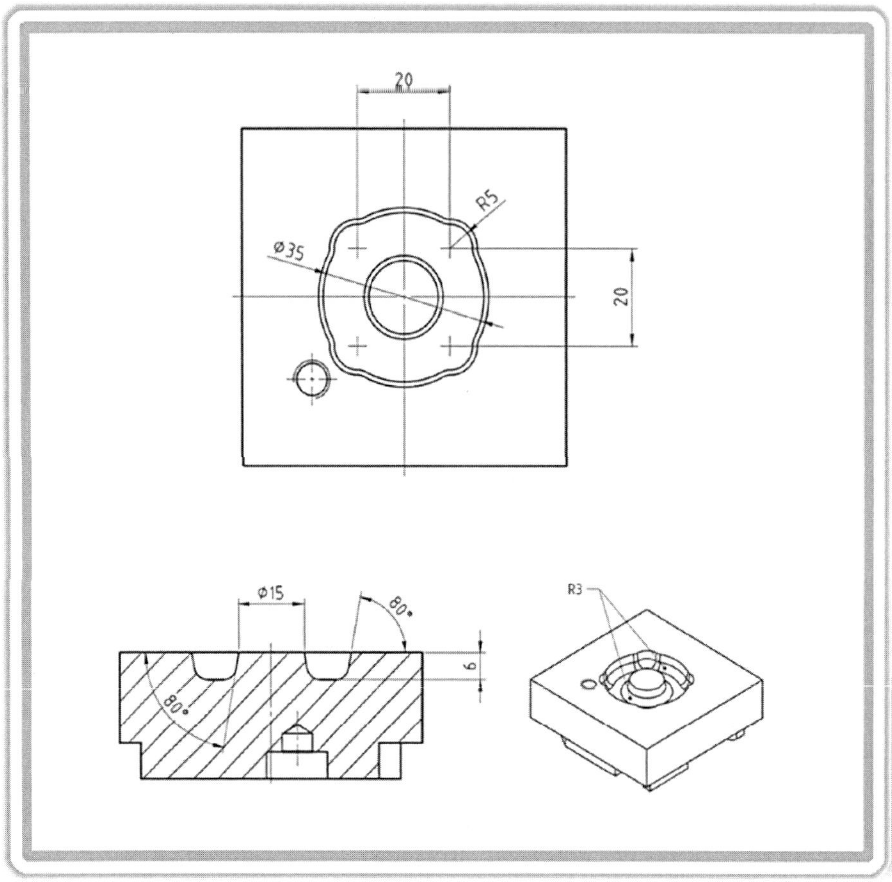

표시되지 않은 소재 치수 (70*70*28)

[그림 8-75]

1) 새로 만들기 (Ctrl+N)을 실행한다.

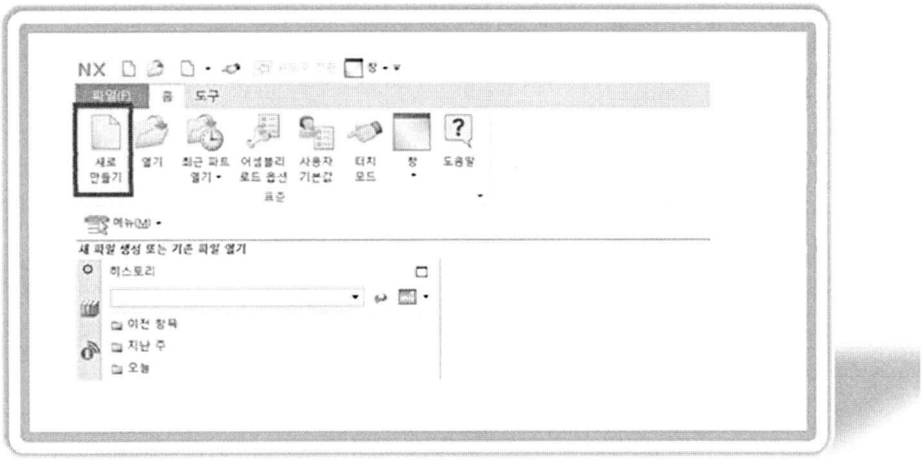

[그림 8-76]

2) 새로 만들기에서 템플릿의 모델을 선택하고 단위는 밀리미터, 새 파일의 이름과 저장 위치를 지정해 주시고 확인한다.

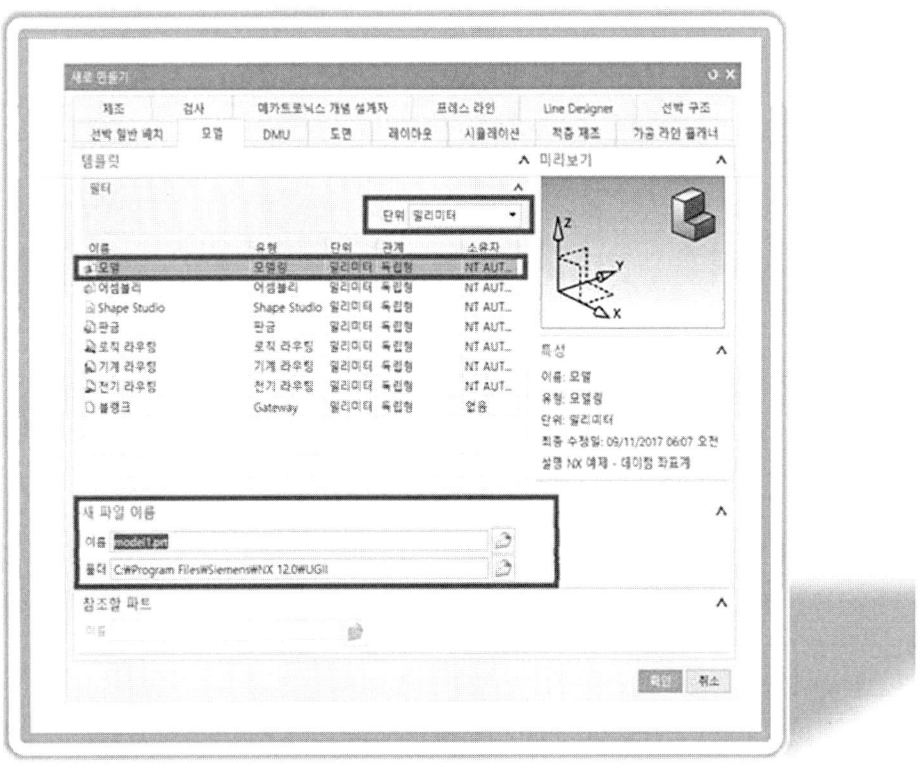

[그림 8-77]

3) Sketch를 위한 파일에서 환경설정을 한다.

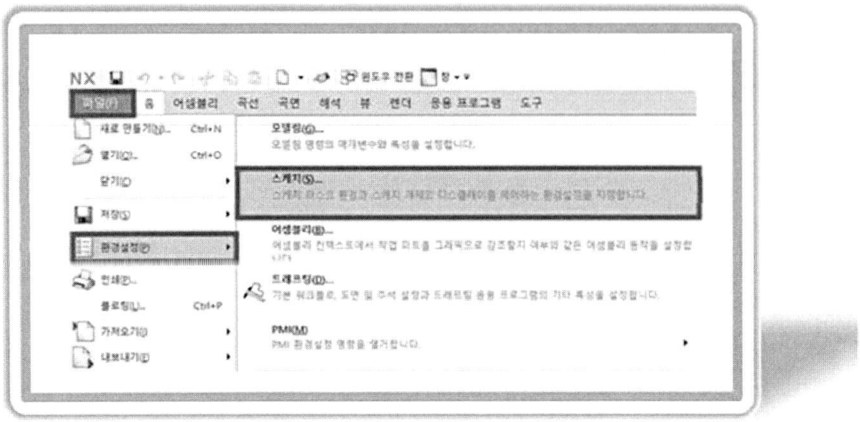

[그림 8-78]

4) 스케치 환경설정에서 연속 자동 치수 기입을 체크 해제한다.

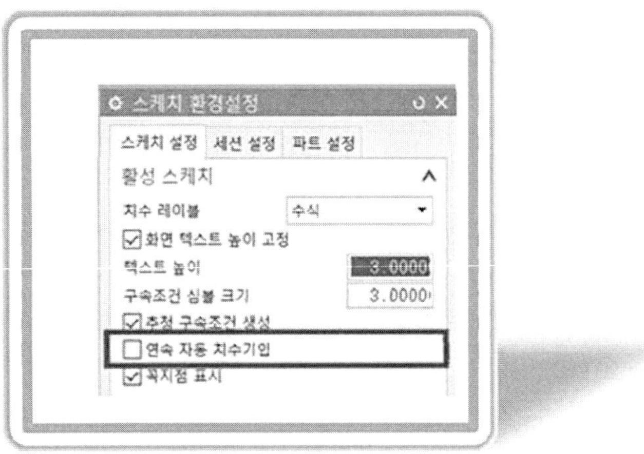

[그림 8-79]

① **치수 레이블** : 스케치에서 치수를 생성할 때 표시되는 레이블을 설정한다.

수식 : 수식(p2)과 값(150)을 함께 표시합니다. (예:p1=50)

이름 : 수식만 표시합니다. (예:p1)

값 : **치수**의 **수치** 값만 표시합니다. (예: 150)

② **텍스트 높이** : 스케치 치수에 표시할 텍스트 높이를 지정한다.

③ **연속 자동 치수기입** : 생성한 모든 스케치 프로파일에 자동 치수를 생성한다.

5) Sketch를 하기 위해서 삽입(Insert) ⇨ 타스크 환경()의 스케치 또는 아이콘을 선택한다.

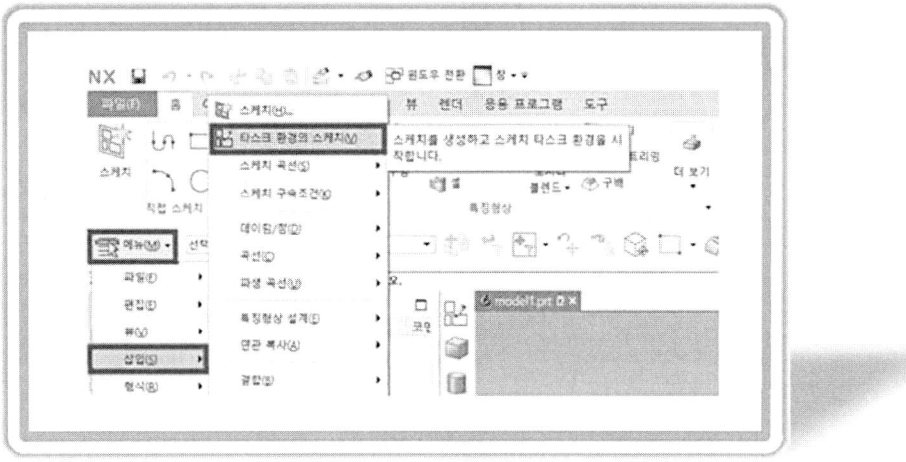

[그림 8-80]

6) 평면상에서 기존 평면에 XY평면을 선택 확인하고 스케치모드로 들어간다.

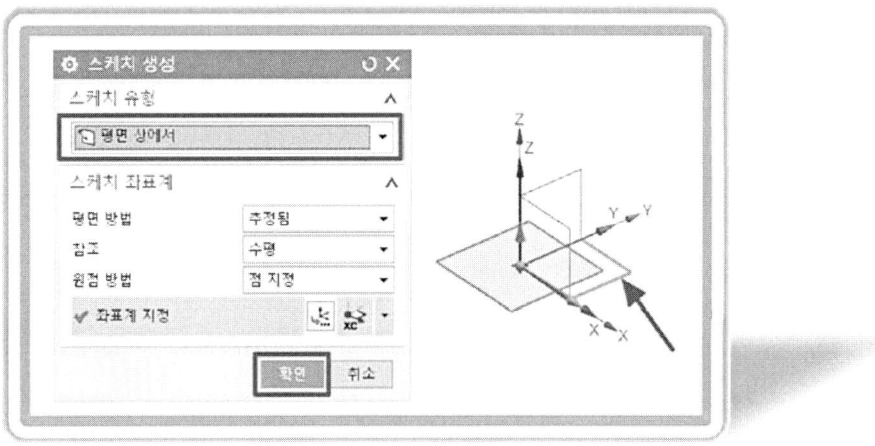

[그림 8-81]

① **평면 상에서** : 기존 평면이나 면 또는 좌표계 평면으로 스케치를 생성한다.

② **경로에서** : 기존 곡선 및 형상의 모서리를 선택하여 스케치 생성.

③ **추정 :** 데이텀 좌표계의 평면을 선택하여 방향 및 스케치 원점을 선택한다.

④ **새 평면** : 새로운 평면을 생성하여 스케치 평면, 방향 및 원점을 지정할 수 있다.

⑤ **참조** : 형상의 모서리 혹은 곡선을 선택하여 수평(x)이나 수직(y) 방향 정의

⑥ **원점 방법** : 스케치의 원점을 정의하는 기능.

⑦ **점 지정** : 스케치 원점을 직접 지정.

⑧ **작업 파트 원점 사용** : 작업 파트(절대 좌표계)의 원점을 바로 사용.

7) 직사각형(Rectangle) 선택 후 그림에서와 같이 2점으로 직사각형을 그린 후 치수 아이콘을 선택하고 그림과 같이 치수를 입력한다.

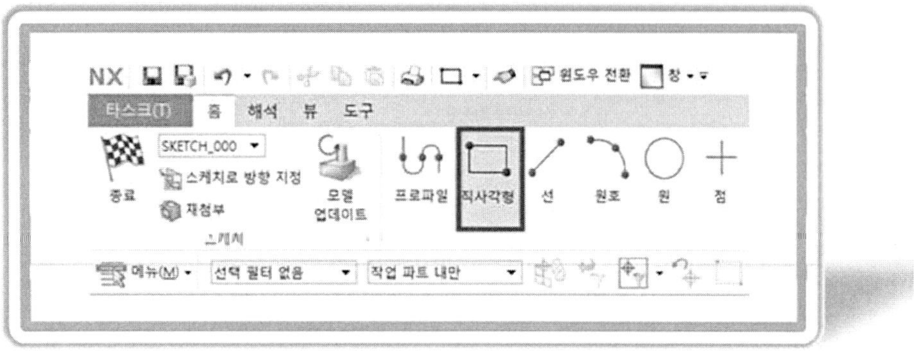

[그림 8-82]

8) 직사각형(Rectangle) 선택 후 그림에서와 같이 2점으로 직사각형을 그린 후 치수 아이콘을 선택하고 그림과 같이 치수를 입력한다.

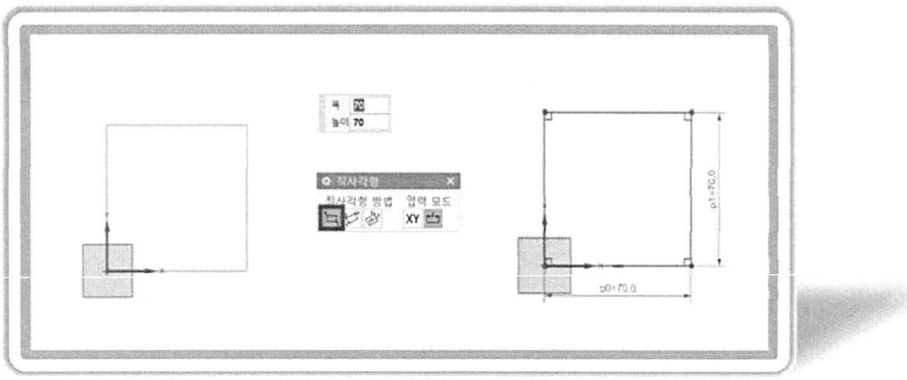

[그림 8-83]

9) 이어서 적당한 위치에 시작점과 끝점을 클릭하여 직사각형을 생성한다.

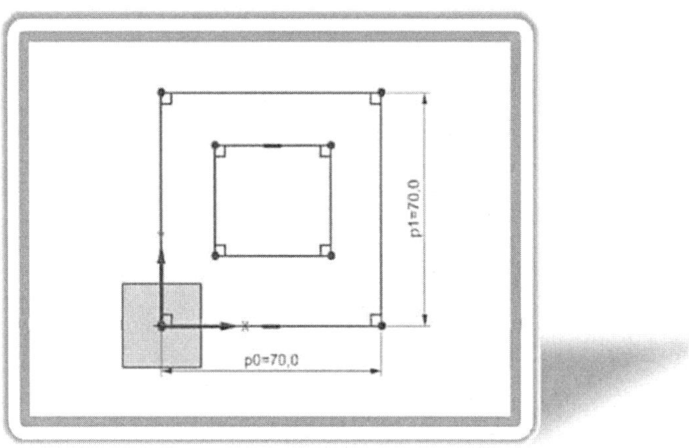

[그림 8-84]

10) 급속 치수를 이용하여 스케치한 직사각형 도형의 선과 점을 선택하여 치수를 입력한다.

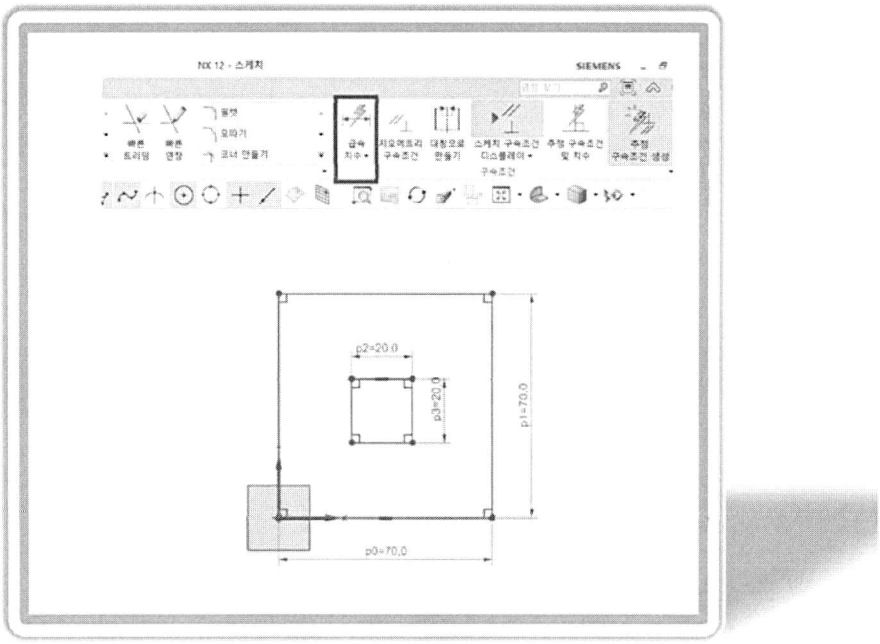

[그림 8-85]

11) 아래 그림처럼 선과 점을 선택하고 중간점을 클릭하여 선을 점의 중심으로 정렬한다.

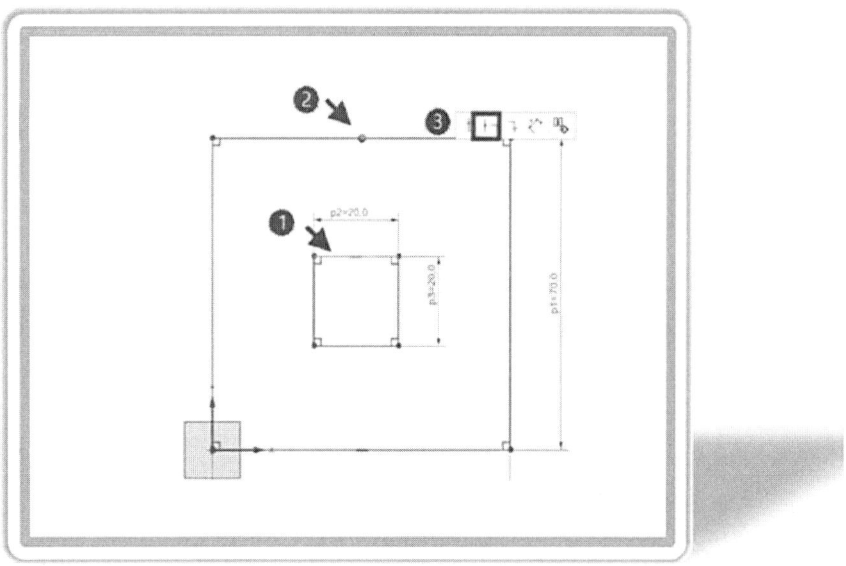

[그림 8-86]

12) 같은 방법으로 그림과 같이 정렬합니다.

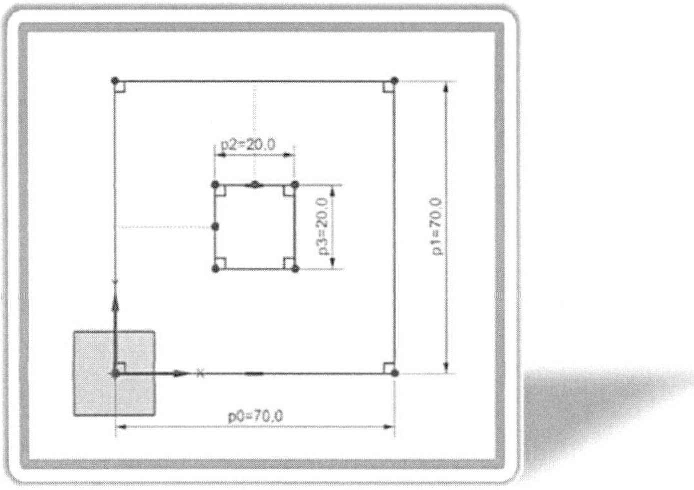

[그림 8-87]

13) 사각형을 선택하고 참조하도록 변환을 클릭하여 보조선으로 변경한다.

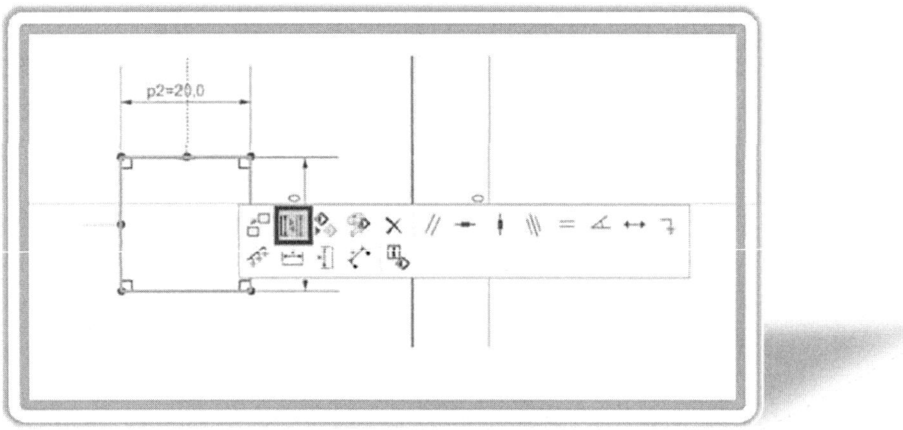

[그림 8-88]

14) 원을 선택한다.

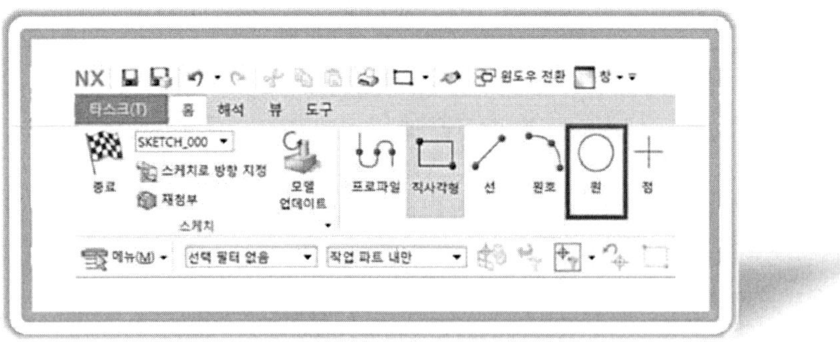

[그림 8-89]

15) 작성했던 사각형의 끝점을 클릭하고 원의 직경을 10으로 입력하고 Enter를 눌러 원을 생성한다.

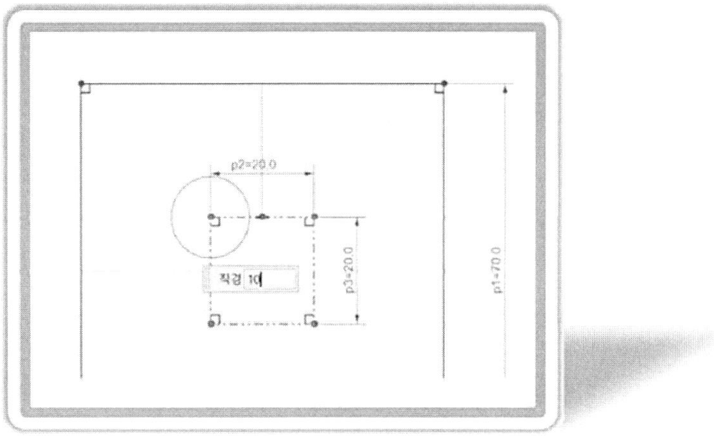

[그림 8-90]

16) 나머지 사각형 꼭지점을 클릭하여 원을 마저 생성한다.

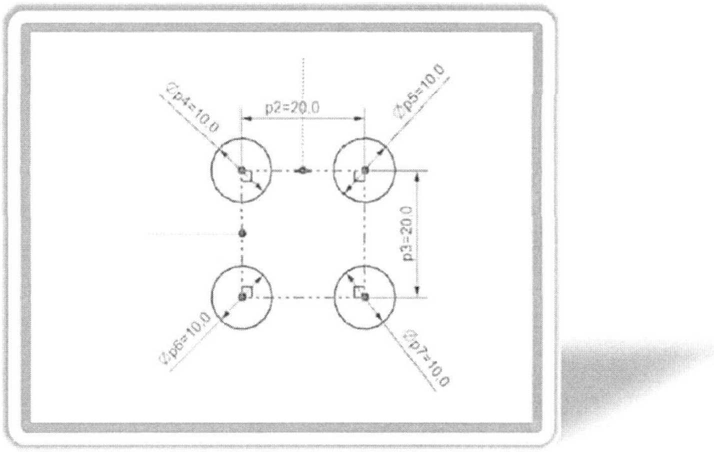

[그림 8-91]

17) 원을 다시 실행하고 그림과 같이 임의의 위치에 중심이 동일한 두 개의 원을 생성.

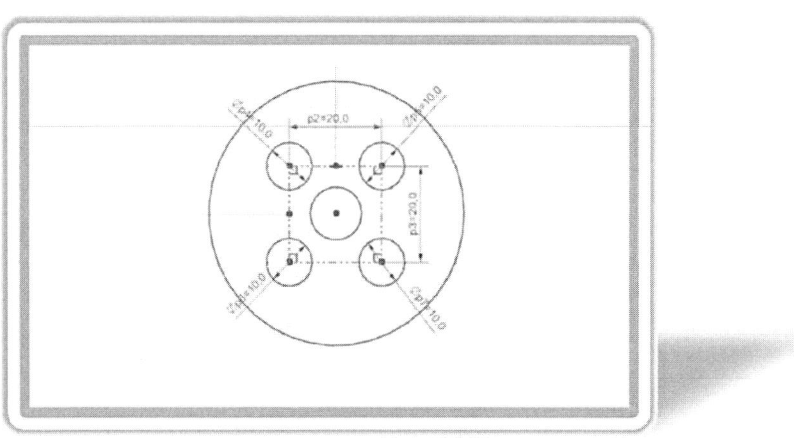

[그림 8-92]

18) 중간점을 지정하여 선과 점을 선택 후 중심으로 오게 정렬한다.

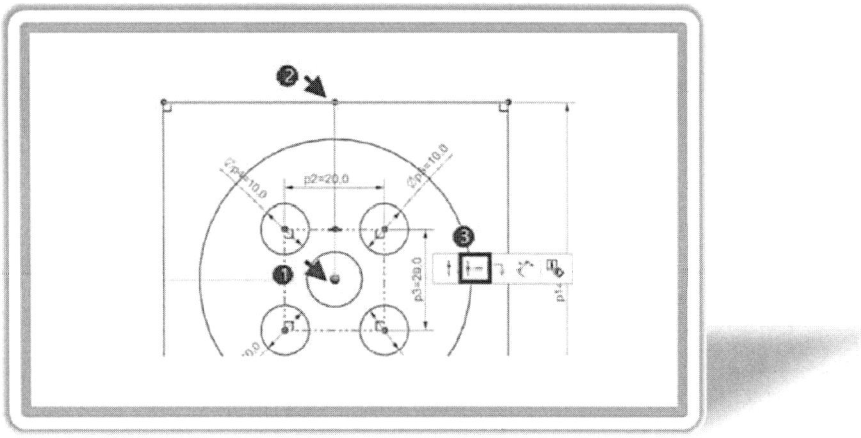

[그림 8-93]

19) 급속 치수를 이용하여 두 개의 원의 직경 치수를 입력한다.

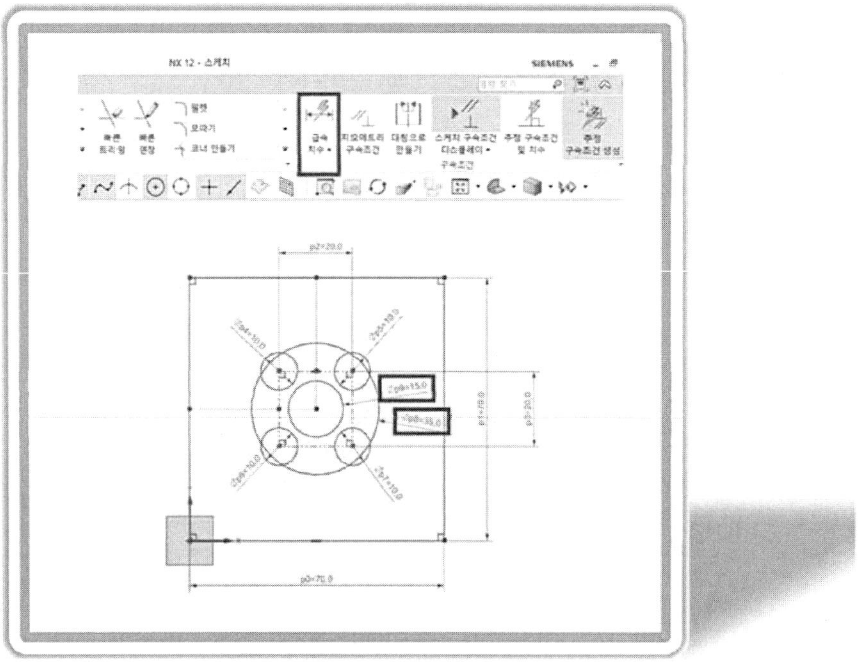

[그림 8-94]

20) 빠른 트리밍을 실행한다.

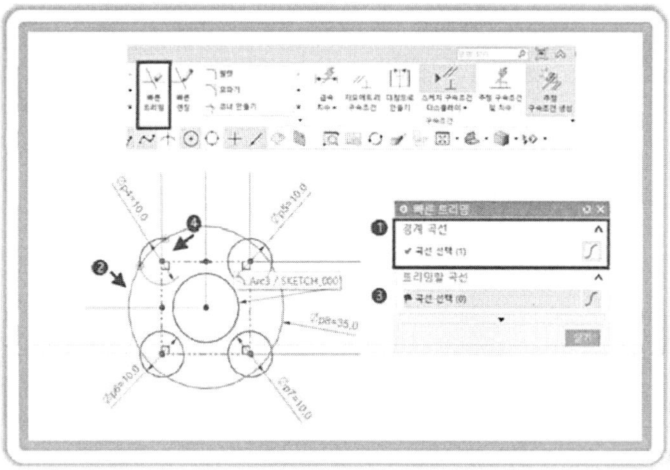

[그림 8-95]

21) 경계 곡선을 선택하지 않고 나머지 부분의 트림 작업을 실시한다.

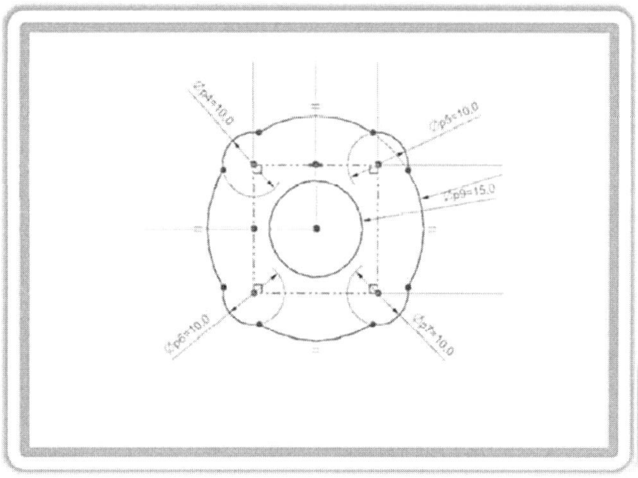

[그림 8-96]

22) 스케치를 종료한다.

[그림 8-97]

2. 3D 형상 만들기

1) 홈 탭에서 돌출을 클릭하여 실행한다.

[그림 8-98]

2) 시작 거리는 0, 끝 거리는 28을 입력한다.

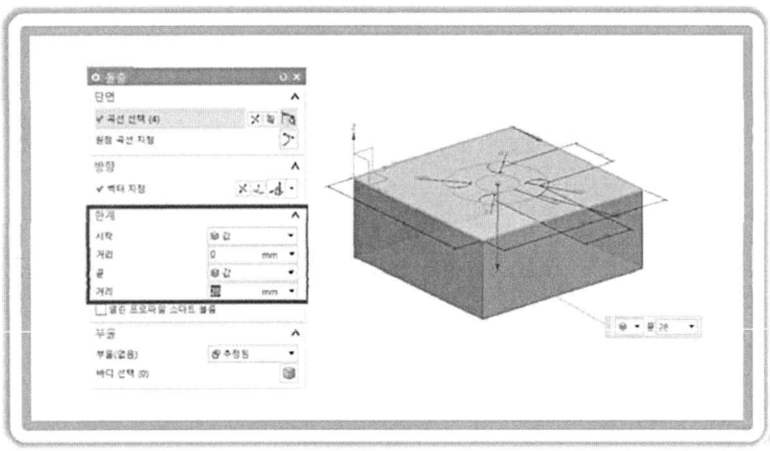

[그림 8-99]

3) 영역 경계 곡선 선택한다.

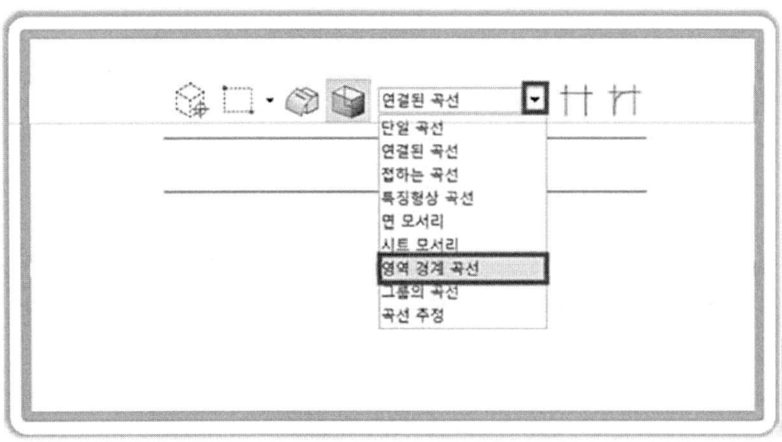

[그림 8-100]

4) 돌출방향을 지정해 주고 시작 거리는 0, 끝 거리는 6로 설정 후 부울은 빼기로 변경한다.구배각도는 시작 한계로부터로 설정하고 각도는 10을 입력한다.

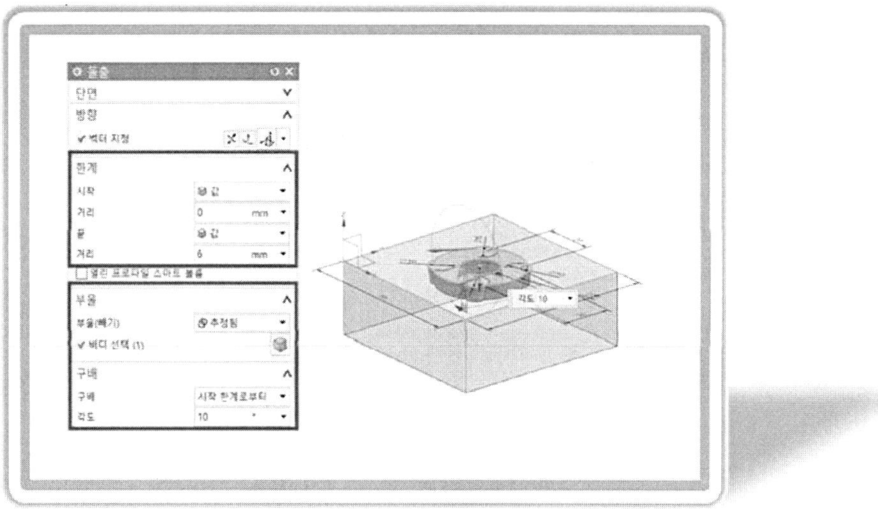

[그림 8-101]

5) 모서리 블렌드를 실행한다.

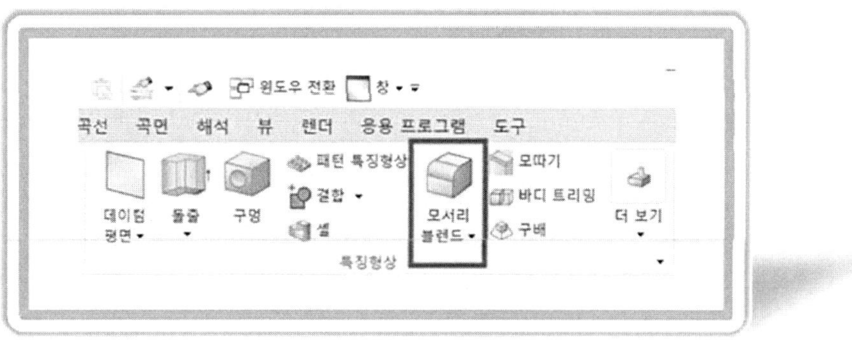

[그림 8-102]

6) 그림과 같은 모서리 선을 선택하고 반경1은 3으로 입력하고 적용을 클릭한다.

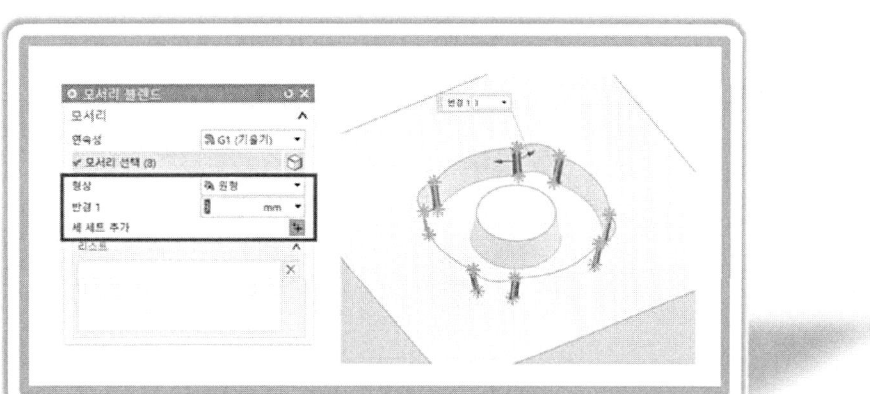

[그림 8-103]

7) 모서리 선을 선택하고 확인합니다.

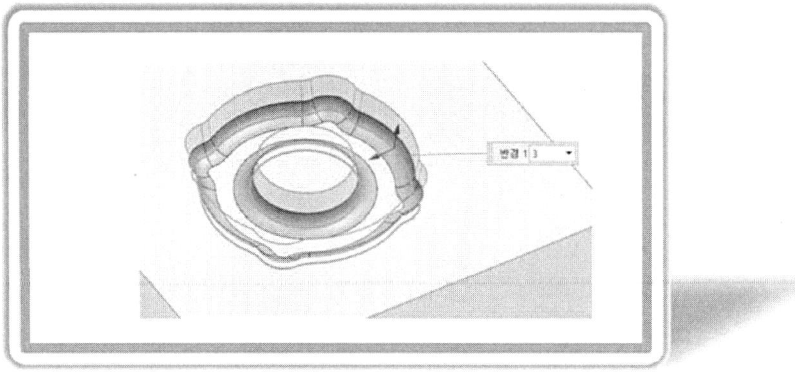

[그림 8-104]

8) Ctrl + W 키를 솔리드 바디를 제외한 나머지는 숨겨준다.

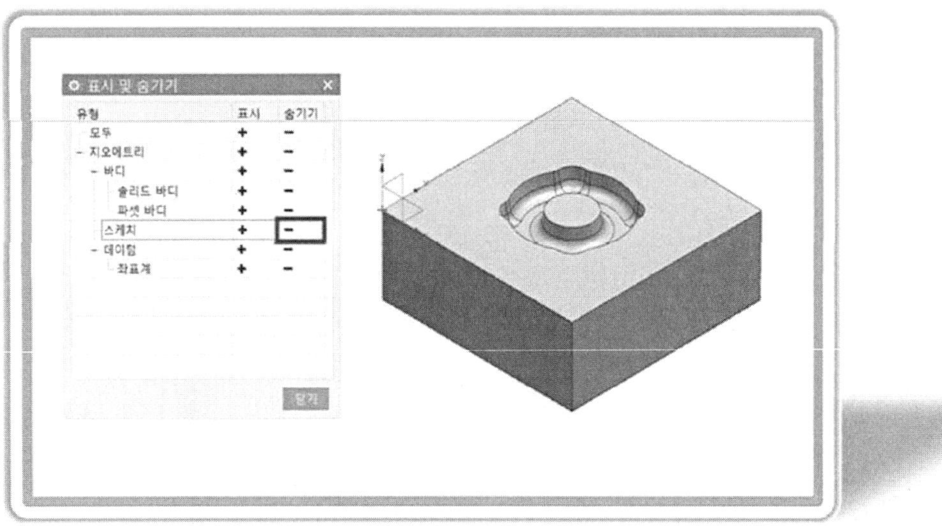

[그림 8-105]

3. 가공(Manufacturing) 따라하기

1) 응용프로그램 탭을 클릭하고 제조 응용프로그램을 선택한다.

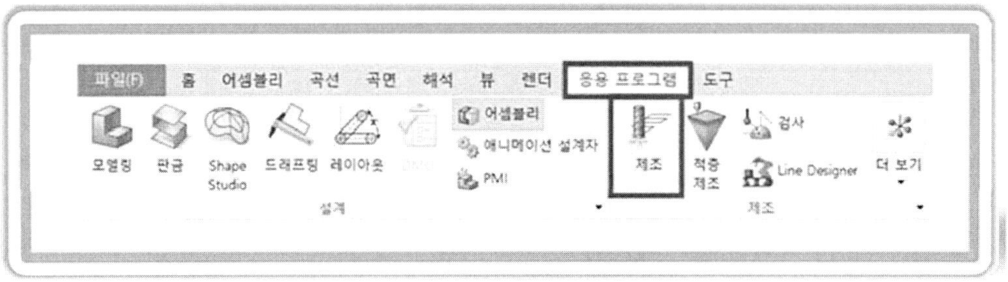

[그림 8-106]

2) 가공 환경에서 3축 가공을 위해 cam_general를 선택한다.

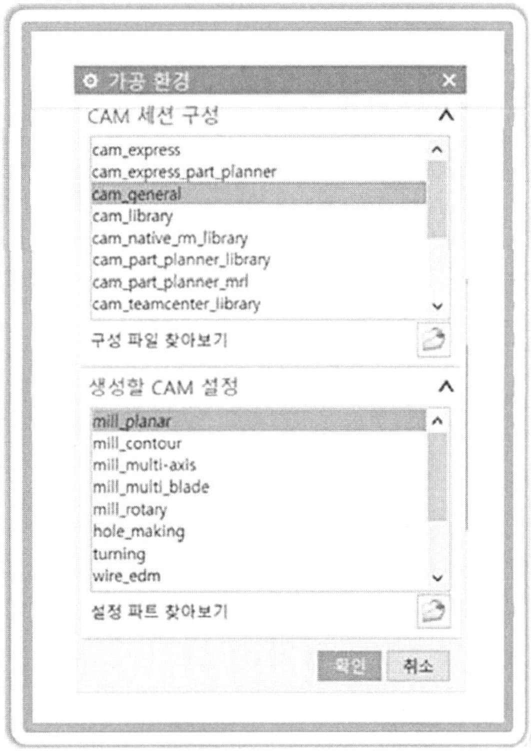

[그림 8-107]

3) 가공 환경에서 3축 가공을 위해 cam_general를 선택한다.

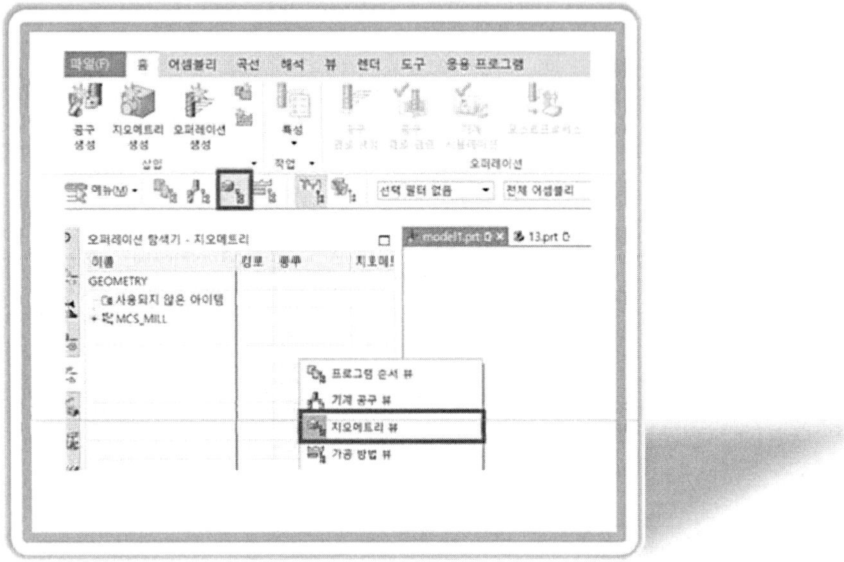

[그림 8-108]

① **프로그램 순서 뷰** : CAM 작업에서 생성할 오퍼레이션이 프로그램 그룹을 순서대로 나열된다.
② **기계 공구 뷰** : CAM 작업에서 생성한 공구가 표시된다.
③ **지오메트리 뷰** : 가공하고자 하는 형상의 조건 설정.
④ **가공 방법 뷰** : 모든 오퍼레이션에 상속되는 위 가공 변수를 생성.

4) MCS_MILL을 마우스 우측버튼으로 클릭하고 편집을 클릭하여 수정한다. 다음 MCS 지정을 클릭한 후 중심의 포인트를 선택해 공작물원점을 지정한다.

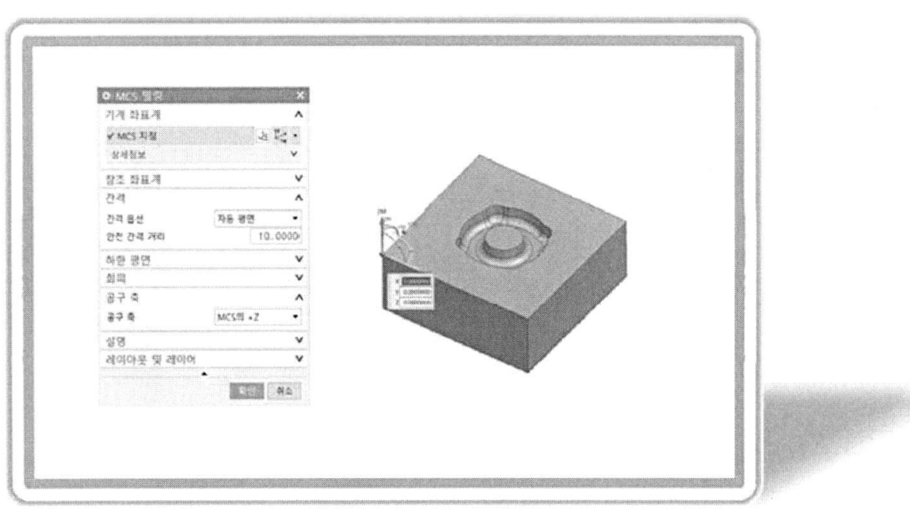

[그림 8-109]

5) 다음 안전높이 지정을 위해 간격옵션 항목을 평면으로 지정하고 그림과 같이 공작물의윗면을 지정한다. 다음으로 치수 입력창에 50mm로 정의하고 확인한다.

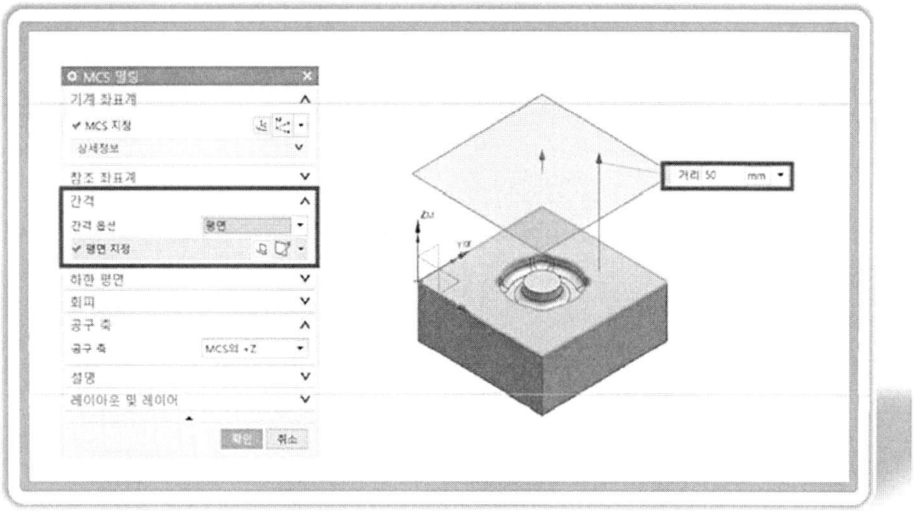

[그림 8-110]

6) 소재설정을 위해 MCS_MILL 하위의 WORKPIECE를 마우스 오른쪽 버튼을 클릭하고 편집한다.

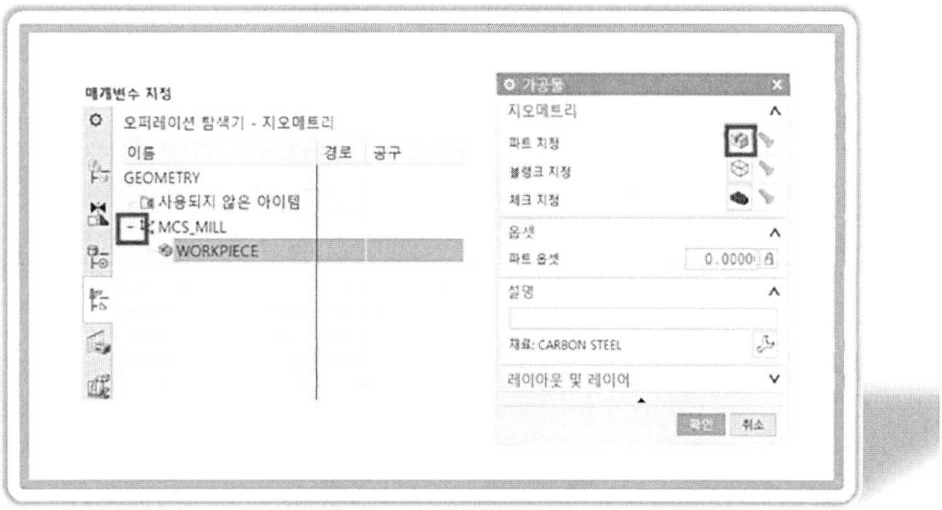

[그림 8-111]

① **파트 지정** : 가공 완성 후 형상을 설정한다.

② **블랭크 지정** : 가공 소재 형상 및 크기를 설정한다.

③ **체크 지정** : 가공하지 말아야 할 부분의 형상을 지정한다.

④ **옵셋** : 파트에 대한 옵셋 값을 지정한다.

⑤ **재료** : 가공소재의 재질을 선택한다.

⑥ **레이아웃 및 레이어** : 가공물에 대한 레이아웃 및 레이어 설정을 할 수 있다.

7) 블랭크 지정 아이콘을 클릭한 후 유형은 경계 블록으로 지정한다.

[그림 8-112]

8) 확인을 눌러 재료 설정을 마무리 한다.

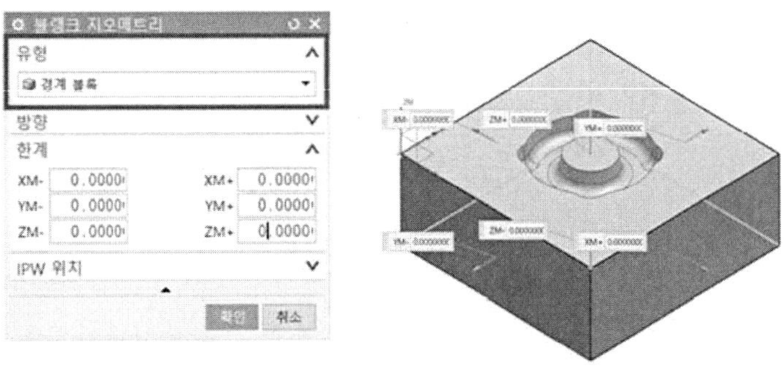

[그림 8-113]

9) 공구 설정을 위해 오퍼레이션 탐색기에서 오른쪽 마우스를 클릭하고 기계 공구 뷰를 선택한다.

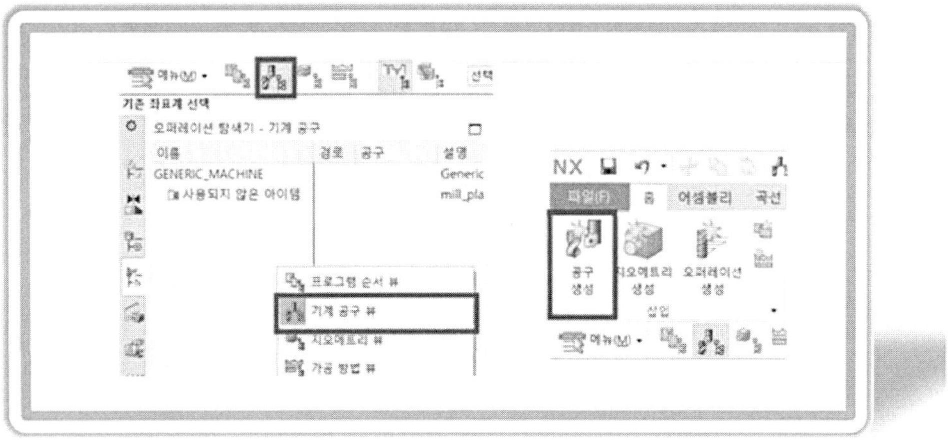

[그림 8-113]

10) 유형에서 mill_planar를 선택하고 공구 하위 유형에서 mill을 선택한다.

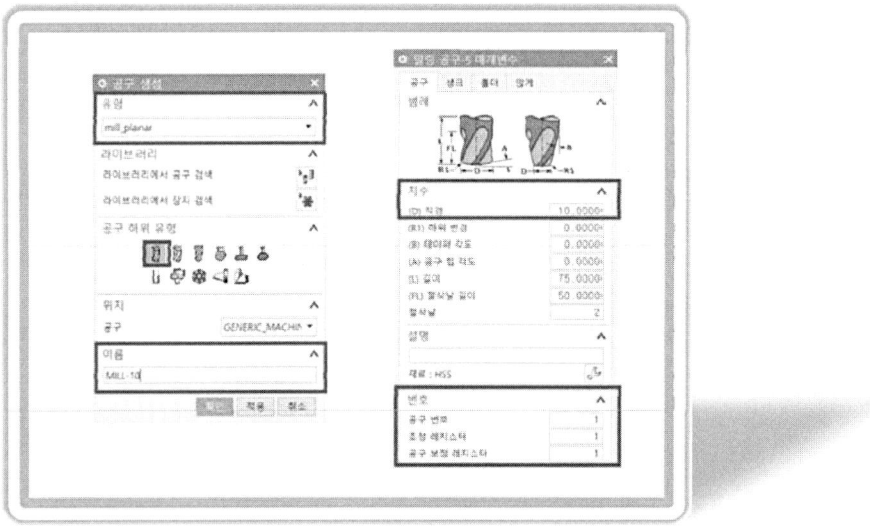

[그림 8-114]

① **유형** : 가공 타입을 선택.
② **라이브러리** : 라이브러리에서 공구를 불러 온다.
③ **공구 하위 유형** : 생성할 공구의 종류를 선택한다.
④ **위치** : 공구가 탐색기 항목에서 생성될 위치를 지정.
⑤ **이름** : 공구의 이름을 입력.

11) 유형에서 mill_contour, 공구 하위 유형에서 BALL_MILL를 선택한다.

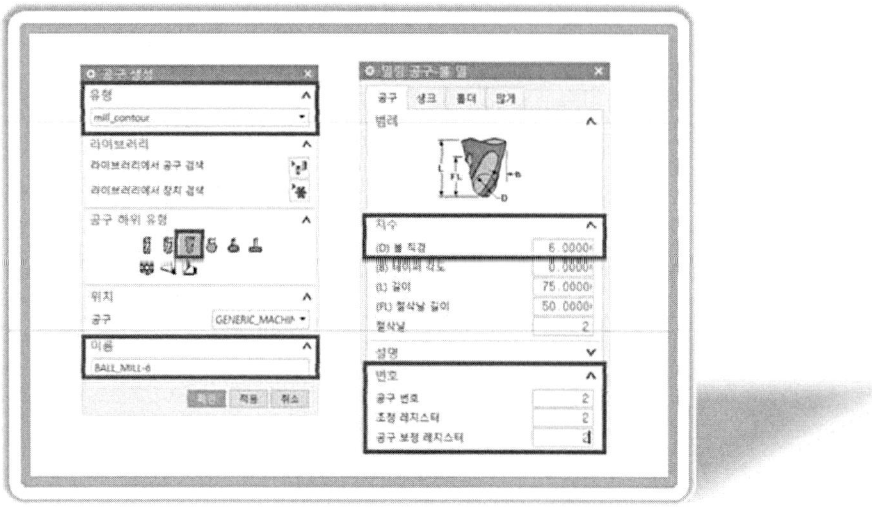

[그림 8-115]

12) 툴 패스 생성을 위해 오퍼레이션 탐색기에서 마우스 오른쪽을 클릭하여 프로그램 순서 뷰를 클릭하고 상단의 오퍼레이션 생성을 선택한다.

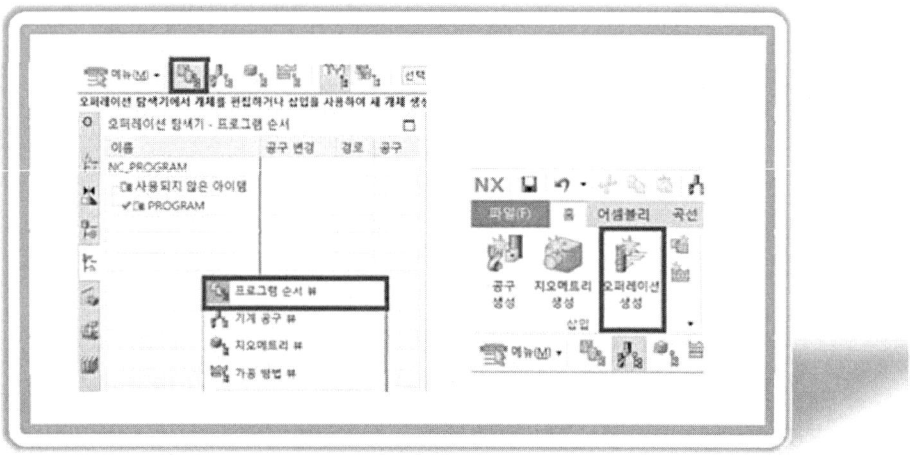

[그림 8-116]

13) 유형에서 mill_contour를 선택하고 오퍼레이션 하위 유형에서 캐비티 밀링을 선택한다.

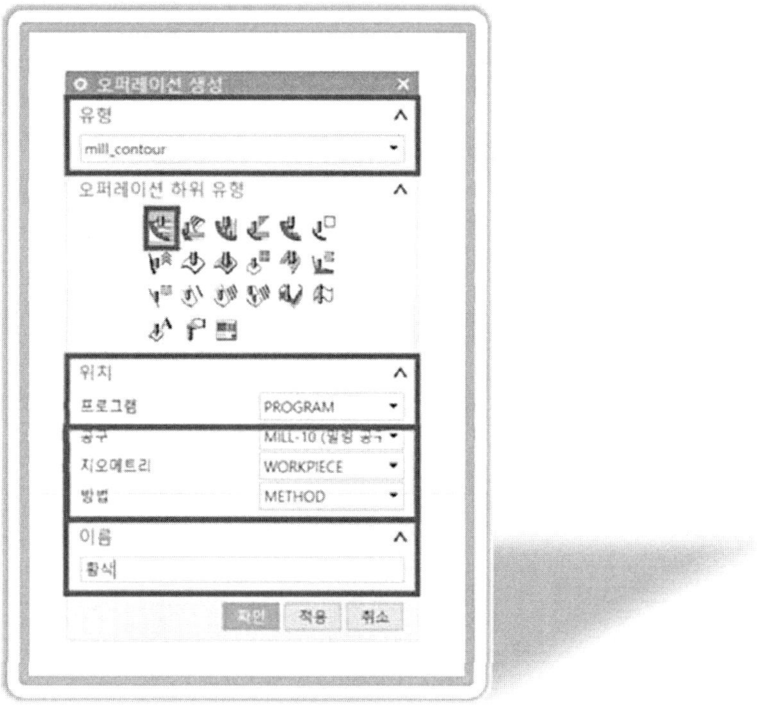

[그림 8-117]

① **유형**: 가공 타입으로 선택한 유형에 따라서 생성할 수 있는 공구 경로가 다르게 나타납니다.
② **오퍼레이션 하위 유형**: 가공 방법의 종류를 선택합니다.
③ **위치**
  프로그램: 오퍼레이션을 저장할 폴더를 선택합니다.
  공구: 오퍼레이션에 사용할 공구를 지정합니다.
  지오메트리: 가공 소재를 지정합니다.
  방법: 오퍼레이션 생성 시 하위 메뉴의 가공 방법을 미리 선택합니다.
④ **이름**: 오퍼레이션의 이름을 지정합니다.

14) 절삭 영역 지정 아이콘을 클릭합니다.

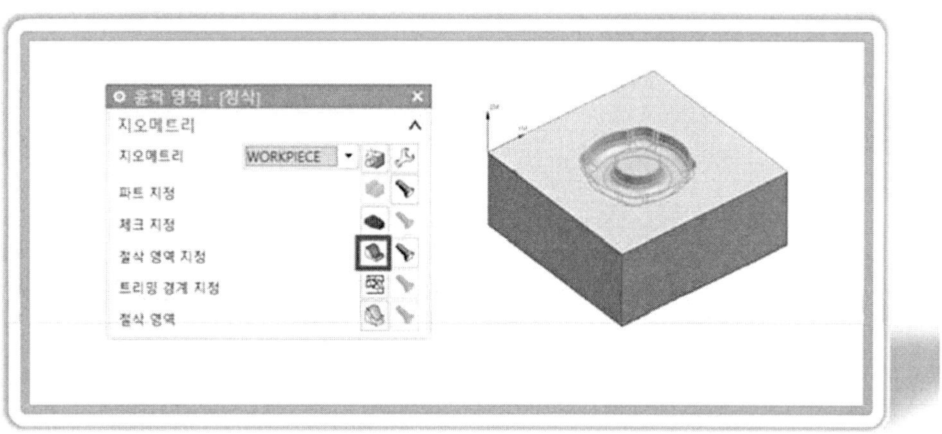

[그림 8-118]

15) 경로 설정값에서 절삭 패턴은 파트 따르기로 하고 스탭 오버는 % Tool Flat, 평평한 직경의 퍼센트는 50으로 기입합니다.

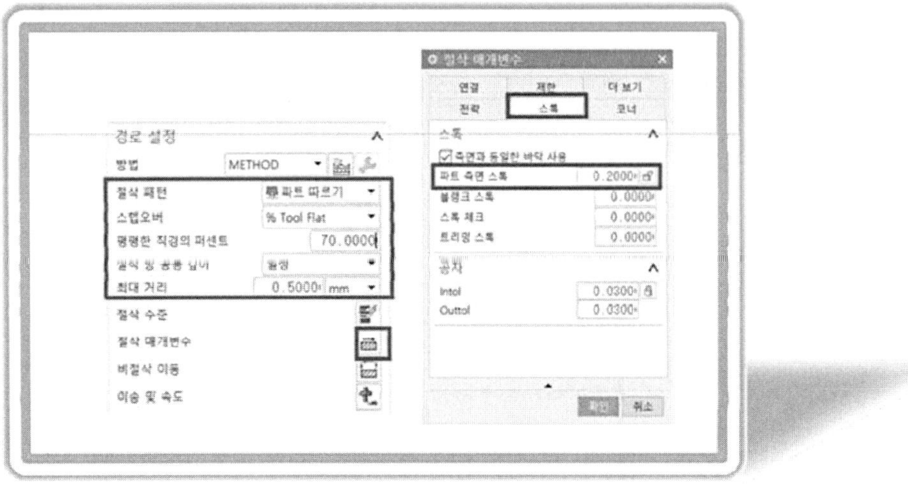

[그림 8-119]

① **방법** : 오퍼레이션 생성하는 메뉴.
② **절삭 패턴** : 절삭 영역에 필요한 공구 경로 패턴을 선택하는 기능.
③ **스텝 오버** : 절삭공구 이동시 거리사이를 지정하는 기능. (XY 평면 방향)
④ **평평한 직경의 퍼센트** : 절삭 시 평면 상태를 퍼센트로 조절이 기능.
⑤ **절삭 당 공통 깊이** : Z축 가공 방향의 절입 깊이를 조정하는 기능.
⑥ **절삭 수준** : 절삭 범위 및 각 범위의 수준을 나타내는 기능.
⑦ **절삭 매개변수** : 오퍼레이션의 절삭의 변수 값을 설정.
⑧ **비절삭 이동** : 절삭 이동 전, 후 및 사이에 공구를 위치할 때의 이동 값을 설정.
⑨ **이송 및 속도** : 스핀들 속도 및 이송률을 지정.

16) 절삭 이동에서 진입 유형을 플런지로 변경한다.

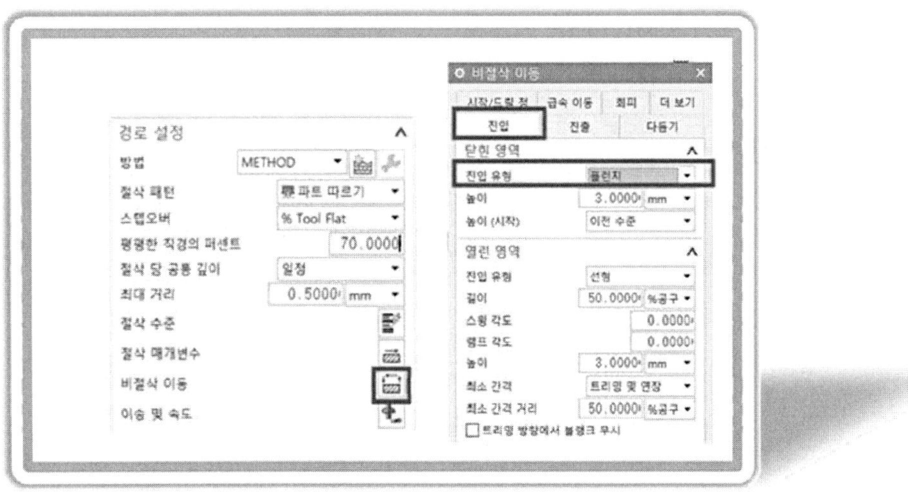

[그림 8-120]

① **진입**: 진입부터 초기 절삭 위치로 절사공구가 이동시 조건을 정의.

② **닫힌 영역**: 포켓 가공 지정.

③ **열린 영역**: 외각 가공 지정.

17) 스핀들 속도는 2500, 이송률에 절삭은 600으로 입력한다.

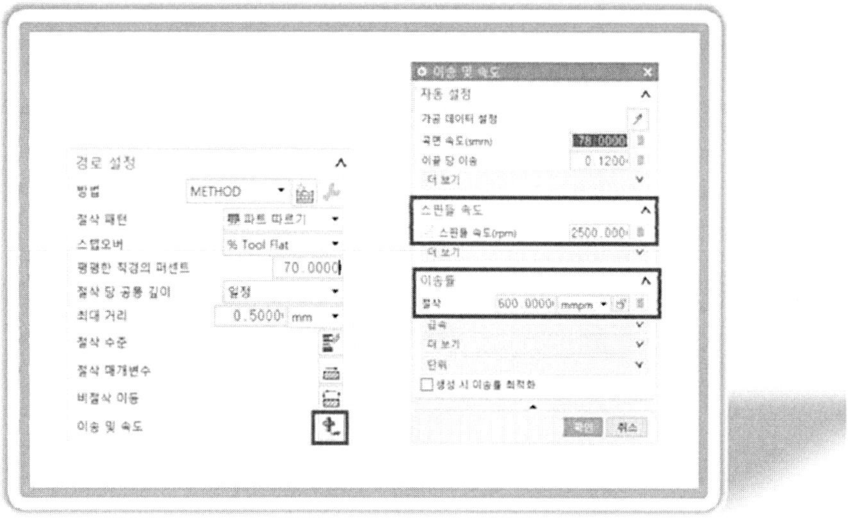

[그림 8-122]

18) 오퍼레이션 생성을 통해 경로를 확인한다.

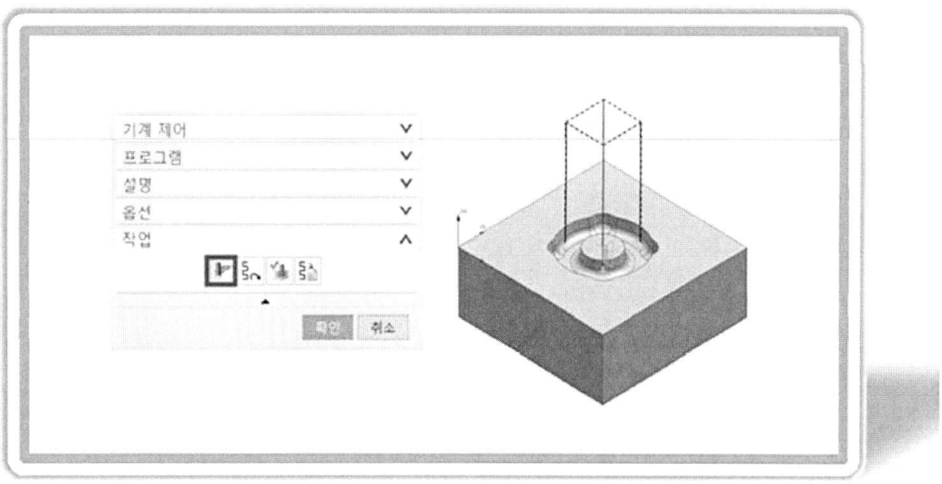

[그림 8-123]

19) 모의가공을 실행한다.

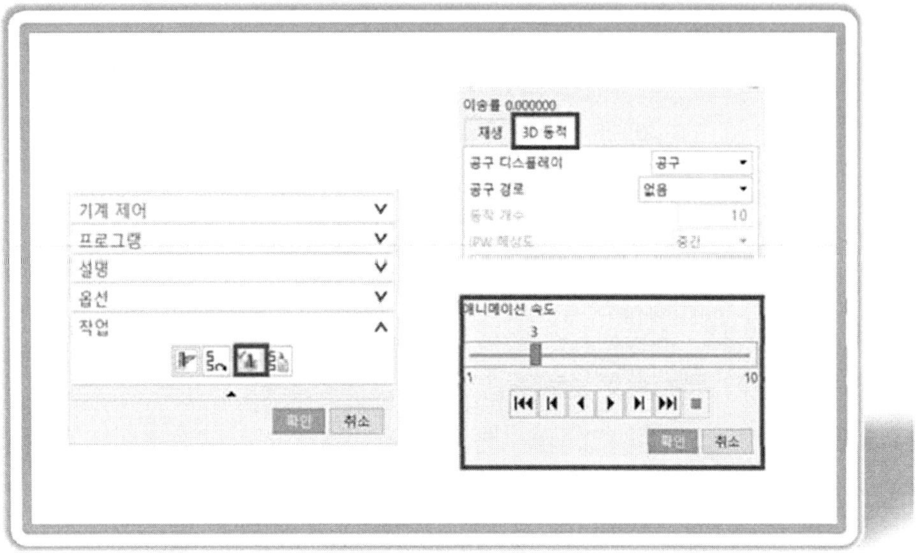

[그림 8-124]

20) mill_contour에서 윤곽 영역을 선택한다.

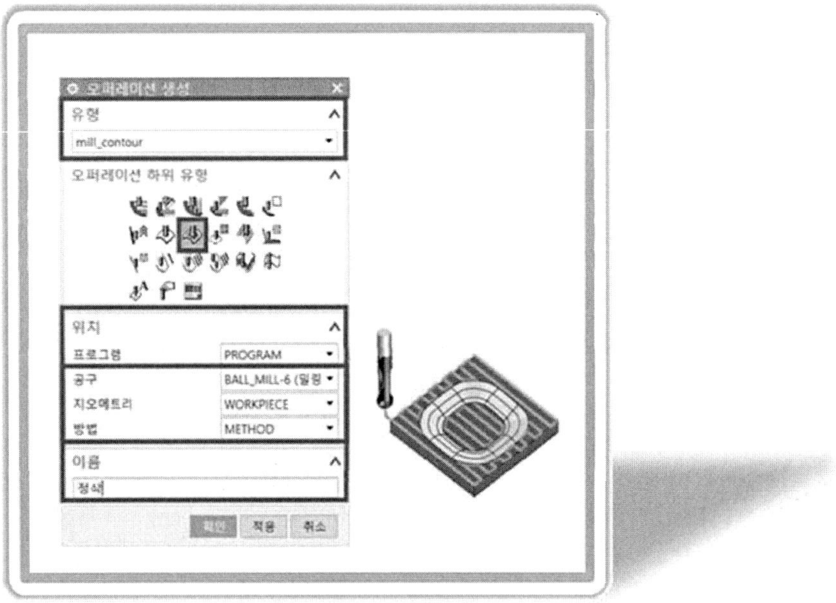

[그림 8-125]

21) 절삭 영역을 지정 선택한다.

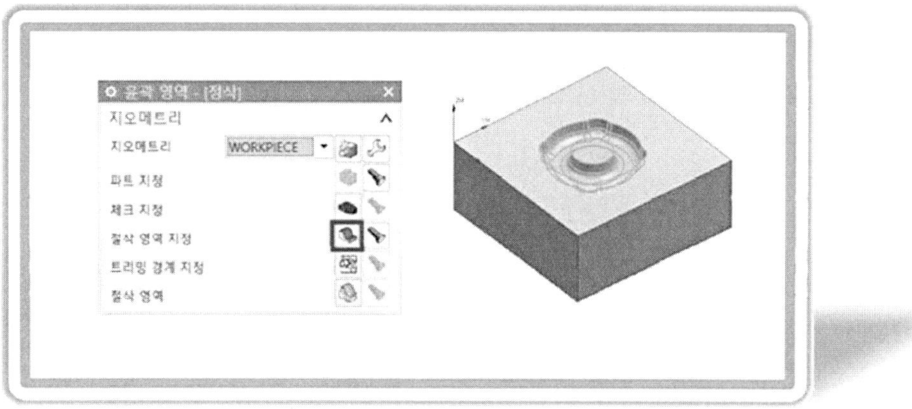

[그림 8-126]

22) 드라이브 방법에서 편집 아이콘을 선택해 아래와 같이 설정을 한다.

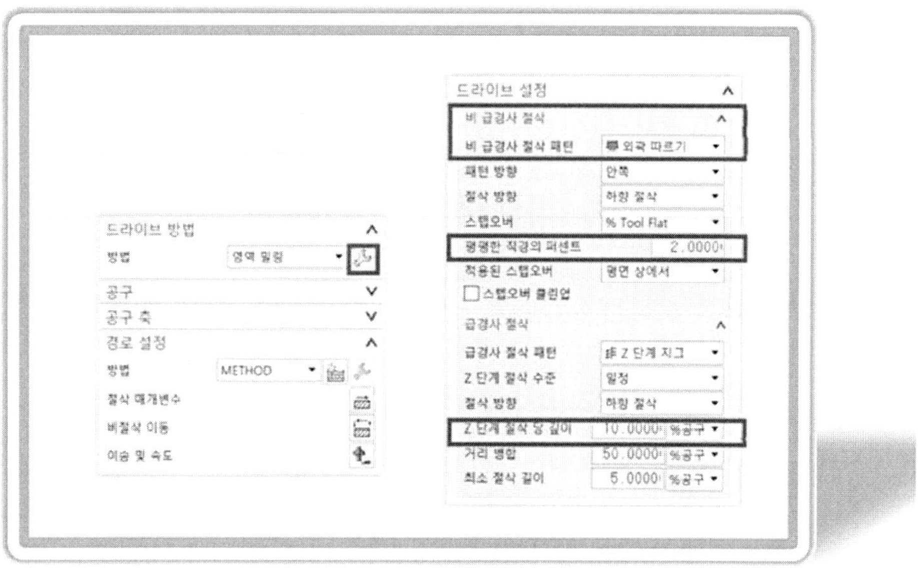

[그림 8-127]

23) 비 절삭영역에서 플런지를 선택한다.

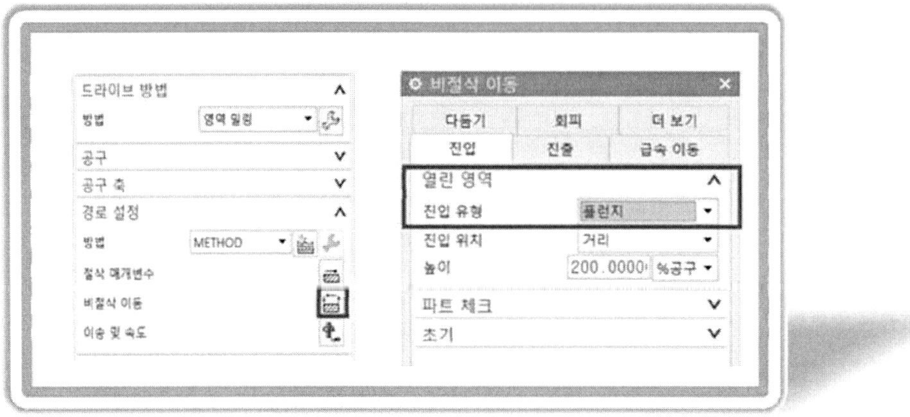

[그림 8-128]

24) 절삭속도를 다음과 같이 설정한다. (스핀들 속도를 5800, 이송률의 절삭을 460)

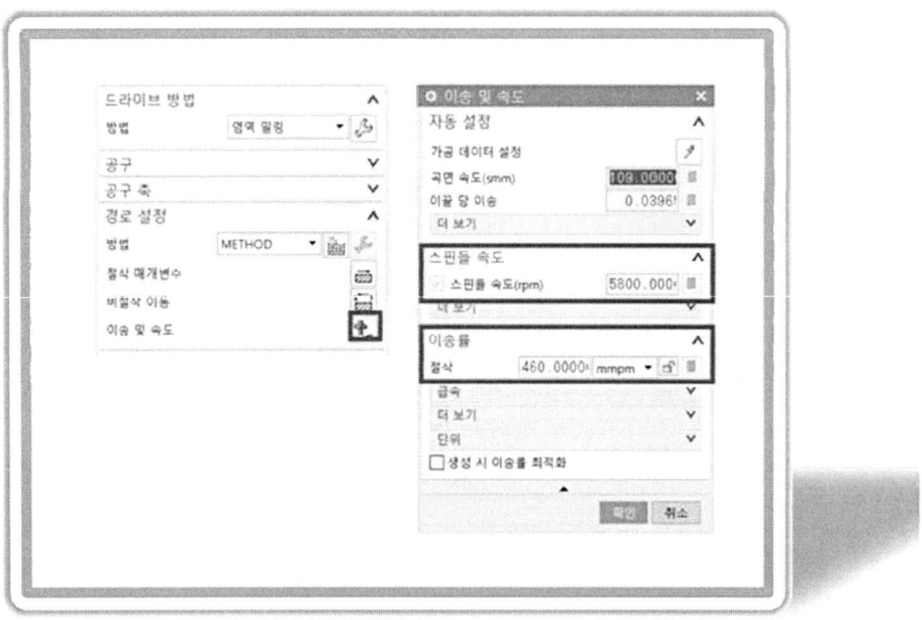

[그림 8-129]

25) 오퍼레이션을 통해 작업경로를 확인한다.

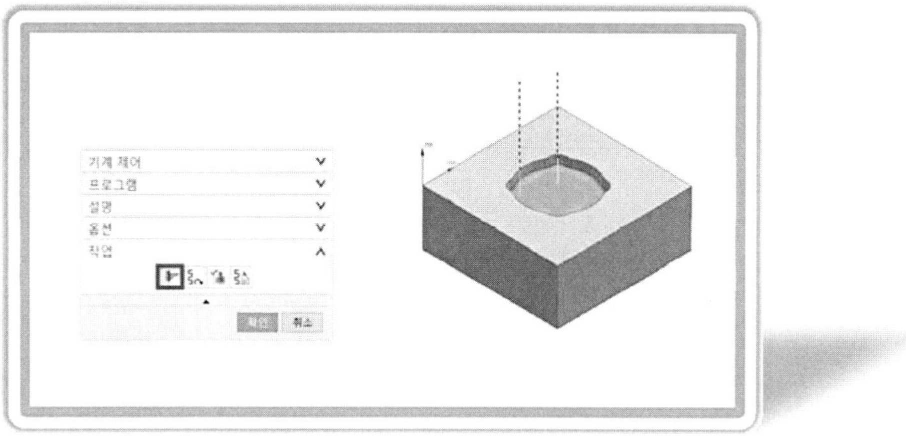

[그림 8-130]

26) 모의가공을 실행한다.

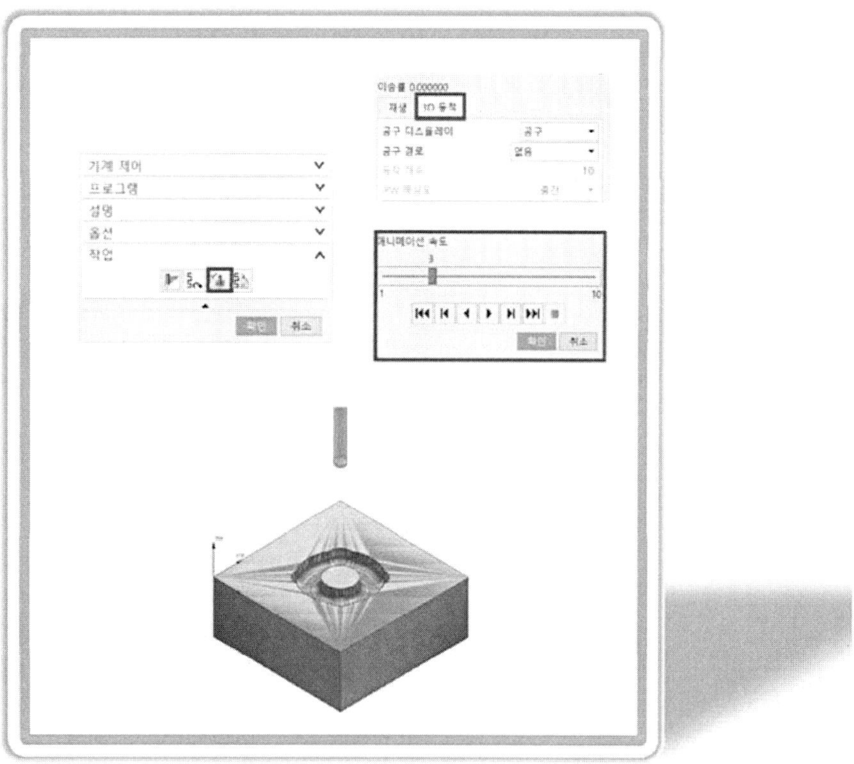

[그림 8-131]

27) 오퍼레이션 탐색기에서 생성된 오퍼레이션을 확인하고 프로그램을 선택한 뒤 홈 탭의 공구 경로 검증을 실행한다.

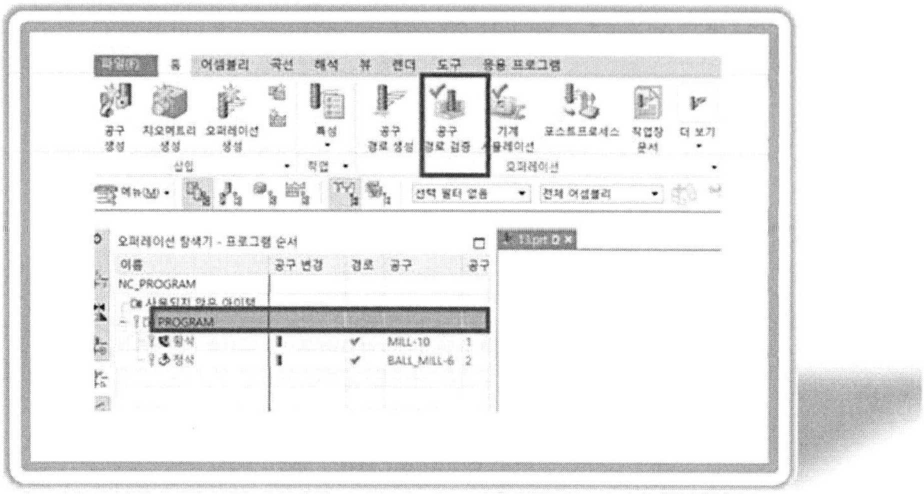

[그림 8-132]

28) 사용장비에 맞는 포스트 프로세스를 선택한다.

[그림 8-133]

29) NC DATA를 편집한다.

```
%
G17 G40 G49 G80
G54
G91 G28 Z0.0
T01 M06
G00 G90 X36.032 Y22.509 S2500 M03
G43 Z30. H00
Z3.
G03 X35.626 Y31.436 Z-.5 R4.5 F600.
G01 X35.341 Y31.457 M08
G03 X34.54 Y31.486 R10.83
G03 X29.027 Y29.979 R10.83
G03 X35.041 Y28.503 R12.994
G03 X40.845 Y29.871 R12.994
G01 X41.004 Y29.953
G03 X35.984 Y31.438 R9.227
G01 X35.913
```

[그림 8-134]

제 9 장 도 면 해 독

제 1 절 제도의 규격

1. 제도의 일반 통칙

1) 도면을 정해진 규격에 따라 그려야 하는 이유

① 생산성을 높일 수 있다.

② 제품이 단일화 할 수 있다.

③ 제품 상호간의 호환성이 있다.

④ 생산 단가를 낮출 수 있다.

2) 각국의 공업 규격

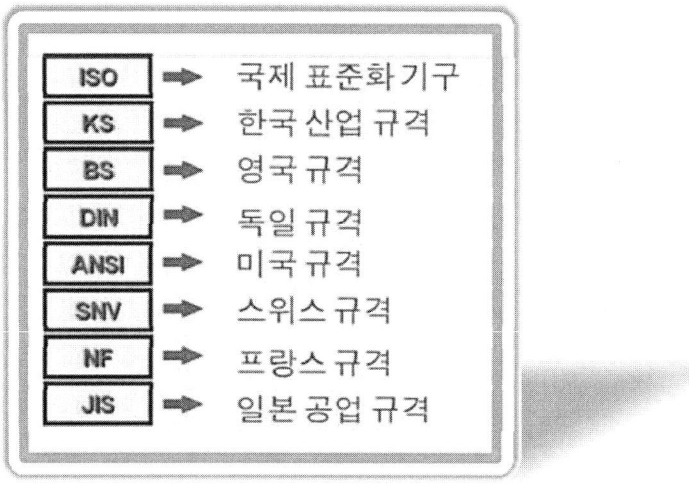

[그림 9-1]

3) KS에 의한 분류

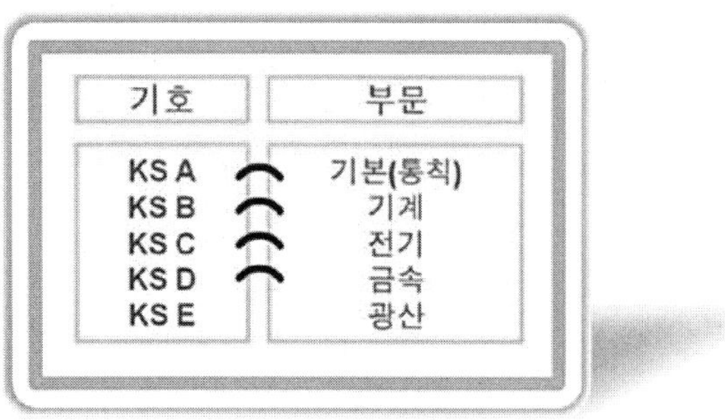

[그림 9-2]

2. 도면의 크기와 척도

1) 도면의 크기

용지의 크기는 번호가 커짐에 따라 작아지며 세로와 가로와의 비는 1 : 2 이다.

크기의 호칭			A0	A1	A2	A3	A4	A5
도면의 테두리	a×b		841×1189	594×841	420×594	297×420	210×297	148×210
	c(최소)		20	20	10	10	10	10
	d 최소	철하지 않을 때	20	20	10	10	10	10
		철할때	25	25	25	25	25	25

[그림 9-3]

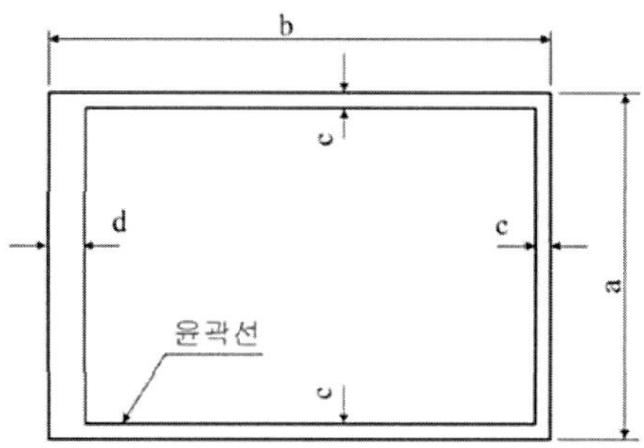

[그림 9-4]

2) 도면의 양식

도면에 반드시 설정해야 되는 양식 : 윤곽선, 표제란, 중심마크

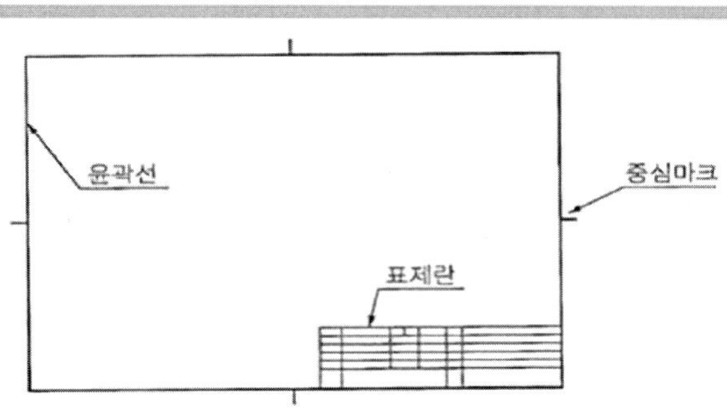

[그림 9-5]

① **윤곽선** : 굵기 0.5mm 이상의 실선으로 도면에 담아 넣는 내용을 기재하는 영역을 명확히 하고, 또 용지의 가장자리에서 생기는 손상으로 기재 사항을 해치지 않도록 하는 목적.

② **표제란** : 도면관리에 필요한 사항과 도면 내용에 관한 전형적인 사항 등을 정리하여 기입

가. 도번, 도명, 척도, 투상 법, 기입(단체, 학교)명, 도면작성 연월일, 제도자 이름 등.

나. 도면 오른쪽 아래 부분 위치하며, 길이는 170mm이하

4	리드 나사 축	SCM435	1	
3	슬라이더	SCM435	1	
2	가이드 플레이트	SCM45	1	
1	베이스	SCM435	1	
품번	품명	재질	수량	비고
작품명	나사 프레스		척도	1:1
			각법	3각법

[표제란]

③ **부품 란** : 도면에 나타난 대상물 또는 그 구상하는 부품의 세부 내용을 기입.

가. 부품번호(품 번), 부품 명(품 명), 재질, 수량, 공정, 중량, 비고란 등.

나. 일반적으로 표제란 위에 위치, 부품수가 많은 조립도 경우 별지 부품표 사용.

④ **중심마크** : 도면을 마이크로 필름에 촬영하거나 복사할 때의 편의를 위하여 마련하며, 선 굵기는 0.5mm 실선

3) 도면의 척도

도면에 사용하는 척도는 다음에 따른다.

(1) 척도는 A : B로 표시한다.

여기에서 A : 그린 도형에서의 대응하는 길이

B : 대상물의 실제 길이

- **축척** : 실물을 축소해서 그린 도면
- **현척(실척)** : 실물과 같은 크기로 그린 도면
- **배척** : 실물을 확대해서 그린 도면
- NS(Non Scale) : 비례척이 아닌 임의의 척도

(보기) ① 축척의 경우 1:2, 1:2√2, 1:10

② 현척의 경우 1:1

③ 배척의 경우 5:1

척도의 종류	란	값
축 척	1	1:2　1:5　1:10　1:20　1:50　1:100　1:200
	2	1:√2　1:2.5　1:2√2 1:3　1:4　1:5√2　1:25　1:250
현 척		1: 1
배 척	1	2:1　5:1　10:1　20:1　50:1
	2	√2:1　2.5:√2:1　100:1

** 1란의 척도를 우선으로 사용한다.

(2) 척도의 기입 방법

가. 일부 부품도의 척도를 달리 해야 할 경우

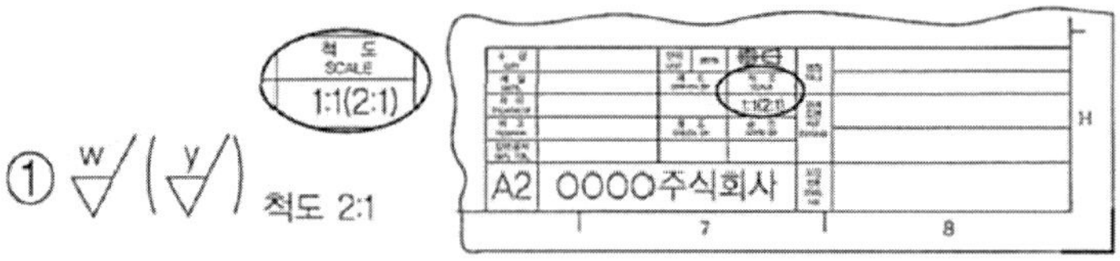

(a) 부품 번호 옆에 표시　　(b) 표제 란에 표시

[그림 9-6]

나. 도면을 정해진 척도로 그리지 못 할 경우

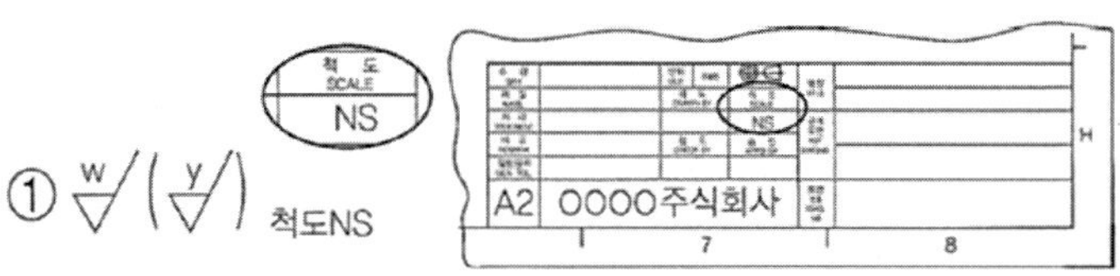

(a) 부품 번호 옆에 표시　　(b) 표제 란에 표시

[그림 9-7]

3. 제도에 사용하는 선

1) 선의 종류와 용도

(1) 모양에 따라 분류한 선

① 실선(————————): 연속된 선

② 파선 (--------) : 짧은 선을 약간의 간격으로 나열한 선

③ 일점 쇄선(— · — · —) : 긴 선 과 짧은 선 1개를 서로 규칙적으로 나열 한 선

④ 이점 쇄선(— · · — · · — ·) : 긴 선 과 짧은 선 2개를 서로 규칙적으로 나열 한 선

(2) 굵기에 따라 분류한 선

선의 굵기의 기준은 0.18mm, 0.25mm, 0.35mm, 0.5mm, 0.7mm 및 1mm 로 한다.

① 가는 선 : 굵기가 0.18~0.5mm인 선

② 굵은 선 : 굵기가 0.35~1mm인 선(가는 선 굵기의 2배)

③ 아주 굵은 선 : 굵기가 0.7~1mm인 선(굵은 선 굵기의 2배)

(3) 선의 용도에 따라 분류한 선

아래 표와 같이 사용한다. 또, 이 표에 의하지 않는 선을 사용할 때에는 그 선의 용도를 도면 안에 주기한다.

〈선의 종류에 의한 사용방법 KS A 0109〉

구분			용도에 따른 이름	용도
종류		모양		
실선	굵은실선	————	외형선	물체의 보이는 부분의 모양을 나타내는데 사용
	가는실선		치수선	치수를 기입하는데 사용
			치수보조선	치수를 나타내기 위해 도형에서 끌어내는데 사용
			지시선	가공법, 기호 등을 표시하기 위해 끌어내는데 사용
			해칭	물체의 절단면을 표시하는데 사용
			파단선	부분생략 또는 부분 단면의 경계를 표시하는데 사용
파선	굵은파선 가는파선	- - - - - - - - - - - -	숨은선	물체의 보이지 않는 부분의 모양을 표시하는데 사용
1점쇄선	가는 1점쇄선	—·———·—	중심선	도형의 중심을 표시하는데 사용
2점쇄선	가는 2점쇄선	—··———··—	가상선	움직인 물체의 상태를 가상하여 나타내는데 사용

[그림 9-8]

제 2 절 투상 법 및 도형의 표시방법

1. 제 1각 법과 제3각 법의 원리

1) 면 각(투상 각)

① 투상각 : 서로 직교하고 있는 투상 면을 4등분한 것으로

② 평화면 : 누워있는 면

③ 입화면 : 세워져 있는 면

④ 측화면 : 측 면

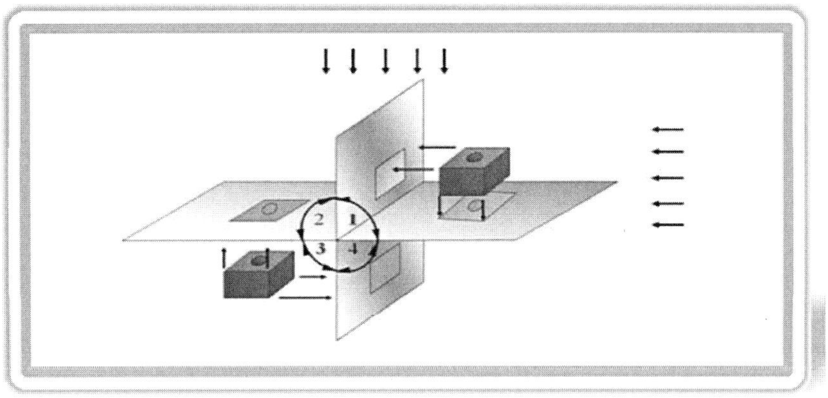

[그림 9-9]

2) 제 1각 법과 제3각 법

① **제1각 법** : 물체를 제1상한에 놓고 투상하여 투상면의 앞쪽에 물체를 그린다.
(눈 → 물체 → 화면)

② **제3각 법** : 물체를 제3상한에 놓고 투상하여 투상면의 뒤쪽에 물체를 그린다.
(눈 → 화면 → 물체)

③ **투상법의 기호**

도면에는 투상 된 상태를 표제란 또는 부품의 근처에 “3각 법” 또는 “1각 법” 이라고 기입하지만 문자대신 기호를 사용할 수 도 있다.

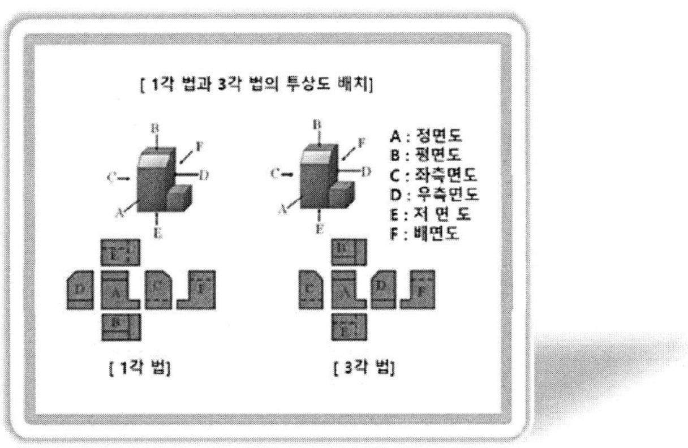

[그림 9-10]

2. 도형의 표시 방법

1) 투상도의 표시 방법

** 외형선, 숨은선, 중심선의 3개의 선을 사용함을 원칙으로 한다.

① 3면도 : 3개의 투상도로 완전하게 표시할 수 있는 것으로 정면도, 평면도, 측면도로 도시할 수 있을 때

② 2면도 : 원통형, 평면형인 간단한 물체는 정면도와 평면도, 정면도와 측면도로 도시할 수 있을 때

③ 1면도 : 원통, 각주, 평판처럼 단면 형이 똑같은 형의 물체는 기호를 기입하여 정면도 1면으로 충분히 도시할 수 있을 때

2) 특수 투상 법

도면을 알기 쉽게 하고 제도 능률을 높이기 위해 간략한 약도로 그리거나 불필요한 선 또는 정규 투상 법에 의하지 아니하고 특수하게 도시하여 도면을 쉽게 이해할 수 있도록 그리는 투상 방법

① 보조 투상도

물체의 평면이 투상 면에 평행할 경우 길이가 실제 길이로 나타나고 면의 형상은 실제형상으로 나타나지만 사면(斜面)일 경우에는 면이 단축되거나 변형되어 나타나므로 도면을 이해하기 곤란하므로 사면에 수직으로 필요한 부분만을 투상하여 실제 형상과 실제 길이로 나타내는 투상도

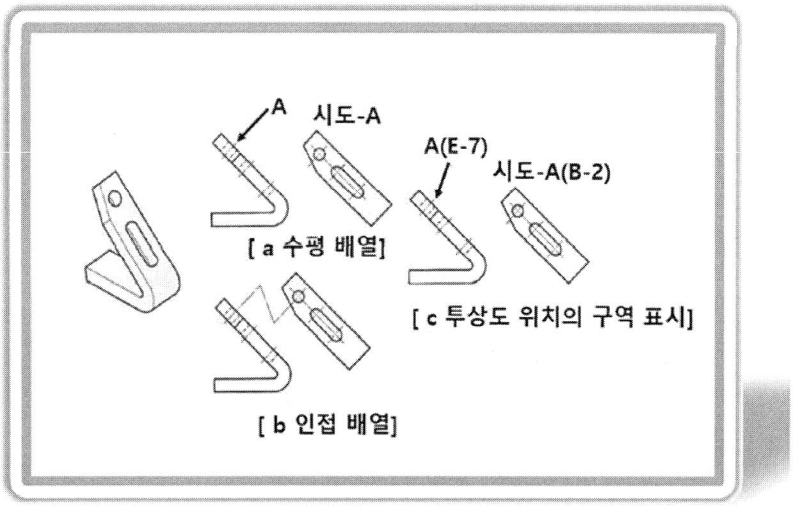

[그림 9-10]

② 부분 투상도
그림의 일부 중 필요 부분만을 투상도로 표시하는 것으로 국부 투상도, 부분 확대도, 상세도 등이 있다.

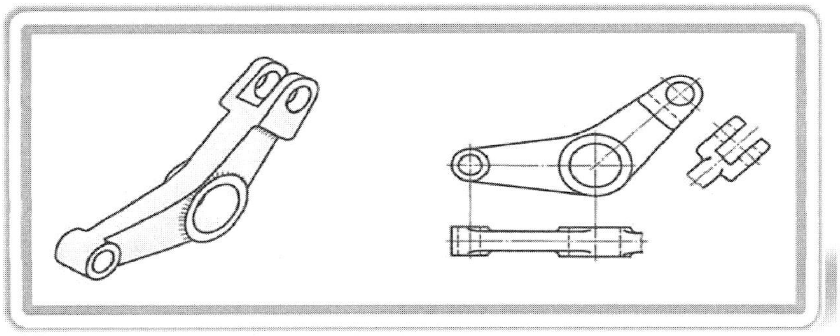

[그림 9-11]

③ 회전 투상도
일정한 각도를 가지고 있는 물체의 실제의 형태를 표시하지 못 할 때 물체의 일부를 회전시켜 투상하는 방법.

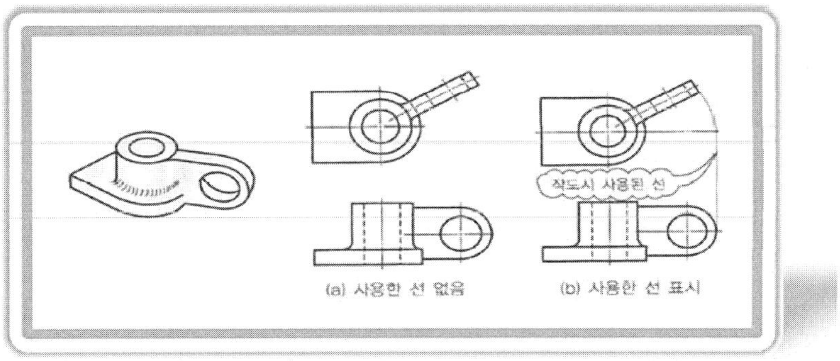

[그림 9-12]

④ 국부 투상도
구멍, 홈 등과 같이 대상물의 1국부를 나타낸 투상도 투상 관계를 나타내기 위하여 원칙적으로 주 투상도에 중심선, 기준선, 치수 보조선 등으로 연결한다.

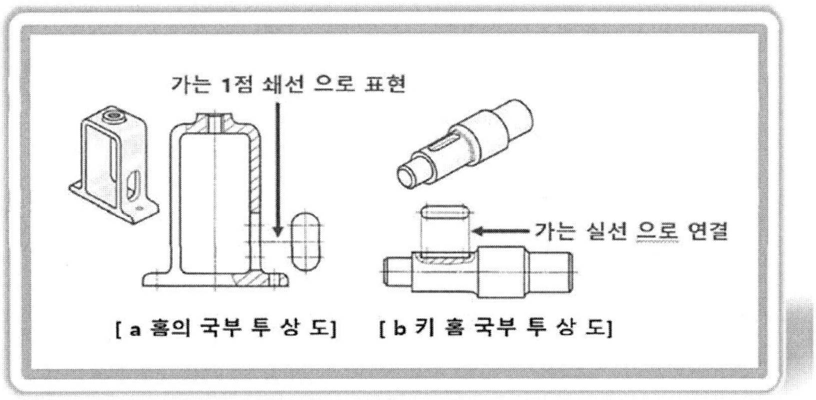

[그림 9-13]

⑤ 부분 확대도

특정한 부분의 도형이 작아서 그 부분을 자세하게 나타낼 수 없거나 치수 기입을 할 수 없을 때에는, 그 부분을 가는 실선으로 에워싸고 한글이나 알파벳 대문자로 표시함과 동시에 그 해당 부분의 가까운 곳에 확대도를 나타냄.

확대를 표시하는 문자기호와 척도를 기입. 다만, 확대한 투상도의 척도를 나타낼 필요가 없는 경우에는 척도 대신 '확대도'라고 기입하여도 좋다.

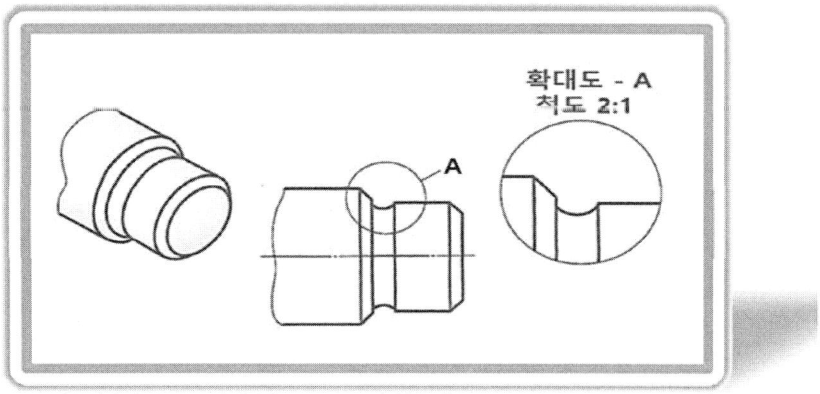

[그림 9-14]

3) 단면도의 표시방법

물체 내부가 보이도록 물체를 절단하여 그린 도면

* 목 적

- 외관도 보다 명확히 알기 쉽게 할 것.
- 도형을 간단히 하여 그릴 것.

4) 단면도의 종류

① 온 단면도(전단면도) 물체를 기본 중심선에서 전부 절단하여 도시한 것과 기본중심이 아닌 곳에서 물체를 절단하여 필요부분을 단면으로 도시하는 방법.

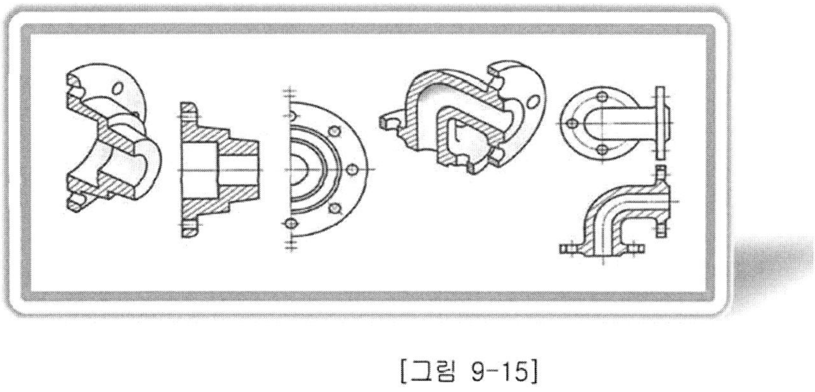

[그림 9-15]

② 한쪽단면도(반 단면도) 좌우 또는 상하가 대칭인 물체에서 1/4을 절단하고 도면의 반쪽은 단면도, 반쪽은 외형도로 표현하는 것을 반 단면도라 한다.

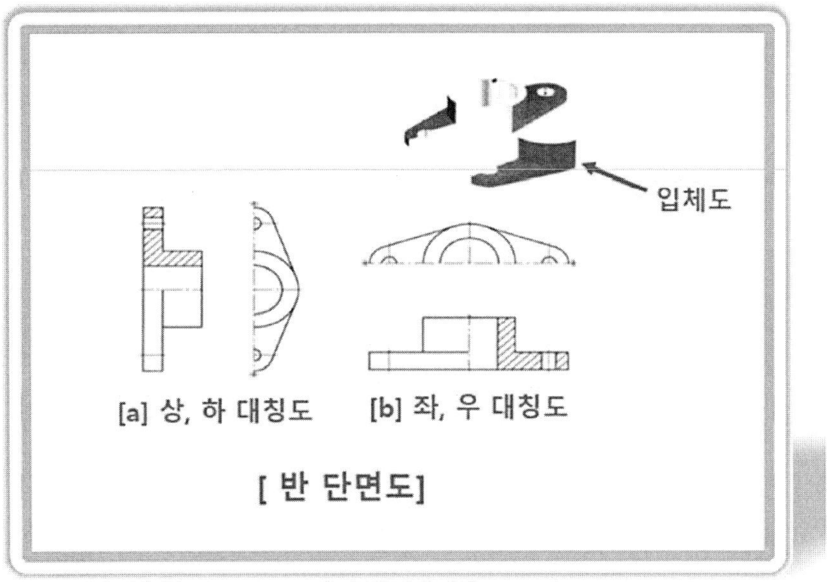

[그림 9-15]

③ 부분 단면도

물체의 필요한 곳 일부분만 파단선으로 절단해서 나타낸 것을 부분 단면도라 한다. 이 때 파단 부분의 파단선은 프로핸드(free hand)로 긋는다.

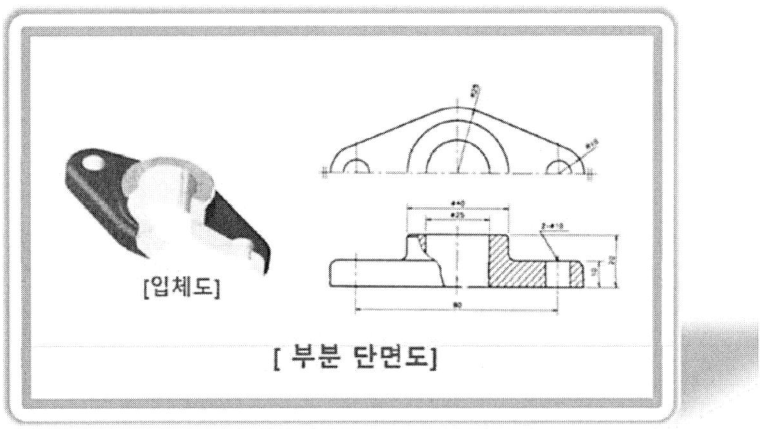

[그림 9-16]

④ 회전도시 단면도

- 핸들이나 기어, 벨트 풀리 등의 암(arm), 리브(rim), 훅(hook), 축(shaft)과 주로 구조물에 사용하는 형강 등의 절단한 단면의 모양을 90°회전 하여 나타낸 다.
- 절단할 곳의 전후를 끊어서 그 사이에 그린다.
- 절단선의 연장선 위에 그린다.
- 도형내의 절단한 곳에 겹쳐서 가는 실선을 사용하여 그린다.

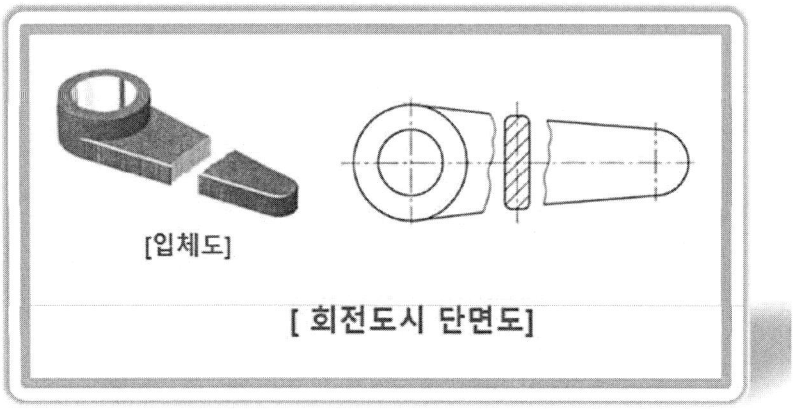

[그림 9-17]

⑤ 평면의 표시

물체의 일부가 평면인 경우 가는 실선으로 대각선표시를 하므로서 평면임을 나타낸다. 특히 평면부분이 내부에 있을 경우에도 은선으로 표시하는 것이 아니라 가는 실선으로 그려야 한다.

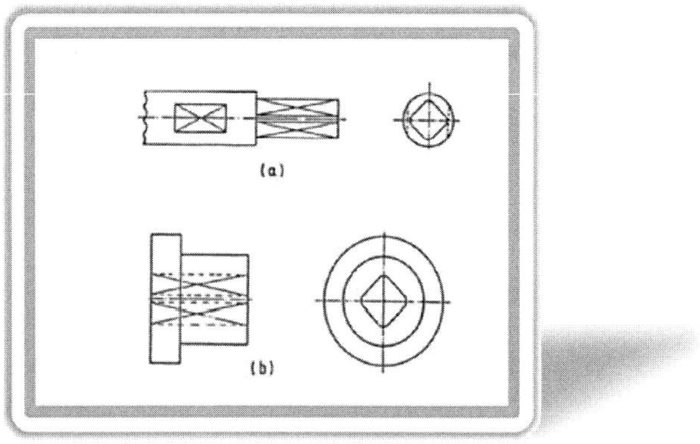

[그림 9-18]

3. 재료의 기호와 표시방법

1) 기계재료 표시기호

① 제1부분 기호 : 재질표시(영문 또는 원소기호)
② 제2부분 기호 : 규격 또는 제품명(모양 및 용도)
③ 제3부분 기호 : 재료의 종류(인장강도, 탄소함유량)
④ 제4,5부분 기호 : 열처리 상태, 모양, 제조 방법

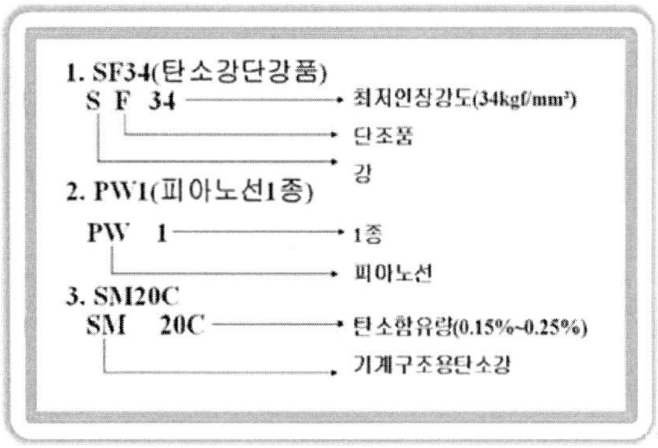

[그림 9-19]

2) 주요 기계 재료의 기호(KSD)

명 칭	기호	명 칭	기호
고속도 공구강	SKH	탄소 주강	SC
스프링 강재	SPS	회주철	GC
크롬강	SCr	구상 흑연 주철	GCD
니켈 크롬 강재	SNC	흑심 가단 주철	BMC
탄소강 단강	SF	백심 가단 주철	WMC
탄소 공구 강재	STC	황동 주물	BSC
기계 구조용 탄소 강재	SM	청동 주물	BC

제 3 절 표면 거칠기

1. 표면 거칠기의 표시

1) 표면 거칠기

일정한 거리에서 나타난 공작물의 표면에 발생된 요철(凹凸)면을 표면 거칠기라고 한다.

2) 표면 거칠기 기호의 구성

① 대상 면을 지시하는 기호

표면 거칠기 가공 면을 지시하는 기호는 60°로 벌린 실선의 기호로 표시한다.

가. 절삭 등 제거가공을 문제 삼지 않는 경우에는 그림(a)와 같은 기호를 붙여준다.

나. 제거가공이 필요한 곳에는 그림(b)와 같이 짧은 쪽의 끝에 가로선을 부가한다.

다. 제거가공을 해서는 안 되는 곳에는 그림(C)와 같이 내접하는 원을 부가한다.

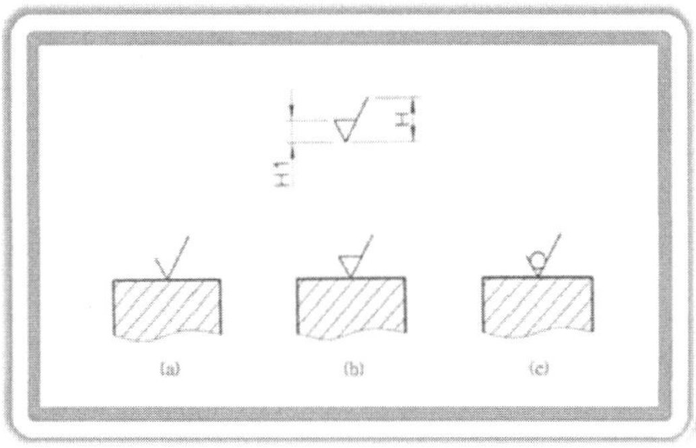

[그림 9-20]

② 표면 거칠기 값의 지시

표면 거칠기 지시 값은 다음 중 하나의 방법에 따른다.

가. 표면 거칠기의 최대값 만을 지시하는 경우 다음 그림과 같이 한다.

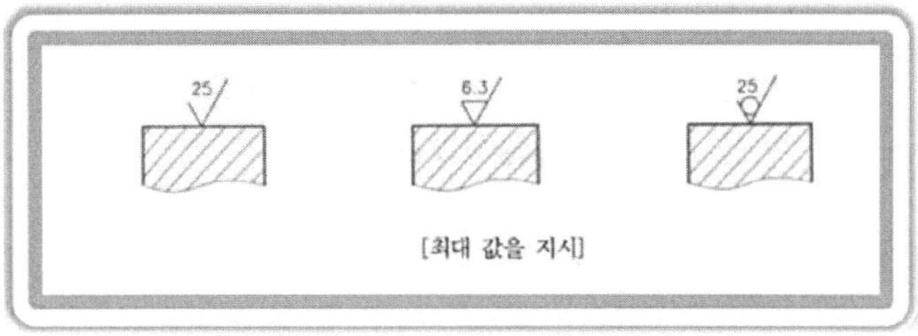

[그림 9-21]

나. 표면 거칠기 값을 가공구간으로 지시하는 경우 상한 값, 하한 값을 기입한다.

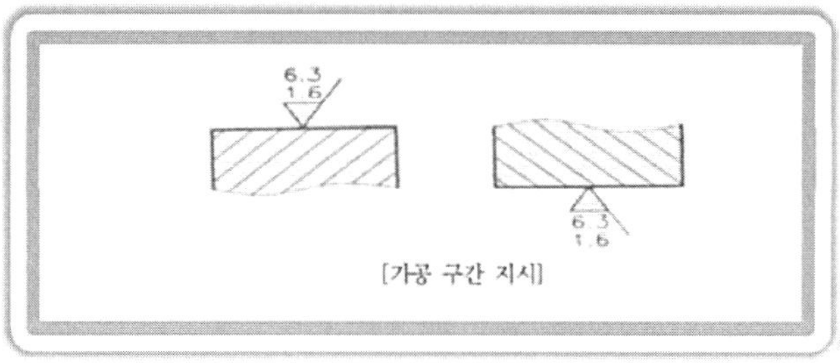

[가공 구간 지시]

[그림 9-22]

다. 컷오프 값을 명시할 필요가 있을 때는 그림과 같이 가로선 아래에 기입한다.

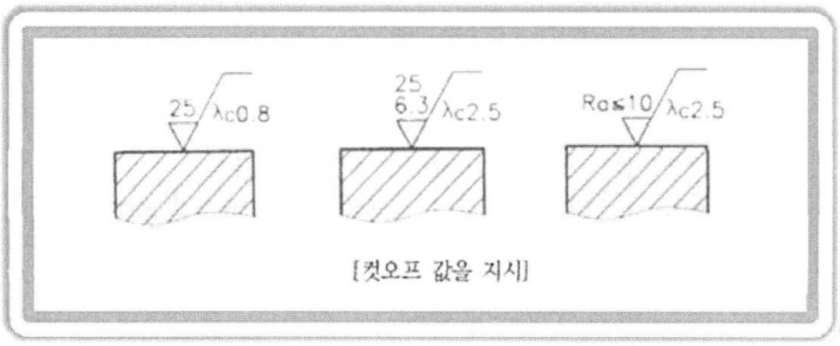

[컷오프 값을 지시]

[그림 9-23]

라. 10점 평균 거칠기(Rz), 최대높이(Rmax)로 지시 할 때는 그림과 같이 가로선 아래에 기호와 함께 기입한다.

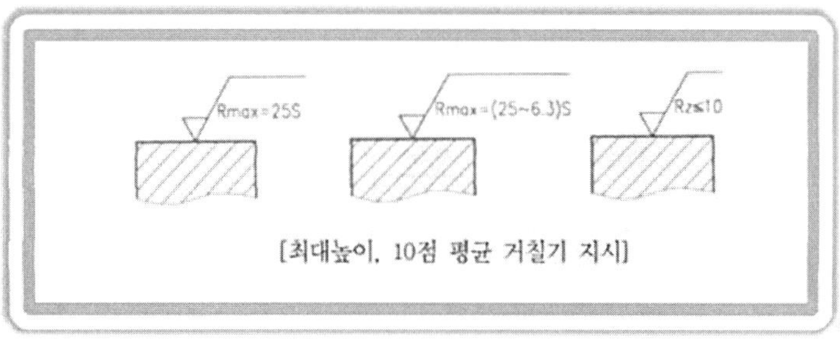

[최대높이, 10점 평균 거칠기 지시]

[그림 9-24]

마. 표면에 가공방법을 지시하는 때는 그림과 같이 한다.

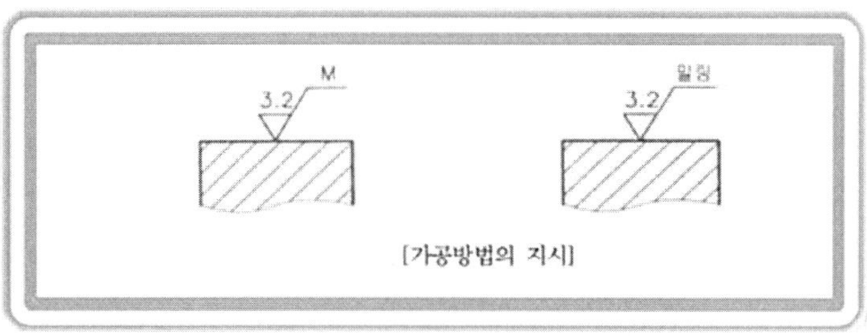

[가공방법의 지시]

[그림 9-25]

바. 표면 가공 후 가공흔적의 모양을 지시 할 때는 다듬질 기호의 오른쪽 아래에 기입한다.

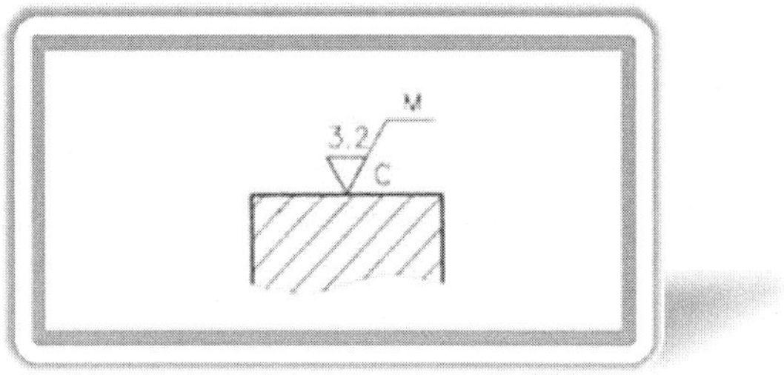

[그림 9-26]

③ 도면에 표시하는 방법

기호의 문자는 아래쪽 오른쪽부터 읽을 수 있도록 기입한다.
(일반적으로 오른손잡이가 글자를 쓰는 방향)

- 기호의 문자는 아래쪽 오른쪽부터 읽을 수 있도록 기입한다.

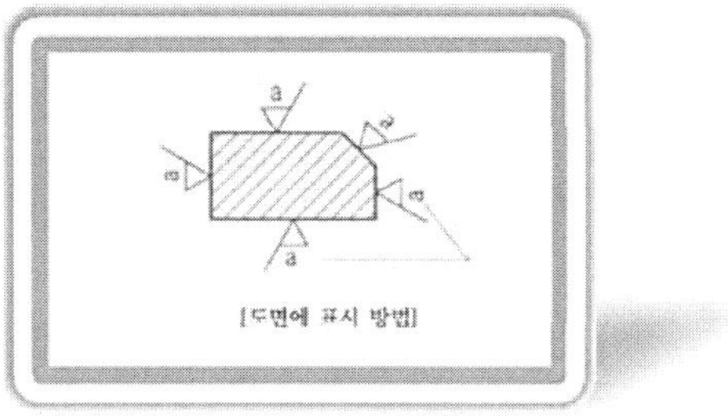

[그림 9-27]

- 표면 거칠기 기호는 될 수 있는 한 외형 선에 기입하지 않고 치수선, 치수 보조 선 등에 기입한다.

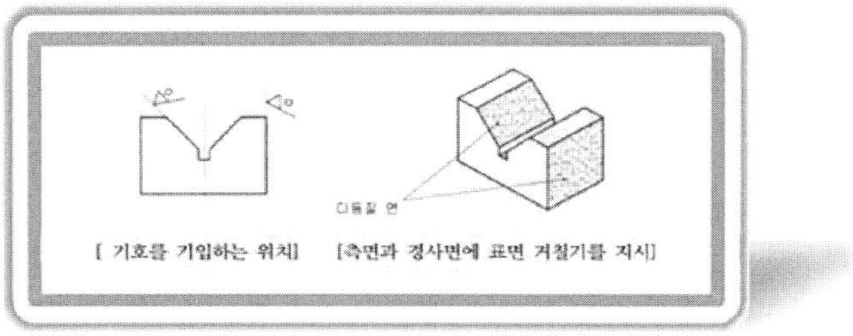

[그림 9-28]

- 부품 전체가 동일한 표면 거칠기를 적용할 때는 부품번호 옆에 기호를 표기한다.

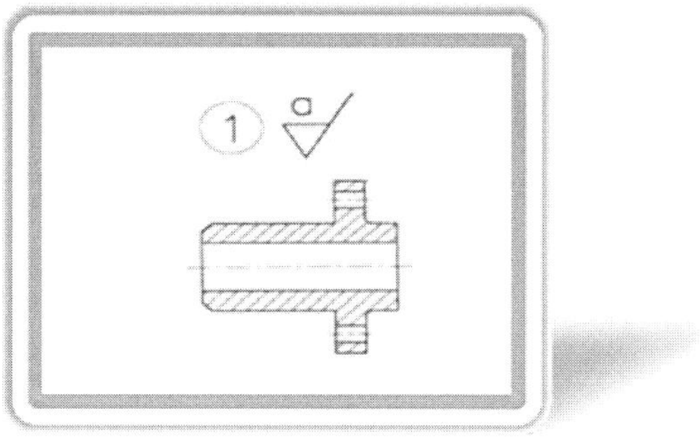

[그림 9-29]

- 부품의 대부분이 동일한 표면 거칠기이고 일부분만 다를 때는 다음 그림같이 기입한다.

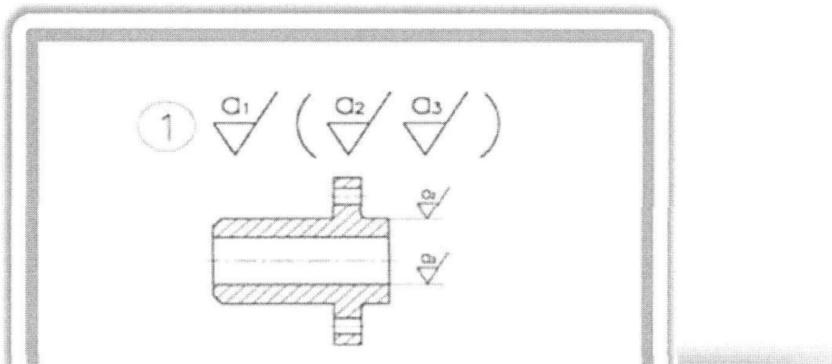

[부품의 대부분이 동일하고 일부만 다를 때]

[그림 9-30]

- 면의 지시기호를 여러 곳에 반복 기입하는 경우에는 면의 지시기호와 알파벳의 소문자로 기입하고 주 투상도, 부품번호 또는 표제 란의 곁에 기입한다.

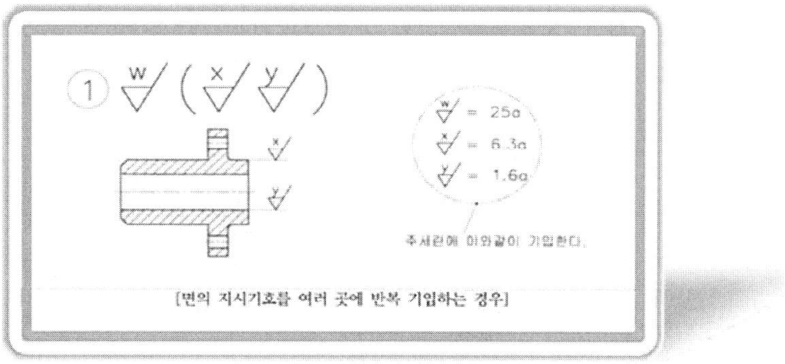

[면의 지시기호를 여러 곳에 반복 기입하는 경우]

[그림 9-31]

2. 다듬질 기호

1) 다듬질 기호

KS B0617의 부속서에 의하면, 면의 지시 기호 대신 다듬질 기호를 사용할 수 있다고 규정하고 있다. 이 방법은 많이 사용되지는 않는다. 다듬질 기호는 표면 거칠기를 크게 구분하는 것으로 삼각기호(▽)와 파형 기호(~)로 표시한다. 삼각기호의 규격은 KS에 4종류로 구분되어 있으며, 파형 기호(~)는 기계가공하지 않은 표면(흑피, 주물)에 표시할 수 있다. 다듬질 기호와 가공방법 및 거칠기에 따른 적용 예를 다음 표에 나타내었다.

[삼각기호와 파형기호의 적용 예]

다듬질 기호	가공법 및 거칠기	적 용 예
~	주조, 압연, 단조를 한 채로 두고 일체의 가공을 하지 않은 거친 재료의 자연면	
$\overset{\circ}{\nabla}$	매끈한 자연면, 샌드 블라스트등 한 주물 표면	스팬의 자루, 핸들 휠의 바퀴, 주조한 플랜지의 측면
$\overset{W}{\nabla}$	줄 가공, 플레이너, 세이퍼, 선반 등에 의한 가공으로서, 가공의 흔적이 나타나 있을 정도로 거친 가공 면	패킹을 넣는 접합면, 볼트, 축(shaft)등 의 끝 면, 피스톤 링의 내면
$\overset{X}{\nabla}$	터닝, 그라인딩 등에 의한 가공으로서 가공의 흔적이 남지 않을 정도의 보통 가공 면	접촉하여 고정되는 면, 기어, 크랭크의 측면 등
$\overset{Y}{\nabla}$	터닝, 그라인딩 ,래핑 등의 가공으로서 가공의 흔적이 전혀 남지 않는 극히 정밀한 가공 면	정밀을 요하는 활동 면, 공작 기계의 활동 면, 밸브의 접촉면, 게이지의 측정 면
$\overset{Z}{\nabla}$	래핑, 버핑 등의 가공으로 광택이 나는 고급 가공 면	피스톤 핀, 연료 펌프의 플랜지, 실린더내면, 고속 베어링 면

제 4 절 공차와 끼워 맞춤

1. 공차

1) 공 차(tolerance)

제품을 가공하는데 있어서 허용할 수 있는 오차의 범위.

용 도	게이지 제작	끼 워 맞 춤	기 타
구 멍	IT01 - IT5급	IT6 - IT10급	IT11 - IT18급
축	IT01 - IT4급	IT5 - IT9급	IT10 - IT18급

2) IT 기본공차의 등급

ISO에서 정한 IT00 - IT18급 까지 20등급으로 규정 (표 1-1 참조)

① 치수를 몇 개의 군으로 구분하여 같은 등급

(정밀도가 같은 수준에 있다고 생각되는 치수공차 군에 붙인 정밀도의 단계)이라도 치수가 커짐에 따라 공차를 달리하고 있다.

② 또한 어떤 치수 (치수구분) 에 대해 일정한 값의 공차를 주어 정밀도에 따라 몇 가지의 공차를 정하고 있다.

③ 이것을 IT기본공차라 한다.

④ 즉, 공차의 대소에 따라 IT 01급~IT 18급 까지 총20등급으로 되어 있다.

⑤ IT 기본공차의 적용

▪ IT01~IT4: 게이지 제작공차 (구멍:IT01~IT5, 축:IT01~IT4) ▪ IT5~IT10: 끼워 맞춤 공차 (구멍:IT6~IT10, 축:IT5~IT9) ▪ IT11~IT18: 끼워 맞춤 이외의
공차에 적용된다.

3) 치수 공차

실제 치수에 허용 한계를 정한 두 개의 치수 차, 즉 최대 허용치수와 최소 허용치수와의 차.

① 최대 허용치수 : 허용 한계치수의 큰 쪽의 치수

② 최소 허용치수 : 허용 한계치수의 작은 쪽의 치수

③ 기준 치수 : 허용 한계치수가 주어지는 기준이 되는 치수

④ 위 치수 허용 차 : 호칭치수와 최대 허용치수와의 차

⑤ 아래 치수 허용 차 : 호칭치수와 최소 허용치수와의 차

⑥ 허용 한계치수: 최대 허용치수와 최소 허용치수에 의해 표기된 치수

표 1-1

치수 구분 (mm)		IT 01	IT 0	IT 1	IT 2	IT 3	IT 4	IT 5	IT 6	IT 7	IT 8	IT 9	IT 10	IT 11	IT 12	IT 13	IT 14	IT 15	IT 16	IT 17	IT 18
초과	이하																				
-	3	0.3	0.5	0.8	1.2	2	3	4	6	10	14	25	40	60	100	140	250	400	600	1.0	1.4
3	6	0.4	0.6	1	1.5	2.5	4	5	8	12	18	30	48	75	120	180	300	480	750	1.2	1.8
6	10	0.4	0.6	1	1.5	2.5	4	6	9	15	22	36	58	90	150	220	360	580	900	1.5	2.2
10	18	0.5	0.8	1.2	2	3	5	8	11	18	27	43	70	110	180	270	430	700	1100	1.8	2.7
18	30	0.6	1	1.5	2.5	4	6	9	13	21	33	52	84	130	210	330	520	840	1300	2.1	3.3
30	50	0.6	1	1.5	2.5	4	7	11	16	25	39	62	100	160	250	390	620	1000	1600	2.5	3.9
50	80	0.8	1.2	2	3	5	8	13	19	30	46	74	120	190	300	460	740	1200	1900	3.0	4.6
80	120	1	1.5	2.5	4	6	10	15	22	35	54	87	140	220	350	540	870	1400	2200	3.5	5.4
120	180	1.2	2	3.5	5	8	12	18	25	40	63	100	160	250	400	630	1000	1600	2500	4.0	6.3
180	250	2	3	4.5	7	10	14	20	29	46	72	115	185	290	460	720	1150	1850	2900	4.6	7.2
250	315	2.5	4	6	8	12	16	23	32	52	81	130	210	320	520	810	1300	2100	3200	5.2	8.1
315	400	3	5	7	9	13	18	25	36	57	89	140	230	360	570	890	1400	2300	3600	5.7	8.9
400	500	4	6	8	10	15	20	27	40	63	97	155	250	400	630	970	1550	2500	4000	6.3	9.7

비고) IT 01~16의 단위는 ㎛, IT 17,18의 단위는 mm임.

< IT 기본 공차 값>

2. 끼워 맞춤

구멍과 축을 조립하기 위한 치수의 차이에서 생기는 관계.

1) 틈새와 죔새

① 틈 새(clearance) : 구멍의 지름이 축의 지름보다 큰 경우 두 지름의 차

② 죔 새(interference) : 축의 지름이 구멍의 지름보다 큰 경우 두 지름의 차

③ 최소틈새 : 구멍 최소 허용치수 - 축 최대 허용치수

④ 최대틈새 : 구멍 최대 허용치수 - 축 최소 허용치수

⑤ 최소죔새 : 축 최소 허용치수 - 구멍 최대 허용치수

⑥ 최대죔새 : 축 최대 허용치수 - 구멍 최소 허용치수

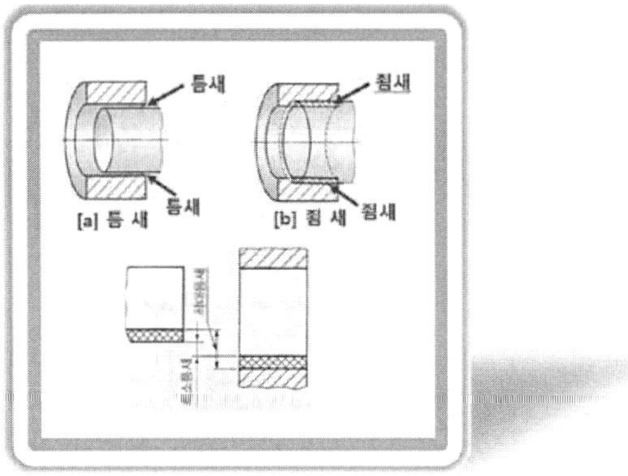

[그림 9-32]

2) 끼워 맞춤 방식

① 구멍기준식 : 아래치수 허용차가 0인 H를 기준 구멍으로 여 축을 선정, 필요한 죔새나 틈새를 얻는 끼워 맞춤 (H6 - H10을 기준구멍으로 사용)

② 축 기준식 : 위 치수 허용차가 0인 h를 기준 축 으로 하여 구멍을 선정, 필요한 죔새나 틈새를 얻는 끼워 맞춤 (h5 - h9을 기준 축으로 사용)

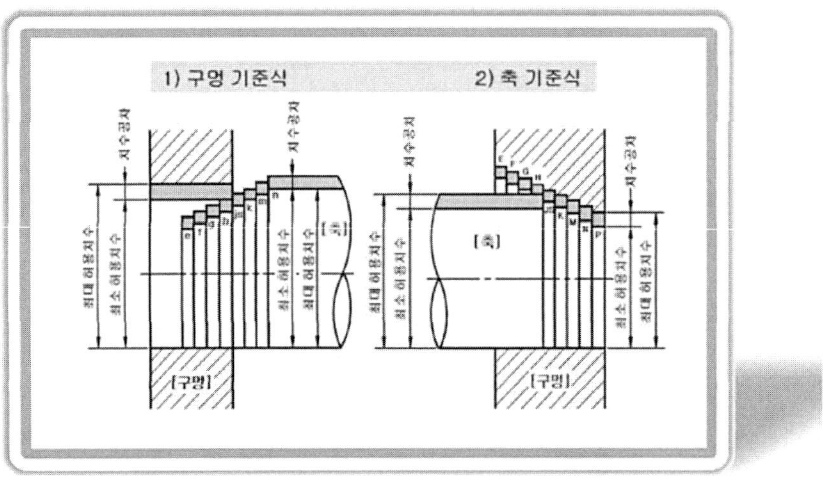

[그림 9-33]

3) 끼워 맞춤 상태에서의 분류

① 헐거운 끼워 맞춤 : 구멍의 최소 치수가 축의 최대치수보다 큰 경우

② 억지 끼워 맞춤 : 구멍의 최대 치수가 축의 최소 치수보다 작은 경우

〈구멍기준 끼워 맞춤〉

기준구멍	축의 공차역 클래스																
	헐거운 끼워마춤							중간 끼워마춤			억지 끼워마춤						
H 6						g5	h5	js5	k5	m5							
					f6	g6	h6	js6	k6	m6	n6(*)	p6(*)					
H 7					f6	g6	h6	js6	k6	m6	n6	p6(*)	r6(*)	s6	t6	u6	x6
				e7	f7		h7	js7									
H 8					f7		h7										
				c8	f8		h8										
			d9	e9													
H 9			d8	e8			h8										
		c9	d9	e9			h9										
H 10	b9	c9	d9														

〈축 기준 끼워 맞춤〉

기준축	구멍의 공차역 클래스																
	헐거운 끼워맞춤							중간 끼워맞춤			억지 끼워맞춤						
h5							H6	JS6	K6	M6	N6(*)	P6					
h6					F6	G6	H6	JS6	K6	M6	N6	P6(*)					
					F7	G7	H7	JS7	K7	M7	N7	P7(*)	R7	S7	T7	U7	X7
h7				E7	F7		H7										
					F8		H8										
h8			D8	E8	F8		H8										
			D9	E9			H9										
h9			D8	E8			H8										
		C9	D9	E9			H9										
	B10	C10	D10														

** 일반적으로 축보다 구멍이 만들기 어려우므로 구멍기준식을 먼저 고려한다.

4) 끼워 맞춤 표시방법

(1) 구멍의 경우 (2) 축의 경우

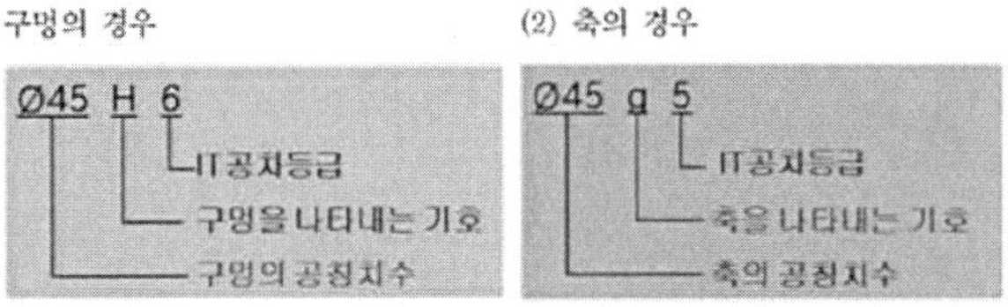

** 구멍 Ø45의 IT공차 6등급은 표1-1에서 찾아보면 16μ

제 5 절 치수기입 법

1. 치수 기입 기호

1) 치수 기입에 사용되는 보조기호

구 분	기호	사 용 법	예
지 름	Φ	지름 치수의 수치 앞에 붙인다	Φ30
반지름	R	반지름 치수의 수치 앞에 붙인다	R10
구의지름	SΦ	구의 지름 치수 수치 앞에 붙인다	SΦ20
구의반지름	SR	구의 반지름 치수 수치 앞에 붙인다	SR10
정사각형의변	□	정사각형의 한 변의 치수 수치 앞에 붙인다	□20
판의두께	t	판두께의 치수 수치 앞에 붙인다	t10
45°의 모떼기	C	모떼기 치수 수치 앞에 붙인다	C3
원호의길이	⌒	원호의 길이 치수 수치 앞에 붙인다	⌒ 20
이론적으로 정확한치수	▭	이론적으로 정확한 치수를 붙인다	20 (테두리)
참고치수	( )	참고치수의 치수 수치를 둘러싼다.	(20)

2. 치수 기입 방법의 일반 형식

1) 치수기입 방법의 일반 형식은 다음에 따른다.

① 치수는 치수선, 치수 보조선, 치수 보조기호 등을 사용하여 치수 수치에 따라 나타낸다.

② 치수선은 원칙으로 지시하는 길이 또는 각도를 측정하는 방향에 평행하게 그리고, 선의 양끝에는 끝부분의 기호를 붙인다.

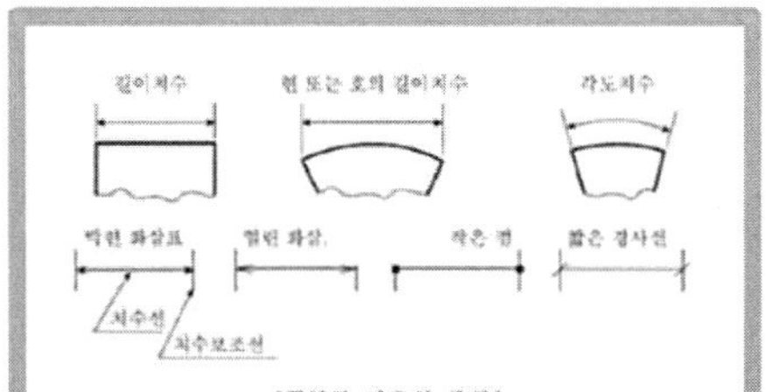

[끝부분 기호의 종류]

[그림 9-34]

3. 치수의 배치 방법

1) 직렬 치수기입

직렬로 연결된 치수에 주어진 일반 공차가 차례로 누적 되어도 좋은 경우에 사용하며, 기계분야보다는 철골 구조물의 설계 도면에 주로 사용된다.

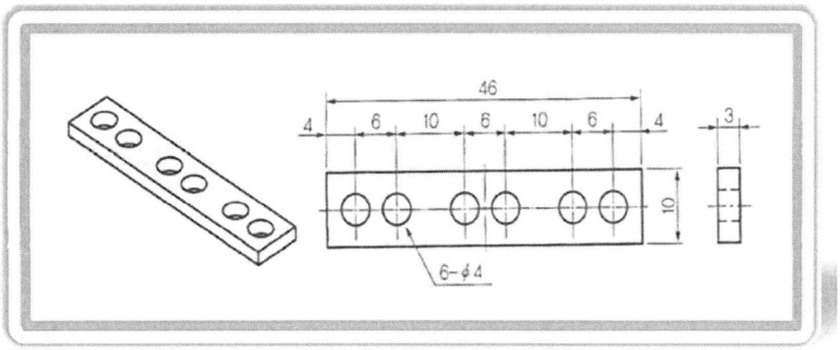

[그림 9-35]

2) 병렬 치수기입

기준면을 설정하여 개개별로 기입되는 방법으로, 각 치수의 일반 공차는 다른 치수의 일반공차에 영향을 주지 않는다.

기준면에 해당하는 치수 보조선의 위치는 제품의 기능, 조립, 가공, 검사 등의 조건을 고려하여 정한다.

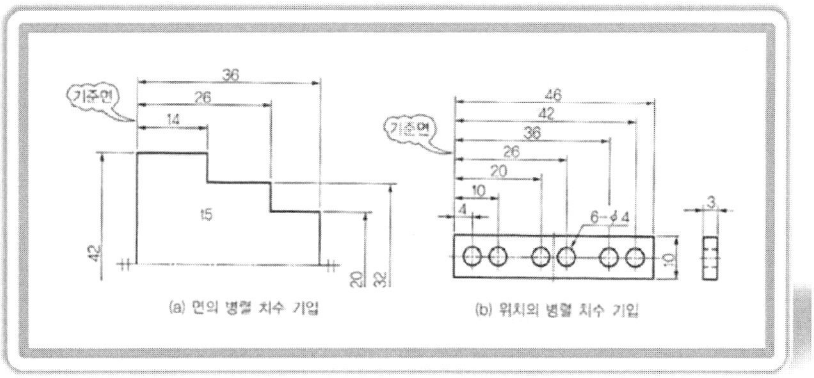

[그림 9-36]

3) 누진 치수기입

치수의 기준점에 기점 기호(°)를 기입하고, 치수 보조선과 만나는 곳마다 화살표를 붙인다. 치수 숫자는 (a) 와 같이 치수 보조선과 나란히 기입하든지, (b) 와 같이 화살표 가까운 곳의 치수 보조선 끝에 기입한다.

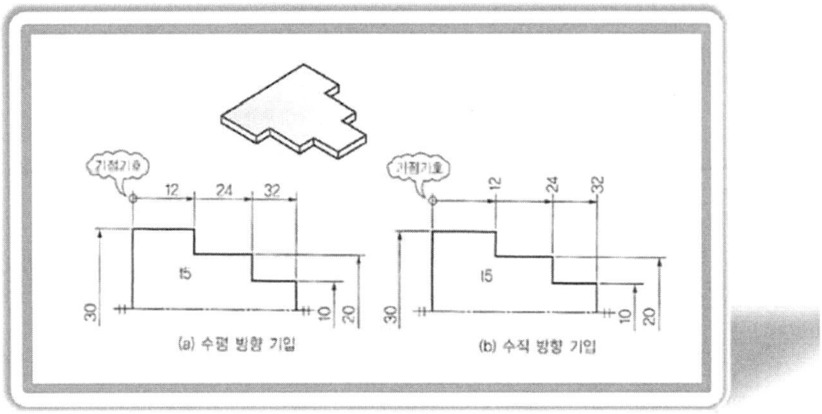

[그림 9-37]

4) 좌표 치수기입

기입하는 이 방법은 프레스 금형설계와 사출금형에서 많이 사용하는 방법이다.

① 기준면에 해당하는 쪽의 치수 보조선의 위치는 제품의 기능, 조립, 가공, 검사 등의 조건을 고려하여 정한다.

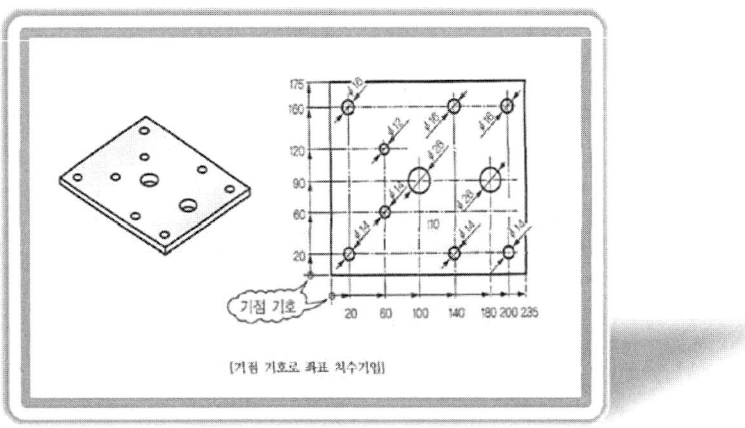

[그림 9-38]

② 구멍의 위치나 크기 등의 치수는 좌표를 사용해도 된다. 이 경우, 아래 표에 기입된 X, Y 의 숫자는 기점으로부터의 치수이다.

구분	X	Y	φ
A	20	20	14
B	140	20	14
C	200	20	14
D	60	60	14
E	100	90	26
F	180	90	26
G	20	160	16

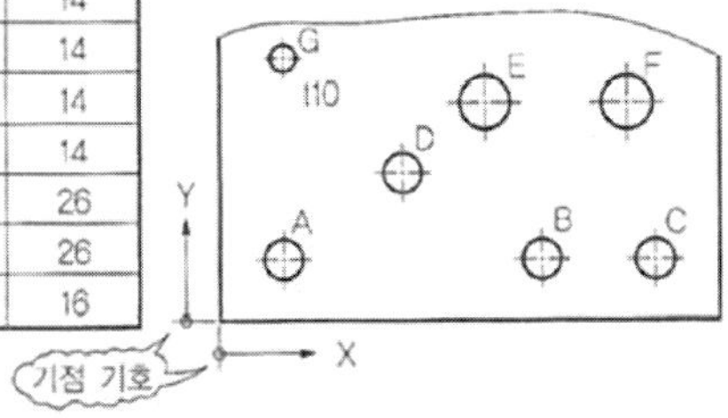

[문자 기호로 좌표 치수기입]

[그림 9-39]

제 6 절 드래프팅(Drafting) 개요

Start ⇨ Drafting을 선택하여 Drafting으로 시작한다.
드래프팅은 설계 모델을 도면으로 제도하는 기능을 뜻한다.

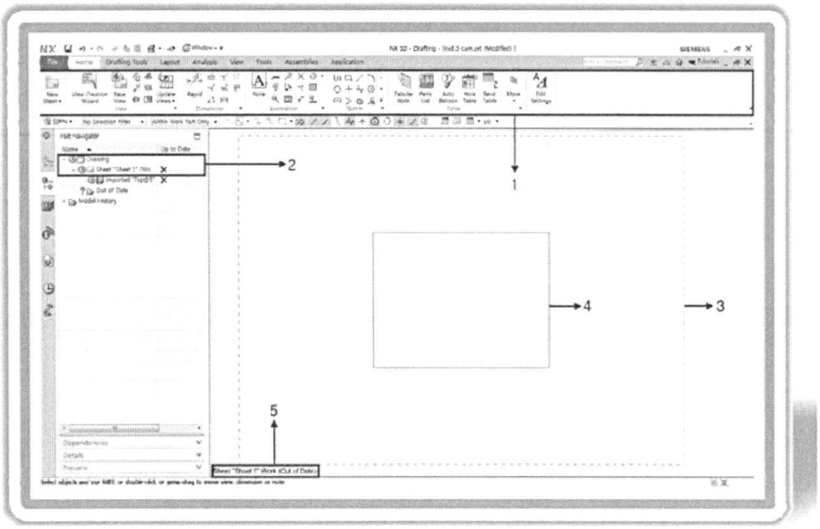

[그림 9-40]

① Ribbon Bar
② Drawing node on the Part Navigator
③ Drawing Sheet Boundary
④ View boundary
⑤ Drawing Sheet name

제 10 장 Drafting View

제 1 절 Drafting Menu

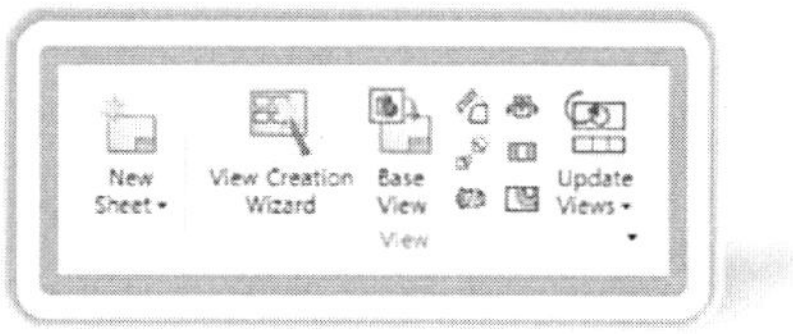

[그림 10-1]

Icon	명칭	명령어 설명
	New Sheet	새 도면 시트를 생성한다.
	View Creation Wizard	도면 시트에 하나 이상의 뷰를 추가한다.
	Base View	도면 시트에 모델 기준 뷰를 생성한다.
	Standard Views	도면 시트에서 표준 방향의 여러 뷰를 생성한다.
	Projected View	부모 도면 뷰에서 투영된 직교 뷰 또는 보조 뷰를 생성한다.
	Detail View	도면 뷰의 확대 영역을 포함하는 뷰를 생성한다.
	Section View	부모 도면 뷰에서 투영된 단면 뷰를 생성한다.
	Half Section View	부모 도면 뷰에서 투영된 반단면 뷰를 생성한다.
	Revolved Section View	부모 도면 뷰에서 투영된 회전 단면 뷰를 선택한다.
	Break-out Section View	부모 도면 뷰에서 파트 일부를 제거하여 분할 단면 뷰를 생성한다.
	View Break	뷰를 여러 경계로 분할하는 데 사용되는 분할선을 생성한다.
	Drawing View	도면 시트에 빈 뷰를 생성하여 스케치와 뷰 독립 개체를 생성한다.
	Update Views	선택한 뷰에 있는 은선, 실루엣, 뷰 경계 등을 편집하여 모델에 가해진 변경을 반영한다.

1. New Sheet 설정하기

위치 : Menu ⇨ Insert ⇨ View 새 도면 시트를 생성한다.

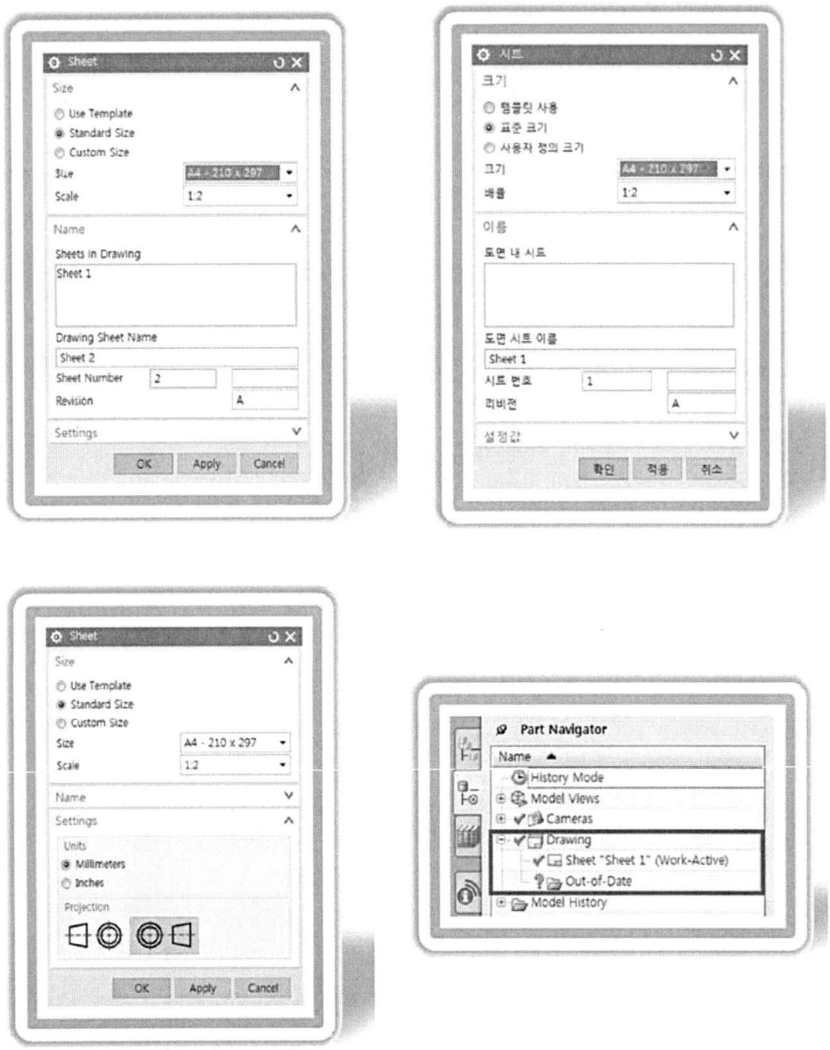

[그림 10-2]

① 도면의 사이즈 및 비율을 결정.

② 도면에 사용할 단위 및 등각법 선택.

③ 시트 만들기를 이용하여 시트를 생성하면 작업창 좌측 Part Navigator-Drawing 부분에 Sheet 정보가 표시된다.

2. Veiw Creation Wizard

위치 : Menu ▾ ⇨ Insert ⇨ View 도면 시트에 하나 이상의 뷰를 추가한다.

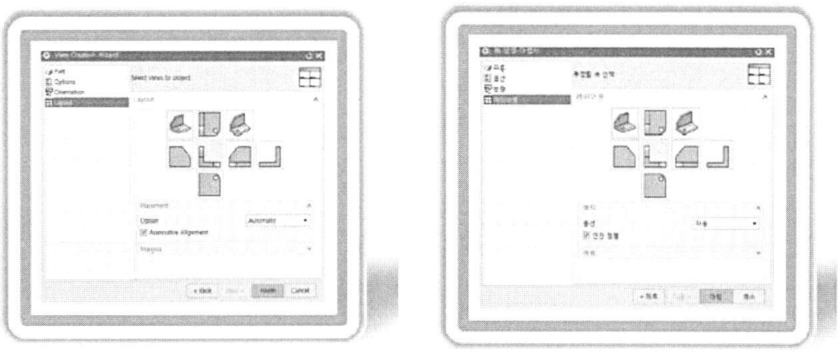

[그림 10-3]

3. Base View

위치 : Menu ▾ ⇨ Insert ⇨ View

도면 시트에 모델 기준 뷰를 생성하므로써 모델링 파일을 Sheet에 2D도면으로 생성하는 작업이다.

[그림 10-4]

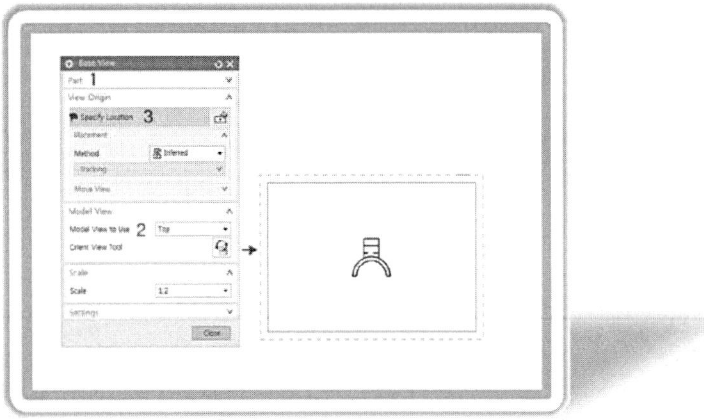

[그림 10-5]

① 뷰로 생성할 파트 선택.

② 뷰 방식 선택.

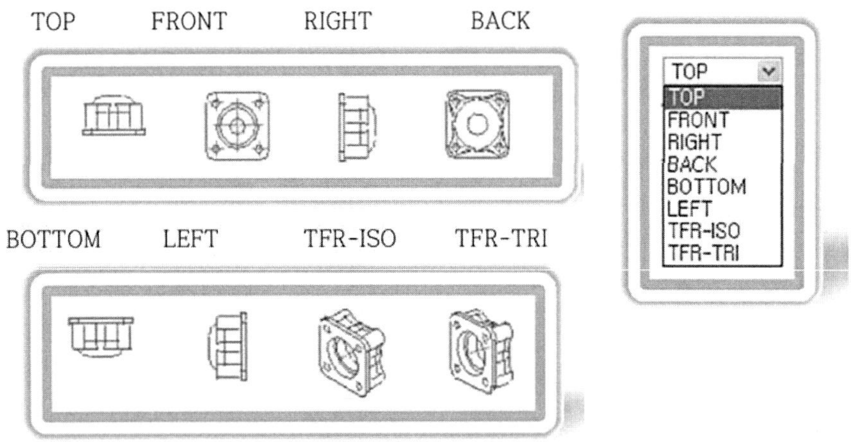

[그림 10-6]

③ 시트 내의 임의의 위치를 마우스 왼쪽 버튼으로 클릭.

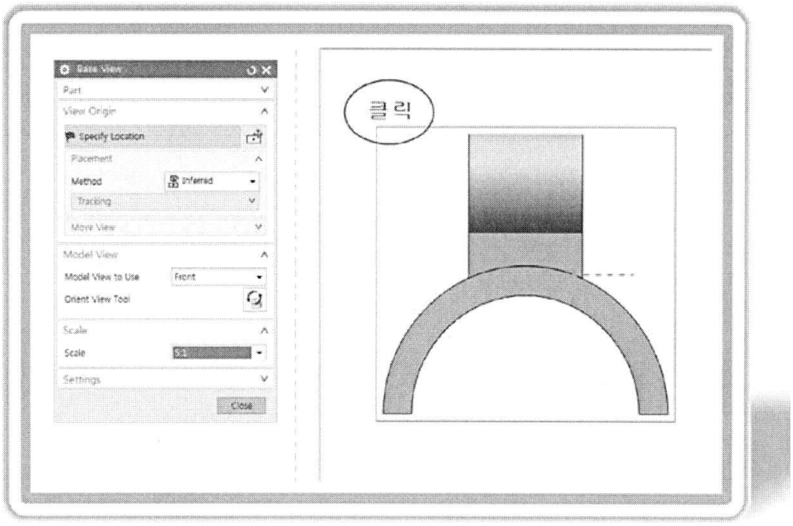

[그림 10-7]

4. Standard Views

위치 : Menu ▾ ⇨ Insert ⇨ View 도면 시트에서 표준 방향의 여러 뷰를 생성할 수 있는 기능.

[그림 10-8]

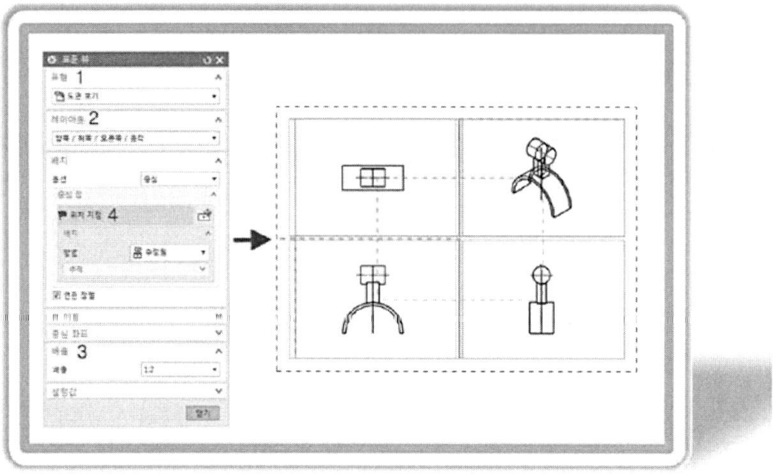

[그림 10-9]

① Standard Views 타입 선택.

② Layout 설정.

③ Scale을 Auto-Scale to fit로 지정하여 생성되는 뷰가 View Boundary를 넘지 않게 생성되는 뷰 크기를 자동으로 설정한다.

5. Projected View

위치 : Menu ▾ ⇨ Insert ⇨ View

부모 도면 뷰에서 투영된 직교 뷰 또는 보조 뷰를 생성한다.

[그림 10-10]

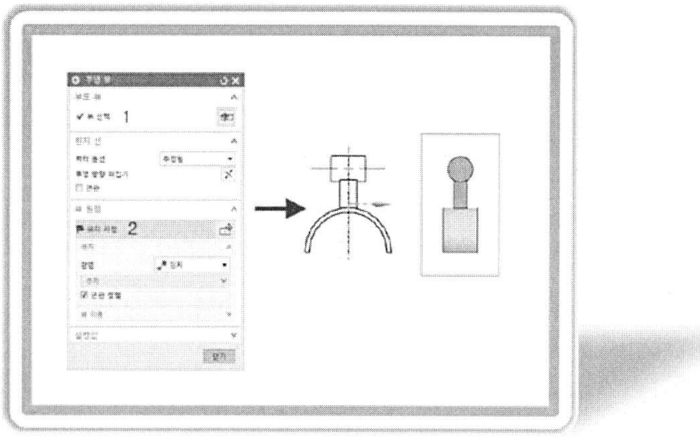

[그림 10-11]

① 파생 될 부모 뷰 선택.

② 뷰 생성 될 위치 지정.

6. Detail View

위치 : Menu ▾ ⇨ Insert ⇨ View 도면 뷰의 확대 영역을 포함하는 뷰를 생성한다.

[그림 10-11]

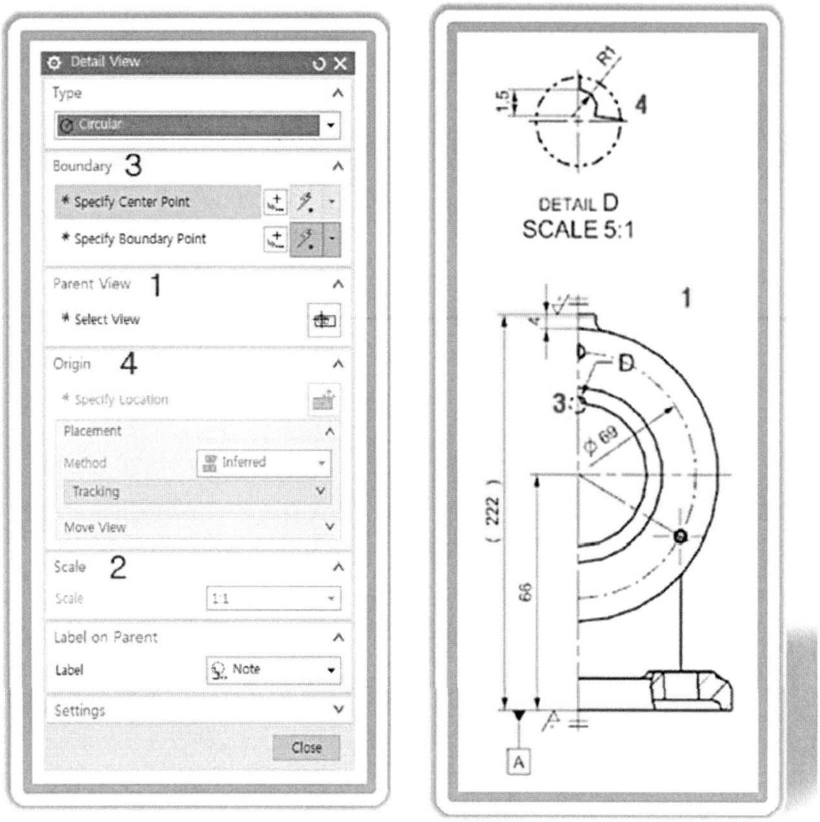

[그림 10-12]

① Detail View를 진행 할 뷰 선택.

② Scale 지정.

③ 상세 뷰가 진행 될 부분 Center Point와 Boundary Point를 순차적으로 선택.

④ Detail View가 생성 될 위치 지정.

7. Section View

위치 : Menu ▾ ⇨ Insert ⇨ View ⇨ Section ⇨ Simple/Stepped

부모 도면 뷰에서 투영된 단면 뷰를 생성한다.

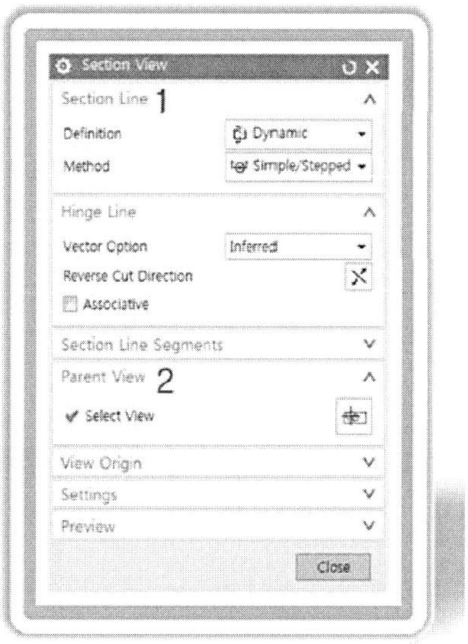

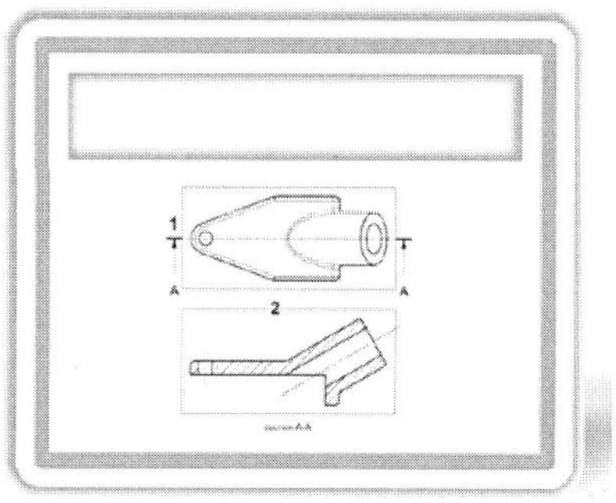

[그림 10-13]

① Section View를 진행 할 기준 뷰 선택.

② 단면이 진행 될 위치를 뷰 안에서 선택.

③ Section View가 생성 될 위치를 지정.

8. Half Section View

위치 : Menu ⇨ Insert ⇨ View ⇨ Section 투영된반단면 뷰를 생성한다.

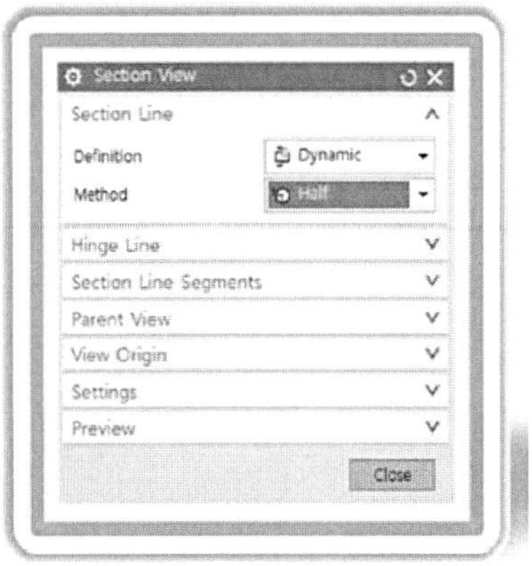

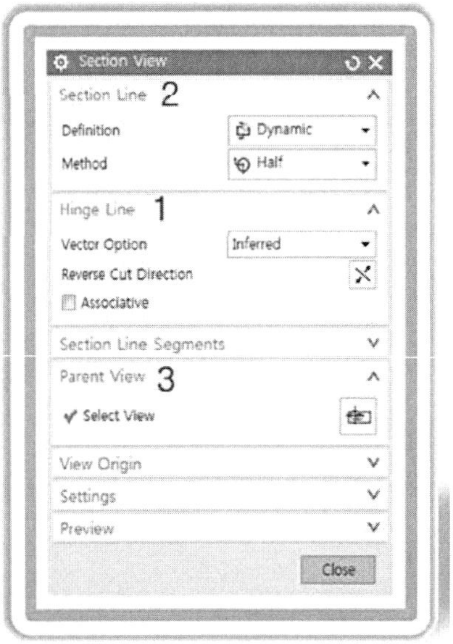

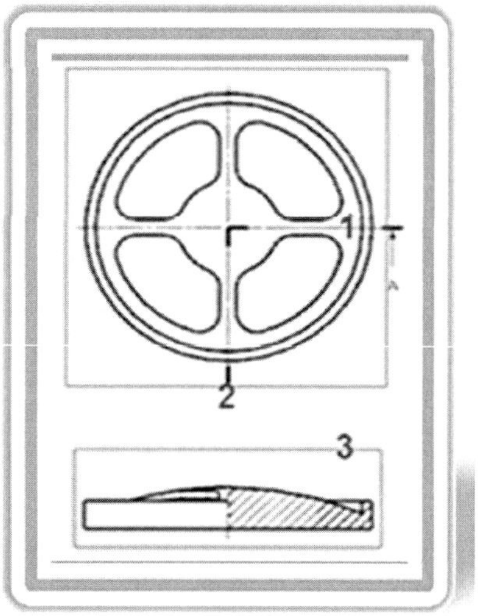

[그림 10-14]

① Half Section View를 진행 하 기준 뷰 선택.
② 첫 번째 기준이 되는 Half Section View 위치 선택.
③ 두 번째 단면 기준이 되는 Half Section View 위치 선택.
④ Half Section View가 생성 될 위치를 지정.

9. Revolved Section View

위치 : Menu ▾ ⇨ Insert ⇨ View ⇨ 투영된 회전 단면 뷰를 선택한다.

[그림 10-15]

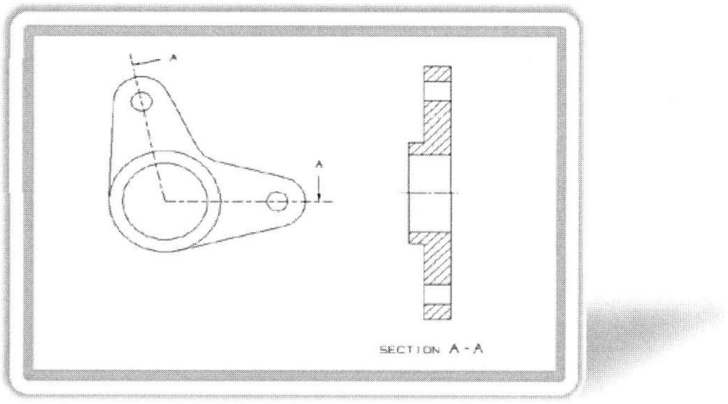

[그림 10-16]

10. Unfolded Point to Point Section View

위치 : Menu ▾ ⇨ Insert ⇨ View ⇨ 지정한 점들을 잇는 단면 선을 사용하여 전개된 단면 뷰를 생성한다.

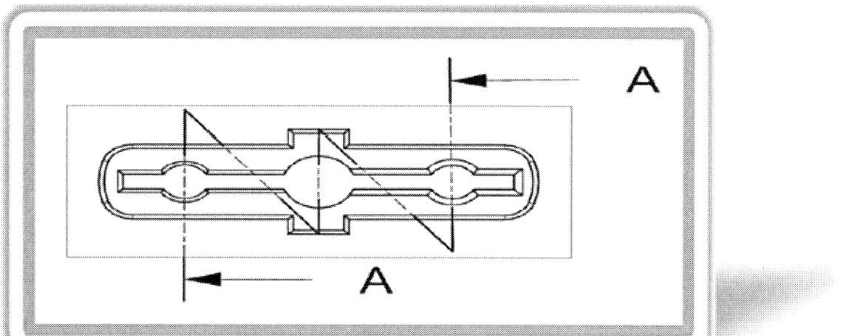

[그림 10-17]

11. Unfolded Point and Angle Section View

위치 : Menu ▾ ⇨ Insert ⇨ View ⇨ 위치와 각도를 지정하여 단면 뷰를 생성.

[그림 10-18]

12. Pictorial Section View

위치 : Menu ▾ ⇨ Insert ⇨ View ⇨ Section
부모 도면 뷰에서 입체뷰를 기반으로 단면 뷰를 생성한다.

13. Half Pictorial Section View

위치 : Menu ▾ ⇨ Insert ⇨ View ⇨ Section
부모 도면 뷰에서 입체뷰를 기반으로 반단면 뷰를 생성한다.

14. Break-out Section View

위치 : Menu ▾ ⇨ Insert ⇨ View ⇨ Section
부모 도면 뷰에서 파트 일부를 제거하여 분할 단면 뷰를 생성한다.

[그림 10-19]

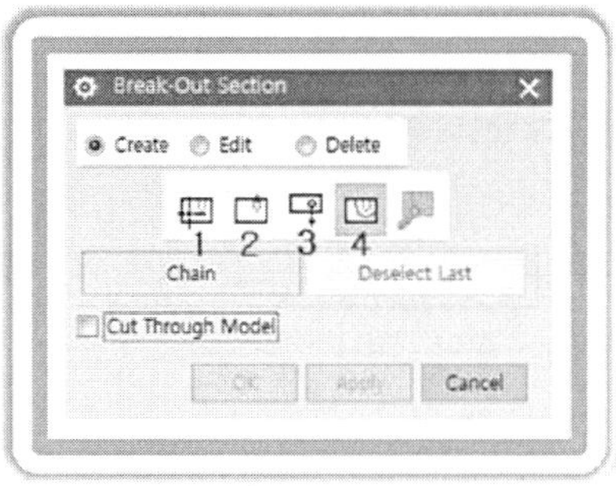

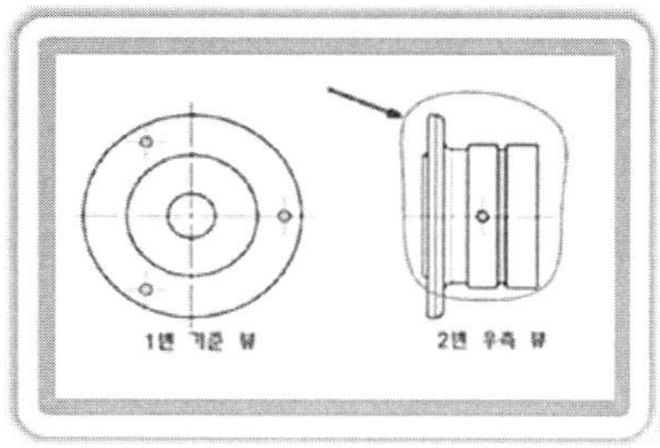

[그림 10-20]

① Select View : 부분 단면을 진행 할 뷰 선택.
(단면 될 부분을 스케치 스플라인으로 미리 그려놓은 2번 우측 뷰)

② Indicate Base Point : 단면이 시작될 기준 포인트 선택.

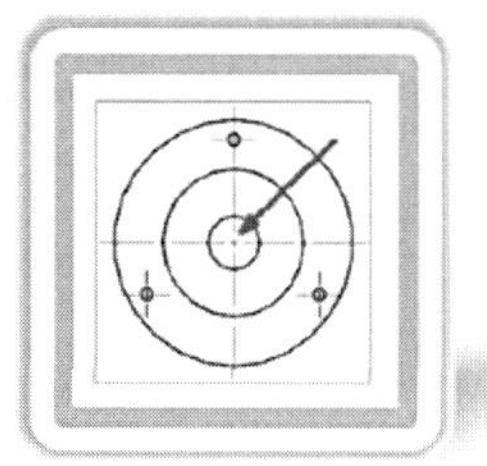

③ Indicate Extrusion Vector : 기준점을 선택하면 자동으로 지정된다.

④ Select Curves : 미리 2번 우측 뷰에 그려놓은 스플라인 스케치 커브 선택.
(2번 뷰를 Active Sketch View 상태로 만든 후 커브를 그려야한다.)

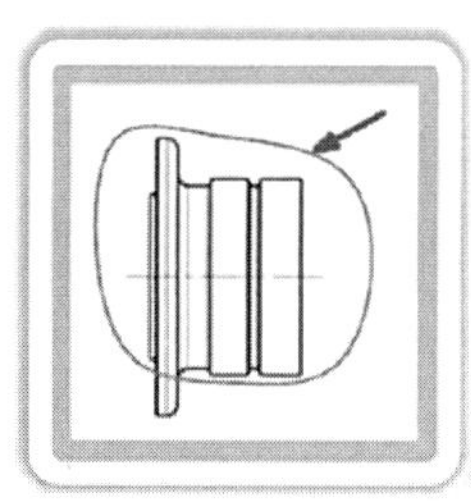

⑤ Cut Through Model : 선택 시 선택한 스케치 커브 부분이 잘려나간다. 미선택시 선택한 스케치 커브 부분이 해칭으로 잘린다.

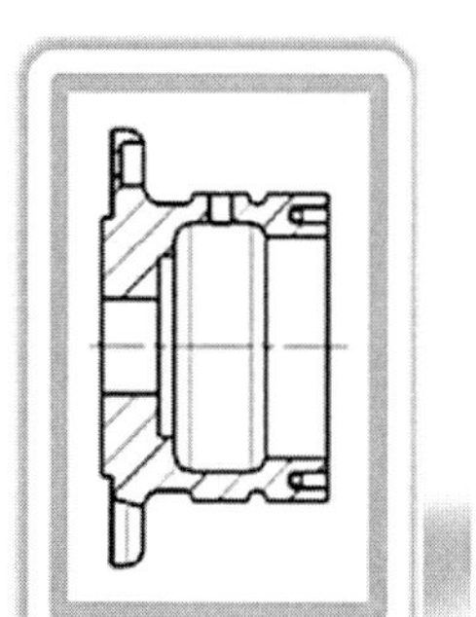

15. View Break

위치 : Menu ▾ ⇨ Insert ⇨ View 뷰를 여러 경계로 분할하는 데 사용되는 분할 선을 생성한다.

[그림 10-21]

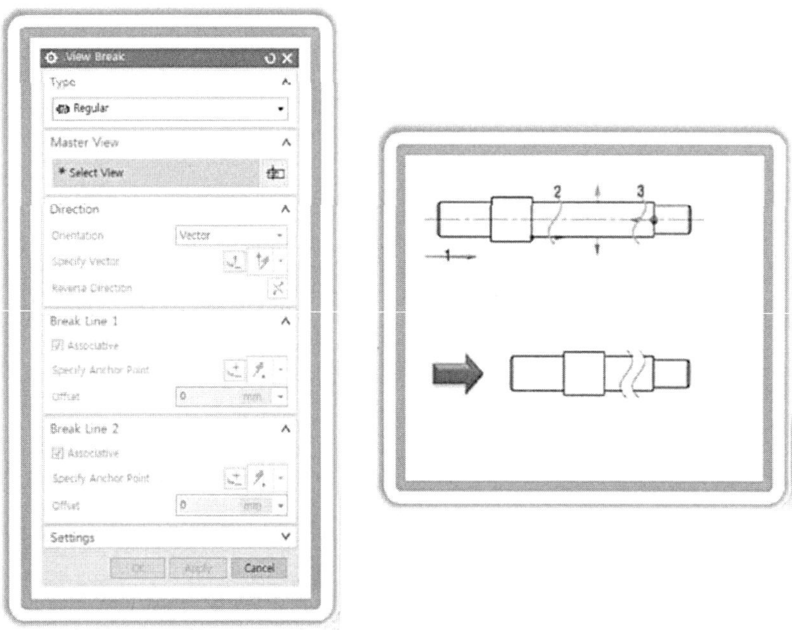

[그림 10-22]

① 파단이 진행 될 방향을 선택.

② 뷰 안에서 포인트로 파단이 될 첫 번째 위치 선택.
(Offset으로 파단 위치 조절 가능)

③ 뷰 안에서 포인트를 이용하여 파단이 될 두 번째 위치 지정.
(Offset으로 파단 위치 조절 가능)

16. Drawing View

위치 : Menu ▾ ⇨ Insert ⇨ View
도면 시트에 빈 뷰를 생성하여 스케치와 뷰 독립 개체를 생성한다.

[그림 10-23]

17. Update Views

위치 : Menu ▾ ⇨ Insert ⇨ View ⇨ Update
선택한 뷰에 있는 은선, 실루엣, 뷰 경계 등을 편집하여 모델에 가해진 변경을 반영한다.

[그림 10-24]

제 2 절 Drawing Format

위치 : Menu ▾ ⇨ Tool ⇨ Drawing Format

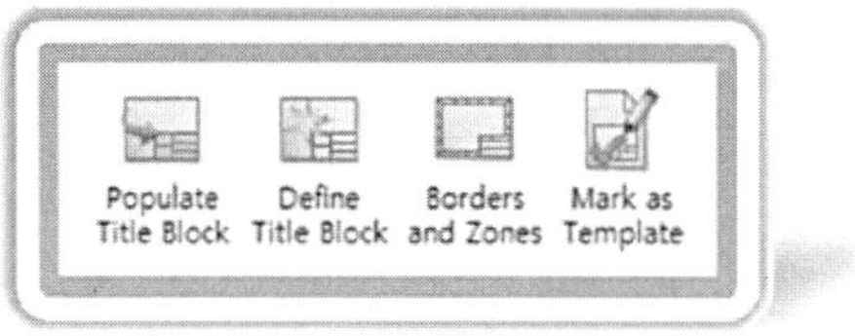

[그림 10-25]

Icon	명칭	명령어 설명
	Borders and Zones	템플릿 파일 안의 각각의 도면 시트에서 경계 및 영역을 생성하고 수정한다.
	Define Title Block	도면 템플릿 또는 파트 파일에서 사용할 수 있는 사용자가 정의된 제목 블록을 만든다.
	Populate Title Block	잠금 해제된 개별 제목 블록 셀의 내용을 편집한다.
	Mark as Template	도면 시트의 구성에 따라 시트 또는 도면 템플릿을 생성할 수 있다.

1.  Borders and Zones

위치 : Tool ⇨ Drawing Format ⇨ Borders and Zones

[그림 10-26]

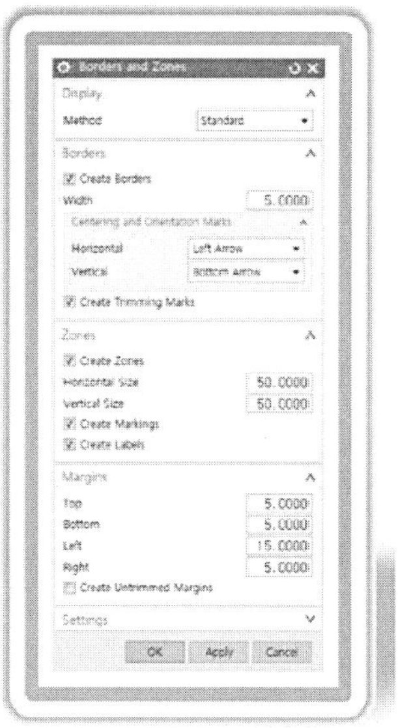

① Create Borders : 도면 시트의 모서리와 평행 한 경계를 생성한다.

② Centering Marks : 중심선과 일치하는 경계 위에 중심 마크를 배치.

③ Trimming Marks : 재단마크의 크기를 결정

④ Zone Labels and Markings
: 인접 영역 사이의 영역 마킹을 표시한다.

⑤ Margins : 시트 경계로부터 도면 영역까지의 여백을 정의.

[그림 10-27]

1) 경계 (Borders)

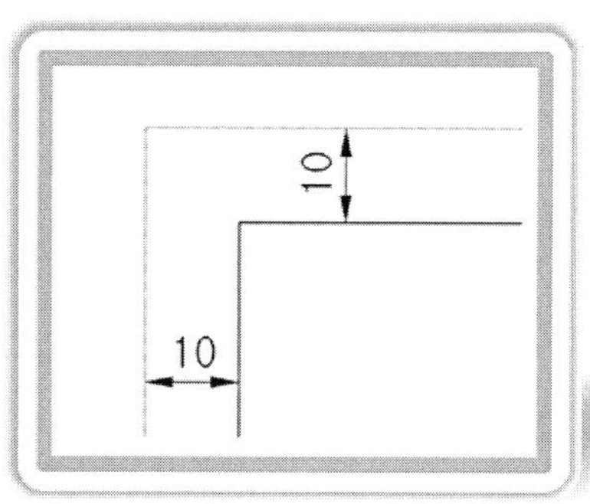

[그림 10-28]

2) 중심 마크 (Centering Marks)

① 왼쪽 화살표

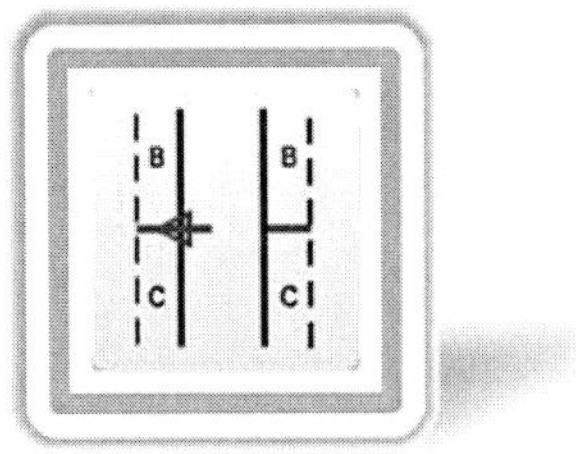

② 오른쪽 화살표

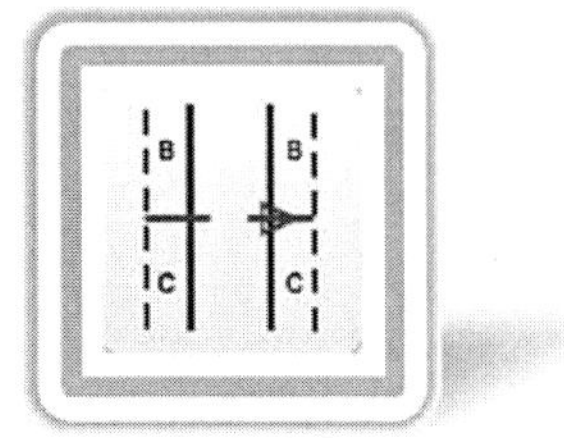

③ 왼쪽 및 오른쪽 화살표

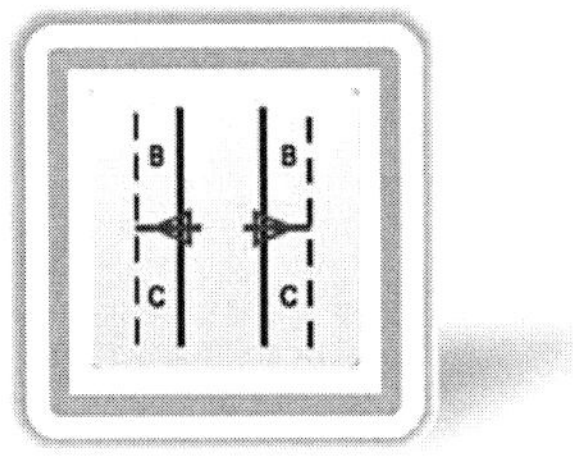

④ 왼쪽 및 오른쪽 선

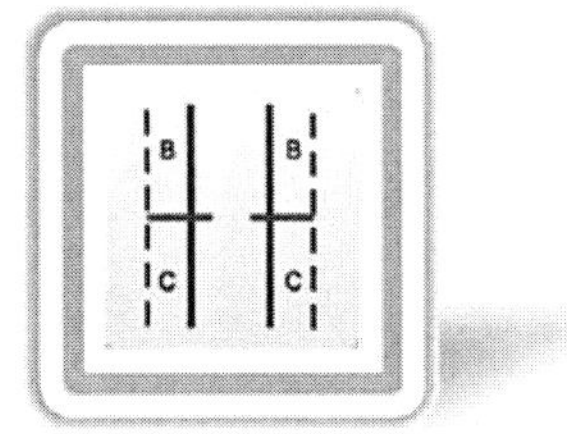

[그림 10-29]

3) 재단 마크 (Trimming Marks)

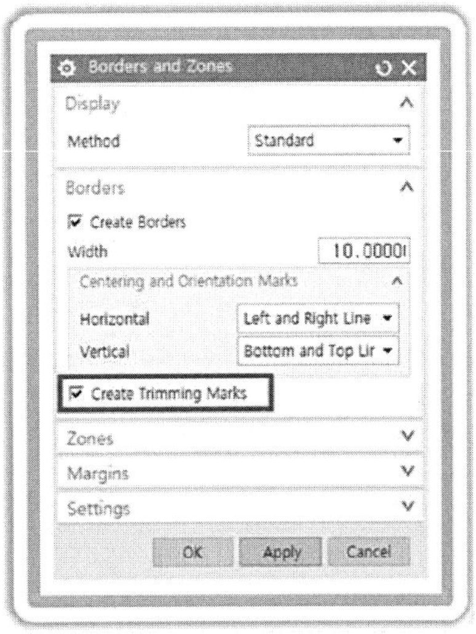

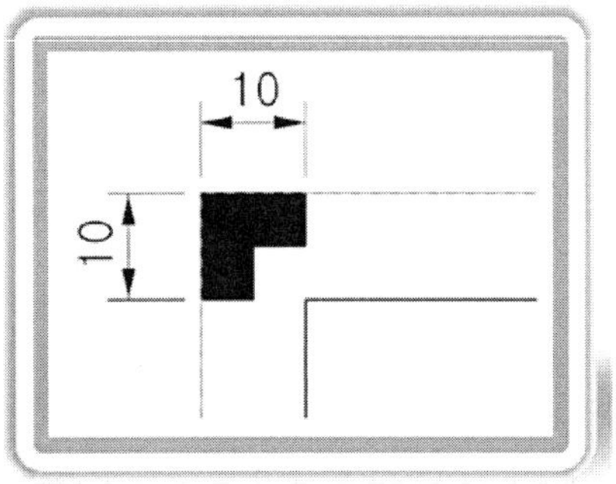

[그림 10-30]

4) 영역 (Zone)

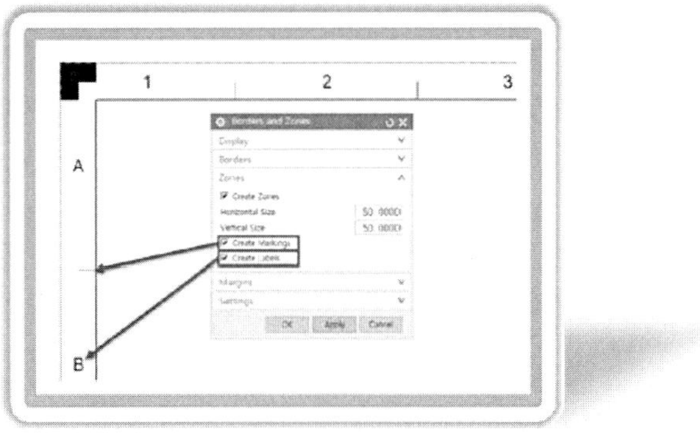

[그림 10-31]

① Horizontal Size : 수평 크기
② Vertical Size : 수직 크기
③ 원점(Origin) : 영역 표시 문자와 숫자가 시작되는 원점을 설정한다.
④ Create Markings : 영역 표시 경계선을 표시/미 표시 체크 박스
⑤ Create Zone Label : 영역문자 표시/미표시 체크 박스

2. Define Title Block

위치 : Menu ▾ ⇨ Tool ⇨ Drawing Format ⇨ Title Block
도면 템플릿 또는 파트 파일에서 사용할 수 있는 사용자 정의된 제목 블록을 만들 수 있다.

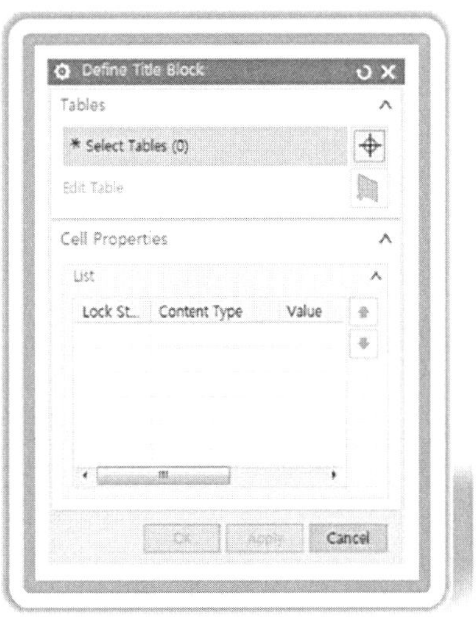

도면 시트에 타뷸러 노트로 구성된 표제란을 유저가 원하는 위치에 미리 생성, 배치할 수 있다.

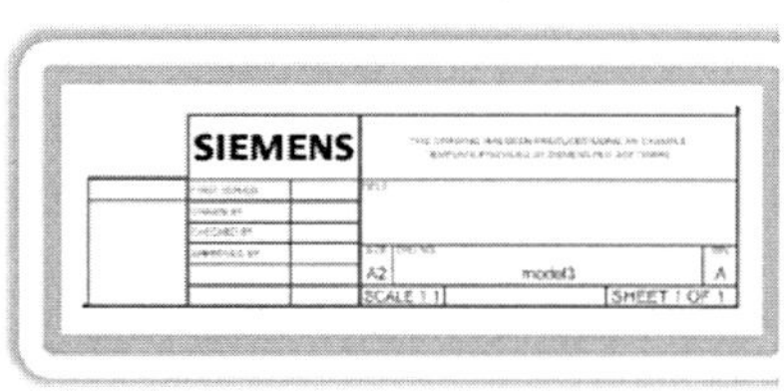

3개의 Tabular Note로 구성된 표제란

[그림 10-32]

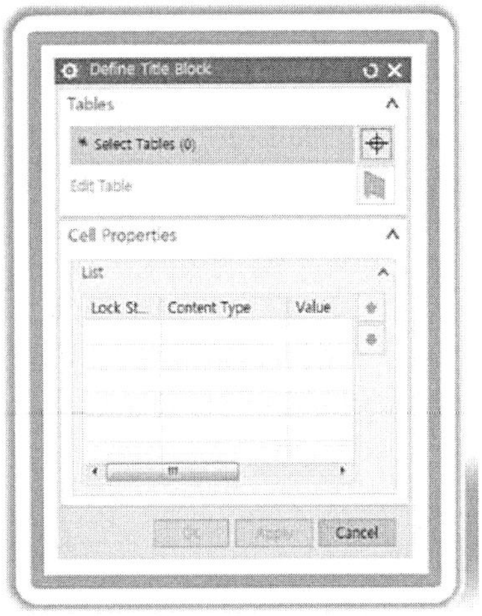

Tables : 테이블형 노트를 선택한다.

Cell Properties : 선택한 테이블형 노트의 셀 특성을 편집한다.

[그림 10-33]

3. Populate Title Block

위치 : Menu ▾ ⇨ Tool ⇨ Drawing Format ⇨ Populate Title Block

잠금 해제된 개별 제목 블록 셀의 내용을 편집한다.

[그림 10-34]

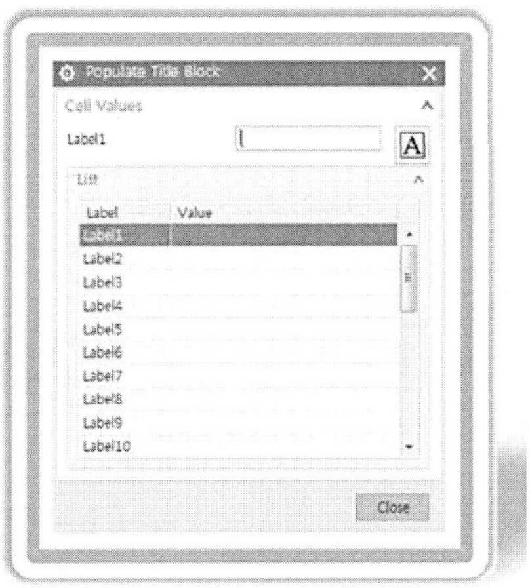

Cell Values

Label1 : 잠금 해제된 셀의 값을 편집할 수 있다.

List : 제목 블록 테이블 셀의 레이블 및 내용이 나열된다.

[그림 10-35]

제 11 장	Drafting Dimension

제 1 절 Dimension

위치 : Menu ▾ ⇨ Insert ⇨ Dimension

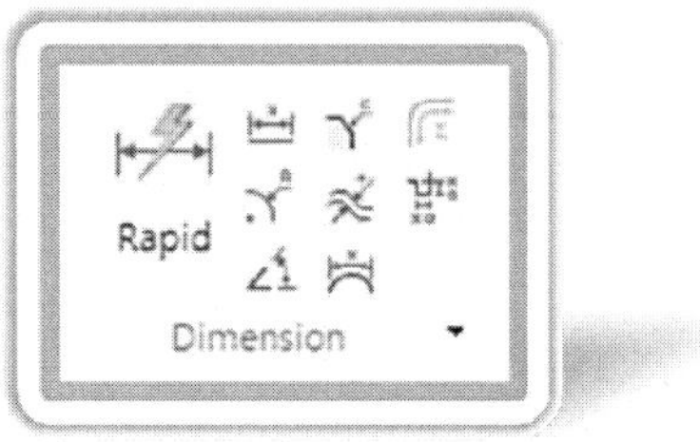

Icon	명칭	명령어 설명
	Rapid	선택한 개체와 커서 위치로부터 치수 유형을 추정하여 치수를 생성한다.
	Linear	두 개체 또는 점 위치 간에 선형 치수를 생성한다.
	Radial	원형 개체에 대한 반경 또는 직경 치수를 생성한다.
	Angular	평행하지 않은 두 잭선 사이에 각도 치수를 생성한다.
	Chamfer	모따기 곡선의 치수를 생성한다.
	Thickness	두 곡선 사이 거리를 측정하는 두께 치수를 생성한다.
	Arc Length	원호 둘레 거리를 측정하는 원호 길이 치수를 생성한다.
	Perimeter Dimension	선택한 선과 원호의 총 길이를 제어하는 둘레 구속조건을 생성한다.
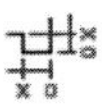	Ordinate	공통 점에서 좌표 기준선을 따라 개체 상의 한 위치까지 거리를 측정하는 좌표 치수를 생성한다.

1. Inferred Dimension

선택한 개체와 커서 위치로부터 치수 유형을 추정하여 치수를 생성한다.

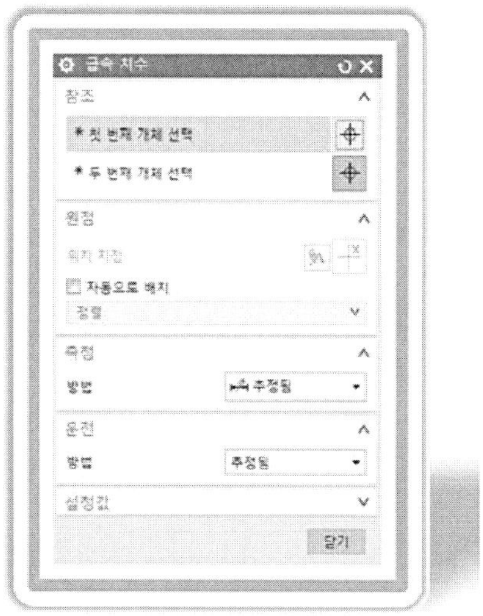

① 첫 번째 치수 시작 부분 클릭.

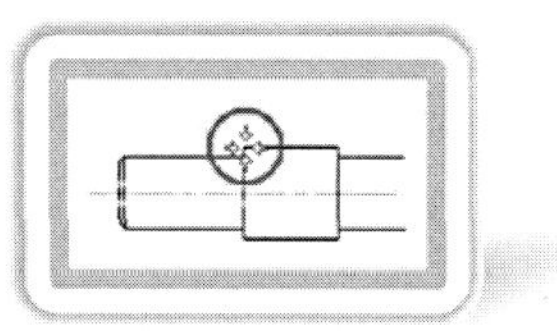

② 두 번째 치수 끝나는 부분 클릭.

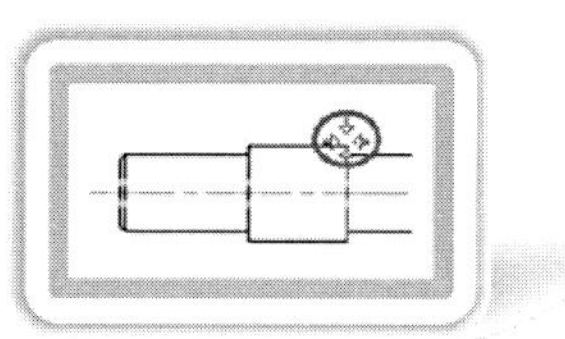

③ 첫 번째 클릭~두 번째 클릭 부분까지 치수가 제시된다.

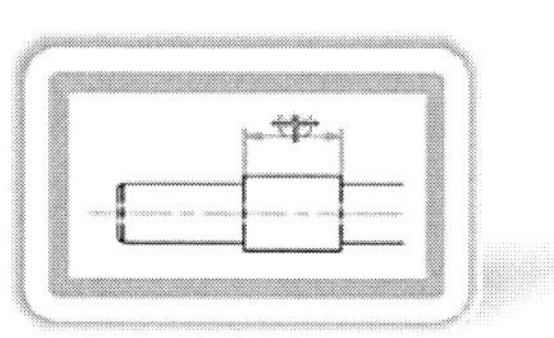

※ Infered Dimension 아이콘 툴바의 하위 메뉴

Horizontal	두 점 사이의 수평 거리를 표시하는 치수
Vertical	두 점 사이의 수직 거리를 표시하는 치수
Point-to-Point	두 점 사이의 최단거리를 표시하는 치수
Perpendicular	선에 직교 방향으로 최단거리를 표시하는 치수
Cylindrical	원을 직경으로 표시하는 치수
Angular	각고를 표시는 치수
Radial	원호를 반경을 표시하는 치수
Diametral	원의 양끝을 가리키는 화살표 치수

2. Linear

두 개체 또는 점 위치 간에 선형 치수를 생성한다.

① 두 개의 점 클릭.

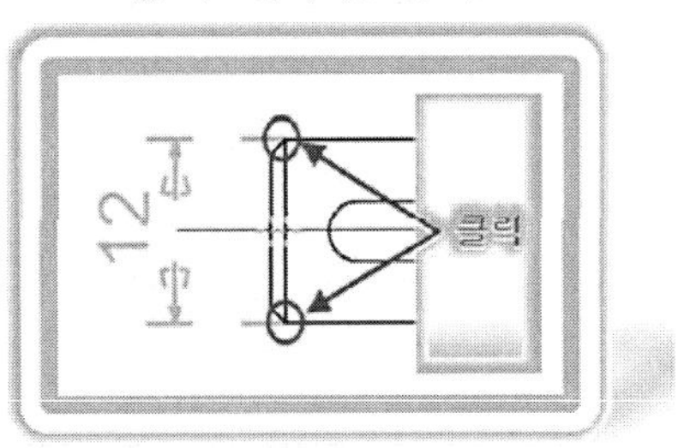

② 두 개의 선 클릭.

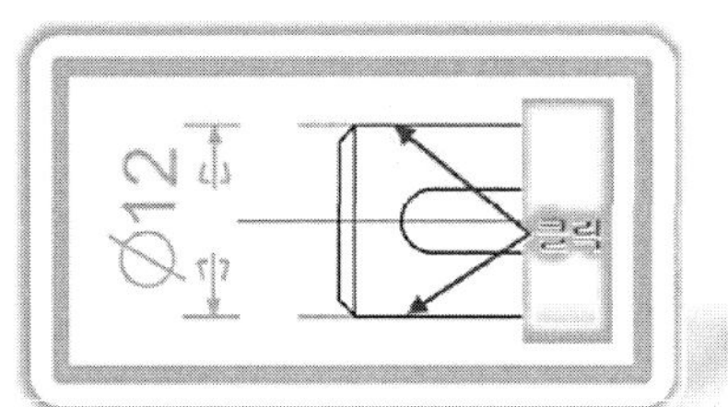

3. Radial

원형 개체에 대한 반경 또는 직경 치수를 생성한다.

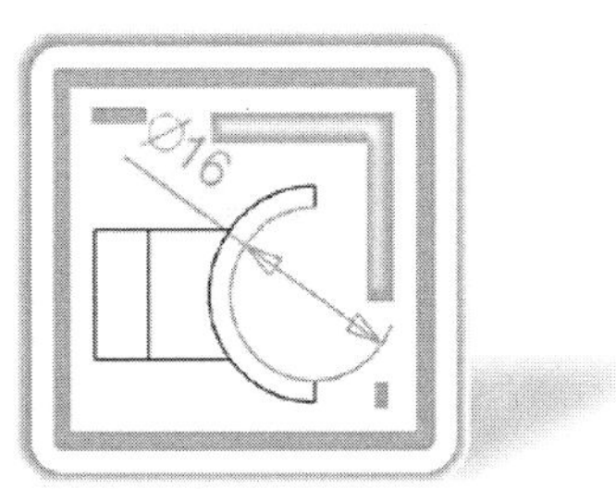

4. Angular

평행하지 않은 두 잭선 사이에 각도 치수를 생성한다.

5. Chamfer

모따기 곡선의 치수를 생성한다.

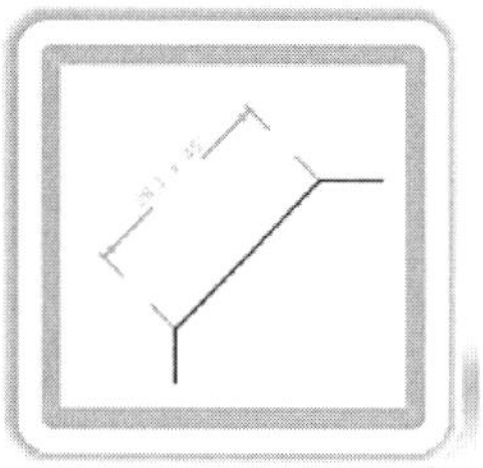

6. Thickness

두 곡선 사이 거리를 측정하는 두께 치수를 생성한다.

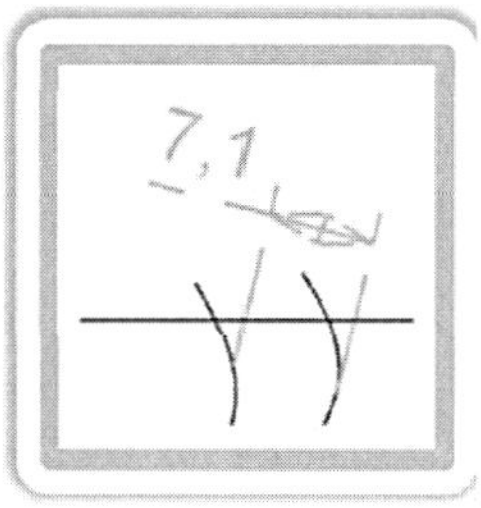

7. Arc Length

원호 둘레 거리를 측정하는 원호 길이 치수를 생성한다.

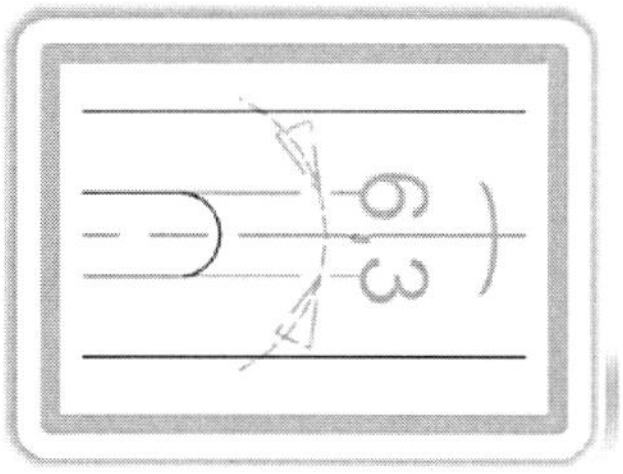

8. Perimeter Dimension

선택한 선과 원호의 총 길이를 제어하는 둘레 구속조건을 생성한다.

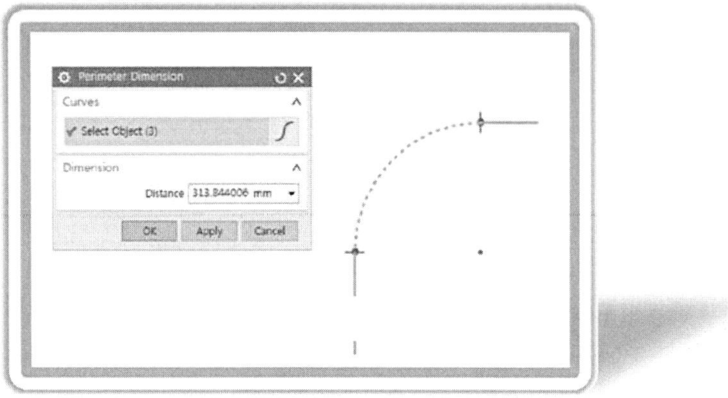

9. Ordinate

공통 점에서 좌표 기준선을 따라 개체 상의 한 위치까지 거리를 측정하는 좌표 치수를 생성한다.

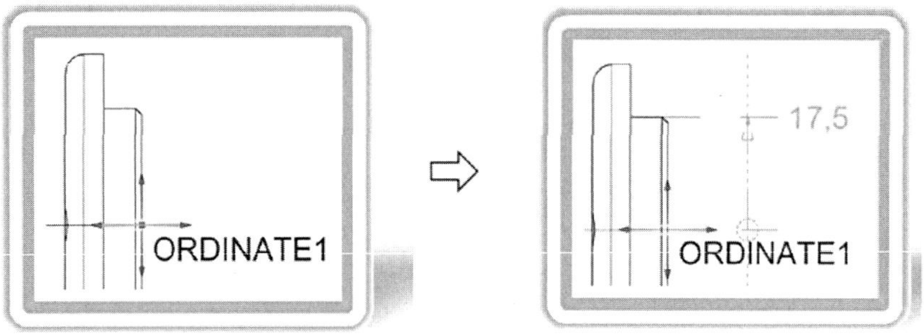

제 2 절 Annotation

위치 : Insert ⇨ Annotation

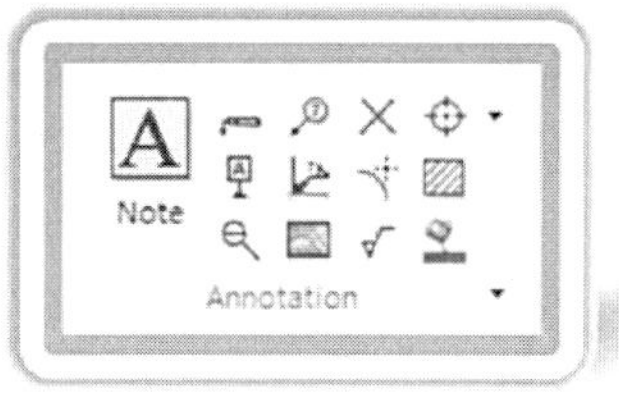

Icon	명칭	명령어 설명
	Note	노트를 생성한다.
	Feature Control Frame	단일 행, 복수 행 또는 복합 특징형상 제어 프레임을 생성한다.
	Datum Feature Symbol	데이텀 특징형상 심볼을 생성한다.
	Datum Target	데이텀 타겟을 생성한다.
	Balloon	식별 심볼을 생성한다.
	Surface Finish Symbol	거칠기, 처리 또는 코팅, 패턴, 가공 허용치 등 곡면 매개변수를 지정하는 곡면 다듬질 심볼을 생성한다.
	Weld Symbol	유형, 윤곽 형상, 크기, 길이, 피치, 절삭 방법 등 용접 매개변수를 지정하는 용접 심볼을 생성한다.
	Target Point Symbol	치수를 생성하는데 사용될 수 있는 타겟 점 심볼을 생성한다.
	Intersection Symbol	코너 치수 보조선을 나타내는 교차 심볼을 생성한다.
	Crosshatch	지정된 경계 내에 패턴을 생성한다.
	Area Fill	지정된 경계 내에 패턴 또는 솔리드 채우기를 생성한다.

1. A Note

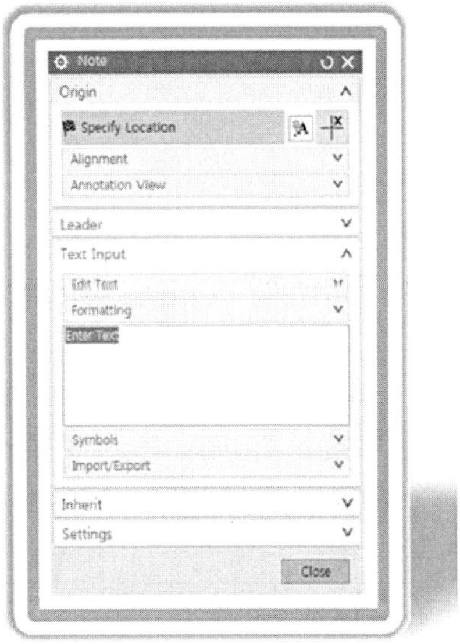

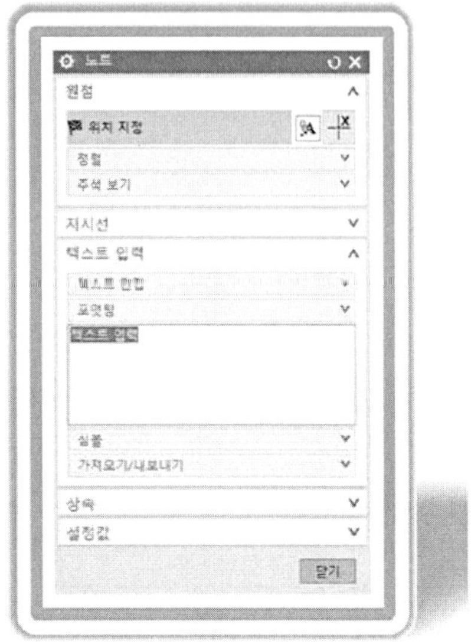

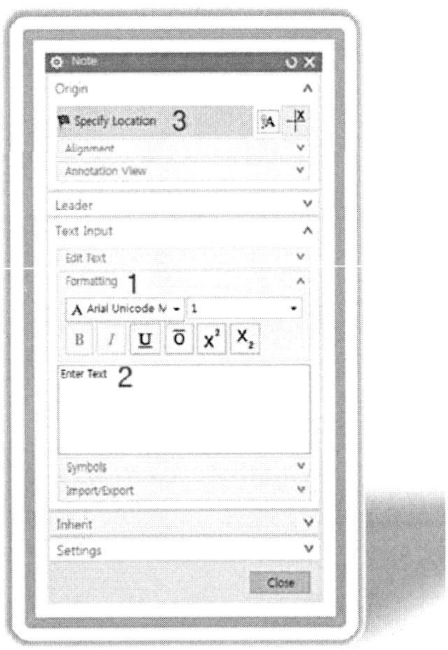

① 폰트 및 텍스트 크기를 지정.

② 입력란에 텍스트를 입력.
(한글 입력 시 모든 한글 폰트 지원가 능하다. 단, 영문으로 NX를 실행하였을 경우 한글폰트명이 영문으로 변경되어 있다. ex. 굴림 ⇨ gulim)

③ 텍스트 위치 지정.

2. Feature Control Frame

단일 행, 복수 행 또는 복합 특징형상 제어 프레임을 생성한다.

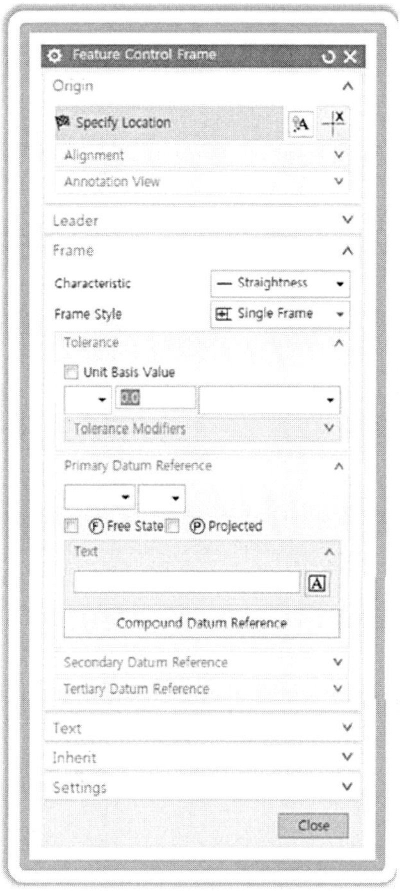

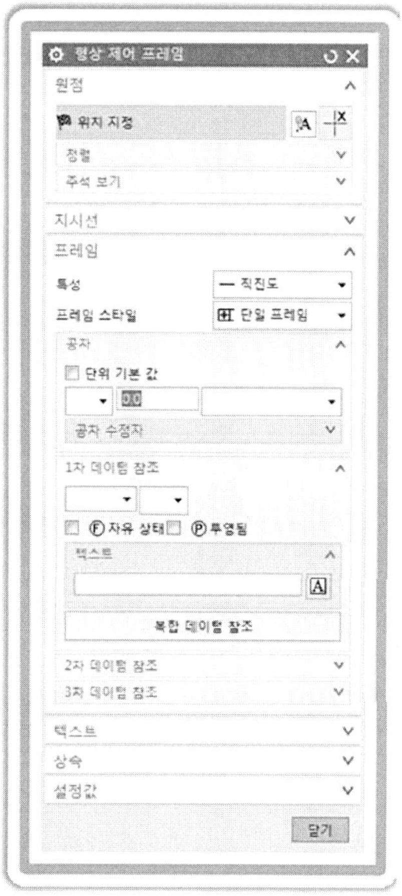

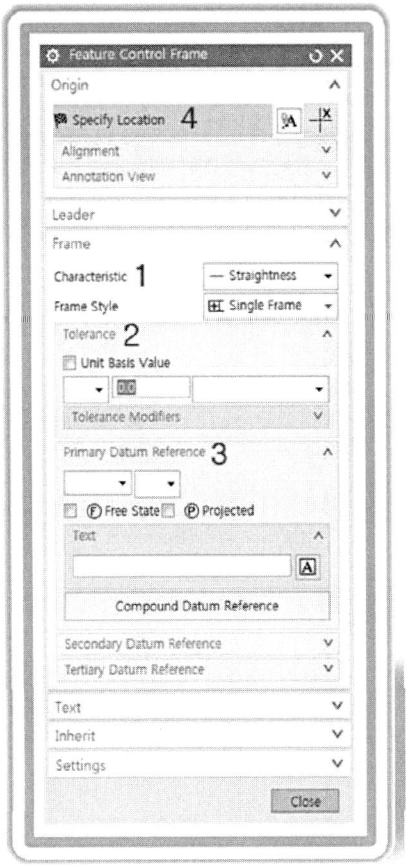

① 해당하는 기호 선택.

(예 : 동축 심볼)

② 기호 선택. 공차 입력.

(예 : ∅ 선택. 동축도 공차 0.011 입력.)

③ 기준 축직선 기입. (D 입력)

④ 프레임 생성될 위치 지정.

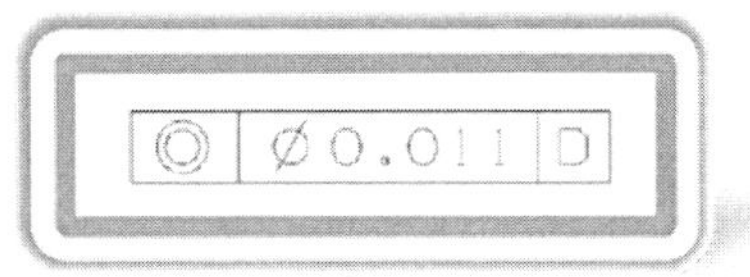

3. Datum Feature Symbol

데이텀 특징형상 심볼을 생성한다.

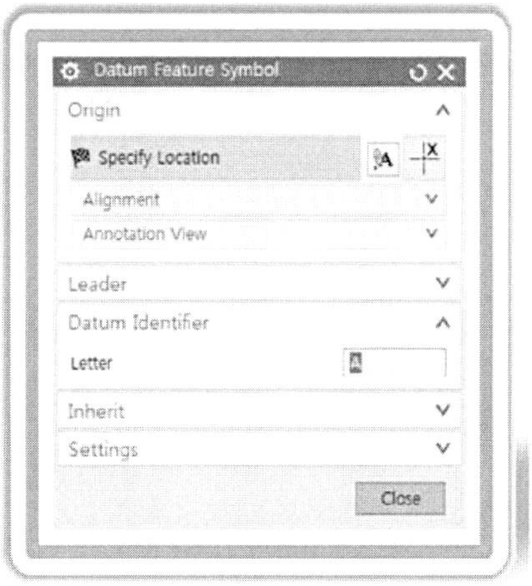

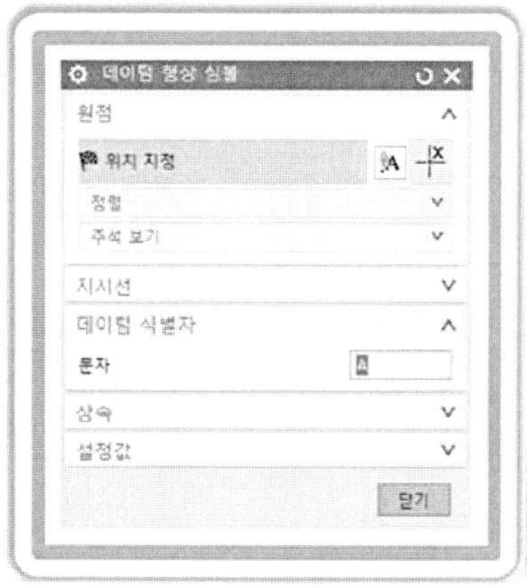

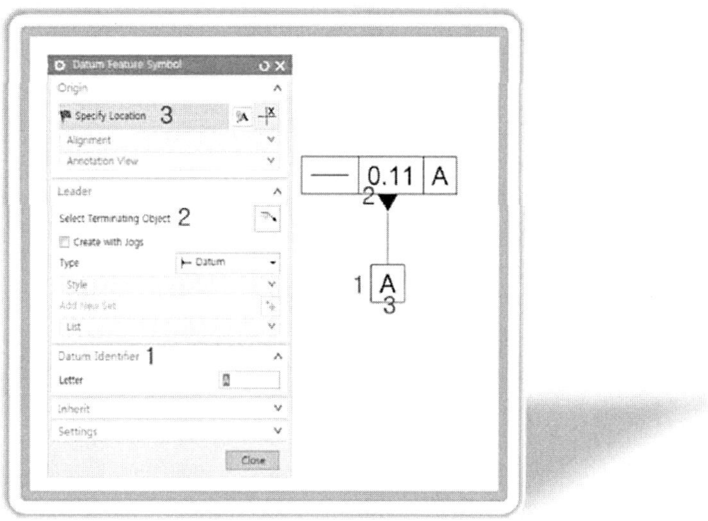

① Datum Letter 입력.

② Datum 지시선 시작 위치 클릭.

③ Datum 생성 위치 클릭하여 완성.

4. Datum Target

데이텀 타겟을 생성한다.

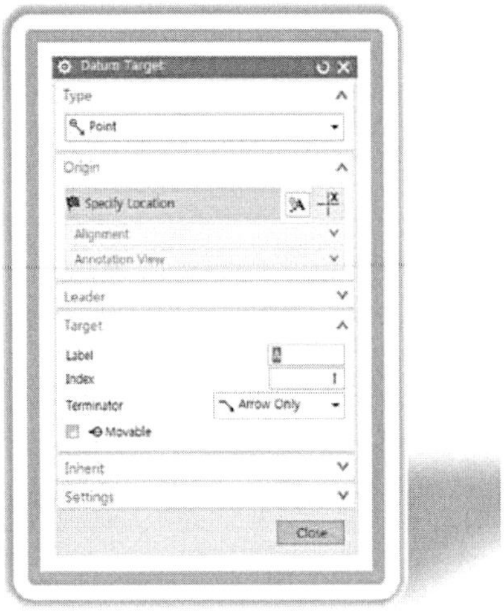

5. Balloon

풍선 도움말을 생성한다.

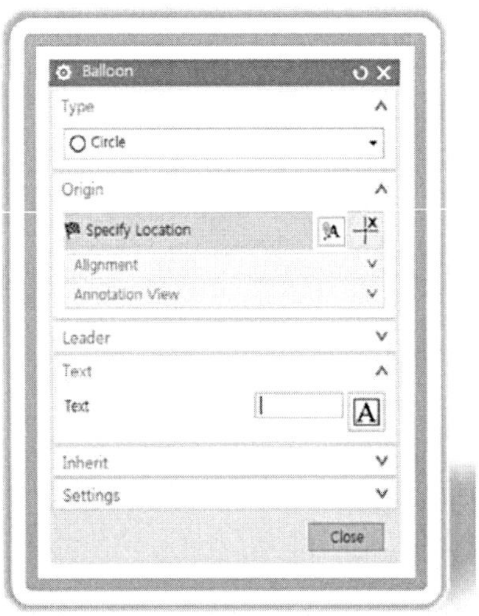

6. √ Surface Finish Symbol

거칠기, 처리 또는 코팅, 패턴, 가공 허용치, 파동 정도 등 곡면 매개변수를 지정하는 곡면 다듬질 심볼을 생성한다.

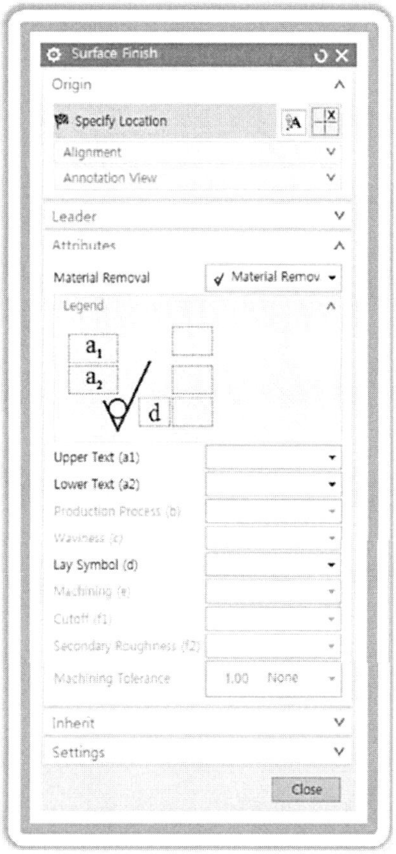

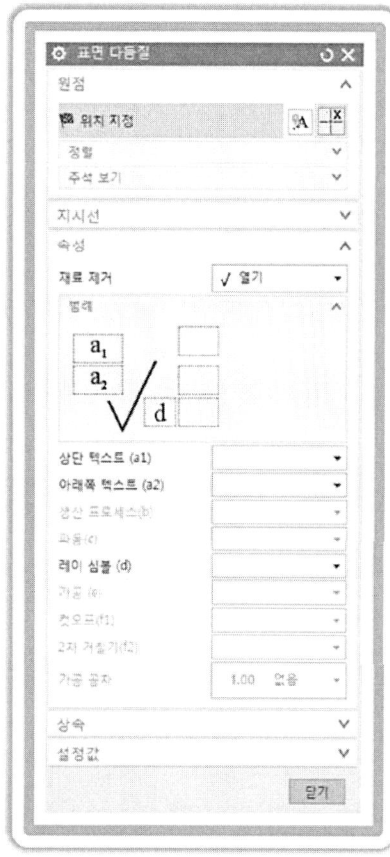

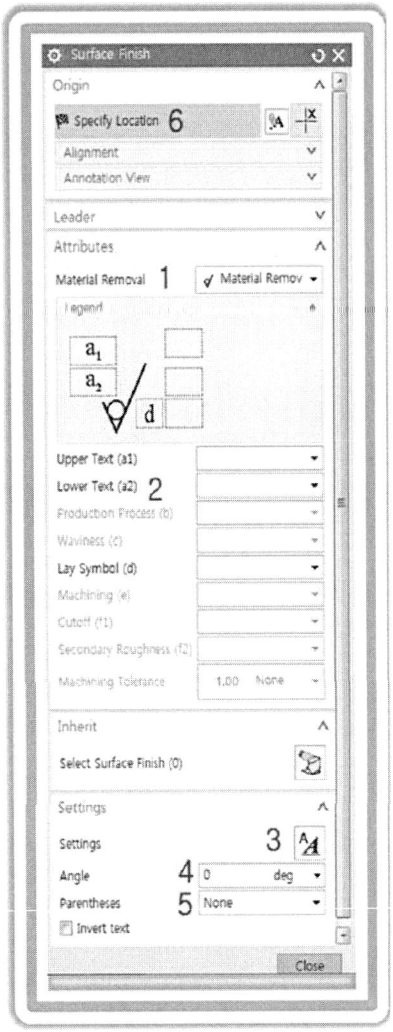

① 표면 거칠기 기호 타입 선택

(예: Material Removal Required)

Open

Open, Modifier

Modifier, All Around

Material Removal Required

Modifier, Material Removal Required

Modifier, Material Removal Required, All Around

Material Removal Prohibited

Modifier, Material Removal Prohibited

Modifier, Material Removal Prohibited, All Around

② 원하는 위치에 텍스트 입력. (예: X)

③ 텍스트 크기 조절.

(-Lettering-Character Size)

④ 표면 거칠기 기호 각도 조절. (예: 0 deg)

⑤ 괄호 기호 추가. (예: None)

⑥ 생성할 위치 선택. (완성 예:)

7. Weld Symbol

유형, 윤곽 형상, 크기, 길이, 피치, 정삭 방법 등 용접 매개변수를 지정하는 용접 심볼을 생성한다.

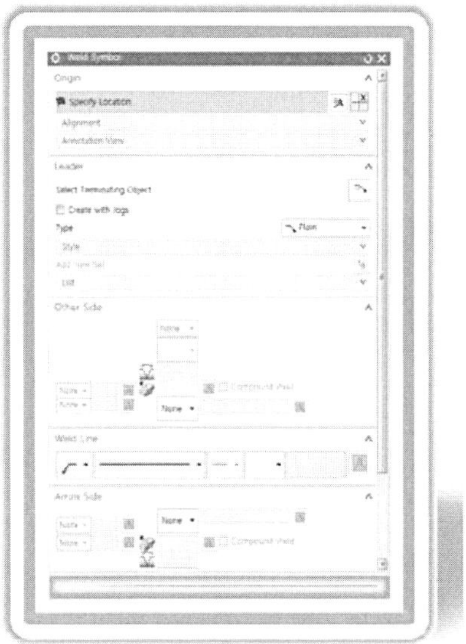

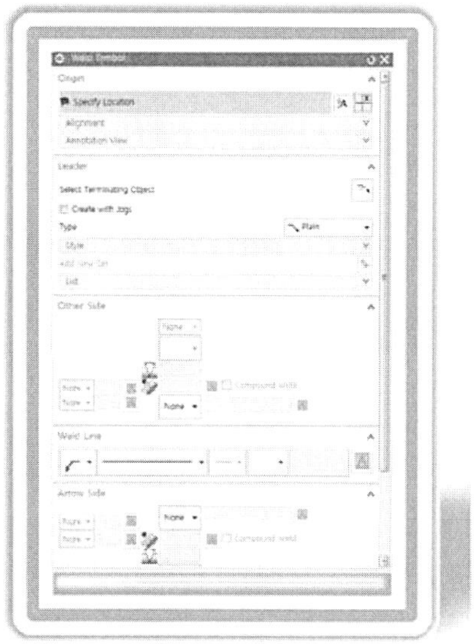

8. Target Point Symbol

치수를 생성하는데 사용될 수 있는 타겟 점 심볼을 생성한다.

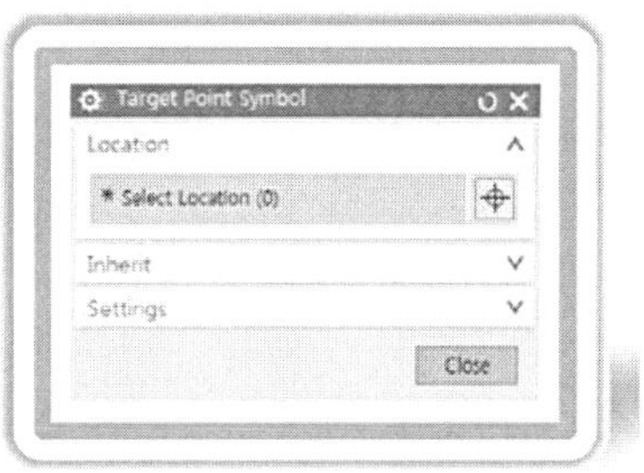

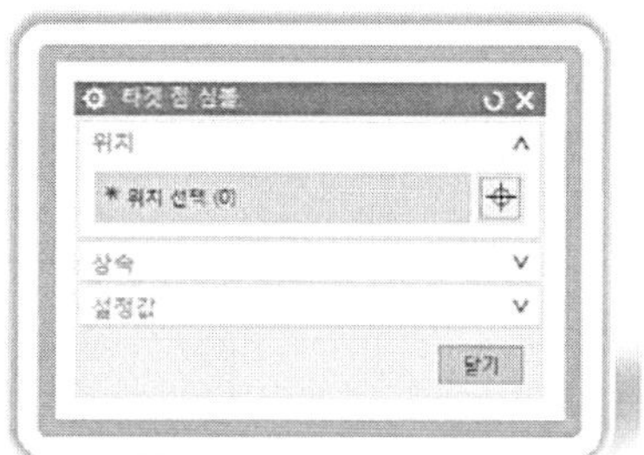

9. Intersection Symbol

코너 치수 보조선을 나타내는 교차 심볼을 생성한다.

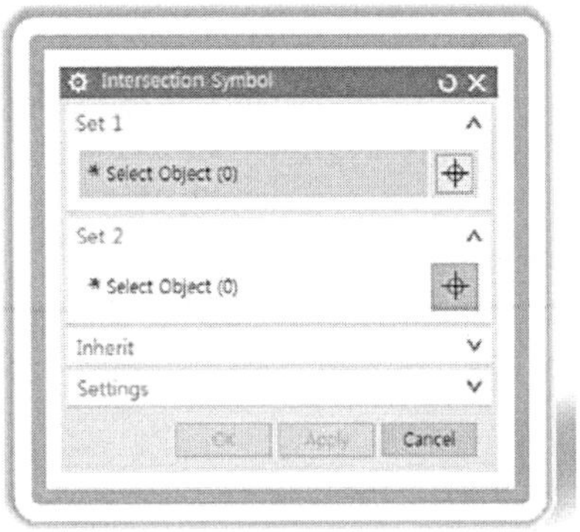

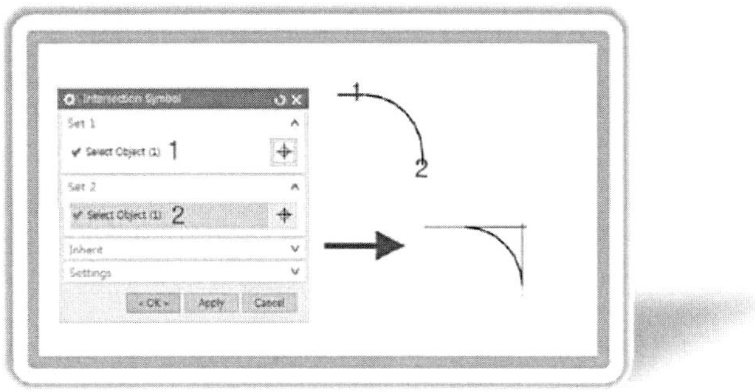

① 교차 심볼을 생성할 첫 번째 객체 선택.

② 교차 심볼을 생성할 두 번째 객체 선택.

10. Crosshatch

지정된 경계 내에 패턴을 생성한다.

11. Area Fill

지정된 경계 내에 패턴 또는 솔리드 채우기를 생성한다.

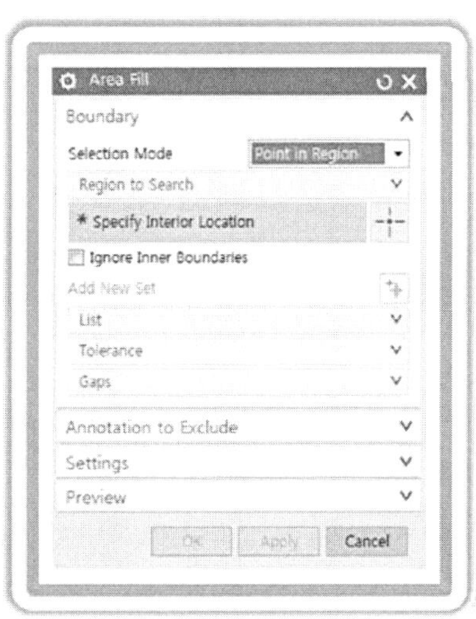

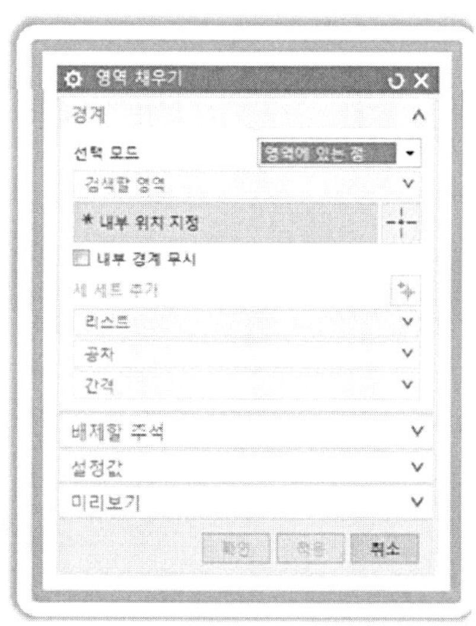

제 12 장 Drafting Exercise

제 1 절 Drafting 따라 하기 I

1. New 아이콘을 선택하여 도면 작업을 시작할 파트를 생성한다.
Templates ⇨ model로 선택하고 New File Name에서 Name과 Folder를 지정한 후, OK한다.

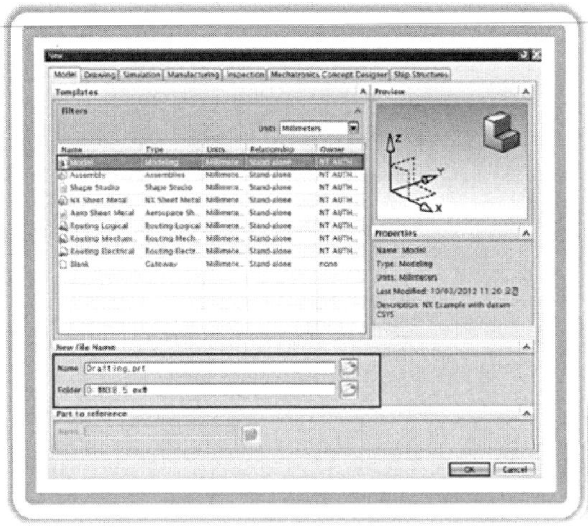

2. Start ⇨ Drafting을 선택한다.

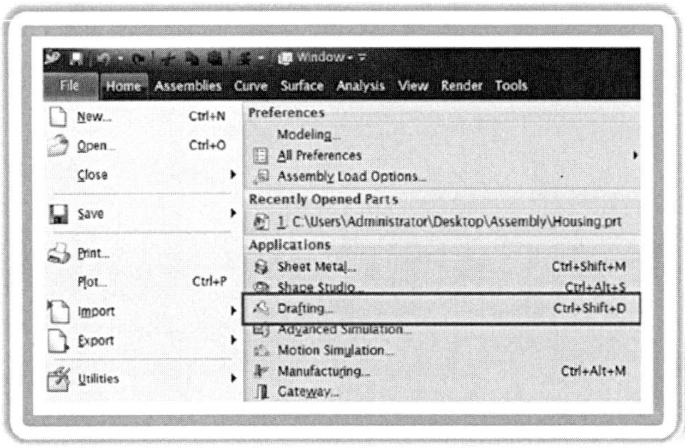

3. Sheet를 생성하는 창이 뜨면 다음과 같이 설정한 후, OK한다.

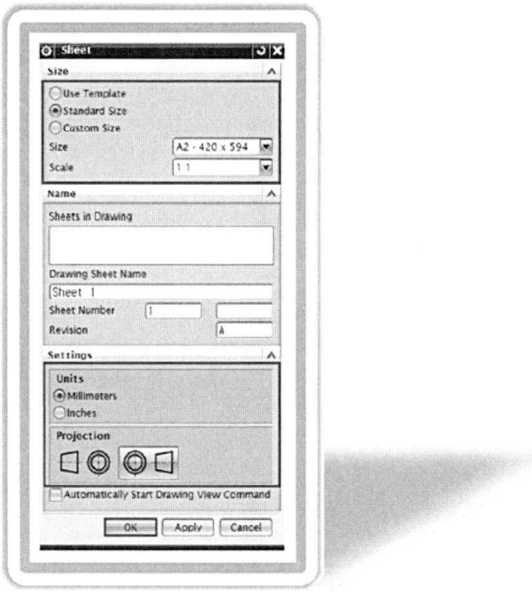

① Size : Standard Size
Size - A2-420×594
Scale - 1:1

② Settings : Units - Millimeters
Projection -3rd Angle projection

4. Insert ⇨ View ⇨ Base View 또는 Icon Toolbar에서 아이콘을 클릭한다.

5. Open 아이콘을 클릭한 후, 모델링파트가 저장되어 있는 폴더에서 Housing을 로드한다.

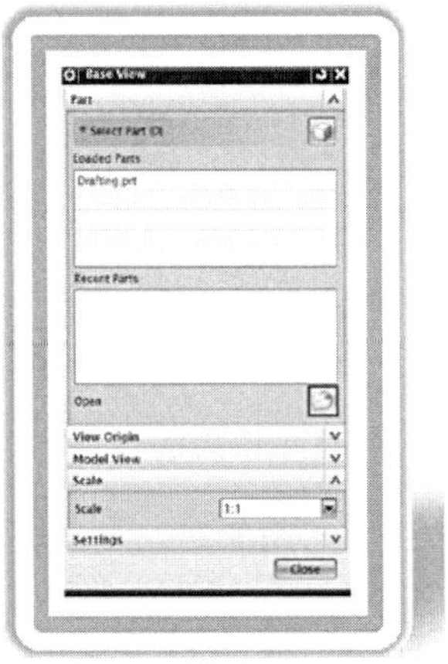

6. 로드 된 Housing을 선택하고 Model View ⇨ Model View to Use ⇨ Right로 설정한다.

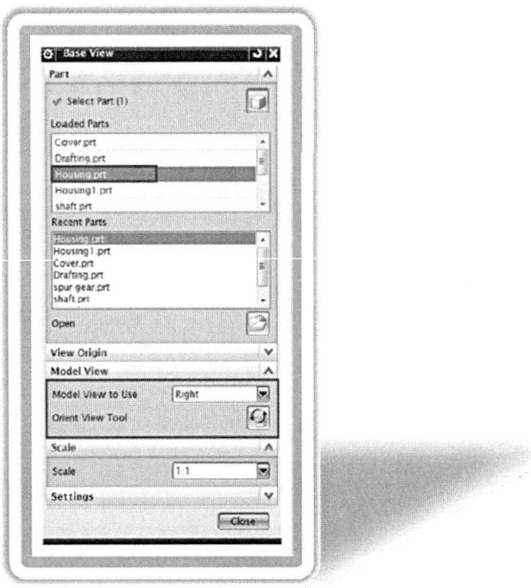

7. Sheet의 원하는 뷰 위치에 마우스를 위치시킨 후, MB1을 클릭한다.

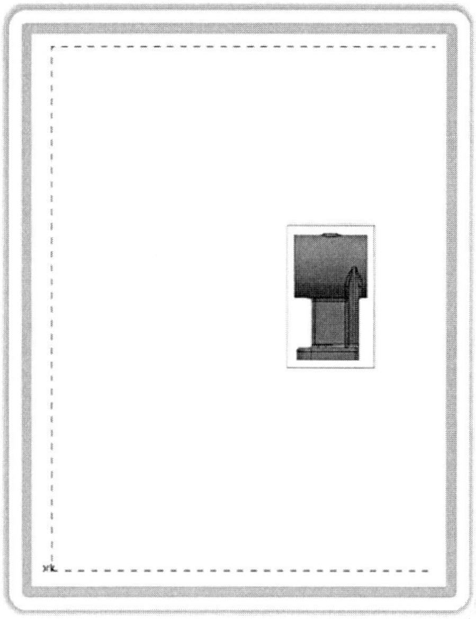

8. Base View를 생성하면 Projected View 가 곧바로 실행된다.
마우스를 왼쪽으로 드래그한 후, 원하는 위치에서 MB1을 클릭한다.

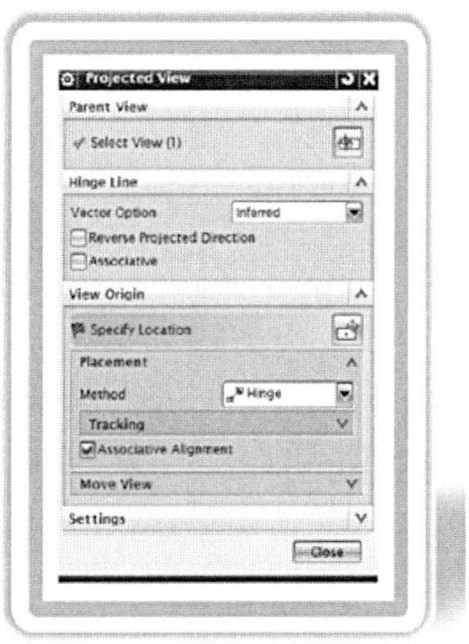

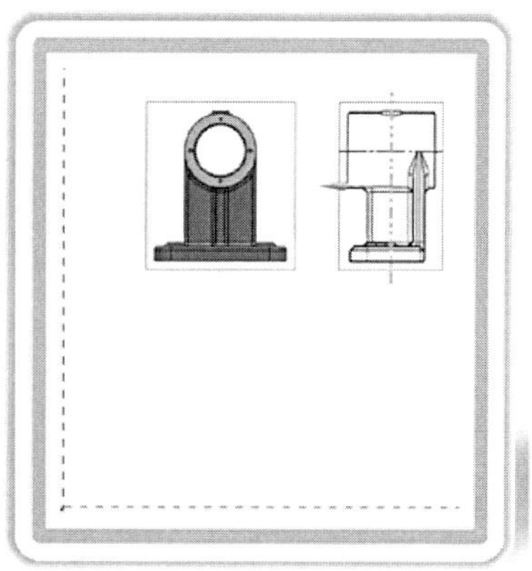

9. 그다음 위쪽으로 드래그 하여 원하는 위치에서 MB1을 클릭하고 Close 또는 Esc를 클릭한다.

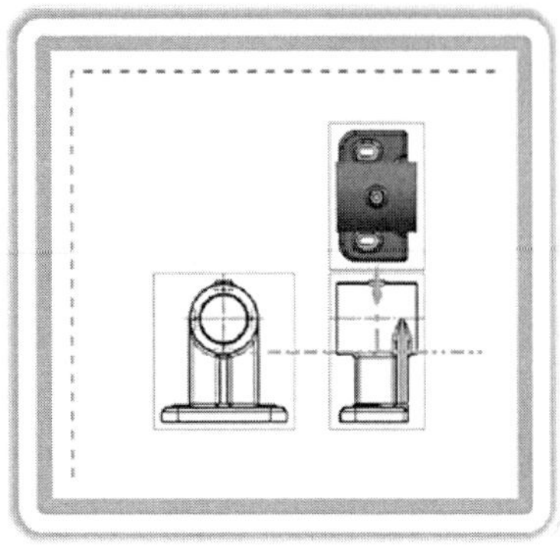

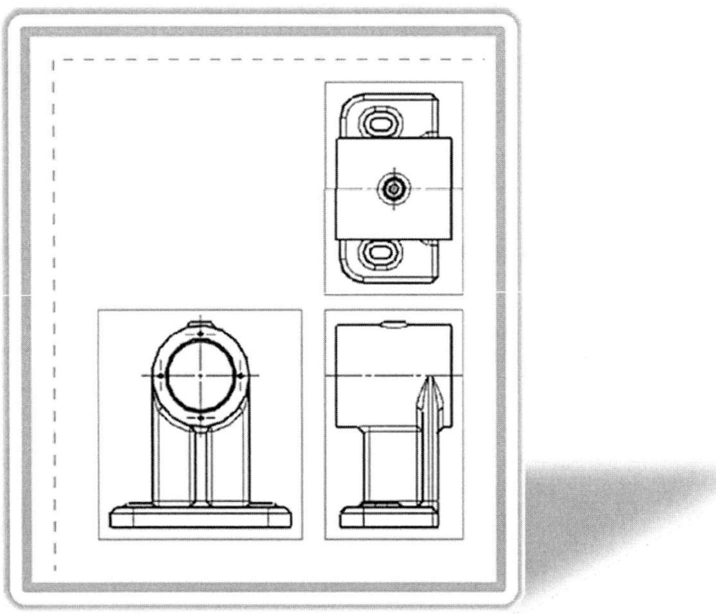

10. Base View 를 선택하고 Open 아이콘을 클릭하여 shaft를 로드 한다.

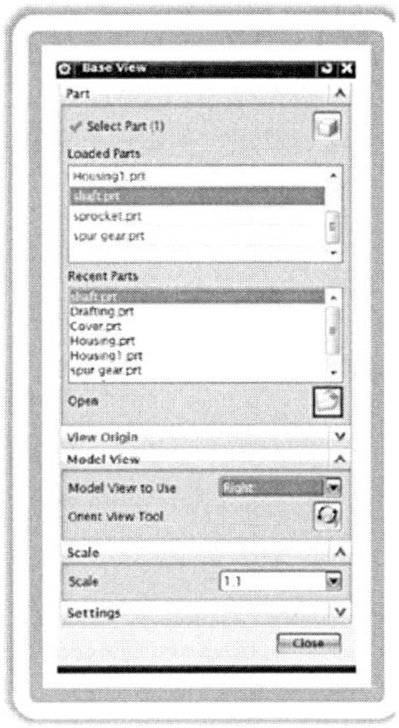

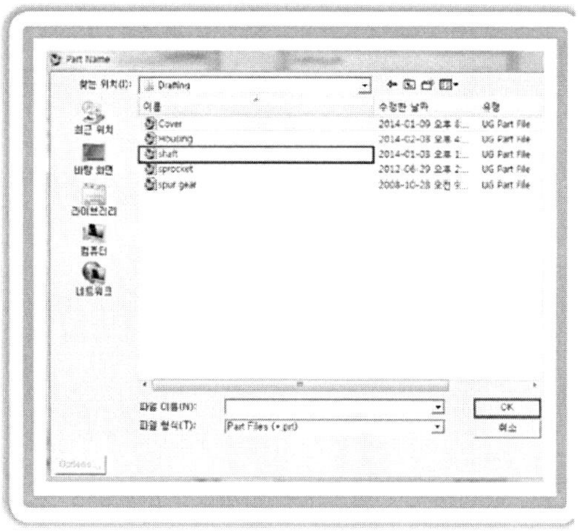

11. 로드 된 shaft를 선택하고 Model View ⇨ Model View to Use ⇨ Right로 설정한 후, Housing 아래쪽에 배치한다.

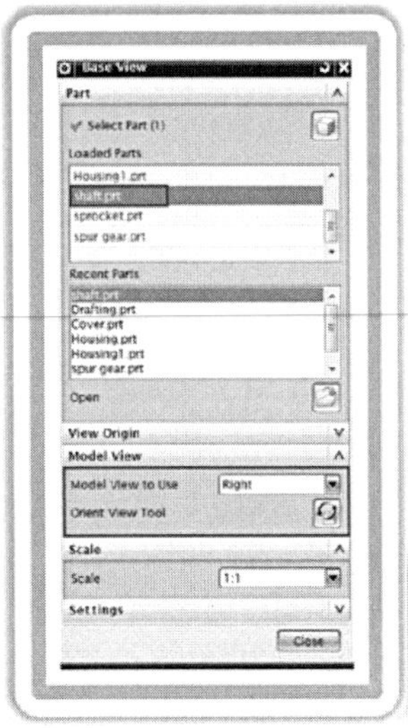

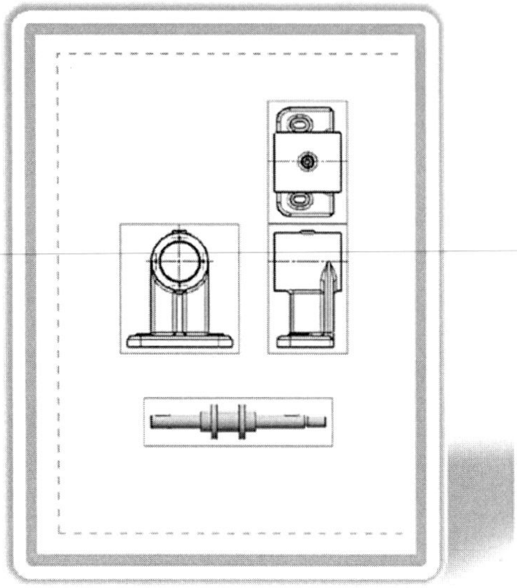

- 그다음 Top으로 배치하여 우측 그림과 같이 한다.

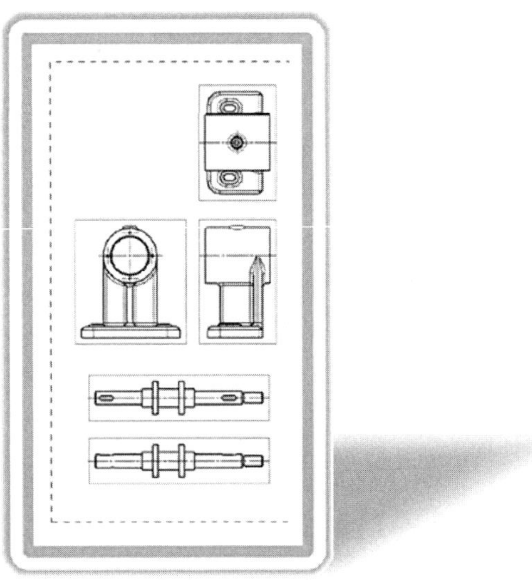

12. Base View 를 선택하고 Open 아이콘을 클릭하여 sprocket를 로드.

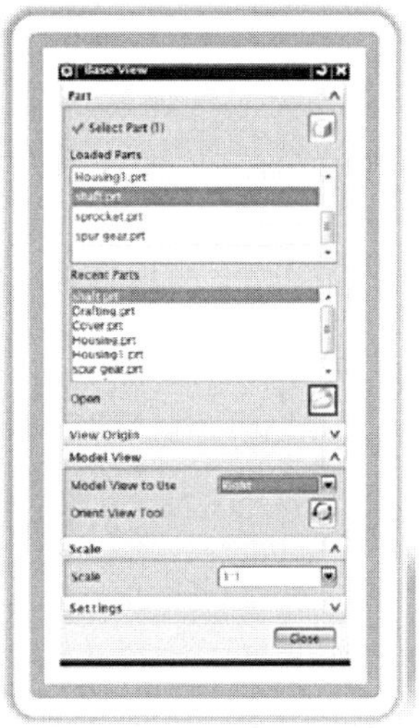

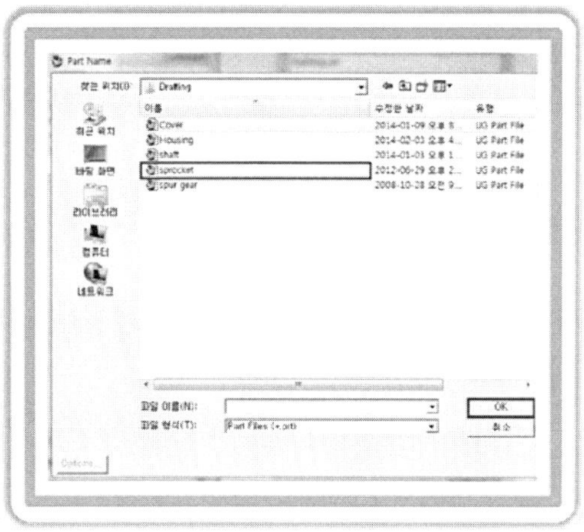

13. 로드 된 sprocket을 선택하고 Model View ⇨ Model View to Use ⇨ Back으로 설정한 후, Housing 오른쪽에 배치한다.

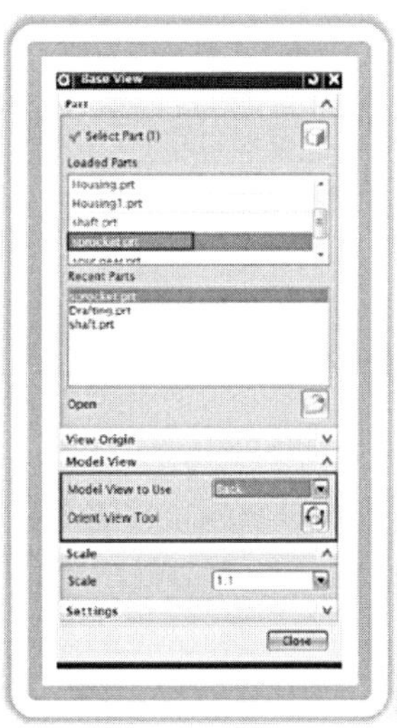

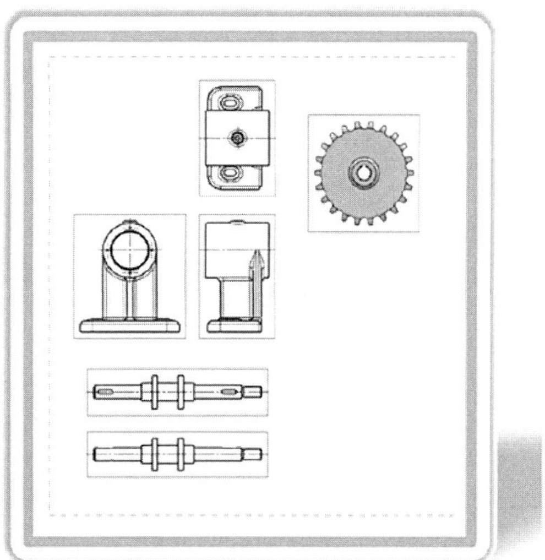

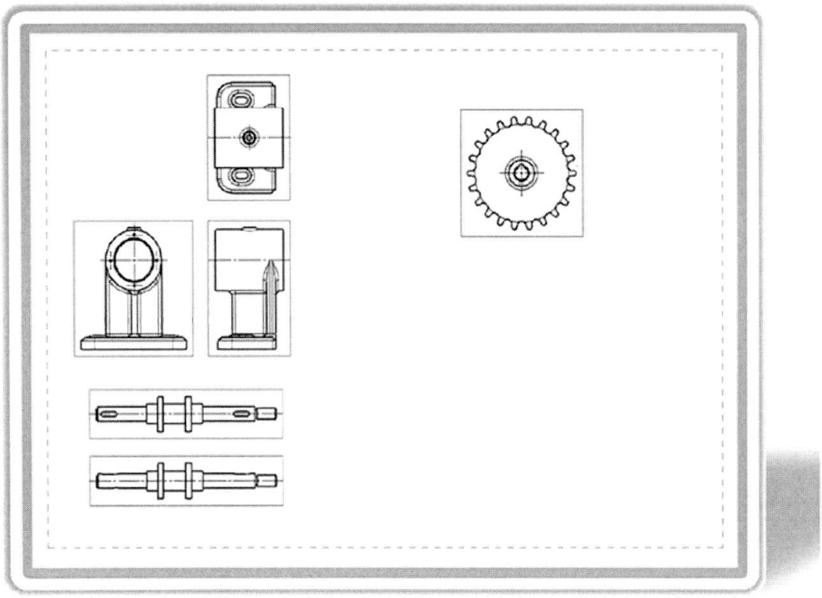

14. Base View 를 선택하고 Open 아이콘을 클릭하여 Cover를 로드 한다.

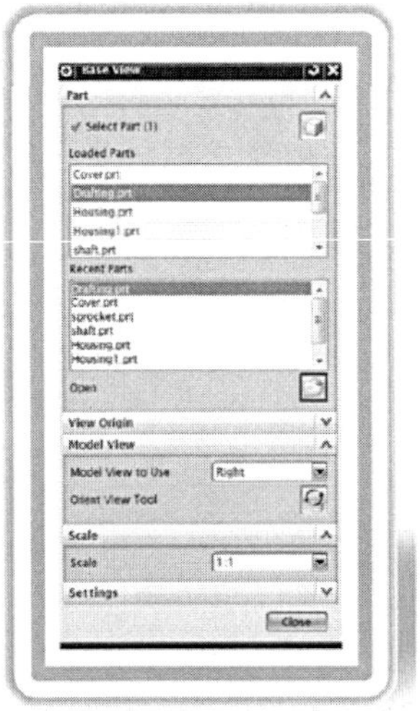

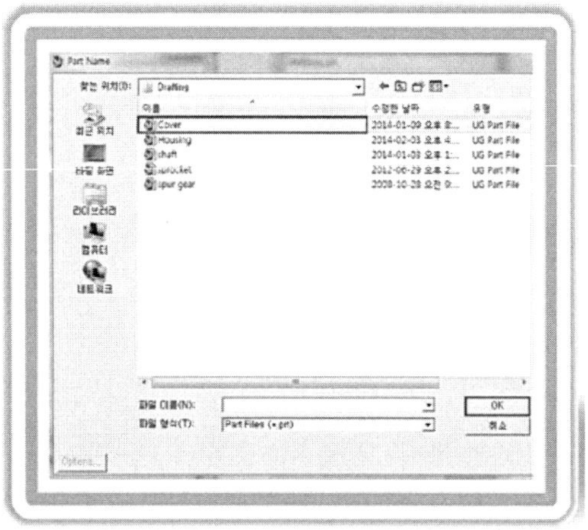

15. 로드 된 sprocket을 선택하고 Model View ⇨ Model View to Use ⇨ Right로 설정한 후, 그림과 같이 배치한다. Projected View창이 뜨면 Close를 클릭한다.

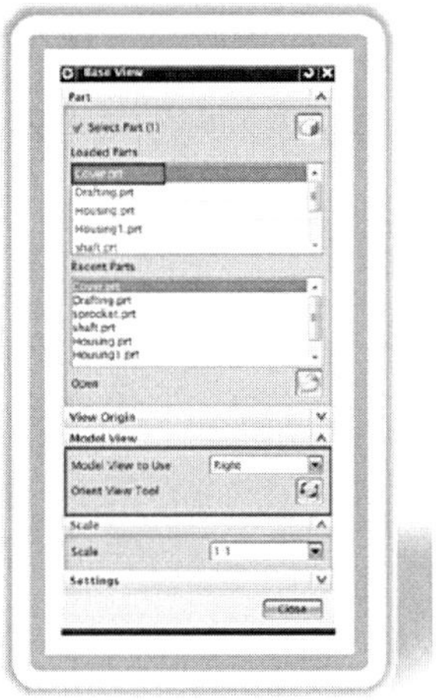
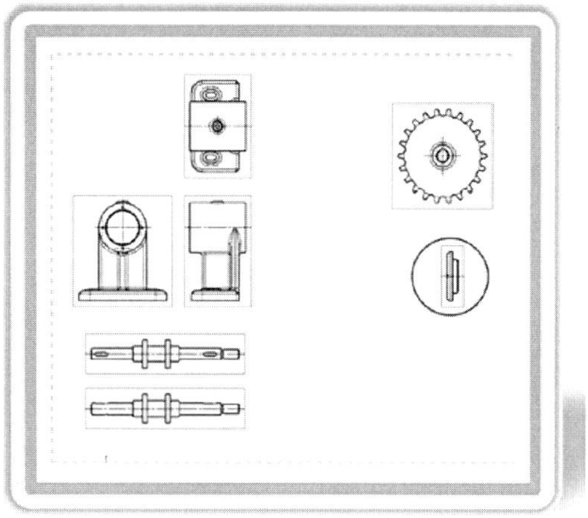

16. Base View를 선택하고 Open아이콘을 클릭하여 Cover를 로드 한다.

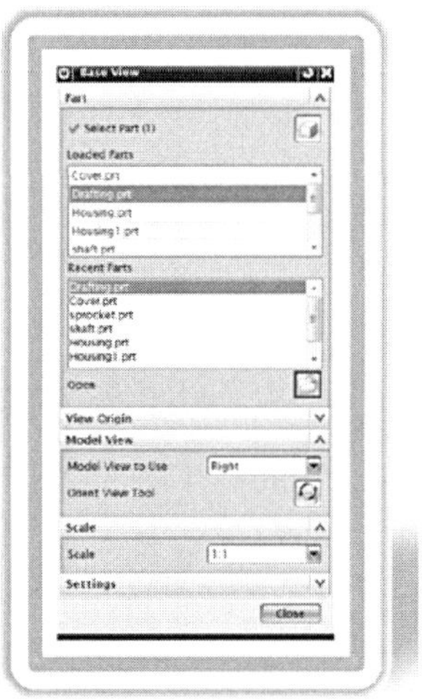
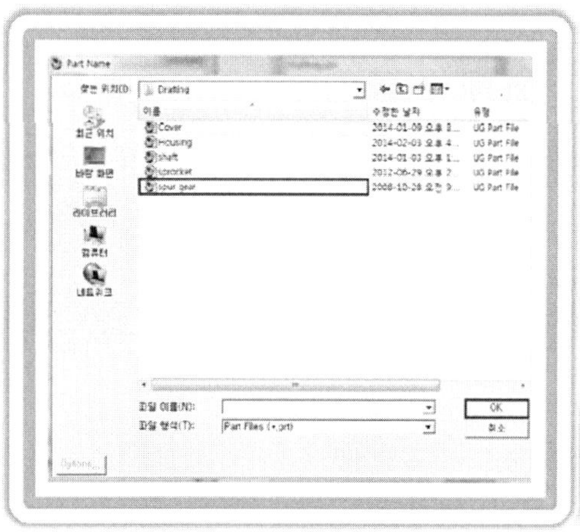

17. 로드 된 spur gear을 선택하고 Model View ⇨ Model View to Use ⇨ Front로 설정한 후, 원하는 위치에서 MB1을 클릭한다.

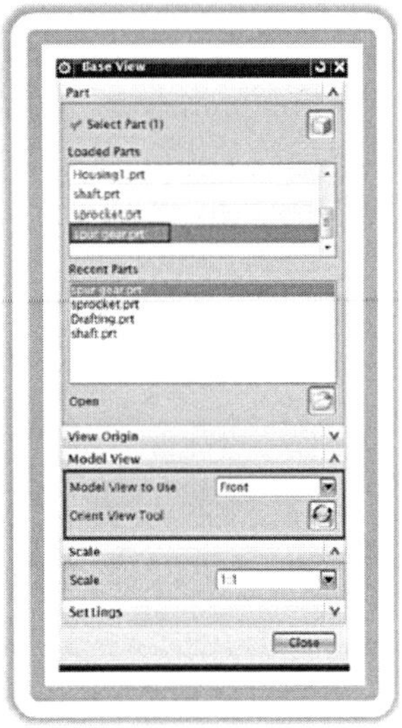

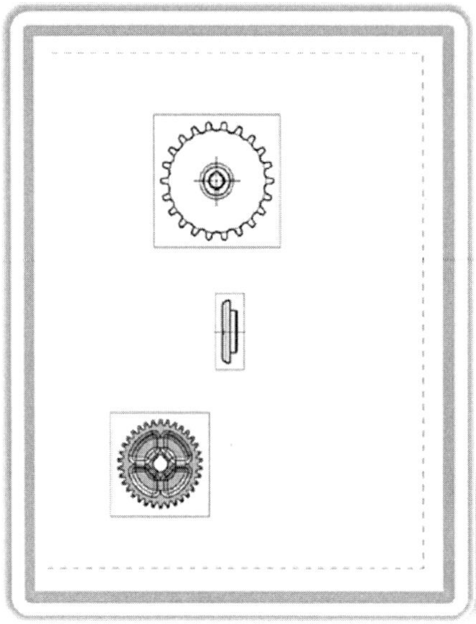

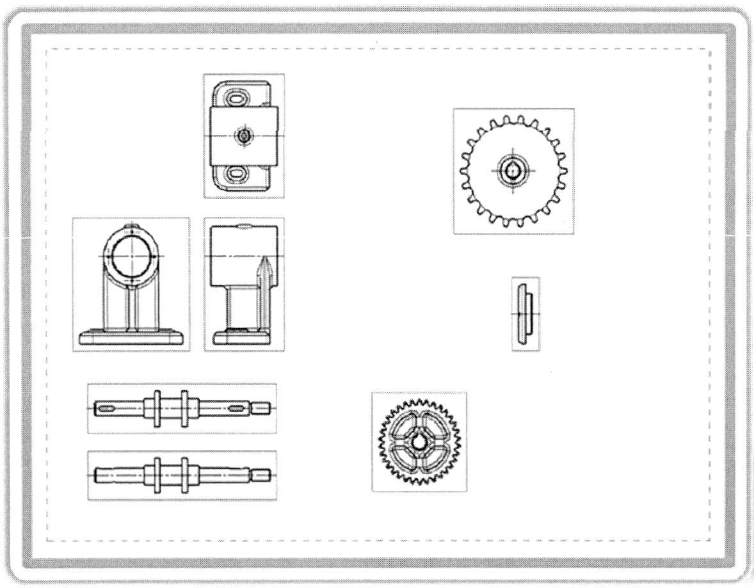

18. 위의 그림과 같이 model을 모두 배치한 후, 생성한 뷰를 모두 선택하고 MB3을 클릭한다. 그다음 Style 을 선택한다.

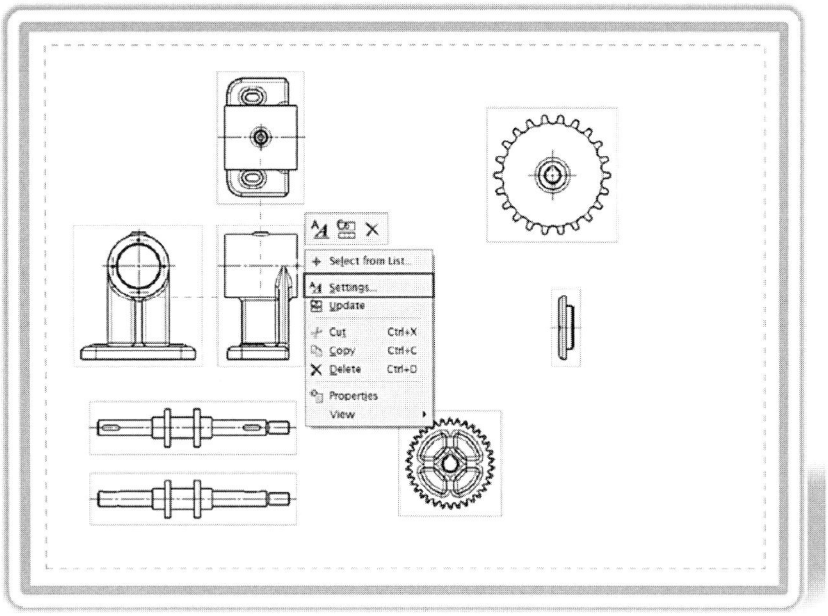

19. Smooth Edges탭을 선택하고 Smooth Edges에 체크해제를 한 후, OK한다.

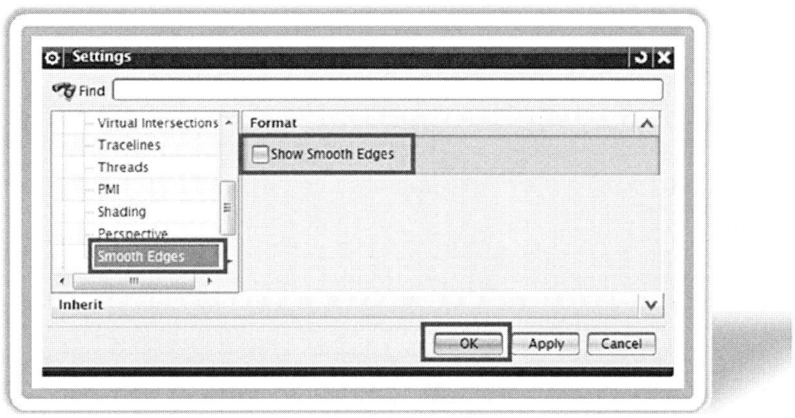

20. 1번 부품 뷰의 외각선을 선택하고 MB3을 클릭하여 Active Sketch View 를 클릭한다.

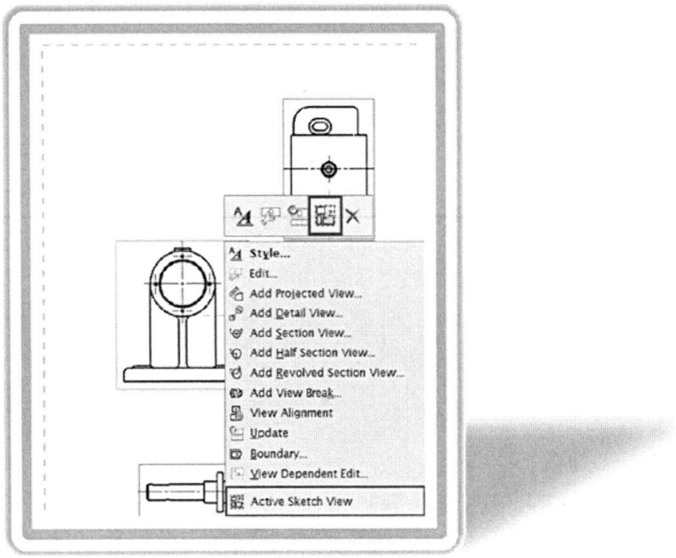

21. Insert ⇨ Sketch Curve 또는 Sketch Tool을 이용해서 단면뷰를 정확히 2등분 하는 사각라인을 생성한다.

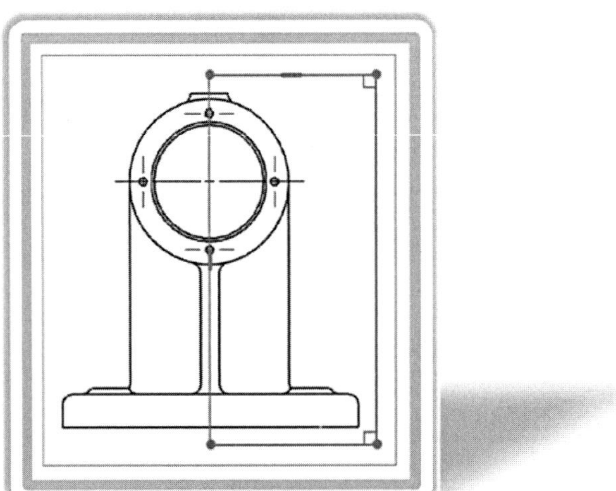

22. Insert ⇨ View ⇨ Section ⇨ Break-Out Section 또는 Icon toolbar에서 을 이용해서 스케치한 부분을 절단한다.

① Select View 에서 스케치한 뷰를 선택한다. 뷰를 선택하면 자동으로 다음 아이콘으로 넘어가게 된다.

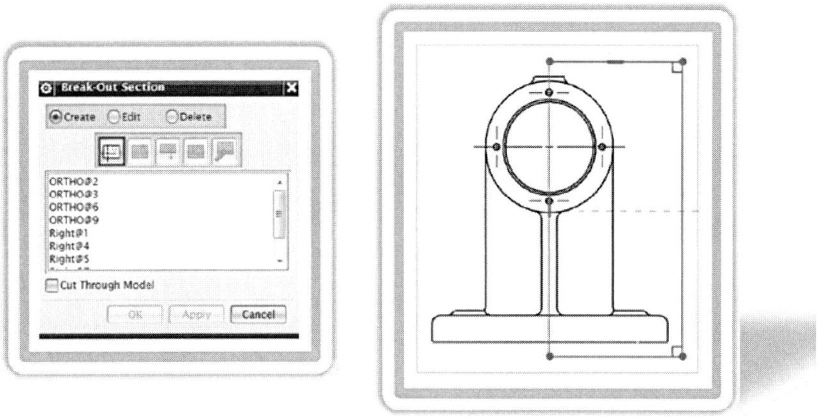

② Indicate Base Point 에서 정면도의 화살표가 가리키는 라인의 시작점을 선택한다.

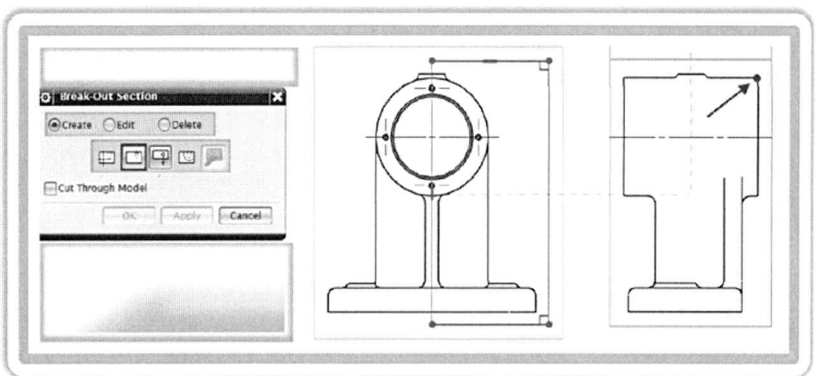

③ Indicate Extrusion Vector 에서는 따로 설정하지 않고 오른쪽에 있는 Break-Out Section View 아이콘을 선택한다.

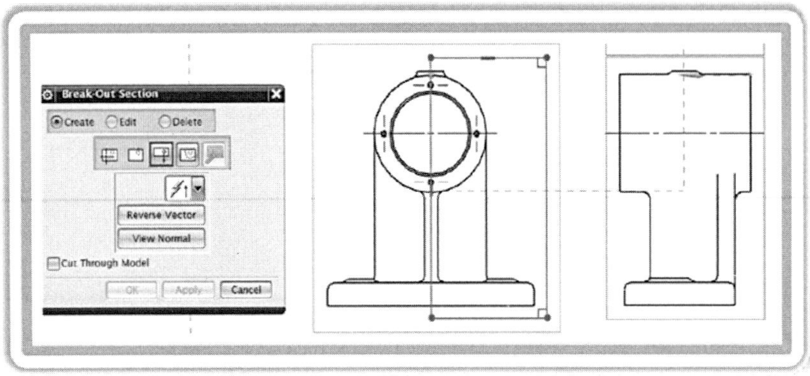

④ Break-Out Section View 에서 Sketch line을 선택한다. line을 선택할 때 한 방향으로 순차적으로 선택한다.

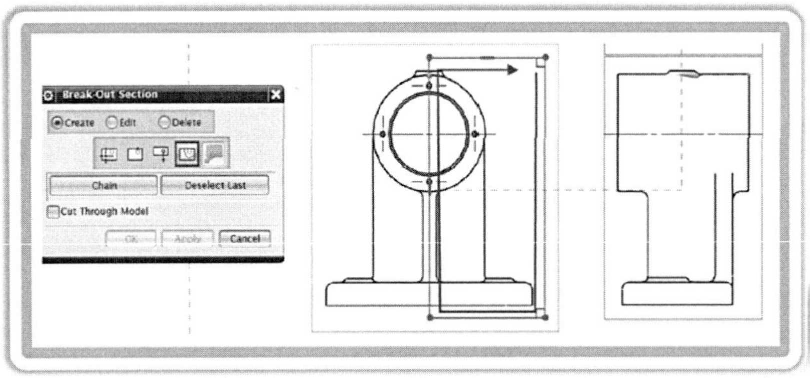

⑤ Modify Boundary Curves 에서 Apply를 클릭한다.

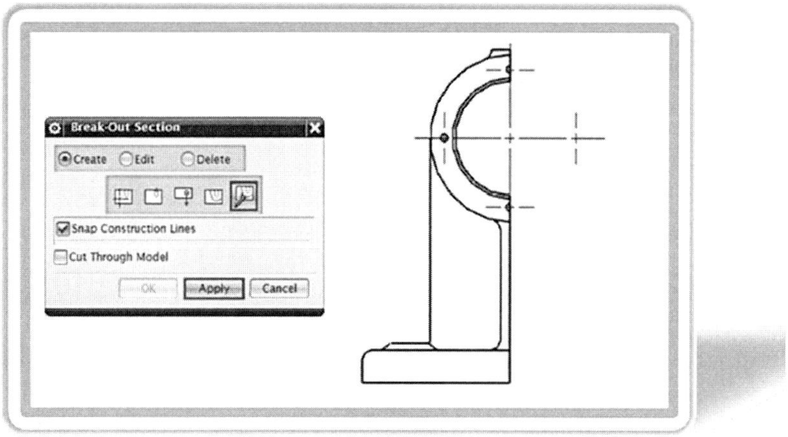

23. Edit ⇨ View ⇨ View Dependent 을 이용하여 불필요한 line을 정리한다.
View Dependent Edit창이 나타나면 line을 정리할 뷰를 클릭한다.

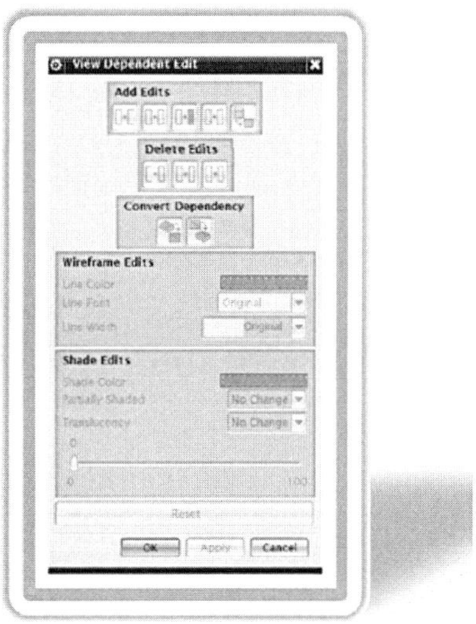

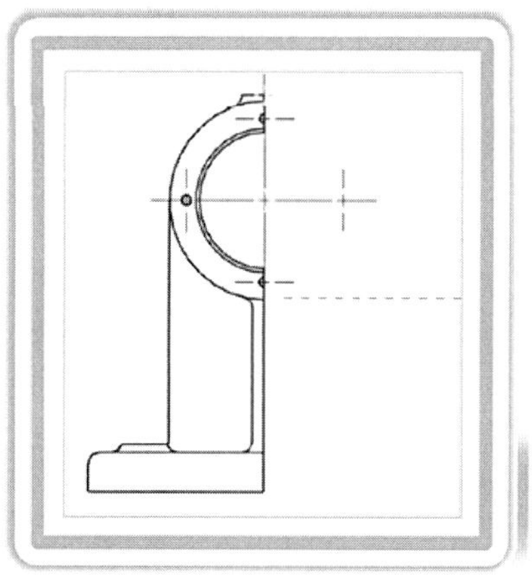

24. Icon이 활성화 되면 Erase Object 를 클릭한다. 그다음 Class Selection 창에서 Objects ⇨ Select Objects 붉은 직사각형과 같이 정리할 line을 선택한다.

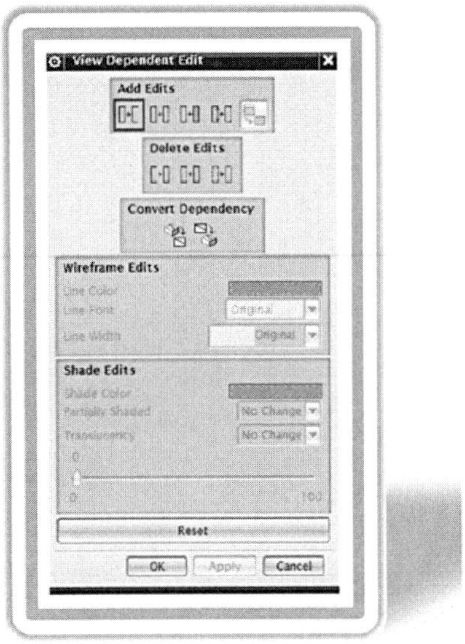

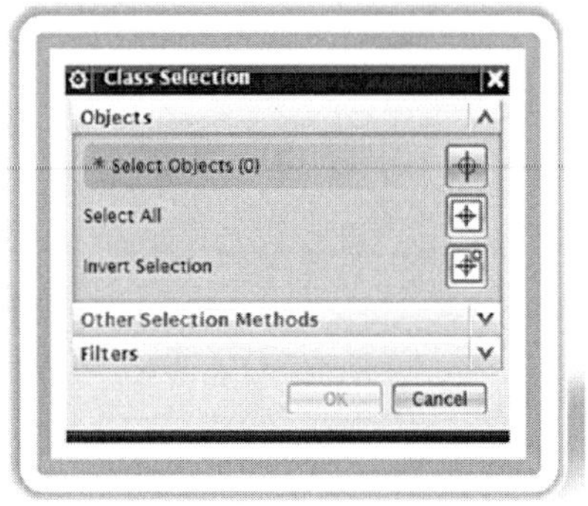

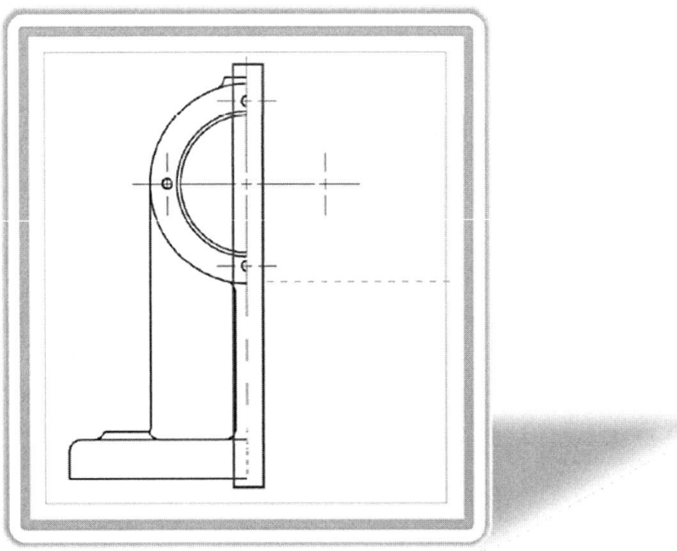

25. line을 모두 선택한 후, OK한다. 그다음 View Dependent Edit 창에서 Cancel을 클릭
한다.

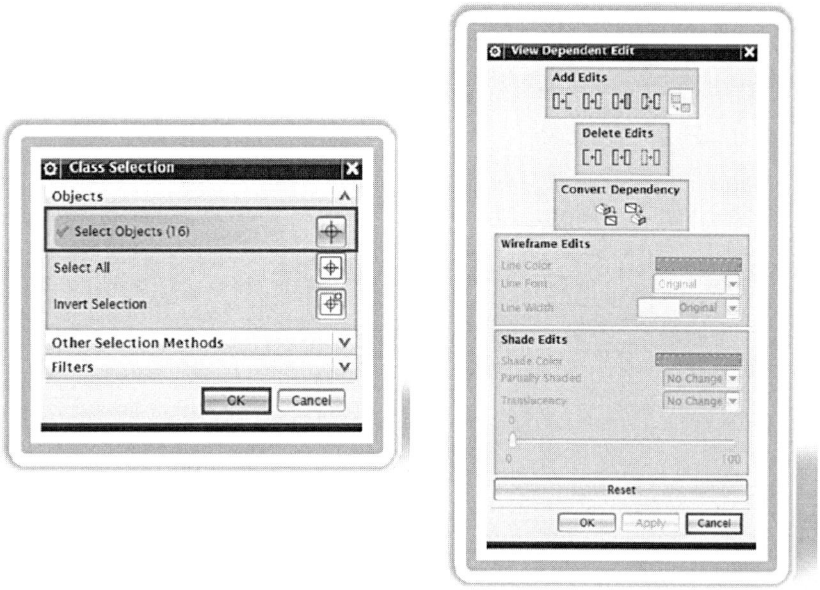

26. 그다음 중심 라인을 선택하고 MB3을 클릭하여 Delete한다.

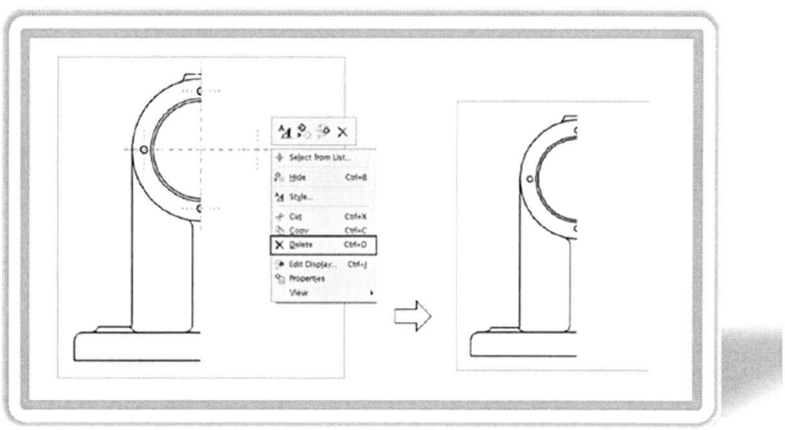

27. Insert ⇨ Centerline ⇨ Circular Centerline ◯ 을 이용하여 중심선을 생성한다. Type ⇨ Through 3 or More Points로 설정하고 Placement ⇨ Select Object ⇨ Hole 3개의 중심점 선택한 후, Full Circle에 체크 해제한다.

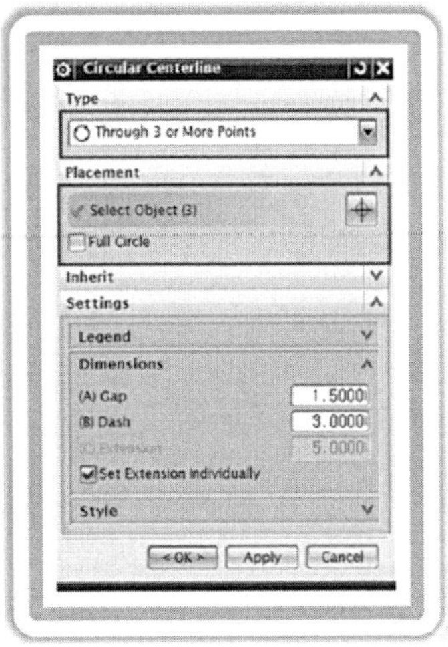

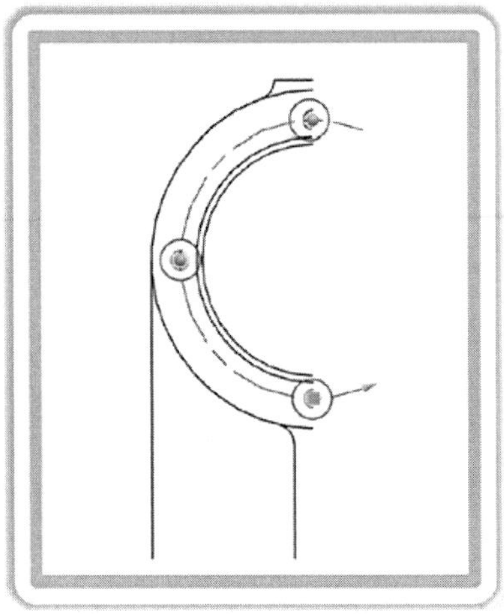

28. Settings 아래쪽에 있는 Set Extension Individually에 체크해제를 한 후, Dimensions ⇨ (C) Extension ⇨ 0 으로 입력하고 OK한다.

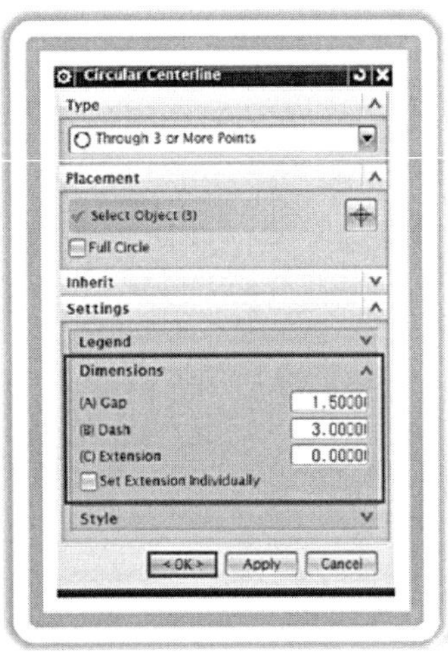

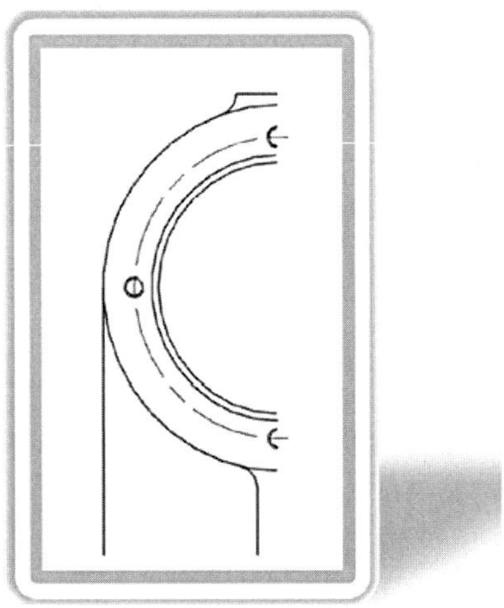

29. Insert ⇨ Centerline ⇨ Symmetrical Centerline‡-‡을 이용하여 대칭 중심점을 생성한다. Type ⇨ Start and End로 설정한 후, Start ⇨ Select Object에 Point①을 선택하고 End ⇨ Select Object에 Point②를 선택한다.

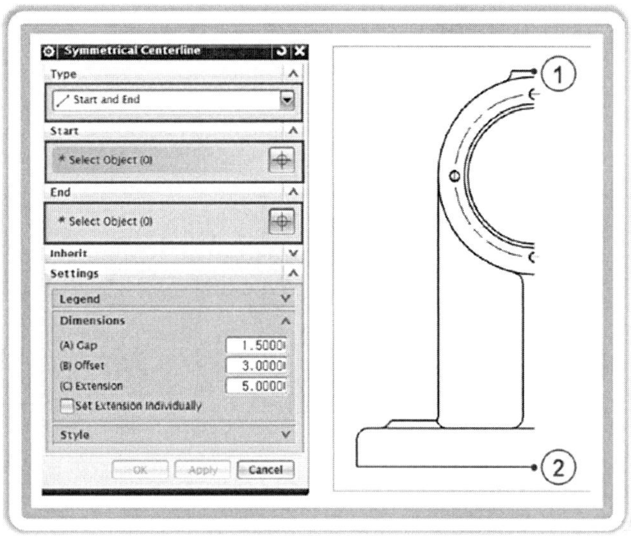

30. OK를 클릭하면 아래와 같이 대칭 중심선이 생성된다.

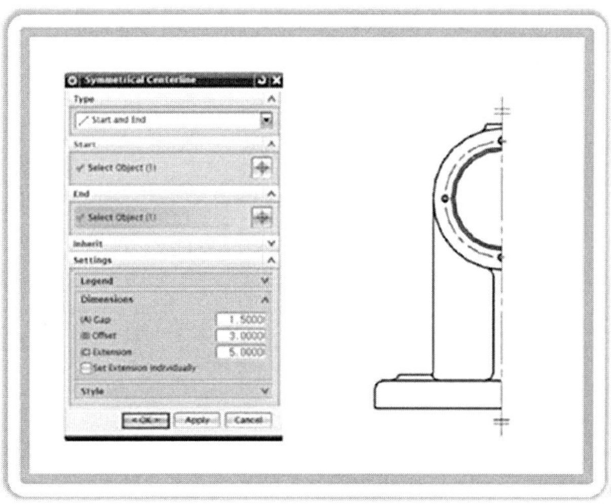

31. 평면도를 선택하고 MB3을 클릭하여 Active Sketch View를 클릭한다.

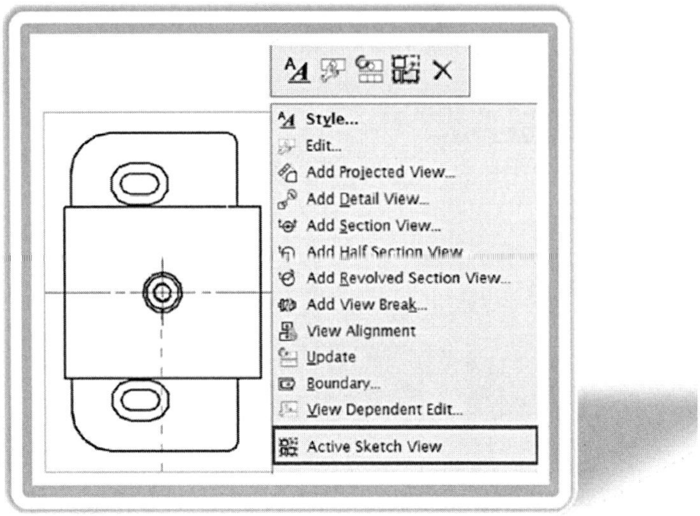

32. Insert ⇨ Sketch Curve 또는 Sketch Tool을 이용해서 단면뷰를 정확히 2등분 하는 사각라인을 생성한다.

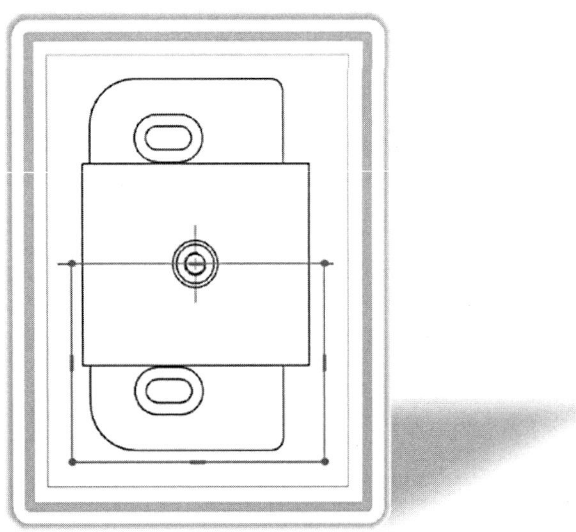

33. Insert ⇨ View ⇨ Section ⇨ Break-Out Section 또는 Icon toolbar에서 [icon]을 이용해서 좌측면도와 같은 방법으로 절단한다.

① Select View[icon]에서 스케치한 뷰를 선택한다. 뷰를 선택하면 자동으로 다음 아이콘으로 넘어가게 된다.

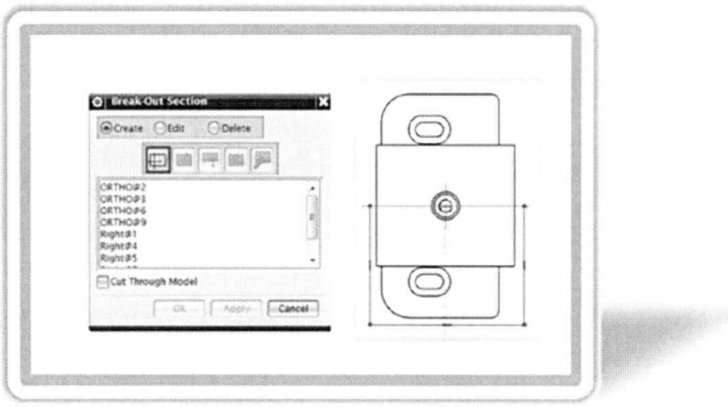

② Indicate Base Point[icon]에서 정면도의 화살표가 가리키는 라인의 시작점을 선택한다.

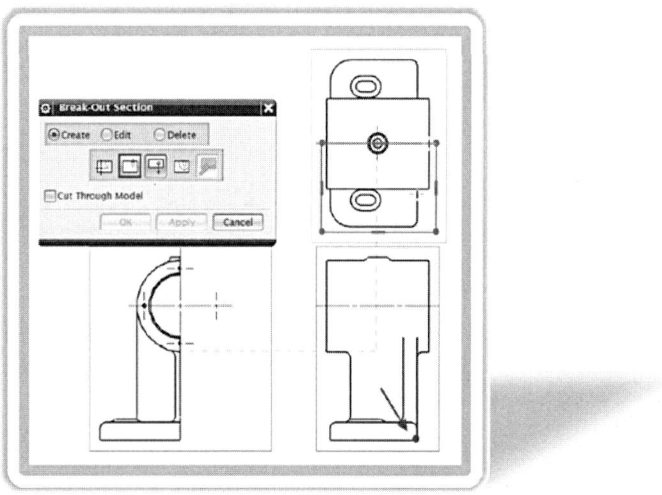

③ Indicate Extrusion Vector 에서는 따로 설정하지 않고 오른쪽에 있는 Select Curves 아이콘을 선택한다. 그다음 Sketch line을 한 방향으로 순차적으로 선택한다.

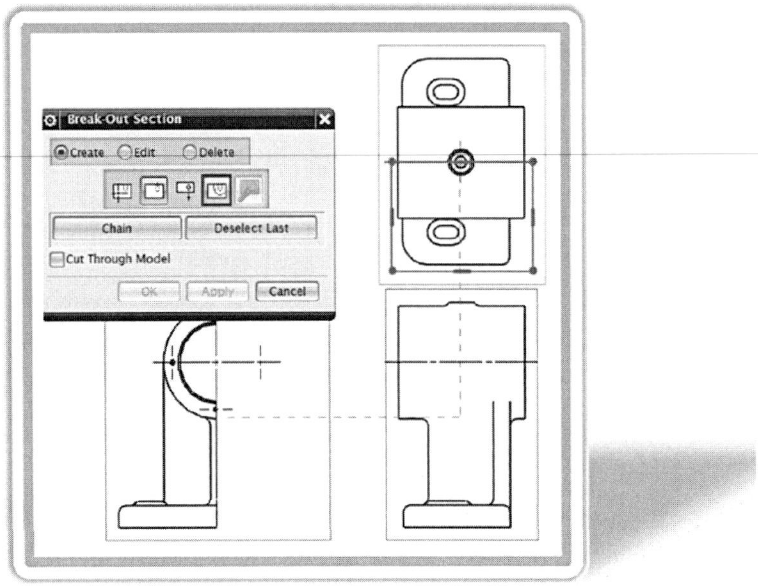

④ Modify Boundary Curves 에서 Apply를 클릭한다.

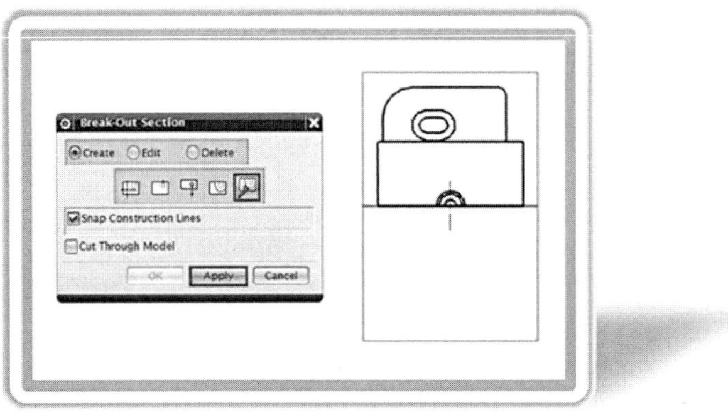

34. Edit ⇨ View ⇨ View Dependent Edit 을 이용하여 불필요한 line을 정리한다.
View Dependent Edit창이 나타나면 line을 정리할 뷰를 클릭한다.

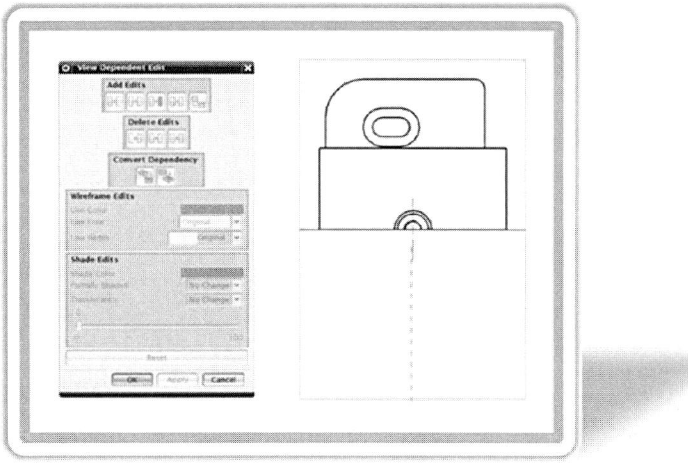

35. Icon이 활성화 되면 Erase Object 를 클릭한다. 그다음 Class Selection 창에서 Objects ⇨ Select Objects 붉은 직사각형과 같이 정리할 line을 선택한다.

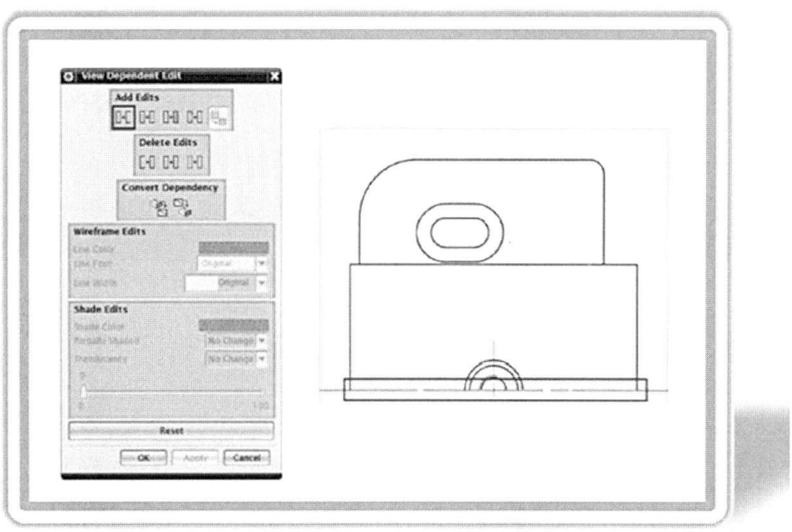

36. line을 모두 선택한 후, OK한다. 그다음 View Dependent Edit 창에서 Cancel을 클릭한다.

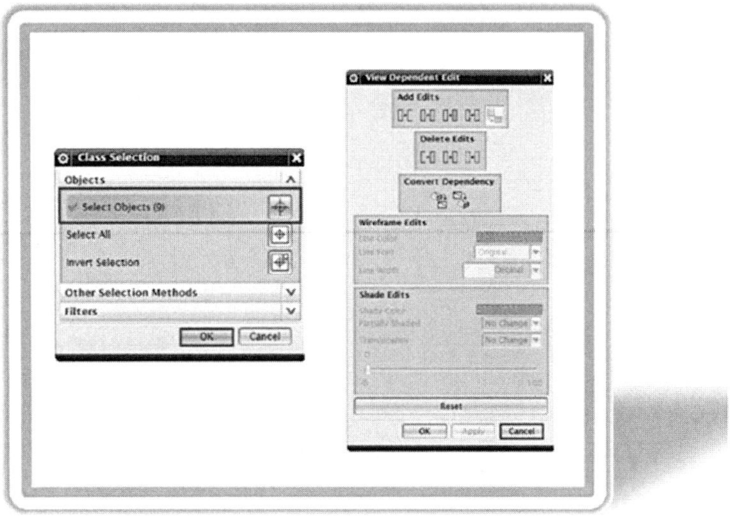

37. 중심 라인을 선택하고 MB3을 클릭하여 Delete한다.

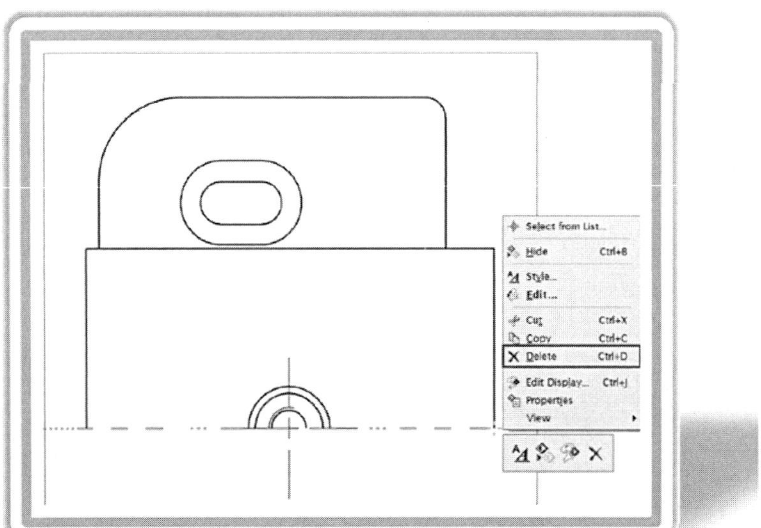

38. Insert ⇨ Centerline ⇨ Symmetrical을 이용하여 대칭 기호를 생성한다.
Type ⇨ Start and End로 설정한 후, Start ⇨ Select Object에 Point①을 선택하고 End ⇨ Select Object에 Point②를 선택한다.

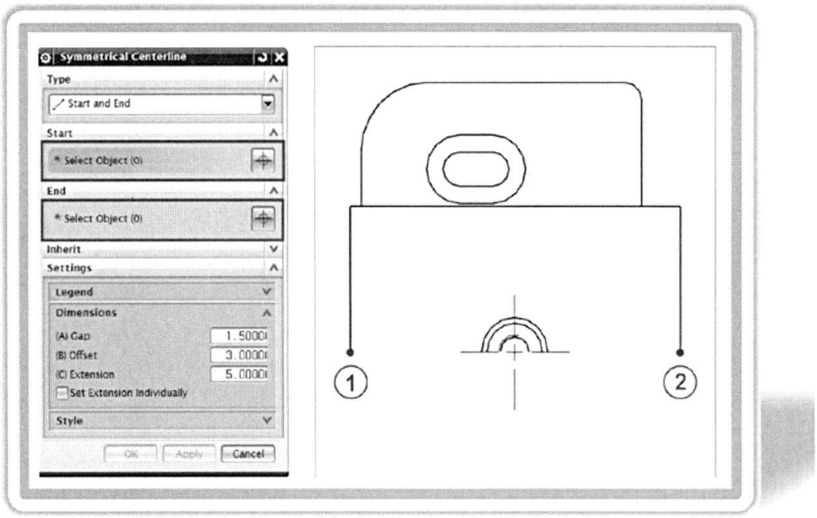

39. OK를 클릭하면 아래와 같이 대칭 중심선이 생성된다.

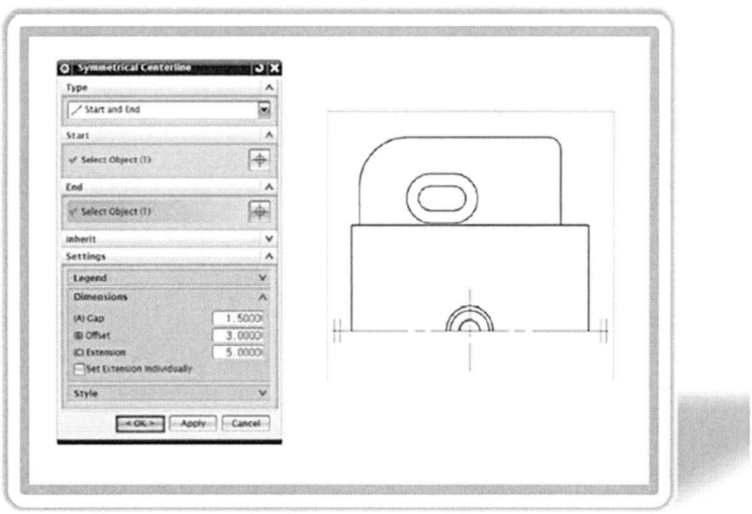

40. Insert ⇨ Centerline ⇨ Center Mark를 이용하여 중심선을 생성한다.

Location ⇨ Select Object ⇨ 구멍의 중심점을 선택한 후, OK한다.

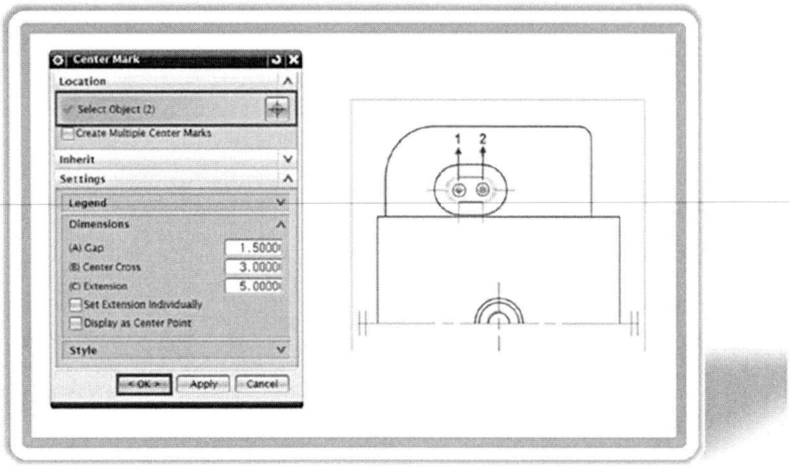

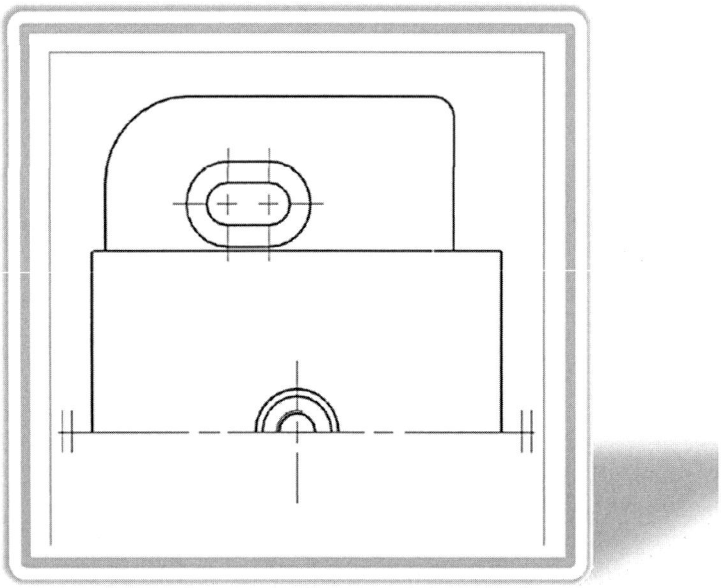

41. 정면도를 클릭하고 MB3을 클릭한 후, Active Sketch View 를 클릭한다.

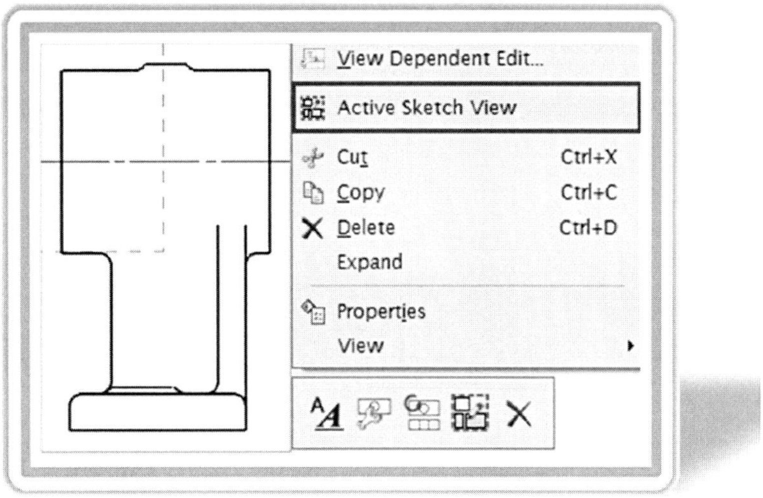

42. Insert ⇨ Sketch Curve ⇨ Studio Spline 을 선택하여 아래 그림과 같이 한다.

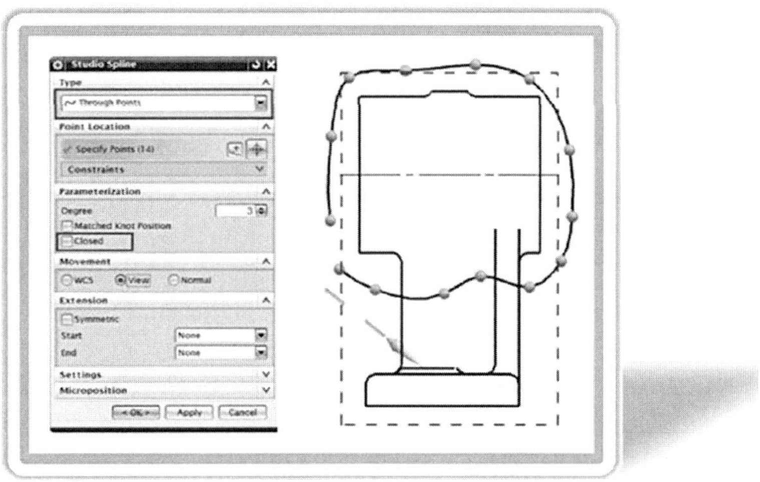

43. Closed를 체크해서 line을 이어준 후, OK한다.

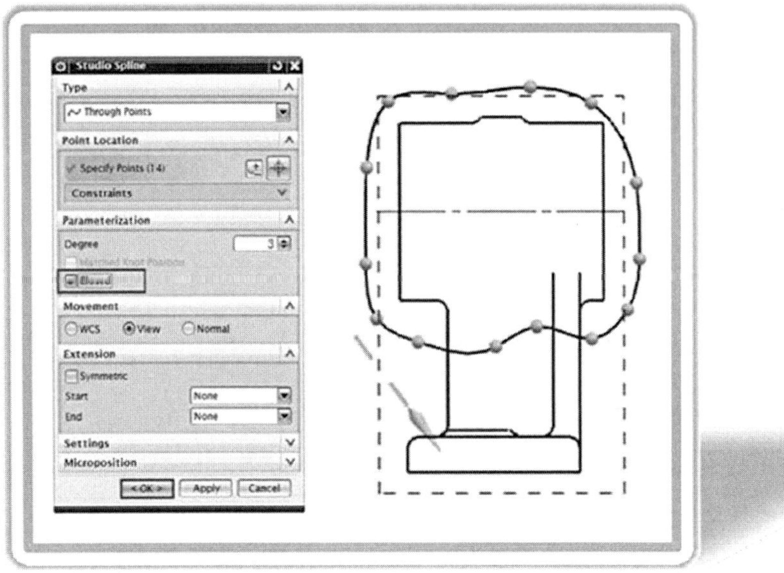

44. Insert ⇨ View ⇨ Section ⇨ Break_Out Section View를 클릭한다.
Select View ⇨ View를 클릭한다.

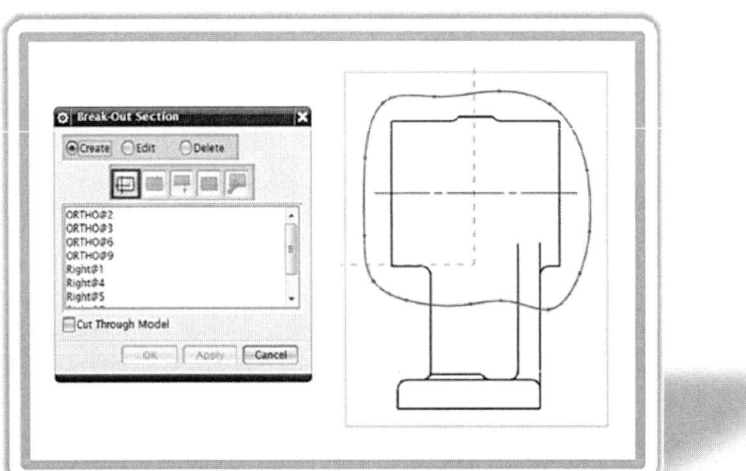

45. Indicate Base Point 에서 중심점을 선택한다.

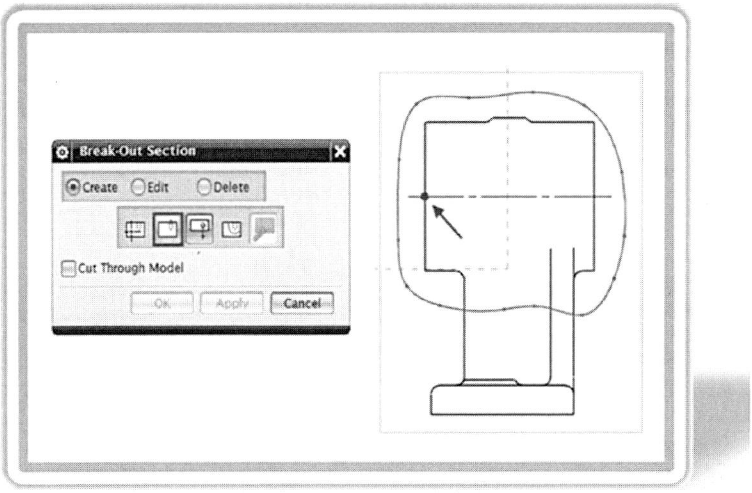

46. Select Curves 를 클릭하고 Studio Spline을 선택한다.

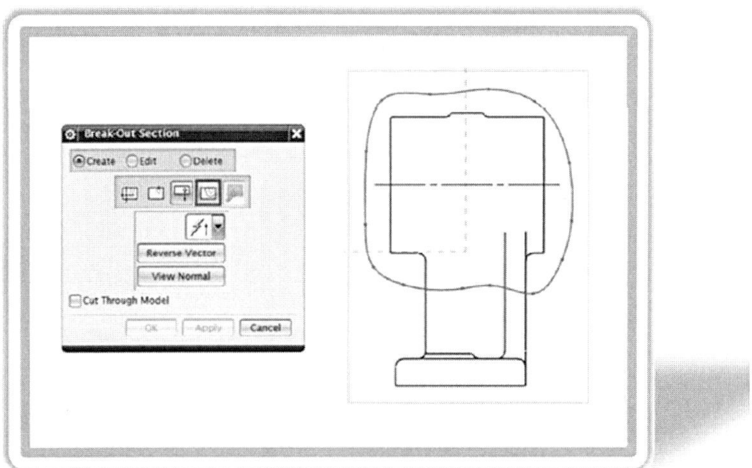

47. Modify Boundary Curves 에서 Apply 한다.

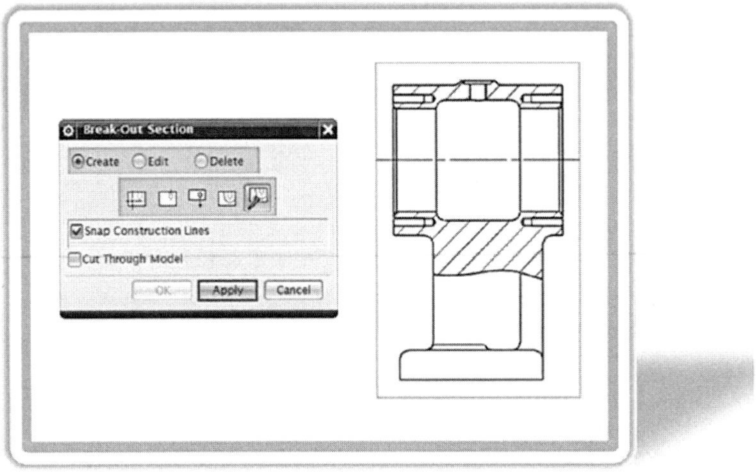

48. 좌측면도를 정면도와 같은 방법으로 MB3을 클릭하고 Active Sketch View를 클릭한 후, Studio Spline 을 이용해서 아래 그림과 같이 한다.

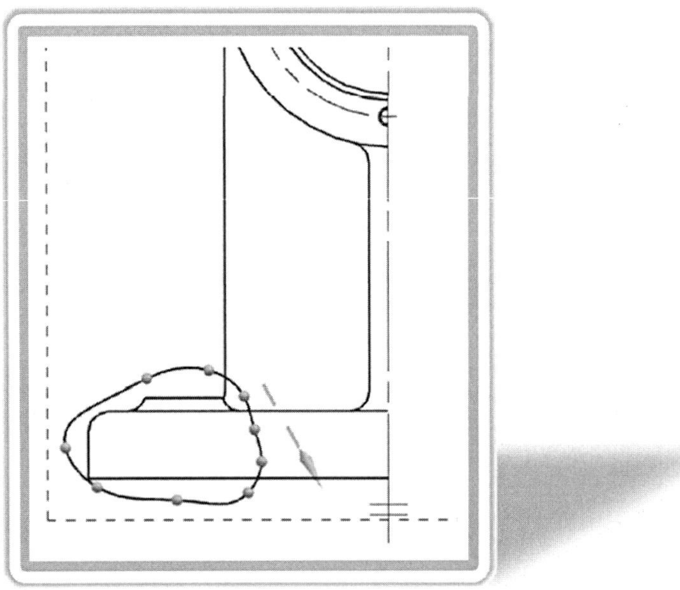

49. Insert ⇨ View ⇨ Section ⇨ Brea_Out Section View를 클릭하고 아래 그림과 같이 한다.

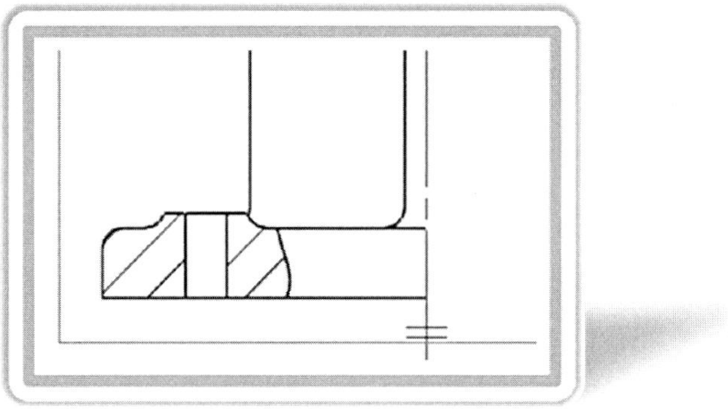

50. View Boundary의 크기를 적당한 크기로 조정한다. View를 선택하고 MB3을 클릭하여 Boundary를 클릭한다. Type을 Manual Rectangle로 설정한 후, 붉은색 직사각형과 같이 드래그 한다.

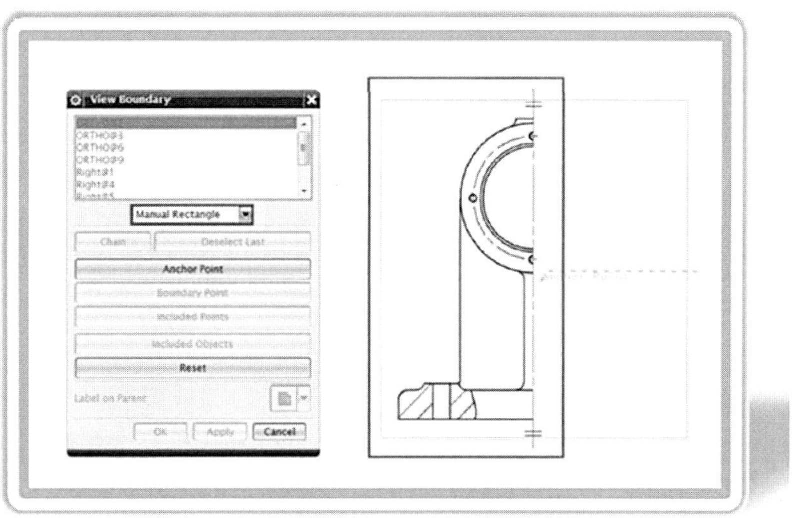

51. 평면도도 동일한 방법으로 View Boundary를 지정한다.

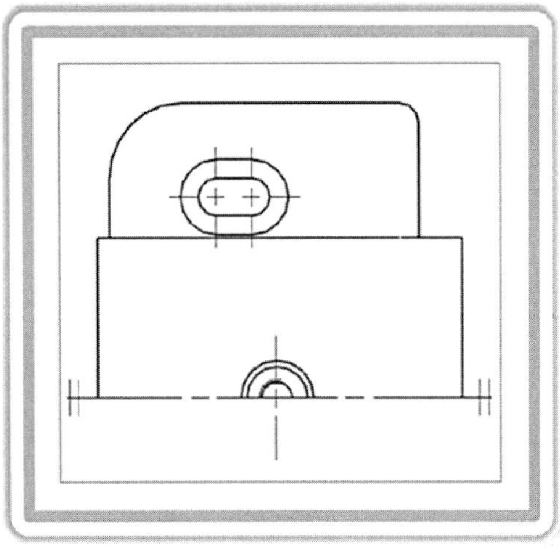

52. 정면도에서 MB3을 클릭하여 View Dependent Edit 을 이용해서 불필요한 line을 지워준다. 아래 그림의 창이 뜨면 Erase Objects 를 클릭한다.

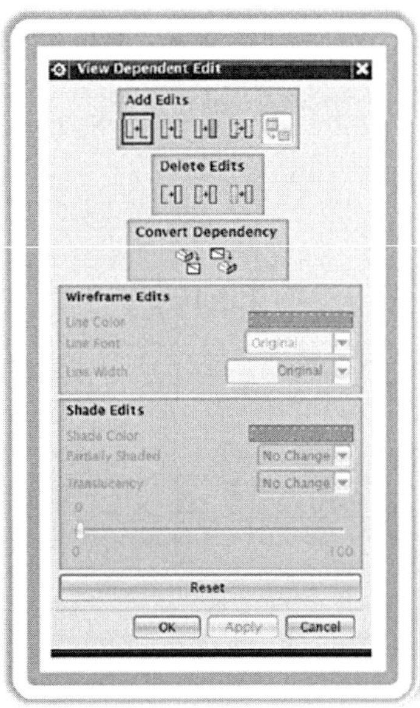

53. 해칭선과 line을 선택하고 OK를 클릭한다.

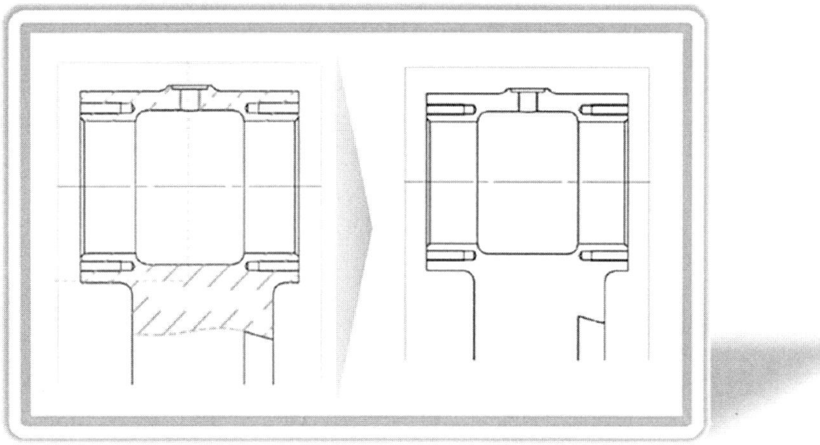

54. 다시 View Dependent Edit를 클릭하고 Add Edits ⇨ Edit Entire Objects를 선택한다. 그다음 Wireframe Edits ⇨ Line Width ⇨ 0.13mm 설정 한 후, Apply한다.

55. 파단선을 선택하여 OK하고 가는 선으로 설정한다.

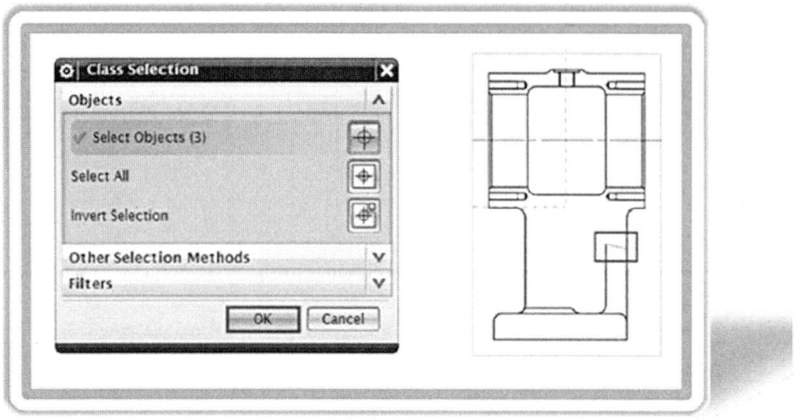

56. 좌측면도 또한 같은 방법으로 파단선을 가는 선으로 설정해준다.

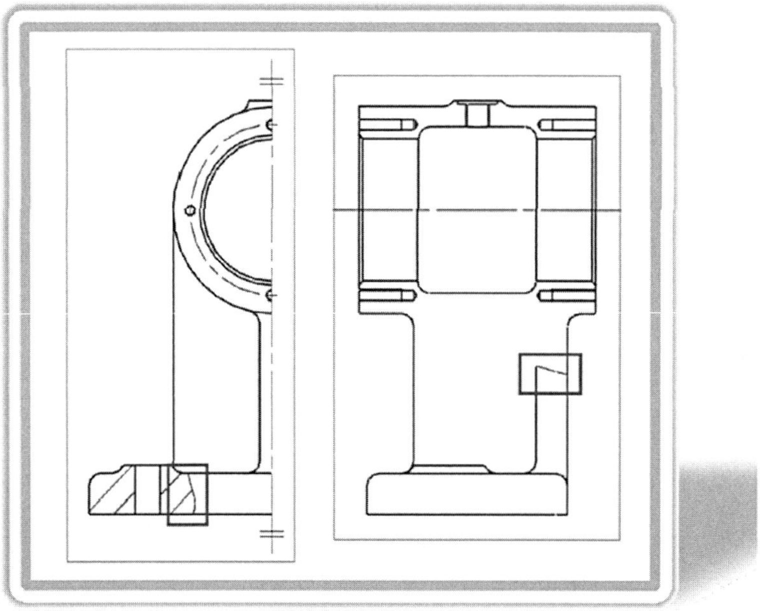

57. 정면도의 뷰 경계를 클릭하고 MB3을 클릭하여 Active Sketch View 를 선택한 후, 아래 그림과 같이 스케치한다. 그다음 Finish Sketch 을 클릭한다.

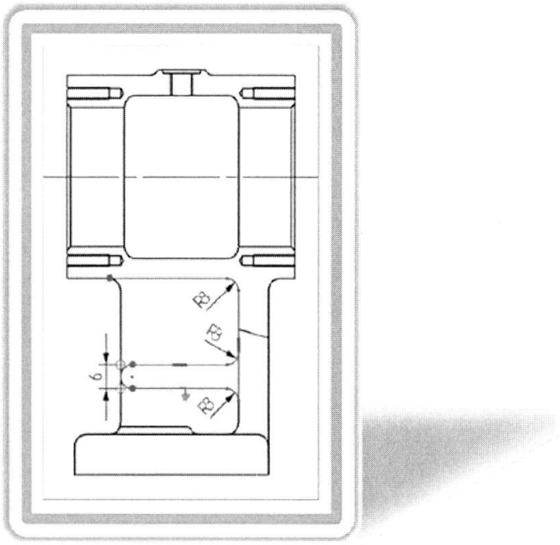

58. 치수를 클릭하고 MB3을 클릭한 후, Hide로 숨겨둔다.

59. Insert ⇨ Annotation ⇨ Crosshatch 를 클릭한다. Selection Mode ⇨ Point in Region으로 설정한 후, 해칭이 들어가야 할 부분을 클릭한다. 해칭이 들어갈 부분을 클릭할 때 나사산과 불완전 나사부 부분도 같이 선택한다.

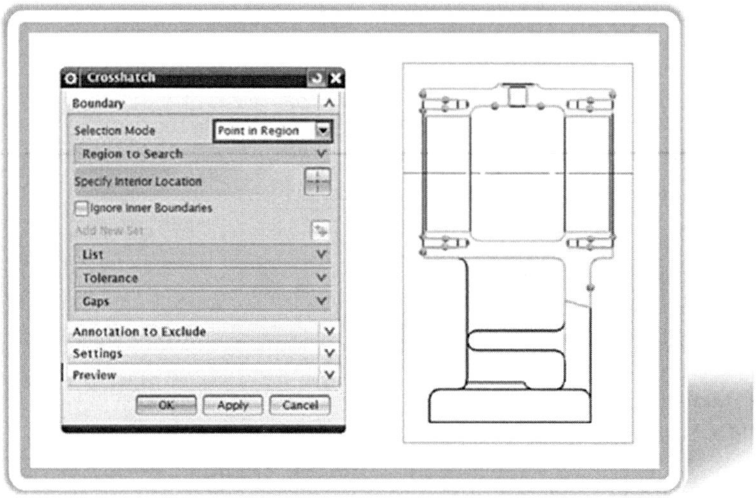

60. 아래 그림과 같이 설정한 후, Apply한다.

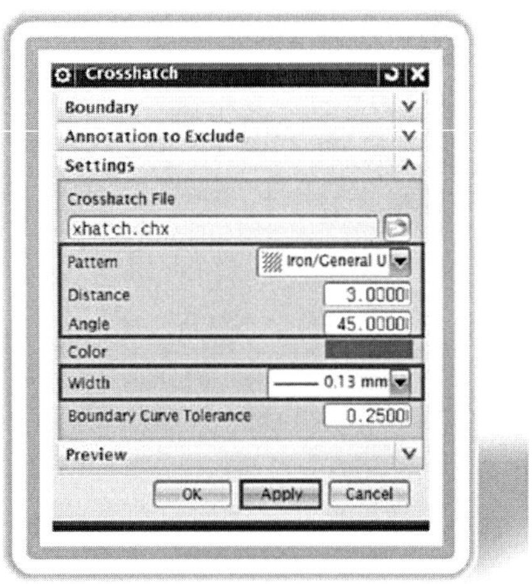

Settings

① Pattern ⇨ IRON/GENERAL Use

② Distance ⇨ 3

③ Angle ⇨ 45

④ Width ⇨ 0.13mm

61. 회전도시 단면도를 클릭하고 OK하여 해칭을 한다.

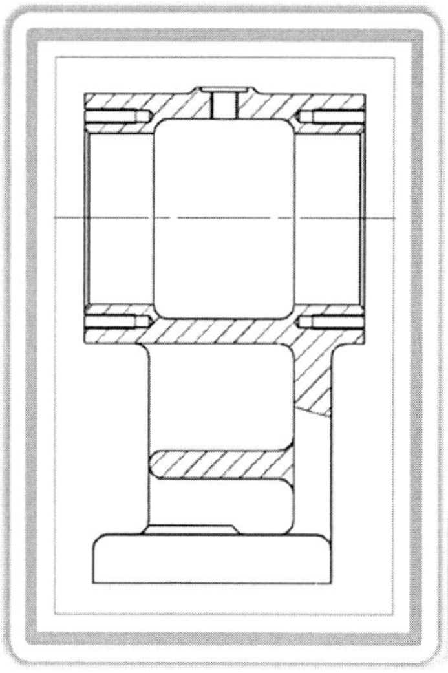

62. 좌측면도를 클릭하고 MB3을 클릭하여 Active Sketch View를 선택한 후, 아래 그림과 같이 스케치한다. 그다음 Finish Sketch를 클릭한다. 그다음 정면도의 회전도시 단면도와 같은 방법으로 해칭한다.

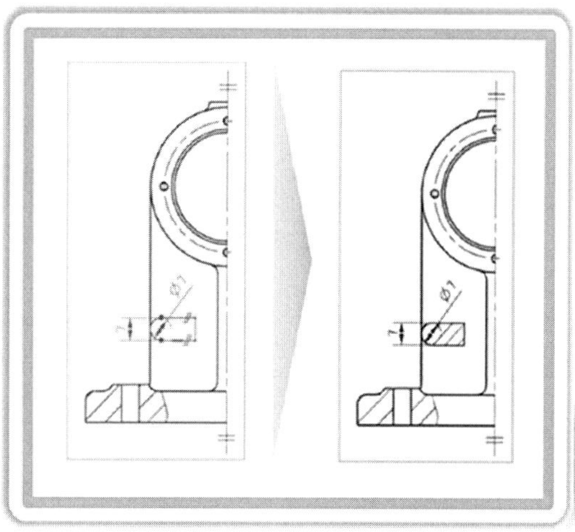

63. 치수와 해칭을 위해 그린 line을 클릭하고 MB3을 클릭하여 Hide로 숨긴다.

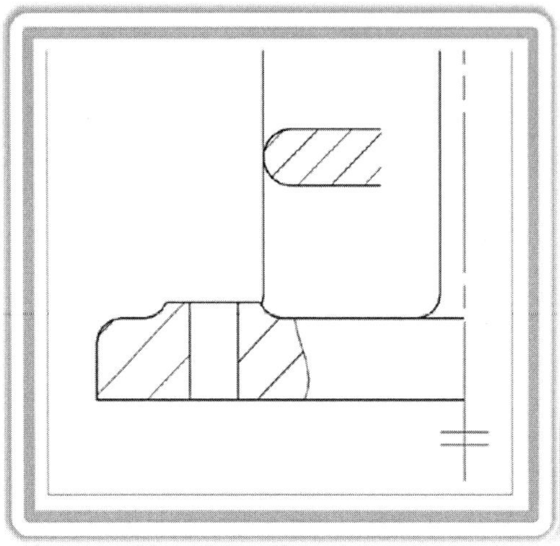

64. Insert ⇨ Centerline ⇨ 3D Centerline 을 클릭한다.
그다음 정면도에서 아래 그림과 같이 면을 선택해서 Centerline의 길이를 알맞게 정의한다.

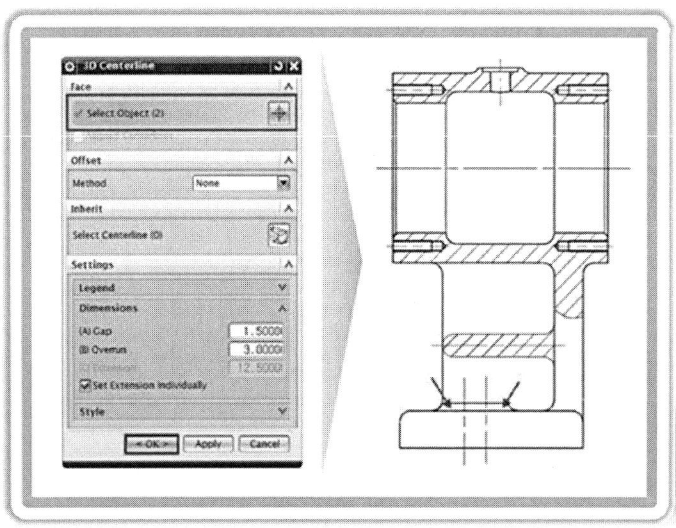

65. Insert ⇨ Centerline ⇨ 2D Centerline 을 클릭한다.

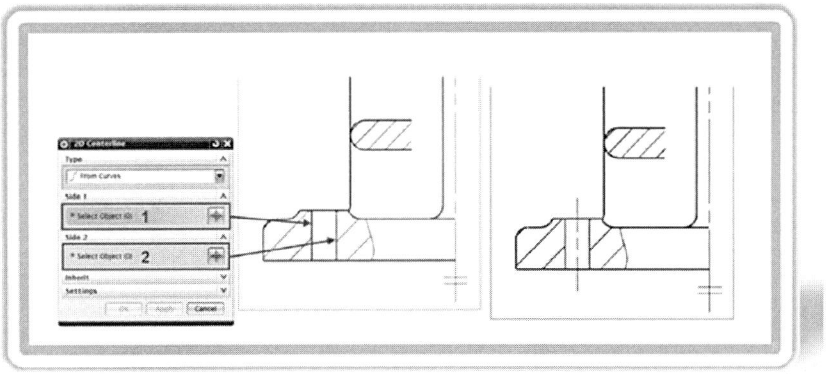

66. 나머지 Centerline이 들어가야 할 곳에 동일하게 작업을 진행한다.

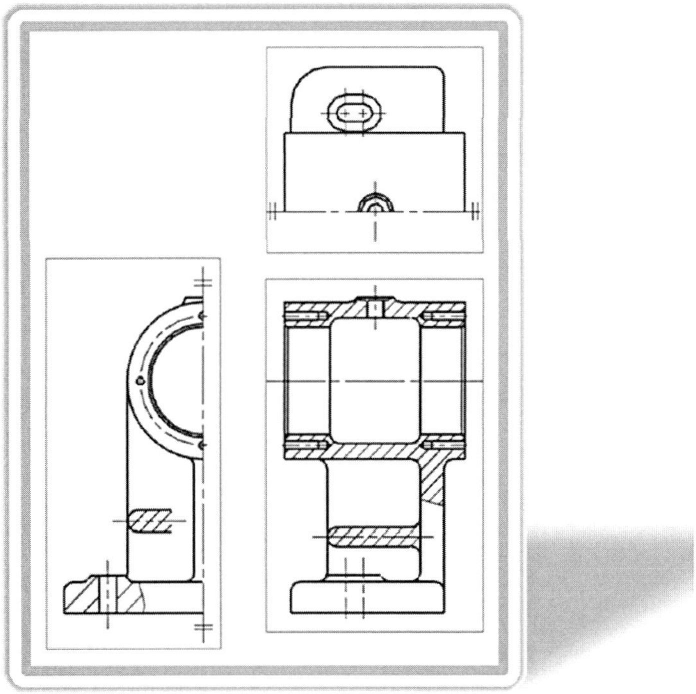

67. 2번 부품 뷰의 외각선을 선택하고 MB3을 클릭하여 Active Sketch View를 한 후, Break-Out이 필요한 부분에 스케치를 한다.

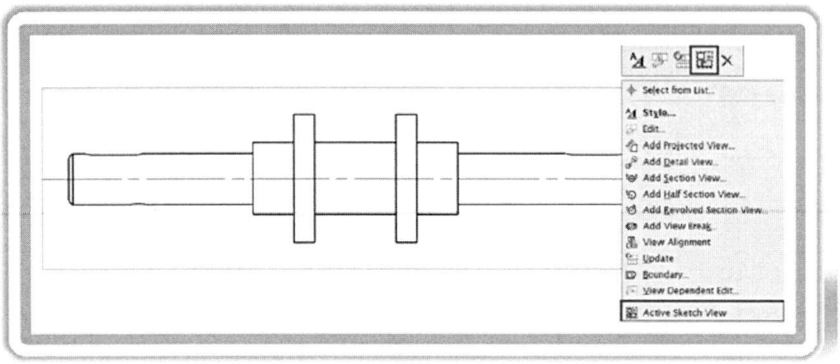

68. 스케치한 후, Insert ⇨ View ⇨ Section ⇨ Break-Out Section View를 이용해서 아래 그림과 같이 작업한다.

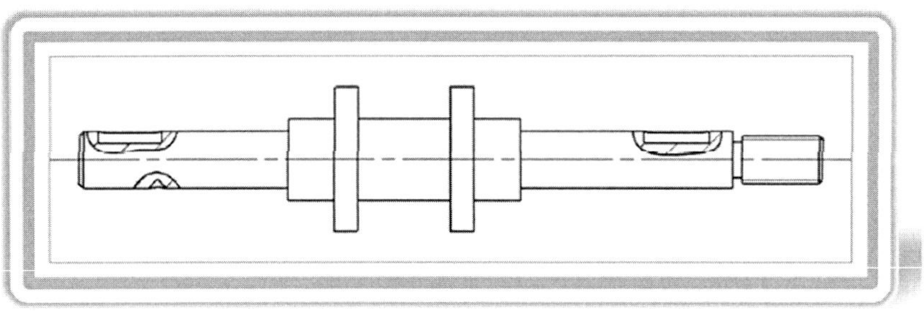

69. 양쪽에 박스 친 부분을 View Dependent Edit를 이용해서 지운다.

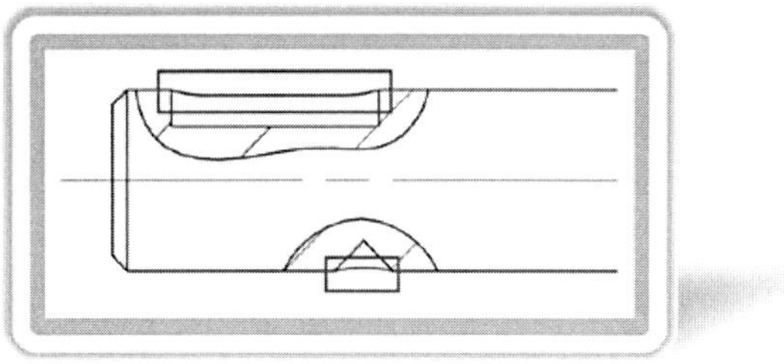

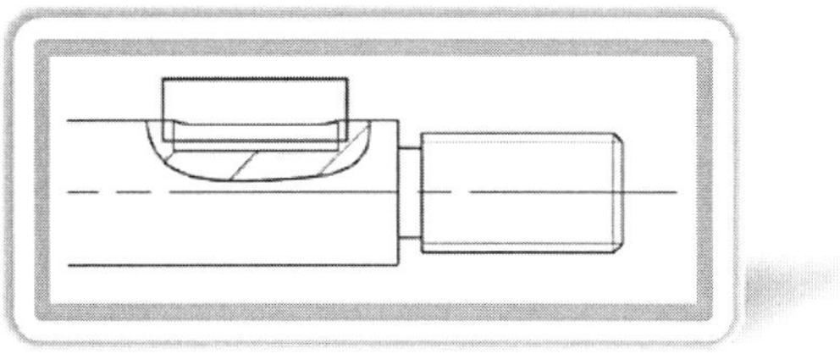

70. Erase Objects를 클릭하고 Select Objects에 line을 선택한 후, OK한다.

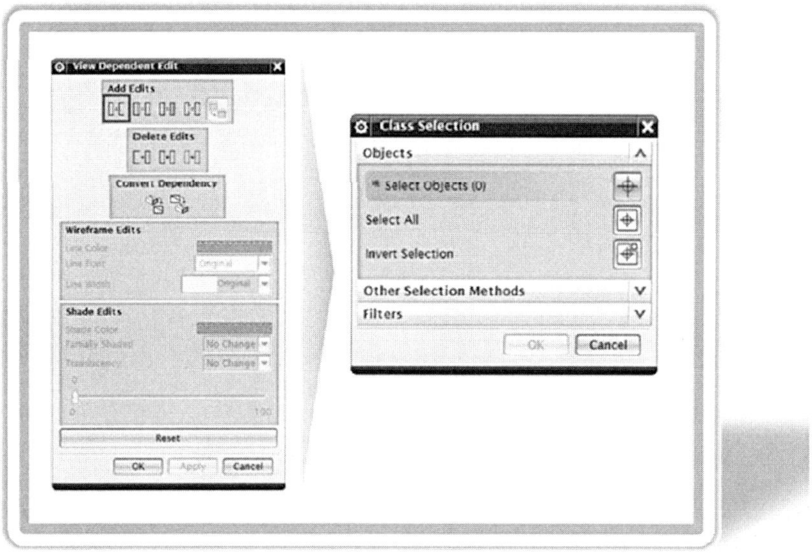

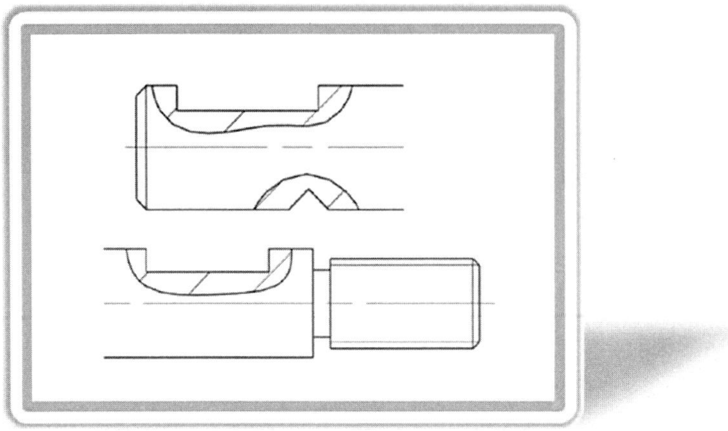

71. 삭제된 부분에 line을 그린 후, Finish Sketch한다.

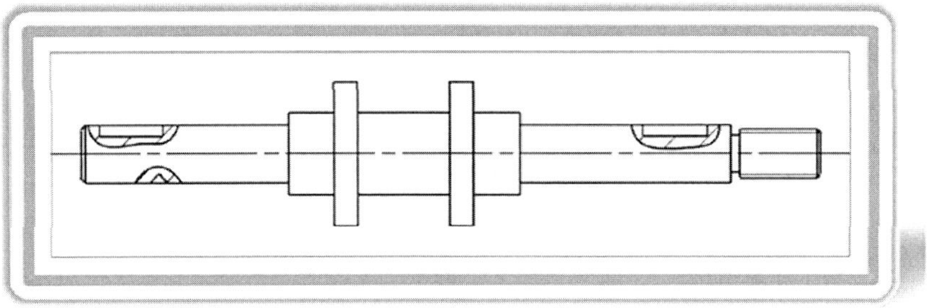

72. 평면도는 키홈만 남기고 View Dependent Edit를 이용해서 모두 지우고 남아있는 중심선도 삭제한다.

73. Center Mark를 이용해서 평면도 키홈의 중심선을 생성하고 3D Centerline을 이용해서 정면도의 키홈과 멈춤나사 홈의 중심선을 생성한다.

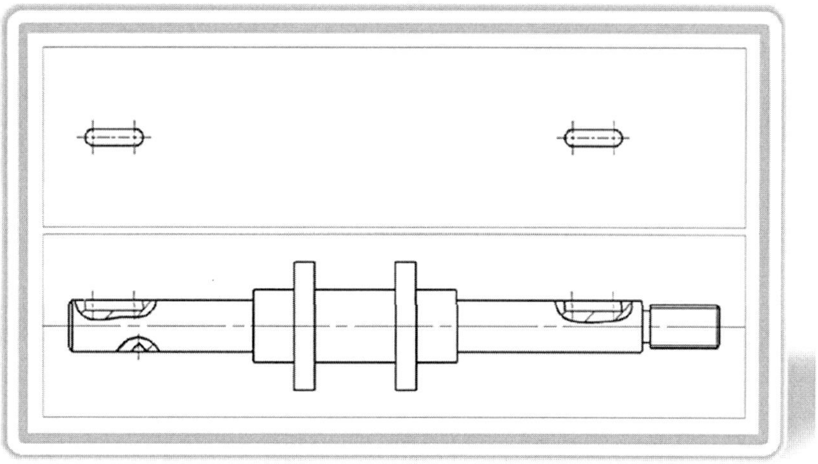

74. View Dependent Edit을 이용해서 파단선을 가는 선으로 변경한다.
Add Edits ⇨ Edit Entire Objects를 클릭하고 변경하려는 line을 클릭한다.

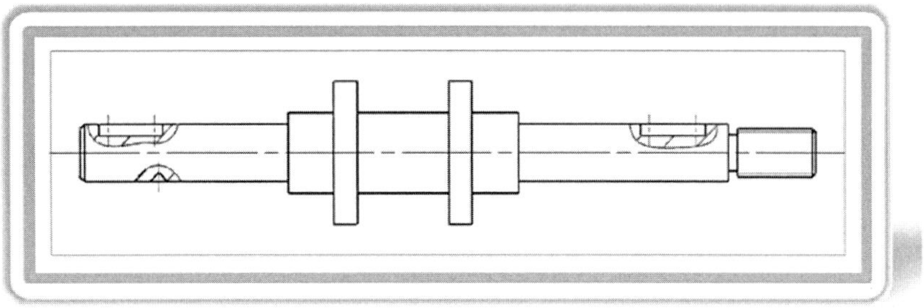

75. Insert ⇨ View ⇨ Section ⇨ Revolved 를 클릭하여 3번 부품 뷰의 좌측면도를 생성한다. Parent ⇨ Base 뷰를 클릭한다.

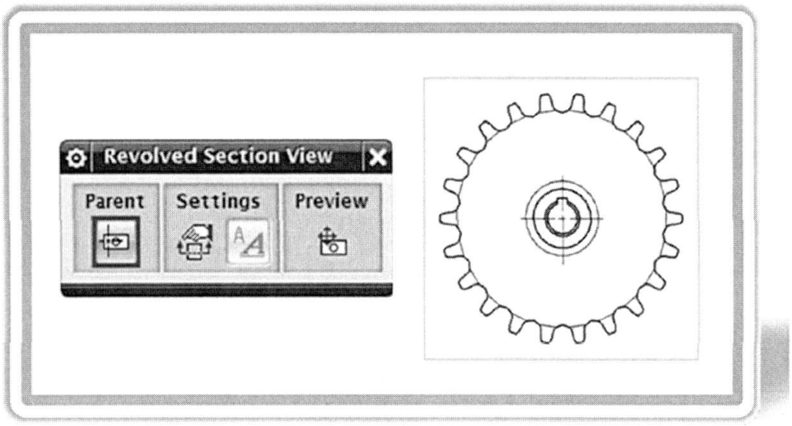

76. sprocket의 중심점을 클릭한다.

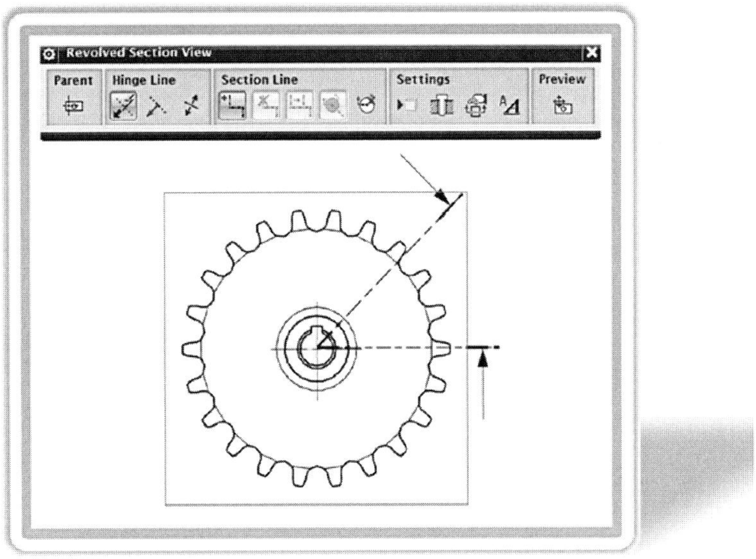

77. 두 개의 힌지 선을 sprocket의 이가 단면 될 수 있도록 아래 그림과 같이 배치한다.

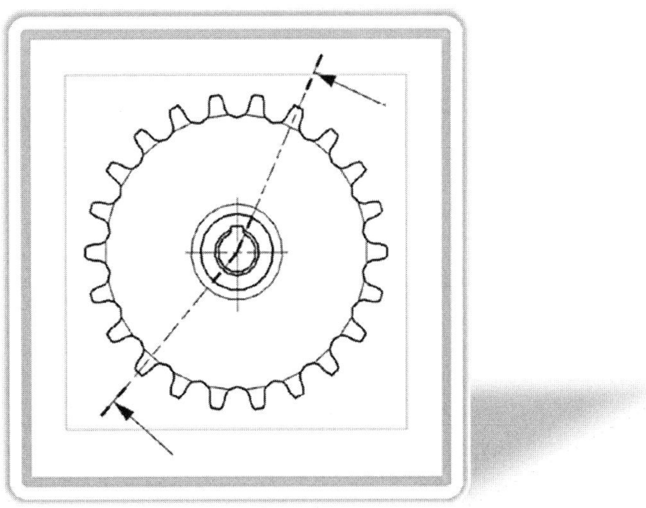

78. Add Segment를 클릭하고 위쪽에 있는 힌지 선을 클릭한다.

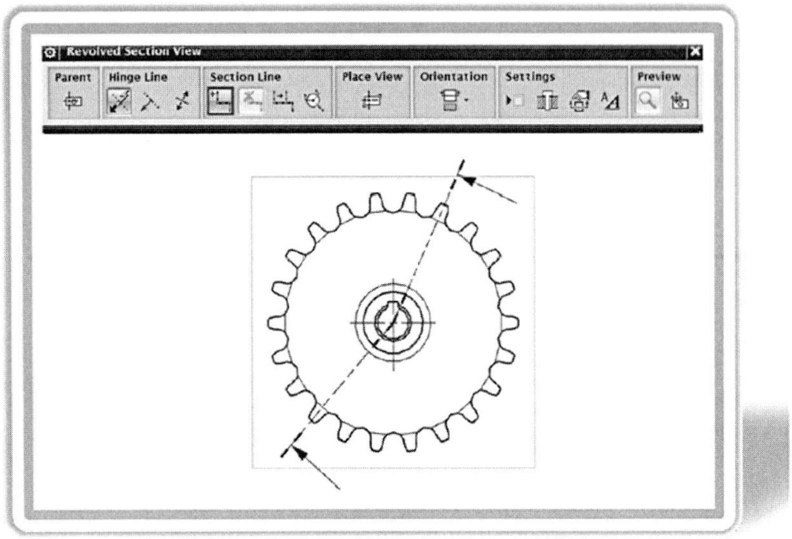

79. 좌측면도에 키홈을 나타내기 위해서 Selection Bar에서 Quadrant Point[○]를 활성화 시키고 보스부의 사분점을 클릭한다.

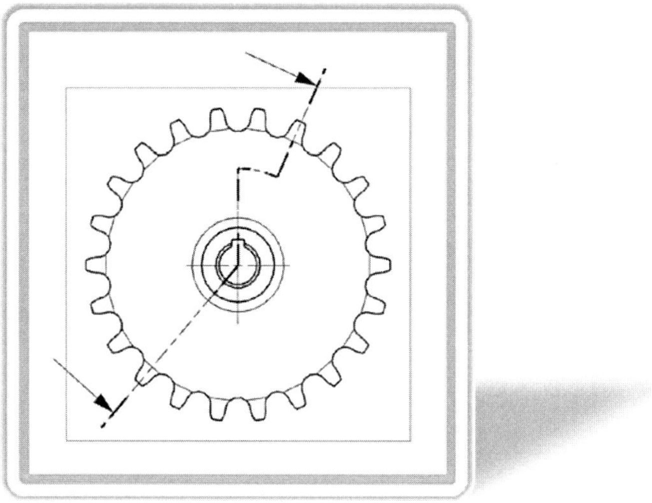

80. 아래쪽에 있는 힌지 선을 클릭하고 범춤 나사 부를 나타내기 위해서 보스부의 사분점을 클릭한다.

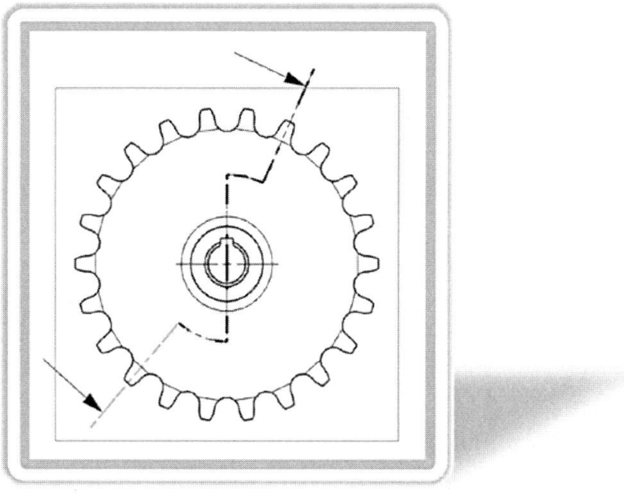

81. Place View 를 클릭해서 드래그한 후, 좌 측면도를 생성한다.

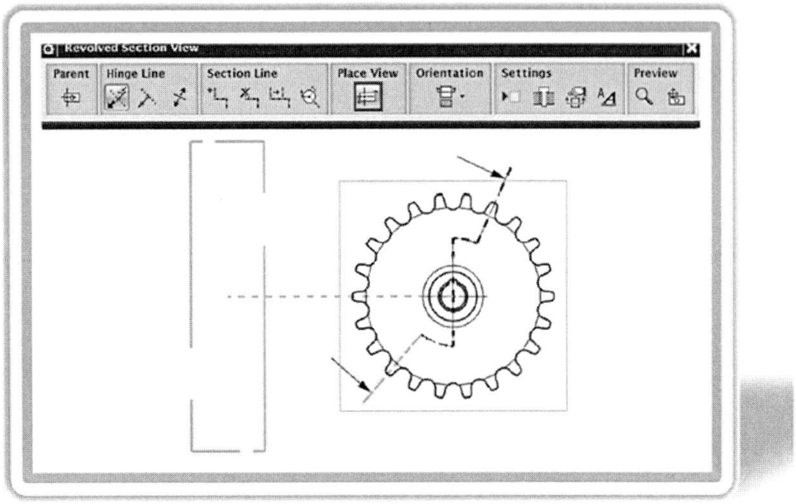

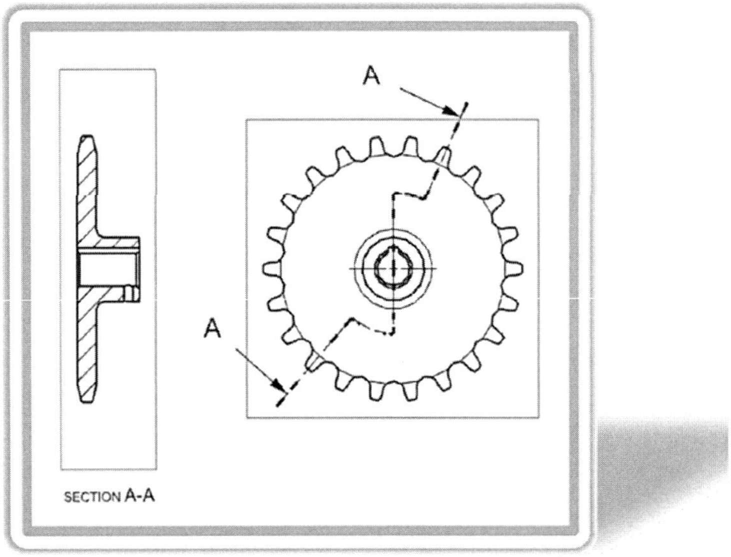

82. 정면도를 Active Sketch View하여 그림과 같이 Sketch하고 Break-Out Section View 를 이용해서 파단 한다.

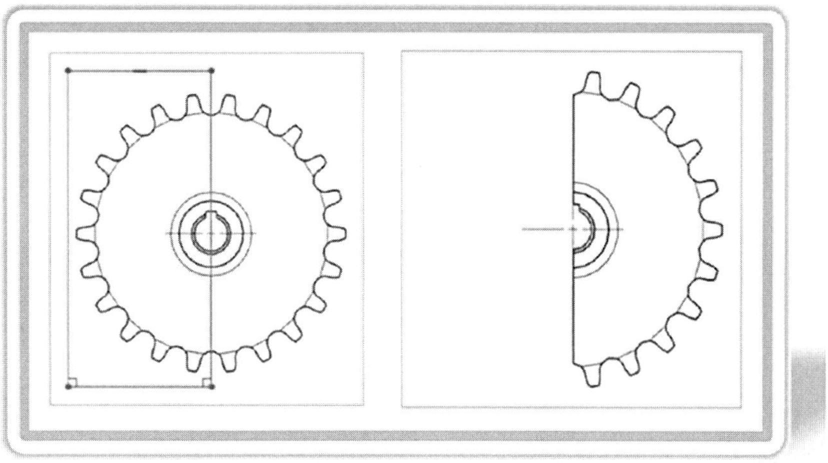

83. View Dependent Edit를 이용해서 아래 그림과 같이 line과 해칭을 삭제한 후, 좌측면도에 Sketch로 line을 다시 생성한다.

84. Symmetrical을 이용해서 대칭 중심선을 생성하고 2D Centerline을 이용해서 Centerline을 생성한다. Centerline의 길이는 적당하게 연장하여 생성한다.

85. Insert ⇨ Centerline ⇨ Circular를 이용해서 원형중심선을 생성한다.Type ⇨ Through 3 or More Points를 선택하고 그림과 같이 point를 클릭한다.

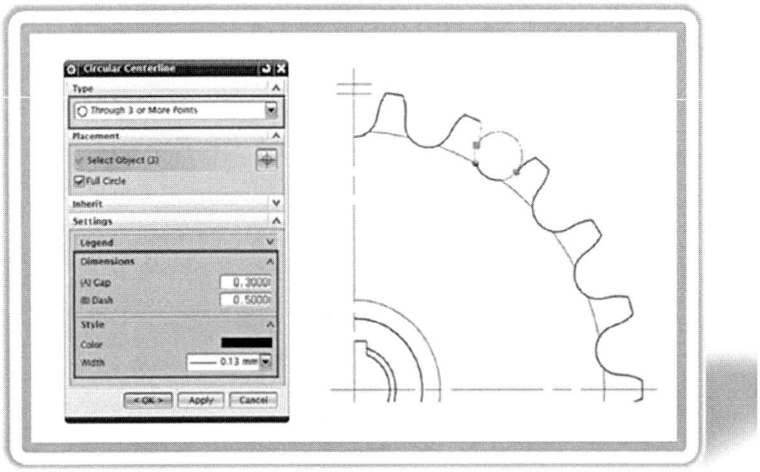

86. Settings ⇨ Dimensions ⇨ Gap : 0.3, Dash : 0.5로 설정하고 Style ⇨ Width ⇨ 0.13mm로 설정한 후, Apply한다.

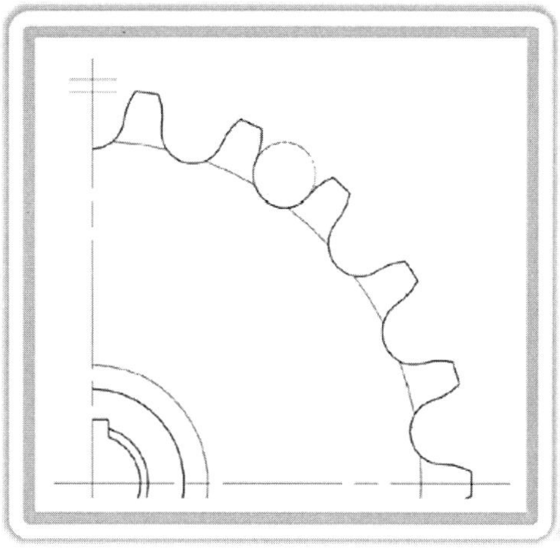

87. Type ⇨ Center Point로 설정한 후, ①,②중심점을 선택하고 길이를 알맞게 지정한 다음 OK한다.

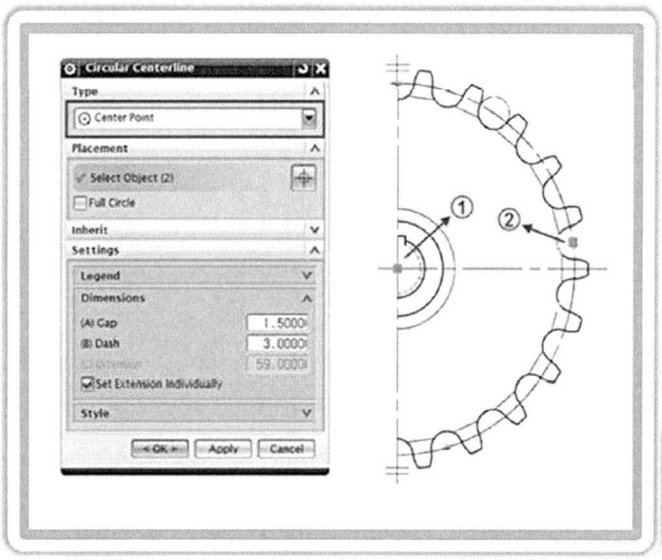

88. 정면도를 Active Sketch View 한 후, 아래 그림과 같이 Sketch하고 MB3을 클릭하여 Edit Display ⇨ Line Font ⇨ Centerline, Width ⇨ 0.13mm로 설정하고 OK한다.

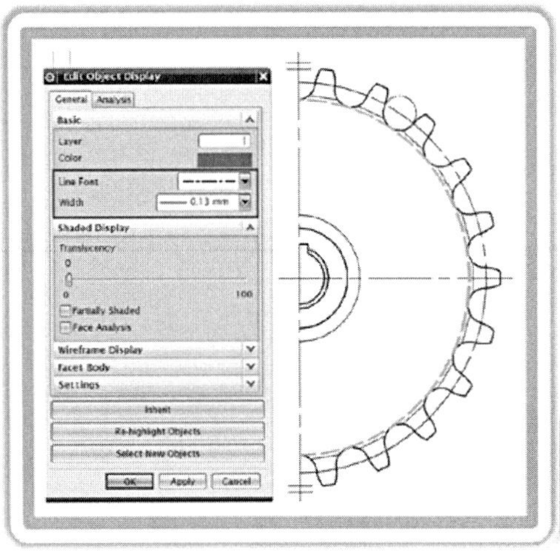

89. 좌측면도를 Active Sketch View 한 후, 그림과 같이 Sketch하고 Mirror Curve를 이용해서 반대쪽에도 만들어 준다.

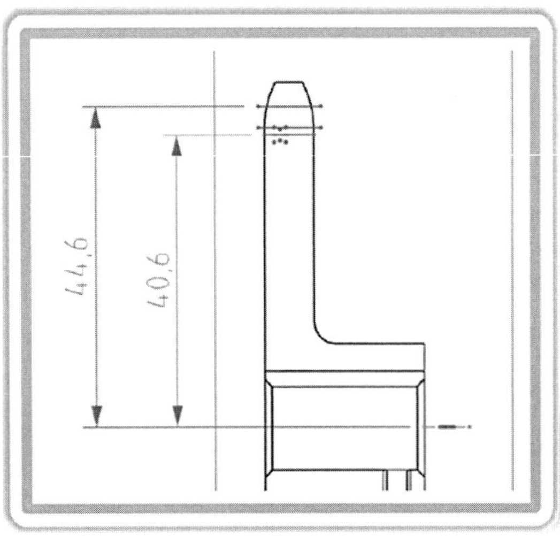

90. 치수선과 Mirror Curve를 위해 생성한 line을 선택하고 MB3을 클릭하여 Hide한다.

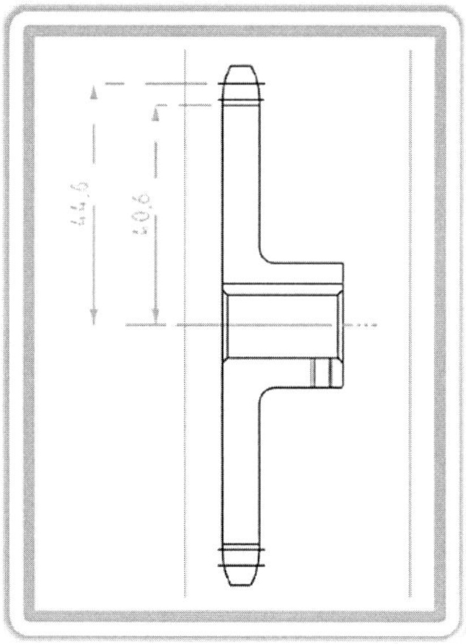

91. 2개의 line을 선택하고 MB3을 클릭하여 Edit Display를 선택한다.
그다음 Line Font ⇨ Dotted Dashed, Width ⇨ 0.13mm로 설정한 후, OK한다.

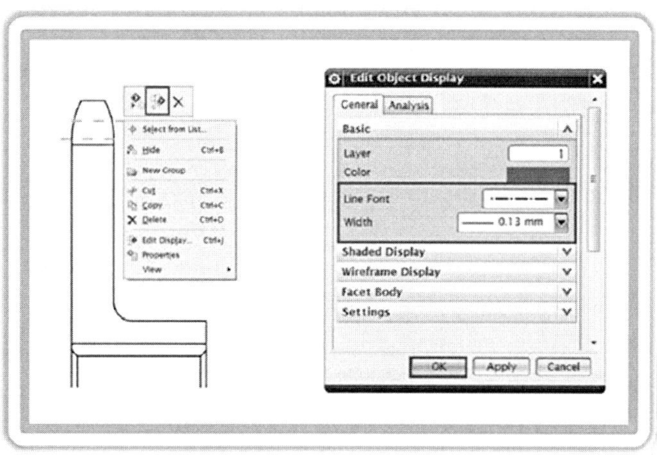

92. 2D Centerline을 이용해서 3개부분의 Centerline을 생성한다.

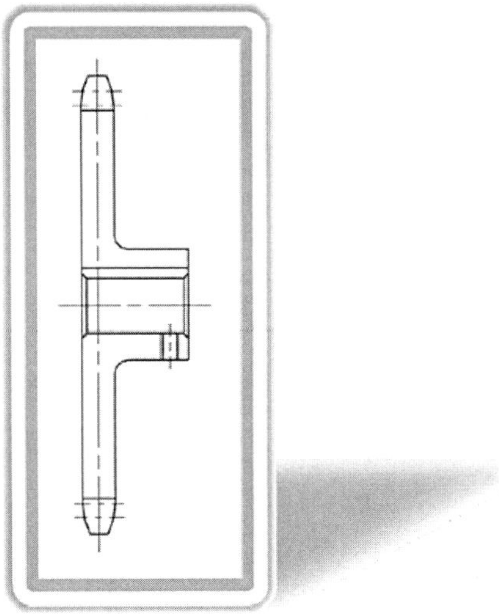

93. Insert ⇨ Annotation ⇨ Crosshatch를 클릭하고 좌측면도에 해칭을 생성한다.
Boundary ⇨ Point in Region로 설정하고 영역을 선택한 후, OK한다.

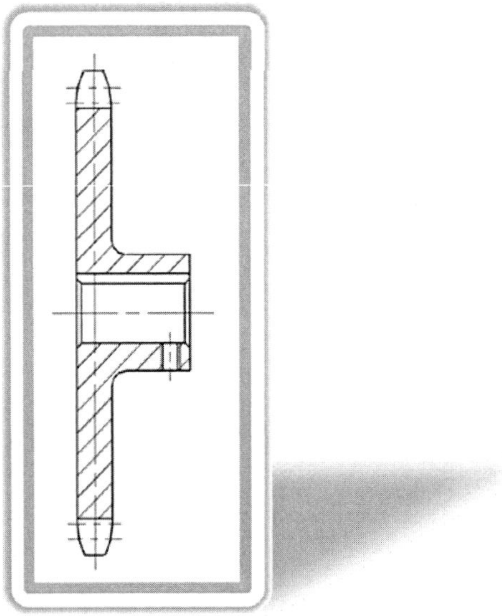

94. Insert ⇨ View ⇨ Section ⇨ Revolved 를 클릭한다. 4번 부품 뷰를 그림과 같이 생성한 후, Place View를 클릭하여 우측으로 뷰를 배치한다.

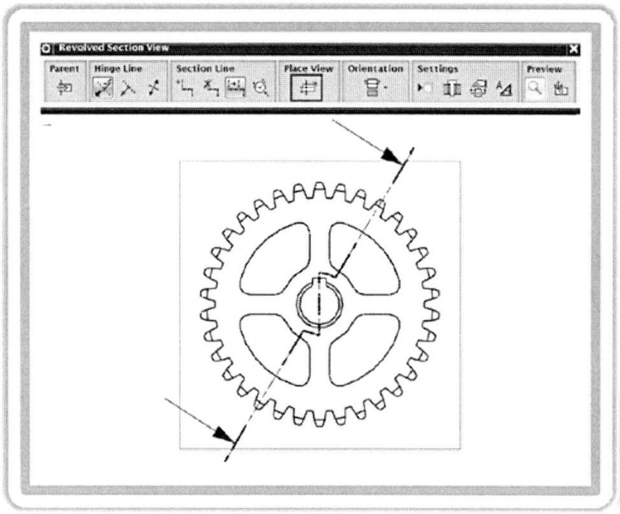

95. 힌지 선과 문자를 선택하고 MB3을 클릭한 후, Hide로 숨겨둔다.
그 다음 View Dependent Edit을 이용해서 불필요한 line과 해칭선을 삭제한다.

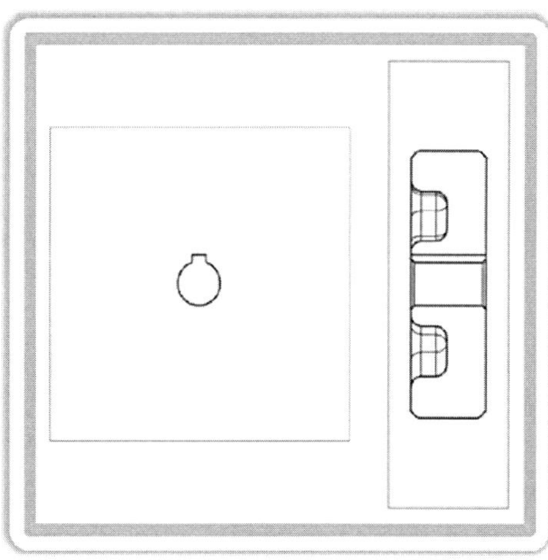

96. 오른쪽 뷰를 선택하고 MB3을 클릭한 후, Style을 클릭한다. Smooth Edges탭을 클릭하고 Smooth Edges에 체크해제한 다음 OK한다.

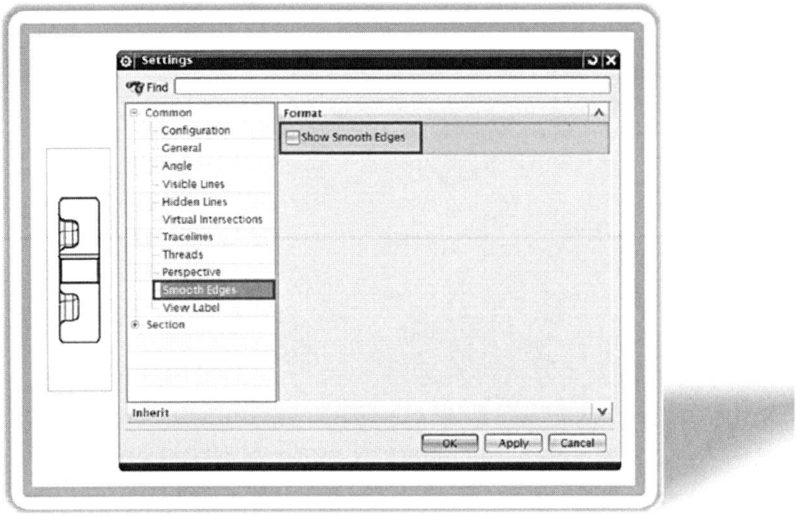

97. 4번 부품 뷰를 클릭하고 MB3을 클릭하여 Active Sketch View를 실행한다. Sketch를 그림과 같이 한 후, 수평line을 Mirror Curve를 이용해서 반대쪽도 똑같이 생성한다.

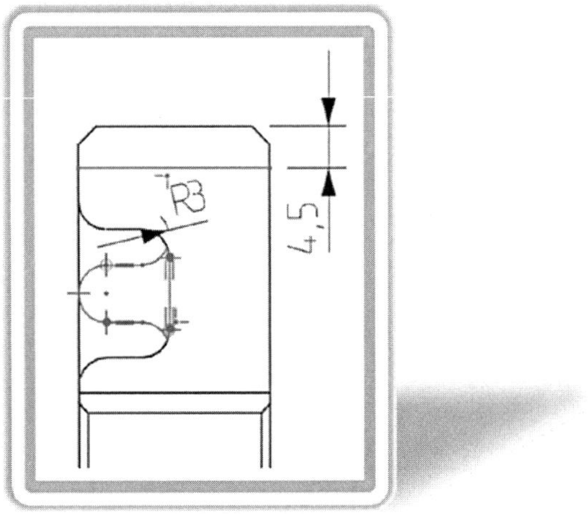

98. 2D Centerline을 이용해서 아래 그림과 같이 생성한다.

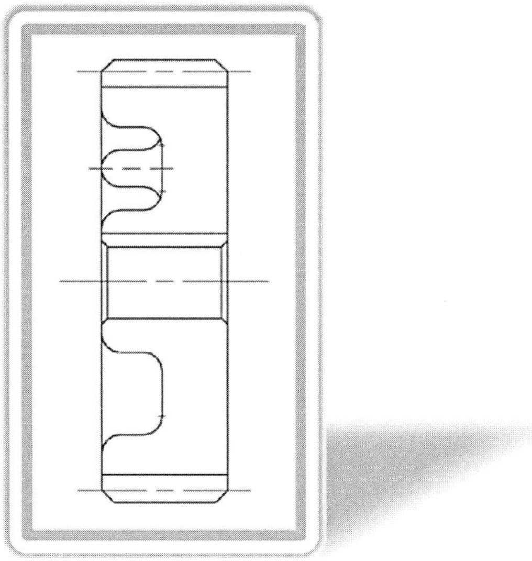

99. Sketch를 클릭하고 MB3을 클릭한 후, Edit Display를 클릭한다. 그다음 Width ⇨ 0.13mm로 설정하고 OK한다.

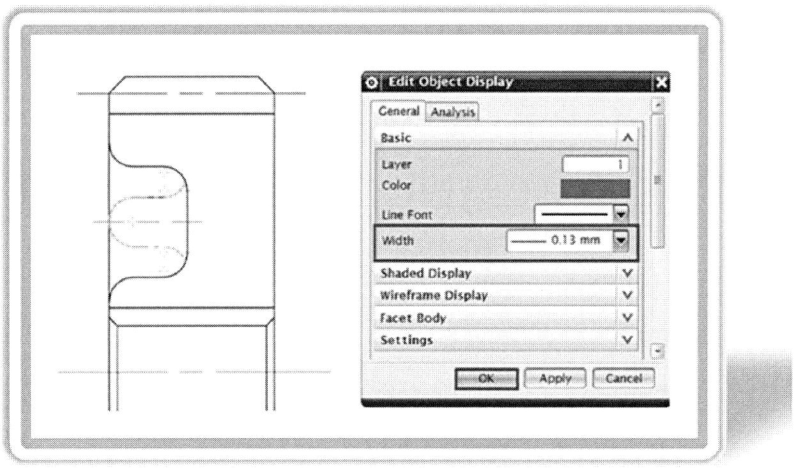

100. Insert ⇨ Annotation ⇨ Crosshatch를 클릭한다. Boundary ⇨ Point in Region으로 설정한 후, 영역을 선택하고 OK한다.

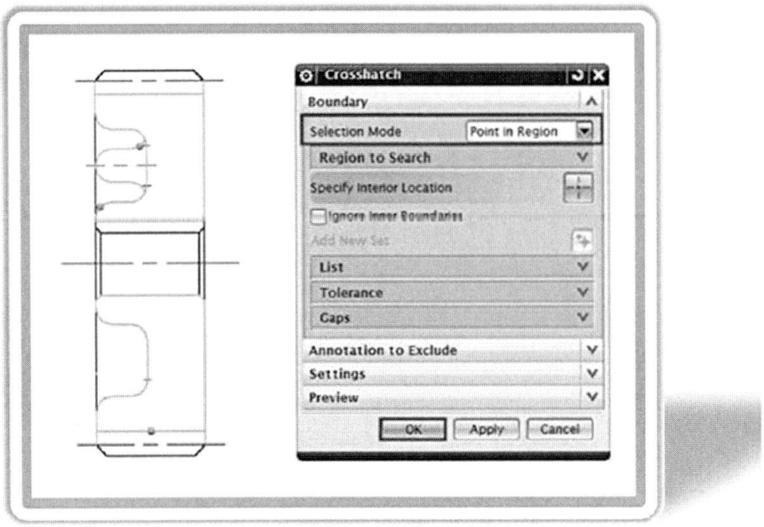

101. 좌측 뷰를 Active Sketch View로 설정하고 그림과 같이 Sketch한 후, Break-Out으로 잘라낸다.

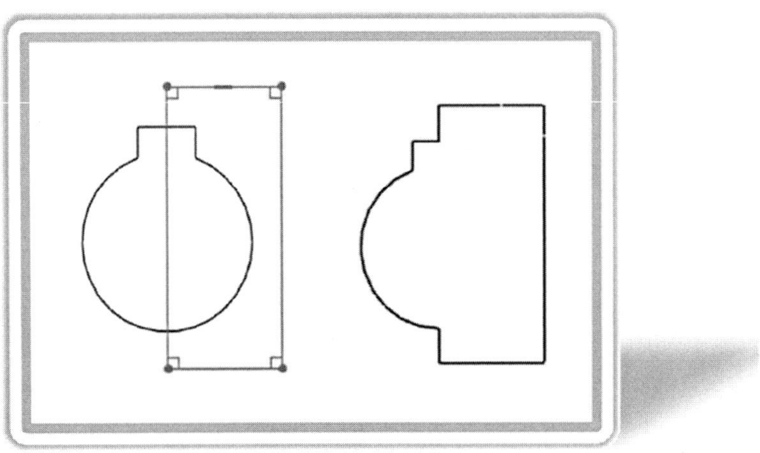

102. View Dependent Edit ⇨ Erase Objects를 이용해서 불필요한 line을 선택하고 삭제한다.

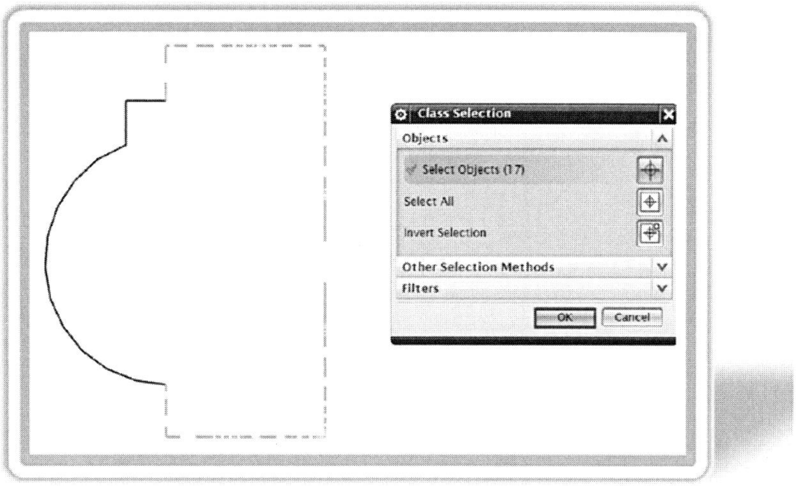

103. 중심에 line을 Sketch하고 Insert ⇨ Centerline ⇨ Symmetrical을 클릭한다. Type ⇨ Start and End로 하고 ①,②Point를 클릭한 후, 길이를 알맞게 지정하고 OK한다.

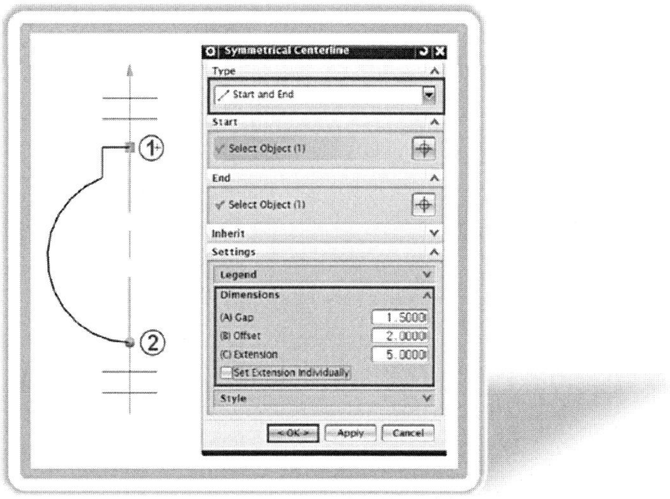

104. Sketch한 line을 Hide로 숨기고 MB3을 클릭한 후, Boundary를 선택한다. 그다음 Manual Rectangle로 선택하고 적절한 크기로 정의한다.

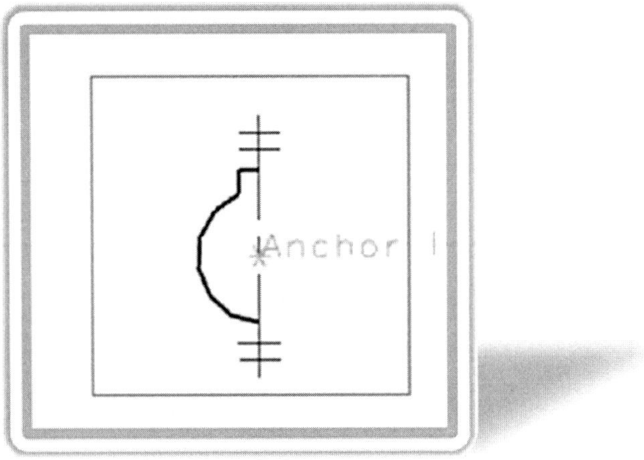

105. 5번 부품 뷰를 클릭하고 Active Sketch View 를 선택하고 Rectangle을 이용해서 Sketch한 후, Break-Out한다.

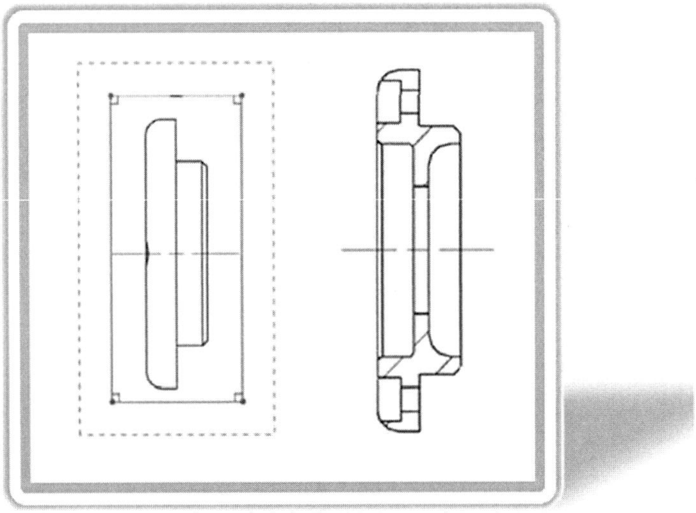

106. Centerline을 클릭하고 삭제한 후, 2D Centerline을 이용해서 생성한다.
Type ⇨ From Curves로 하고 ①,② line을 선택한 후, 길이를 알맞게 지정한다.

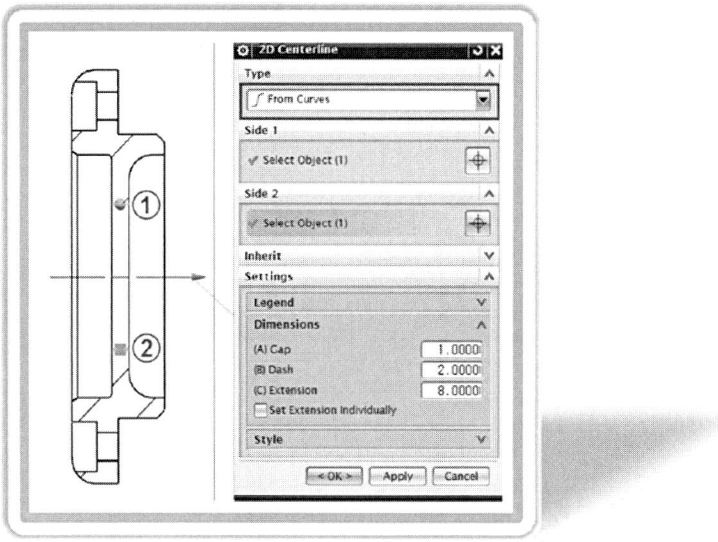

107. 같은 Type으로 ①,②를 선택하고 길이를 알맞게 지정하여 중심선을 생성한다. 반대쪽도 같은 방법으로 생성한다.

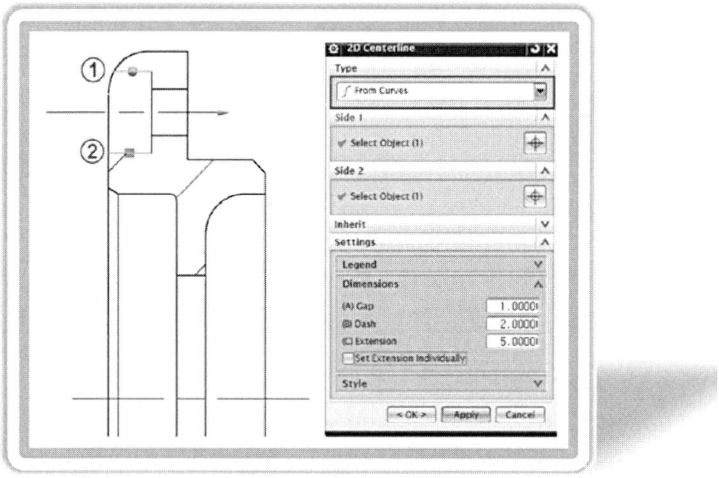

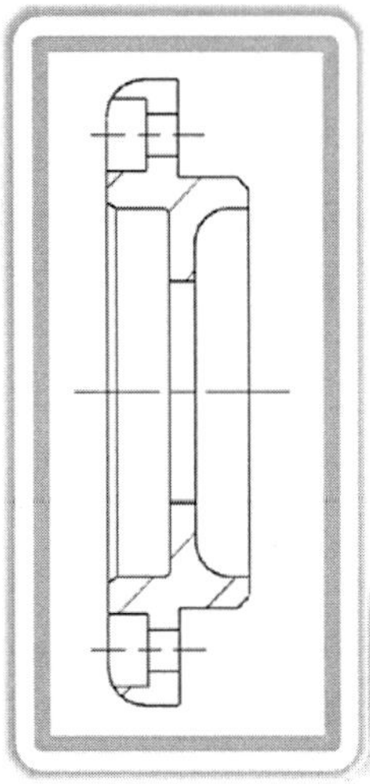

108. Insert ⇨ View ⇨ Detail 을 이용해서 상세도를 생성한다.

Boundary ⇨ Specify Center Point에서 Circular의 중심점을 클릭한다.

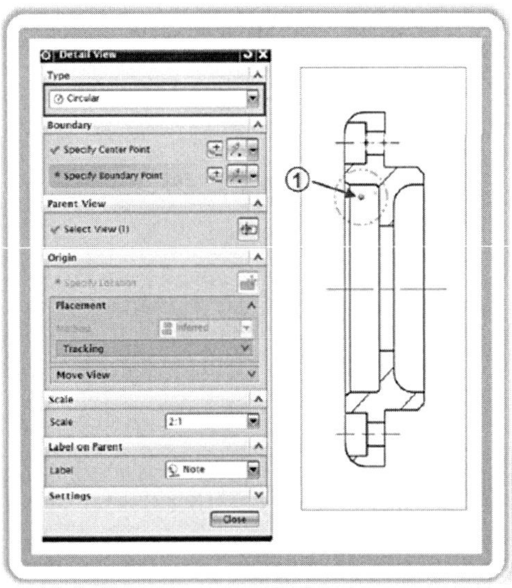

109. 중심점에서 떨어진 위치로 드래그하고 원형 상세 경계의 반경을 정의한다.

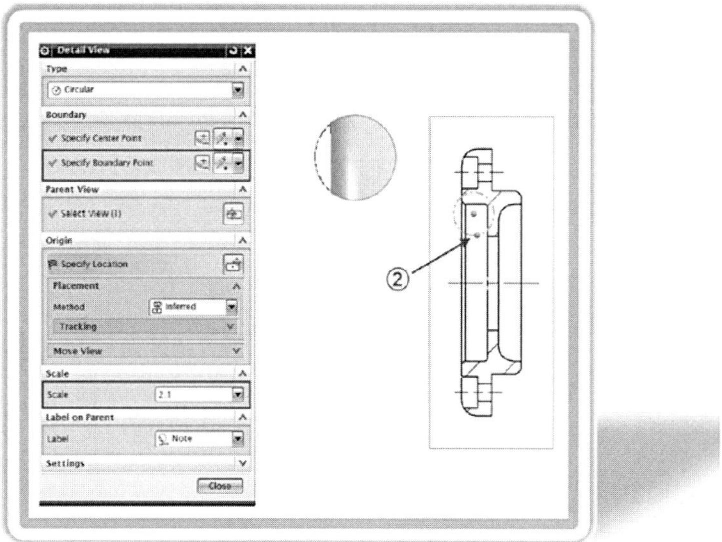

110. Scale ⇨ 2:1로 설정하고 도면 시트에서 원하는 위치를 클릭하여 배치한다.

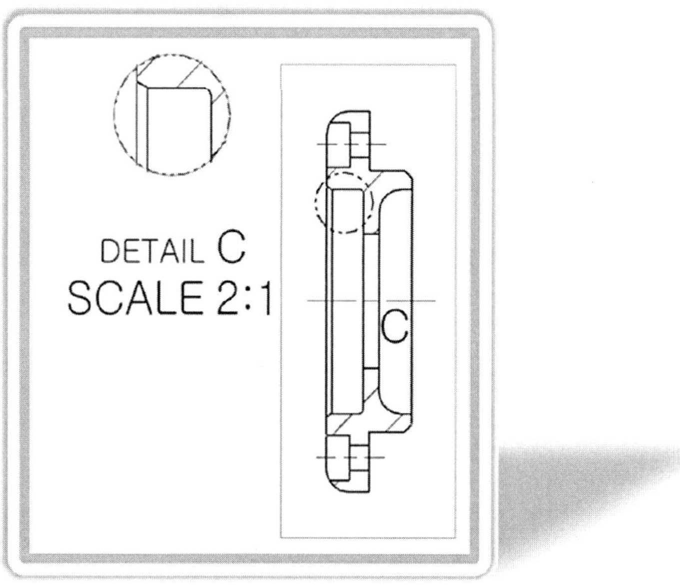

제 2 절 Drafting 따라하기II

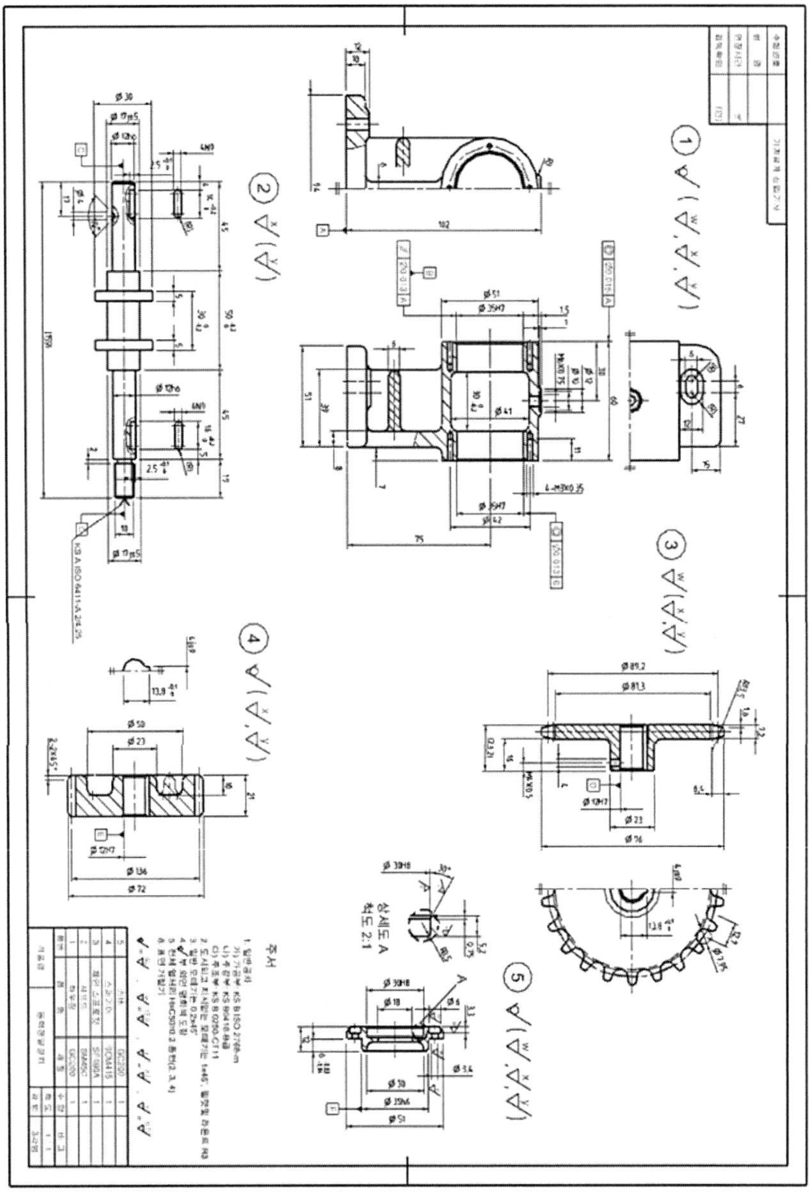

[그림 4-127]

1. Preferences ⇨ Annotation을 클릭한 후, 아래와 같이 설정한다.

① Line/Arrow

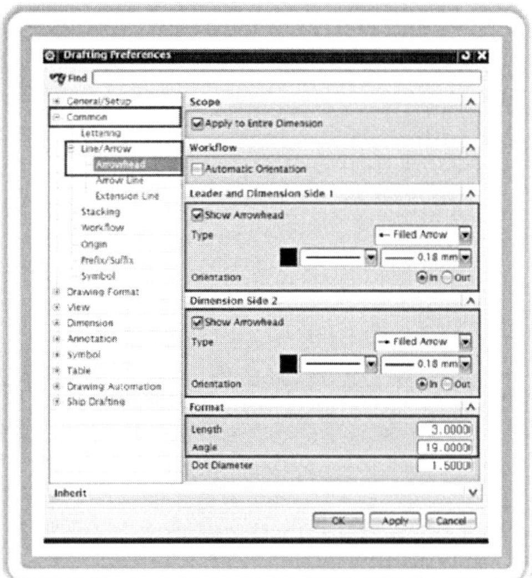

Leader and Dimension Side 1
화살표 타입
치수선 두께

Dimension Side 2
화살표 타입
치수선 두께

Format
화살표 크기
화살표 각도

② Lettering

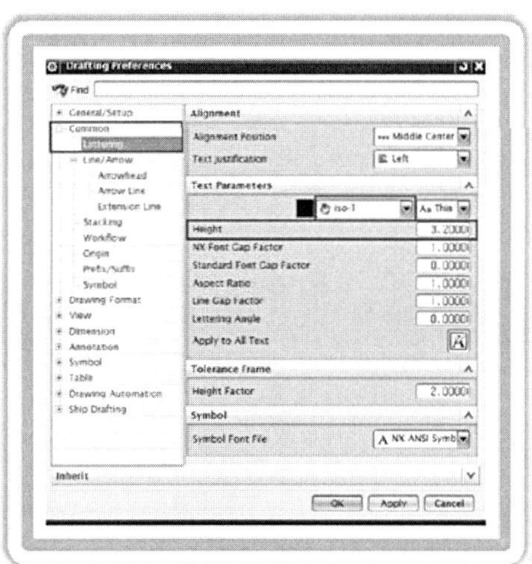

Text Parameters
Font : Iso-1 또는 Iso_font
글자 높이 : 3.2mm

2. Tool ⇨ Drawing Formet ⇨ Borders and Zones를 클릭한다. 그림과 같이 설정한 후, OK한다.

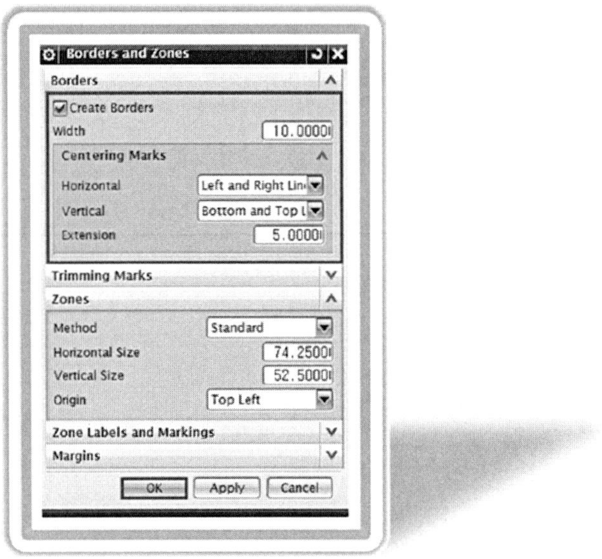

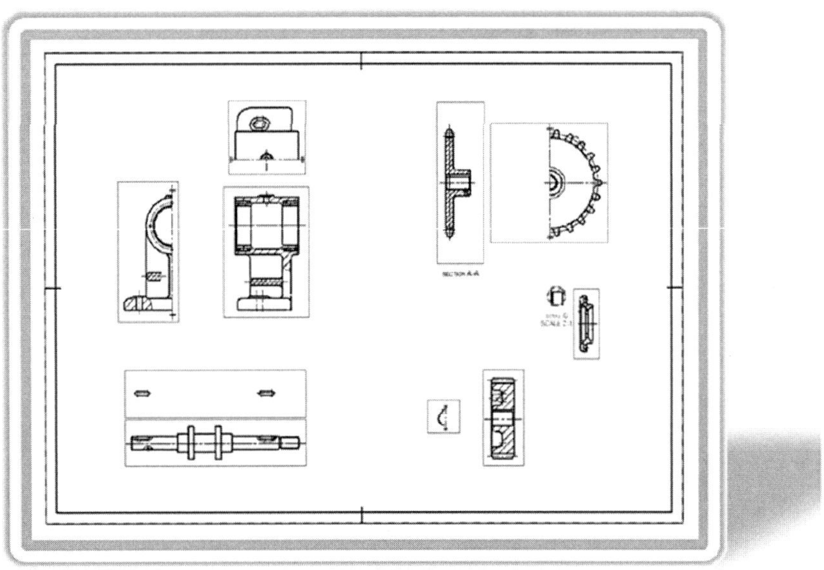

3. Preferences ⇨ Drafting ⇨ View 에서 Borders ⇨ Display에 체크해제를 하고 OK한다.

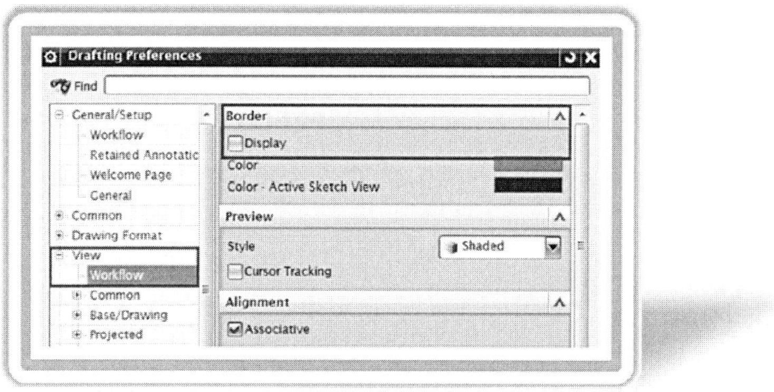

4. Insert ⇨ Dimension ⇨ Rapid 을 클릭한 후, 아래 그림과 같이 기본적인 치수를 기입한다.

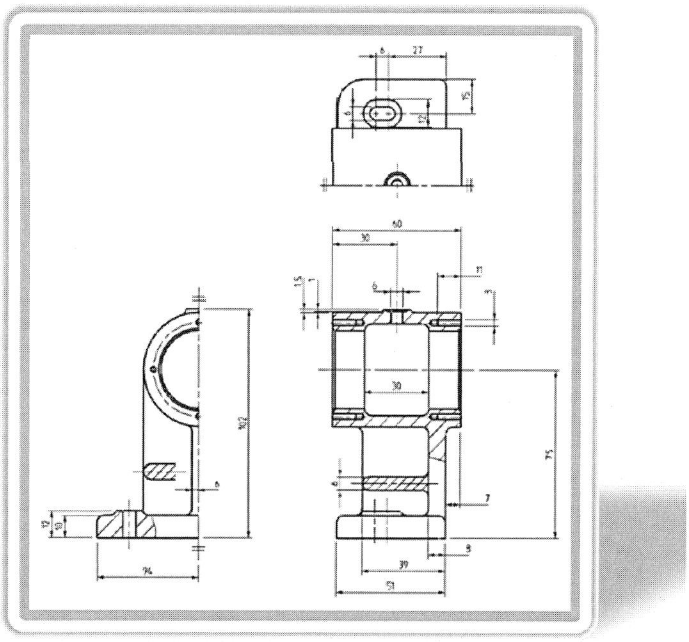

5. Insert ⇨ Dimension ⇨ Rapid ⇨ Cylindrical 을 클릭한다. 직경치수가 들어가야 할 부분에 모두 치수를 기입한다.

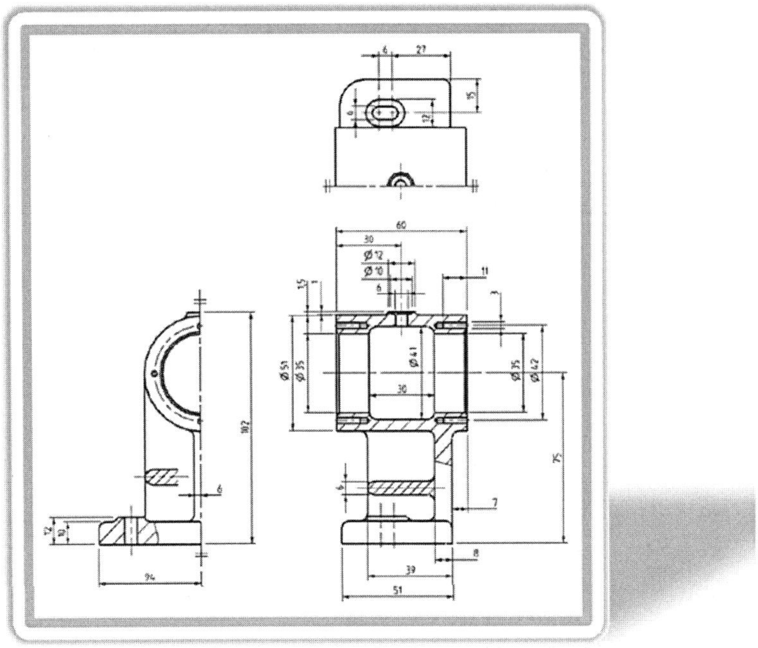

6. Insert ⇨ Dimension ⇨ Radius 을 이용해서 좌측면도와 평면도의 반경 값을 입력한다.

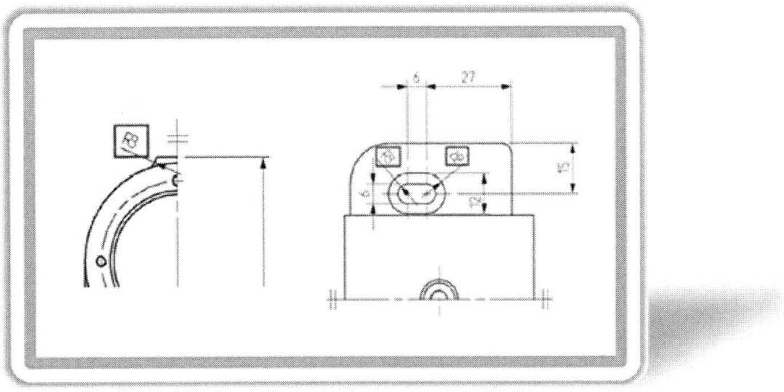

7. 3개의 반경 값을 선택하고 MB3을 클릭하여 Style을 클릭한다. Line/Arrow ⇨ Arrowhead ⇨ Workflow에서 Automatic Orientation를 클릭해서 치수를 화살표 바깥쪽으로 배치하도록 설정한 후, OK한다.

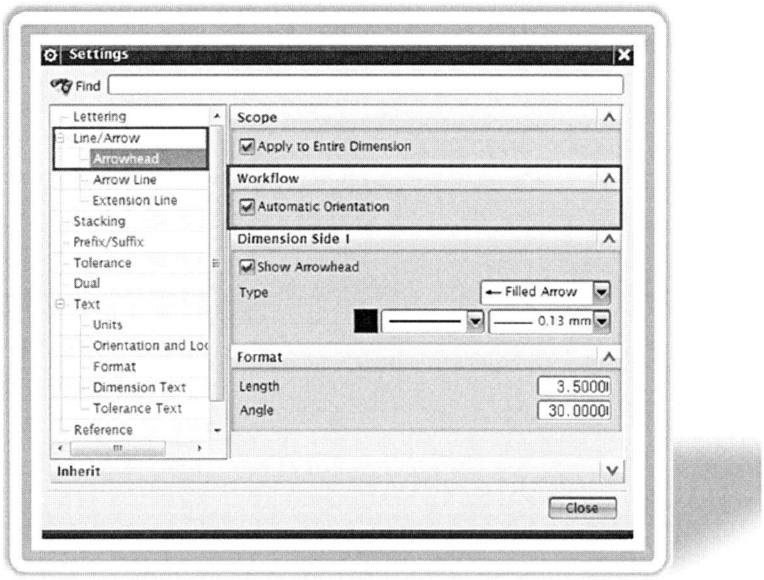

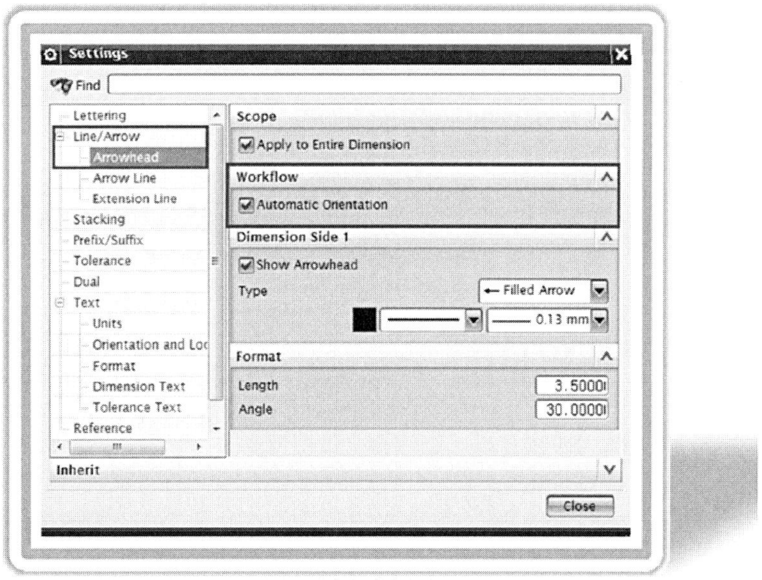

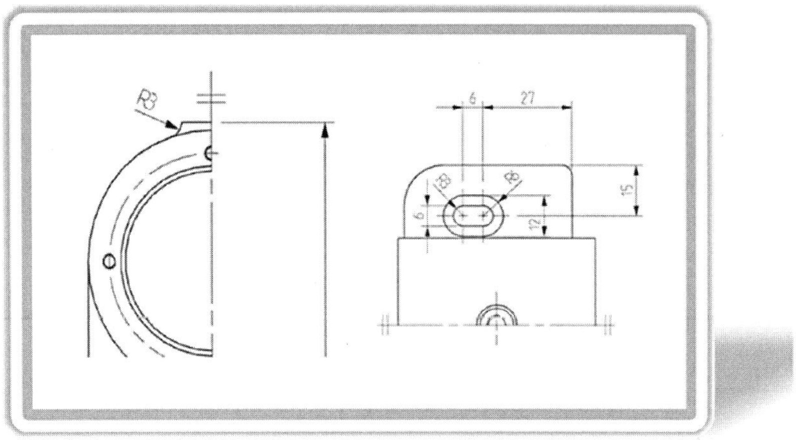

8. Edit ⇨ Annotation ⇨ Text 를 클릭한다. 평면도의 반경 값 R3의 숫자를 클릭하고 Text Input에서 숫자를 지우고 space bar를 누른다.

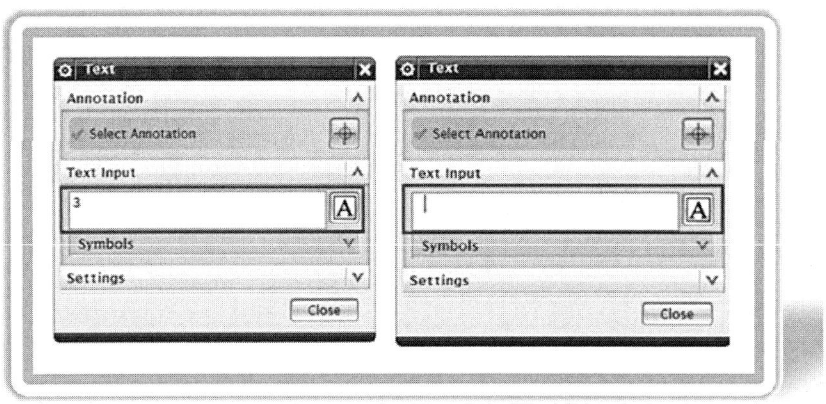

9. R을 클릭하고 Text Input에 (R)을 입력한다. R6도 같은 방법으로 설정한다.

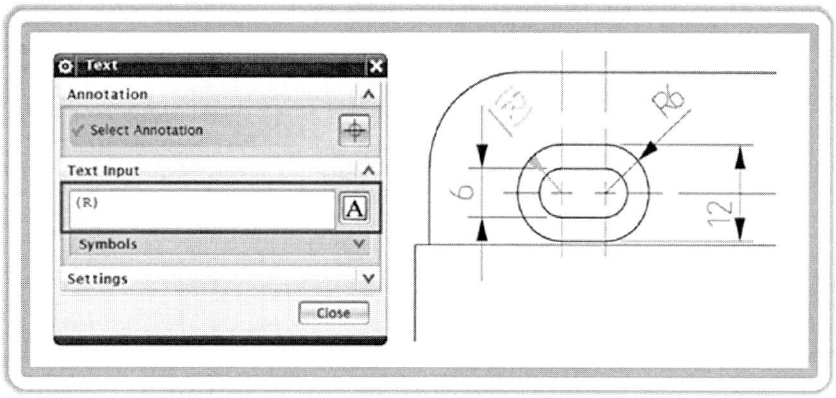

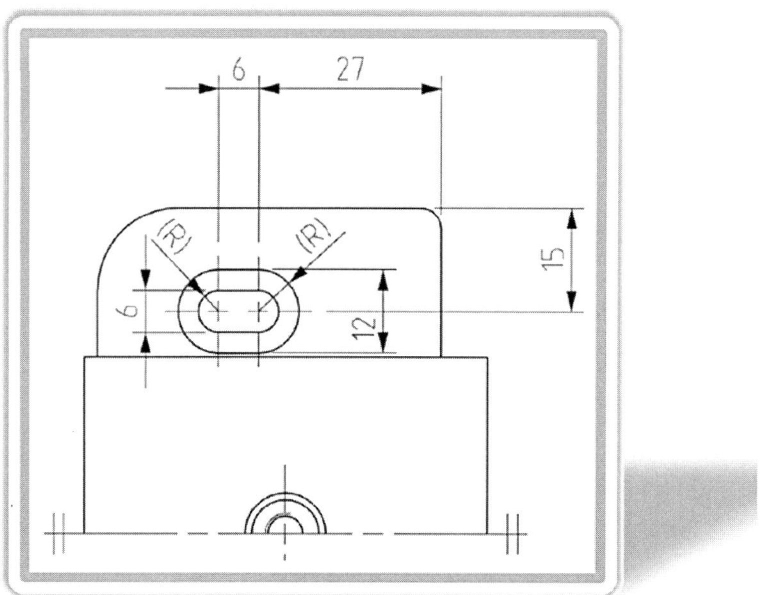

10. 아래 그림과 같이 한쪽의 치수 보조선과 화살표를 지우기 위해 Style ⇨Line/Arrow ⇨ Arrowhead에서 Scope와 Dimension Side1에 체크해제를 한 후, OK한다.

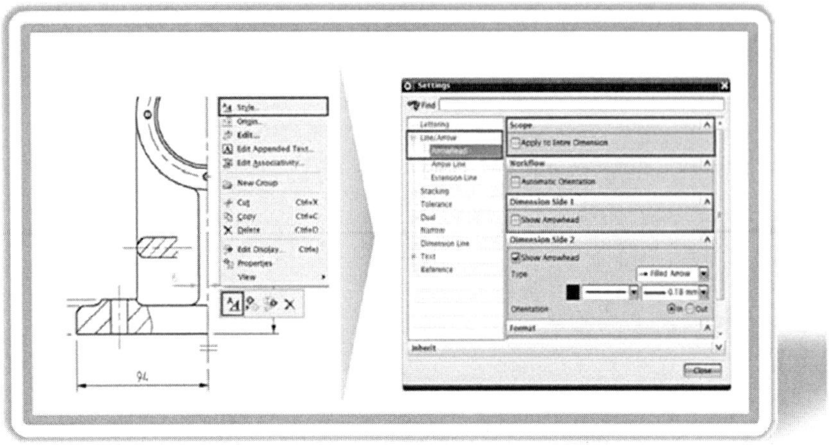

11. 동일하게 필요한 부분에 설정한다.

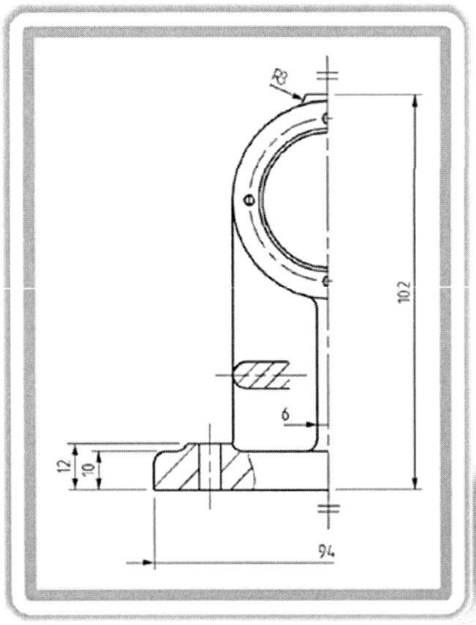

12. 수정하고자 하는 치수를 클릭하고 MB3을 클릭한 후, Edit Appended Text를 이용하여 2개의 끼워맞춤 공차를 입력한다. 누락된 2개소의 나사부도 수정한다.

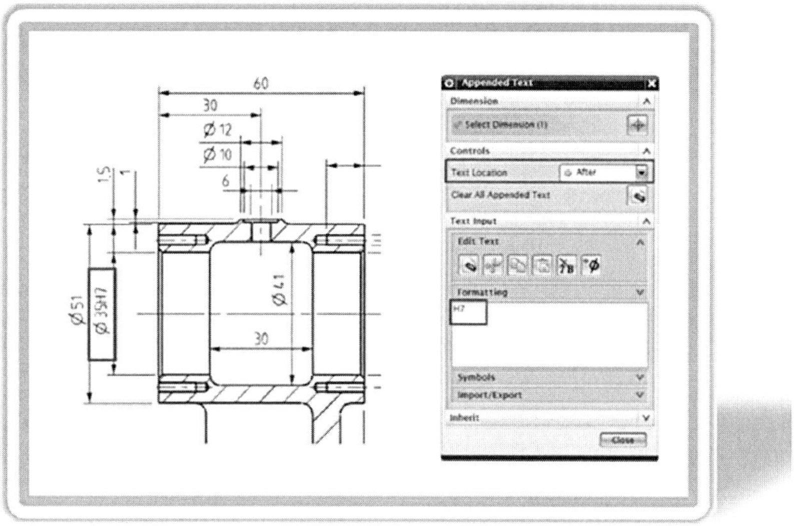

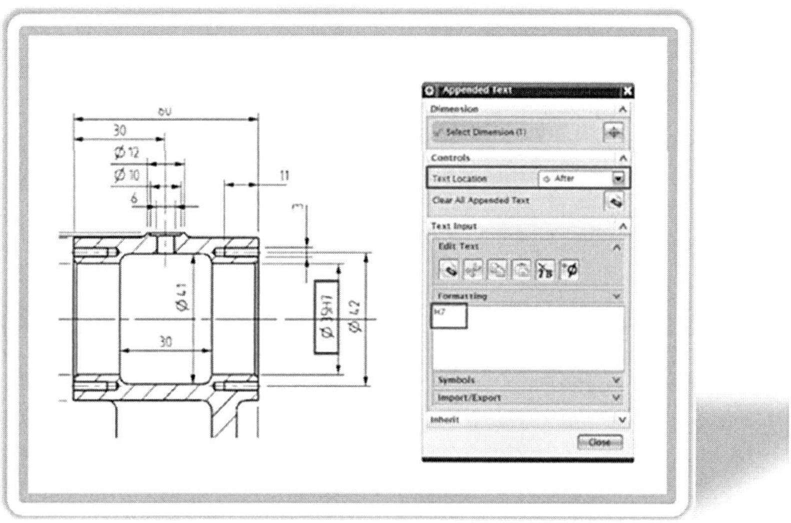

13. 누락된 2개소의 나사부도 같은 방법으로 수정한다. 치수를 클릭하고 Before를 클릭하고 M을 입력한 후, After를 클릭하고 X0.75를 입력한다.

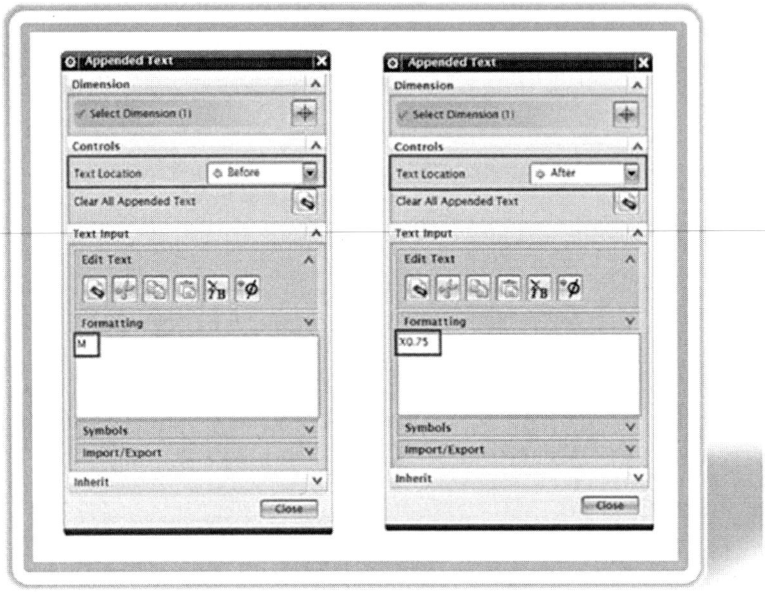

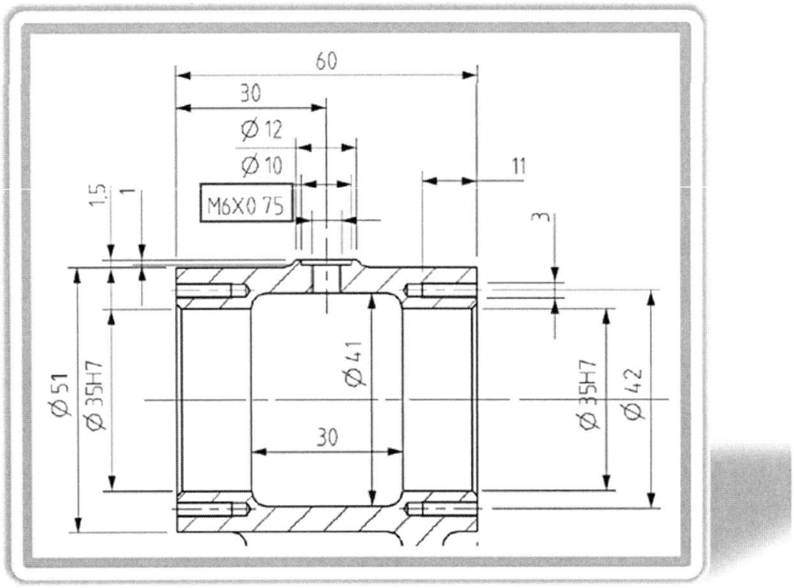

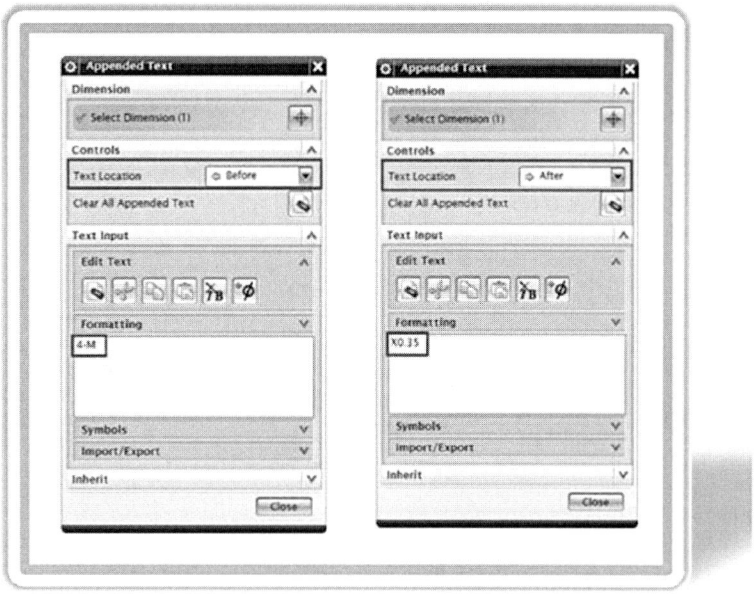
Appended Text
Dimension
Select Dimension (1)
Controls
Text Location
Before
Clear All Appended Text
Text Input
Edit Text
Formatting
4-M
Symbols
Import/Export
Inherit
Close
Appended Text
Dimension
Select Dimension (1)
Controls
Text Location
After
Clear All Appended Text
Text Input
Edit Text
Formatting
X0.35
Symbols
Import/Export
Inherit
Close

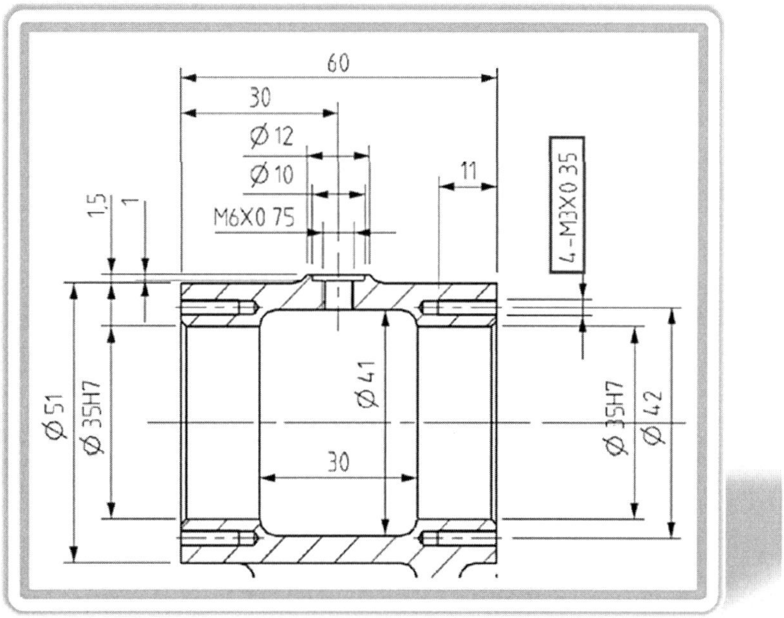
60
30
Ø12
Ø10
11
M6X0.75
1.5
1
4-M3X0.35
Ø51
Ø35H7
Ø41
30
Ø35H7
Ø42

14. 칼라의 고정을 위해 아래 그림과 같이 공차를 입력한다. 치수를 클릭하고 MM3을 클릭한 후, Edit을 클릭하고 공차타입을 선택한 후, 값을 알맞게 입력한다.

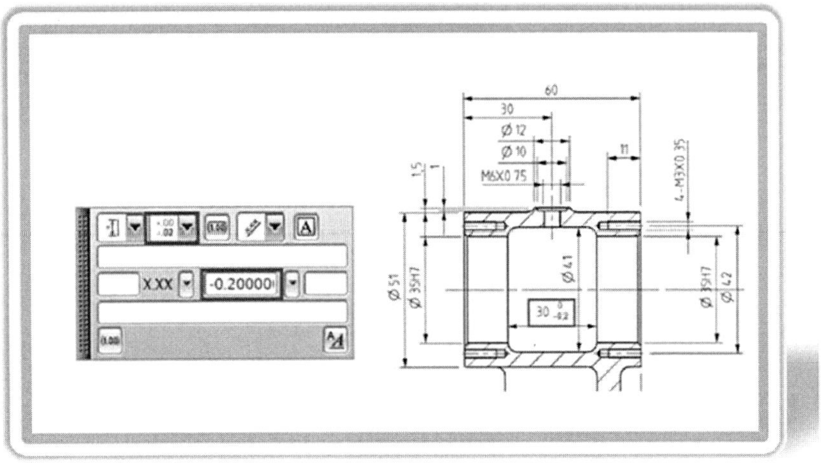

15. 공차를 입력하는 창의 오른쪽 아래쪽에 있는 Text Settings를 클릭해서 Text ⇨ Units ⇨ Decimal Delimiter에 Period로 선택한다.

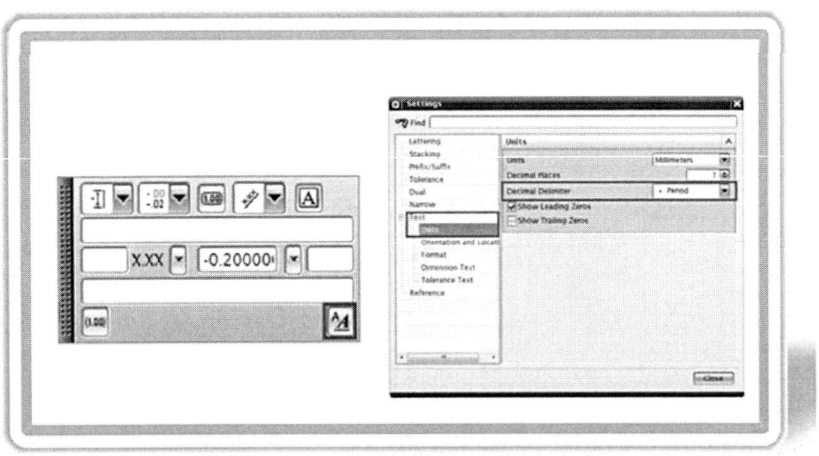

16. 2번 부품의 기본 치수를 Rapid 을 이용해서 입력한다.

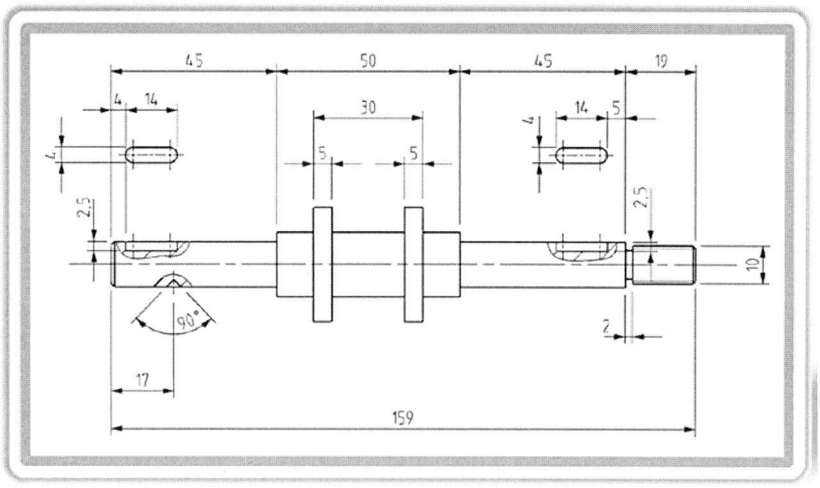

17. Cylindrical 을 이용해서 양 끝단에 직경 치수가 필요한 곳에 입력하고 Radius 를 이용해서 평면도의 반경 값을 입력한다.

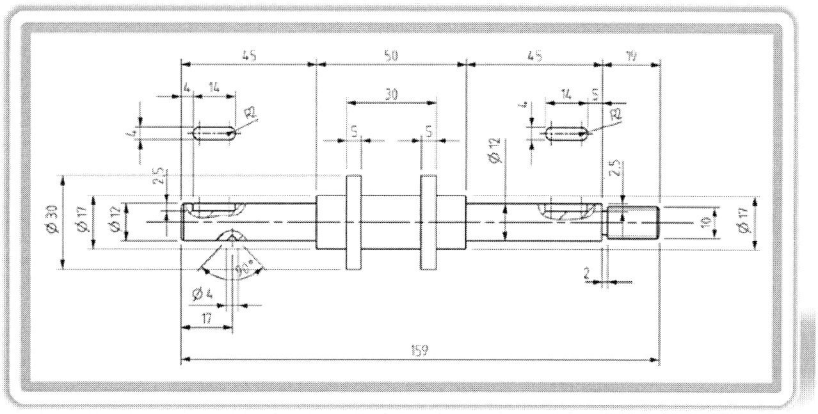

18. Edit Appended Text를 이용해서 전체 길이인 159는 위쪽의 직렬치수와 중복되므로 괄호를 기입해준다.

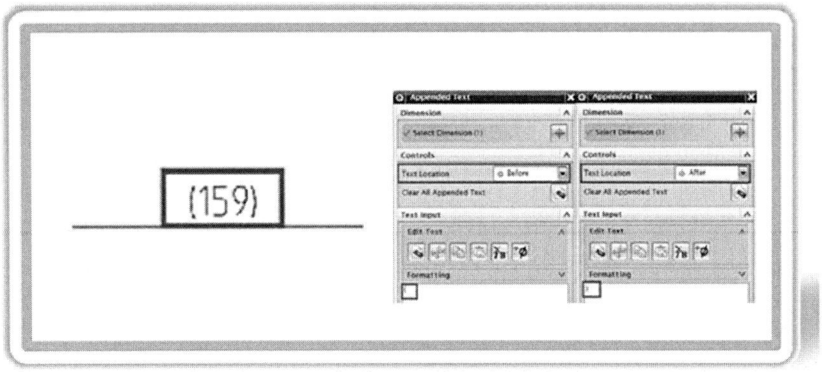

19. Edit ⇨ Annotation ⇨ Text 를 클릭한 후, 반경 값의 문자를 수정한다.

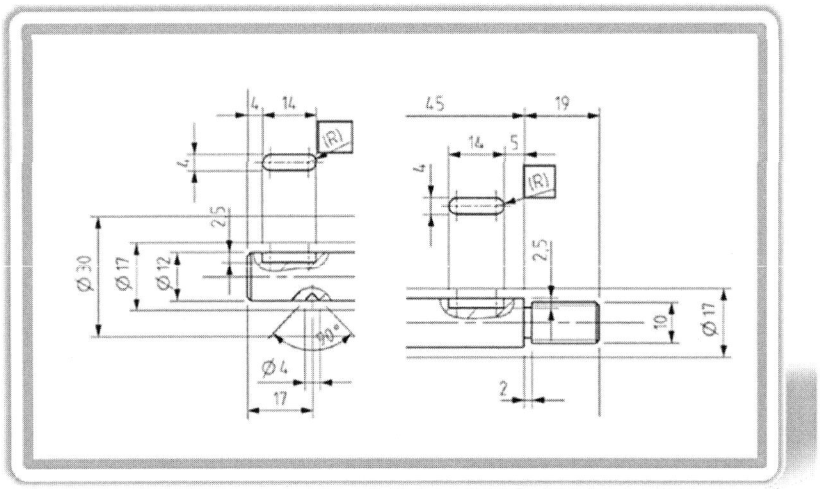

20. Edit Appended Text를 이용하여 3번 부품과 4번 부품이 끼워지는 부분과 키 홈 부분에 알맞은 끼워 맞춤을 입력한다.

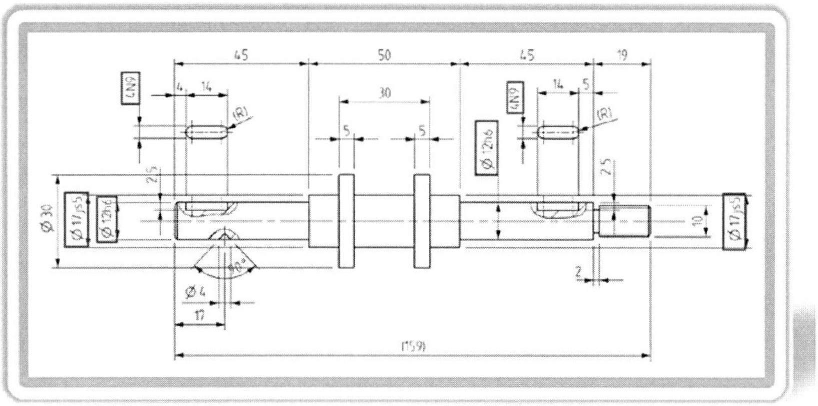

21. 키 홈 부분과 치수공차 기입이 필요한 부분에 Edit을 클릭하고 공차타입을 선택한 후, 값을 알맞게 입력한다.

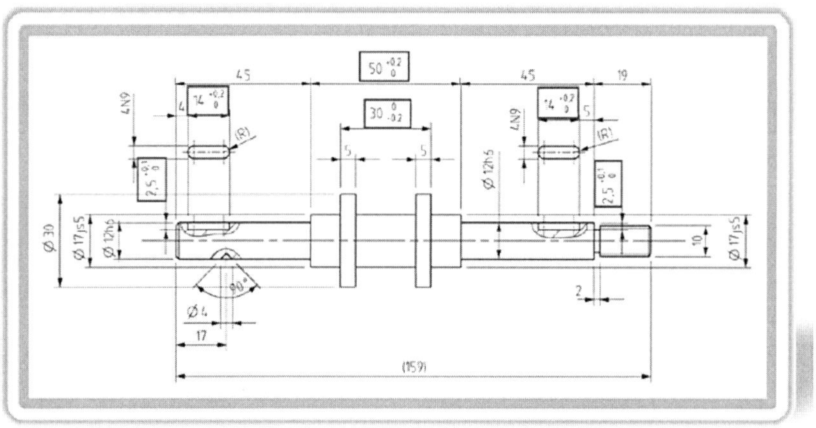

22. 3번 부품의 기본 치수를 Rapid 을 이용해서 입력한다.

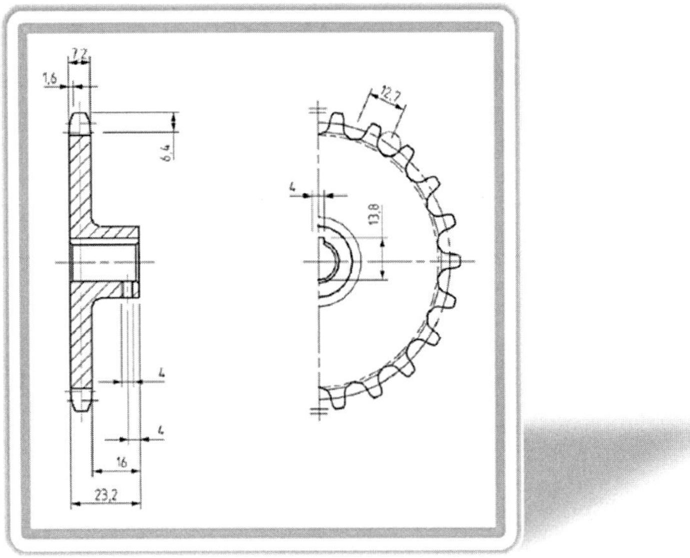

23. Cylindrical 을 이용해서 양 끝단에 직경 치수가 필요한 곳에 입력하고Radius , Radius to Diameter Dimension 을 이용해서 치수 값을 입력한다.

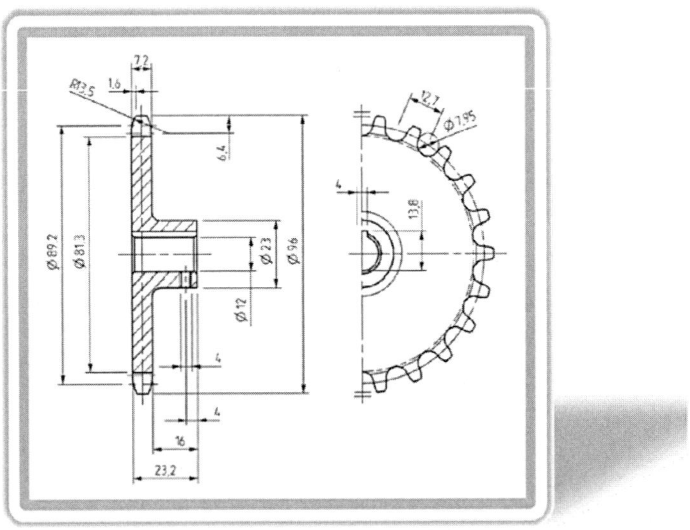

24. Edit Appended Text를 이용해서 전체 길이인 23.2는 중복되는 치수이므로 괄호를 기입해준다.

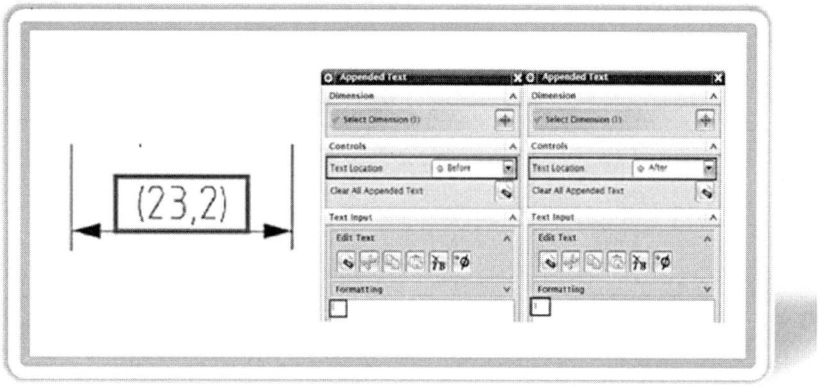

25. 치수를 클릭하고 MB3을 클릭한 후, Style ⇨ Line/Arrow의 치수 배치 리스트를 아래 그림과 같이 설정한 후, OK한다.

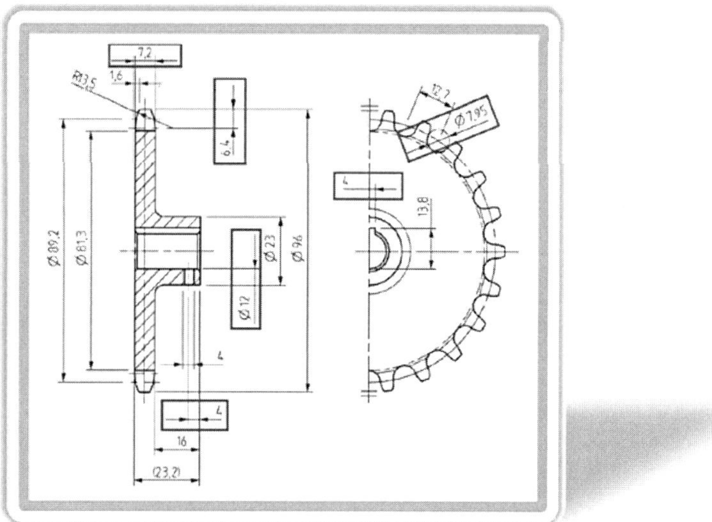

26. Edit Appended Text을 이용해서 끼워 맞춤 공차와 멈춤 나사부의 누락된 부분을 기입한다.

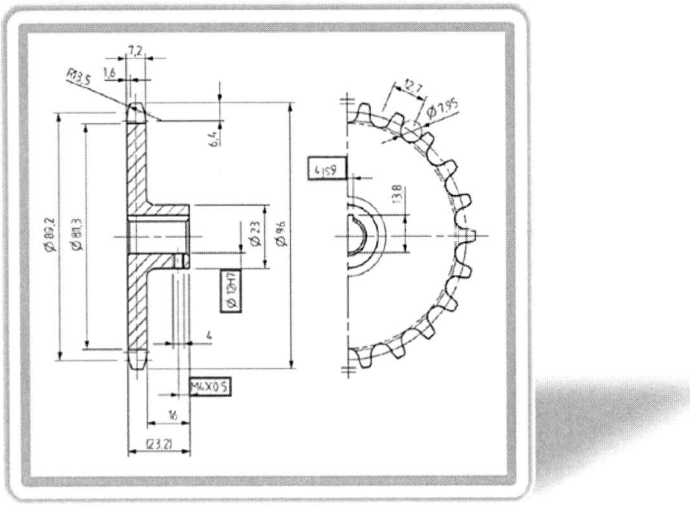

27. Edit클릭한 후, 아래와 같이 치수공차를 기입한다.

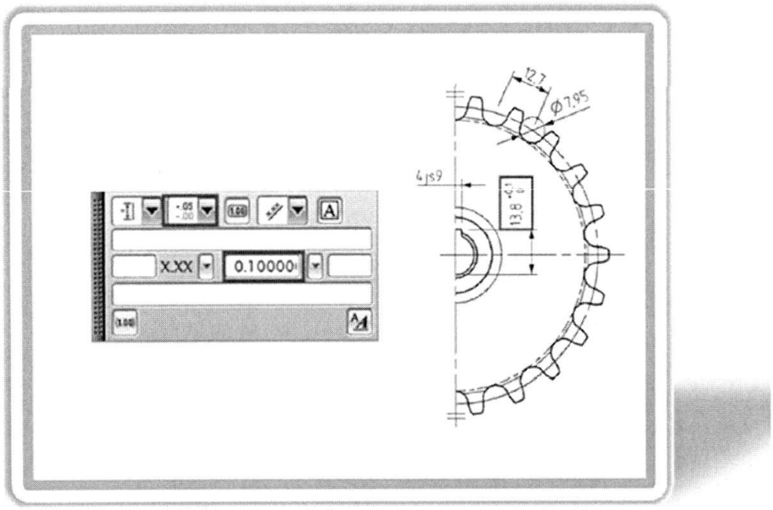

28. 3번 부품의 기본 치수를 Rapid 을 이용해서 Cylindrical 을 이용해서 직경 치수가 필요한 곳에 입력한다.

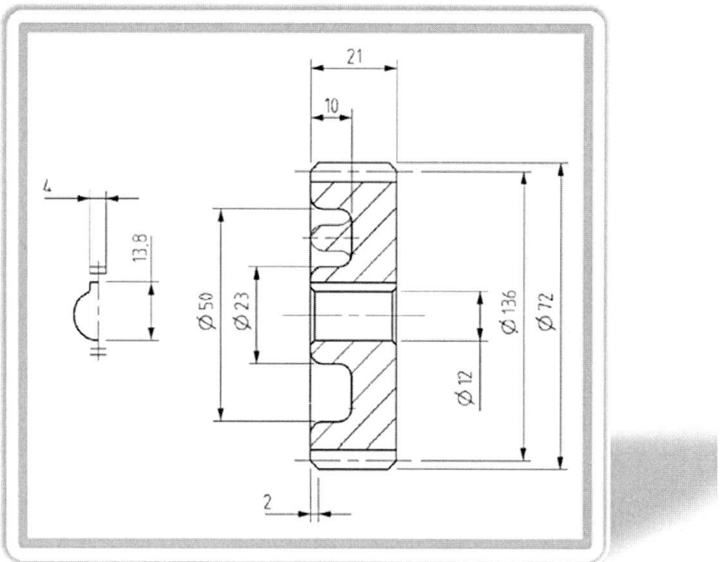

29. 구멍부의 끼워 맞춤 공차와 치수공차를 기입한다.

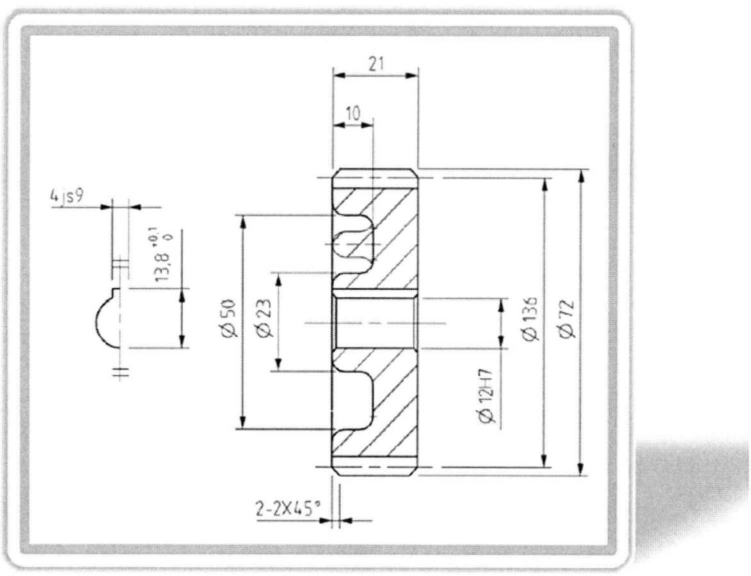

30. 모따기의 도(deg) 기호는 Edit Appended Text의 Symbols에서 찾을 수 있다.

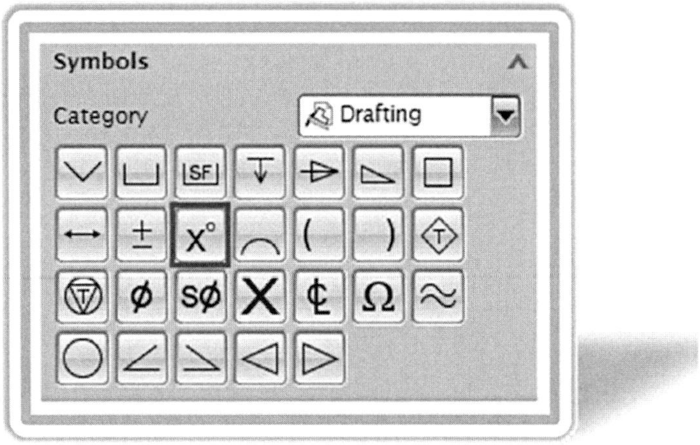

31. 아래 그림과 같이 치수선을 변경한다. 한쪽 화살표를 제거한 경우, Scope에 체크를 해제하고 Dimension Side 1에 체크를 해제한다.

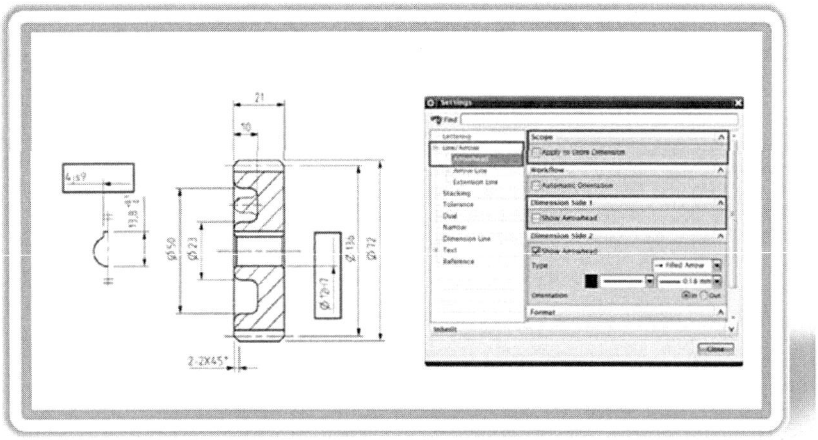

32. 5번 부품의 기본 치수를 Rapid 을 이용해서 입력한다.

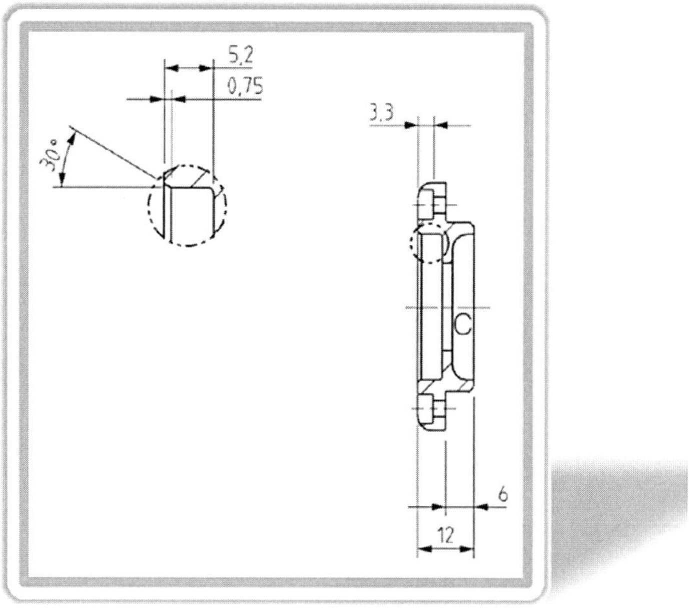

33. Cylindrical 을 이용해서 양 끝단에 직경 치수가 필요한 곳에 입력하고Radius Dimension 을 이용해서 치수 값을 입력한다.

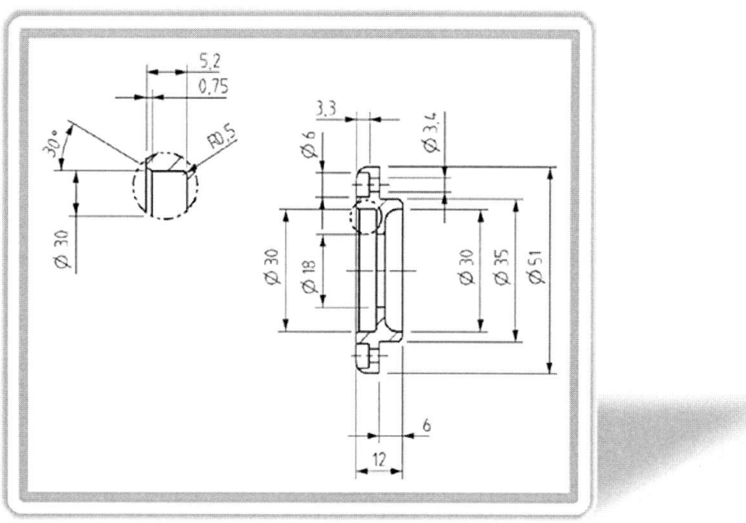

34. 끼워 맞춤 공차와 치수공차를 알맞은 위치에 기입하고 상세도의 치수선을 수정한다.

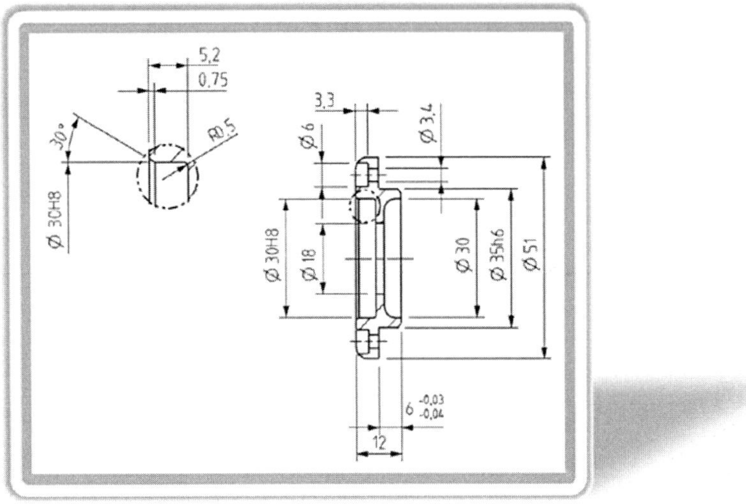

35. Insert ⇨ Table ⇨ Tabular Note 를 이용해서 왼쪽 위와 오른쪽 아래에 36번의 과정과 같이 생성한다.

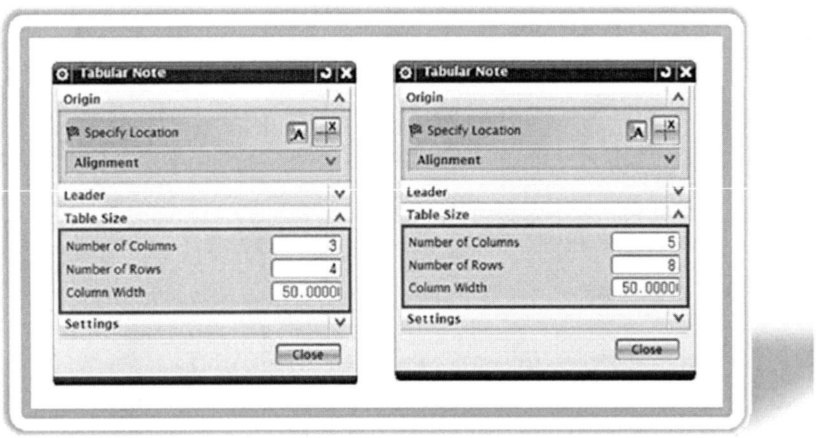

36. 좌측 위 Note에서 3개 칸을 선택하고 MB3을 클릭한 후, Style을 선택한다.
Common ⇨ Cells ⇨ Border에서 Right, Bottom, Middle, Center를 모두 No Change로 설정한 후, OK한다.

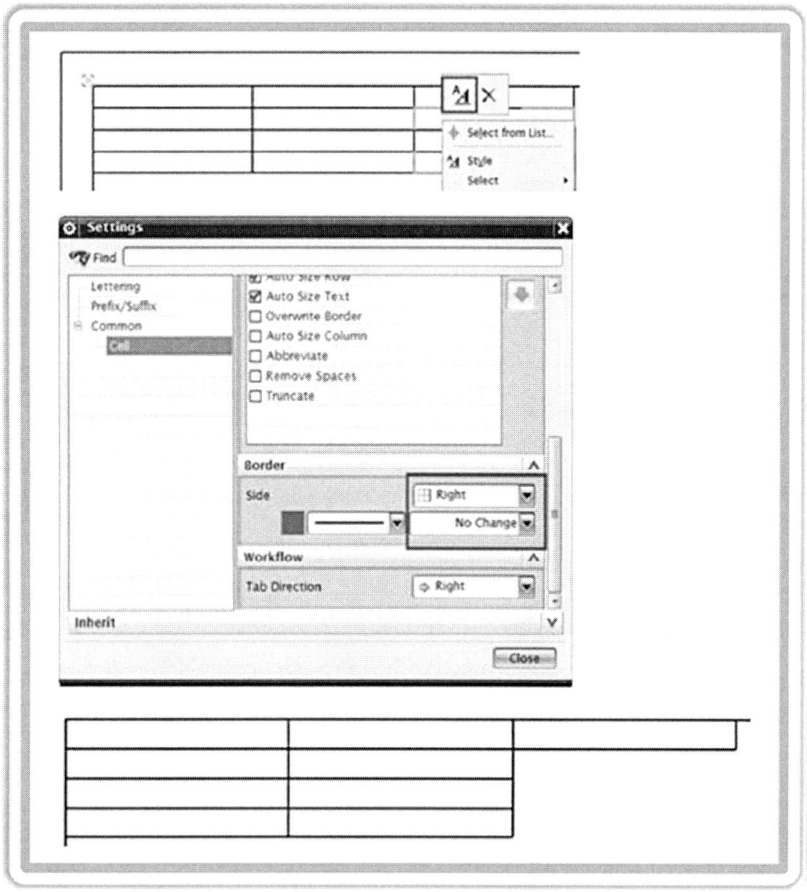

37. Note안쪽 line의 두께를 0.13mm로 수정하고 Tabular Note Column을 클릭해서 드래그 하여 너비를 알맞게 수정한다.

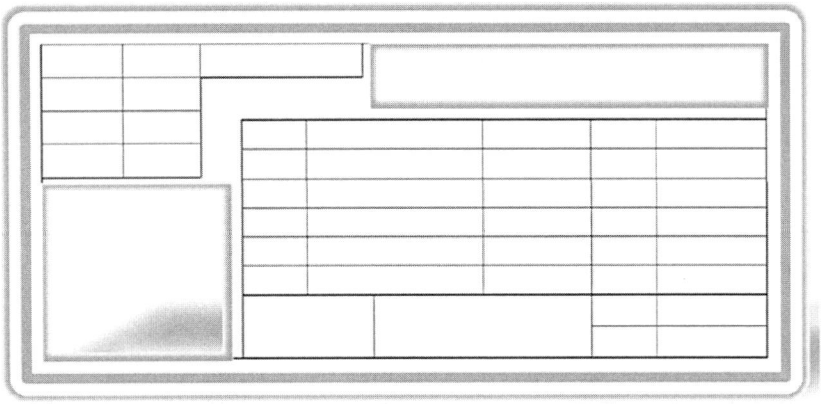

38. 칸을 더블클릭해서 각 칸에 알맞게 Text를 입력한다.

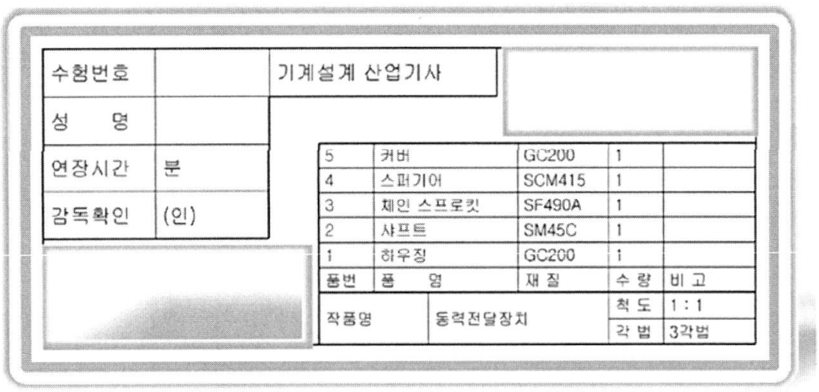

39. Note를 클릭하고 MB3을 클릭한 후, Style을 선택한다. Cells 탭에서 Text Alignment을 Middle Center로 설정하고 OK한다.

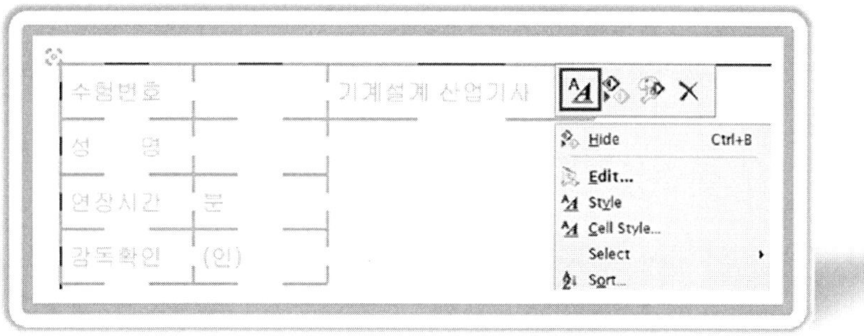

40. 아래 그림과 같이 클릭하고 MB3을 클릭한 후, Style을 선택한다. Cells ⇨ Format에서 Text Alignment을 Middle Right로 설정하고 OK한다.

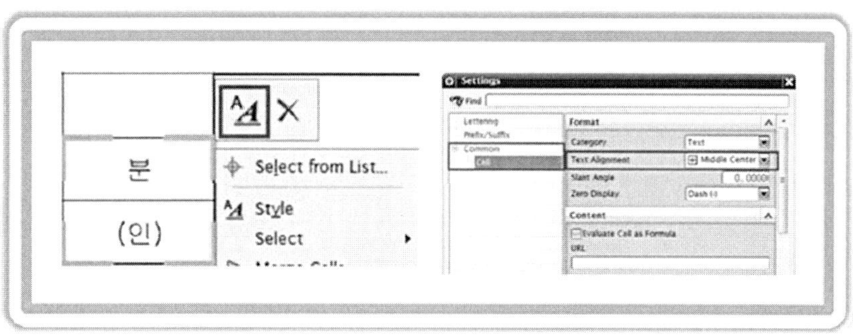

41. 아래쪽 Note도 Text Alignment을 Middle Center로 설정하고 OK한다.

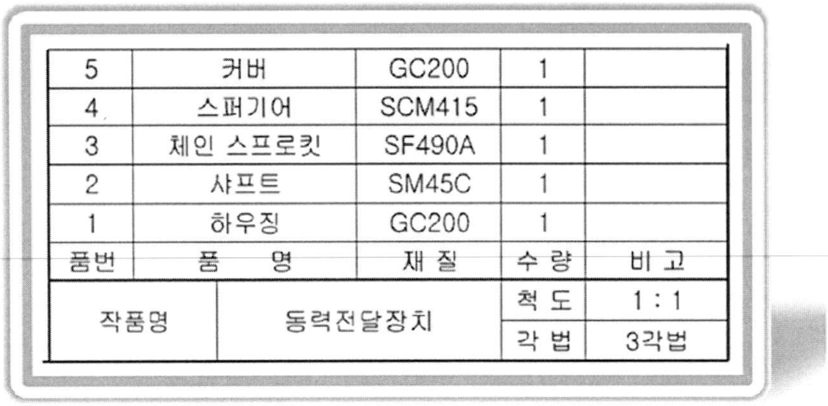

5	커버	GC200	1	
4	스퍼기어	SCM415	1	
3	체인 스프로킷	SF490A	1	
2	샤프트	SM45C	1	
1	하우징	GC200	1	
품번	품 명	재 질	수 량	비 고
작품명	동력전달장치		척 도	1 : 1
			각 법	3각법

42. Insert ⇨ Annotation ⇨ Note를 이용해서 주서를 생성한다.
Formatting에 주서의 내용을 작성한 후, 표제란 위쪽에서 클릭하여 배치한다.

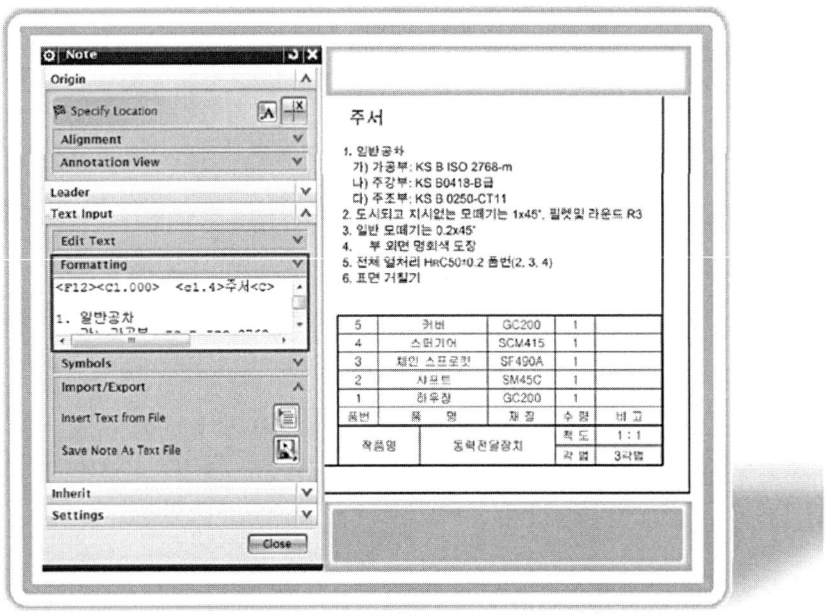

43. Note [A] 를 이용해서 5번 부품 상세도에 대한 내용을 작성한 후, 배치한다.

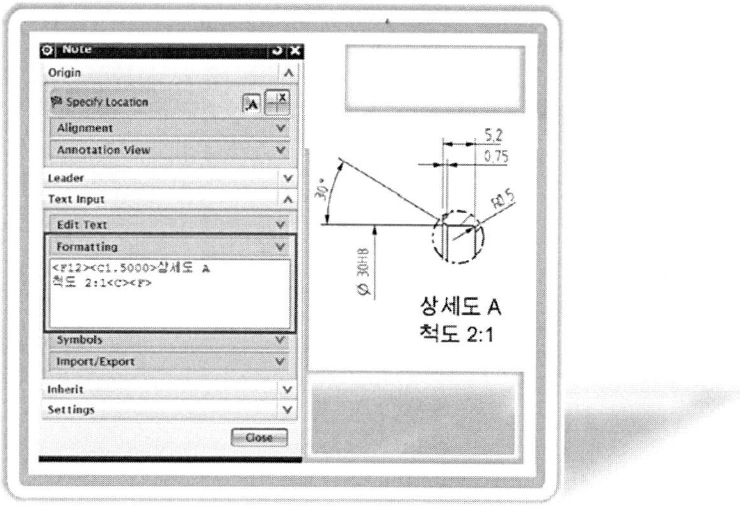

44. Insert ⇨ Annotation ⇨ Balloon [⑦] 를 이용해서 품번을 생성한다.
Type ⇨ Circle로 선택하고 Text에 품번 1을 입력한 후, 빈 공간에 배치한다.

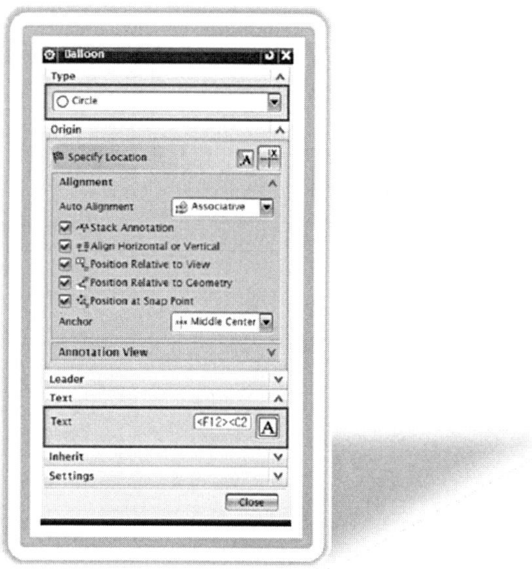

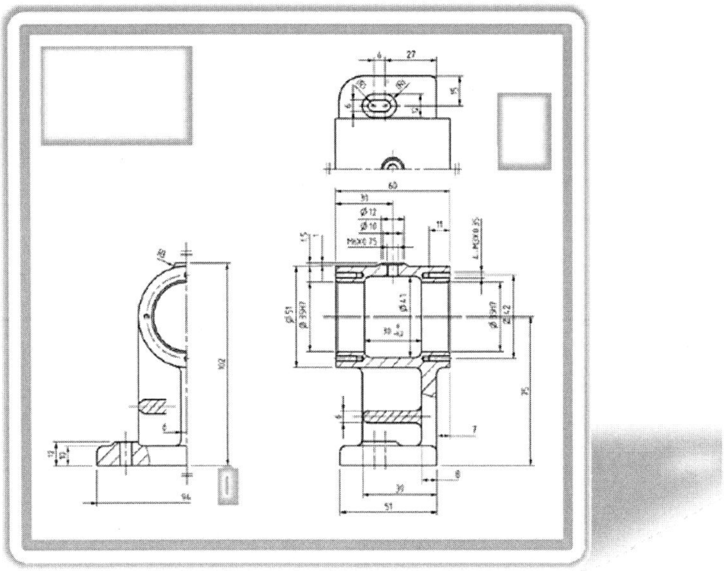

45. 나머지 품번도 같은 방법으로 알맞은 위치에 배치한다.

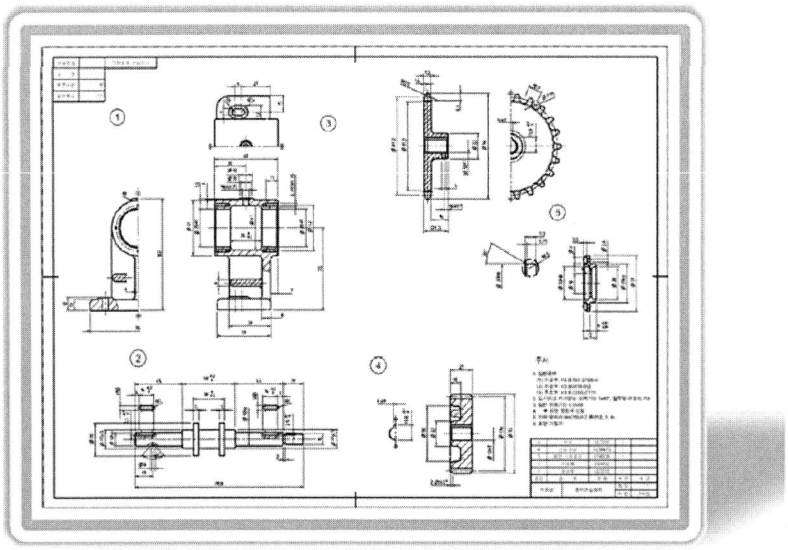

46. Insert ⇨ Annotation ⇨ Surface Finish Symbol √ 를 이용해서 품번에 입력하는 거칠기 기호를 정의한다. Material Removal에서 Material Removal Prohibited를 선택하고 Style 을 클릭한다.

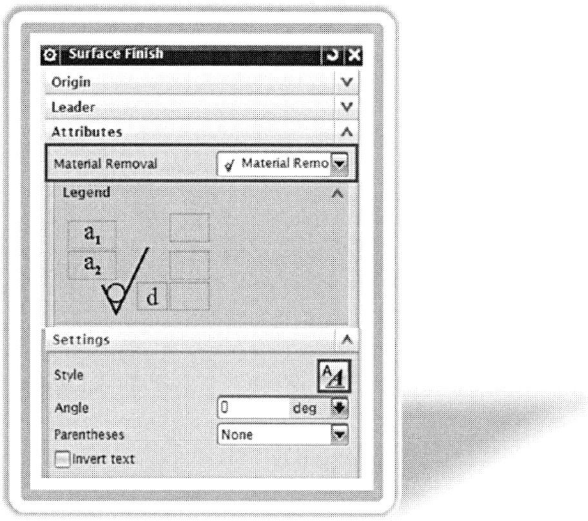

47. Lettering에서 Height를 4.4로 입력하고 OK한 후, 품번 우측에 배치한다.

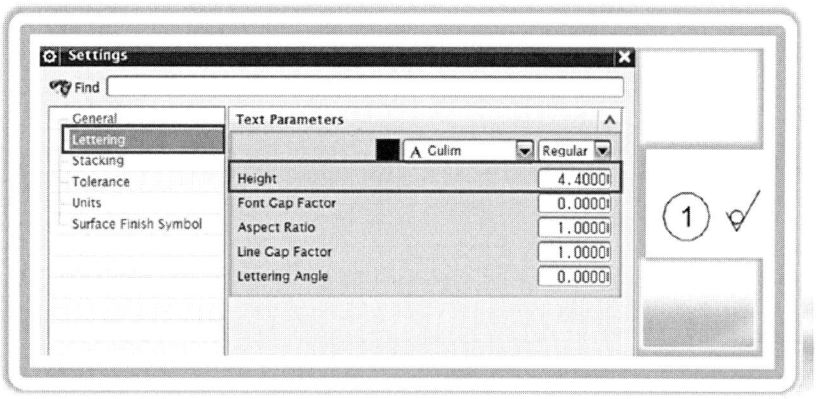

48. Material Removal에서 Material Removal Required로 선택하고 Lower Text (a2)에 w를 입력한다. 그다음 Style을 클릭하고 Height를 4.4로 입력한 후, 배치한다.

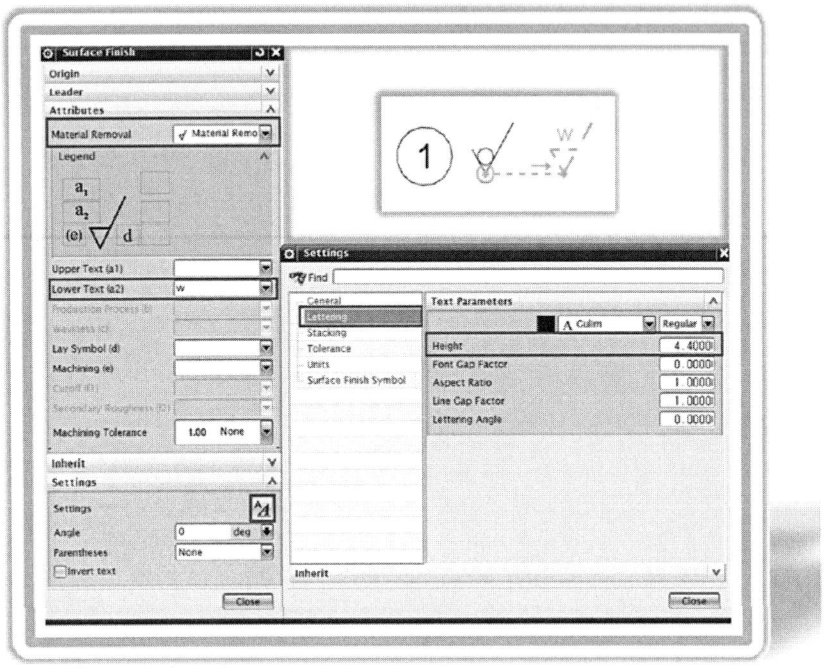

49. x, y거칠기 기호도 같은 방법으로 생성한다.

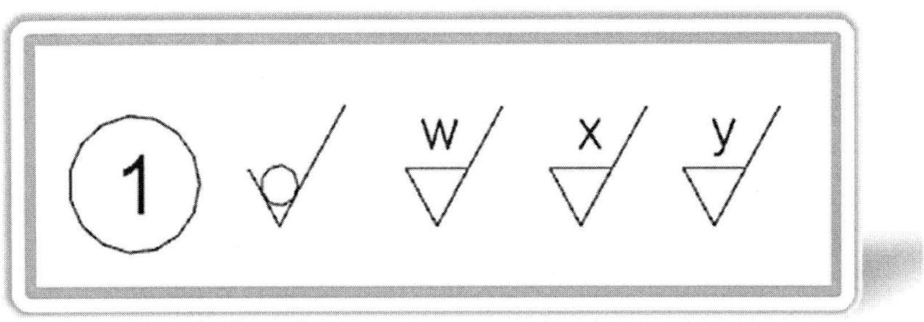

50. Note 를 이용해서 ,(컴마)와 괄호를 기입한다.

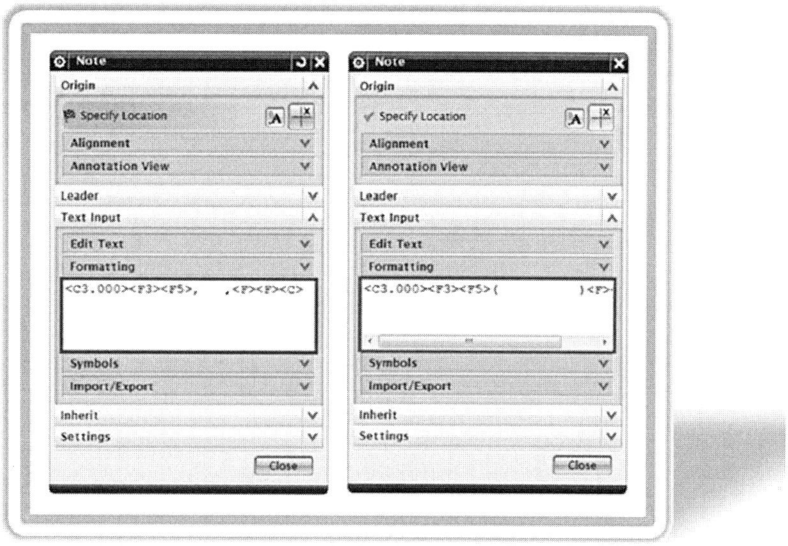

51. 나머지 품번에도 같은 방법으로 거칠기 기호를 알맞게 기입한다.

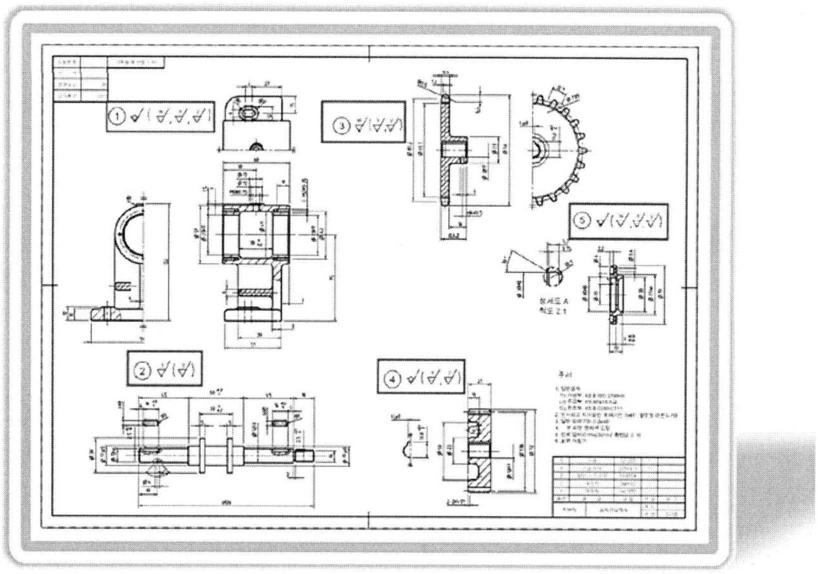

52. Surface Finish Symbol √ 를 이용해서 부품의 표면 거칠기를 기입한다. 부품에 기입하는 거칠기의 Character Size는 2.2로 입력한다.

① 1번 부품

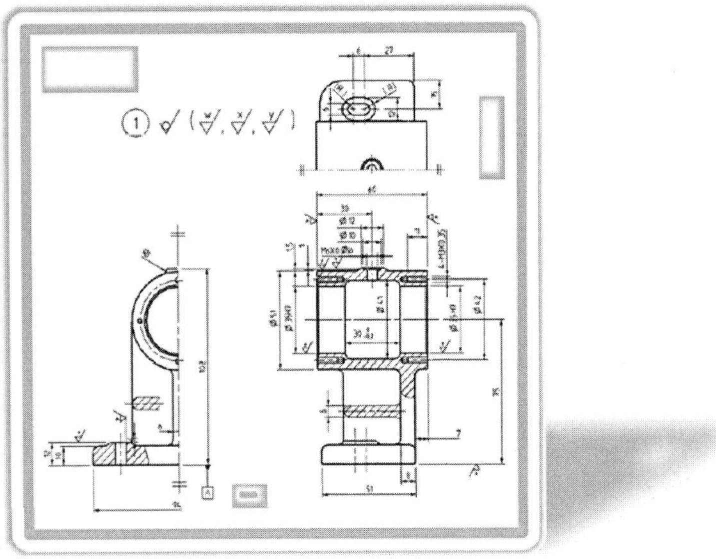

② 2번 부품

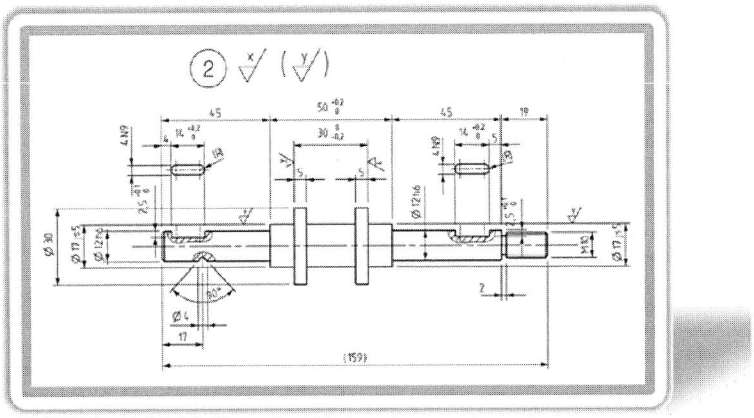

③ 3번 부품

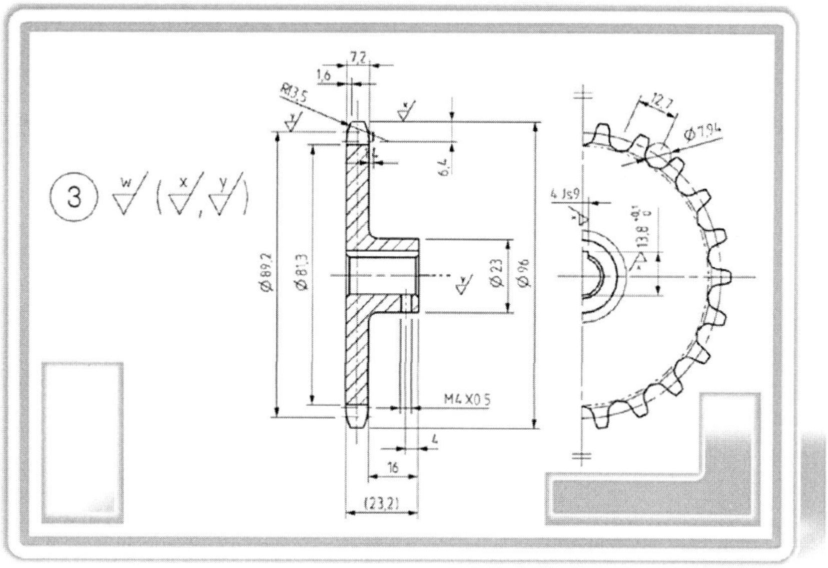

3
7,2
1,6
R13,5
6,4
4 Js9
12,7
Ø7,94
Ø89,2
Ø81,3
Ø23
Ø96
M4X0,5
4
16
(23,2)

④ 4번 부품

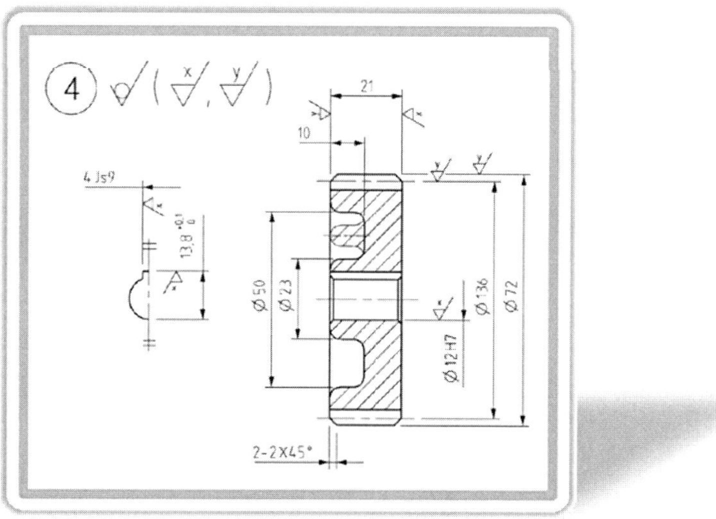

4
21
10
4 Js9
Ø50
Ø23
Ø136
Ø72
Ø12H7
2-2X45°

⑤ 5번 부품

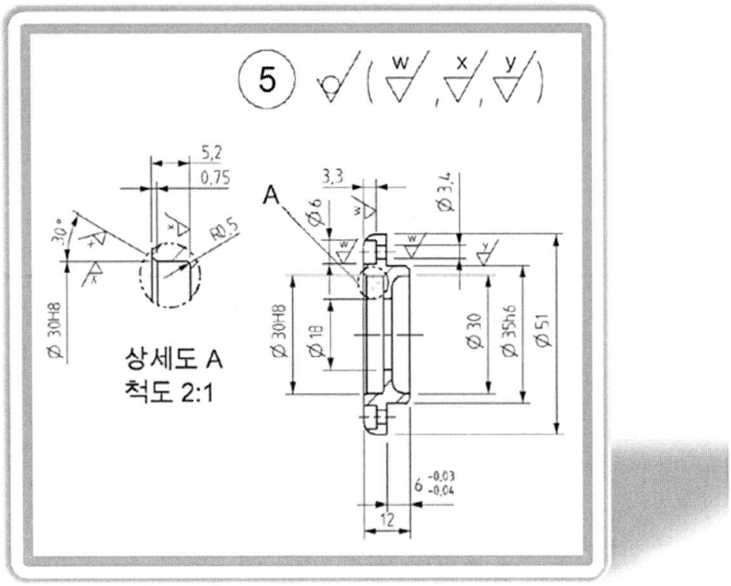

53. 부품에 기입한 거칠기와 같은 방법으로 주서에 표면 거칠기를 기입해준다.

2번 부품의 센터구멍 유무표시를 Active Sketch View 를 이용해서 직접 스케치한다. 그다음 Edit Display를 이용해서 지시 선을 가는 선으로 설정한다.

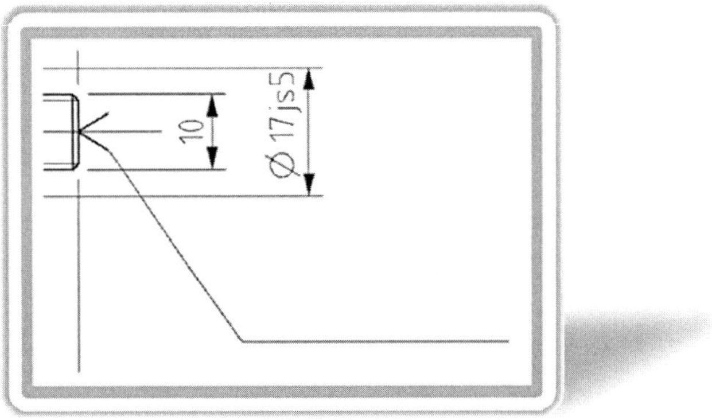

54. Note 를 이용해서 그림과 같이 기입한다.

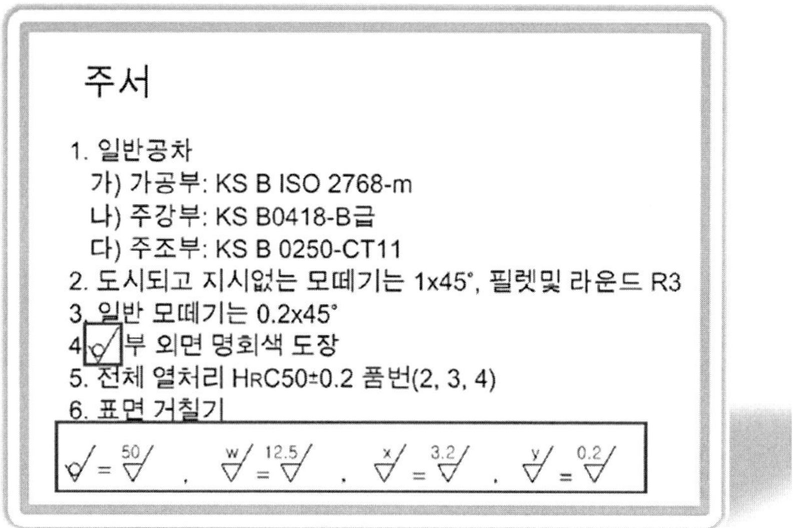

55. Insert ⇨ Annotation ⇨ Datum Featyre Symbol 을 클릭한다. 데이텀 문자는 A로 정의하고 Type을 Datum으로 하여 데이텀 문자를 배치한다.

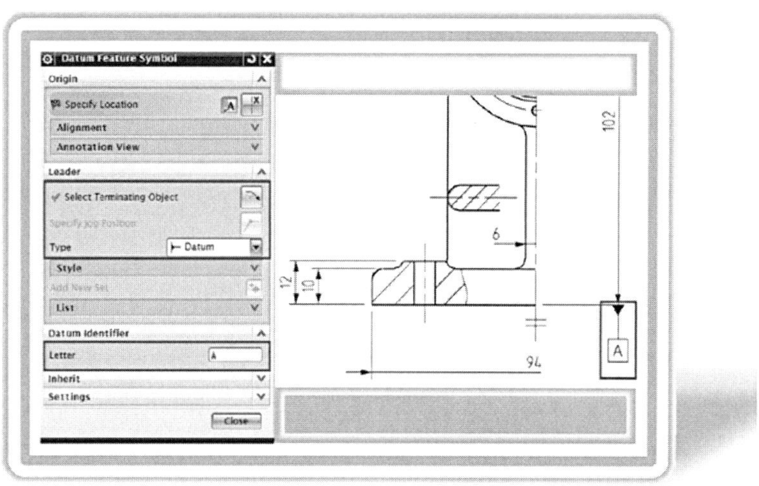

56. Insert ⇨ Annotation ⇨ Feature Control Frame을 이용하여 기하 공차를 아래 그림과 같이 기입한다.

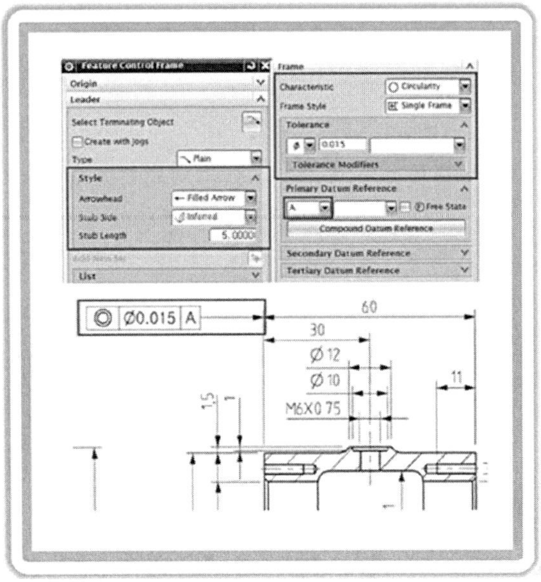

57. Characteristic ⇨ Parallelism, Tolerance ⇨ 0.013으로 설정한 후, 그림과 같이 배치한다.

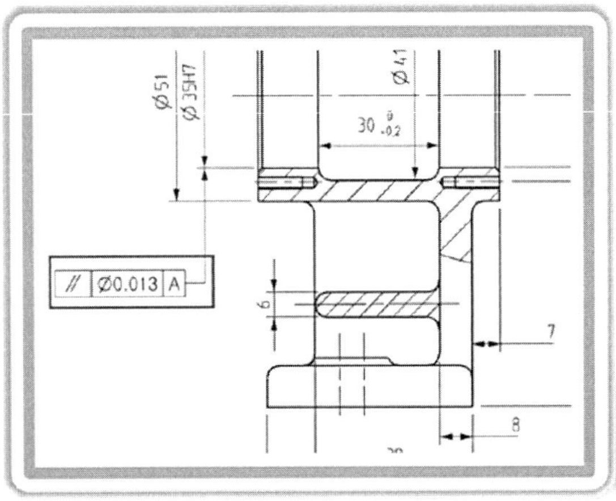

58. Symbol 클릭하고 기하공차 위쪽을 선택하고 데이텀 B를 생성한다.

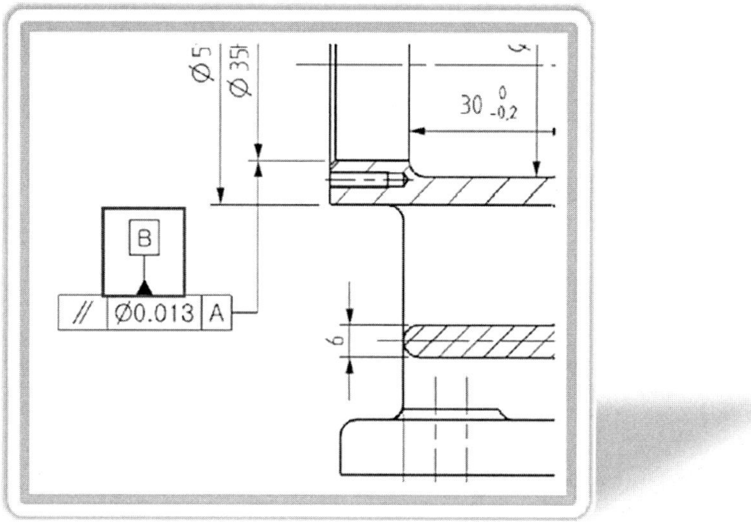

59. 데이텀B에 대한 기하공차를 그림과 같이 기입한다.
나머지 부품도 같은 방법으로 데이텀과 기하공차를 알맞게 기입한다.

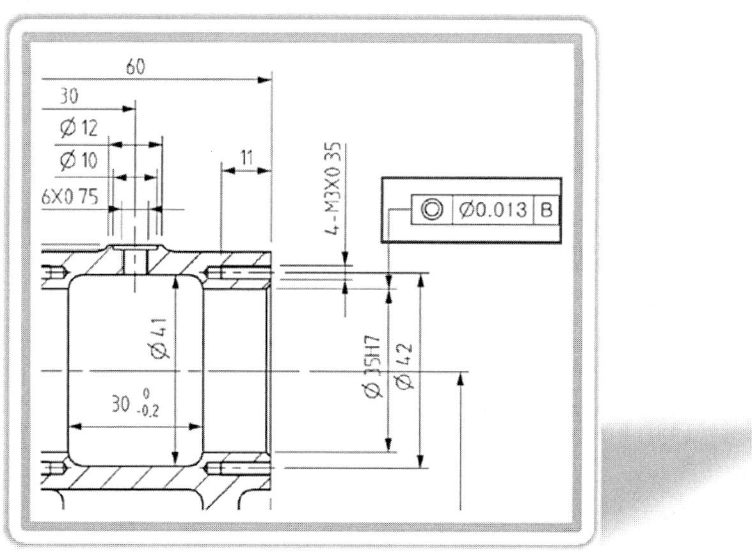

① 2번 부품

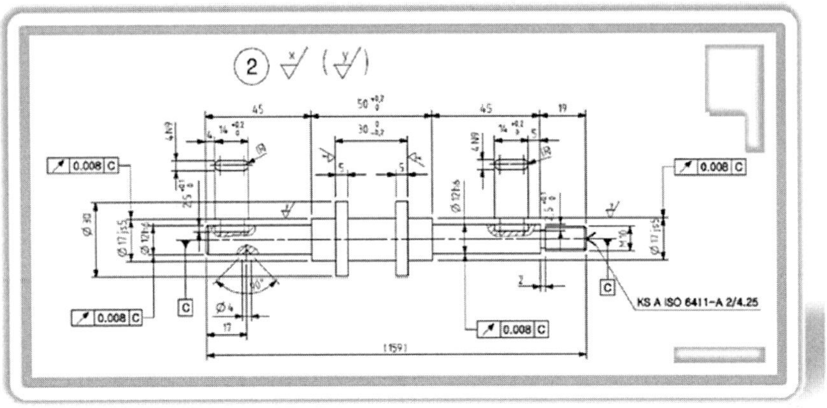

② 3번 부품

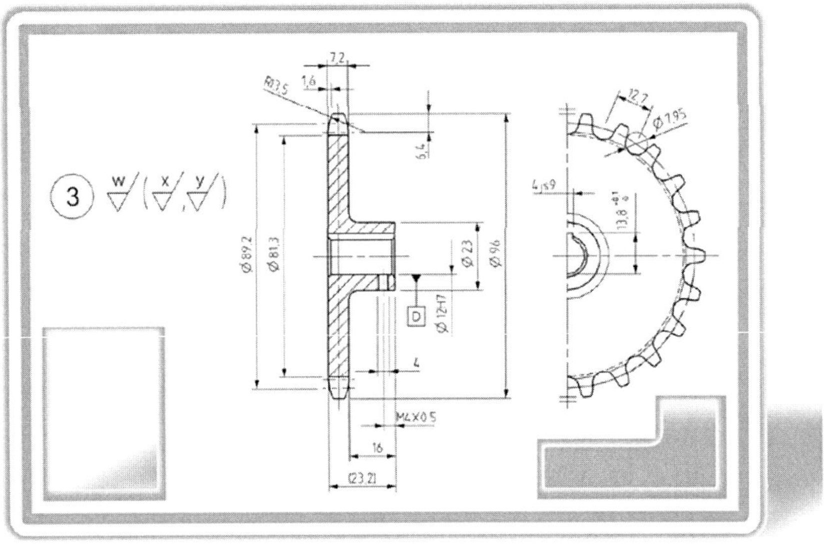

③ 4번 부품

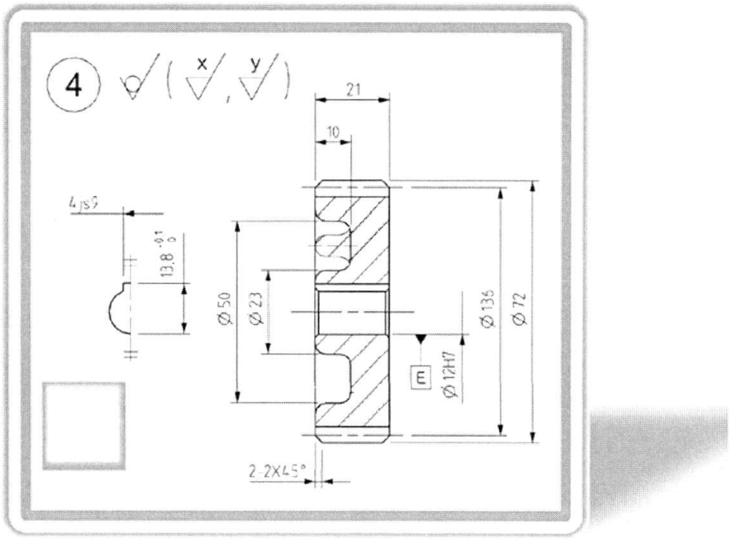

④ 5번 부품

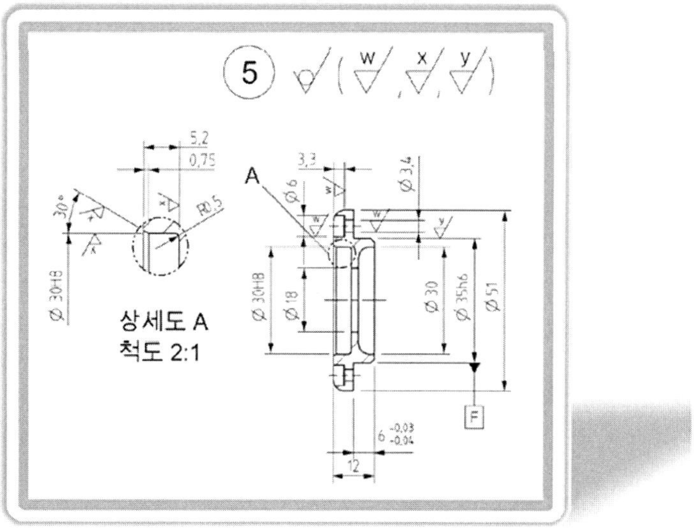

60. Insert ⇨ Annotation ⇨ Note를 이용해서 스퍼기어 요목표와 체인, 스프로킷 요목표를 기입한 후, 알맞은 위치에 배치한다.

스퍼기어 요목표		
기어치형		표준
공구	치형	보통이
	모듈	2
	압력각	20°
잇수		34
피치원지름		P.C.D 68
전체높이		4.5
다듬질 방법		호브절삭
정밀도		KS B 1450,5급

체인,스프로킷 요목표		
롤러체인	호칭	40
	원주피치(P)	12.70
	롤러외경(Dr)	7.94
스프로킷	이모양	U
	잇수(N)	22
	피치원지름	89.24

※ 최종 완성된 도면

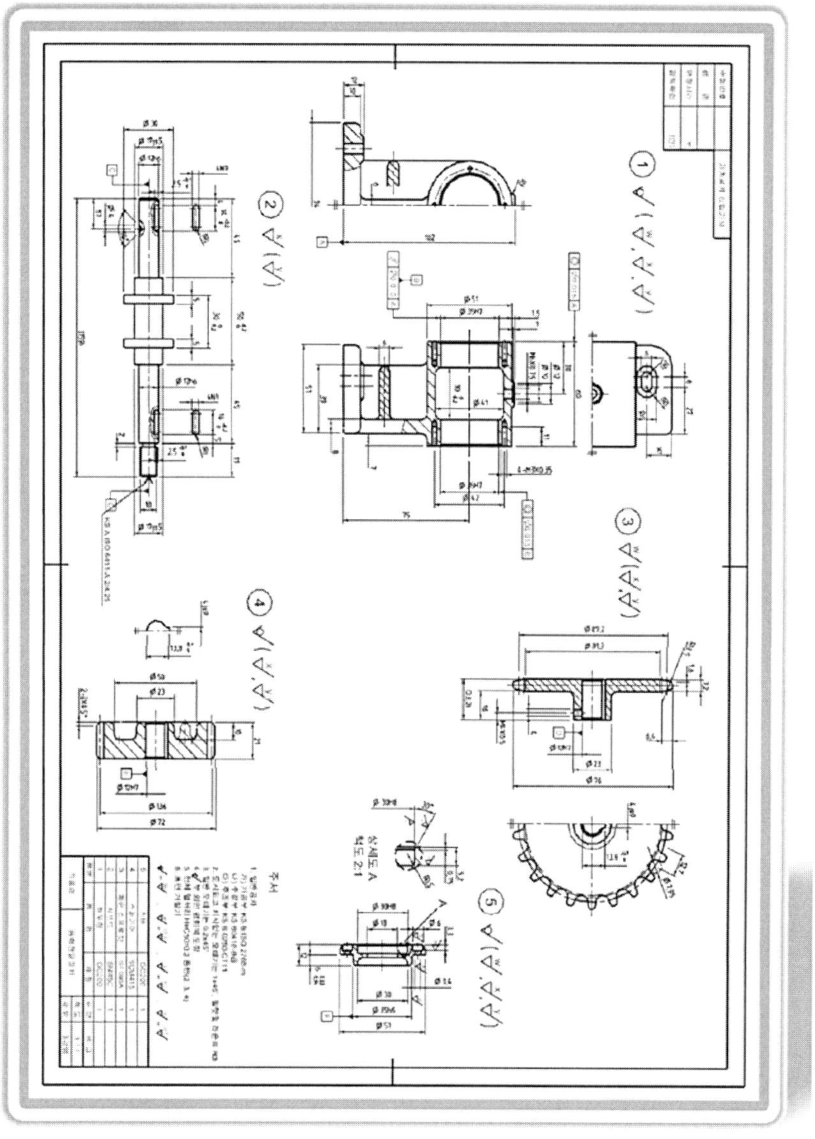